Technische Mechanik 2. Elastostatik

Christian Spura

Technische Mechanik 2. Elastostatik

Nach fest kommt ab

Springer Vieweg

Christian Spura
Hochschule Hamm-Lippstadt
Hamm, Deutschland

Ergänzendes Material zu diesem Buch finden Sie unter http://www.springer.com.

ISBN 978-3-658-19978-4   ISBN 978-3-658-19979-1   (eBook)
https://doi.org/10.1007/978-3-658-19979-1

Die Deutsche Nationalbibliothek verzeichnet diese Publikation in der Deutschen Nationalbibliografie; detaillierte bibliografische Daten sind im Internet über http://dnb.d-nb.de abrufbar.

Springer Vieweg

Lektorat: Thomas Zipsner

Springer Vieweg ist ein Imprint der eingetragenen Gesellschaft Springer Fachmedien Wiesbaden GmbH und ist ein Teil von Springer Nature
Die Anschrift der Gesellschaft ist: Abraham-Lincoln-Str. 46, 65189 Wiesbaden, Germany

Vorwort

Nachdem nun die Stereostatik hinter uns liegt und hoffentlich verstanden wurde, ist es an der Zeit einen Schritt weiter zu gehen und in die Elastostatik einzutauchen. Wir sind dabei immer noch im Bereich der Statik, also dem Gleichgewicht von Körpern unterwegs. Lediglich die Vorstellung von einem unendlich starren Körper werden wir verlassen und nun von elastischen, also verformbaren, Körpern ausgehen. Ansonsten gelten alle Zusammenhänge, welche wir in der Stereostatik bereits kennengelernt haben. Der Umfang der Elastostatik ist dabei offensichtlich größer, da wir neben dem Gleichgewicht von Kräften nun auch noch die elastischen Verformungen betrachten werden. Klingt eigentlich alles recht einfach. Leider ist es aber oft so, dass sich die Kräfte und Momente mit den entsprechenden Verformungen gegenseitig beeinflussen. Dies macht das Ganze dann schon wieder etwas schwieriger und führt wieder zu so mancher Verzweifelung im Studentenleben. Nach der Stereostatik sollten Sie aber mittlerweile etwas resistenter gegen diese Verzweifelung geworden sein (Kopfschmerztabletten und Koffein sind auf Dauer keine gute Lösung) und festgestellt haben, dass am Ende des Tages das Alles eigentlich gar nicht so schwer war, wie es sich am Anfang darstellte.

Bei der Elasostatik gilt auch wieder das gleiche wie bei der Stereostatik: jeder hat zu Boginn mit den gleichen Problemen, Verständnisschwierigkeiten und Fehlern zu kämpfen. Daher finden Sie in diesem Lehrbuch die identische Aufarbeitung des Lehrstoffes wieder, wie Sie ihn aus der Stereostatik kennen. Viele Erklärungen zu Zusammenhängen, Hinweise in der Außenspalte zu den nebenstehenden Abschnitten, durchgerechnete Beispiele zum einfacheren nachvollziehen, aufgeführte Vorgehensweisen als Schritt-für-Schritt-Anleitungen zum Lösen von Aufgaben, animierte Grafiken (über QR-Code abrufbar) für ein besseres Verständnis und am Ende das Repetitorum als kompakte Zusammenfassung aller Kapitel für ein schnelles Nachschlagen bzw. als Klausurvorbereitung mit den wichtigsten Zusammenhängen.

Und natürlich gilt für die Elastostatik auch, dass Sie wieder Stift und Papier zur Hand nehmen müssen, um Herleitungen nochmals aufzuschreiben und Übungsaufgaben händisch zu berechnen. Es geht halt nichts über die praktische Anwendung der Berechnungen, um eine Routine beim Lösen von Übungsaufgaben und damit eine gewisse Selbstsicherheit zu erlangen und das *Schema F* zu erkennen. Zudem sollten Sie auch immer wieder die gleichen Zusammenhänge in anderen Lehrbüchern nachlesen, um unterschiedliche Darstellungen und Erklärungen der gleichen Sachverhalte zu bekommen.

Auch für diesen zweiten Band möchte ich mich beim Springer Verlag und insbesondere bei Herrn Thomas Zipsner für die hervorragende Zusammenarbeit, das Engagement und die vielen Freiheiten zur Ausgestaltung dieses Lehrbuchs ganz herzlich bedanken.

Und nun wünsche ich Ihnen viel Erfolg und noch mehr Spaß beim Durcharbeiten dieses Lehrbuchs ☺

Christian Spura

So wie das Eisen außer Gebrauch rostet und das stillstehende Wasser verdirbt oder bei Kälte gefriert, so verkommt der Geist ohne Übung.

Leonardo DA VINCI
1452–1519

Bei der TIMOSHENKO-Balkentheorie handelt es sich um eine Erweiterung der EULER-BERNOULLI-Balkentheorie. In der TIMOSHENKO-Balkentheorie werden Schubverformungen zugelassen, wodurch es zu zusätzlichen Deformationen kommt und die Steifigkeit des Balkens geringer wird. Zudem kommt es infolge der Schubverformungen zu einer veränderlichen Gleitung entlang der Balkenhöhe. Damit verbunden ergibt sich eine Verwölbung der Querschnittsfläche.

Eine Biegung tritt immer dann auf, wenn im Inneren eines Bauteils ein Biegemoment M (Schnittgröße) wirkt. Im Allgemeinen ist dies der Fall, wenn äußere Kräfte (oder auch Streckenlasten) senkrecht zur Balkenachse und/oder äußere Momente wirken, siehe ▸ Abb. 2.5. Der Balken erfährt durch das wirkende Biegemoment eine Krümmung.

Die Biegung für sich genommen kann in zwei Kategorien eingeteilt werden:

- Gerade Biegung (einachsige Biegung): tritt auf, wenn der Balken um ausschließlich eine Koordinatenachse gebogen wird.
- Schiefe Biegung (zweiachsige Biegung): hierbei wird der Balken um mindestens zwei Koordinatenachsen gebogen.

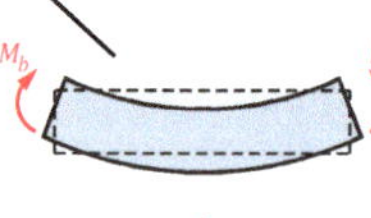

Abb. 2.5

5.1   Spannungs-Dehnungs-Diagramm

Um die Eigenschaften eines Materials zu erhalten, gibt es aus der Werkstoffprüfung den genormten *Zugversuch*.

Da nicht nur linear-elastische Verzerrungen auftreten, existiert eine Vielzahl an Elastizitätsgesetzen für nicht-lineare wie auch für elastisch-plastische und rein plastische Verzerrungen. Dementsprechend ist das HOOKE'sche Gesetz ein linearer Sonderfall bei den Elastizitätsgesetzen.

Zugfestigkeit R_m: Die Zugfestigkeit ist im Zugversuch die höchste auftretende Spannung im Werkstoff, die vom Werkstoff noch ertragen werden kann, ohne dass es zu einem Bruch/Riss kommt.

Das HOOKE'sche Gesetz ist der **linearer Sonderfall** bei den Elastizitätsgesetzen.

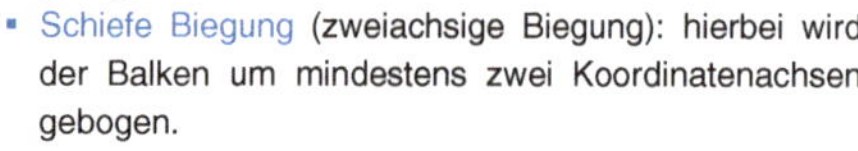
▶ **Zugfestigkeit R_m**: größte vom Werkstoff ertragbare Spannung ohne Bruch bzw. Rissbildung

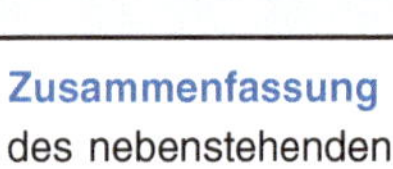

Vorgehensweise

- Berechnung der Stabkräfte S_i mittels Gleichgewichtsbedingungen bzw. Knotenpunktverfahren.
- Bestimmung der Längenänderungen Δl_i mittels FLEA-Gleichung ggf. mit Temperatureinfluss:

$$\Delta l_i = \frac{S_i \cdot l_i}{E_i \cdot A_i} + \alpha_T \cdot \Delta T \cdot l_i$$

Farblich hervorgehobene
Beispiele mit Musterlösung

Formelzeichen haben in den Grafiken und im Text die gleiche Schriftart

Beispiel 10.8

Ein rechteckiger Balken ($b = 40$ mm, $h = 60$ mm, $l = 1$ m, $\kappa = 5/6$) aus Stahl ($E = 210.000$ N/mm², $\nu = 0{,}3$) wird durch eine konstante Streckenlast $q_0 = 5$ kN/m belastet.

Berechnen Sie die Durchbiegungen infolge Biegung und Schub am freien Ende.

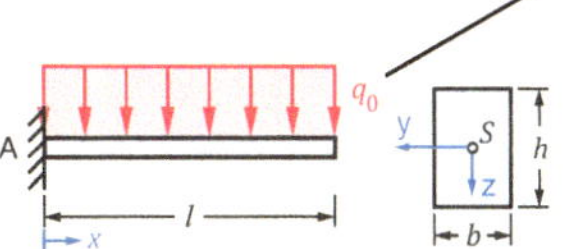

Lösung

Bei dieser Aufgabe ist nur einen Bereich vorhanden und wir können direkt die viermalige Integration der Biegelinie der reinen Biegung durchführen:

$$E \cdot I_y \cdot w_{b(x)}'''' = q_{(x)} = q_0$$

$$E \cdot I_y \cdot w_{b(x)}''' = -Q_{(x)} = q_0 \cdot x + C_1 \tag{1}$$

$$E \cdot I_y \cdot w_{b(x)}'' = -M_{(x)} = \frac{1}{2} \cdot q_0 \cdot x^2 + C_1 \cdot x + C_2 \tag{2}$$

$$E \cdot I_y \cdot w_{b(x)}' = \frac{1}{6} \cdot q_0 \cdot x^3 + \frac{1}{2} \cdot C_1 \cdot x^2 + C_2 \cdot x + C_3 \tag{3}$$

$$E \cdot I_y \cdot w_{b(x)} = \frac{1}{24} \cdot q_0 \cdot x^4 + \frac{1}{6} \cdot C_1 \cdot x^3 + \frac{1}{2} \cdot C_2 \cdot x^2 + C_3 \cdot x + C_4 \tag{4}$$

Die Integrationskonstanten lösen wir mithilfe der Rand- und Übergangsbedingungen und setzen die Ergebnisse wieder in unsere Ausgangsgleichungen (1) bis (4) ein:

Navigation
Kapitelnummern für die schnelle Orientierung

9

In Kürze

In Kürze: fasst ein Kapitel bzw. Unterkapitel strukturiert zusammen

Ein Bauteil kann den folgenden fünf Grundbelastungsarten ausgesetzt sein:

Zug (*Normalspannung*)

- Reiner Zug tritt bei einer ziehenden Belastung in Längsrichtung auf. Typische Bauteile sind z. B. Schrauben oder Seile.
- Die im Bauteil wirkende Zugspannung $\sigma_{(x)}$ in x-Richtung aufgrund einer äußeren angreifenden Kraft F:

$$\sigma_{(x)} = \frac{F}{A}$$

Druck (*Normalspannung*)

- Reiner Druck tritt bei einer drückenden Belastung in Längsrichtung auf. Typische Bauteile sind z. B. Pleuel in Verbrennungsmotoren, Kolbenstangen in Hydraulikzylindern oder Stützen.

Schub (*Schubspannung*)

- Eine Schubbeanspruchung tritt immer dann auf, wenn Querkräfte wirken.
- Typische Bauteile sind z. B. Nieten, Bolzen, Passschrauben sowie Kleb- und Schweißverbindungen.
- Wird die von außen angreifende Querkraft F auf die Querschnittsfläche bezogen, ergibt dies die mittlere Schubspannung τ_m:

$$\tau_m = \frac{F}{A}$$

- Die reale Schubspannungsverteilung $\tau_{(z)}$ ist dagegen quadratisch entlang der Querschnitthöhenkoordinate z verteilt:

$$\tau_{(z)} = \frac{Q_z}{I_y \cdot b_{(z)}} \cdot S_{y(z)}$$

Inhaltsverzeichnis

1 Einführung in die Elastostatik

© Springer Fachmedien Wiesbaden GmbH, ein Teil von Springer Nature 2019
C. Spura, *Technische Mechanik 2. Elastostatik*,
https://doi.org/10.1007/978-3-658-19979-1_1

Nachdem wir uns im ersten Band mit der Stereostatik eingehend befasst haben, folgt nun im zweiten Band die Elastostatik. Auch hier wollen wir uns zu Beginn mit einem Überblick sowie mit einigen wichtigen Grundbegriffen vertraut machen, bevor wir in das Fachgebiet der Elastostatik einsteigen.

1.1   Einteilung der Technischen Mechanik

Obwohl wir die Einteilung der Technischen Mechanik in ▶ Abb. 1.1 schon behandelt haben, wollen wir sie uns noch einmal ansehen, um uns die Einordnung der Elastostatik zu vergegenwärtigen.

Dynamik (dynamis: *griech.* δύναμις: Kraft) Lehre von den Kräften.

Statik (statikos: *griech.* στατικός: zum Stillstand bringen) Gleichgewicht von Körpern, d. h. die Körper sind in Ruhe oder bewegen sich mit konstanter Geschwindigkeit.

Kinetik (kínesis: *griech.* κίνησις: Bewegung): Lehre von Kräften an beschleunigten Körpern; Beschreibung von Bewegungen infolge der Wirkung von Kräften (*Technische Mechanik 3*).

Stereostatik (auch Starrkörperstatik; stereos: *griech.* στερεός: fest, stabil, hart, starr): Lehre von Kräften an nicht beschleunigten starren (undeformierbaren) Körpern. (*Technische Mechanik 1* und *3*)

Elastostatik (auch Festigkeitslehre; elastos: *griech.* ελαστός: dehnbar, biegbar): Lehre von Deformationen an Körpern infolge der Wirkung von Kräften. Dient dazu, um eine Bewertung hinsichtlich der Festigkeit eines Bauteils treffen zu können (*Technische Mechanik 2*).

Kinematik (kinema: *griech.* κίνημα bzw. kinein: κινεῖν : Bewegung bzw. bewegen) Lehre vom geometrischen und zeitlichen Bewegungsablauf ohne die Berücksichtigung von Kräften als Ursache der Bewegung (*Technische Mechanik 3*).

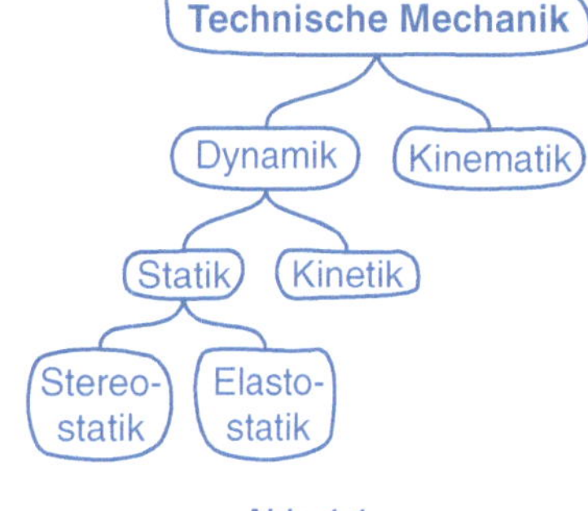

Abb. 1.1

1.2   Die Elastostatik

Da die Elastostatik, wie zuvor die Stereostatik, zur Statik gehört, behandeln wir auch hier wieder das Gleichgewicht von Kräften an und in Körpern. Da aber in Elastostatik ja das Wort "*elasto*", also *Elastizität*[1] steckt, haben wir es in diesem Falle mit verformbaren Körpern zu tun. Wir verlassen somit

Lehre von **Deformationen** an **elastischen Körpern** infolge der Wirkung von Kräften.

---

[1] **Elastizität** (elastikos: *griech.* ελαστικός: elastisch, anpassungsfähig) ist die Eigenschaft eines Körpers, unter Krafteinwirkung seine Form zu verändern und bei Wegfall der einwirkenden Kraft in seine Ursprungsform zurückzukehren.

den Starrkörper aus der Stereostatik und gehen dazu über,
dass eine Kraft eine Verformung eines Körpers bewirkt, siehe
▶ Abb. 1.2a) und b). Die an dem Balken angreifende Kraft F
führt dazu, dass der Balken in Richtung der x-Achse verlängert, also gedehnt wird. Gleichzeitig wird der Balken aber auch
in Richtung der z-Achse gestaucht (negative Dehnung) und in
der Nähe des Kraftangriffspunktes treten zusätzlich noch
Schiefstellungen (Winkelverlagerungen) um die y-Achse auf.

Des Weiteren ist in ▶ Abb. 1.2b) der sogenannte Kraftfluss
(rote Linien im Balken) dargestellt. Diese sollen andeuten, wie
die angreifende Kraft F durch den Balken bis hin zur Einspannung verläuft. Schließlich bewirkt die Kraft F entsprechende
Lagerreaktionen an der Einspannung. Den inneren, im Balken
auftretenden Kraftfluss haben wir in der Stereostatik mithilfe
der Schnittgrößen ermittelt. Wenn wir den Balken an einer
beliebigen Stelle schneiden, können wir die inneren Kräfte als
Schnittgrößen (Normalkraft N, Querkraft Q, Biegemoment M)
an den Schnittufern antragen, siehe ▶ Abb. 1.2c).

Wenn wir nun einen Schritt weitergehen und die Schnittgrößen auf die Querschnittsfläche A unseres Bauteils an der
Schnittstelle beziehen, erhalten wir die im Bauteilquerschnitt
(auf der Schnittfläche) wirkenden *Spannungen*. Eine Spannung ist damit nichts weiter als eine Kraft, welche sich auf eine
Fläche verteilt, also eine Flächenkraft. Pressen wir zum Beispiel unsere Handflächen gegeneinander, so spüren wir die
zwischen unseren Händen wirkende Kraft als Druckspannungen auf unseren Handflächen. Ziehen wir an einem Seil, so
verteilt sich die im Seil wirkende Seilkraft auf die Querschnittsfläche des Seils und wir hätten die im Seil wirkende Zugspannung. Da eine Spannung nichts weiter als eine Flächenkraft ist,
können wir auch Spannungen, die in die gleiche Richtung
wirken algebraisch addieren. Genauso, wie wir es bisher auch
immer mit Kräften gemacht haben.

Um nun die an einem Körper auftretenden Verformungen
berechnen zu können, müssen wir die Materialeigenschaften
des Körpers berücksichtigen. Denn es ist wohl anschaulich
klar, dass der Balken in ▶ Abb. 1.2 unterschiedlich große Verformungen aufweist, wenn dieser einmal aus Stahl und einmal
aus Gummi bestehen würde. Bei gleich großer Kraft F wären
die Verformungen des Stahlbalkens wesentlich kleiner als die
des Gummibalkens. Wobei uns dies aufgrund unserer tägli-
chen Erfahrungen schon bekannt sein sollte.

Zunächst wollen wir alle von außen an einem Körper angreifenden Kräfte und Momente (wobei hier auch Streckenlasten,
Flächen- und Volumenkräfte gemeint sind) als *Belastungen*

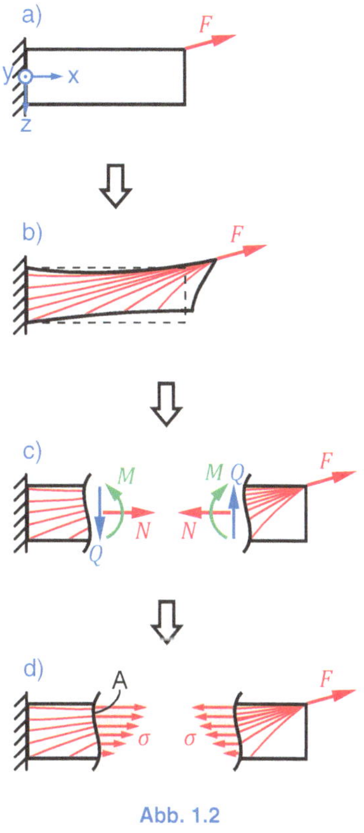

Abb. 1.2

Die **Verformungen** an einem
Bauteil hängen von den entsprechenden **Materialeigenschaften**
des Bauteils ab.

Belastungen: Die an einem Bauteil angreifenden äußere Lasten (eingeprägte Kräfte und Momente).

Gleichgewichtsbedingungen: Zusammenhang zwischen den äußeren Belastungen und den inneren Schnittgrößen.

Spannungen: Die auf eine Querschnittsfläche bezogenen Schnittgrößen (inneren Kräfte).

Äquivalenzbedingungen: Zusammenhang zwischen Schnittgrößen und Spannungen (Beanspruchungen).

Beanspruchungen: Die im Inneren eines Bauteils auftretenden Spannungen infolge der äußeren Belastungen.

Deformationen: Äußere, am Bauteil sichtbare Verformungen und Verschiebungen infolge der wirkenden Belastungen.

Verzerrungen: Innere, im Bauteil auftretende Dehnungen und Gleitungen.

Elastizitätsgesetz: Zusammenhang zwischen Beanspruchungen und Verzerrungen.

bezeichnen. Diese Belastungen führen zu den als Schnittgrößen bekannten inneren Kräften. Zur Berechnung der Schnittgrößen dienen uns die *Gleichgewichtsbedingungen*, welche einen Zusammenhang zwischen den Belastungen und den Schnittgrößen liefern. Beziehen wir nun die Schnittgrößen auf die Bauteilgeometrie, also auf die jeweils vorliegende Querschnittsfläche im Schnitt, erhalten wir die im Bauteil auftretenden *Spannungen*. Diese Vorgehensweise erfolgt unter Zuhilfenahme der sogenannten *Äquivalenzbedingungen*. Die mittels der Äquivalenzbedingungen berechneten Spannungen, die ein Bauteil im Inneren beanspruchen, werden auch als *Beanspruchungen* bezeichnet. Die Folge dieser Beanspruchungen sind dann die mehr oder weniger sichtbaren Deformationen des Bauteils. Da wir bei diesen Überlegungen zwischen äußeren und inneren Kräften unterscheiden, können wir dies auch bei den Deformationen machen. Die außen an einem Bauteil sichtbaren Deformationen werden als *Verformungen und Verschiebungen* bezeichnet. Schließlich verformt sich in ▸ Abb. 1.2 die geometrische Gestalt des Balkens und der Kraftangriffspunkt verschiebt sich in Richtung der wirkenden Kraft F. Da es äußere Deformationen gibt, müssen entsprechend im Inneren des Bauteils innere Deformationen entstehen. Diese inneren Verformungsgrößen werden mit *Verzerrungen* bezeichnet. Wobei sich die Verzerrungen wiederum in *Dehnungen* (Verlängerung oder Verkürzung in eine Richtung) und *Gleitungen* (Winkeländerungen) unterteilen. Der Zusammenhang zwischen den inneren Spannungen (Beanspruchungen) und den Verzerrungen (innere Deformationen) wird mithilfe des sogenannten *Elastizitätsgesetzes* (auch *Stoffgesetz*) hergestellt. Hierbei ist zu beachten, dass das Elastizitätsgesetz werkstoffabhängig ist und dass an einem Bauteil elastische wie auch plastische[2] Deformationen auftreten können. Die plastischen Deformationen treten jedoch nur dann auf, wenn die wirkenden Beanspruchungen größer sind als die Fließgrenze des Bauteilwerkstoffs. Die sich dabei einstellende Deformation ist dann irreversibel. Im weiteren Verlauf werden wir uns jedoch nur mit rein elastischen Deformationen auseinandersetzen, also Deformationen, die bei Wegfall der Belastungen wieder vollständig zurückgehen. Die Behandlung von plastischen Deformationen ist ein Teilgebiet der *Elastizitätstheorie*. Zudem werden wir von elastischen Deformationen ausgehen, die im Vergleich zur Bauteilgeometrie sehr klein sind.

---

[2] **Plastizität** (plastikos: *griech.* πλαστικός: formbar, knetbar): ist die Eigenschaft eines Körpers, sich unter Krafteinwirkung nach Überschreiten der Werkstoff-Fließgrenze irreversibel zu verformen (zu fließen) und diese veränderte Form bei Wegfall der einwirkenden Kraft beizubehalten.

Entsprechend fehlt uns nur noch der Zusammenhang zwischen den äußeren Verformungen und Verschiebungen mit den inneren Verzerrungen. Dieser Zusammenhang lässt sich mit den sogenannten *kinematischen Beziehungen* (auch *Kompatibilitätsbedingungen* genannt) herstellen.

Fassen wir alles kurz zusammen, so ergeben sich die folgenden Zusammenhänge bzw. Berechnungsgänge und damit die sogenannten *Grundgleichungen der Elastostatik*:

- Belastungen → Schnittgrößen: Gleichgewichtsbed.
- Schnittgrößen → Beanspruchungen: Äquivalenzbed.
- Beanspruchungen → Verzerrungen: Elastizitätsgesetz
- Verzerrungen → Deformationen: kinem. Beziehungen

Die Auswertung der Grundgleichung liefert somit die Beziehung zwischen den äußeren Belastungen und den damit einhergehenden Verformungen sowie den im Inneren eines Bauteils auftretenden Beanspruchungen. Darüber hinaus lassen sich mit den Grundgleichungen *statisch bestimmte* wie auch *statisch unbestimmte Tragwerke* berechnen. Bei Vorliegen eines statisch bestimmten Tragwerks können die Grundgleichungen getrennt voneinander berechnet und ausgewertet werden. Dagegen sind bei einem statisch unbestimmten Tragwerk die Grundgleichungen miteinander gekoppelt und müssen entsprechend gemeinsam gelöst werden.

1.3 Die Aufgaben der Elastostatik

Die Bezeichnung Elastostatik wird heutzutage immer öfter durch den Begriff *Festigkeitslehre* ersetzt. Mit dieser "neuen" Bezeichnung und den bisher vorgestellten inhaltlichen Themen wird schnell deutlich, welche Aufgaben mit der Elastostatik verbunden sind. Neben der Bestimmung des Verhaltens eines Bauteils, sich bei Belastung zu verformen, können auch Aussagen zur Festigkeit des Bauteils getroffen werden. Durch die Werkstoffprüfung ist bekannt, ab welcher im Werkstoff wirkenden Spannung ein Fließen (Übergang von elastischer zur plastischer Deformation) oder ein Riss/Bruch entsteht. Diese werkstoffabhängigen Kennwerte können auch als in einem Bauteil maximal auftretende Spannungen, als sogenannte zulässige Spannungen, bezeichnet werden. Im Allgemeinen sind diese zulässigen Spannungen auch die *Beanspruchbarkeiten* eines Werkstoffes. Werden jetzt den Beanspruchbarkeiten die im Bauteil wirkenden Beanspruchungen gegenübergestellt, lässt sich damit sagen, wie gut das Bauteil den einwirkenden Belastungen standhält. Dieser Vergleich wird auch als Festigkeitsnachweis bezeichnet.

Kinematische Beziehungen: Zusammenhang zwischen Verformungen/Verschiebungen und Verzerrungen.

▶ **Grundgleichungen der Elastostatik**

Statisch bestimmte Tragwerke: die Grundgleichungen können unabhängig voneinander gelöst werden.

Statisch unbestimmte Tragwerke: die Grundgleichungen sind miteinander gekoppelt und müssen gemeinsam gelöst werden.

Die **Elastostatik** hat die Aufgabe, die **Verformungen eines Bauteils** unter Belastung sowie die im Inneren des Bauteils **auftretenden Spannungen** zu bestimmen.

Beanspruchbarkeit: Die zulässigen, vom Werkstoff ertragbaren Spannungen (Werkstoffkennwert).

Die Elastostatik ist das **Bindeglied** zwischen der **Konstruktion** und der **Werkstofftechnik**.

▶ **Grundlegende Aufgaben der Elastostatik**

Durch die Elastostatik werden somit dem Bereich der Konstruktion Berechnungsmethoden an die Hand gegeben, um ein Bauteil auf dessen Festigkeit hin zu berechnen bzw. zu dimensionieren. Dazu werden die Erkenntnisse aus der Werkstoffkunde sowie der Werkstoffprüfung herangezogen. Die Elastostatik ist sozusagen das Bindeglied zwischen der Konstruktion und der Werkstofftechnik, um Bauteile zuverlässig auslegen zu können.

Anhand der vorgestellten Zusammenhänge ergeben sich die drei grundlegenden Aufgaben der Elastostatik:

- *Festigkeitsnachweis*
  Die im Bauteil wirkenden Spannungen (Beanspruchungen) dürfen an keiner Stelle die zulässigen Spannungen (werkstoffabhängigen Beanspruchbarkeiten) überschreiten.
- *Verformungsnachweis*
  Die am Bauteil auftretenden Verformungen dürfen an keiner Stelle die zulässigen Verformungen überschreiten.
- *Stabilitätsnachweis*
  Die maximale Belastung am Bauteil darf eine zulässige kritische Belastung nicht überschreiten, damit ein Stabilitätsversagen (ein plötzliches Versagen des Bauteils ohne Vorankündigung einer Verformung) vermieden wird.

Auf Basis dieser Nachweise lassen sich weitere Aufgabenstellungen ableiten. Hier kann beispielsweise die Frage nach einer minimalen Bauteilgeometrie gestellt werden, wie dies bei Leichtbaukonstruktionen vorkommt. Mithilfe der Elastostatik lassen sich also Bauteile in ihrer Größe dimensionieren, damit die wirkenden Belastungen keine Bauteilschädigungen hervorrufen und das Bauteil seine Funktion stets erfüllen kann.

1.4   Die Modellannahmen der Elastostatik

Mithilfe von Modellannahmen wird die Realität in ein **einfaches mechanisches Modell** überführt, um den Rechenaufwand zu reduzieren.

Um die Aufgaben der Elastostatik mit entsprechenden mathematischen Modellen zu erfassen, sind auch hier (analog zur Stereostatik) wieder bestimmte Modellannahmen notwendig. Diese Modellannahmen bilden die Realität zwar nur eingeschränkt ab, jedoch so viel, dass eine Aussagekraft gegeben ist und auf reale Bauteile zutrifft. Andernfalls würde der Rechenaufwand zur Lösung der Aufgabenstellungen unerträglich hoch werden und den Nutzen einer Berechnung übersteigen.

Die generellen *Modellannahmen der Elastostatik* sind:

- Verformungen sind klein
  Die an einem Bauteil auftretenden Verformungen sind

wesentlich kleiner als die Abmessungen des Bauteils. (Dies kann ein wenig mit der Tragwerkseinteilung aus der Stereostatik verglichen werden. Dort wurde davon ausgegangen, dass bei Seilen, Stäben und Balken die Länge wesentlich größer als die Querschnittsfläche ist.)

- Rein elastische Verformungen und Verzerrungen

  Es wird von rein elastischen Verformungen und Verzerrungen ausgegangen, welche sich komplett wieder zurückbilden, wenn die äußere Belastung weggenommen wird. Plastische Verformungen und Verzerrungen bleiben hierbei unberücksichtigt.

- Verzerrungen und Spannungen sind linear voneinander abhängig

  Beim Elastizitätsgesetz wird von einem linearen Werkstoffverhalten ausgegangen. Die voneinander abhängigen Spannungen und Verzerrungen verhalten sich linear zueinander. Bei einer doppelt so großen Spannung, sind auch die Verzerrungen doppelt so groß.

- Homogenes und isotropes Werkstoffverhalten

  Ein homogener Werkstoff besitzt an jeder Stelle die gleichen Eigenschaften. Bei einem isotropen Werkstoff sind die Werkstoffeigenschaften unabhängig von der Richtung. Beispielsweise kann Stahl annähernd als homogen und isotrop bezeichnet werden, da die Materialeigenschaften überall und entlang jeder Richtung gleich sind. Anders verhält es sich da z. B. bei Holz. Aufgrund der Holzfaser sind die Materialeigenschaften in Richtung der Holzfaser anders als quer dazu.

- *Weiterführende Annahmen für verschiedene Tragwerke und verschiedene Belastungsarten*

  Neben den allgemeinen Modellannahmen werden in den verschiedenen Kapiteln noch weiterführende Annahmen getroffen und vorgestellt, die vom jeweiligen Tragwerk und der am Tragwerk vorliegenden Belastungsart abhängig sind.

Darüber hinaus können für die Aufstellung der bekannten Gleichgewichtsbedingungen drei *Theorien* verschiedener Ordnungen herangezogen werden:

- *1. Ordnung*: Die Gleichgewichtsbedingungen werden am *unverformten* System für *kleine Verformungen* aufgestellt.
- *2. Ordnung*: Die Gleichgewichtsbedingungen werden am *verformten* System für *kleine Verformungen* aufgestellt.
- *3. Ordnung* (*geometrisch nichtlineare Theorie*): Die Gleichgewichtsbedingungen werden am *verformten* System für *große Verformungen* aufgestellt.

In diesem Buch werden wir jedoch ausschließlich die Theorie 1. Ordnung verwenden. Die Theorie 2. Ordnung wird bei der Stabilitätsuntersuchung von elastischen Stäben und damit zur Stabknickung angewendet. Die Theorie 3. Ordnung findet Anwendung bei der Berechnung von Polymeren, wie z. B. der Verformung eines Autoreifens.

1.5   Die Themengebiete der Elastostatik

In ▶ Abb. 1.3 sind die in der Elastostatik behandelten Grundbegriffe und damit auch die in den folgenden Kapiteln enthaltenen Inhalte aufgeführt. Grundsätzlich geht es immer um die Kraftgrößen und deren Zusammenhang zwischen den Verformungsgrößen oder umgekehrt. Schließlich betrachten wir in der Elastostatik verformbare Körper (im Gegensatz zur Stereostatik, wo es sich ausschließlich um Starrkörper handelte). Zudem sind in ▶ Abb. 1.3 auch die Zusammenhänge der Grundgleichungen der Elastostatik wie auch die verschiedenen Begrifflichkeiten enthalten. Wir werden uns, wie gewohnt, nach und nach in den nächsten Kapiteln mit diesen verschiedenen Inhalten im einzelnen auseinandersetzen.

Die *Kapitel 12: Energiemethoden* und *Kapitel 13: Zusammengesetzte Belastungen* sind in dieser Übersicht nicht aufgeführt. Bei den Inhalten von *Kapitel 12* handelt es sich um alternative Berechnungsverfahren, welche anstelle der in den nachfolgenden Kapiteln behandelten Methoden angewendet werden können. In *Kapitel 13* steht die praktische Anwendung der verschiedenen Berechnungsverfahren und Methoden aus allen vorangegangenen Kapiteln im Vordergrund. Hier werden Aufgabenstellungen von zusammengesetzten und kombinierten Belastungen behandelt.

Belastungen
Zug-/Druck
Biegung
Schub
Torsion
Verformungsgrößen
Gleichgewichts-
bedingungen
Schnittgrößen
Normalkraft
Biegemoment
Querkraft
Torsionsmoment
Äquivalenz-
bedingungen
Elastizitäts-
gesetz
Beanspruchungen
Verzerrungen
Normalspannungen
Dehnungen
Zug-/Druckspannungen
Längendehnungen
Wärmespannungen
Wärmedehnungen
Biegespannungen
Biegelinie
Schubspannungen
Gleitungen
durch Querkraft
durch Torsion
Verdrillung
Vergleichsspannungen
Elastostatik
kinematische
Beziehungen
Deformationen
Verformungen
Verschiebungen
Kraftgrößen

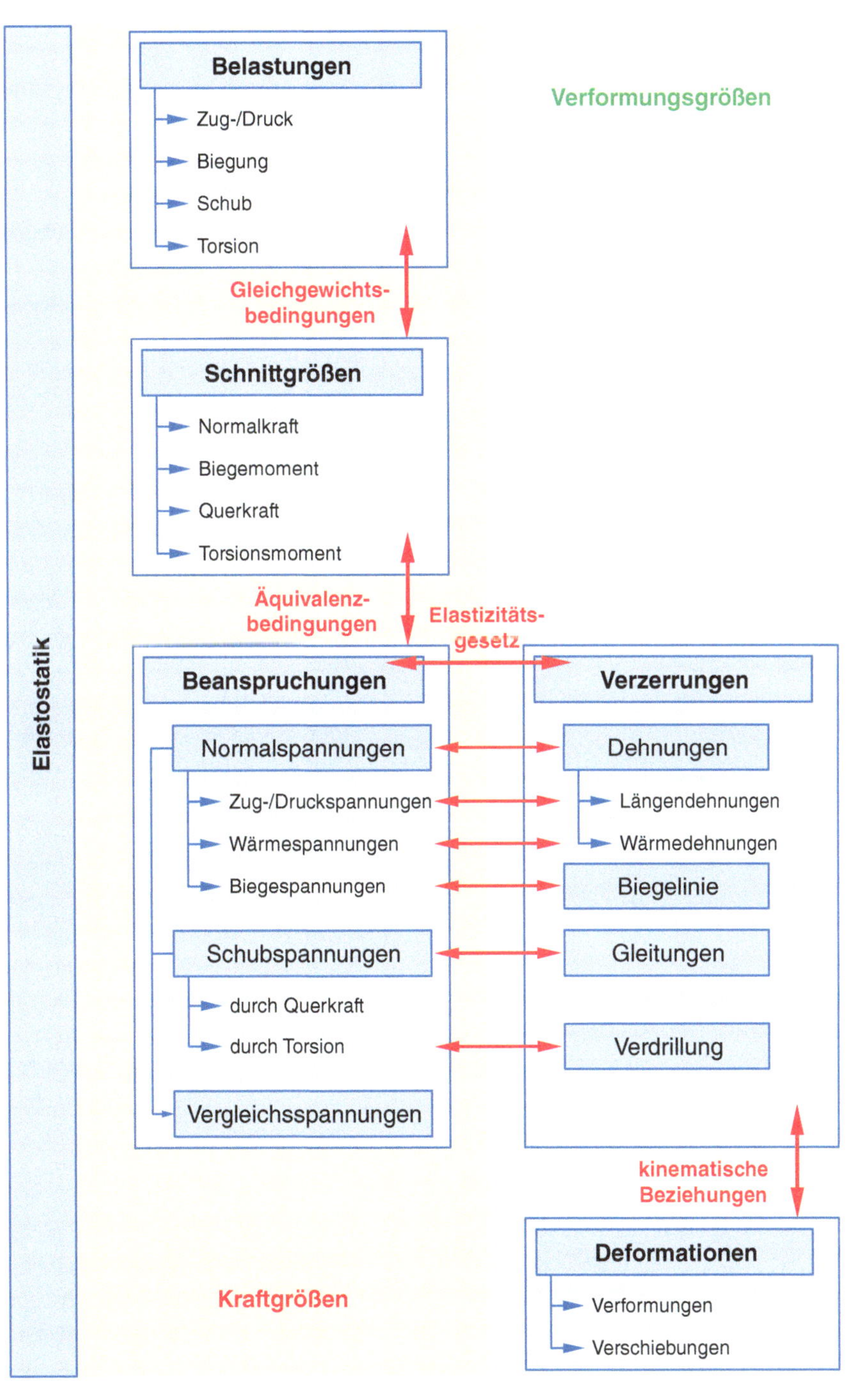

Abb. 1.3

In Kürze

Elastostatik

- Lehre von Deformationen an Körpern infolge der Wirkung von Kräften.
- Dient dazu, eine Bewertung hinsichtlich der Festigkeit eines Bauteils treffen zu können.

Definitionen

- *Belastungen*: Die an einem Bauteil angreifenden äußeren Lasten (eingeprägte Kräfte und Momente).
- *Gleichgewichtsbedingungen*: Zusammenhang zwischen den äußeren Belastungen und den inneren Schnittgrößen.
- *Äquivalenzbedingungen*: Zusammenhang zwischen Schnittgrößen und Spannungen (Beanspruchungen).
- *Spannungen*: Die auf eine Querschnittsfläche bezogenen Schnittgrößen (inneren Kräfte). Einheit: $[\text{N/mm}^2] = [\text{MPa}]$
- *Beanspruchungen*: Die im Inneren eines Bauteils auftretenden Spannungen infolge der äußeren Belastungen.
- *Elastizitätsgesetz*: Zusammenhang zwischen Beanspruchungen und Verzerrungen.
- *Verzerrungen*: Innere, im Bauteil auftretende Dehnungen und Gleitungen.
- *Kinematische Beziehungen*: Zusammenhang zwischen Verzerrungen und Deformationen.
- *Deformationen*: Äußere, am Bauteil sichtbare Verformungen und Verschiebungen infolge der wirkenden Belastungen.

Grundgleichungen der Elastostatik

- *Gleichgewichtsbedingungen*:
  Belastungen → Schnittgrößen
- *Äquivalenzbedingungen*:
  Schnittgrößen → Beanspruchungen
- *Elastizitätsgesetz*:
  Beanspruchungen → Verzerrungen
- *kinematische Beziehungen*:
  Verzerrungen → Deformationen

Aufgaben der Elastostatik

- Festigkeitsnachweis
  Die im Bauteil wirkenden Spannungen (Beanspruchungen) dürfen an keiner Stelle die zulässigen Spannungen (werkstoffabhängigen Beanspruchbarkeiten) überschreiten.
- Verformungsnachweis
  Die am Bauteil auftretenden Verformungen dürfen an keiner Stelle die zulässigen Verformungen überschreiten.
- Stabilitätsnachweis
  Die maximale Belastung am Bauteil darf eine zulässige kritische Belastung nicht überschreiten, damit ein Stabilitätsversagen (ein plötzliches Versagen des Bauteils ohne Vorankündigung einer Verformung) vermieden wird.

Theorien zur Aufstellung der Verformungen

- *1. Ordnung*: Die Gleichgewichtsbedingungen werden am *unverformten* System für *kleine Verformungen* aufgestellt.
- *2. Ordnung*: Die Gleichgewichtsbedingungen werden am *verformten* System für *kleine Verformungen* aufgestellt.
- *3. Ordnung* (*geometrisch nichtlineare Theorie*): Die Gleichgewichtsbedingungen werden am *verformten* System für *große Verformungen* aufgestellt.

2 Belastungs- und Spannungsarten

© Springer Fachmedien Wiesbaden GmbH, ein Teil von Springer Nature 2019
C. Spura, *Technische Mechanik 2. Elastostatik*,
https://doi.org/10.1007/978-3-658-19979-1_2

In diesem Kapitel beschäftigen wir uns mit den grundlegenden Belastungsarten, denen ein Körper unterworfen werden kann. Mit diesen verschiedenen Belastungsarten ergeben sich entsprechende Spannungsarten, welche im Inneren des Körpers wirken und eine Materialbeanspruchung hervorrufen.

Im ersten Band haben wir Bauteile zu einheitlichen Modellen, den sogenannten Tragwerken (*Band 1: Kapitel 6: Lagerreaktionen*), vereinfacht. Jedes Tragwerk hatte dabei bestimmte Eigenschaften und kann auf bestimmte Art und Weise belastet werden. Vereinfachen wir die Art der Belastung, so erhalten wir die folgenden fünf *Grundbelastungsarten*, denen ein Tragwerk bzw. Bauteil ausgesetzt sein kann:

▶ **Grundbelastungsarten**

- Zug
- Druck
- Biegung
- Schub (Abscherung)
- Torsion

Die Grundbelastungsarten hängen von der Wirkungsrichtung und der Position der angreifenden Kraft ab.

In diesem Kapitel wollen wir uns in Kürze mit den Grundbelastungsarten sowie den damit verbundenen Beanspruchungen (Spannungen) im Inneren von Bauteilen beschäftigen. Die detaillierte Auseinandersetzung mit den einzelnen Spannungsarten folgt in den entsprechenden Kapitel im weiteren Verlauf dieses Buchs.

Die folgende Betrachtung der verschiedenen Belastungs- und Spannungsarten wollen wir jeweils an einem geraden Balken vornehmen. Beim Balken sind die Querschnittabmessungen klein, im Vergleich zur Balkenlänge.

2.1   Zug

Reiner Zug bzw. eine *reine Zugbeanspruchung* tritt in geraden Balken auf, wenn:

- bei einem *symmetrischen Querschnitt* die Belastung zentrisch in Balkenlängsrichtung wirkt,
- bei *nicht symmetrischem Querschnitt* die Belastung durch den Flächenschwerpunkt geht.

Eine reine Zugbeanspruchung ist in ▶ Abb. 2.1 dargestellt. Typische Bauteile, bei denen solche eine reine Zugbeanspruchung auftritt, sind z. B. Schrauben oder auch Seile.

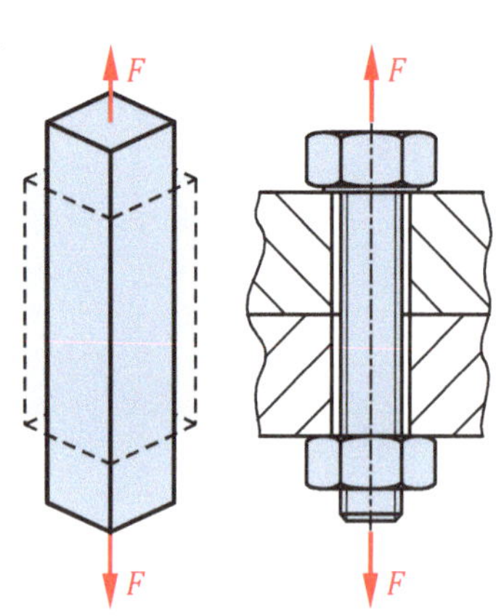

Abb. 2.1

Um die im Inneren eines auf Zug beanspruchten Balkens mit Kreisquerschnitt A auftretenden Zugspannungen (Beanspruchungen) zu bestimmen, schneiden wir den Balken irgendwo durch, siehe ▸ Abb. 2.2. Diese Vorgehensweise kennen wir noch als Freischneiden und als Bestimmung von Schnittgrößen (Hinweis: *actio = reactio*).

Die von außen auf den Balken wirkende Zugkraft F_z (Index "z" für Zug) verursacht im Inneren des Balkens eine entsprechende Normalkraft N (Schnittgröße). Da eine Spannung nichts anderes als eine auf eine Fläche bezogene Kraft ist, können wir die Normalkraft N auf die kreisrunde Querschnittsfläche A des Balkens beziehen. Damit erhalten wir die im Balken wirkende Zugspannung σ_z aufgrund der angreifenden Kraft F_z:

$$\sigma_z = \frac{N}{A} = \frac{F_z}{A} \tag{2.1}$$

Hier wird deutlich, dass die Zugspannung σ_z von der Normalkraft N abhängig ist. Daher wird die Zugspannung auch als *Normalspannung* bezeichnet und mit dem griechischen Buchstaben σ (sigma) geschrieben. Da die Normalkraft N auf die Querschnittsfläche A bezogen wird, ergibt sich für die Spannung σ die Einheit [N/mm²][3]. Zudem wirkt die Zugspannung nur in eine Koordinatenrichtung, weshalb dies auch als *einachsige Beanspruchung* definiert wird.

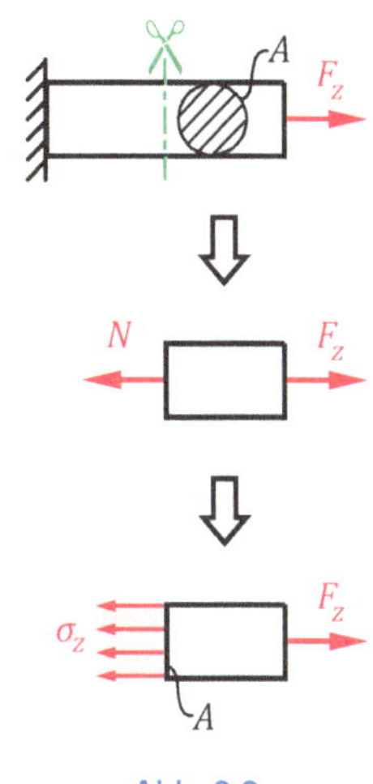

Abb. 2.2

▸ **Normalspannungen** werden mit dem griech. Buchstaben σ geschrieben.

2.2 Druck

Reiner Druck bzw. eine *reine Druckbeanspruchung* tritt in geraden Balken auf, wenn:

- bei einem *symmetrischen Querschnitt* die Belastung zentrisch in Balkenlängsrichtung wirkt,
- bei *nicht symmetrischem Querschnitt* die Belastung durch den Flächenschwerpunkt geht.

Die Druckbeanspruchung ist also die Umkehrung der Zugbeanspruchung. In ▸ Abb. 2.3 ist eine reine Druckbeanspruchung dargestellt. Typische Bauteile, bei denen eine reine Druckbeanspruchung auftritt sind z. B. Pleuel in Verbrennungsmotoren, Kolbenstangen in Hydraulikzylindern oder auch Stützen.

Aufgrund der Tatsache, dass die reine Druckspannung die Umkehrung der reinen Zugspannung ist, handelt es sich hierbei ebenfalls um eine *einachsige Beanspruchung*.

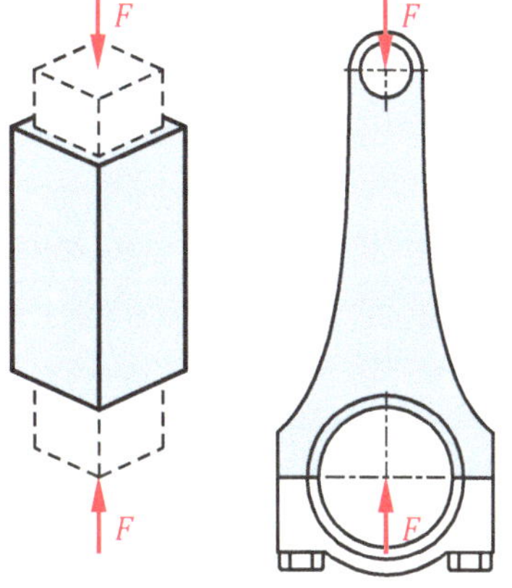

Abb. 2.3

---

[3] Anstatt [N/mm²] kann auch die Einheit [MPa] verwendet werden: 1 MPa = 1 N/mm². Die Einheit PASCAL wurde nach Blaise PASCAL (1623–1662), franz. Mathematiker, Physiker, Philosoph, benannt.

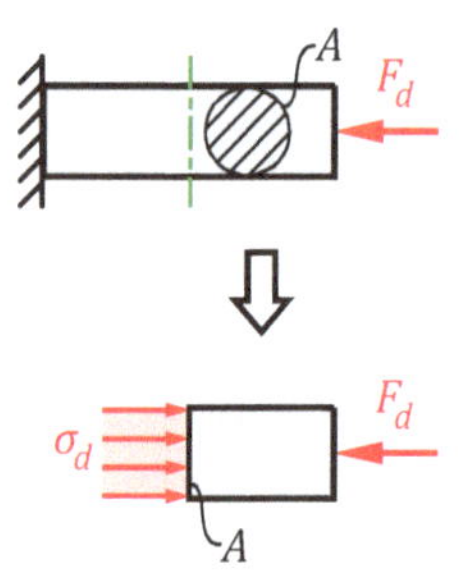

Abb. 2.4

▶ **Druckspannungen** haben ein **negatives Vorzeichen**.

Die Ermittlung der Druckspannung können wir wieder mithilfe des Freischneidens und der Schnittgrößen durchführen. Den durch die Druckkraft F_d (Index "d") belasteten Balken mit der Querschnittsfläche A in ▶ Abb. 2.4 schneiden wir an einer beliebigen Stelle durch. Da an dem geschnittenen Balkenstück Kräftegleichgewicht herrschen muss, können wir die Druckspannung analog der Zugspannung bestimmen:

$$\sigma_d = -\frac{F_d}{A} \tag{2.2}$$

Das negative Vorzeichen in Gleichung (2.2) kommt daher, dass Druckspannungen im Allgemeinen mit einem negativen Vorzeichen geschrieben werden. Dies resultiert zum einen anhand der negativen Normalkraft beim Aufstellen des Kräftegleichgewichts der Schnittgrößen. Zum anderen hatten wir in *Band 1 (Kapitel 8: Fachwerke)* die Konvention, dass Zugkräfte immer positiv und Druckkräfte negativ definiert sind. Dies werden wir im weiteren Verlauf dieses Buchs auch beibehalten, sodass Druckspannungen ein negatives Vorzeichen besitzen.

2.3 Biegung

Eine Biegung tritt immer dann auf, wenn im Inneren eines Bauteils ein Biegemoment M (Schnittgröße) wirkt. Im Allgemeinen ist dies der Fall, wenn äußere Kräfte (oder auch Streckenlasten) senkrecht zur Balkenachse und/oder äußere Momente wirken, siehe ▶ Abb. 2.5. Der Balken erfährt durch das wirkende Biegemoment eine Krümmung.

Die Biegung für sich genommen kann in zwei Kategorien eingeteilt werden:

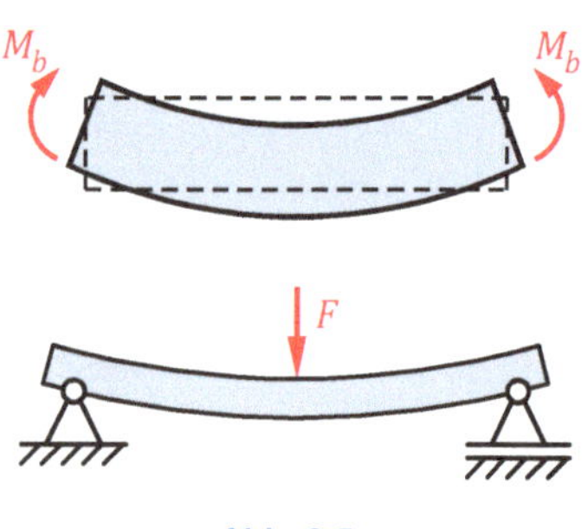

Abb. 2.5

- Gerade Biegung (einachsige Biegung): tritt auf, wenn der Balken um ausschließlich eine Koordinatenachse gebogen wird, siehe ▶ Abb. 2.5,
- Schiefe Biegung (zweiachsige Biegung): hierbei wird der Balken um mindestens zwei Koordinatenachsen gebogen, siehe ▶ Abb. 2.10c).

Es gibt noch weitere Kriterien, die bei der Unterscheidung in gerade und schiefe Biegung beachtet werden müssen. Näheres folgt in Kapitel 9 zur Balkentheorie. Bei diesem ersten Kennenlernen der Biegung soll uns jedoch diese kurze Unterscheidung vorerst ausreichen.

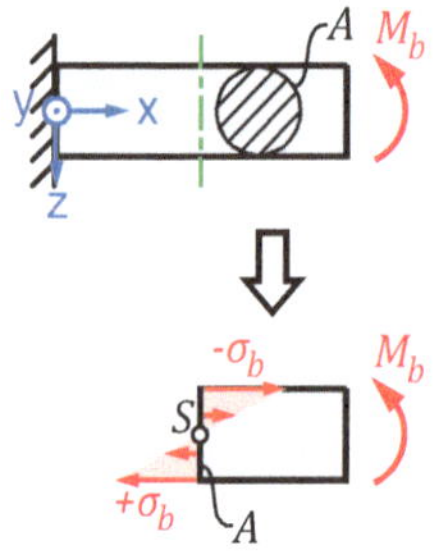

Wenden wir wieder das Freischneiden auf den in ▶ Abb. 2.6 dargestellten Balken an, ergibt sich als Schnittgröße nur das Biegemoment M. Infolge dieses Biegemoments und der damit einhergehenden Krümmung des Balkens (siehe ▶ Abb. 2.5) stellt sich ein linearer Spannungsverlauf entlang der Balken-

Abb. 2.6

höhe ein. Der Spannungsverlauf (Index "b" für Biegung) lässt sich recht einfach nachvollziehen. Wird der Balken, wie in ▶ Abb. 2.6 dargestellt, in eine Richtung gekrümmt, wird das Material auf der Innenseite der Krümmung zusammengestaucht und auf der Außenseite der Krümmung auseinandergezogen. Somit müssen auf der einen Balkenseite Druck- und auf der anderen Seite Zugspannungen herrschen. Im Schwerpunkt S des Balkenquerschnitts existiert eine Stelle, in welcher keine Spannung herrscht. Diese Stelle wird auch als *neutrale Faser* bezeichnet, da hier der Nulldurchgang der Spannung stattfindet. Den Begriff der neutralen Faser werden wir später noch einmal aufgreifen und vertiefen. Darüber hinaus ist die Biegespannung auch eine Normalspannung, da sie in Balkenlängsrichtung wirkt. Im Grunde ist die Biegespannung eine aus einer Zug- und Druckspannung zusammengesetzte Spannung.

Obwohl sich der Verlauf der Biegespannung σ_b linear entlang der Balkenhöhe verhält, interessieren wir uns im Allgemeinen vorrangig für die max. auftretende Biegespannung. Die max. Biegespannung tritt, aufgrund der Linearität, an der Oberfläche des Balkens (Ober- oder Unterseite) mit dem größten Abstand zur neutralen Faser auf. Dies kann, je nach Querschnittsprofil die Ober- oder Unterseite des Balkens sein. Die Berechnung der max. auftretenden Biegespannung $\sigma_{b,max}$ kann mit folgender Gleichung bestimmt werden:

$$\sigma_{b,max} = \frac{M_b}{W_y} \tag{2.3}$$

Darin ist W_y das Widerstandsmoment des Balkenprofils bzw. des Balkenquerschnitts. Aus unserer Erfahrung wissen wir, dass das Biegen eines normalen Lineals recht einfach geht, wenn wir das Lineal um die flache Seite biegen. Versuchen wir dagegen das Lineal um die schmale Seite (also hochkant) zu biegen, ist dies nicht möglich. Betrachten wir das Lineal als Balken, können diesen Zusammenhang auch auf beliebige Querschnittsprofile verallgemeinern. Die Möglichkeit, einen Balken zu verbiegen, hängt entscheidend vom Balkenquerschnittsprofil ab. Somit wird auch recht schnell deutlich, dass die im Balken auftretende Biegespannung ebenfalls vom Querschnittsprofil abhängt. In ▶ Abb. 2.8 sind einige Beispiele für verschiedene Balkenprofile aufgeführt. Es ist einleuchtend, dass die verschiedenen Profile einen unterschiedlichen Widerstand gegen ein Verbiegen aufweisen. Mit dem Widerstandsmoment W_y wird dieses Verhalten berücksichtigt.

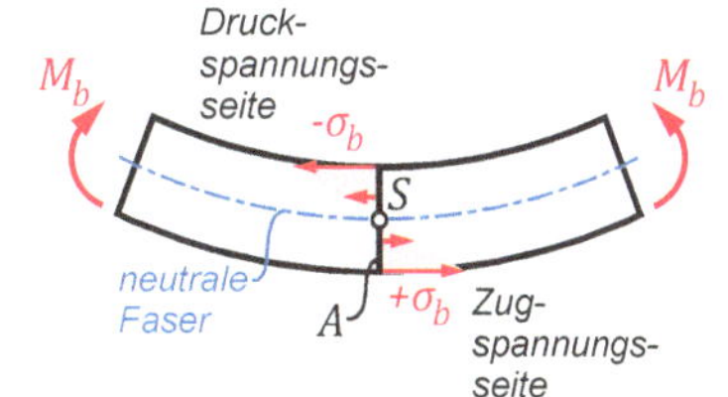

Abb. 2.7

▶ Eine **Biegespannung** wirkt in Balkenlängsrichtung und ist somit eine **Normalspannung**.

▶ Die **max. Biegespannung** tritt an der Seite des Balkens auf, welche den **größten Abstand zur neutralen Faser** besitzt.

max. Biegespannung bei gerader Biegung

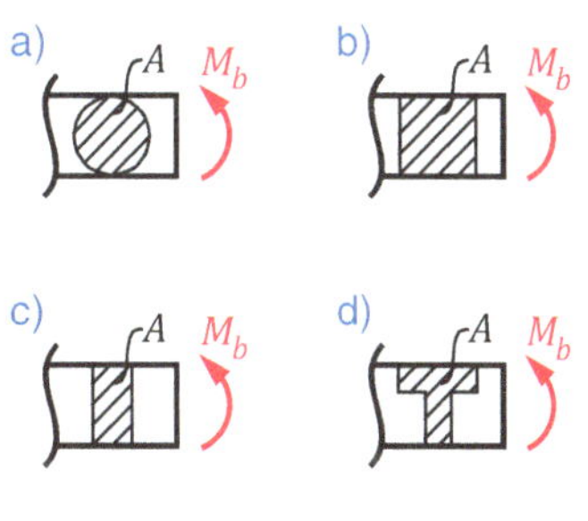

Abb. 2.8

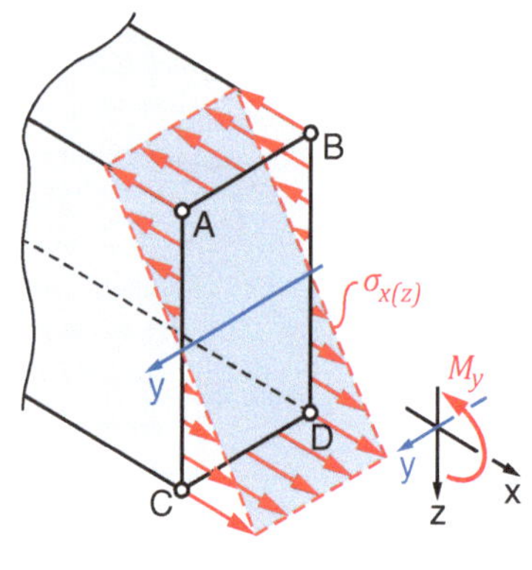

Abb. 2.9

Zudem haben wir gerade erwähnt, dass die Biegung in eine gerade und schiefe Biegung eingeteilt werden kann. Schauen wir uns dazu den Balken mit Rechteckquerschnitt in ▶ Abb. 2.9 an. Wird dieser Balken mit einem Biegemoment M_y (wirkt um die y-Achse) belastet, tritt im Inneren des Balkens eine Biegespannung $\sigma_{x(z)}$ auf, welche in x-Richtung wirkt und eine Abhängigkeit von der Balkenhöhe (z-Richtung) besitzt. Hier handelt es sich um eine *gerade Biegung*, da das Biegemoment M_y nur um eine einzige Achse wirkt.

Demgegenüber ist in ▶ Abb. 2.10c) der gleiche Balken mit einer *schiefen Biegung* dargestellt. Solch eine schiefe Biegung kann dabei als Superposition (Überlagerung) von zwei geraden Biegungen gesehen werden. Bedeutet also, dass zusätzlich zur geraden Biegung um die y-Achse (▶ Abb. 2.10a), Biegemoment M_y, Biegespannung $\sigma_{x(z)}$) der Balken mit einer weiteren geraden Biegung um die z-Achse (▶ Abb. 2.10b), Biegemoment M_z, Biegespannung $\sigma_{x(y)}$) belastet wird. Somit wird auch deutlich, warum die Biegespannung $\sigma_{(x,y,z)}$ der schiefen Biegung in ▶ Abb. 2.10c) von der Balkenhöhe in y- und z-Richtung abhängt.

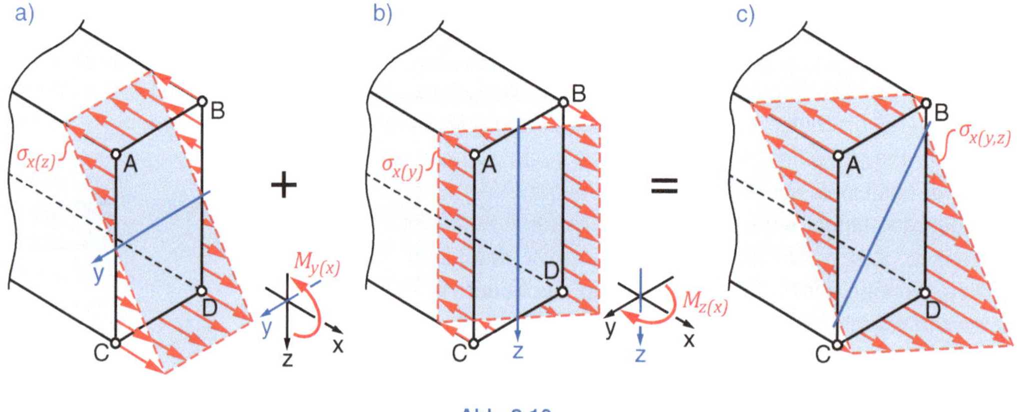

Abb. 2.10

Die Biegespannung $\sigma_{x(y,z)}$ der schiefen Biegung kann dabei für das rechteckige Balkenprofil mit folgender Gleichung berechnet werden:

$$\sigma_{x(y,z)} = \frac{M_y}{W_y} - \frac{M_z}{W_z}$$

(2.4)

2.4 Schub (Scherung)

Eine *Schubbeanspruchung* in Form einer Abscherung tritt, wie der Name schon sagt, immer dann auf, wenn eine Scherbewegung vorliegt und der entsprechende Körper bzw. das Bauteil in ein Parallelogramm verformt wird, siehe ▶ Abb. 2.11. Typische Bauteile sind z. B. Nieten, Bolzen, Passschrauben sowie Kleb- und Schweißverbindungen. Des Weiteren tritt eine Schubbeanspruchung beim Stanzen oder Schneiden von Blechen auf.

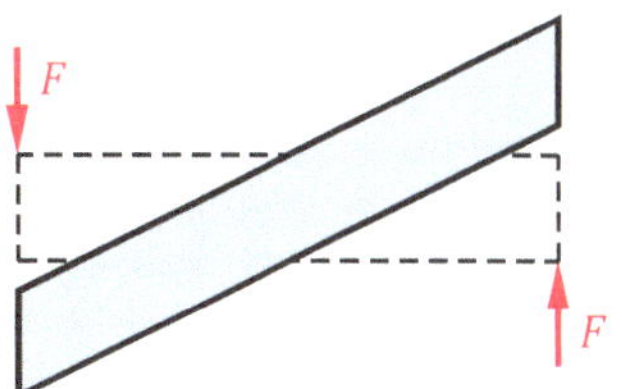

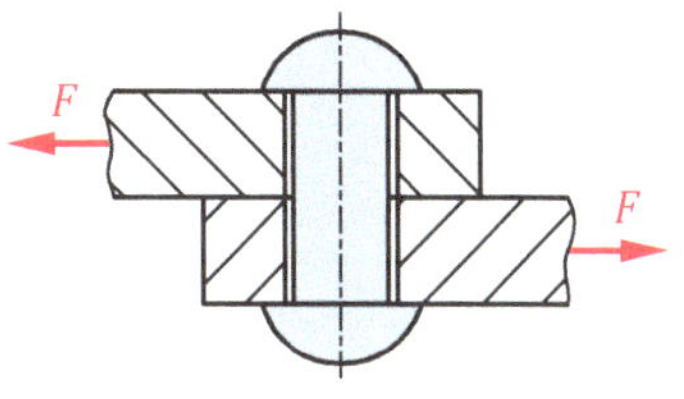

Abb. 2.11

Zudem stellt sich an diesen Beispielen heraus, dass die Schubspannung aufgrund einer wirkenden Kraft in Querkraftrichtung entsteht. Wenn wir dies einmal weiterverfolgen wollen, betrachten wir dazu den Balken in ▶ Abb. 2.12. Der dargestellte Balken wird mit einer Querkraft F_q belastet. Schneiden wir den Balken an einer beliebigen Stelle, wären wir am negativen Schnittufer, wodurch die dort auftretende Querkraft Q_z nach oben wirken muss. Beziehen wir, wie zuvor bei der Zug- und Druckspannung, die Schnittgröße der Querkraft Q_z auf die Querschnittsfläche A des Balkens, so erhalten wir die auf die Querschnittsfläche bezogene *mittlere Schubspannung*:

$$\tau_m = \frac{Q_z}{A} = \frac{F_q}{A} \tag{2.5}$$

Diese Schubspannung wird als mittlere Schubspannung (Index "m") bezeichnet, da hier die Querkraft Q_z gleichmäßig auf die Querschnittsfläche A verteilt wird. Zudem wirkt die Schubspannung senkrecht zur Balkenlängsrichtung, wodurch die Schubspannung ganz allgemein mit dem griechischen Buchstaben τ geschrieben wird. Dies kommt daher, dass die Schubspannung innerhalb der Schnittfläche liegt (in *Band 1* hatten wir dies beim Freischneiden in *Kapitel 2.5* bei der Reibung am Sneaker kennengelernt) und somit eine *Tangentialspannung* ist.

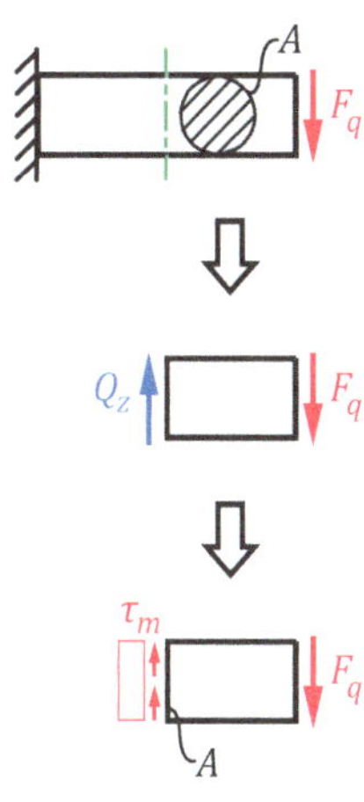

Abb. 2.12

▶ **Tangentialspannungen** werden mit dem griech. Buchstaben τ geschrieben.

Wird die Schubspannung τ_m gleichmäßig auf die Schnittfläche A bezogen, muss zwangsweise an der Ober- und Unterseite des Balkens in ▶ Abb. 2.12 eine Schubspannung wirken. Wenn aber auf der Ober- wie auch Unterseite des Balkens keine Kräfte wirken, dürfen hier auch keine Spannungen auftreten. Somit ist die Annahme einer gleichmäßig verteilten Schubspannung τ_m nicht ganz der Realität entsprechend.

▶ **Tangentialspannungen sind Schubspannungen.**

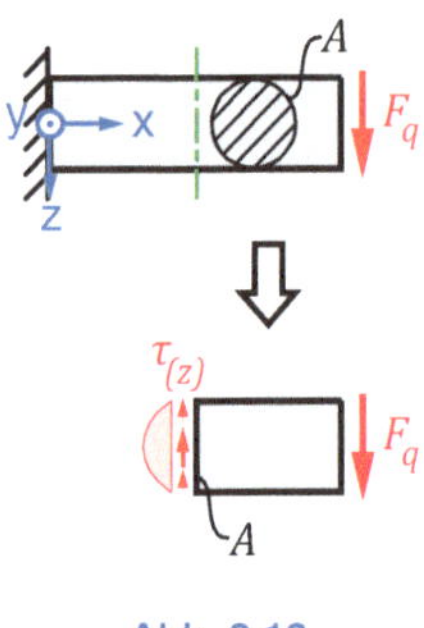

Abb. 2.13

An einem realen Balken dürfen an dessen Oberfläche keine Schubspannungen auftreten. Dies ist nur dann der Fall, wenn auch eine äußere Kraft an der Oberfläche wirkt. Somit muss die reale Schubspannungsverteilung eine Abhängigkeit von der Balkenhöhenkoordinate (z-Koordinate) besitzen. In ▶ Abb. 2.13 ist die reale Schubspannungsverteilung $\tau_{(z)}$ auf der Querschnittsfläche A dargestellt. Die entsprechende Herleitung für diese sich ergebende Schubspannungsverteilung $\tau_{(z)}$ werden wir in *Kapitel 10* behandeln. Die zugehörige Berechnung der realen Schubspannung lautet:

$$\tau_{(z)} = \frac{Q_z}{I_y \cdot b_{(z)}} \cdot S_{y(z)} \tag{2.6}$$

Darin sind Q_z die Querkraft an der Schnittstelle (Schnittgröße), I_y das Flächenträgheitsmoment der Querschnittsfläche, $b_{(z)}$ die Breite des Balkenprofils in y-Richtung an der betrachteten Balkenhöhe (z-Koordinate) und $S_{y(z)}$ das statische Moment der Restfläche des Querschnitts. Die genaue Bedeutung all dieser Größen werden wir im weiteren Verlauf dieses Buchs noch kennenlernen.

Des Weiteren wird sich der Balken in ▶ Abb. 2.13, durch die angreifende Querkraft F_q, auch noch verformen. Bedeutet also, dass ein Balken neben einem angreifenden äußeren Moment M_b, auch durch eine äußere angreifende Querkraft F_q verformt werden kann. Die Verformung durch eine Querkraft F_q wird auch als *Biegung infolge Querkraftschub* bezeichnet. Die entsprechende Berechnung der Verformung werden wir ebenfalls in *Kapitel 10* behandeln.

Die **Verformung** eines Balkens aufgrund einer **angreifenden Querkraft** wird als *Biegung infolge Querkraftschub* bezeichnet.

2.5   Torsion

Bei einer *Torsionsbelastung* wirkt ein äußeres Torsionsmoment T um die Längsachse eines Bauteils, siehe ▶ Abb. 2.14. Dabei wird das Bauteil um seine Längsachse verdreht. Im Allgemeinen wird hier auch von einer schraubenlinienförmigen Verdrehung der äußeren Mantelfläche des belasteten Bauteils gesprochen. Typische Bauteile, die eine Torsionsbeanspruchung erfahren, sind z. B. Schrauben beim Anziehen, Spindeln und Antriebswellen in Maschinen und Fahrzeugen.

Zudem wird die Bestimmung der Torsionsbeanspruchung im Inneren des Bauteils anhand des Querschnitts unterteilt:

- Kreisförmige Querschnitte
- Dünnwandige Querschnitte
- Nicht-kreisförmige Querschnitte

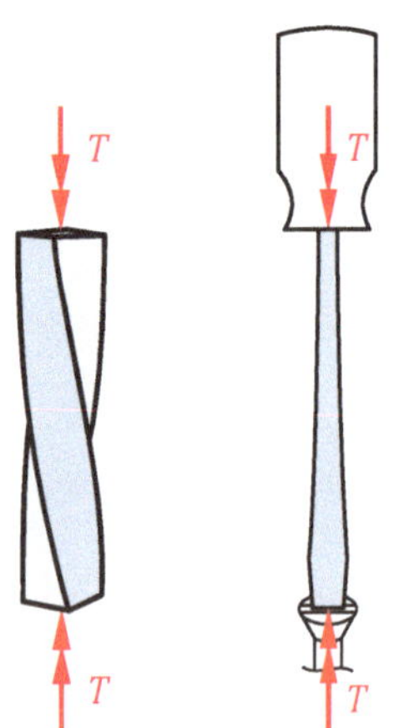

Abb. 2.14

Bei den nicht-kreisförmigen Querschnitten gelten andere Gesetzmäßigkeiten als bei kreisförmigen Querschnitten. Werden nicht-kreisförmige Querschnitte auf Torsion belastet, kommt es neben der schraubenlinienförmigen Verdrehung zu einer zusätzlichen Verwölbung der Querschnittsfläche. Da die zugehörige ST. VENANT'sche[4] Torsionstheorie sehr komplex ist, werden wir darauf verzichten und uns in *Kapitel 11: Torsion* auf kreisförmige Querschnitte sowie einige ausgewählte Sonderfälle beschränken.

Für die Bestimmung der Torsionsbeanspruchung eines kreisförmigen Querschnitts betrachten wir den Balken in nebenstehender ▶ Abb. 2.15. Schneiden wir den Balken an einer beliebigen Stelle, wirkt im Inneren des Balkens als Schnittgröße das Torsionsmoment T (wir können diese Schnittgröße auch als M_x bezeichnen: Moment um die x-Achse). Aufgrund der Verdrehung des Balkens (siehe auch ▶ Abb. 2.14) besitzt die wirkende Torsionsspannung τ_t (Tangentialspannung) eine Abhängigkeit vom Schwer- bzw. Mittelpunkt der Kreisfläche. Je größer der Abstand vom Schwerpunkt nach außen ist, desto größer ist auch die wirkende Torsionsspannung τ_t. Die Berechnung der max. auftretenden Torsionsspannung $\tau_{t,max}$ kann mit folgender Gleichung bestimmt werden:

$$\tau_{t,max} = \frac{T}{W_t} \tag{2.7}$$

Darin ist W_t das Torsionswiderstandsmoment des Balkenquerschnitts. Dieses Torsionswiderstandsmoment kann analog zum Widerstandsmoment W_y der Biegung betrachtet werden. In Abhängigkeit der Querschnittsfläche gibt es auch einen Widerstand der Querschnittsfläche gegen Torsion.

Der entsprechende *Verdrehwinkel*, um den sich der Balken durch das angreifende Torsionsmoment T verdreht, ist anhängig von der Länge l des Balkens und kann mit folgender Gleichung berechnet werden:

$$\vartheta = \frac{T \cdot l}{G \cdot I_t} \tag{2.8}$$

Darin beschreibt G den Schubmodul und I_t das Torsionsträgheitsmoment des Balkens. Der Schubmodul G ist eine Werkstoffkenngröße und beschreibt die linear-elastische Verformung eines Bauteils. Das Torsionsträgheitsmoment I_t ist eine geometrische Größe und beschreibt das Verformungsverhalten einer Querschnittsfläche bei einer Torsionsbeanspruchung.

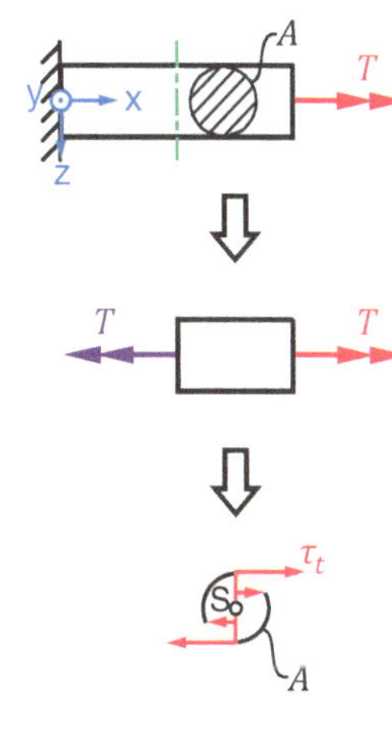

Abb. 2.15

max. Torsionsspannung

Verdrehwinkel

---

[4] Adhémar Jean Claude Barré de SAINT-VENANT (1797–1886), franz. Ingenieur, Mathematiker, Physiker

In Kürze

Ein Bauteil kann den folgenden fünf Grundbelastungsarten ausgesetzt sein:

Zug (*Normalspannung*)

- Reiner Zug tritt bei einer ziehenden Belastung in Längsrichtung auf. Typische Bauteile sind z. B. Schrauben oder Seile.
- Die im Bauteil wirkende Zugspannung $\sigma_{(x)}$ in x-Richtung aufgrund einer äußeren angreifenden Kraft F:

$$\sigma_{(x)} = \frac{F}{A}$$

Druck (*Normalspannung*)

- Reiner Druck tritt bei einer drückenden Belastung in Längsrichtung auf. Typische Bauteile sind z. B. Pleuel in Verbrennungsmotoren, Kolbenstangen in Hydraulikzylindern oder Stützen.
- Die im Bauteil wirkende Druckspannung $\sigma_{(x)}$ in x-Richtung aufgrund einer äußeren angreifenden Kraft F:

$$\sigma_{(x)} = \frac{F}{A}$$

Biegung (*Normalspannung*)

- Eine Biegung kann als *gerade* (einachsige Biegung) oder *schiefe Biegung* (zweiachsige Biegung) auftreten.
- Auf der Krümmungsinnenseite treten Druckspannungen und auf der Krümmungsaußenseite Zugspannungen auf.
- Die im Bauteil auftretende max. Biegespannung $\sigma_{(x),max}$ (in x-Richtung) aufgrund eines äußeren angreifenden Moments M:

gerade Biegung:

$$\sigma_{(x),max} = \frac{M_b}{W_y}$$

schiefe Biegung:

$$\sigma_{x(y,z)} = \frac{M_y}{W_y} - \frac{M_z}{W_z}$$

Schub (*Schubspannung*)

- Eine Schubbeanspruchung tritt immer dann auf, wenn Querkräfte wirken.
- Typische Bauteile sind z. B. Nieten, Bolzen, Passschrauben sowie Kleb- und Schweißverbindungen.
- Wird die von außen angreifende Querkraft F auf die Querschnittsfläche bezogen, ergibt dies die mittlere Schubspannung τ_m:

$$\tau_m = \frac{F}{A}$$

- Die reale Schubspannungsverteilung $\tau_{(z)}$ ist dagegen quadratisch entlang der Querschnitthöhenkoordinate z verteilt:

$$\tau_{(z)} = \frac{Q_z}{I_y \cdot b_{(z)}} \cdot S_{y(z)}$$

- Durch die von außen angreifende Querkraft F entsteht auch eine Biegeverformung des Bauteils, welche als *Biegung infolge Querkraftschub* bezeichnet wird.

Torsion (*Schubspannung*)

- Eine Torsionsspannung tritt auf, wenn ein Bauteil durch ein äußeres Torsionsmoment T um seine Längsachse verdreht wird.
- Typische Bauteile sind z. B. Schrauben, Spindeln und Antriebswellen in Maschinen und Fahrzeugen.
- Die in einem kreisförmigen Bauteil auftretende max. Torsionsspannung $\tau_{t,max}$ aufgrund eines äußeren Torsionsmoments T:

$$\tau_{t,max} = \frac{T}{W_t}$$

- Der Verdrehwinkel, um den sich das Bauteil um seine Längsachse verdreht:

$$\vartheta = \frac{T \cdot l}{G \cdot I_t}$$

3 Spannungszustand

© Springer Fachmedien Wiesbaden GmbH, ein Teil von Springer Nature 2019

C. Spura, *Technische Mechanik 2. Elastostatik*,

https://doi.org/10.1007/978-3-658-19979-1_3

Durch die von außen an einem Bauteil angreifende Belastung entsteht im Inneren des Bauteils ein bestimmter Spannungszustand. Dieser Spannungszustand ist von der äußeren Belastung, dem Ort des betrachteten Schnittes im Bauteil sowie vom Winkel des betrachteten Schnittes abhängig. Zudem können im Spannungszustand alle Arten von Spannungen enthalten sein. Der Spannungszustand als solches wird anhand seiner Dimension eingeteilt. Folgende Spannungszustände sind daher möglich: eindimensionaler, ebener und räumlicher Spannungszustand.

Treten gleichzeitig **Kräfte und Momente** auf, handelt es sich um eine *zusammengesetzte Belastung*.

Infolge einer äußeren Belastung auf einen Körper oder ein Bauteil treten im Inneren immer Spannungen auf. In *Kapitel 2* haben wir gesehen, dass es generell nur zwei Arten von Spannungen gibt: Normal- und Schubspannungen. Im Allgemeinen kann die äußere Belastung jedoch nicht nur aus einer Kraft oder einem Moment, sondern auch aus mehreren gleichzeitig wirkenden Kräften und Momenten bestehen. Wenn nun mehrere äußere Kräfte und Momente ein Bauteil belasten, wird dies auch als *zusammengesetzte Belastung* bezeichnet. Tritt eine zusammengesetzte Belastung nun auf, müssen dementsprechend auch gleichzeitig Normal- und Schubspannungen im Inneren des Bauteils wirken und es entsteht ein sogenannter *Spannungszustand*. Der Begriff Spannungszustand bezeichnet dabei die Gesamtheit aller an einem bestimmten Punkt im Inneren des Bauteils auftretenden Spannungen. Diesen vorliegenden Spannungszustand können wir mithilfe des Freischneidens an jedem einzelnen Punkt des Bauteils und unter jedem beliebigen Winkel untersuchen. Der Spannungszustand ist damit von der äußeren Belastung, dem Ort des Schnittes (also an welcher Stelle wir das Bauteil schneiden), und dem Winkel, unter dem wir geschnitten haben abhängig.

Spannungszustand: Gesamtheit aller an einem bestimmten Punkt im Inneren des Bauteils auftretende **Spannungen** (Normal- und Schubspannungen).

3.1 Allgemeine Definition

Zur besseren Veranschaulichung eines Spannungszustands schauen wir uns einmal den Balken in ▶ Abb. 3.1a) an.

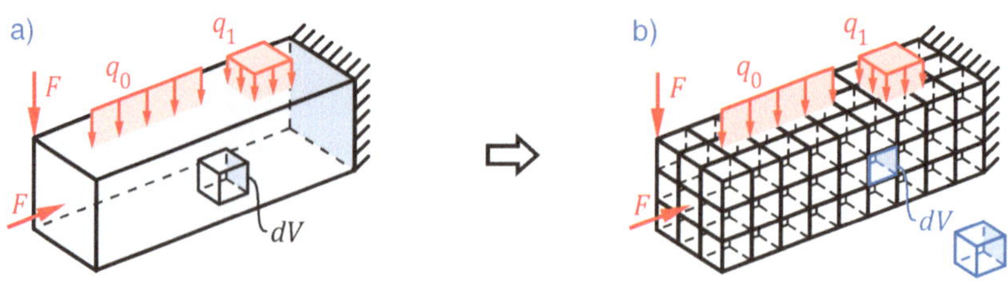

Abb. 3.1

Der Balken wird durch zwei Einzelkräfte F sowie einer Strecken- q_0 und einer Flächenlast q_1 belastet. Um nun den Spannungszustand innerhalb des Balkens an nur einem einzigen Punkt zu betrachten, zerlegen wir den Balken in infinitesimal (unendlich) kleine Würfel, die das Volumen dV besitzen, siehe ▶ Abb. 3.1b). Diese Vorgehensweise haben wir schon im ersten Band in *Kapitel 5: Schwerpunkt* angewendet (das war die Sache mit dem Keks und den Krümeln).

Bisher wissen wir, dass es Normal- und Schubspannungen gibt. Normalspannungen wirken immer senkrecht (also normal) auf unserer Schnittfläche und Schubspannungen wirken innerhalb der Schnittfläche. Dementsprechend können wir als ganz allgemeinen Fall diese beiden Spannungsarten an unser infinitesimales Würfelelement dV (Kantenlängen: dx, dy, dz) antragen. Dabei stehen die Normalspannungen σ senkrecht und die Schubspannungen τ liegen in den Würfelflächen, siehe ▶ Abb. 3.2. Damit wir die Richtungen der einzelnen Spannungen nicht verwechseln, verwenden wir die folgende, in der Technischen Mechanik einheitliche Indizierung:

- 1. Index: Richtung der Senkrechten auf der Schnittfläche
- 2. Index: Wirkrichtung der Spannung

Die Normalspannung müssten wir also eigentlich mit einem Doppelindex (σ_{xx}, σ_{yy}, σ_{zz}) schreiben. Da jedoch die Normalspannung die gleiche Wirkrichtung wie die Senkrechte (Normale) auf der Schnittfläche besitzt, geben wir hier nur die Wirkrichtung der Normalspannung mit einem einzigen Index an:

$$\sigma_{xx} = \sigma_x$$
$$\sigma_{yy} = \sigma_y \qquad (3.1)$$
$$\sigma_{zz} = \sigma_z$$

Die Schubspannung dagegen wird mit der entsprechenden Indizierung geschrieben. Bedeutet also, dass beispielsweise die Schubspannung τ_{xy} auf der Schnittfläche liegt, welche eine Normale in x-Richtung besitzt und die Schubspannung selbst in y-Richtung wirkt. Ähnlich wie bei den Schnittgrößen, gibt es auch für die Spannungen eine Vorzeichenkonvention:

Positive Spannungen zeigen an einem positiven Schnittufer in die positiven Koordinatenrichtungen.

Durch diese Vorgehensweise erhalten wir also den ganz allmeinen Spannungszustand, welcher in ▶ Abb. 3.2 dargestellt ist. Dieser allgemeine Fall setzt sich also aus drei Normalspannungen und sechs Schubspannungen zusammen. Da wir aber nicht immer diesen allgemeinen Spannungszustand vor-

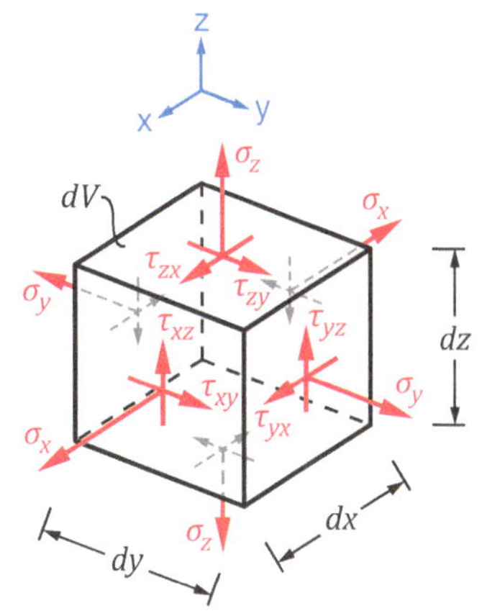

Abb. 3.2

Die Normalspannung wird nur mit einem Index geschrieben, da die Wirkrichtung identisch mit der Richtung der Normalen auf der Schnittfläche ist.

Vorzeichenkonvention

▶ **Einteilung von Spannungs-**
zuständen

liegen haben, in welchem neun Spannungen wirken, können wir den Spannungszustand wie folgt unterteilen:

- Eindimensionaler Spannungszustand
- Ebener (zweidimensionaler) Spannungszustand
- Räumlicher (dreidimensionaler) Spannungszustand

Diese drei Arten von Spannungszuständen wollen wir im weiteren Verlauf detaillierter betrachten.

3.2   Satz der zugeordneten Schubspannungen

Betrachten wir einmal unser Würfelelement dV in der Ebene, also zweidimensional, mit den infinitesimalen Kantenlängen dx und dy, siehe ▶ Abb. 3.3. Die Spannungen auf und innerhalb der Zeichenebene vernachlässigen wir hier zunächst. Bilden wir an diesem Würfelelement das Momentengleichgewicht um die z-Achse und vernachlässigen dabei die Normalspannungen, da sich diese sowieso gegenseitig aufheben, erhalten wir:

$$0 = \tau_{xy} \cdot (dy \cdot dz) \cdot dx - \tau_{yx} \cdot (dx \cdot dz) \cdot dy \qquad (3.2)$$

Die Klammer wurde nur zum besseren Verständnis eingefügt, da dies die Schnittflächen sind, auf denen die Schubspannungen wirken. Mit dem Zusammenhang *Spannung ist gleich Kraft pro Fläche* können wir die Schubspannung mit der Fläche multiplizieren und erhalten eine Schubkraft (Querkraft). Wird die Schubkraft anschließend mit der Kantenlänge multipliziert, folgt das Moment. Das Momentengleichgewicht können wir jetzt noch kürzen, da in beiden Termen alle Kantenlängen des Würfelelements enthalten sind. Somit bleibt nach dem Kürzen der folgende Ausdruck übrig:

$$\tau_{xy} = \tau_{yx} \qquad (3.3)$$

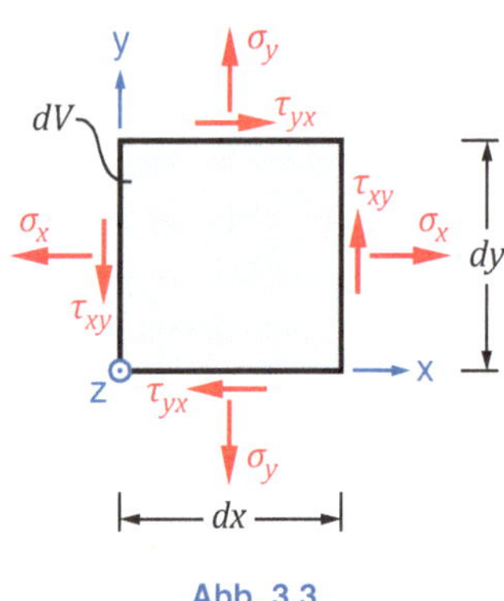

Abb. 3.3

▶ **Schubspannungen**, die auf eine **gemeinsame Kante** zu oder von ihr weg zeigen sind **gleich groß**.

Somit sind die beiden Schubspannungen, welche in zueinander senkrecht stehenden Schnittebenen auf eine gemeinsame Kante zu oder von ihr weg zeigen, gleich groß. Dieser Zusammenhang wird auch als *Satz der zugeordneten Schubspannungen*[5] bezeichnet.

Wenn wir dies auf unser allgemeines Würfelelement in ▶ Abb. 3.2 (auf der vorherigen Seite) anwenden, erhalten wir für die Schubspannungen die Zusammenhänge:

$$\begin{aligned} \tau_{xy} &= \tau_{yx} \\ \tau_{xz} &= \tau_{zx} \\ \tau_{yz} &= \tau_{zy} \end{aligned} \qquad (3.4)$$

[5] Nach: Ludwig Eduard BOLTZMANN (1844–1906), österr. Physiker, Philosoph

Somit reduziert sich die Anzahl der Spannungen für einen allgemeinen Spannungszustand auf insgesamt sechs Spannungen (drei Normal- und drei Schubspannungen):

- Normalspannungen: σ_x, σ_y, σ_z
- Schubspannungen: τ_{xy}, τ_{xz}, τ_{yz}

In ▶ Abb. 3.4 sind die sechs Spannungen alle, nach der Vorzeichenkonvention, in positiver Wirkrichtung angetragen. Auf den drei sichtbaren Würfelflächen wirken die Normalspannungen senkrecht auf die Fläche und zeigen in die positive Koordinatenrichtung. Die entsprechenden Schubspannungen wirken in den Würfelflächen und zeigen ebenfalls in die positiven Koordinatenrichtungen.

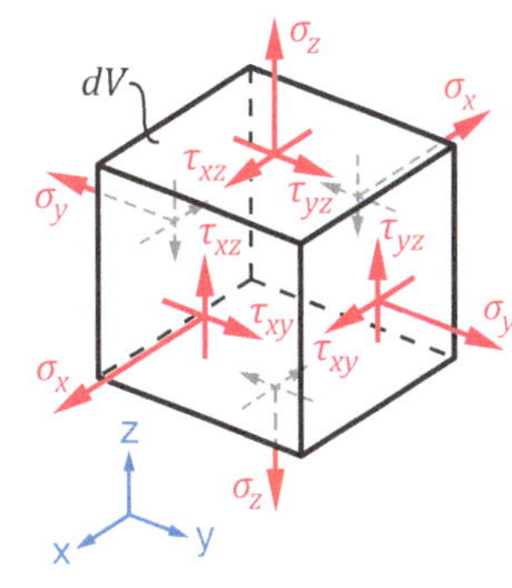

Abb. 3.4

3.3 Eindimensionaler Spannungszustand

Der *eindimensionale Spannungszustand* ist, wie der Name schon sagt, dadurch gekennzeichnet, dass eine *eindimensionale Belastung* vorliegt. Dies ist dann der Fall, wenn ein Körper durch nur eine Kraft belastet wird, siehe ▶ Abb. 3.5. Der dargestellte Balken erfährt durch die angreifende Kraft F eine Zugbelastung. Schneiden wir den Balken in der Mitte durch, können wir die im Inneren wirkende Zugspannung σ_x sichtbar machen. Betrachten wir dann einen einzigen kleinen Punkt innerhalb der Schnittfläche, dargestellt durch das infinitesimale Volumenelement dV, wirkt hier eine reine Zugspannung σ_x in Balkenlängsrichtung (x-Richtung). Es treten in solch einem *senkrechten Schnitt* zur Balkenlängsachse ausschließlich Normalspannungen σ auf. Tangential- bzw. Schubspannungen gibt es hierbei nicht. Da die angreifende Kraft F in diesem Beispiel ausschließlich in x-Richtung wirkt, sind an unserem Volumenelement nur Normalspannungen σ_x in x-Richtung vorhanden.

Die Berechnung der Normalspannung σ_x können wir mittels der vorliegenden Querschnittsfläche A durchführen:

$$\sigma_x = \frac{N_x}{A} = \frac{F_x}{A} \tag{3.5}$$

Hier ist entsprechend der Vorzeichenkonvention zu beachten, dass aufgrund des positiven Vorzeichens, die Normalspannung σ_x eine Zugspannung ist. Bei einem negativen Vorzeichen würde es sich um eine Druckspannung handeln.

Anders verhält es sich dagegen, wenn wir nicht senkrecht zur Balkenachse sondern unter einem *beliebigen Winkel* φ schneiden. Dazu betrachten wir die drei Schnitte in ▶ Abb. 3.6. Im Fall a) verläuft der Schnitt senkrecht zur Balkenachse. Es

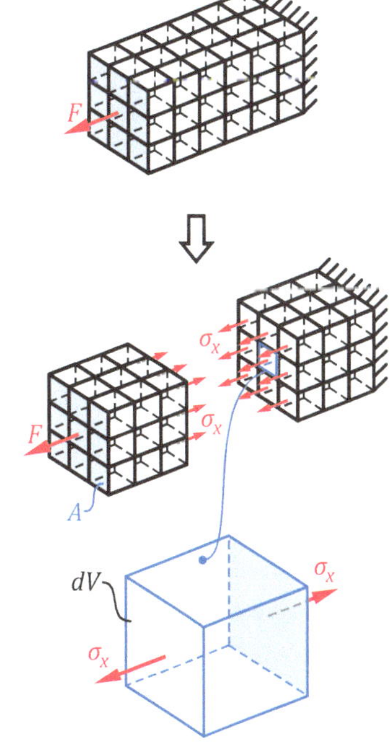

Abb. 3.5

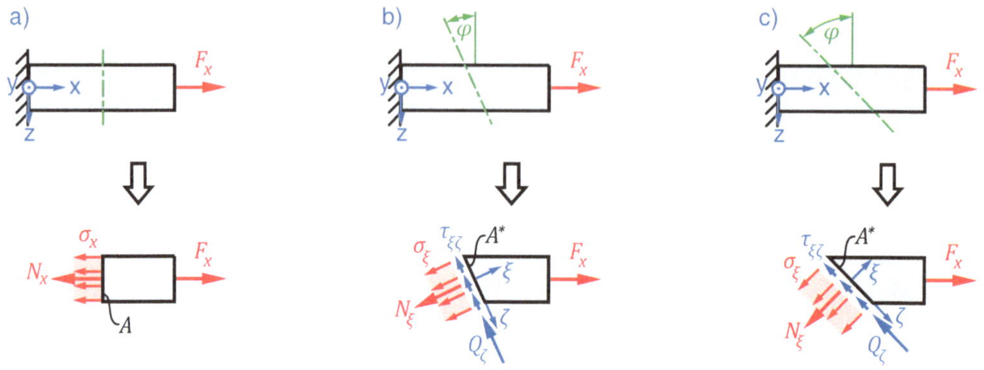

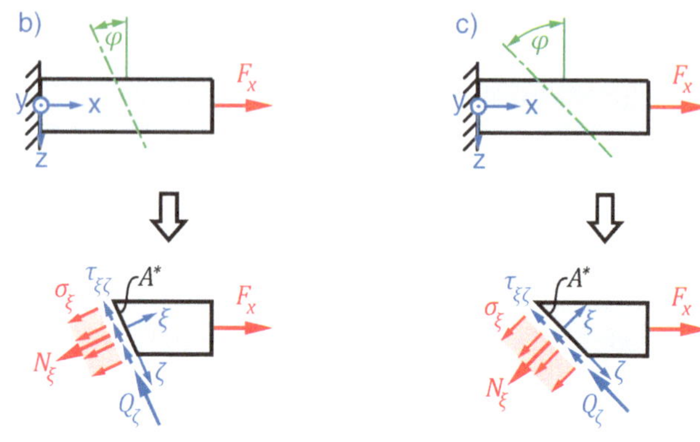

Abb. 3.6

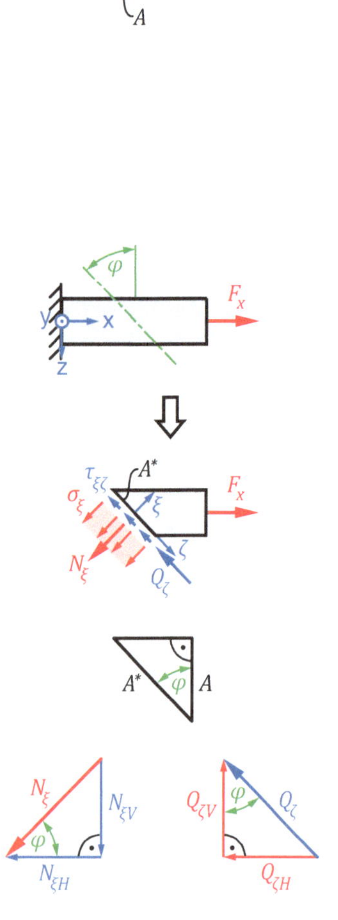

Abb. 3.7

treten ausschließlich Normalspannungen σ_x auf. Bei b) und c) wurde ein beliebiger Schnittwinkel φ gewählt. Da die Schnittfläche nun nicht mehr senkrecht zur Balkenachse verläuft, müssen wir ein zusätzliches Koordinatensystem einführen. Hierzu verwenden wir das ξ-ζ-Koordinatensystem, siehe ▶ Abb. 3.7. Weil es sich lediglich um ein *gedrehtes Koordinatensystem* handelt, wird die gedrehte *x*-Achse zur ξ-Achse (Xi) und die gedrehte *z*-Achse zur ζ-Achse (Zeta). Die Orthogonalität der Koordinatenachsen bleibt dabei erhalten.

An der Schnittfläche (negatives Schnittufer) wirkt dann eine Normalkraft N_ξ in negativer ξ-Richtung und eine Querkraft Q_ζ in negativer ζ-Richtung. Des Weiteren müssen wir hier beachten, dass die Größe der Schnittfläche A^* eine Abhängigkeit des Schnittwinkels φ besitzt. Je größer der Schnittwinkel φ wird, desto größer wird auch die Schnittfläche A^*. Mittels der Trigonometrie ergibt sich für die Schnittfläche A^*:

$$A^* = \frac{A}{\cos\varphi} \tag{3.6}$$

Beziehen wir nun die Schnittgrößen auf die vorhandene Schnittfläche A^* (gleichmäßige Verteilung auf die gesamte Fläche), ergibt sich für die Normalspannung σ_ξ sowie für die Schubspannung $\tau_{\xi\zeta}$ (*Indizierung* siehe S. 23):

$$\sigma_\xi = \frac{N_\xi}{A^*} = N_\xi \cdot \frac{\cos\varphi}{A} \qquad \tau_{\xi\zeta} = \frac{Q_\xi}{A^*} = Q_\xi \cdot \frac{\cos\varphi}{A}$$

Als nächstes bilden wir das Kräftegleichgewicht am geschnittenen Balkenelement in ▶ Abb. 3.7.

$$\rightarrow: \ 0 = F_x - \sigma_\xi \cdot A^* \cdot \cos\varphi - \tau_{\xi\zeta} \cdot A^* \cdot \sin\varphi$$

$$\downarrow: \ 0 = \sigma_\xi \cdot A^* \cdot \sin\varphi - \tau_{\xi\zeta} \cdot A^* \cdot \cos\varphi$$

Setzen wir für die Schnittfläche A* die Beziehung nach Gl. (3.6) ein und lösen das Gleichungssystem nach den beiden Spannungen σ_ξ und $\tau_{\xi\zeta}$ auf, so erhalten wir:

$$\sigma_\xi = \frac{1}{1+\tan^2\varphi}\cdot\frac{F_x}{A} \qquad \tau_{\xi\zeta} = \frac{\tan\varphi}{1+\tan^2\varphi}\cdot\frac{F_x}{A}$$

Werden hier noch die trigonometrischen Umformungen:

$$\frac{1}{1+\tan^2\varphi} = \cos^2\varphi = \frac{1}{2}\cdot(1+\cos 2\varphi)$$

$$\sin\varphi\cdot\cos\varphi = \frac{1}{2}\cdot\sin 2\varphi$$

sowie die Spannung σ_x nach Gl. (3.5), welche in einem senkrechten Schnitt auftritt eingesetzt, erhalten wir letztendlich als Ergebnis:

$$\sigma_\xi = \sigma_x\cdot\frac{1+\cos 2\varphi}{2} \qquad \tau_{\xi\zeta} = \sigma_x\cdot\frac{\sin 2\varphi}{2} \qquad (3.7)$$

Die unter einem beliebigen Schnittwinkel φ auftretenden Spannungen sind nur von der senkrecht wirkenden Spannung σ_x bzw. von der angreifenden Kraft F_x abhängig. In ▶ Tab. 3-1 sind für einige beispielhafte Schnittwinkel die Spannungen in Abhängigkeit von σ_x aufgeführt. Entsprechend der mathematischen Definition des Sinus und Kosinus tritt der Maximalwert der Normalspannung σ_ξ bei einem Schnittwinkel von $\varphi = 0°$ ($\cos 0 = 1$) und der Maximalwert der Schubspannung $\tau_{\xi\zeta}$ bei einem Schnittwinkel von $\varphi = 45°$ ($\sin 90° = 1$) auf.

▶ **Beim einachsigen Spannungszustand** tritt die **max. Normalspannung** σ_{max} **im senkrechten Schnitt** und die **max. Schubspannung** τ_{max} **im 45°-Schnitt** zur angreifenden Belastung auf.

Tab. 3-1 Spannungen bei verschiedenen Schnittwinkeln

φ	0°	15°	30°	45°	60°	75°
σ_ξ	σ_x	$0{,}933\cdot\sigma_x$	$0{,}75\cdot\sigma_x$	$0{,}5\cdot\sigma_x$	$0{,}25\cdot\sigma_x$	$0{,}067\cdot\sigma_x$
$\tau_{\xi\zeta}$	0	$0{,}25\cdot\sigma_x$	$0{,}433\cdot\sigma_x$	$0{,}5\cdot\sigma_x$	$0{,}433\cdot\sigma_x$	$0{,}25\cdot\sigma_x$

Wir können hier also festhalten, dass bei einem einachsigen Spannungszustand die größte Normalspannung σ immer in einem Schnitt senkrecht zur angreifenden Belastung auftritt. Dagegen tritt die größte Schubspannung τ immer in einem Schnitt von 45° zur angreifenden Belastung auf.

3.4   Ebener Spannungszustand

Der *ebene Spannungszustand* (auch *zweidimensionaler Spannungszustand*) ist, wie der Name schon sagt, durch eine *ebene (zweidimensionale) Belastung* gekennzeichnet. Typische Bauteile, in welchen ein ebener Spannungszustand herrscht, sind z. B. Bleche, Verkleidungen, Gehäuse o.ä., welche eine lastfreie Oberfläche und eine geringe Wandstärke besitzen. Als mechanisches Ersatzmodell für solche Bauteile können wir das flächige Tragwerk *Scheibe*[6] verwenden.

Zur Verdeutlichung eines ebenen Spannungszustands betrachten wir die Scheibe in ▶ Abb. 3.8. An den Seitenflächen der Scheibe greifen die Kräfte F an, welche die Scheibe in x- sowie y-Richtung belasten. Die Dicke der Scheibe (z-Richtung) kann dabei vernachlässigt werden, da die Abmessungen in x- und y-Richtung wesentlich größer sind. Wenn nun die Kräfte F an der Scheibe angreifen und diese belasten, tritt an einem beliebigen infinitesimalen Volumenelement dV (Kantenlängen: dx, dy, dz) im Inneren der Scheibe der dargestellte Spannungszustand auf. Infolge der Wirkrichtungen der angreifenden Kräfte F treten die Normalspannungen σ_x und σ_y am Volumenelement auf. Zudem werden die angrenzenden Volumenelemente an ihrer Kontaktfläche auf Scherung (Schub) belastet, wodurch die Schubspannungen τ_{xy} auftreten. Nach dem *Satz der zugeordneten Schubspannungen* ($\tau_{xy} = \tau_{yx}$) tritt hier nur die Schubspannung τ_{xy} auf. Da die Ober- und Unterseite der Scheibe unbelastet sind, treten hier keine weiteren Spannungen auf. Damit gilt für den ebenen Spannungszustand:

$$\sigma_z = \tau_{xz} = \tau_{yz} = 0$$

Des Weiteren gehen wir beim ebenen Spannungszustand davon aus, dass wegen der geringen Dicke die Spannungen über die Dicke gleichmäßig, also konstant, verteilt sind.

3.4.1   Transformationsbeziehungen

Da wir jedoch nicht immer nur senkrecht durch Bauteile schneiden, wollen wir, wie zuvor schon beim eindimensionalen Spannungszustand, auch beim ebenen Spannungszustand die Spannungen unter einem beliebigen Schnittwinkel φ bestimmen. Zur Vereinfachung betrachten wir dazu unser infinitesimales Volumenelement dV aus ▶ Abb. 3.8 von oben und bleiben in der zweidimensionalen Darstellung.

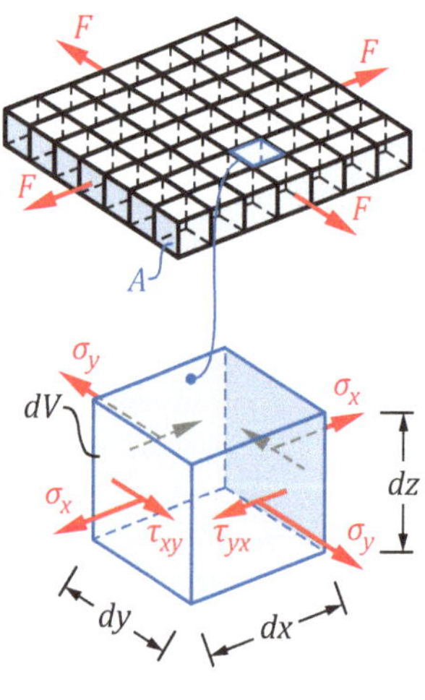

Abb. 3.8

---

6 Eigenschaften einer Scheibe: Längsabmessungen >> Dicke, Belastung nur in der Scheiben-Ebene

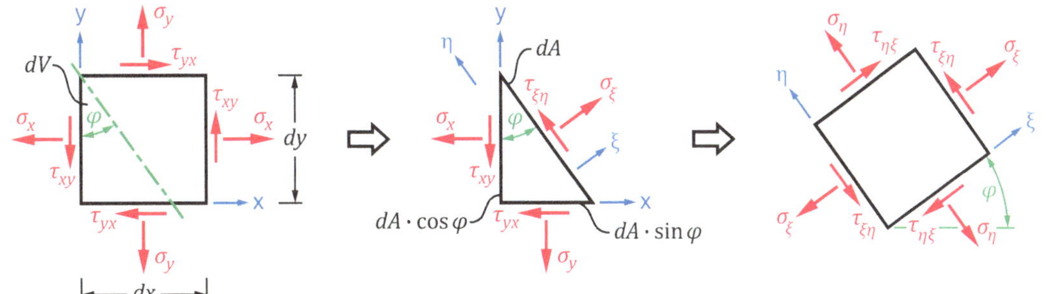

Abb. 3.9

Das von oben betrachtete Volumenelement dV ist in ▶ Abb. 3.9 dargestellt. Für die nun folgende Herleitung sind die Schubspannungen nach der Indizierung auf S. 23 benannt.

Schneiden wir nun das Volumenelement dV unter einem beliebigen Winkel φ, erhalten wir eine schiefe Schnittfläche. Entsprechend führen wir zu dieser Schnittfläche wieder ein gedrehtes ξ-η-Koordinatensystem ein. Des Weiteren ändern sich auch die Größen der Seitenflächen unseres geschnittenen Volumenelements. Einfachheitshalber bekommt die neue Schnittfläche die Flächengröße dA. Die beiden anderen Flächengrößen können wir dann mithilfe der Trigonometrie bestimmen. Für die Seite mit der y-Flächennormalen erhalten wir $dA \cdot \sin \varphi$ und für die Seite mit der x-Flächennormalen entsprechend $dA \cdot \cos \varphi$, siehe ▶ Abb. 3.10. Als nächstes bilden wir nun das Kräftegleichgewicht an unserem geschnittenen Volumenelement in Richtung der ξ- und η-Koordinatenrichtung:

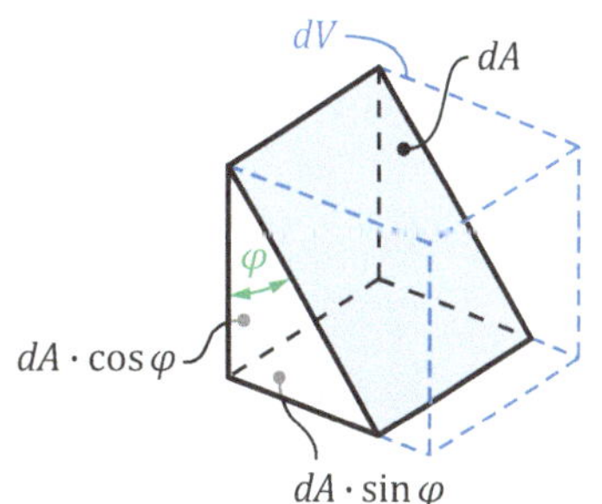

Abb. 3.10

$$\nearrow:\quad 0 = \sigma_\xi \cdot dA - (\sigma_x \cdot dA \cdot \cos \varphi) \cdot \cos \varphi - (\tau_{xy} \cdot dA \cdot \cos \varphi) \cdot \sin \varphi - (\sigma_y \cdot dA \cdot \sin \varphi) \cdot \sin \varphi$$
$$- (\tau_{yx} \cdot dA \cdot \sin \varphi) \cdot \cos \varphi$$

$$\nwarrow:\quad 0 = \tau_{\xi\eta} \cdot dA + (\sigma_x \cdot dA \cdot \cos \varphi) \cdot \sin \varphi - (\tau_{xy} \cdot dA \cdot \cos \varphi) \cdot \cos \varphi - (\sigma_y \cdot dA \cdot \sin \varphi) \cdot \cos \varphi$$
$$+ (\tau_{yx} \cdot dA \cdot \sin \varphi) \cdot \sin \varphi$$

Mit der Vereinfachung nach Gl. (3.4), dass $\tau_{xy} = \tau_{yx}$ ist, folgt für die Normalspannung σ_ξ und die Schubspannung $\tau_{\xi\eta}$:

$$\sigma_\xi = \sigma_x \cdot \cos^2 \varphi + \sigma_y \cdot \sin^2 \varphi + 2 \cdot \tau_{xy} \cdot \sin \varphi \cdot \cos \varphi \tag{3.8}$$

$$\tau_{\xi\eta} = -(\sigma_x - \sigma_y) \cdot \sin \varphi \cdot \cos \varphi + \tau_{xy} \cdot (\cos^2 \varphi - \sin^2 \varphi) \tag{3.9}$$

Die noch unbekannte Normalspannung σ_η wirkt auf einer Schnittfläche, welche um den Winkel $\varphi + \pi/2$ zur Schnittfläche der Normalspannung σ_ξ gedreht ist. Zur Berechnung der Normalspannung σ_η müssen wir in Gl. (3.8) nur die Normalspannung σ_ξ durch σ_η und den Winkel φ durch $\varphi + \pi/2$ ersetzen. Zusätzlich führen wir die mathematischen Beziehungen:

$$\cos\left(\varphi + \frac{\pi}{2}\right) = -\sin\varphi \qquad \text{und} \qquad \sin\left(\varphi + \frac{\pi}{2}\right) = \cos\varphi$$

ein und erhalten für die Normalspannung σ_η:

$$\sigma_\eta = \sigma_x \cdot \sin^2\varphi + \sigma_y \cdot \cos^2\varphi - 2 \cdot \tau_{xy} \cdot \cos\varphi \cdot \sin\varphi \quad (3.10)$$

Unter Zuhilfenahme der Additionstheoreme aus dem Anhang (S. 351) können wir die Gl. (3.8) bis (3.10) in folgende Form auflösen und erhalten die *Transformationsbeziehungen*:

$$\sigma_\xi = \frac{1}{2} \cdot \left(\sigma_x + \sigma_y\right) + \frac{1}{2} \cdot \left(\sigma_x - \sigma_y\right) \cdot \cos(2\varphi) + \tau_{xy} \cdot \sin(2\varphi)$$

$$\sigma_\eta = \frac{1}{2} \cdot \left(\sigma_x + \sigma_y\right) - \frac{1}{2} \cdot \left(\sigma_x - \sigma_y\right) \cdot \cos(2\varphi) - \tau_{xy} \cdot \sin(2\varphi) \quad (3.11)$$

$$\tau_{\xi\eta} = -\frac{1}{2} \cdot \left(\sigma_x - \sigma_y\right) \cdot \sin(2\varphi) + \tau_{xy} \cdot \cos(2\varphi)$$

Transformationsbeziehungen für den ebenen Spannungszustand

Sind uns die Normal- σ_x, σ_y und Schubspannungen τ_{xy} für einen senkrechten Schnitt bekannt, so können wir mithilfe der Transformationsbeziehungen die Normal- σ_ξ, σ_η und Schubspannungen $\tau_{\xi\eta}$ für jeden beliebigen Schnittwinkel φ berechnen. Obwohl es sich hier um zwei zueinander verdrehte Koordinatensysteme handelt, so ist der Spannungszustand als solcher für den einen betrachteten Punkt in einem Körper identisch. Durch die Variation des Schnittwinkels φ ändern sich zwar die Zahlenwerte der Spannungen, jedoch bleibt der Spannungszustand für den Körper derselbe. Wir ändern lediglich den Betrachtungswinkel.

► Der **Spannungszustand** in einem bestimmten Punkt in einem Bauteil bleibt trotz Variation des Schnittwinkels derselbe. Lediglich die **Zahlenwerte** der Spannung **ändern sich in Abhängigkeit des Schnittwinkels**.

3.4.2   Hauptnormalspannungen

Der Spannungszustand eines Bauteils in einem bestimmten Punkt ist immer derselbe, egal unter welchem Schnittwinkel φ wir diesen betrachten. Da sich aber die Zahlenwerte in Abhängigkeit des Schnittwinkels φ ändern, stellt sich die Frage, unter welchem Schnittwinkel φ^* die Maximalwerte (Extremwerte) der Spannungen auftreten und wie groß diese Maximalwerte sind.

Um die Extremwerte herauszufinden, können wir die bekannte Kurvendiskussion anwenden. Dazu bilden wir die beiden Ableitungen mit dem gesuchten Schnittwinkel φ^*:

$$\left.\frac{d\sigma_\xi}{d\varphi}\right|_{\varphi^*} = 0 \qquad\qquad \left.\frac{d\sigma_\eta}{d\varphi}\right|_{\varphi^*} = 0$$

Beide Ableitungen führen zum gleichen Ergebnis:

$$-(\sigma_x - \sigma_y) \cdot \sin 2\varphi^* + 2 \cdot \tau_{xy} \cdot \cos 2\varphi^* = 0$$

Umgestellt nach dem Schnittwinkel φ^* ergibt sich, unter Zuhilfenahme der Additionstheoreme aus dem Anhang (S. 351):

$$\tan 2\varphi^* = \frac{2 \cdot \tau_{xy}}{\sigma_x - \sigma_y} \tag{3.12}$$

Da die x- und y-Richtungen senkrecht aufeinander stehen und die Tangensfunktion mit π periodisch verläuft und im Intervall $[0, 2\pi]$ zwei Lösungen besitzt, existieren somit auch zwei Schnittrichtungen, nämlich φ^* und $\varphi^* + \pi/2$. Stellen wir Gl. (3.12) um, erhalten wir als Lösung also:

$$\varphi^* = \frac{1}{2} \cdot \arctan\left(\frac{2 \cdot \tau_{xy}}{\sigma_x - \sigma_y}\right) \tag{3.13}$$

Schnittwinkel der Hauptschnittrichtungen

Die Schnittrichtungen φ^* und $\varphi^* + \pi/2$ werden als *Hauptschnittrichtungen* bezeichnet. Zu den Hauptschnittrichtungen gehören die entsprechenden Hauptspannungen. Setzen wir nun Gl. (3.13) in die Gleichungen (3.8) bis (3.10) ein, erhalten wir nach einigen mathematischen Umformungen als Ergebnis:

$$\sigma_1 = \frac{\sigma_x + \sigma_y}{2} + \sqrt{\left(\frac{\sigma_x - \sigma_y}{2}\right)^2 + \tau_{xy}^2}$$

$$\sigma_2 = \frac{\sigma_x + \sigma_y}{2} - \sqrt{\left(\frac{\sigma_x - \sigma_y}{2}\right)^2 + \tau_{xy}^2} \tag{3.14}$$

Hauptnormalspannungen im ebenen Spannungszustand

$$\tau_{12} = 0$$

Die in den Hauptschnittrichtungen liegenden *Hauptnormalspannungen* stehen senkrecht aufeinander und werden mit den Ziffern 1 und 2 gekennzeichnet. Dabei erfolgt die Nummerierung so, dass $\sigma_1 > \sigma_2$ gilt. So ein 1-2-Koordinatensystem, bei dem die Koordinatenachsen zu den Hauptspannungsrichtungen parallel verlaufen, wird auch *Hauptachsensystem* genannt. Dabei verläuft die 1-Achse in Richtung von σ_1 (erste Hauptspannung) und die 2-Achse in Richtung von σ_2 (zweite Hauptspannung). Des Weiteren fällt auf, dass die Schubspannungen τ_{12} zu Null werden. Dies bedeutet also, dass in den Schnittrichtungen, in welchen die Hauptnormalspannungen σ_1 und σ_2 auftreten, keine Schubspannungen vorhanden sind. Somit lässt sich auch umgekehrt sagen, wenn in einem Schnitt keine Schubspannungen vorhanden sind, so sind die wirkenden Normalspannungen entsprechend Hauptnormalspannun-

Die Maximalwerte der Normalspannung werden mit *Hauptnormalspannung* bezeichnet.

▶ Die größte **Hauptnormalspannung** wird mit σ_1, die kleinste mit σ_2 bezeichnet.

▶ In Richtung der **Hauptnormalspannungen** wirken **keine Schubspannungen**.

Ausgangspunkt eines ebenen Spannungszustands ist in der Regel das **_x-y_-System** mit den Spannungen: σ_x, σ_y, τ_{xy}.

Soll der Spannungszustand unter einem anderen (beliebigen) **Winkel** φ betrachtet werden, geht das x-y-System in das gedrehte **ξ-η-System** über und es wirken die Spannungen: σ_ξ, σ_η, $\tau_{\xi\eta}$.

Die Hauptnormalspannungen treten unter dem gedrehten **Winkel** φ^* auf und werden im **1-2-System** dargestellt.

gen. In ▸ Abb. 3.11 sind die uns bisher bekannten Möglichkeiten eines ebenen Spannungszustands dargestellt.

Nehmen wir einmal beispielhaft an, dass in einem bestimmten Punkt eines Bauteils (Scheibe) der in ▸ Abb. 3.11 dargestellte ebene Spannungszustand im x-y-System vorhanden ist (Element dV mit den roten Spannungen: σ_x, σ_y, τ_{xy}). Betrachten wir im gleichen Punkt des Bauteils den gleichen Spannungszustand unter einem anderen Schnittwinkel, z. B. unter dem Schnittwinkel φ, so wirken im gleichen Punkt Spannungen von anderer Größe. Da der Schnitt nun unter dem Schnittwinkel φ verläuft, ist unser betrachtetes Element dV um eben diesen Winkel φ verdreht. Das gedrehte Element wird somit im ξ-η-Koordinatensystem dargestellt und es wirken die grünen Spannungen: σ_ξ, σ_η, $\tau_{\xi\eta}$. In beiden Fällen wirken aber nicht die maximalen Normalspannungen. Die Hauptnormalspannungen wirken erst dann, wenn wir den betrachteten Spannungszustand des Bauteils an unserem Element dV unter dem Schnittwinkel φ^* betrachten. Führen wir den Schnitt im Winkel φ^*, kennen wir gleichzeitig auch die Richtung, in welche die Hauptnormalspannungen wirken. Von unserer x-Achse ausgehend, verläuft die größte Hauptnormalspannung σ_1 um den Winkel φ^* verdreht. Die kleinste Hauptnormalspannung σ_2 verläuft entsprechend um $\pi/2$ zur Hauptnormalspannung σ_1 bzw. um den Winkel $\varphi^* + \pi/2$ zur x-Achse.

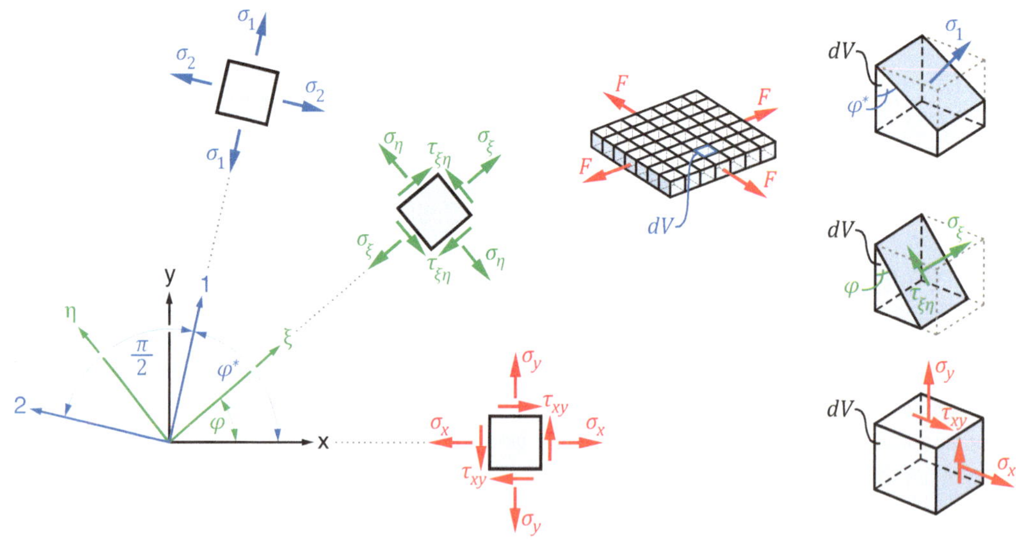

Abb. 3.11

3.4.3 Hauptschubspannungen

Wir kennen nun die Hauptnormalspannungen und deren Hauptschnittwinkel, unter welchem die Hauptnormalspannungen wirken. Nun wollen wir das Gleiche für die Schubspannungen durchführen. Auch hier interessiert uns, unter welchem Schnittwinkel $\bar{\varphi}$ die sogenannten Hauptschubspannungen liegen. Dazu gehen wir analog vor. Wir bilden die Ableitung:

$$\left.\frac{d\tau_{\xi\eta}}{d\varphi}\right|_{\bar{\varphi}} = 0$$

Als Ergebnis folgt dann:

$$-(\sigma_x - \sigma_y) \cdot \cos 2\bar{\varphi} + 2 \cdot \tau_{xy} \cdot \sin 2\bar{\varphi} = 0$$

Stellen wir diese Gleichung ein wenig um, ergibt sich:

$$\tan 2\bar{\varphi} = -\frac{\sigma_x - \sigma_y}{2 \cdot \tau_{xy}} \tag{3.15}$$

Da wir bereits durch den eindimensionalen Spannungszustand wissen, dass die größte Schubspannung im 45°-Winkel zur Hauptnormalspannung auftritt, ergibt sich für den Hauptschnittwinkel der Hauptschubspannung:

$$\bar{\varphi} = \varphi^* + \frac{\pi}{4} \tag{3.16}$$

Aufgrund der mit π periodisch verlaufenden Tangensfunktion im Intervall $[0, 2\pi]$, existieren auch hier wieder zwei Schnittrichtungen, $\bar{\varphi}$ und $\bar{\varphi} + \pi/2$.

Setzen wir Gl. (3.15) in Gl. (3.11) ein, erhalten wir eine mittlere Normalspannung und die *Hauptschubspannung* zu:

$$\sigma_M = \frac{\sigma_x + \sigma_y}{2} = \frac{\sigma_1 + \sigma_2}{2}$$

$$\tau_{12} = \sqrt{\left(\frac{\sigma_x - \sigma_y}{2}\right)^2 + \tau_{xy}^2} = \frac{\sigma_1 - \sigma_2}{2} = -\tau_{21} \tag{3.17}$$

Hierbei fällt direkt auf, dass in Richtung der Hauptschubspannung auch noch eine Normalspannung vorhanden ist. Die Normalspannung wird im Allgemeinen mit σ_M bezeichnet, da sie in Richtung der beiden Hauptachsen $\bar{1}$ und $\bar{2}$ der Hauptschubspannung gleich groß ist.

Wenn wir die Gleichungen (3.14) hinzunehmen, können wir auch die mittlere Normalspannung σ_M sowie die Hauptschubspannung τ_{12} und τ_{21} anhand der Hauptnormalspannungen

Alle Größen in Bezug zur Hauptschubspannung werden mit einem **Überstrich** gekennzeichnet.

Schnittwinkel der Hauptschnittrichtungen

Mittlere Normalspannung und **Hauptschubspannung im ebenen Spannungszustand**

σ_1 und σ_2 bestimmen. Dies ist auch einleuchtend. Wenn wir uns erinnern, dass ein ebener Spannungszustand in einem bestimmten Punkt eines Bauteils konstant ist, können wir im Grunde jede beliebige Spannung eines rechtwinkligen Koordinatensystems heranziehen, um die Hauptspannungen (Normal- und Schubspannungen) zu berechnen.

In ▶ Abb. 3.12 sind die Hauptschubspannungen τ_{12} und τ_{21} sowie die mittlere Normalspannung σ_M mit den entsprechenden Schnittwinkeln dargestellt.

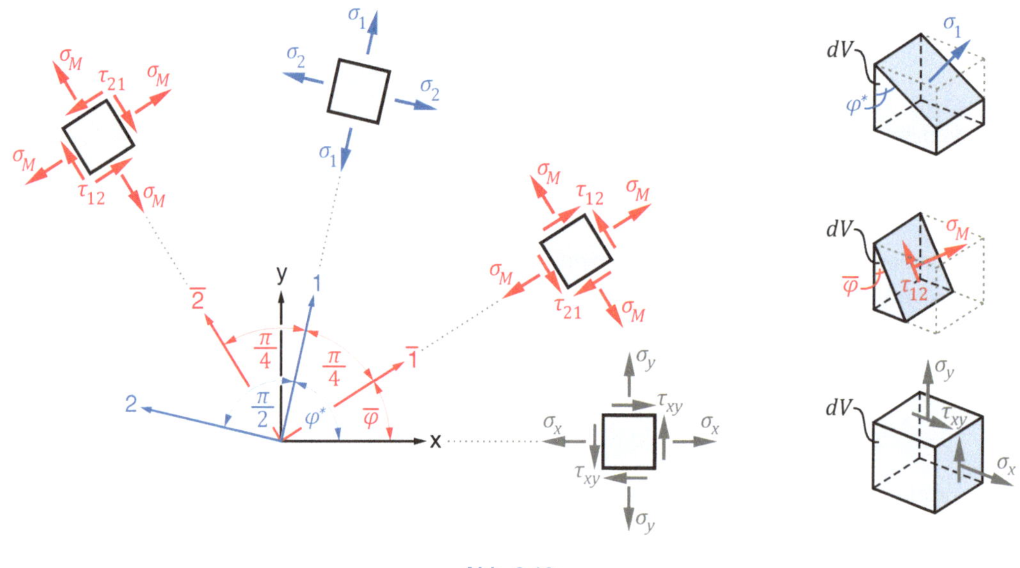

Abb. 3.12

3.4.4   **MOHR'scher Spannungskreis**

Um die verschiedenen Spannungen, die Schnittrichtungen und die bisherigen Zusammenhänge grafisch darzustellen, kann der sogenannte MOHR'sche Spannungskreis[7] verwendet werden. Als Ausgangspunkt für die Konstruktion des MOHR'schen Spannungskreises dient ein infinitesimales Volumenelement dV mit den bekannten Spannungen σ_x, σ_y und τ_{xy}. Die Konstruktion des Spannungskreises ist nachfolgend aufgeführt. Wird für die Konstruktion ein entsprechender Maßstab gewählt (z. B. 10 N/mm^2 $\triangleq$ 10 mm), so können die verschiedenen Größen der Spannungen direkt am Spannungskreis abgelesen werden.

---

[7] Nach: Christian Otto MOHR (1835–1918), dt. Ingenieur, Baustatiker

MOHR'scher Spannungskreis

- Die σ-Achse verläuft horizontal nach rechts, die τ-Achse vertikal nach unten positiv.
- Eintragen der Punkte (σ_x, τ_{xy}) und $(\sigma_y, -\tau_{xy})$. Die Normalspannungen σ_x und σ_y werden vorzeichenrichtig, die Schubspannung τ_{xy} wird beim ersten Punkt vorzeichenrichtig und beim zweiten Punkt $(\sigma_y, -\tau_{xy})$ mit gedrehtem Vorzeichen eingezeichnet.
- Der Schnittpunkt der Verbindungslinie dieser Punkte mit der σ-Achse ist der Kreismittelpunkt bzw. die mittlere Normalspannung σ_M nach Gl. (3.17).
- Die Verbindungslinie zwischen dem Kreismittelpunkt σ_M und (σ_x, τ_{xy}) ist der Radius des Spannungskreises.
- Zeichnen des Kreises mit einem Zirkel.
- Auf dem Spannungskreis liegen nun alle Spannungen mit ihren zugehörigen Schnittwinkeln.
- Der Schnittpunkt des Kreises mit der σ-Achse auf der rechten Seite ist die Hauptnormalspannung σ_1. Der Schnittpunkt auf der linken Seite entsprechend die Hauptnormalspannung σ_2.
- Senkrecht nach oben und unten von der mittleren Normalspannung σ_M aus befindet sich die Hauptschubspannung $\tau_{12} = -\tau_{21}$ auf dem Spannungskreis.
- Die Drehrichtungen der Schnittwinkel bzw. Schnittrichtungen im Spannungskreis entsprechen den gleichen Drehrichtungen wie im Koordinatensystem.
- Die Drehrichtungen werden im Spannungskreis mit dem doppelten Winkel eingezeichnet.

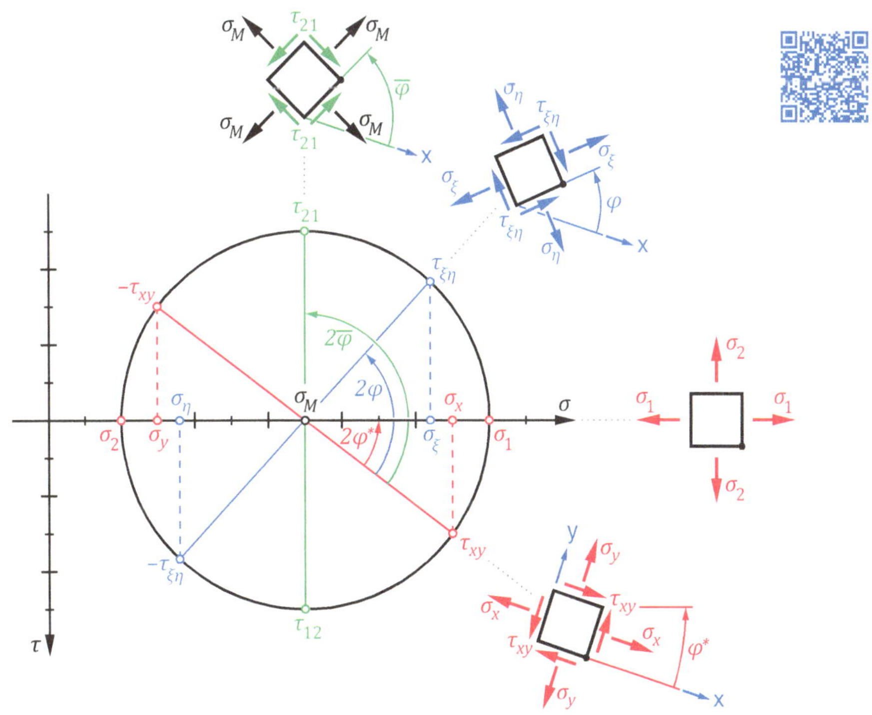

Abb. 3.13

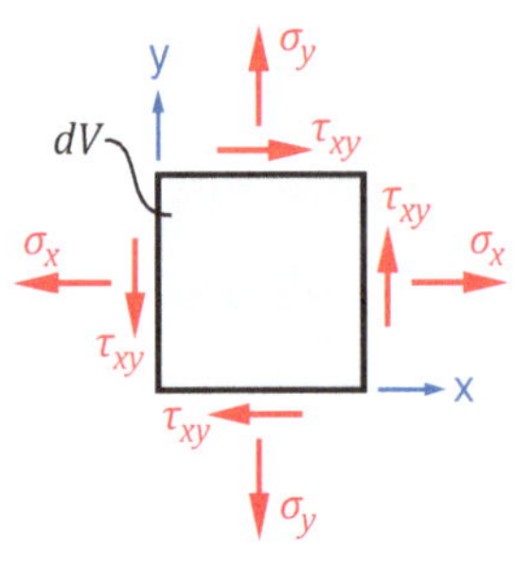

Abb. 3.14

Im **Spannungskreis** werden die **Schnittwinkel mit doppelter Größe** eingezeichnet.

In ▸ Abb. 3.13 ist der Mohr'sche Spannungskreis für das nebenstehende Volumenelement dV (▸ Abb. 3.14) mit den Normal- und Schubspannungen:

- $\sigma_x = 55$ N/mm²
- $\sigma_y = 15$ N/mm²
- $\tau_{xy} = 15$ N/mm²

maßstabsgetreu (1 N/mm² $\triangleq$ 1 mm) dargestellt. Wird die zuvor beschriebene Vorgehensweise zum Zeichnen des Mohr'schen Spannungskreises angewendet, können alle Spannungen für jeden beliebigen Schnittwinkel φ am Spannungskreis abgelesen werden.

Für das Ablesen der Spannungen am Mohr'schen Spannungskreis ist das folgende Gedankenexperiment hilfreich. Stellen wir uns vor, wir sitzen mit einem Drehstuhl auf dem Mittelpunkt des Spannungskreises (also genau auf dem Punkt der mittleren Normalspannung σ_M). Unseren Blick richten wir dann entlang der in ▸ Abb. 3.13 dargestellten *roten Linie* zum Punkt σ_x, τ_{xy}. Wichtig ist, dass wir den Punkt betrachten, bei welchen die Spannungen vorzeichenrichtig eingezeichnet werden. Drehen wir nun unseren Drehstuhl im Spannungskreis im Gegenuhrzeigersinn (also mathematisch positiver Drehsinn $\circlearrowleft$) um den Winkel $2\varphi^*$, blicken wir entlang der σ-Achse und sehen auf dem Spannungskreis den Punkt σ_1. Da am Spannungskreis alle Schnittwinkel doppelt so groß eingezeichnet werden, beträgt der zugehörige Schnittwinkel an unserem Volumenelement dV nur φ^*. Der Schnittwinkel φ^* ist nun der Winkel, unter dem die Hauptnormalspannungen σ_1 und σ_2 auftreten. Da wir entlang der σ-Achse blicken, ist die zugehörige Schubspannung gleich Null, weil die σ-Achse die τ-Achse in ihrem Ursprung schneidet. Die Größe des Schnittwinkels φ^* sowie der Hauptnormalspannungen σ_1 und σ_2 lassen sich rechnerisch mit den Gl. (3.13) und (3.14) bestimmen. Als Ergebnis erhalten wir: $\sigma_1 = 60$ N/mm², $\sigma_2 = 10$ N/mm², $\varphi^* = 18{,}43°$. Auf die gleichen Werte kommen wir auch, wenn wir die Größen maßstäblich am Spannungskreis abnehmen. Lediglich der Winkel im Spannungskreis beträgt $2\varphi^* = 36{,}86°$.

Um die Drehung des Volumenelements besser zu verdeutlichen, ist eine Kante des betrachteten Elements in ▸ Abb. 3.13 gekennzeichnet. Dies soll für ein besseres Verständnis sorgen.

Drehen wir unseren Drehstuhl vom Ausgangspunkt (Blickrichtung entlang der *roten Linie* zum Punkt σ_x, τ_{xy}) im Gegenuhrzeigersinn um den Winkel $2\bar{\varphi}$, blicken wir entlang der *grünen Linie* nach oben in Richtung der Hauptschubspannung τ_{21}. Zu diesem Punkt der Hauptschubspannung τ_{21} gehört die mittlere Normalspannung σ_M. An unserem Volumenelement dV wirkt somit die Hauptschub- τ_{21} und die mittlere Normalspannung σ_M. Rechnerisch erhalten wir nach Gl. (3.16) und (3.17) die Werte: $\tau_{21} = -25$ N/mm², $\sigma_M = 35$ N/mm², $\bar{\varphi} = 63{,}43°$. Auch hier stimmen diese mit der zeichnerischen Lösung des Spannungskreises überein.

Die Spannungen für einen beliebigen Schnittwinkel φ an unserem Volumenelement dV finden wir, indem wir unseren Drehstuhl vom Ausgangspunkt (Blickrichtung rote Linie) um den Winkel 2φ verdrehen. Die Drehrichtung entspricht dabei der Drehrichtung des Schnittwinkels an unserem Element. Bedeutet also, wenn wir unser Element unter einem positiven Winkel von z. B. $\varphi = 42°$ schneiden, müssen wir im Spannungskreis den doppelten Winkel (also $2\varphi = 84°$) in mathematisch positiver Drehrichtung einzeichnen. In unseren Transformationsbeziehungen nach Gl. (3.11) verwenden wir den vorzeichenrichtigen Winkel, also $\varphi = +42°$. Als Ergebnis für die Spannungen des gedrehten Elements ergeben sich die Werte: $\sigma_\xi = 52$ N/mm², $\sigma_\eta = 18$ N/mm², $\tau_{\xi\eta} = -18{,}3$ N/mm². Auch diese können wir grafisch am Spannungskreis ablesen.

Die grafische Anwendung des MOHR'schen Spannungskreises wird heutzutage nur noch selten verwendet, da die Berechnung der interessierenden Hauptspannungen schnell erledigt ist. Jedoch ist der MOHR'sche Spannungskreis sehr anschaulich und verdeutlicht die Zusammenhänge der verschiedenen Spannungen untereinander.

Beispiel 3.1

An der Oberfläche des Rumpfes eines Segelboots herrscht an einem bestimmten Punkt der am Element dargestellte ebene Spannungszustand ($\sigma_x = 95$ N/mm², $\sigma_y = 10$ MPa, $\tau_{xy} = 50$ MPa).

a) Welche Spannungen wirken an einem um 30° im Uhrzeigersinn gedrehten Element?

b) Bestimmen Sie alle Hauptspannungen und deren Hauptschnittebenen.

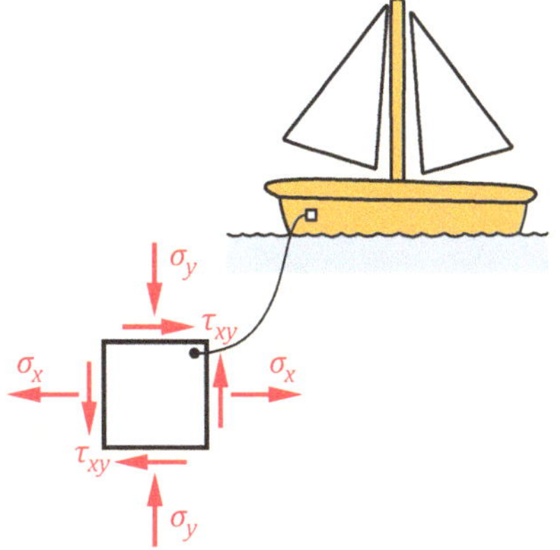

Lösung

Zuerst betrachten wir einmal das dargestellte Element mit seinen Spannungen. Die Normalspannung σ_x wirkt in positiver x-Richtung und zieht am Element. Somit handelt es sich hierbei um eine *Zugspannung*. Die Normalspannung σ_y wirkt in negativer y-Richtung und drückt am Element. Sie ist demnach eine *Druckspannung*. Gemäß der Vorzeichenkonvention sind Druckspannungen immer negativ und wir erhalten damit: $\sigma_y = -10\,\text{N/mm}^2$. Die Schubspannung τ_{xy} am oberen und rechten Rand unseres Elements (positive Seitenflächen) wirkt ebenfalls in positiven Koordinatenrichtungen und ist somit positiv.

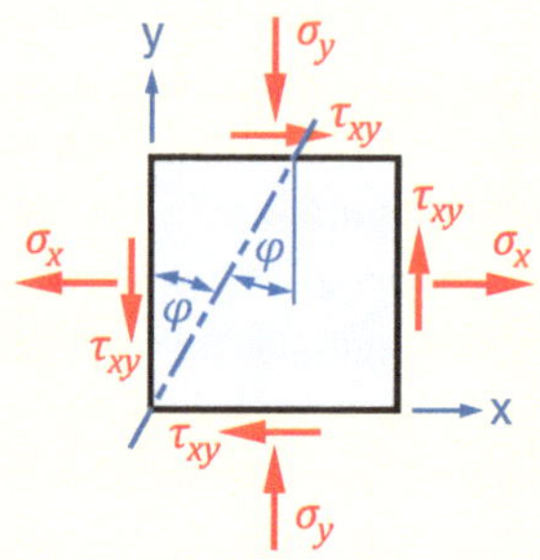

a) Um herauszufinden, welche Spannungen bei einem gedrehten Schnitt wirken, schneiden wir unser Element um den Winkel $\varphi = 30°$ im Uhrzeigersinn. Einfachheitshalber schneiden wir unser Element an der unteren linken Ecke. Hierbei ist nur wichtig, dass der Schnittwinkel im Uhrzeigersinn gezählt wird. Die Schnittfläche bekommt die Flächengröße dA und die beiden übrigen Seitenflächen entsprechend $dA \cdot \sin\varphi$ und $dA \cdot \cos\varphi$. Infolge der Drehung, geht dann die x-Achse in die ξ-Achse und die y-Achse in die η-Achse über. Auf der Schnittfläche steht dann die Normalspannung σ_ξ und innerhalb der Schnittfläche wirkt die Schubspannung $\tau_{\xi\eta}$. Zur Berechnung der Spannungen können wir die Transformationsbeziehungen nach Gl. (3.11) verwenden. Dabei müssen wir aber die Spannungen und den Schnittwinkel vorzeichenrichtig einsetzen! Aufgrund der Vorzeichenkonventionen setzen wir Folgendes ein:

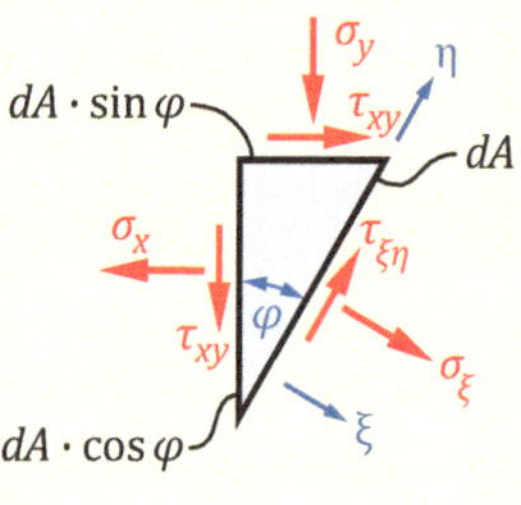

$$\sigma_x = 95\,MPa \qquad\qquad \tau_{xy} = 50\,MPa$$

$$\sigma_y = -10\,MPa \qquad\qquad \varphi = -30°$$

Setzen wir alles in Gl. (3.11) ein, erhalten wir:

$$\underline{\underline{\sigma_\xi}} = \frac{1}{2}\cdot(\sigma_x + \sigma_y) + \frac{1}{2}\cdot(\sigma_x - \sigma_y)\cdot\cos(2\varphi) + \tau_{xy}\cdot\sin(2\varphi) = \underline{\underline{25{,}45\,MPa}}$$

$$\underline{\underline{\sigma_\eta}} = \frac{1}{2}\cdot(\sigma_x + \sigma_y) - \frac{1}{2}\cdot(\sigma_x - \sigma_y)\cdot\cos(2\varphi) - \tau_{xy}\cdot\sin(2\varphi) = \underline{\underline{59{,}55\,MPa}}$$

$$\underline{\underline{\tau_{\xi\eta}}} = -\frac{1}{2}\cdot(\sigma_x - \sigma_y)\cdot\sin(2\varphi) + \tau_{xy}\cdot\cos(2\varphi) = \underline{\underline{70{,}47\,MPa}}$$

Die entsprechende grafische Lösung ist im nebenstehenden MOHR'schen Spannungskreis dargestellt. Da die Spannungen maßstäblich eingetragen wurden, können wir die oben berechneten Ergebnisse direkt im Spannungskreis ablesen.

Bei der Bestimmung der Spannungen am um 30° im Uhrzeigersinn gedrehten Element, müssen wir die rote Gerade unseres Ausgangsspannungszustands (rote Darstellung) um den Winkel $2 \cdot 30° = 60°$ im Uhrzeigersinn verdrehen. Damit erhalten wir dann die in blau dargestellten Spannungen.

Zur besseren Darstellung ist eine Kante des Elements gekennzeichnet, damit die Verdrehung und die damit verbundenen Spannungen verdeutlicht werden.

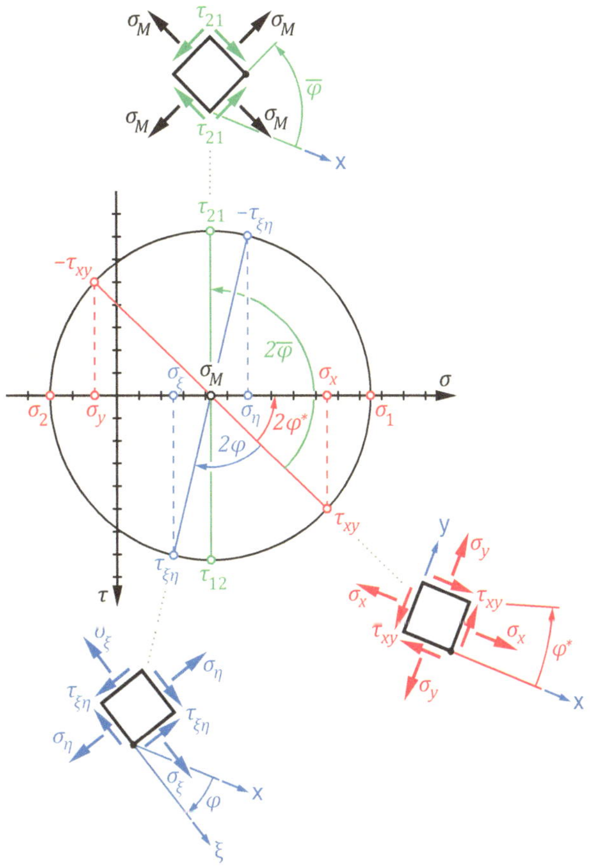

b) Für die Bestimmung der Hauptspannungen können wir die Gleichungen (3.14) und (3.17) verwenden. Damit erhalten wir die folgenden Hauptspannungen:

$$\sigma_{1,2} = \frac{\sigma_x + \sigma_y}{2} \pm \sqrt{\left(\frac{\sigma_x - \sigma_y}{2}\right)^2 + \tau_{xy}^2} \qquad \rightarrow \quad \underline{\underline{\sigma_1 = 115\,MPa}}$$

$$\underline{\underline{\sigma_2 = -30\,MPa}}$$

$$\tau_{12} = -\tau_{21} = \sqrt{\left(\frac{\sigma_x - \sigma_y}{2}\right)^2 + \tau_{xy}^2} \qquad \rightarrow \quad \underline{\underline{\tau_{12} = 72{,}5\,MPa}}$$

Die zugehörigen Hauptschnittebenen bzw. Hauptschnittwinkel berechnen sich nach den Gleichungen (3.13) und (3.16). Damit erhalten wir:

$$\underline{\underline{\varphi^* = \frac{1}{2} \cdot \arctan\left(\frac{2 \cdot \tau_{xy}}{\sigma_x - \sigma_y}\right) = 21{,}8°}} \qquad\qquad \underline{\underline{\bar{\varphi} = \varphi^* + \frac{\pi}{4} = 66{,}8°}}$$

Auch die Hauptspannungen sowie die zugehörigen Hauptschnittebenen können wir dem MOHR'schen Spannungskreis entnehmen. Wir müssen nur beachten, dass im Spannungskreis die Winkel doppelt so groß sind. Die Drehrichtung stimmt mit dem Vorzeichen der Ergebnisse überein. Da beide Ergebnisse ein positives Vorzeichen aufweisen und dies dem mathematisch positiven Drehsinn entspricht, sind die Winkel im Gegenuhrzeigersinn im Spannungskreis vorhanden.

3.4.5   Sonderfälle des Mohr'schen Spannungskreises

Wir wollen uns noch kurz mit einigen Sonderfällen des Mohr'schen Spannungskreises beschäftigen.

In ▶ Abb. 3.15 ist der Mohr'sche Spannungskreis für den *eindimensionalen Spannungszustand* (eindimensionaler Zug) dargestellt. Da für diesen Fall nur die Spannung σ vorhanden ist, ergibt sich für die Hauptspannungen: $\sigma_1 = \sigma_x = \sigma$, $\sigma_2 = 0$, $\tau_{12} = \sigma/2$. Zudem tangiert der Spannungskreis die τ-Achse und befindet sich im positiven Normalspannungsbereich. Bei einem eindimensionalen Druck würde der Spannungskreis links von der τ-Achse liegen und alle Normalspannungen wären entsprechend negativ. Die Hauptschubspannung steht im Spannungskreis unter einem 90°-Winkel zur Hauptnormalspannung. Da im Spannungskreis alle Winkel doppelt so groß vorkommen, liegt die Hauptschubspannung in einem Bauteil unter einem 45°-Winkel zur Hauptnormalspannung. Den gleichen Zusammenhang zwischen den Hauptspannungen haben wir schon in Kapitel 3.3 auf S. 25 ff. kennengelernt.

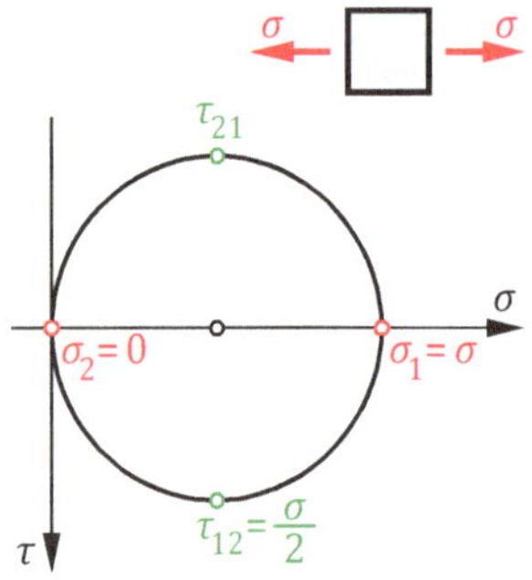

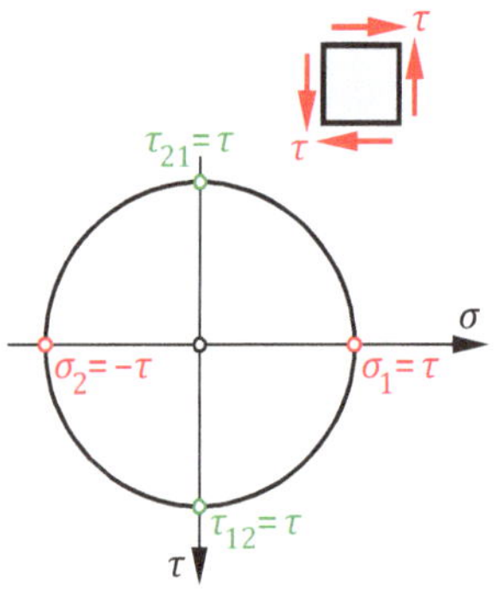

Abb. 3.15

Der Mohr'sche Spannungskreis in ▶ Abb. 3.16 tritt bei *reinem Schub* auf. Hier sind die Spannungen am Element $\sigma_x = 0$. $\sigma_y = 0$ und $\tau_{xy} = \tau$. Damit liegt der Mittelpunkt des Spannungskreises im Koordinatenursprung und somit gilt $\sigma_M = 0$. Die entsprechenden Hauptspannungen sind dann: $\sigma_1 = \tau$, $\sigma_2 = -\tau$, $\tau_{12} = \tau$. Die Hauptnormalspannungen σ_1 und σ_2 treten auf, wenn das Element um 45° gedreht wird, da auch hier die Hauptschubspannung und die Hauptnormalspannung unter einem 45°-Winkel zueinander liegen.

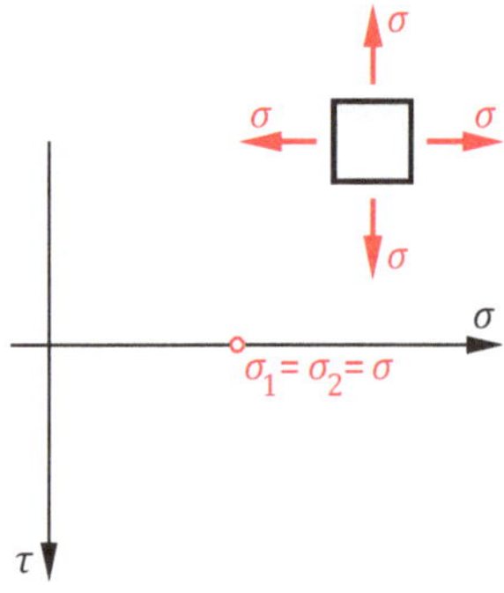

Abb. 3.16

In ▶ Abb. 3.17 ist der Mohr'sche Spannungskreis für einen *hydrostatischen Spannungszustand* (allseitiger Zug/Druck) dargestellt. Dieser Spannungszustand tritt beispielsweise bei einer unter Druck stehenden Flüssigkeit auf. In diesem Fall reduziert sich der Mohr'sche Spannungskreis auf einen Punkt und es existiert keine Richtungsabhängigkeit mehr. Somit ist unter jedem beliebigen Winkel die Normalspannung immer gleich groß und entspricht der Spannung $\sigma_x = \sigma_y = \sigma_\xi = \sigma_\eta = \sigma$. Des Weiteren ergeben sich die Hauptspannungen zu: $\sigma_1 = \sigma$, $\sigma_2 = \sigma$, $\tau_{12} = 0$ und die Schubspannungen verschwinden.

Abb. 3.17

3.4.6   Belastungen und Spannungszustände

Wie schon in Kapitel 2 dargelegt, führen verschiedene Belastungsarten zu Normal- oder Schubspannungen. Dabei kann jeder Belastung eine bestimmte Spannung zugeordnet werden. In ▸ Abb. 3.18 sind die verschiedenen Belastungsarten mit ihren jeweiligen Spannungen dargestellt. Somit erhalten wir folgenden Zusammenhang:

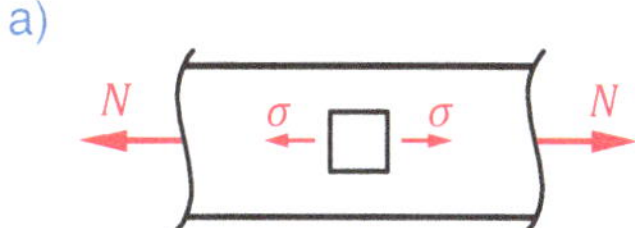

a) Belastung durch Normalkraft: eindimensionaler Spannungszustand, reine Zug- oder Druckspannung

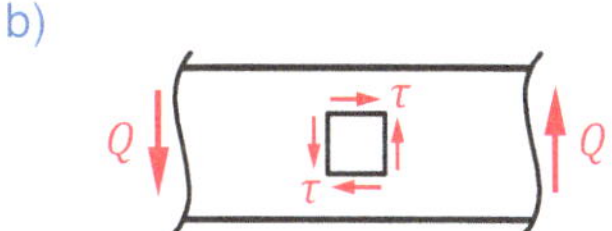

b) Belastung durch Querkraft: Sonderfall des ebenen Spannungszustands, reine Schubspannung

c) Belastung durch Biegemoment: eindimensionaler Spannungszustand, reine Zug- und Druckspannung

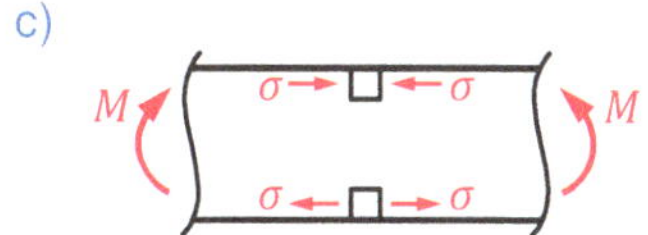

d) Belastung durch Torsionsmoment: Sonderfall des ebenen Spannungszustands, reine Schubspannung

e) Belastung durch Normal- und Querkraft: ebener Spannungszustand mit Normal- und Schubspannung

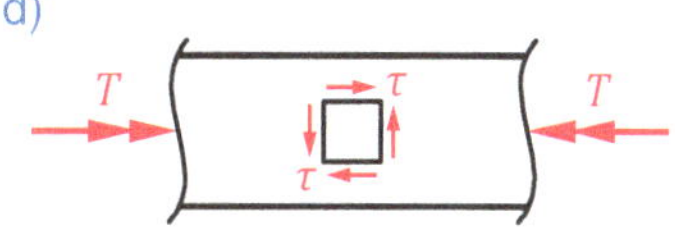

An dieser Darstellung wird deutlich, dass eine Normalkraft N sowie ein Biegemoment M einen eindimensionalen Spannungszustand zur Folge haben. Dagegen tritt bei einer Querkraft Q sowie einem Torsionsmoment T der Sonderfall des ebenen Spannungszustands, die reine Schubbeanspruchung auf. Erst bei einer Überlagerung von mindestens zwei Belastungsarten (z. B. Normal- und Querkraft, Querkraft und Biegemoment, Biege- und Torsionsmoment usw.) tritt ein ebener Spannungszustand auf.

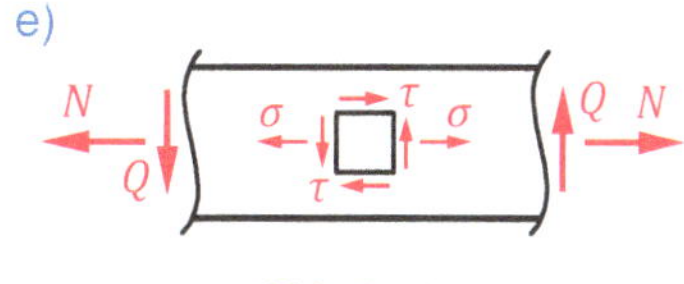

Abb. 3.18

Zudem ist klar erkennbar, dass in ▸ Abb. 3.18 die Belastung durch ein Biegemoment M im unteren Abschnitt des Bauteils eine eindimensionale Zug- und im oberen Abschnitt eine eindimensionale Druckbeanspruchung auftritt. Wie schon in Kapitel 2.3 auf S. 14 ff. erläutert, tritt bei einem Biegemoment M immer auf der einen Seite des Bauteils eine Zug- und auf der gegenüberliegenden Seite eine Druckspannung auf. Dadurch bewirkt ein Biegemoment M im Inneren eines Bauteils eine Beanspruchung in Form einer reinen Normalspannung σ. Eine Schubbeanspruchung tritt nur dann auf, wenn eine Querkraft Q oder ein Torsionsmoment T wirkt.

In realen Bauteilen kommt es in der Regel zu einer überlagerten Belastung. Beispielsweise werden Wellen in den meisten Fällen durch ein Torsionsmoment T sowie Querkräfte Q (z. B. durch Zahnräder) belastet.

Im Inneren eines Bauteils wirkt an einem Punkt der nebenstehende Spannungszustand ($\sigma_x = 80$ N/mm^2, $\tau_{xy} = 30$ MPa).

a) Wie groß sind die Hauptspannungen und unter welchem Winkel treten sie auf?

b) Bestimmen Sie den äquivalenten Spannungszustand an einem Element, das um 50° im Uhrzeigersinn gegenüber dem dargestellten Element gedreht ist.

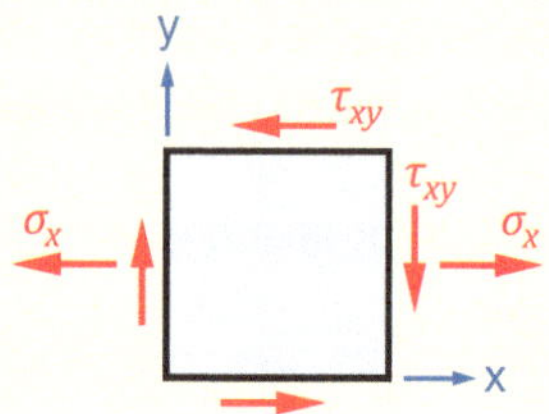

Lösung

Bevor wir mit der Berechnung beginnen, schauen wir uns die wirkenden Spannungen an und überprüfen deren Vorzeichen nach der Vorzeichenkonvention. Wir finden damit heraus, das Folgendes gilt:

$$\sigma_x = 80\,MPa \qquad \sigma_y = 0 \qquad \tau_{xy} = -30\,MPa$$

Die Spannung σ_x ist eine Zugspannung (positiv; vom Element weggerichtet), die Spannung σ_y ist nicht vorhanden und die Schubspannung τ_{xy} ist negativ, da diese im positiven Quadranten des Koordinatensystems gegen die positiven Koordinatenrichtungen wirkt.

a) Zur Bestimmung der Hauptspannungen und deren Hauptschnittwinkel verwenden wir die Gleichungen (3.14) und (3.17) sowie die Gleichungen (3.13) und (3.16). Wir erhalten dann die Ergebnisse:

$$\sigma_{1,2} = \frac{\sigma_x + \sigma_y}{2} \pm \sqrt{\left(\frac{\sigma_x - \sigma_y}{2}\right)^2 + \tau_{xy}^2} \qquad \rightarrow \quad \begin{aligned} \sigma_1 &= 90\,MPa \\ \sigma_2 &= -10\,MPa \end{aligned}$$

$$\tau_{12} = -\tau_{21} = \sqrt{\left(\frac{\sigma_x - \sigma_y}{2}\right)^2 + \tau_{xy}^2} \qquad \rightarrow \quad \tau_{12} = 50\,MPa$$

$$\varphi^* = \frac{1}{2} \cdot \arctan\left(\frac{2 \cdot \tau_{xy}}{\sigma_x - \sigma_y}\right) = -18{,}4° \qquad \rightarrow \quad \bar{\varphi} = \varphi^* + \frac{\pi}{4} = 26{,}6°$$

b) Die Bestimmung des um 50° im Uhrzeigersinn gedrehen Spannungszustands gegenüber der Ausgangslage erhalten wir mithilfe der Transformationsbeziehungen nach Gl. (3.11). Wir müssen hier aber darauf achten, dass die Drehrichtung im Uhrzeigersinn einer mathematisch negativen Drehung entspricht und somit der Winkel $\varphi = -50°$ in den Transformationsbeziehungen zu verwenden ist. Als Ergebnisse bekommen wir:

$$\underline{\underline{\sigma_\xi}} = \frac{1}{2} \cdot \left(\sigma_x + \sigma_y\right) + \frac{1}{2} \cdot \left(\sigma_x - \sigma_y\right) \cdot \cos(2\varphi) + \tau_{xy} \cdot \sin(2\varphi) = \underline{\underline{62{,}6\ MPa}}$$

$$\underline{\underline{\sigma_\eta}} = \frac{1}{2} \cdot \left(\sigma_x + \sigma_y\right) - \frac{1}{2} \cdot \left(\sigma_x - \sigma_y\right) \cdot \cos(2\varphi) - \tau_{xy} \cdot \sin(2\varphi) = \underline{\underline{17{,}4\ MPa}}$$

$$\underline{\underline{\tau_{\xi\eta}}} = -\frac{1}{2} \cdot \left(\sigma_x - \sigma_y\right) \cdot \sin(2\varphi) + \tau_{xy} \cdot \cos(2\varphi) = \underline{\underline{44{,}6\ MPa}}$$

Für ein besseres Verständnis ist der zugehörige MOHR'sche Spannungskreis mit den jeweiligen Betrachtungswinkeln nebenstehend dargestellt. Hier kann die Lage und Größe der jeweiligen Spannungskomponenten sowie die entsprechenden Winkel abgelesen werden.

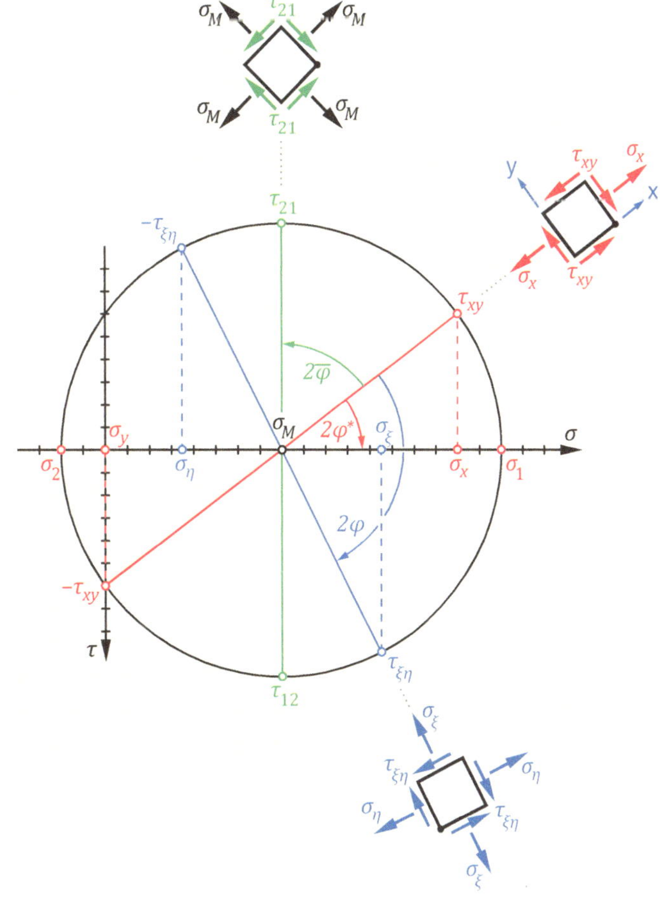

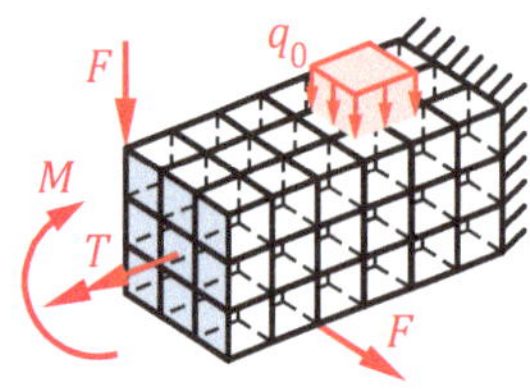

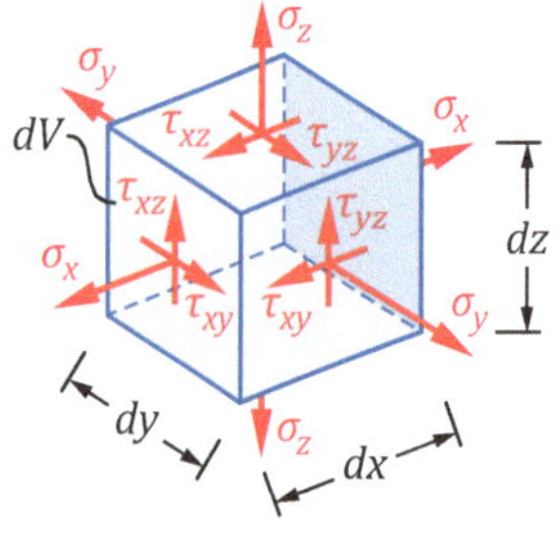

Abb. 3.19

Für den **ebenen Spannungszustand** gilt: $\sigma_z = \tau_{xz} = \tau_{yz} = 0$

Für den **eindimensionalen Spannungszustand** gilt:
$\sigma_y = \sigma_z = \tau_{xy} = \tau_{xz} = \tau_{yz} = 0$

3.5 Räumlicher Spannungszustand

Der *räumliche Spannungszustand* (auch *dreidimensionale Spannungszustand*) ist durch eine *räumliche (dreidimensionale) Belastung* gekennzeichnet. Zur Verdeutlichung eines räumlichen Spannungszustands betrachten wir den eingespannten Balken in ▶ Abb. 3.19. Infolge der wirkenden Kräfte F, des Biegemoments M, des Torsionsmoments T und der Flächenlast q_0 tritt im Inneren des Balkens der ebenfalls dargestellte räumliche Spannungszustand an einem infinitesimalen Volumenelement dV (Kantenlängen: dx, dy, dz) auf. Am Volumenelement dV wirken somit die drei Normalspannungen σ_x, σ_y, σ_z sowie die drei Schubspannungen τ_{xy}, τ_{xz}, τ_{yz}. Eigentlich wären es ja sechs Schubspannungen. Aber nach dem *Satz der zugeordneten Schubspannungen* müssen die beiden Schubspannungen, welche senkrecht zueinander stehen und von einer Kante weg oder zu dieser Kante hingerichtet sind, gleich groß sein. Somit reduziert sich die Anzahl der Schubspannungen auf drei.

An der Darstellung des Volumenelements dV in ▶ Abb. 3.19 können wir uns zudem klarmachen, dass die beiden bisher betrachteten Spannungszustände (*eindimensionaler* und *ebener Spannungszustand*) lediglich Sonderfälle des räumlichen Spannungszustands sind. Hierzu können wir ▶ Abb. 3.8 auf S. 28 und ▶ Abb. 3.5 auf S. 25 mit ▶ Abb. 3.19 vergleichen. Sind bei einem räumlichen Spannungszustand die Spannungen $\sigma_z = \tau_{xz} = \tau_{yz} = 0$, so liegt ein ebener Spannungszustand nach ▶ Abb. 3.8 vor. Werden zusätzlich auch noch die Spannungen $\sigma_y = \tau_{xy} = 0$, ist ein eindimensionaler Spannungszustand nach ▶ Abb. 3.5 vorhanden.

An dieser Stelle wird somit angemerkt, dass alle bisher angestellten Überlegungen und Zusammenhänge (Spannungstransformation, Hauptspannungen, MOHR'scher Spannungskreis usw.) selbstverständlich auch für den räumlichen Spannungszustand gelten und auf diesen übertragen werden können. Da jedoch die ausführliche Behandlung des räumlichen Spannungszustands den Umfang dieses Lehrbuches übersteigen würde, wird dazu auf die weiterführende Literatur verwiesen. Im weiteren Verlauf dieses Lehrbuches werden wir nur noch den eindimensionalen und ebenen Spannungszustand behandeln.

In Kürze

Indizierung der Spannungen

- *1. Index:* Richtung der Senkrechten auf der Schnittfläche
- *2. Index:* Wirkrichtung der Spannung

Vorzeichenkonvention

Positive Spannungen zeigen an einem positiven Schnittufer in die positive Koordinatenrichtung.

Satz der zugeordneten Schubspannungen

Schubspannungen, welche in zueinander senkrecht stehenden Schnittebenen auf eine gemeinsame Kante zu oder von ihr weg zeigen, sind gleich groß:

$$\tau_{xy} = \tau_{yx} \qquad \tau_{xz} = \tau_{zx} \qquad \tau_{yz} = \tau_{zy}$$

Eindimensionaler Spannungszustand

- Es wirkt nur eine eindimensionale Belastung, wie z. B. die Normalkraft N_x.
- Es tritt nur eine Normalspannung σ_x senkrecht zur angreifenden Belastung auf.
  $$\left(\sigma_y = \sigma_z = \tau_{xy} = \tau_{xz} = \tau_{yz} = 0\right)$$
- Normalspannung in einem senkrechten Schnitt ($\varphi = 0$) zur Längsachse des Bauteils:

$$\sigma_x = \frac{N_x}{A}$$

- Normal- und Schubspannung unter einem beliebigen Schnittwinkel ($\varphi \neq 0$):

$$\sigma_\xi = \sigma_x \cdot \frac{1 + \cos 2\varphi}{2}$$

$$\tau_{\xi\zeta} = \sigma_x \cdot \frac{\sin 2\varphi}{2}$$

- Die max. Normalspannung σ_{max} und die max. Schubspannung τ_{max} stehen unter einem Winkel von 45° zueinander.
- Der eindimensionale Spannungszustand ist ein Sonderfall des ebenen Spannungszustands.

Ebener Spannungszustand

- Es wirkt eine zweidimensionale Belastung.
- Es treten nur Normal- und Schubspannungen in einer Ebene auf: $\sigma_x, \sigma_y, \tau_{xy}$
  $$\left(\sigma_z = \tau_{xz} = \tau_{yz} = 0\right)$$
- Die auftretenden Spannungen sind konstant über die Dicke verteilt.

Transformationsbeziehungen

$$\sigma_\xi = \frac{1}{2} \cdot \left(\sigma_x + \sigma_y\right) + \frac{1}{2} \cdot \left(\sigma_x - \sigma_y\right) \cdot \cos(2\varphi) + \tau_{xy} \cdot \sin(2\varphi)$$

$$\sigma_\eta = \frac{1}{2} \cdot \left(\sigma_x + \sigma_y\right) - \frac{1}{2} \cdot \left(\sigma_x - \sigma_y\right) \cdot \cos(2\varphi) - \tau_{xy} \cdot \sin(2\varphi)$$

$$\tau_{\xi\eta} = -\frac{1}{2} \cdot \left(\sigma_x - \sigma_y\right) \cdot \sin(2\varphi) + \tau_{xy} \cdot \cos(2\varphi)$$

Hauptnormalspannungen

$$\sigma_{1,2} = \frac{\sigma_x + \sigma_y}{2} \pm \sqrt{\left(\frac{\sigma_x - \sigma_y}{2}\right)^2 + \tau_{xy}^2}$$

- Sortierung: $\sigma_1 > \sigma_2$
- In Richtung der Hauptnormalspannungen wirken keine Schubspannungen.

Schnittwinkel der Hauptnormalspannungen

$$\varphi^* = \frac{1}{2} \cdot \arctan\left(\frac{2 \cdot \tau_{xy}}{\sigma_x - \sigma_y}\right)$$

Hauptschubspannungen

$$\tau_{12} = \sqrt{\left(\frac{\sigma_x - \sigma_y}{2}\right)^2 + \tau_{xy}^2} = \frac{\sigma_1 - \sigma_2}{2} = -\tau_{21}$$

Schnittwinkel der Hauptschubspannungen

$$\bar{\varphi} = \varphi^* + \frac{\pi}{4}$$

- Der ebene Spannungszustand ist ein Sonderfall des räumlichen Spannungszustands.

3.6   Aufgaben zu Kapitel 3

Aufgabe 3.1

Aufgrund der auf eine Welle einwirkenden Axialkraft F und dem Torsionsmoment T ergibt sich auf der Welle im Punkt P der skizzierte ebene Spannungszustand:

$$\sigma_y = 716 \text{ N/mm}^2; \quad \tau_{xy} = 195 \text{ N/mm}^2$$

a) Wie groß sind die Hauptspannungen?
b) Welche Spannungen wirken an einem um 40° im Gegenuhrzeigersinn gedrehten Element?

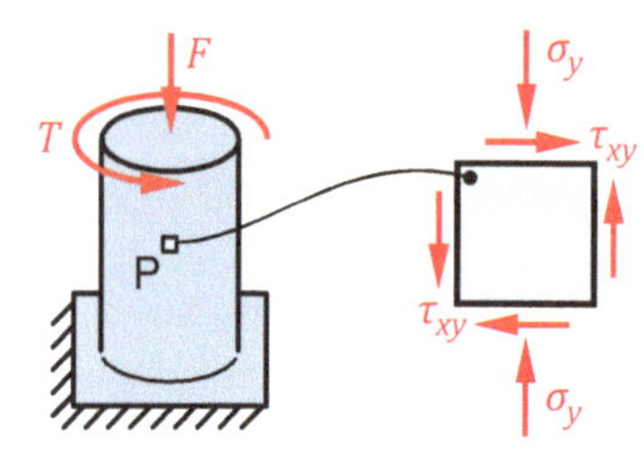

Aufgabe 3.2

An einem Punkt des Obermaterials eines Sportschuhs wurde der dargestellte ebene Spannungszustand messtechnisch ermittelt:

$$\sigma_x = 20 \text{ N/mm}^2; \quad \sigma_y = 9 \text{ N/mm}^2; \quad \tau_{xy} = 11 \text{ N/mm}^2$$

Bestimmen Sie die Hauptnormal- und Hauptschubspannungen sowie die zugehörigen Hauptschnittebenen der Hauptspannungen.

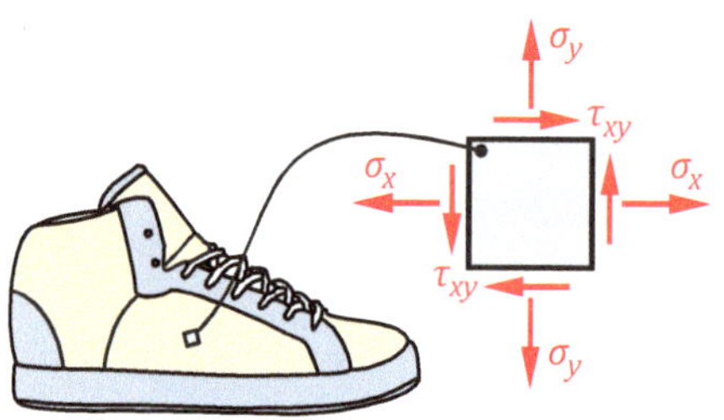

Aufgabe 3.3

Infolge der äußeren Belastung herrscht in einem Punkt des dargestellten Rahmens der skizzierte ebene Spannungszustand:

$$\sigma_x = 30 \text{ N/mm}^2; \quad \tau_{xy} = 65 \text{ N/mm}^2$$

a) Bestimmen Sie alle Hauptspannungen und deren Hauptschnittebenen.
b) Welche Spannungen wirken an einem um 30° im Uhrzeigersinn gedrehten Element?

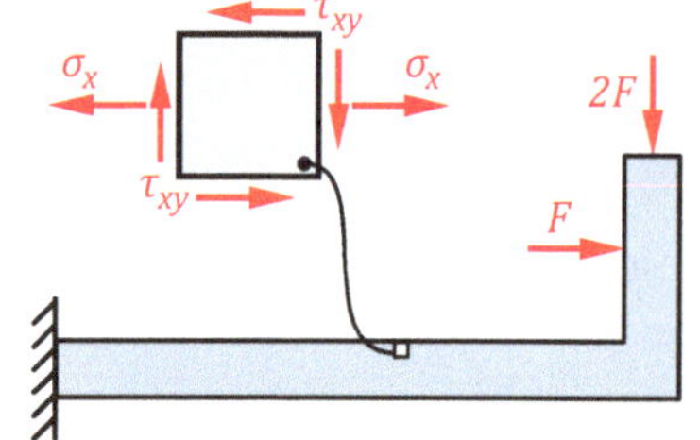

Aufgabe 3.4

Aufgrund der auf ein Bauteil wirkenden äußeren Belastungen herrscht im Inneren des Bauteils in einem Punkt der skizzierte ebene Spannungszustand ($\varphi = 30°$):

$$\sigma_\xi = 133 \text{ N/mm}^2; \quad \sigma_\eta = 100 \text{ N/mm}^2; \quad \tau_{\xi\eta} = 67 \text{ N/mm}^2$$

Berechnen Sie die alle Hauptspannungen und deren Hauptschnittebenen.

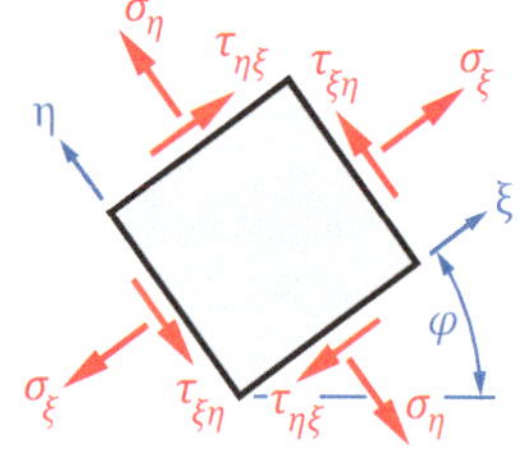

4 Verzerrungszustand

Lösungen

Aufgabe 3.1   a) $\sigma_1 = 49{,}7$ N/mm^2, $\sigma_2 = -765{,}7$ N/mm^2, $\tau_{12} = 407{,}7$ N/mm^2

                         b) $\sigma_\xi = -103{,}8$ N/mm^2, $\sigma_\eta = -612{,}2$ N/mm^2, $\tau_{\xi\eta} = -318{,}7$ N/mm^2

Aufgabe 3.2 $\sigma_1 = 26{,}8$ N/mm^2, $\sigma_2 = 2{,}2$ N/mm^2, $\tau_{12} = 12{,}3$ N/mm^2

                             $\varphi^* = 31{,}7°$, $\bar{\varphi} = 76{,}7°$

Aufgabe 3.3   a) $\sigma_1 = 81{,}7$ N/mm^2, $\sigma_2 = -51{,}7$ N/mm^2, $\tau_{12} = 66{,}7$ N/mm^2

                             $\varphi^* = 38{,}5°$, $\bar{\varphi} = 83{,}5°$

                         b) $\sigma_\xi = -33{,}8$ N/mm^2, $\sigma_\eta = 63{,}8$ N/mm^2, $\tau_{\xi\eta} = 45{,}5$ N/mm^2

Aufgabe 3.4 $\sigma_1 = 185{,}5$ N/mm^2, $\sigma_2 = 47{,}5$ N/mm^2, $\tau_{12} = 69$ N/mm^2

                             $\varphi^* = 38{,}1°$, $\bar{\varphi} = 83{,}1°$

© Springer Fachmedien Wiesbaden GmbH, ein Teil von Springer Nature 2019

C. Spura, *Technische Mechanik 2. Elastostatik*,

https://doi.org/10.1007/978-3-658-19979-1_4

Greift eine äußere Belastung an einem Bauteil an, so entsteht im Inneren des Bauteils ein bestimmter Spannungszustand. Des Weiteren wird sich durch die äußere Belastung und die inneren Spannungen das Bauteil deformieren bzw. verformen. Daher ergibt sich, analog zum Spannungszustand, ein entsprechender Verformungs- bzw. Verzerrungszustand im Inneren des Bauteils. Die sich einstellenden Deformationen sind ebenfalls von der äußeren Belastung, dem Ort des betrachteten Schnittes im Bauteil sowie vom Winkel des betrachteten Schnittes abhängig. Die Einteilung erfolgt auch hier wieder anhand der Dimension: eindimensionaler, ebener und räumlicher Verzerrungszustand.

Wird ein Bauteil durch eine äußere Kraft belastet, so entsteht unweigerlich eine Deformation. Diese Deformation lässt sich in sogenannte Verzerrungen und Verschiebungen unterteilen. Betrachten wir als einleitendes Beispiel die in ▶ Abb. 4.1 dargestellte Scheibe. Aufgrund der Belastung durch die Normalspannung σ_x (wirkt auf den gesamten Seitenflächen gleichmäßig) wird die Scheibe entsprechend der Darstellung deformiert. In ▶ Abb. 4.2 ist die Scheibe im unbelasteten sowie im belasteten Zustand noch einmal dargestellt. Um die beiden Begriffe Verschiebung und Verzerrung zu verdeutlichen, betrachten wir nun als Beispiel die obere rechte Ecke der Scheibe. Diese Ecke wird direkt durch die Normalspannung σ_x belastet und *verschiebt* sich nach rechts um den Betrag a, in Richtung der wirkenden Normalspannung. Aufgrund der Formgebung (und der damit verbundenen Bauteilsteifigkeit) unserer Scheibe, verschiebt sich die obere rechte Ecke auch etwas nach unten. Die Ecke am Rand der halbkreisförmigen Aussparung verschiebt sich ebenfalls nach rechts um den Betrag b in Richtung der wirkenden Normalspannung, aber fast nicht nach unten. Da die beiden Verschiebungen a und b unterschiedlich groß sind, muss das Bauteil zwischen den beiden Ecken verzerrt worden sein. Die hier auftretende *Verzerrung* unterteilt sich in eine (Längen-)*Dehnung* und eine *Gleitung*. Ziehen wir von der größeren Verschiebung a die kleinere Verschiebung b ab, so erhalten wir die zwischen den beiden betrachteten Ecken auftretende Längenänderung des Bauteils. Da sich die obere rechte Ecke der Scheibe auch noch nach unten verschoben hat, ist eine Gleitung (Winkeländerungen) im Bauteil vorhanden. Diese Betrechung können wir für alle Stellen an der Scheibe durchführen.

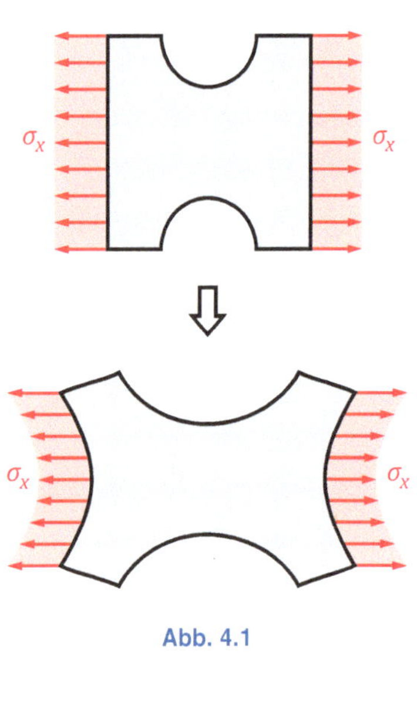

Abb. 4.1

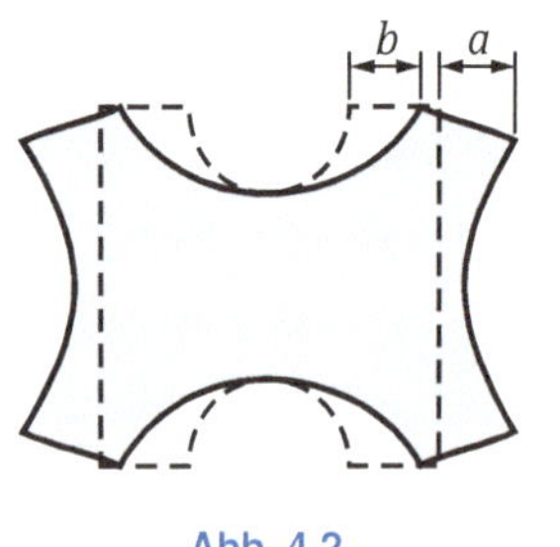

Abb. 4.2

4.1 Dehnung infolge einer Kraft

Wir wollen uns nun als erstes mit der reinen Dehnung beschäftigen. Als Dehnung wird die relative Längenänderung (Verlängerung bzw. Verkürzung) eines Bauteils unter Belastung verstanden. Greift an einem Bauteil eine äußere Zugkraft wie in ▶ Abb. 2.1 auf S. 12 an, erfährt das Bauteil eine Streckung und damit eine positive Dehnung. Umgekehrt verhält es sich bei einer Druckkraft. In ▶ Abb. 2.2 auf S. 13 wird das Bauteil zusammengedrückt (Stauchung) und es liegt eine negative Dehnung vor.

▶ Eine **positive Dehnung** ist bei einer *Streckung* (Verlängerung) eines Bauteils vorhanden.

▶ Eine **negative Dehnung** tritt bei einer *Stauchung* (Verkürzung) eines Bauteils auf.

Um die Dehnung mathematisch zu beschreiben, sehen wir uns den einseitig eingespannten Stab in ▶ Abb. 4.3 an. Innerhalb des Stabes betrachten wir ein infinitesimales Scheibenelement mit der Länge dx (quasi eine unendlich schmale Scheibe des Stabes; ähnlich wie die Scheibe eines Toastbrotes). Im unbelasteten Zustand beträgt die Länge des Elements dx. Greift nun die Kraft F_x an, wird die linke Seite unseres Elements um den Betrag u in x-Richtung verschoben. Die rechte Seite unseres Elements wird ebenfalls um den Betrag u verschoben und gleichzeitig um einen kleinen Betrag du verlängert (gestreckt). Somit hat unser Element bei Belastung die Gesamtlänge $dx + (u + du) - u = dx + du$. Da die Verschiebung u keine Auswirkung auf die Länge unseres Elements besitzt, müssen wir diese bei der Bestimmung der Gesamtlänge herausrechnen. Die damit verbundene Dehnung ε, welches die relative Längenänderung unseres Elements ist, erhalten wir aus dem Verhältnis der *Längenänderung* du bzw. Δl und der *Ausgangslänge vor der Verformung* dx bzw. l:

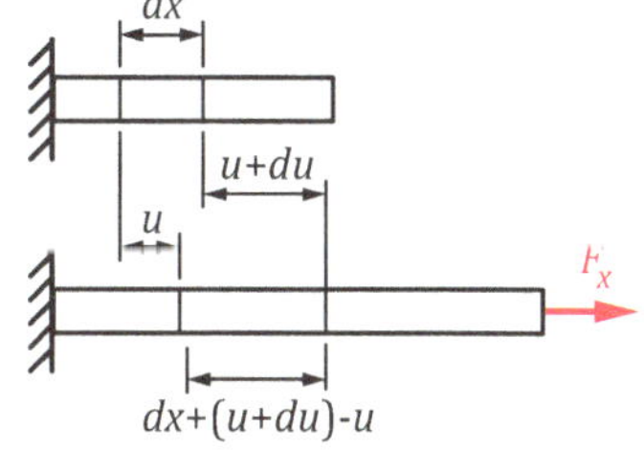

Abb. 4.3

$$\varepsilon = \frac{du}{dx} = \frac{\Delta l}{l} = \frac{l_1 - l_0}{l_0} = \frac{[dx + (u + du) - u] - dx}{dx} \quad (4.1)$$

Allgemeine Dehnung

Wir können dies auch mit den messbaren Längen ausdrücken. Darin ist l_1 die Länge nach der Belastung und l_0 die Länge vor der Belastung. Zu beachten ist, dass die Dehnung ε nur ein Verhältnis beschreibt und damit einheitenlos ist.

Die **Dehnung** ist **einheitenlos**.

Da wir uns im vorherigen Kapitel intensiv mit dem für die Technik wichtigen ebenen Spannungszustand auseinandergesetzt haben, wollen wir die Dehnung noch auf ein beliebiges infinitesimales Volumenelement dV beziehen. Damit können wir anschließend einen Zusammenhang zwischen den am Volumenelement wirkenden Spannungen und den dadurch hervorgerufenen Dehnungen herstellen.

Betrachten wir also ein beliebiges infinitesimales Volumenelement dV in der x-y-Ebene, siehe ▶ Abb. 4.4. Die Kantenlängen unseres Elements sind wieder dx und dy.

Wirkt an unserem Element nun eine positive Normalspannung σ_x, so verlängert sich das Element in x-Richtung, siehe ▶ Abb. 4.4a). Unser Element wird gestreckt und die Länge dx wird um die Dehnung ε vergrößert.

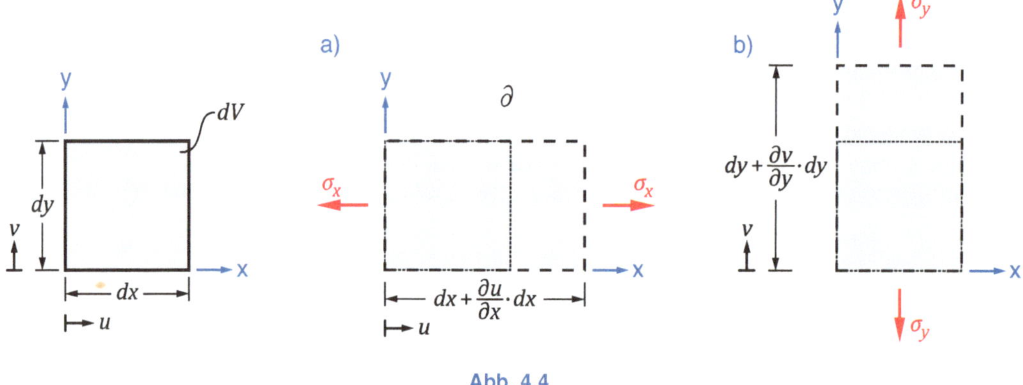

Abb. 4.4

Beziehen wir die Gesamtlänge nach der Verformung auf die Ausgangslänge, ergibt sich die Dehnung in x-Richtung ε_x zu:

Längendehnung in x-Richtung

$$\varepsilon_x = \frac{\Delta l}{l} = \frac{l_1 - l_0}{l_0} = \frac{\left(dx + \frac{\partial u}{\partial x}dx\right) - dx}{dx} = \frac{\partial u}{\partial x} \qquad (4.2)$$

Zu beachten ist hier, dass die Gleichungen (4.1) und (4.2) den gleichen Zusammenhang liefern. In Gl. (4.2) ist jedoch das *partielle Differential* ∂ vorhanden, da für die Beschreibung der Dehnung in x-Richtung ε_x nur die mathematischen Argumente von Interesse sind, welche eine Abhängigkeit von x enthalten.

Analog dazu erhalten wir die Dehnung in y-Richtung ε_x zu:

Längendehnung in y-Richtung

$$\varepsilon_y = \frac{\Delta l}{l} = \frac{l_1 - l_0}{l_0} = \frac{\left(dy + \frac{\partial v}{\partial y}dy\right) - dy}{dy} = \frac{\partial v}{\partial y} \qquad (4.3)$$

Die Klammersetzung in beiden Gleichungen dient lediglich der besseren Nachvollziehbarkeit. Eine mathematische Notwendigkeit besteht hierbei nicht.

Zu erwähnen ist noch, dass eine Dehnung immer eine Volumenänderung eines Bauteils bewirkt, was auch an dem Flächeninhalt unseres Volumenelements dV in ▶ Abb. 4.4 deutlich zu erkennen ist.

▶ Eine **Dehnung ändert** das **Volumen** eines Elements.

4.2   Dehnung infolge Temperaturänderung

Bisher sind wir davon ausgegangen, dass eine Dehnung die Folge einer äußeren angreifenden Kraft ist. Aus Erfahrung wissen wir jedoch, dass auch eine Temperaturänderung eine Volumenänderung eines Körpers bewirkt. Bei einer (positiven) Temperaturerhöhung dehnt sich ein Körper aus und bei einer (negativen) Temperaturverringerung zieht sich ein Körper zusammen.

▶ Eine **Temperaturerhöhung** verursacht eine **positive Dehnung** (*Streckung*), eine **Temperaturverringerung** verursacht eine **negative Dehnung** (*Stauchung*).

Berechnen lässt sich die sogenannte *Wärmedehnung* ε_T mithilfe des *Wärmeausdehnungskoeffizienten* α_T:

$$\varepsilon_T = \alpha_T \cdot \Delta T = \frac{\Delta l}{l} \qquad (4.4)$$

Wärmedehnung

Der Index "T" steht dabei für Temperatur. Solange sich ein Körper frei in der Ebene bzw. im Raum ausdehnen kann, gilt Gl. (4.4) für alle Raumrichtungen gleichermaßen.

Zu beachten ist, dass die Wärmedehnung ε_T nur bei einem *statisch bestimmten Tragwerk*, wie in ▶ Abb. 4.5a) dargestellt, auftritt. Da sich bei einer Temperaturerhöhung ΔT der Balken frei ausdehnen kann, tritt die Längenänderung Δl auf. Bei einem *statisch unbestimmten Tragwerk*, wie in ▶ Abb. 4.5b) dargestellt, kann sich der Balken nicht ausdehnen. Daher kommt es in statisch unbestimmten Tragwerken immer zu Wärmespannungen. Wir werden diesen Zusammenhang rechnerisch noch in *Kapitel 7: Stäbe und Stabsysteme* behandeln.

▶ Bei **statisch bestimmten Tragwerken** hat eine **Temperaturänderung** eine **Dehnung** zur Folge.

▶ Bei **statisch unbestimmten Tragwerken** hat eine **Temperaturänderung Wärmespannungen** zur Folge.

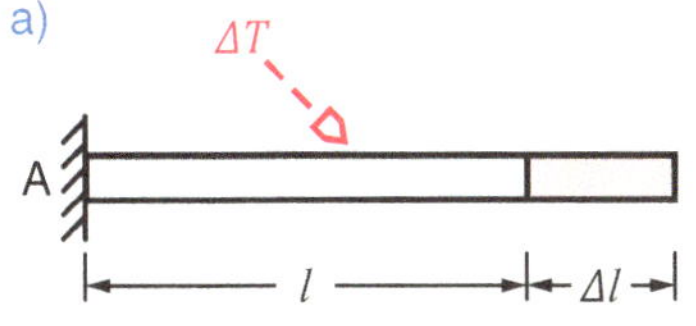

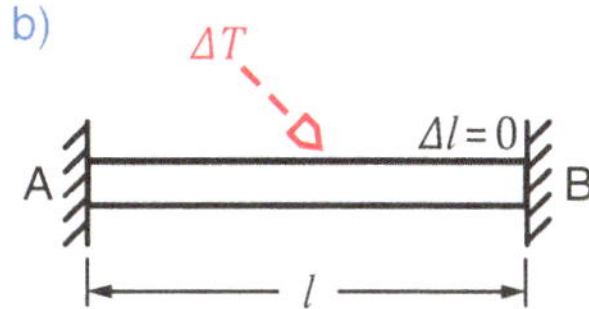

Abb. 4.5

4.3   Gleitung

Wie schon erwähnt, führt eine äußere Belastung zu einer Deformation des Bauteils. Als Deformation werden die am Bauteil sichtbaren Verzerrungen und Verschiebungen bezeichnet, siehe ▶ Abb. 4.6. Als Verzerrung werden Dehnungen und Gleitungen bezeichnet. Da wir die möglichen Dehnungsarten (infolge einer Kraft ε und infolge einer Temperaturänderung ε_T) behandelt haben, befassen wir uns nun mit der Gleitung.

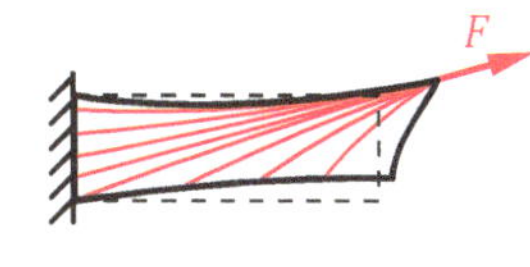

Abb. 4.6

Als **Gleitung** wird eine **Winkeländerung** bezeichnet, welche durch eine **Schubspannung** τ verursacht wird.

Als **einfache Gleitung** wird die **asymmetrische Winkeländerung** des Volumenelements dV bezeichnet.

Als *Gleitung* (auch Schubverzerrung) wird die von einem rechten Winkel ausgehende Winkeländerung bezeichnet. Aufgrund der Bezeichnung Schubverzerrung wird klar, dass eine Gleitung infolge von Schub (also einer Schubspannung τ) auftreten muss. Für die weitere Beschreibung bzw. Definition der Gleitung betrachten wir unser normales Volumenelement dV in der x-y-Ebene, siehe ▸ Abb. 4.7. Zudem verwenden wir die schon bei der Spannung verwendete Definition der Indizierung von S. 23. Darin beschreibt der erste Index die Richtung der Senkrechten auf der Schnittfläche und der zweite Index die Wirkrichtung.

In ▸ Abb. 4.7a) bewirkt die Schubspannung τ_{xy} eine Winkeländerung γ_{xy} in y-Richtung. Analog dazu bewirkt die Schubspannung τ_{yx} eine Winkeländerung γ_{yx} in x-Richtung, siehe ▸ Abb. 4.7b). Dies sind die beiden Grundfälle der *einfachen Gleitung* in der ebenen Betrachtung. Die gesamte Gleitung γ_{xy} bzw. γ_{yx} ändert den rechten Winkel unseres Elements dV.

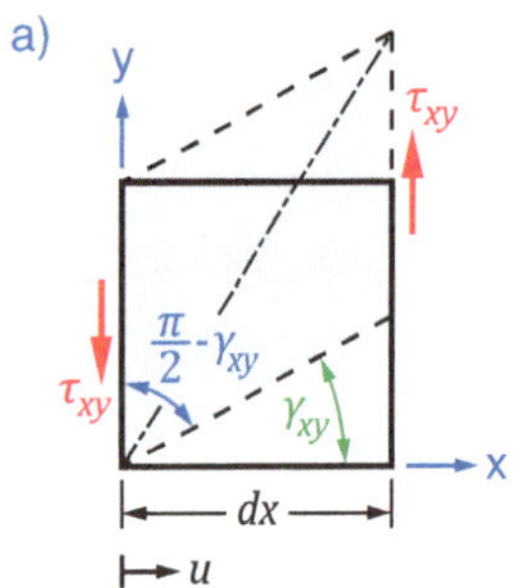
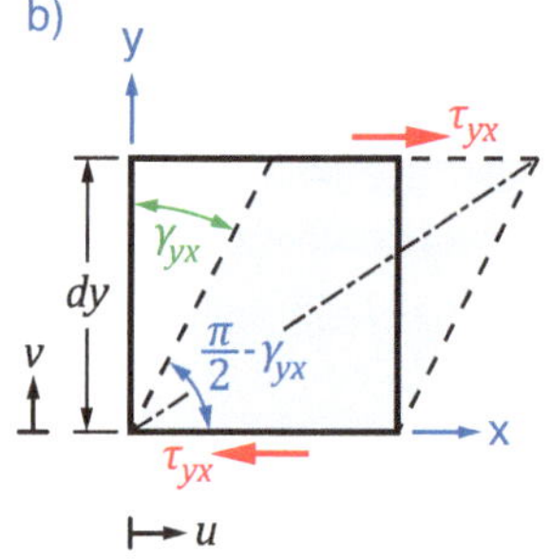
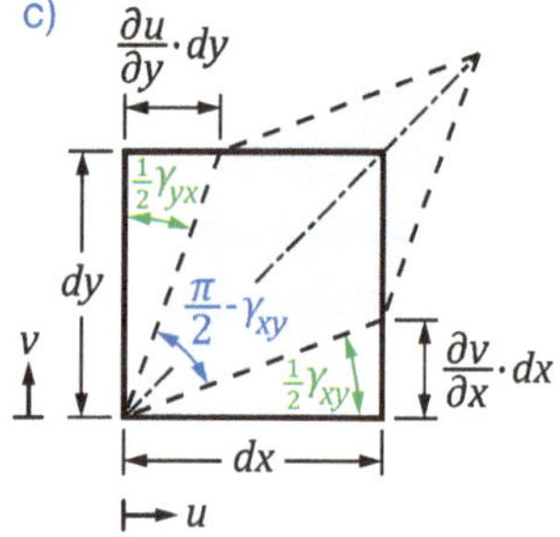

Abb. 4.7

▶ Die **reine Gleitung** ist **vollständig symmetrisch**.

Da Schubspannungen immer paarweise auftreten und am Volumenelement statisches Gleichgewicht herrscht, überlagern wir nun die beiden Grundfälle der einfachen Gleitung, siehe ▸ Abb. 4.7c). Es entsteht ein weiterer Grundfall, welcher vollständig symmetrisch ist und als *reine Gleitung* bezeichnet wird. Die vollständige Symmetrie entsteht dadurch, dass wir davon ausgehen, dass γ_{xy} und γ_{yx} gleich groß sind. Dies ist durchaus legitim und üblich, da die Gleitungen γ sehr klein im Verhältnis zu den übrigen Abmessungen des Elements sind (wenn dx schon unendlich klein ist, müssen γ_{xy} und γ_{yx} noch kleiner sein).

▶ Zur Beschreibung einer **Gleitung** wird immer der **Zustand der reinen Gleitung** angenommen.

Aufgrund seiner vollständigen Symmetrie und der damit verbundenen einfachen Beschreibung sowie der Tatsache, dass Schubspannungen aufgrund des *Satzes der zugeordneten Schubspannungen* (S. 24) immer gleich groß sind, damit

Gleichwicht herrscht, wird der Zustand der reinen Gleitung immer für die Beschreibung einer Gleitung herangezogen.

Die mathematische Beschreibung der Gleitung können wir ganz allgemein mittels der Dehnung und der Vorzeichenkonvention aufstellen. In ▶ Abb. 4.7c) verschiebt sich die untere rechte Ecke unseres Elements nach oben. Die Senkrechte der Schnittfläche zeigt in x-Richtung, die entsprechende Verschiebung erfolgt in y-Richtung. Damit gilt für die Gleitung $\frac{1}{2}\gamma_{xy}$, ausgedrückt durch die Dehnung ε_{xy}:

$$\varepsilon_{xy} = \frac{\frac{\partial v}{\partial x} \cdot dx}{dx} = \frac{\partial v}{\partial x} = \frac{1}{2} \cdot \gamma_{xy} \tag{4.5}$$

Analog dazu erhalten wir für die Gleitung $\frac{1}{2}\gamma_{yx}$:

$$\varepsilon_{yx} = \frac{\frac{\partial u}{\partial y} \cdot dy}{dx} = \frac{\partial u}{\partial y} = \frac{1}{2} \cdot \gamma_{yx} \tag{4.6}$$

Die gesamte Gleitung γ_{xy}, mit welcher sich die untere linke Ecke im Koordinatenursprung verändert, erhalten wir aufgrund der vollständigen Symmetrie durch Addition:

$$\gamma_{xy} = \gamma_{yx} = \varepsilon_{xy} + \varepsilon_{yx} = \frac{\partial v}{\partial x} + \frac{\partial u}{\partial y} \tag{4.7}$$

Definition der reinen Gleitung

Infolge der vollständigen Symmetrie sind die beiden Dehnungen ε_{xy} und ε_{yx} gleich groß und es gilt für die Gleitung $\gamma_{xy} = \gamma_{yx}$.

Zu erwähnen ist noch, dass eine Gleitung lediglich die Form des Volumenelements dV verändert, aber das Volumen konstant bleibt. Im Vergleich dazu bewirkt eine Dehnung eine Volumenänderung, aber keine Winkeländerung. Bei der Formänderung durch eine positive Gleitung wird der ursprünglich rechte Winkel des Elements am Koordinatenursprung verkleinert. Bei einer negativen Gleitung wird der rechte Winkel am Koordinatenursprung dementsprechend vergrößert.

▶ Eine **Gleitung ändert** die **Form** eines Elements, aber **nicht das Volumen**.

▶ Eine **positive Gleitung verkleinert** den ursprünglich **rechten Winkel** am Volumenelement.

Nachdem wir nun die grundlegenden Verzerrungen, unterteilt in die (Längen-)Dehnung, Wärmedehnung und Gleitung, behandelt haben, können wir uns nun dem sogenannten Verzerrungszustand widmen. Die Einteilung des Verzerrungszustandes erfolgt, analog zum Spannungszustand, in:

- Eindimensionaler Verzerrungszustand
- Ebener (zweidimensionaler) Verzerrungszustand
- Räumlicher (dreidimensionaler) Verzerrungszustand

▶ **Einteilung von Verzerrungszuständen**

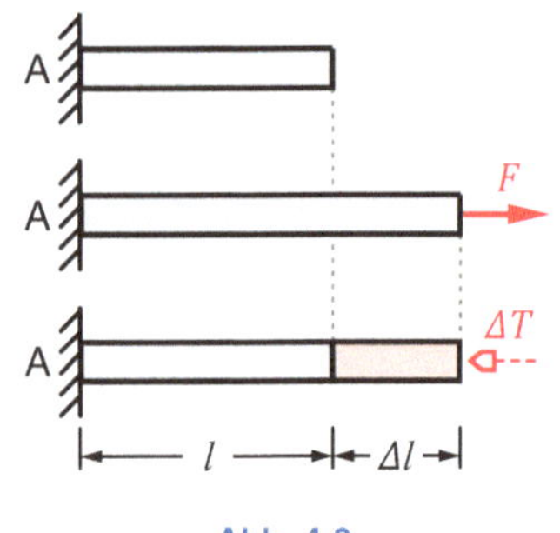

Abb. 4.8

4.4   Eindimensionaler Verzerrungszustand

Der *eindimensionale Verzerrungszustand* ist durch eine *eindimensionale Belastung* gekennzeichnet, wie in ▶ Abb. 4.8 dargestellt. Hier ist der gleiche Balken einmal im unbelasteten Zustand, einmal durch die Kraft F und einmal mit einer Temperaturerhöhung ΔT belastet. Die Belastung durch die Kraft F (Zugkraft) sowie die positive Temperaturerhöhung durch ΔT haben beide eine positive Längenänderung Δl, also eine positive Dehnung (Streckung), zur Folge.

Beim eindimensionalen Spannungszustand gab es in Richtung der Belastung eine Normalspannung σ, aber keine Schubspannung τ. Analog verhält es sich beim eindimensionalen Verzerrungszustand. Hier entsteht in Richtung der Belastung eine Dehnung ε, aber keine Gleitung γ. Eine Gleitung γ tritt erst dann auf, wenn wir das Bauteil unter einem beliebigen Winkel φ schneiden.

Der eindimensionale Verzerrungszustand ist also vorrangig durch eine eindimensionale Dehnung definiert, welche durch eine Kraft oder eine Temperaturänderung hervorgerufen wird:

Längendehnung

$$\varepsilon = \frac{\Delta l}{l} = \frac{\partial u}{\partial x} \tag{4.8}$$

Wärmedehnung

$$\varepsilon_T = \frac{\Delta l}{l} = \alpha_T \cdot \Delta T \tag{4.9}$$

Darin ist α_T der *Wärmeausdehnungskoeffizient* [1/K], welcher die Ausdehnung der Abmessungen eines Materials bei Temperaturveränderungen beschreibt.

Ist ein Tragwerk durch eine Kraft F und eine Temperaturänderung ΔT belastet, siehe ▶ Abb. 4.9, können wir die auftretenden einzelnen Dehnungen nach den Gleichungen (4.8) und (4.9) überlagern und erhalten damit die Gesamtdehnung ε_{ges}:

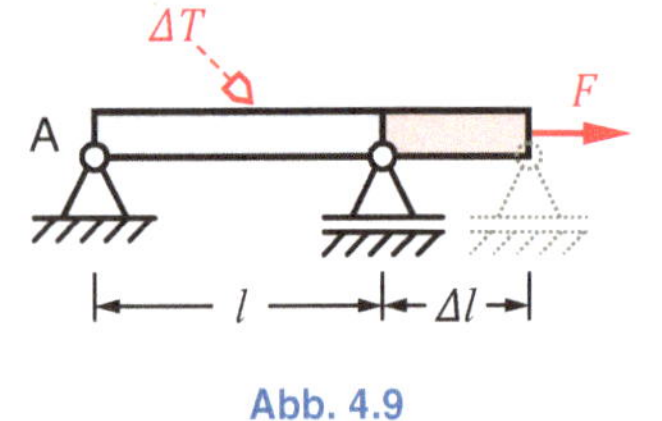

Abb. 4.9

Gesamtdehnung

$$\varepsilon_{ges} = \varepsilon + \varepsilon_T = \frac{\Delta l}{l} \tag{4.10}$$

In den Gl. (4.8) bis (4.10) ist jedoch das Vorzeichen der einzelnen Terme von Bedeutung. Eine positive Längendehnung (Streckung) wird durch eine Zugkraft, eine negative Längendehnung (Stauchung) durch eine Druckkraft (negatives Vorzeichen) verursacht. Gleiches gilt für die Temperaturänderung. Eine positive Temperaturänderung bewirkt eine Streckung, eine negative Temperaturänderung eine Stauchung.

▶ Zur Bestimmung der **Dehnung** sind die **Vorzeichen** der **Kraft** sowie der **Temperaturänderung** von entscheidender Bedeutung.

4.5 Ebener Verzerrungszustand

Der *ebene Verzerrungszustand* ist durch eine *ebene Belastung* gekennzeichnet. Dementsprechend wollen wir auch nur die Dehnungen ε_x, ε_y und Gleitungen γ_{xy} in der betrachteten Ebene berücksichtigen ($\varepsilon_z = \gamma_{xz} = \gamma_{yz} = 0$). Hier treten im Allgemeinen immer Dehnungen und Gleitungen zusammen auf. In ▶ Abb. 4.10 ist ein allgemeiner ebener Spannungszustand mit dem entsprechenden allgemeinen ebenen Verzerrungszustand dargestellt. Die dort wirkenden Normalspannungen σ_x, σ_y bewirken Dehnungen ε_x, ε_y und die wirkenden Schubspannungen τ_{xy} bewirken Gleitungen γ_{xy} am Volumenelement dV.

▶ **Normalspannungen σ bewirken Dehnungen ε, Schubspannungen τ bewirken Gleitungen γ.**

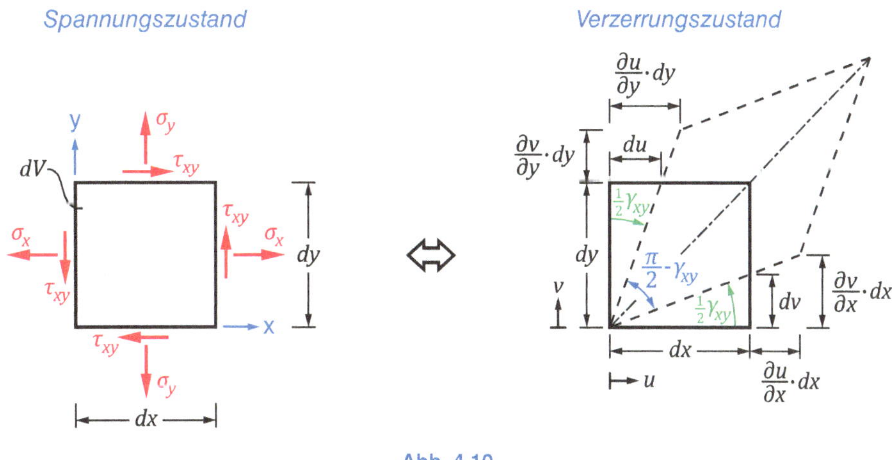

Abb. 4.10

Die im ebenen Verzerrungszustand auftretenden Dehnungen und Gleitungen, welche ebenfalls durch eine Kraft oder eine Temperaturänderung hervorgerufen werden, sind somit:

$$\varepsilon_x = \frac{\partial u}{\partial x} \qquad \varepsilon_y = \frac{\partial v}{\partial y} \qquad (4.11) \qquad \text{Längendehnung}$$

$$\gamma_{xy} = \frac{\partial v}{\partial x} + \frac{\partial u}{\partial y} \qquad (4.12) \qquad \text{Gleitung}$$

$$\varepsilon_{Tx} = \alpha_T \cdot \Delta T \qquad \varepsilon_{Ty} = \alpha_T \cdot \Delta T \qquad (4.13) \qquad \text{Wärmedehnung}$$

Ist also ein Spannungszustand und/oder eine Temperaturänderung vorhanden, wird das Volumenelement dV deformiert und es ergibt sich ein Verzerrungszustand.

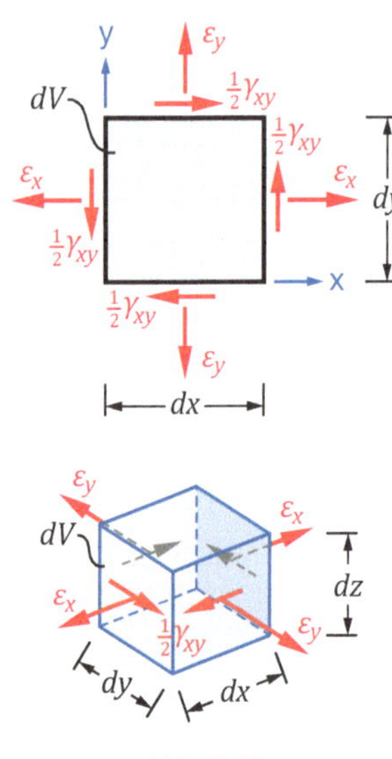

Abb. 4.11

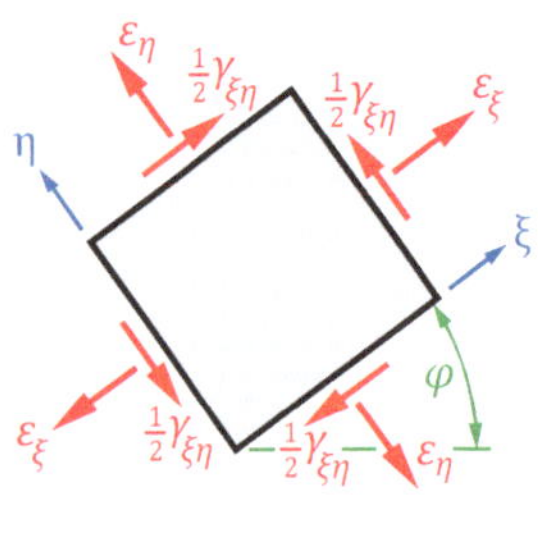

Abb. 4.12

Wie wir in den Kapiteln 4.1 bis 4.3 gesehen haben, ist die Dehnung ε von der Normalspannung σ und die Gleitung γ von der Schubspannung τ abhängig. Wenn wir dazu wieder unser gewohntes Volumenelement dV betrachten, siehe ▶ Abb. 4.11, können wir anstatt der Spannungen, einfach die Dehnungen und Gleitung einzeichnen. Eine positive Dehnung ε_x wird das Element dV in x-Richtung strecken. Gleiches gilt für eine positive Dehnung ε_y und die y-Richtung. Auch hier wird das Element gestreckt und somit verlängert werden. Eine positive Gleitung $\frac{1}{2}\gamma_{xy}$ bewirkt eine Winkeländerung und unser Element dV wird zu einer Raute verzerrt werden, vgl. ▶ Abb. 4.7 und ▶ Abb. 4.10.

Wenn uns diese Beziehungen zwischen Spannungen und Verzerrungen klar sind, können wir nun die Zusammenhänge aus *Kapitel* 3: *Spannungszustand* auf den Verzerrungszustand übertragen. Da die entsprechenden Herleitungen analog aufgestellt werden können, wollen wir im weiteren Verlauf darauf verzichten und direkt zu den daraus resultierenden Ergebnissen kommen.

4.5.1 Transformationsbeziehungen

Sobald wir nicht mehr senkrecht durch ein Bauteil schneiden bzw. unser betrachtetes Volumenelement dV nicht mehr parallel zur x- und y-Koordinatenachse ausgerichtet ist, sind auch die am Element wirkenden Dehnungen und Gleitungen von einer anderen Größenordnung. Wie zuvor bei den Spannungen, verändern sich diese unter einem beliebigen Schnittwinkel φ in Abhängigkeit des Schnittwinkels. Gleiches gilt auch für die Verzerrungen, siehe ▶ Abb. 4.12 und vgl. dazu den rechten Teil in ▶ Abb. 3.9 auf S. 29. Die unter einem beliebigen Schnittwinkel φ auftretenden Verzerrungen betrachten wir wieder im ξ-η-Koordinatensystem. Die Indizierung der Verzerrungen erfolgt analog zu den Spannungen. Beim Vergleich mit ▶ Abb. 3.9 fällt lediglich auf, dass bei allen Gleitungen der Index "$\xi\eta$" verwendet wurde. Bei den Schubspannungen haben wir aufgrund des *Satzes der zugeordneten Schubspannungen* auch nur noch den Index xy verwendet, da ja $\tau_{yx} = \tau_{xy}$ gilt. Gleiches gilt auch für die Gleitung: $\gamma_{yx} = \gamma_{xy}$ und $\gamma_{\eta\xi} = \gamma_{\xi\eta}$.

Wollen wir die unter einem beliebigen Winkel φ wirkenden Verzerrungen (Dehnungen und Gleitungen) bestimmen, können wir die schon bekannten *Transformationsbeziehungen* verwenden. Aufgrund der Abhängigkeit zwischen Spannungen und Verzerrungen, brauchen wir hier nur die verschiedenen Bezeichnungen auszutauschen und erhalten somit:

$$\varepsilon_\xi = \frac{1}{2} \cdot \left(\varepsilon_x + \varepsilon_y\right) + \frac{1}{2} \cdot \left(\varepsilon_x - \varepsilon_y\right) \cdot \cos(2\varphi) + \frac{1}{2} \cdot \gamma_{xy} \cdot \sin(2\varphi)$$

$$\varepsilon_\eta = \frac{1}{2} \cdot \left(\varepsilon_x + \varepsilon_y\right) - \frac{1}{2} \cdot \left(\varepsilon_x - \varepsilon_y\right) \cdot \cos(2\varphi) - \frac{1}{2} \cdot \gamma_{xy} \cdot \sin(2\varphi) \qquad (4.14)$$

$$\frac{1}{2} \cdot \gamma_{\xi\eta} = -\frac{1}{2} \cdot \left(\varepsilon_x - \varepsilon_y\right) \cdot \sin(2\varphi) + \frac{1}{2} \cdot \gamma_{xy} \cdot \cos(2\varphi)$$

Transformationsbeziehungen für den ebenen Verzerrungszustand

Sind uns im Verzerrungszustand die Dehnungen ε_x, ε_y und die Gleitung γ_{xy} für einen senkrechten Schnitt bekannt, so können wir wieder mithilfe der Transformationsbeziehungen die unter einem beliebigen Schnittwinkel φ vorhandenen Dehnungen ε_ξ, ε_η und die Gleitung $\gamma_{\xi\eta}$ berechnen. Auch hier gilt analog zum Spannungszustand, dass es sich um zwei zueinander verdrehte Koordinatensysteme handelt und der damit verbundene Verzerrungszustand für diesen einen betrachteten Punkt in einem Körper identisch ist. Durch Variation des Schnittwinkels φ ändern sich zwar die Zahlenwerte der Verzerrungen, jedoch bleibt der Verzerrungszustand für den Körper derselbe.

▶ Der **Verzerrungszustand** in einem bestimmten Punkt bleibt trotz Variation des Schnittwinkels φ derselbe. Lediglich die **Zahlenwerte** der Verzerrungen **ändern sich in Abhängigkeit des Schnittwinkels**.

4.5.2 Hauptdehnungen

Je nach betrachtetem Schnittwinkel ändern sich die Zahlenwerte der Verzerrungen. Daher muss es auch hier einen bestimmten Schnittwinkel geben, in dem die Extremwerte der Verzerrungen auftreten. Analog zum Spannungszustand ergibt sich der Schnittwinkel φ^* der Hauptdehnungen zu:

$$\varphi^* = \frac{1}{2} \cdot \arctan\left(\frac{\gamma_{xy}}{\varepsilon_x - \varepsilon_y}\right) \qquad (4.15)$$

Schnittwinkel der Hauptschnittrichtungen

Zu den *Hauptschnittrichtungen* φ^* und $\varphi^* + \pi/2$ gehören die entsprechenden Hauptdehnungen:

$$\varepsilon_1 = \frac{\varepsilon_x + \varepsilon_y}{2} + \sqrt{\left(\frac{\varepsilon_x - \varepsilon_y}{2}\right)^2 + \left(\frac{1}{2} \cdot \gamma_{xy}\right)^2}$$

$$\varepsilon_2 = \frac{\varepsilon_x + \varepsilon_y}{2} - \sqrt{\left(\frac{\varepsilon_x - \varepsilon_y}{2}\right)^2 + \left(\frac{1}{2} \cdot \gamma_{xy}\right)^2} \qquad (4.16)$$

Hauptdehnungen im ebenen Verzerrungszustand

$$\gamma_{12} = 0$$

Die in den Hauptschnittrichtungen liegenden *Hauptdehnungen* stehen senkrecht aufeinander und werden wieder mit den Ziffern 1 und 2 gekennzeichnet. Dabei erfolgt die Nummerierung so, dass $\varepsilon_1 > \varepsilon_2$ gilt. Des Weiteren gibt es in der Hauptdehnungsrichtung keine Gleitung: $\gamma_{12} = 0$.

▶ In Richtung der **Hauptdehnungen** gibt es **keine Gleitungen**.

4.5.3 Hauptgleitungen

Die *Hauptgleitungen* stehen im 45°-Winkel zu den Hauptdehnungen. Damit ergibt sich für den Schnittwinkel der Hauptgleitungen:

$$\bar{\varphi} = \varphi^* + \frac{\pi}{4} \tag{4.17}$$

Auch hier existieren wieder zwei Schnittrichtungen für die Hauptgleitungen: $\bar{\varphi}$ und $\bar{\varphi} + \pi/2$.

Die *Hauptgleitungen* erhalten wir durch:

$$\frac{1}{2}\gamma_{12} = \sqrt{\left(\frac{\varepsilon_x - \varepsilon_y}{2}\right)^2 + \left(\frac{1}{2}\cdot\gamma_{xy}\right)^2} = \frac{\varepsilon_1 - \varepsilon_2}{2} = -\frac{1}{2}\gamma_{21}$$

$$\varepsilon_M = \frac{\varepsilon_x + \varepsilon_y}{2} = \frac{\varepsilon_1 + \varepsilon_2}{2} \tag{4.18}$$

In Richtung der Hauptgleitungen ist wieder eine mittlere Dehnung vorhanden.

An dieser Stelle wird auf eine grafische Darstellung verzichtet, da hierzu in ▸ Abb. 3.11 (S. 32) und ▸ Abb. 3.12 (S. 34) die Normalspannungen durch die Dehnungen und die Schubspannungen durch die Gleitungen ausgetauscht werden können. Sinngemäß ist dabei kein Unterschied vorhanden.

4.5.4 Mohr'scher Verzerrungskreis

Zur grafischen Darstellung der wirkenden Verzerrungen in Abhängigkeit jedes beliebigen Schnittwinkels φ können wir den Mohr'schen Verzerrungskreis verwenden. Aufgrund der schon angesprochenen gegenseitigen Abhängigkeit von Normalspannung und Dehnung sowie von Schubspannung und Gleitung können wir alles vom Mohr'schen Spannungskreis auf den Mohr'schen Verzerrungskreis übertragen. Als Ausgangspunkt für den Verzerrungskreis dienen uns die bekannten Dehnungen ε_x, ε_y und der Gleitung γ_{xy} eines infinitesimalen Volumenelements dV. Damit können wir den Verzerrungskreis erstellen und alle Verzerrungen für jeden beliebigen Schnittwinkel des Verzerrungszustands in einem bestimmten Punkt in einem Bauteil anschaulich darstellen. Erstellen wir den Verzerrungskreis mit einem entsprechenden Maßstab, lassen sich die verschiedenen Größen der Verzerrungen direkt ablesen.

Beispielhaft ist in ▸ Abb. 4.13 ein Mohr'scher Verzerrungskreis mit den Hauptrichtungen und zwei beliebigen Schnittwinkeln dargestellt.

MOHR'scher Verzerrungskreis

- Die ε-Achse verläuft horizontal nach rechts, die $\frac{1}{2}\gamma$-Achse vertikal nach unten positiv.
- Eintragen der Punkte $\left(\varepsilon_x, \tfrac{1}{2}\gamma_{xy}\right)$ und $\left(\varepsilon_y, -\tfrac{1}{2}\gamma_{xy}\right)$. Die Dehnungen ε_x und ε_y werden vorzeichenrichtig, die Gleitung $\frac{1}{2}\gamma_{xy}$ wird beim ersten Punkt vorzeichenrichtig und beim zweiten Punkt $\left(\varepsilon_y, -\tfrac{1}{2}\gamma_{xy}\right)$ mit gedrehtem Vorzeichen eingezeichnet.
- Der Schnittpunkt der Verbindungslinie dieser Punkte mit der ε-Achse ist der Kreismittelpunkt bzw. die mittlere Dehnung ε_M nach Gl. (4.18).
- Die Verbindungslinie zwischen dem Kreismittelpunkt ε_M und $\left(\varepsilon_x, \tfrac{1}{2}\gamma_{xy}\right)$ ist der Radius des Verzerrungskreises.
- Zeichnen des Kreises mit einem Zirkel.
- Auf dem Verzerrungskreis liegen nun alle Dehnungen mit ihren zugehörigen Schnittwinkeln.
- Der Schnittpunkt des Kreises mit der ε-Achse auf der rechten Seite ist die Hauptdehnung ε_1. Der Schnittpunkt auf der linken Seite entsprechend die Hauptdehnung ε_2.
- Senkrecht nach oben und unten von der mittleren Dehnung ε_M aus befindet sich die Hauptgleitung $\tfrac{1}{2}\gamma_{12} = -\tfrac{1}{2}\gamma_{21}$ auf dem Verzerrungskreis.
- Die Drehrichtungen der Schnittwinkel bzw. Schnittrichtungen im Verzerrungskreis entsprechen den gleichen Drehrichtungen wie im Koordinatensystem.
- Die Drehrichtungen werden im Verzerrungskreis mit dem doppelten Winkel eingezeichnet.

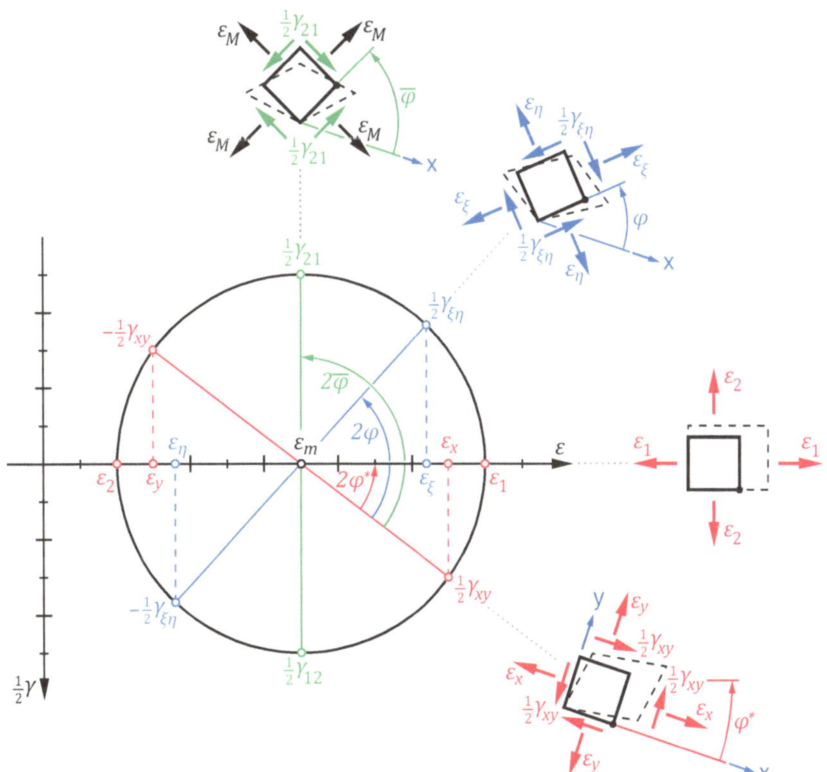

Abb. 4.13

▶ Eine **positive Dehnung** ist bei einer **Streckung** (Verlängerung) eines Bauteils vorhanden.

▶ Eine **positive Gleitung verkleinert** den **rechten Winkel** am Volumenelement.

Im **Verzerrungskreis** werden die **Schnittwinkel mit doppelter Größe** eingezeichnet.

▶ Eine **negative Gleitung vergrößert** den **rechten Winkel** am Volumenelement.

Als Ausgangspunkt im Verzerrungskreis in ▶ Abb. 4.13 dient uns das Element unten rechts mit den Dehnungen ε_x, ε_y und der Gleitung γ_{xy}. Aufgrund der hier wirkenden Verzerrungen wird das Element wie dargestellt verzerrt. Es wird durch die Dehnung ε_x in die Länge gezogen. Die Dehnung ε_y ist etwas kleiner als ε_x, wodurch das Element mehr in x-Richtung als in y-Richtung gestreckt wird. Da die Gleitung γ_{xy} positiv ist, wird der rechte Winkel am Koordinatenursprung verkleinert. Diese Verzerrungen sehen wir, wenn wir vom Verzerrungskreismittelpunkt entlang der roten Linie zu unserem Element blicken.

Drehen wir vom Verzerrungskreismittelpunkt unsere Blickrichtung um den Winkel $2\varphi^*$ im mathematisch positiven Drehsinn ($\circlearrowleft$), blicken wir entlang der ε-Achse in Richtung der Hauptdehnung ε_1. Unser Element wird hier nur durch die beiden Hauptdehnungen ε_1 und ε_2 gestreckt, da beide Dehnungen positive Vorzeichen besitzen. Die Gleitung γ ist hier Null, da die ε-Achse die γ-Achse im Ursprung schneidet. Unser Element wird somit in 1-Richtung viel mehr als in 2-Richtung gestreckt, da $\varepsilon_1 > \varepsilon_2$ ist.

Drehen wir unsere Blickrichtung vom Ausgangspunkt (rote Linie) um den Winkel $2\overline{\varphi}$ im Gegenuhrzeigersinn ($\circlearrowleft$), blicken wir entlang der grünen Linie in Richtung der Hauptgleitungen. Die Dehnung nimmt einen mittleren Wert ε_M an, welcher positiv ist und unser Element gleichmäßig streckt. Gleichzeitig ist hier die Hauptgleitung γ_{21} vorhanden, welche einen negativen Wert besitzt und damit den rechten Winkel unseres Elements vergrößert. Unser Element wird daher wie dargestellt verzerrt.

Als weiteres Beispiel ist noch ein beliebiger Schnittwinkel φ aufgeführt. Von der Blickrichtung der roten Linie drehen wir uns im Gegenuhrzeigersinn um den Winkel 2φ und blicken entlang der blauen Linie. Hier erkennen wir, das ε_ξ und ε_η positiv sind und unser Element entsprechend in ξ- und η-Richtung gestreckt wird. Die Streckung ist jedoch in ξ-Richtung größer, da $\varepsilon_\xi > \varepsilon_\eta$ ist. Des Weiteren wirkt am Element eine negative Gleitung $\gamma_{\xi\eta}$, wodurch der rechte Winkel vergrößert wird.

In einem bestimmten Punkt eines Bauteils herrscht der dargestellte ebene Verzerrungszustand ($\varepsilon_x = 5{,}3 \cdot 10^{-4}$, $\varepsilon_y = 2{,}1 \cdot 10^{-4}$, $\gamma_{xy} = 1{,}5 \cdot 10^{-3}$).

   a) Bestimmen Sie alle Hauptverzerrungen und deren Hauptschnittebenen.
   b) Welche Verzerrungen wirken an einem um 30° im Uhrzeigersinn gedrehten Element?
   c) Zeichnen Sie das verzerrte Element aus b).
   d) Zeichnen Sie den MOHR'schen Verzerrungskreis.

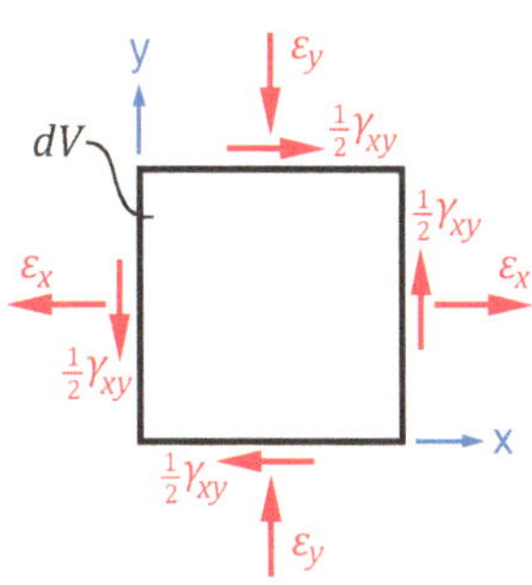

Lösung

Bevor wir uns an die Lösung der Aufgaben begeben, schauen wir uns zunächst die Verzerrungen an unserem Element an und bestimmen die zugehörigen Vorzeichen. Die Dehnung ε_x verursacht eine Streckung und ε_y eine Stauchung. Die Gleitung γ_{xy} verkleinert den rechten Winkel am Koordinatenursprung. Dementsprechend ergeben sich die vorzeichenrichtigen Verzerrungen:

$$\varepsilon_x = 5{,}3 \cdot 10^{-4} \qquad \varepsilon_y = -2{,}1 \cdot 10^{-4} \qquad \gamma_{xy} = 1{,}5 \cdot 10^{-3}$$

a) Die Bestimmung der Hauptverzerrungen (Hauptdehnungen und -gleitungen) können wir mithilfe der Gleichungen (4.16) und (4.18) und die Hauptschnittebenen mit den Gleichungen (4.15) und (4.17) durchführen. Mit den vorzeichenrichtigen Verzerrungen erhalten wir dann:

$$\varepsilon_{1,2} = \frac{\varepsilon_x + \varepsilon_y}{2} \pm \sqrt{\left(\frac{\varepsilon_x - \varepsilon_y}{2}\right)^2 + \left(\frac{1}{2} \cdot \gamma_{xy}\right)^2} \qquad \rightarrow \quad \begin{aligned} \varepsilon_1 &= 9{,}96 \cdot 10^{-4} \\ \varepsilon_2 &= -6{,}76 \cdot 10^{-4} \end{aligned}$$

$$\varphi^* = \frac{1}{2} \cdot \arctan\left(\frac{\gamma_{xy}}{\varepsilon_x - \varepsilon_y}\right) \qquad \rightarrow \quad \varphi^* = 31{,}87°$$

$$\frac{1}{2}\gamma_{12} = \sqrt{\left(\frac{\varepsilon_x - \varepsilon_y}{2}\right)^2 + \left(\frac{1}{2} \cdot \gamma_{xy}\right)^2} = -\frac{1}{2}\gamma_{21} \qquad \rightarrow \quad \frac{1}{2}\gamma_{12} = 8{,}36 \cdot 10^{-4}$$

$$\bar{\varphi} = \varphi^* + \frac{\pi}{4} \qquad \rightarrow \quad \bar{\varphi} = 76{,}87°$$

b) Für die Berechnung der Verzerrungen, wenn nach einem bestimmten Schnittwinkel gefragt ist, können wir die Transformationsbeziehungen nach Gl. (4.14) auf S. 57 anwenden. Da es sich um einen 30°-Schnittwinkel im Uhrzeigersinn handelt, müssen wir auf das richtige Vorzeichen achten. Der Uhrzeigersinn ist mathematisch negativ, wodurch wir für den Schnittwinkel φ in den Gleichungen (4.14) $\varphi = -30°$ einsetzen müssen. Damit erhalten wir die folgenden Verzerrungen:

$$\varepsilon_\xi = \frac{1}{2} \cdot \left(\varepsilon_x + \varepsilon_y\right) + \frac{1}{2} \cdot \left(\varepsilon_x - \varepsilon_y\right) \cdot \cos(2\varphi) + \frac{1}{2} \cdot \gamma_{xy} \cdot \sin(2\varphi) \qquad \rightarrow \quad \underline{\underline{\varepsilon_\xi = -3{,}05 \cdot 10^{-4}}}$$

$$\varepsilon_\eta = \frac{1}{2} \cdot \left(\varepsilon_x + \varepsilon_y\right) - \frac{1}{2} \cdot \left(\varepsilon_x - \varepsilon_y\right) \cdot \cos(2\varphi) - \frac{1}{2} \cdot \gamma_{xy} \cdot \sin(2\varphi) \qquad \rightarrow \quad \underline{\underline{\varepsilon_\eta = 6{,}25 \cdot 10^{-4}}}$$

$$\frac{1}{2} \cdot \gamma_{\xi\eta} = -\frac{1}{2} \cdot \left(\varepsilon_x - \varepsilon_y\right) \cdot \sin(2\varphi) + \frac{1}{2} \cdot \gamma_{xy} \cdot \cos(2\varphi) \qquad \rightarrow \quad \underline{\underline{\frac{1}{2}\gamma_{\xi\eta} = 6{,}95 \cdot 10^{-4}}}$$

c) Das verzerrte Element zeichnen wir in übertriebener Darstellung. Zuerst schauen wir uns die Werte der Verzerrungen an, um eine Größenordnung zu bekommen. Die Dehnung ε_ξ ist negativ, wodurch unser Element in ξ-Richtung gestaucht, also verkürzt, wird. Demgegenüber ist die Dehnung ε_η positiv, wodurch unser Element in η-Richtung gestreckt wird. Da die Gleitung $\gamma_{\xi\eta}$ positiv ist, wird der rechte Winkel am Koordinatenursprung entsprechend verkleinert.

Wenn wir nun unser verzerrtes Element zeichnen, wird es in ξ-Richtung kürzer und in η-Richtung länger. Die Gleitung $\gamma_{\xi\eta}$ teilen wir hälftig auf die untere und linke Seite unseres Elements auf. Da die Winkelverzerrung $\tfrac{1}{2}\gamma_{\xi\eta}$ auf beiden Seiten gleich groß ist, aber die Elementseiten $d\xi \cdot (1 - \varepsilon_\xi)$ und $d\eta \cdot (1 + \varepsilon_\eta)$ infolge der Dehnungen unterschiedlich lang sind, ergeben sich für die Dehnungen $\varepsilon_{\xi\eta}$ und $\varepsilon_{\eta\xi}$ verschieden große Werte bzw. Längen. Wären beide Elementseiten gleich lang, wären auch die Dehnungen $\varepsilon_{\xi\eta}$ und $\varepsilon_{\eta\xi}$ gleich groß.

Schließlich erhalten wir ein zu einer schmalen Raute verzerrtes Element, welches nach oben getreckt und nach links gestaucht wird.

d) Die Erstellung des MOHR'schen Verzerrungskreises können wir anhand der Vorgehensweise auf S. 59 vornehmen. Wichtig ist hierbei, dass immer nur die halben Gleitungen $\tfrac{1}{2}\gamma$ verwendet werden, da sich ja die ganze Gleitung γ symmetrisch, also gleichmäßig auf beide Elementseiten aufteilt und den ursprünglich rechten Winkel verändert, siehe hierzu ▶ Abb. 4.10 auf S. 55.

Anhand des nachfolgend dargestellten MOHR'schen Verzerrungskreises können wir die zuvor gefundenen Ergebnisse des gedrehten Elements überprüfen und bestätigen.

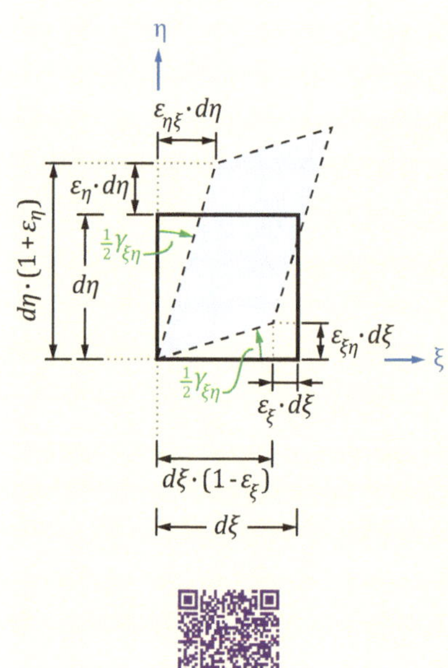

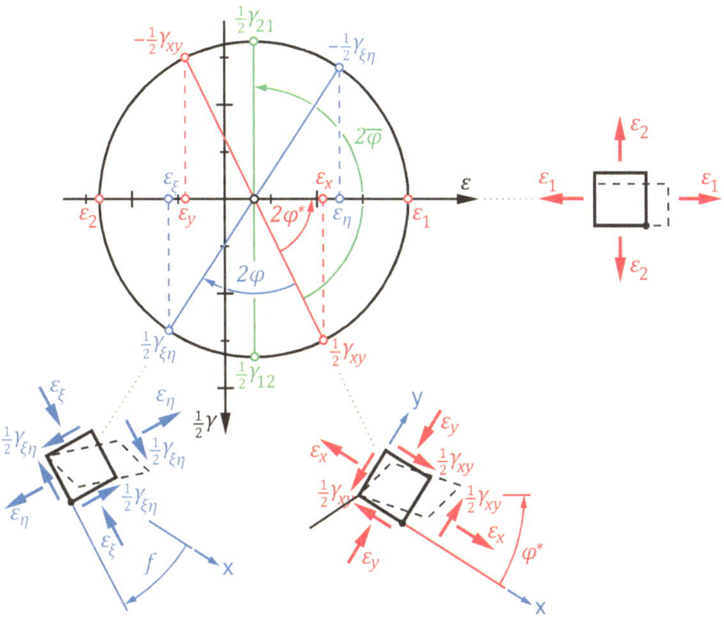

Im Punkt *A* eines Zahnrades wurden die beiden Hauptdehnungen ($\varepsilon_1 = 7{,}2 \cdot 10^{-4}$, $\varepsilon_2 = 8{,}9 \cdot 10^{-5}$) in der Ebene gemessen.

Bestimmen Sie die auftretenden Verzerrungen, wenn der Verzerrungszustand um 50° im Gegenuhrzeigersinn gedreht wird.

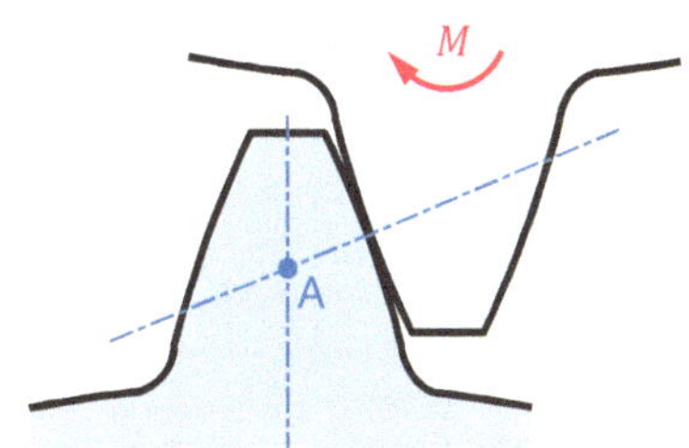

Lösung

Zur Bestimmung der unter einem beliebigen Schnitt wirkenden Verzerrungen verwenden wir die Transformationsbeziehungen nach Gl. (4.14) auf S. 57. Da die Hauptdehnungen ε_1, ε_2 in Richtung der Achsen eines kartesischen Koordinatensystems wirken (siehe ▸ Abb. 4.13 und vgl. ▸ Abb. 3.11 aus S. 32) und somit rechtwinklig aufeinander stehen, wie auch die Dehnungen ε_x und ε_y, können wir die Indizierung in den Transformationsbeziehungen einfach austauschen. Schließlich gelten die Transformationsbeziehungen für jedes beliebige kartesische Koordinatensystem. Wir müssen lediglich darauf achten, dass die zu den Hauptdehnungen ε_1, ε_2 gehörende Gleitung γ_{12} Null ist: $\gamma_{12} = 0$. Dann erhalten wir durch die Transformationsbeziehungen folgende Ergebnisse:

$$\varepsilon_\xi = \frac{1}{2} \cdot (\varepsilon_1 + \varepsilon_2) + \frac{1}{2} \cdot (\varepsilon_1 - \varepsilon_2) \cdot \cos(2\varphi) + \frac{1}{2} \cdot \gamma_{12} \cdot \sin(2\varphi) \qquad \rightarrow \quad \underline{\underline{\varepsilon_\xi = 3{,}5 \cdot 10^{-4}}}$$

$$\varepsilon_\eta = \frac{1}{2} \cdot (\varepsilon_1 + \varepsilon_2) - \frac{1}{2} \cdot (\varepsilon_1 - \varepsilon_2) \cdot \cos(2\varphi) - \frac{1}{2} \cdot \gamma_{12} \cdot \sin(2\varphi) \qquad \rightarrow \quad \underline{\underline{\varepsilon_\eta = 4{,}59 \cdot 10^{-4}}}$$

$$\frac{1}{2} \cdot \gamma_{\xi\eta} = -\frac{1}{2} \cdot (\varepsilon_1 - \varepsilon_2) \cdot \sin(2\varphi) + \frac{1}{2} \cdot \gamma_{12} \cdot \cos(2\varphi) \qquad \rightarrow \quad \underline{\underline{\frac{1}{2}\gamma_{\xi\eta} = -3{,}11 \cdot 10^{-4}}}$$

Nachfolgend sind die Verzerrungen an den jeweils verzerrten Elementen dargestellt.

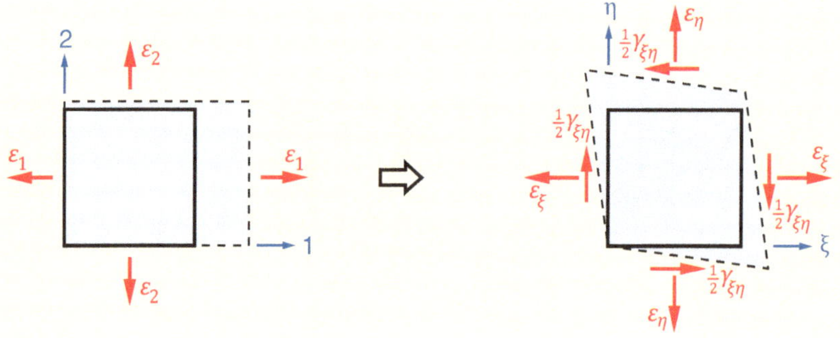

4.6 Räumlicher Verzerrungszustand

Der *räumliche Verzerrungszustand* ist durch eine *räumliche Belastung* gekennzeichnet. In ▶ Abb. 4.14 ist ein infinitesimales Volumenelement dV (Kantenlängen: dx, dy, dz) dargestellt, welches durch die drei Gleitungen γ_{xy}, γ_{xz}, γ_{yz} im Raum verzerrt ist. Dazu kommen noch die in Richtung der drei Koordinatenachsen wirkenden Dehnungen ε_x, ε_y, ε_z. Wir haben also, analog zum räumlichen Spannungszustand, die drei Dehnungen ε_x, ε_y, ε_z, welche eine Abhängigkeit zu den drei Normalspannungen σ_x, σ_y, σ_z besitzen. Des Weiteren sind drei Gleitungen γ_{xy}, γ_{xz}, γ_{yz} vorhanden, welche eine Abhängigkeit zu den drei Schubspannungen τ_{xy}, τ_{xz}, τ_{yz} haben.

Auch an dieser Stelle wird angemerkt, dass alle bisher angestellten Überlegungen (Verzerrungstransformation, Hauptdehnungen und -gleitungen, MOHR'scher Verzerrungskreis usw.) auch für den räumlichen Verzerrungszustand gelten und auf diesen übertragen werden können. Auf die ausführliche Behandlung des räumlichen Verzerrungszustands wird auch hier verzichtet und auf die weiterführende Literatur verweisen. Im weiteren Verlauf werden wir nur noch den eindimensionalen und ebenen Verzerrungszustand behandeln.

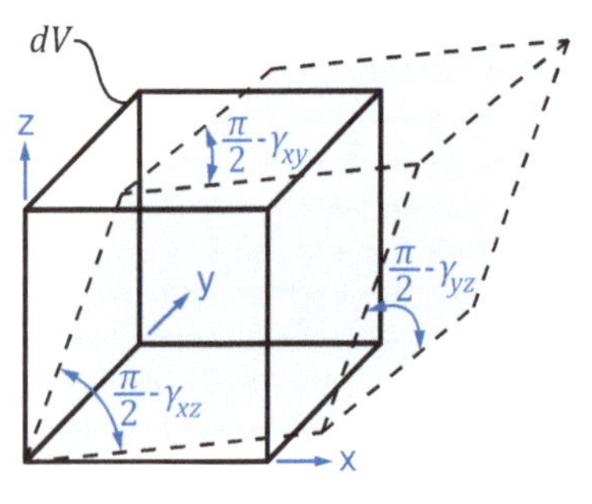

Abb. 4.14

In Kürze

- Dehnungen ändern das Volumen eines Elements.
- Gleitungen ändern nur die Form des Elements (keine Volumenänderung).
- *Positive Dehnungen verlängern* ein Element, negative Dehnungen verkürzen es.
- *Positive Gleitungen verkleinern* den ursprünglich rechten Winkel des Elements, negative Gleitungen vergrößern den Winkel.

Eindimensionaler Verzerrungszustand
- Es wirkt nur eine eindimensionale Belastung.
- Es tritt nur eine Dehnung ε_x senkrecht zur angreifenden Belastung auf.
$$\left(\varepsilon_y = \varepsilon_z = \gamma_{xy} = \gamma_{xz} = \gamma_{yz} = 0\right)$$
- Längendehnung:
$$\varepsilon = \frac{\Delta l}{l} = \frac{\partial u}{\partial x}$$
- Wärmedehnung:
$$\varepsilon_T = \frac{\Delta l}{l} = \alpha_T \cdot \Delta T$$
- Gesamtdehnung:
$$\varepsilon_{ges} = \varepsilon + \varepsilon_T = \frac{\Delta l}{l} = \frac{\partial u}{\partial x} + \alpha_T \cdot \Delta T$$
- Die Hauptdehnung ε_1, ε_2 und die Hauptgleitung γ_{12} stehen unter einem Winkel von 45° zueinander.
- Der eindimensionale Verzerrungszustand ist ein Sonderfall des ebenen Verzerrungszustands.

Ebener Verzerrungszustand
- Es wirkt eine zweidimensionale Belastung.
- Es treten nur Dehnungen und Gleitungen in einer Ebene auf: $\varepsilon_x, \varepsilon_y, \gamma_{xy}$
$$\left(\varepsilon_z = \gamma_{xz} = \gamma_{yz} = 0\right)$$
- Der ebene Verzerrungszustand ist ein Sonderfall des räumlichen Verzerrungszustands.

Transformationsbeziehungen
$$\varepsilon_\xi = \frac{1}{2} \cdot \left(\varepsilon_x + \varepsilon_y\right) + \frac{1}{2} \cdot \left(\varepsilon_x - \varepsilon_y\right) \cdot \cos(2\varphi)$$
$$+ \frac{1}{2} \cdot \gamma_{xy} \cdot \sin(2\varphi)$$

$$\varepsilon_\eta = \frac{1}{2} \cdot \left(\varepsilon_x + \varepsilon_y\right) - \frac{1}{2} \cdot \left(\varepsilon_x - \varepsilon_y\right) \cdot \cos(2\varphi)$$
$$- \frac{1}{2} \cdot \gamma_{xy} \cdot \sin(2\varphi)$$

$$\frac{1}{2} \cdot \gamma_{\xi\eta} = -\frac{1}{2} \cdot \left(\varepsilon_x - \varepsilon_y\right) \cdot \sin(2\varphi)$$
$$+ \frac{1}{2} \cdot \gamma_{xy} \cdot \cos(2\varphi)$$

Hauptdehnungen
$$\varepsilon_{1,2} = \frac{\varepsilon_x + \varepsilon_y}{2} \pm \sqrt{\left(\frac{\varepsilon_x - \varepsilon_y}{2}\right)^2 + \left(\frac{1}{2} \cdot \gamma_{xy}\right)^2}$$

- Sortierung: $\varepsilon_1 > \varepsilon_2$
- In Richtung der Hauptdehnungen wirken keine Gleitungen: $\gamma_{12} = 0$.

Schnittwinkel der Hauptdehnungen
$$\varphi^* = \frac{1}{2} \cdot \arctan\left(\frac{\gamma_{xy}}{\varepsilon_x - \varepsilon_y}\right)$$

Hauptgleitungen
$$\frac{1}{2}\gamma_{12} = \sqrt{\left(\frac{\varepsilon_x - \varepsilon_y}{2}\right)^2 + \left(\frac{1}{2} \cdot \gamma_{xy}\right)^2} = \frac{\varepsilon_1 - \varepsilon_2}{2}$$

$$\frac{1}{2}\gamma_{12} = -\frac{1}{2}\gamma_{21}$$

Schnittwinkel der Hauptgleitungen
$$\bar{\varphi} = \varphi^* + \frac{\pi}{4}$$

Mittlere Dehnung
$$\varepsilon_M = \frac{\varepsilon_x + \varepsilon_y}{2} = \frac{\varepsilon_1 + \varepsilon_2}{2}$$

4.7   Aufgaben zu Kapitel 4

Aufgabe 4.1

Auf der Oberfläche eines Basketballs wurde der dargestellte ebene Verzerrungszustand ($\varepsilon_x = 3{,}4 \cdot 10^{-5}$, $\varepsilon_y = 4{,}7 \cdot 10^{-5}$, $\gamma_{xy} = 7{,}6 \cdot 10^{-5}$) gemessen.

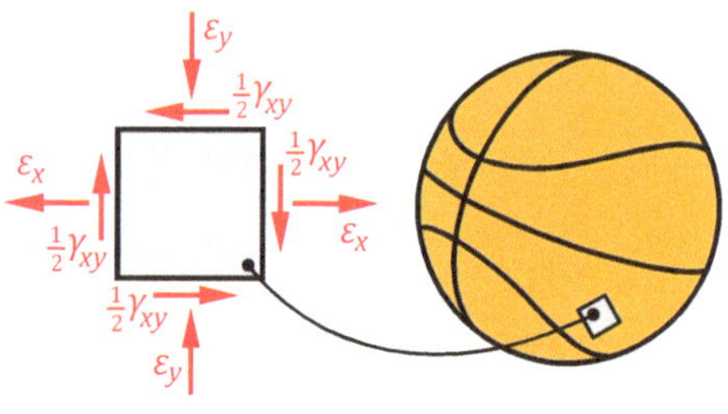

   a) Bestimmen Sie alle Hauptverzerrungen und deren Hauptschnittebenen.

   b) Welche Verzerrungen wirken an einem um 40° im positiven Drehsinn gedrehten Element?

   c) Zeichnen Sie das verzerrte Element aus b).

Aufgabe 4.2

Ein dünner Messingring ($h = 15$ mm, $r = 100$ mm, $\alpha_T = 18{,}5 \cdot 10^{-6}$ K^{-1}) wird um 70°C erwärmt.
Wie groß ist die Änderung des Ringdurchmessers, wenn sich der Messingring ohne Behinderung frei verformen kann?

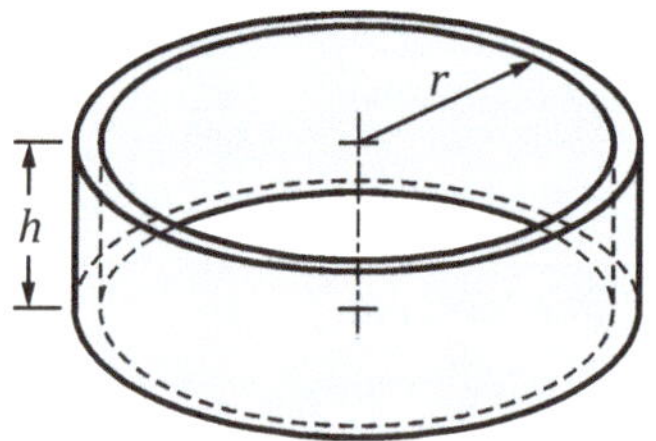

Aufgabe 4.3

An einem Bauteil ist für das infinitesimale Volumenelement der nebenstehende ebene Verzerrungszustand ($\varepsilon_\xi = 6{,}2 \cdot 10^{-5}$, $\varepsilon_\eta = 18{,}5 \cdot 10^{-6}$, $\gamma_{\xi\eta} = 9 \cdot 10^{-5}$, $\varphi = 37°$) vorhanden.

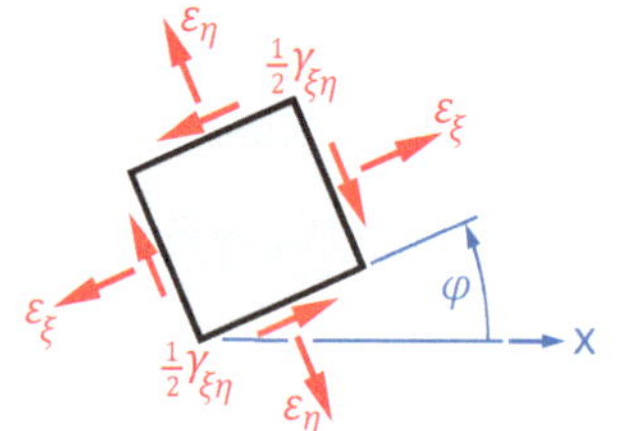

   a) Bestimmen Sie die Hauptgleitung und den zugehörigen Schnittwinkel.

   b) Welche Dehnungen sind in der *x-y*-Ebene vorhanden?

5 Elastizitätsgesetz

Lösungen

Aufgabe 4.1

$\varepsilon_1 = 4{,}9 \cdot 10^{-5}$ $\varepsilon_\xi = -3{,}69 \cdot 10^{-5}$

$\varepsilon_2 = -6{,}2 \cdot 10^{-5}$ $\varepsilon_\eta = 2{,}39 \cdot 10^{-5}$

$\varphi^* = -21{,}59°$ $\gamma_{\xi\eta} = -4{,}65 \cdot 10^{-5}$

$\gamma_{12} = 1{,}11 \cdot 10^{-5}$

$\varepsilon_M = -6{,}5 \cdot 10^{-6}$

$\bar{\varphi} = 23{,}41°$

Aufgabe 4.2 $\Delta r = 0{,}13 \text{ mm}$

Aufgabe 4.3 $\gamma_{12} = 1{,}0 \cdot 10^{-4}$ $\varepsilon_x = 8{,}95 \cdot 10^{-5}$

                        $\bar{\varphi} = 12{,}9°$ $\varepsilon_y = -9 \cdot 10^{-6}$

© Springer Fachmedien Wiesbaden GmbH, ein Teil von Springer Nature 2019

C. Spura, *Technische Mechanik 2. Elastostatik*,

https://doi.org/10.1007/978-3-658-19979-1_5

Das Elastizitätsgesetz, auch Stoff- oder Materialgesetz genannt, beschreibt den Zusammenhang zwischen den Spannungen und Verzerrungen. Sind also die im Bauteil wirkenden Spannungen bekannt (Berechnung mittels *Gleichgewichts- und Äquivalenzbedingungen*), lassen sich mithilfe des Elastizitätsgesetzes die entstehenden Verzerrungen des Bauteils berechnen. Werden die entsprechenden Gleichungen umgestellt, ist auch der umgekehrte Fall möglich. Aus den am Bauteil vorhandenen Verzerrungen lassen sich die vorhandenen Spannungen bestimmen. Das Elastizitätsgesetz ist werkstoffabhängig und kann zur Beschreibung von elastischen wie auch plastischen Verzerrungen angewendet werden. Für verschiedene Materialien, z. B. Holz (orthotropes Material) oder Stahl (isotropes Material), existieren verschiedene Elastizitätsgesetze. Der Sonderfall für ein isotropes Material mit linear-elastischem Verhalten kann mit dem HOOKE'schen Gesetz beschrieben werden.

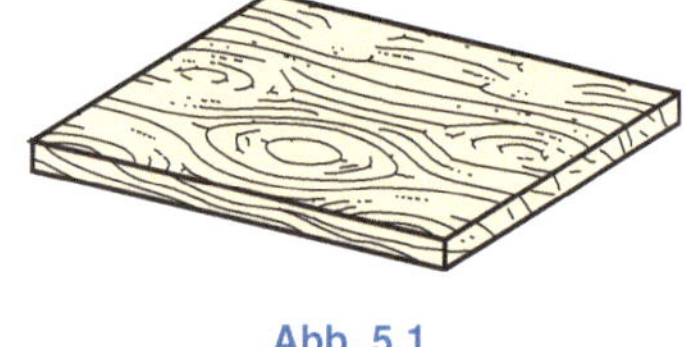

Abb. 5.1

Wir alle kennen Holz als Material für Möbel. Schauen wir uns dieses Material etwas genauer an, so stellen wir fest, dass Holz eine gewisse Wuchs- bzw. Faserrichtung besitzt, siehe ▶ Abb. 5.1. Belasten wir ein Stück Holz in Faserrichtung, so lassen sich recht große Kräfte übertragen. Quer zur Faserrichtung ist die übertragbare Kraft jedoch nicht mehr so groß. Diese Richtungsabhängigkeit (einmal längs- und einmal quer zur Faser) wird auch als *orthotrop*[8] bezeichnet. Ganz anders dagegen verhält es sich bei Stahl. Der Werkstoff Stahl ist recht homogen aufgebaut (Kristall-Gitterstruktur) und besitzt keine Richtungsabhängigkeit. Daher wird Stahl auch als *isotrop*[9] bezeichnet, da er an jeder Stelle die gleichen Werkstoffeigenschaften besitzt.

Im weiteren Verlauf wollen wir uns ausschließlich auf homogene und isotrope Materialien beschränken. Um das Elastizitätsgesetz dazu aufzustellen, betrachten wir die Federn in ▶ Abb. 5.2. Im unbelasteten Zustand besitzt die Feder eine gewisse Länge. Belasten wir nun die Feder mit einem Gewicht, dehnt sie sich unter der Zugkraft entsprechend um einen gewissen Betrag a. Fügen wir ein zweites, gleich großes Gewicht hinzu, dehnt sich die Feder wieder um den gleichen Betrag a. Wir können hier also feststellen, dass bei doppelter Belastung die Verzerrung in Form einer Längendehnung doppelt so groß ist. Es liegt somit eine lineare Abhängigkeit vor.

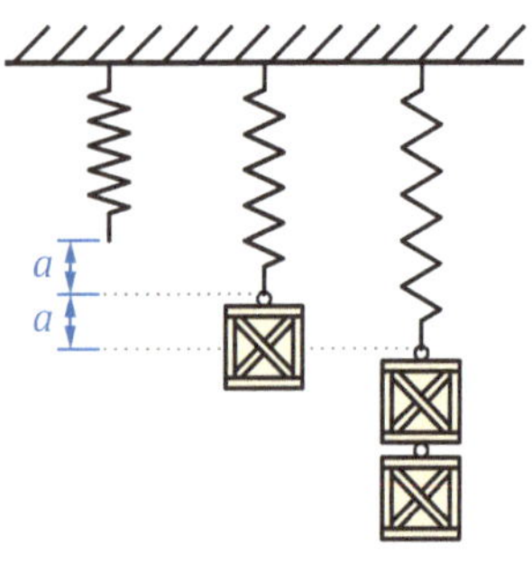

Abb. 5.2

---

[8] **Orthotropie**: orthos: *griech.* ορθός: aufrecht, gerade; tropos: *griech.* τρόπος: Weg, Art und Weise, Richtung
[9] **Isotropie**: isos: *griech.* ίσος: gleich; tropos: *griech.* τρόπος: Weg, Art und Weise, Richutng

5.1 Spannungs-Dehnungs-Diagramm

Um die Eigenschaften eines Materials (wie z. B. Festigkeit, Elastizität, Plastizität usw.) zu erhalten, gibt es aus der Werkstoffprüfung den genormten *Zugversuch*. Hierbei wird eine genormte zylindrische Probe (siehe ▶ Abb. 5.3) in einer Zugprüfmaschine bis zum Bruch auf Zug belastet. Die Werkstoffprobe hat einen zylindrischen Bereich d_0 mit genormter Länge l_0. Während der Belastung wird die Zugkraft F sowie die Länge der Probe gemessen. Mit den entsprechenden Probenabmessungen d_0 und l_0 lässt sich dann die in der Probe vorhandene Normalspannung σ sowie die Längendehnung ε bestimmen:

$$\sigma = \frac{F}{A_0} = \frac{F}{\left(\frac{\pi \cdot d_0^2}{4}\right)} = \frac{F \cdot 4}{\pi \cdot d_0^2} \tag{5.1}$$

$$\varepsilon = \frac{\Delta l}{l} = \frac{l_1 - l_0}{l_0} \tag{5.2}$$

Werden beim Zugversuch Spannung σ und Dehnung ε in einem Diagramm übereinander aufgetragen, so entsteht das sogenannte *Spannungs-Dehnungs-Diagramm* in ▶ Abb. 5.4.

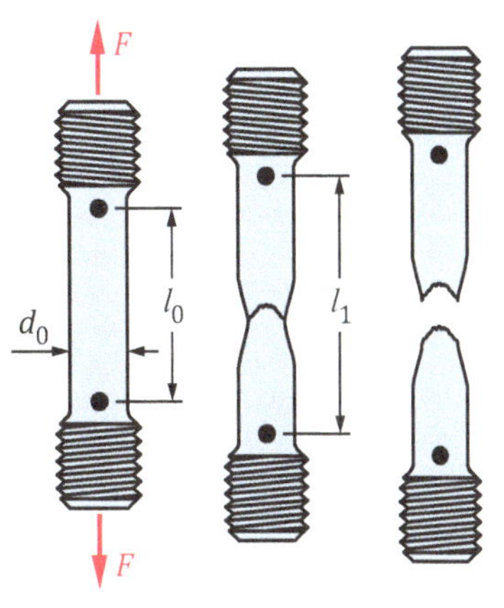

Abb. 5.3

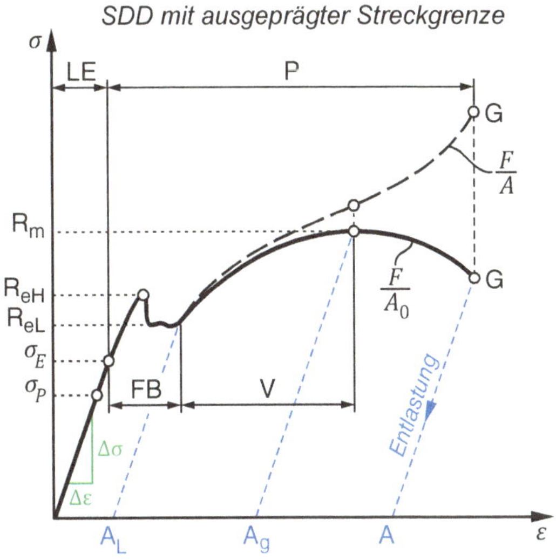

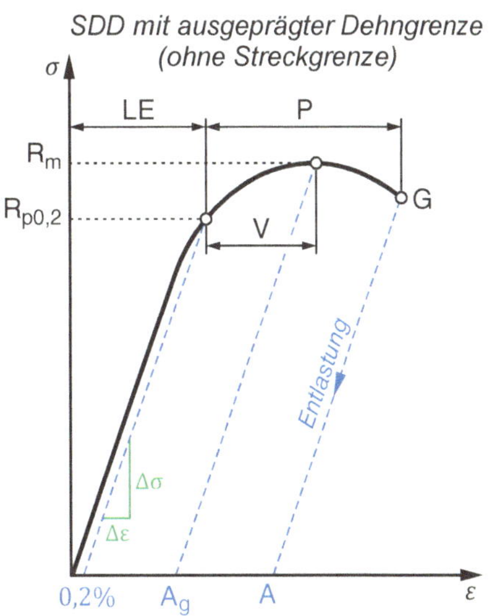

Abb. 5.4

R_m:	Zugfestigkeit	σ_E:	Elastizitätsgrenze
R_{eH}:	obere Streckgrenz	σ_P:	Proportionalitätsgrenze
R_{eL}:	untere Streckgrenze	FB:	Fließbereich
$R_{p0,2}$:	0,2%-Dehngrenze	G:	Gewaltbruch

LE:	linear-elastischer Bereich
P:	plastischer Bereich
V:	Verfestigungsbereich

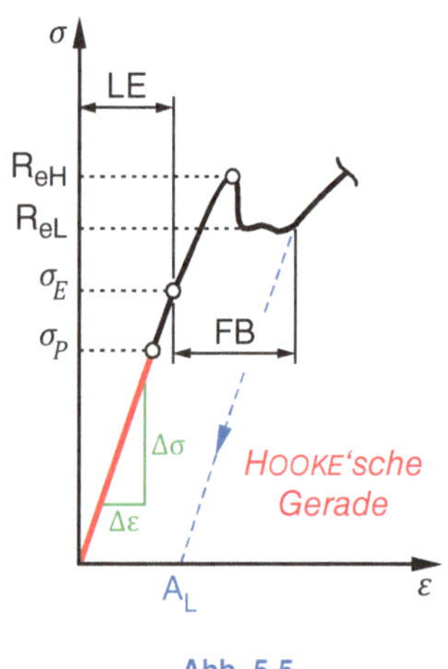

Abb. 5.5

▶ **Streckgrenze** R_e: Beginn des Fließens; Übergang von der elastischen in die plastische Verformung.

▶ **0,2%-Dehngrenze** $R_{p0,2}$: Beginn des Fließens; Übergang von der elastischen in die plastische Verformung.

In ▶ Abb. 5.4 ist jeweils ein Spannungs-Dehnungs-Diagramm mit und ohne ausgeprägter Streckgrenze dargestellt. Die beiden Kurven mit schwarzer Volllinie entstehen, wenn die in der Probe wirkende Kraft F ausschließlich auf den unbelasteten Querschnitt A_0 (Berechnung mit d_0) bezogen wird. Die gestrichelte Kurve im linken Diagramm ergibt sich, wenn die Kraft F auf den vorhandenen Querschnitt A bezogen wird. Der Querschnitt A wird ja durch die Streckung der Probe entsprechend kleiner werden. Wird ein Material in einer Richtung auseinander gezogen, so stauchen sich die anderen Seiten zusammen.

Des Weiteren können aus dem Spannungs-Dehnungs-Diagramm wichtige Größen entnommen werden, welche für unsere Berechnungen sehr wichtig und entscheidend sind.

Proportionalitätsgrenze $σ_P$: Als Proportionalitätsgrenze wird die mechanische Spannung bezeichnet, unterhalb der sich das Material linear-elastisch (σ ~ ε) verhält. Dies entspricht dem Bereich der sogenannten HOOKE'schen Geraden[10] (siehe ▶ Abb. 5.5). Die Spannung und die Dehnung sind zueinander proportional.

Elastizitätsgrenze $σ_E$: Als Elastizitätsgrenze wird die mechanische Spannung bezeichnet, unterhalb der das Material elastisch ist, d. h. es nimmt wieder die ursprüngliche Form ein, wenn die Belastung entfernt wird (reversible Verformung). Beim Überschreiten der Elastizitätsgrenze tritt eine plastische Verformung (irreversible Verformung) auf.

Streckgrenze R_e: Die Streckgrenze gibt den Beginn des Fließens im Zugversuch an. Es kommt zum Übergang von der elastischen in die plastische Verformung. Bei Werkstoffen mit ausgeprägter Streckgrenze (deutlicher Spannungsabfall) wird zwischen oberer R_{eH} und unterer Streckgrenze R_{eL} unterschieden, z. B. bei Walzstahl und Stahlguss. (Fließbeginn im Biegeversuch: Biegefließgrenze $σ_{F,b}$; im Druckversuch: Quetschgrenze $σ_{F,d}$; im Torsionsversuch: Verdrehfließgrenze $τ_{F,t}$).

0,2%-Dehngrenze $R_{p0,2}$: Bei Werkstoffen mit kontinuierlichem Fließbeginn kann die Streckgrenze nicht eindeutig bestimmt werden. Daher wird hier die Dehngrenze als Werkstoffkennwert angegeben. Die Dehngrenze $R_{p0,2}$ bezeichnet die Spannung, bei der nach dem Entlasten eine 0,2% bleibende Dehnung im unbelasteten Werkstoff verbleibt. Bei sehr harten und spröden Werkstoffen, wie z. B. gehärteter Stahl und Gusseisen wird anstelle der Streckgrenze die 0,2%-Dehngrenze $R_{p0,2}$ angegeben.

---

[10] Nach: Robert HOOKE (1635–1703), engl. Universalgelehrter, Naturphilosoph, Professor

Zugfestigkeit R_m: Die Zugfestigkeit ist im Zugversuch die höchste auftretende Spannung im Werkstoff, die vom Werkstoff noch ertragen werden kann, ohne dass es zu einem Bruch/Riss kommt.

Hinweis: Die Proportionalitäts- σ_P und Elastizitätsgrenze σ_E existieren als Werkstoffkennwerte nicht, da diese messtechnisch nicht exakt erfasst werden können. Für die technischen Zwecke werden daher die Kenngrößen Streckgrenze R_e bzw. 0,2%-Dehngrenze $R_{p0,2}$ und Zugfestigkeit R_m herangezogen.

Lüdersdehnung A_L: Durch die Bewegung einer Versetzungsfront im Werkstoff kann unter konstanter Beanspruchung ein plastischer Dehnungsanteil, die Lüdersdehnung, entstehen. Die Spannung bleibt während der Lüdersdehnung nahezu konstant im Bereich der unteren Streckgrenze R_{eL} und ist unabhängig vom Auftreten einer oberen Streckgrenze. Häufig tritt diese Art der plastischen Verformung an Kerben oder rauen Oberflächen auf.

Gleichmaßdehnung A_g: Die Gleichmaßdehnung entspricht der plastischen Dehnung, die bei der höchsten Spannung (Zugfestigkeit) auftritt.

Bruchdehnung A: Die Bruchdehnung ist die nach dem Bruch zurückbleibende plastische Dehnung bezogen auf die Ausgangslänge der Probe in [%].

Da die Proportionalitäts- und Elastizitätsgrenze nicht erfasst werden können, gehen wir modellhaft davon aus, dass die schon angesprochene HOOKE'sche Gerade vom Koordinatenursprung bis zur Streck- R_e bzw. 0,2%-Dehngrenze $R_{p0,2}$ verläuft. In diesem Bereich ist das Werkstoffverhalten also linear-elastisch. Ist die äußere Belastung eines Bauteil so groß, dass die dadurch hervorgerufenen Spannungen im Inneren des Bauteils immer unterhalb von R_e bzw. $R_{p0,2}$ liegen, verformt sich das Bauteil linear mit der Belastung und bei Entlastung bilden sich die Verzerrungen komplett zurück. Dieses linear-elastische Materialverhalten wurde von HOOKE entdeckt und das entsprechende Elastizitätsgesetz nach ihm benannt.

Daneben gibt es noch weitere Elastizitätsgesetze, welche einen Zusammenhang zwischen den Spannungen und Verzerrungen im Inneren eines Materials beschreiben. Da nicht nur linear-elastische Verzerrungen auftreten, existiert eine Vielzahl an Elastizitätsgesetzen für nicht-lineare wie auch für elastisch-plastische und rein plastische Verzerrungen. Dementsprechend ist das HOOKE'sche Gesetz ein linearer Sonderfall bei den Elastizitätsgesetzen.

▶ **Zugfestigkeit** R_m: größte vom Werkstoff ertragbare Spannung ohne Bruch bzw. Rissbildung.

Der **lineare Anstieg** im Spannungs-Dehnungs-Diagramm vom Ursprung bis zur Streck- R_e bzw. 0,2%-Dehngrenze $R_{p0,2}$ wird als **HOOKE'sche Gerade** bezeichnet. In diesem Bereich ist das Materialverhalten rein **linear-elastisch**.

Das **HOOKE'sche Gesetz** ist der **linearer Sonderfall** bei den Elastizitätsgesetzen.

5.2   HOOKE'sches Gesetz

Das HOOKE'sche Gesetz ist der lineare Sonderfall eines Elastizitätsgesetzes und beschreibt den rein linear-elastischen Zusammenhang zwischen den im Inneren eines Materials vorhandenen Spannungen und Verzerrungen in Abhängigkeit der äußeren Belastungen. Dieses Materialverhalten, bei welchem die Verzerrungen proportional zur äußeren Belastung sind, ist typisch für Metalle sowie für harte und spröde Werkstoffe (Glas, Keramik usw.).

Hinweis: Das HOOKE'sche Gesetz gilt nur für kleine Verzerrungen. Bei größeren Belastungen und damit einhergehenden großen Verzerrungen müssen andere Elastizitätsgesetze angewendet werden. Für die meisten technischen Anwendungen ist jedoch das HOOKE'sche Gesetz vollkommen ausreichend.

▶ Das **HOOKE'sche Gesetz** gilt nur für **kleine Verzerrungen**.

Wir wollen nun das HOOKE'sche Gesetz entsprechend unserer schon bekannten Einteilung der Spannungs- und Verzerrungszustände beschreiben:

- Eindimensionaler Spannungszustand
- Ebener Spannungszustand
- Ebener Verzerrungszustand
- Räumlicher Spannungszustand
- Räumlicher Verzerrungszustand

5.2.1   Eindimensionaler Spannungszustand

Das HOOKE'sche Gesetz für den eindimensionalen Spannungszustand kann direkt aus dem Spannungs-Dehnungs-Diagramm abgelesen werden, siehe ▶ Abb. 5.6. Im linear-elastischen Bereich sind Spannung σ und Dehnung ε direkt proportional zueinander. Die Kurve im Diagramm ist in diesem Bereich eine Gerade. Somit kann mithilfe des "Steigungsdreiecks" die Steigung E der Kurve bestimmt werden:

$$E = \frac{\Delta\sigma}{\Delta\varepsilon} = \frac{\sigma_2 - \sigma_1}{\varepsilon_2 - \varepsilon_1} \tag{5.3}$$

Die sich so ergebende Steigung wird auch als Elastizitätsmodul E bezeichnet. Die entsprechende Einheit ist [N/mm²]. Der Elastizitätsmodul gibt damit den Zusammenhang zwischen der Spannung σ und der Dehnung ε wieder. Damit ergibt sich das HOOKE'sche Gesetz für die Normalspannung zu[11]:

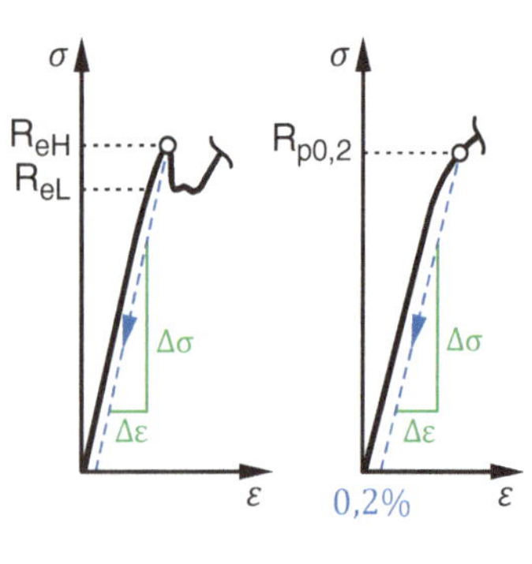

Abb. 5.6

HOOKE'sches Gesetz für die Normalspannung

$$\sigma = E \cdot \varepsilon \tag{5.4}$$

---

[11] Dieser Zusammenhang wurde 1882 von Augustin-Louis CAUCHY (1789–1857), franz. Mathematiker, eingeführt.

Als Beispiel beträgt der Elastizitätsmodul für Stahl E_{St} = 210.000 N/mm² und für Aluminium E_{Al} = 70.000 N/mm².

Wie in ▶ Abb. 5.7 zu erkennen ist, bewirkt eine Zugkraft eine positive Längenänderung. Zudem wird der Körper gleichzeitig auch schmaler, wenn dieser in die Länge gezogen wird. Umgekehrtes passiert bei einer Druckkraft. Der Körper wird in Richtung der Druckkraft gestaucht und dehnt sich in die beiden anderen Raumrichtungen aus. Dieser Zusammenhang wird durch die sogenannte *Querkontraktionszahl* ν (POISSON'sche Zahl[12]) erfasst. Die Querkontraktionszahl ist einheitenlos [-] und gibt das Verhältnis zwischen der negativen Querdehnung (Stauchung) und der damit verbundenen Längendehnung an:

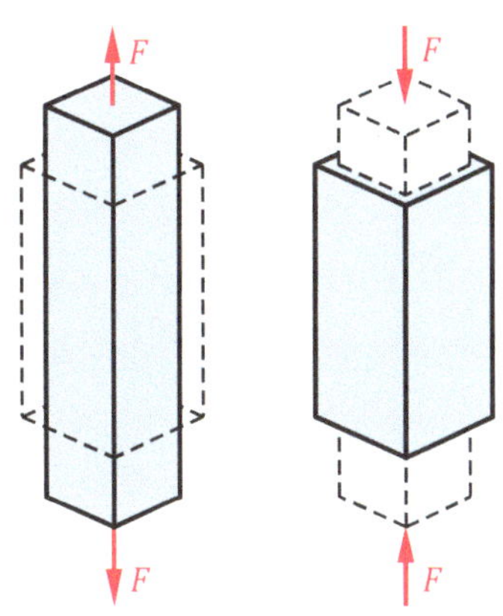

Abb. 5.7

$$\nu = -\frac{\varepsilon_y}{\varepsilon_x} = -\frac{\varepsilon_z}{\varepsilon_x} = -\frac{\varepsilon_{quer}}{\varepsilon_{längs}} \qquad (5.5)$$

Stahl besitzt eine Querkontraktionszahl von ν_{St} = 0,3 und Aluminium von ν_{Al} = 0,34. Damit verbunden ergeben sich für die Dehnungen in den verschiedenen Richtungen:

$$\varepsilon_x - \frac{1}{E} \cdot \sigma_x \qquad (5.6) \qquad \textcolor{blue}{\textbf{Längendehnung}}$$

$$\varepsilon_y = -\nu \cdot \varepsilon_x = -\frac{\nu}{E} \cdot \sigma_x \qquad (5.7) \qquad \textcolor{blue}{\textbf{Querdehnung}}$$

$$\varepsilon_z = -\nu \cdot \varepsilon_x = -\frac{\nu}{E} \cdot \sigma_x \qquad (5.8) \qquad \textcolor{blue}{\textbf{Querdehnung}}$$

Die Gesamtdehnung ε_{ges} kann nach Gl. (4.10) auf S. 54 wieder durch Aufsummieren beider Anteile berechnet werden:

$$\varepsilon_{ges} = \varepsilon + \varepsilon_T = \frac{\sigma}{E} + \alpha_T \cdot \Delta T \qquad (5.9) \qquad \textcolor{blue}{\textbf{Gesamtdehnung}}$$

Nach dem Zusammenhang zwischen Spannung und Dehnung fehlt uns noch der Zusammenhang zwischen Schubspannung und Gleitung. Auch hier gilt das HOOKE'sche Gesetz. Entsprechend dem Elastizitätsmodul E für die Normalspannung gibt es den Schubmodul G [13](auch *Gleitmodul* genannt) für die Schubspannung. Der Schubmodul G besitzt die Einheit [N/mm²] und berechnet sich aus dem Elastizitätsmodul E und der Querkontraktionszahl ν:

$$G = \frac{E}{2 \cdot (1 + \nu)} \qquad (5.10) \qquad \textcolor{blue}{\textbf{Schubmodul}}$$

Das HOOKE'sche Gesetz für Schub lautet dann wie folgt:

$$\tau = G \cdot \gamma \qquad (5.11) \qquad \textcolor{blue}{\textbf{HOOKE'sches Gesetz für Schub}}$$

---

[12] Nach: Siméon Denis POISSON (1781–1840), franz. Physiker, Mathematiker
[13] Nach: Gabriel LAMÉ (1795–1870), franz. Mathematiker, Physiker.

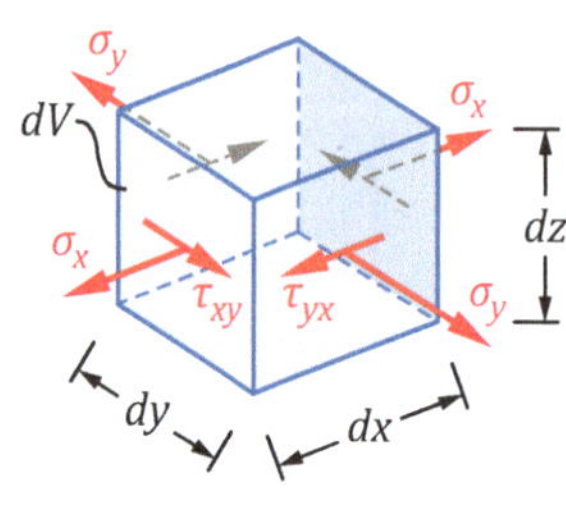

Abb. 5.8

5.2.2 Ebener Spannungszustand

Beim *ebenen Spannungszustand* sind zwei Normal- und eine Schubspannung vorhanden, welche alle in der gleichen Ebene liegen:

- $\sigma_x \neq \sigma_y \neq \tau_{xy} \neq 0$
- $\sigma_z = \tau_{xz} = \tau_{yz} = 0$

Typische Bauteile sind Scheiben, wie z. B. Bleche, Verkleidungen, Gehäuse. All diese Bauteile besitzen eine lastfreie Oberfläche und eine geringe Wandstärke gegenüber den übrigen Abmessungen. Greift an solchen Bauteilen eine äußere Belastung an, wirken im Inneren die Spannungen σ_x, σ_y und τ_{xy}, siehe ▶ Abb. 5.8. Infolge der wirkenden Spannungen σ_x und σ_y ergibt sich beim ebenen Spannungszustand auch eine unvermeidbare Dehnung ε_z in z-Richtung.

▶ *Ein ebener Spannungszustand bewirkt einen räumlichen Verzerrungszustand!*

Dies wird im HOOKE'schen Gesetz durch die Querkontraktionszahl ν berücksichtigt. Fassen wir die Dehnung infolge der Kraft sowie einer möglichen Wärmeeinwirkung zusammen, erhalten wir das entsprechende HOOKE'sche Gesetz für den ebenen Spannungszustand. Die Verzerrungen im ebenen Spannungszustand inkl. Wärmedehnung berechnen sich zu:

HOOKE'sches Gesetz für die *Verzerrungen* im ebenen Spannungszustand inkl. der Wärmedehnung

$$\varepsilon_x = \frac{1}{E} \cdot \left(\sigma_x - \nu \cdot \sigma_y \right) + \alpha_T \cdot \Delta T$$

$$\varepsilon_y = \frac{1}{E} \cdot \left(\sigma_y - \nu \cdot \sigma_x \right) + \alpha_T \cdot \Delta T$$

$$\varepsilon_z = -\frac{\nu}{E} \cdot \left(\sigma_x + \sigma_y \right) + \alpha_T \cdot \Delta T$$

$$\gamma_{xy} = \frac{1}{G} \cdot \tau_{xy}$$

(5.12)

Hinweis: Im Allgemeinen wird die Dehnung ε_z in z-Richtung bei der Betrachtung eines ebenen Spannungszustands vernachlässigt, da die Bauteilabmessungen in dieser Richtung sowieso schon wesentlich kleiner sind als die Abmessungen in den anderen beiden Raumrichtungen. Daher ist die Gleichung für ε_z auch farbig hinterlegt.

Werden die Gleichungen (5.12) nach den Spannungen umgestellt, erhalten wir das HOOKE'sche Gesetz für die Spannungen im ebenen Spannungszustand inkl. Wärmedehnung:

$$\sigma_x = \frac{E}{1 - \nu^2} \cdot (\varepsilon_x + \nu \cdot \varepsilon_y) - \frac{E}{1 - \nu} \cdot \alpha_T \cdot \Delta T$$

$$\sigma_y = \frac{E}{1 - \nu^2} \cdot (\varepsilon_y + \nu \cdot \varepsilon_x) - \frac{E}{1 - \nu} \cdot \alpha_T \cdot \Delta T$$

$$\sigma_z = 0$$

$$\tau_{xy} = G \cdot \gamma_{xy}$$

(5.13)

Mithilfe der beiden Gleichungssysteme (5.12) und (5.13) können für den *ebenen Spannungszustand* bei gegebenen Spannungen die entsprechenden Verzerrungen und bei gegebenen Verzerrungen die zugehörigen Spannungen berechnet werden.

5.2.3 Ebener Verzerrungszustand

Beim *ebenen Verzerrungszustand* sind zwei Dehnungen und eine Gleitung vorhanden, welche alle in der gleichen Ebene liegen, siehe ▶ Abb. 5.9:

- $\varepsilon_x \neq \varepsilon_y \neq \gamma_{xy} \neq 0$
- $\varepsilon_z = \gamma_{xz} = \gamma_{yz} = 0$

Beim ebenen Verzerrungszustand ist die Dehnung ε_z in z-Richtung nicht vorhanden. Dies ist z. B. dann der Fall, wenn ein Bauteil zwischen zwei starren Wänden fest eingespannt ist. Dies ist bei einem Rohr unter Innendruck zwischen zwei starren Wänden oder bei einer Eisenbahnschiene der Fall. Da die Eisenbahnschiene an den Schwellen befestigt ist (fest eingespannt), kann sich die Schiene in ihrer Längsrichtung nicht ausdehnen. Somit ist die Dehnung ε_z nicht vorhanden.

Aber auch, wenn eine Dehnungseinschränkung in einer Raumrichtung vorhanden ist, können in dieser Richtung trotzdem Spannungen auftreten. Dies wäre dann der Fall, wenn z. B. die Eisenbahnschiene erwärmt wird. Da die Längendehnung nicht möglich ist, sich das Material aber ausdehnen will, entstehen im Inneren sogenannte Wärmespannungen.

Somit ergibt sich, analog zum ebenen Spannungszustand, der folgende wichtige Zusammenhang:

> ▶ *Ein ebener Verzerrungszustand bewirkt einen räumlichen Spannungszustand!*

Die Gleichungen des HOOKE'schen Gesetzes zur Berechnung der Spannungen und Verzerrungen inkl. Wärmedehnung im ebenen Verzerrungszustand sind nachfolgend aufgeführt.

HOOKE'sches Gesetz für die *Spannungen* im ebenen Spannungszustand inkl. der Wärmedehnung

▶ **Ebener Spannungszustand:**
- $\sigma_x \neq \sigma_y \neq \tau_{xy} \neq 0$
- $\sigma_z = \tau_{xz} = \tau_{yz} = 0$

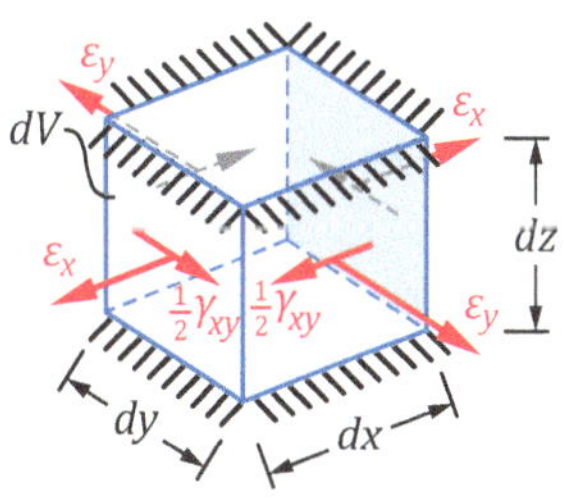

Abb. 5.9

▶ Ein **ebener Verzerrungszustand** ist nur dann vorhanden, wenn die **Dehnung** $\varepsilon_z = 0$, **also eingeschränkt** ist.

▶ **Wärmedehnungen** treten auf, wenn sich ein **Körper frei ausdehnen** kann.

▶ **Wärmespannungen** treten nur dann auf, wenn sich ein **Körper nicht frei ausdehnen** kann.

HOOKE'sches Gesetz für die *Spannungen* im ebenen Verzerrungszustand inkl. der Wärmedehnung

$$\sigma_x = \frac{E}{(1+\nu)\cdot(1-2\nu)}\cdot\left[(1-\nu)\cdot\varepsilon_x + \nu\cdot\varepsilon_y\right] - \frac{E}{1-2\nu}\cdot\alpha_T\cdot\Delta T$$

$$\sigma_y = \frac{E}{(1+\nu)\cdot(1-2\nu)}\cdot\left[(1-\nu)\cdot\varepsilon_y + \nu\cdot\varepsilon_x\right] - \frac{E}{1-2\nu}\cdot\alpha_T\cdot\Delta T \tag{5.14}$$

$$\sigma_z = \frac{E}{(1+\nu)\cdot(1-2\nu)}\cdot\left[\nu\cdot(\varepsilon_x + \varepsilon_y)\right] - \frac{E}{1-2\nu}\cdot\alpha_T\cdot\Delta T$$

$$\tau_{xy} = G\cdot\gamma_{xy}$$

Hinweis: Da eine Dehnung ε_z in z-Richtung im ebenen Verzerrungszustand nicht möglich ist, ist diese in der Berechnung der Spannungen nicht vorhanden.

Werden die Gleichungen (5.14) nach den Verzerrungen umgestellt, erhalten wir das HOOKE'sche Gesetz für die Spannungen im ebenen Verzerrungszustand inkl. Wärmedehnung:

HOOKE'sches Gesetz für die *Verzerrungen* im ebenen Verzerrungszustand inkl. der Wärmedehnung

$$\varepsilon_x = \frac{1}{E}\cdot\left[\sigma_x - \nu\cdot(\sigma_y + \sigma_z)\right] + \alpha_T\cdot\Delta T$$

$$\varepsilon_y = \frac{1}{E}\cdot\left[\sigma_y - \nu\cdot(\sigma_z + \sigma_x)\right] + \alpha_T\cdot\Delta T \tag{5.15}$$

$$\varepsilon_z = 0$$

$$\gamma_{xy} = \frac{1}{G}\cdot\tau_{xy}$$

Auch hier gilt wieder, dass mit den beiden Gleichungssystemen (5.14) und (5.15) für den *ebenen Verzerrungszustand* bei gegebenen Verzerrungen die entsprechenden Spannungen und bei gegebenen Spannungen die zugehörigen Verzerrungen berechnet werden können.

▶ **Ebener Verzerrungszustand:**
- $\varepsilon_x \neq \varepsilon_y \neq \gamma_{xy} \neq 0$
- $\varepsilon_z = \gamma_{xz} = \gamma_{yz} = 0$

5.2.4   Räumlicher Spannungszustand

Der *räumliche Spannungszustand* und *räumliche Verzerrungszustand* stellen den allgemeinen Fall dar, siehe ▶ Abb. 5.10 und ▶ Abb. 5.11. Hier sind entsprechend beim Spannungszustand drei Normal- und drei Schubspannungen sowie beim Verzerrungszustand drei Dehnungen und drei Gleitungen vorhanden:

- $\sigma_x \neq \sigma_y \neq \sigma_z \neq \tau_{xy} \neq \tau_{xz} \neq \tau_{yz} \neq 0$
- $\varepsilon_x \neq \varepsilon_y \neq \varepsilon_z \neq \gamma_{xy} \neq \gamma_{xz} \neq \gamma_{yz} \neq 0$

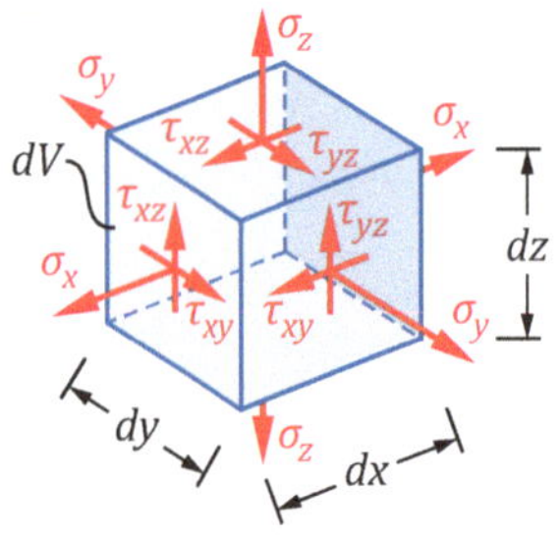

Der räumliche Spannungs- und Verzerrungszustand tritt im Inneren von dicken Bauteilen sowie in Oberflächen auf, welche eine äußeren Belastung ausgesetzt sind.

Abb. 5.10

Die drei Normalspannungen σ_x, σ_y, σ_z sowie die drei Dehnungen ε_x, ε_y, ε_z stehen dabei alle senkrecht aufeinander. Gleiches gilt auch für die wirkenden Schubspannungen sowie für die Gleitungen. Entsprechend unserer Vorzeichenkonvention und dem Satz der zugeordneten Schubspannungen, wirken die Schubspannungen (bzw. Gleitungen) aufgrund von Gleichgewicht immer zu einer Kante hin oder von ihr weg.

Des Weiteren ergibt sich durch einen Vergleich mit den zuvor behandelten ebenen sowie eindimensionalen Spannungs- und Verzerrungszuständen, dass diese lediglich Sonderfälle des räumlichen Spannungs- und Verzerrungszustands darstellen. Als Beispiel erhalten wir bei Vernachlässigung der Normalspannung σ_z sowie der Schubspannungen τ_{xz}, τ_{yz}, den ebenen Spannungszustand. Gleiches ergibt sich auch für den ebenen Verzerrungszustand sowie für den eindimensionalen Spannungszustand.

Zur Bestimmung der Verzerrungen für den allgemeinen Fall folgt nach dem HOOKE'schen Gesetz:

$$\varepsilon_x = \frac{1}{E} \cdot \left[\sigma_x - \nu \cdot (\sigma_y + \sigma_z) \right] + \alpha_T \cdot \Delta T$$

$$\varepsilon_y = \frac{1}{E} \cdot \left[\sigma_y - \nu \cdot (\sigma_z + \sigma_x) \right] + \alpha_T \cdot \Delta T$$

$$\varepsilon_z = \frac{1}{E} \cdot \left[\sigma_z - \nu \cdot (\sigma_x + \sigma_y) \right] + \alpha_T \cdot \Delta T \tag{5.16}$$

$$\gamma_{xy} = \frac{1}{G} \cdot \tau_{xy} \qquad \gamma_{xz} = \frac{1}{G} \cdot \tau_{xz} \qquad \gamma_{yz} = \frac{1}{G} \cdot \tau_{yz}$$

Hinweis: Für den Sonderfall des ebenen Spannungszustands werden in diesen Gleichungen $\sigma_z = 0$ sowie $\gamma_{xz} = \gamma_{yz} = 0$ gesetzt. Als Ergebnis folgen die Gleichungen der Verzerrungen im ebenen Spannungszustand nach Gl. (5.12). Wird $\varepsilon_z = 0$ gesetzt, so ergeben sich die Gleichungen der Verzerrungen im ebenen Verzerrungszustand nach Gl. (5.15).

Werden die Gleichungen (5.16) nach den Spannungen umgestellt, so erhalten wir für den allgemeinen Fall:

$$\sigma_x = \frac{E}{1+\nu} \cdot \left[\varepsilon_x + \frac{\nu}{1-2\nu} \cdot (\varepsilon_x + \varepsilon_y + \varepsilon_z) \right] - \frac{E}{1-2\nu} \cdot \alpha_T \cdot \Delta T$$

$$\sigma_y = \frac{E}{1+\nu} \cdot \left[\varepsilon_y + \frac{\nu}{1-2\nu} \cdot (\varepsilon_x + \varepsilon_y + \varepsilon_z) \right] - \frac{E}{1-2\nu} \cdot \alpha_T \cdot \Delta T$$

$$\sigma_z = \frac{E}{1+\nu} \cdot \left[\varepsilon_z + \frac{\nu}{1-2\nu} \cdot (\varepsilon_x + \varepsilon_y + \varepsilon_z) \right] - \frac{E}{1-2\nu} \cdot \alpha_T \cdot \Delta T \tag{5.17}$$

$$\tau_{xy} = G \cdot \gamma_{xy} \qquad \tau_{xz} = G \cdot \gamma_{xz} \qquad \tau_{yz} = G \cdot \gamma_{yz}$$

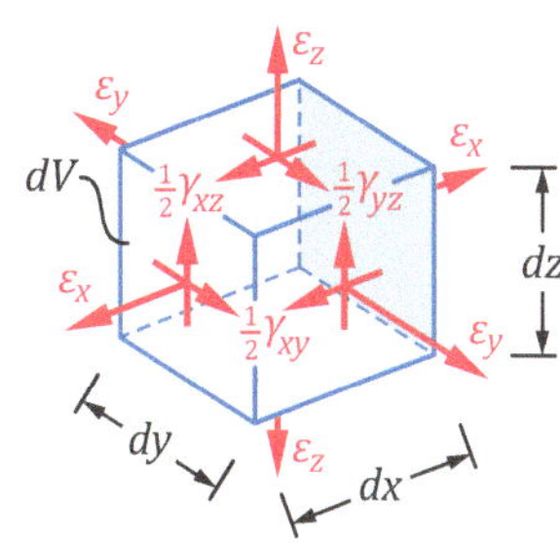

Abb. 5.11

▶ Der eindimensionale sowie ebene Spannungs- und Verzerrungszustand sind Sonderfälle des räumlichen Spannungs- und Verzerrungszustands.

HOOKE'sches Gesetz für die *Verzerrungen* im räumlichen Spannungs- und Verzerrungszustand inkl. der Wärmedehnung

HOOKE'sches Gesetz für die *Spannungen* im räumlichen Spannungs- und Verzerrungszustand inkl. der Wärmedehnung

- Als erstes muss festgelegt werden, ob es sich um einen

  - eindimensionalen Spannungs-Verzerrungszustand
    (Belastung in nur einer Koordinatenrichtung)

  - ebenen Spannungszustand
    Beispielsweise: $\sigma_z = \tau_{xz} = \tau_{yz} = 0$

  - ebenen Verzerrungszustand
    Beispielsweise: $\varepsilon_z = \gamma_{xz} = \gamma_{yz} = 0$

  - räumlichen Spannungs-Verzerrungszustand

  handelt.

- Entsprechend der Festlegung lassen sich dann mit den gegeben Spannungen die zugehörigen Verzerrungen bzw. mit den gegebenen Verzerrungen die Spannungen berechnen:

  - eindimensionaler Spannungs-Verzerrungszustand

    $$\varepsilon = \frac{\sigma}{E} + \alpha_T \cdot \Delta T \quad \text{oder} \quad \sigma = E \cdot \varepsilon - E \cdot \alpha_T \cdot \Delta T$$

  - ebener Spannungszustand
    Verzerrungen nach Gl. (5.12)
    Spannungen nach Gl. (5.13)

  - ebener Verzerrungszustand
    Spannungen nach Gl. (5.14)
    Verzerrungen nach Gl. (5.15)

  - räumlicher Spannungs-Verzerrungszustand
    Verzerrungen nach Gl. (5.16)
    Spannungen nach Gl. (5.17)

- Ist *keine Temperaturänderung* vorhanden, können die entsprechenden Terme in den genannten Gleichungen zu Null gesetzt werden.

- Sind *keine Spannungen* vorhanden ($\sigma = \tau = 0$), können die entsprechenden Terme in den genannten Gleichungen zu Null gesetzt werden. Hier ist lediglich eine vorhanden Temperaturänderung zu berücksichtigen.

- Gleiches gilt analog für die Dehnungen und Gleitungen.

- Die Größen E, v, G sind *werkstoffabhängig*. Für Stahl gilt: $E_{St} = 210.000$ Nmm^2, $v_{St} = 0{,}3$. Für Aluminium gilt: $E_{Al} = 70.000$ N/mm^2, $v_{Al} = 0{,}34$. Des Weiteren gilt:

  $$G = \frac{E}{2 \cdot (1 + v)}$$

- Bei einer Temperaturänderung und gleichzeitiger Dehnungsbehinderung (feste Wand) treten in Richtung der Dehnungsbehinderung immer Wärmespannungen auf.

Beispiel 5.1

An einem rechteckigen Flachstahl ($E = 210.000$ N/mm², $\nu = 0{,}3$) wirkt eine Kraft von $F = 490.500$ N (50 t).

Bestimmen Sie die Längenänderungen des Flachstahls für alle Raumrichtungen.

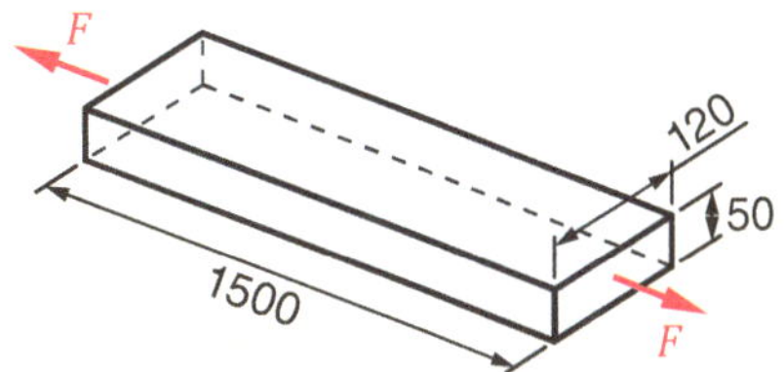

Lösung

Aufgrund der vorliegenden Belastung durch nur eine Kraft F entlang einer Koordinatenrichtung handelt es sich hier um den eindimensionalen Spannungszustand. Um die geforderten Längenänderungen in den drei vorhandenen Raumrichtungen zu bestimmen, gehen wir wie folgt vor:

1. Bestimmung der im Flachstahl wirkenden Spannung σ_x infolge der Kraft F in x-Richtung.
2. Die zur Spannung σ_x gehörenden Dehnungen ε_x, ε_y, ε_z.
3. Die mit den Dehnungen ε verbundenen Längenänderungen Δl_x, Δl_y, Δl_z.

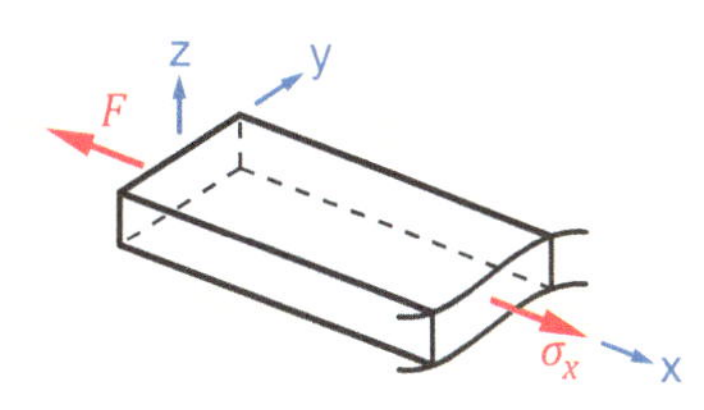

1. Berechnung der Spannung σ_x im Inneren des Flachstahls:

$$A = 50\,mm \cdot 120\,mm = 6000\,mm^2$$

$$\sigma_x = \frac{F}{A} \qquad \rightarrow \quad \sigma_x = 81{,}75\,\frac{N}{mm^2}$$

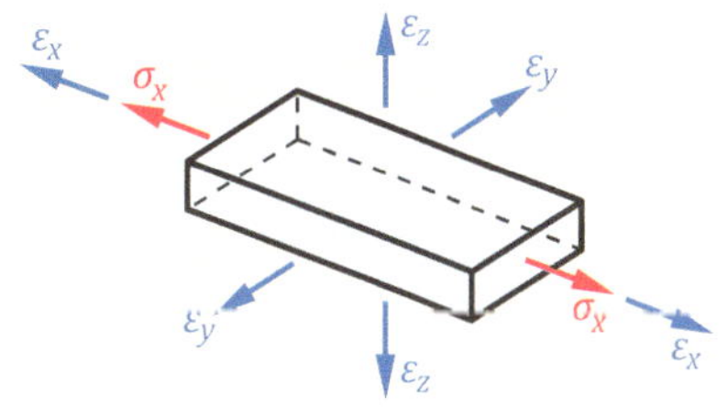

2. Die infolge der vorhanden Spannung entstehenden Dehnungen erhalten wir mithilfe Gleichungen (5.6) bis (5.8) auf S. 73.

$$\varepsilon_x = \frac{1}{E} \cdot \sigma_x \qquad \rightarrow \quad \varepsilon_x = 3{,}89 \cdot 10^{-4}$$

$$\varepsilon_y = -\frac{\nu}{E} \cdot \sigma_x \qquad \rightarrow \quad \varepsilon_y = -1{,}17 \cdot 10^{-4}$$

$$\varepsilon_z = -\frac{\nu}{E} \cdot \sigma_x \qquad \rightarrow \quad \varepsilon_z = -1{,}17 \cdot 10^{-4}$$

Aufgrund des negativen Vorzeichens für ε_y und ε_z findet hier eine Stauchung (Längenverkürzung) statt. Dies ist auch einleuchtend, da sich der Flachstahl bei einer Streckung in x-Richtung entlang der anderen beiden Koordinatenrichtungen entsprechend staucht.

3. Da wir nun die Dehnungen kennen, können wir die entsprechenden Längenänderungen in allen drei Koordinatenrichtungen berechnen:

$$\Delta l_x = \varepsilon_x \cdot l_x = \varepsilon_x \cdot 1500 \, mm \qquad \rightarrow \quad \underline{\underline{\Delta l_x = 0{,}584 \, mm}}$$

$$\Delta l_y = \varepsilon_y \cdot l_y = \varepsilon_y \cdot 120 \, mm \qquad \rightarrow \quad \underline{\underline{\Delta l_y = -0{,}014 \, mm}}$$

$$\Delta l_z = \varepsilon_z \cdot l_z = \varepsilon_z \cdot 50 \, mm \qquad \rightarrow \quad \underline{\underline{\Delta l_z = -0{,}006 \, mm}}$$

Obwohl die beiden Dehnungen ε_y und ε_z gleich groß sind, sind die zugehörigen Längenänderungen Δl_y und Δl_z verschieden groß. Dies liegt daran, dass die Dehnung nur eine Verhältniszahl ist. Also eine relative Größe. Die Längenänderungen dagegen sind absolute Größen. Und da die beiden Abmessungen l_y = 120 mm und l_z = 50 mm verschieden groß sind, müssen auch die entsprechenden Längenänderungen Δl_y und Δl_z in diesen Richtungen verschieden groß sein.

Eine Gleitung ist am Flachstahl nicht vorhanden, da die Belastung ausschließlich in Richtung einer Koordinatenachse (hier die x-Achse) verläuft. Erst wenn die Belastung eine Scherung verursachen würde, müssten wir auch die Gleitung berücksichtigen.

Ein Block aus Aluminium (a = 90 mm, b = 60 mm, ν = 0,34) wird entlang der y-Achse um Δl_y = 1,3 mm gestaucht und zusätzlich geschert, sodass ein Winkel von β = 88,6° entsteht.

Berechnen Sie die Dehnungen ε_x und ε_y sowie die Gleitung γ_{xy}.

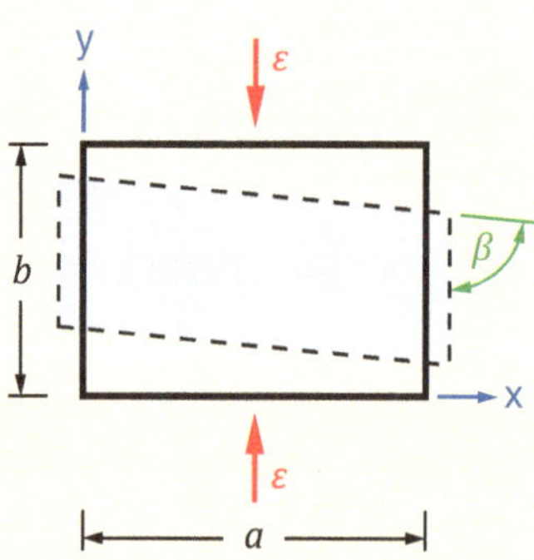

Lösung

Wir haben es hier mit einem ebenen Spannungszustand zu tun, da die Belastungen in einer Ebene liegen und die Dehnung ε_z möglich ist. Wäre die Dehnung ε_z = 0, also nicht möglich, hätten wir es mit einem ebenen Verzerrungszustand zu tun.

Entsprechend der Darstellung des Blocks, wird dieser in y-Richtung gestaucht. Somit ergibt sich für die Dehnung ε_y folgender Zusammenhang:

$$\varepsilon_y = \frac{\Delta l}{l} = \frac{-\Delta l_y}{b} = \frac{-1{,}3 \, mm}{60 \, mm} \qquad \rightarrow \quad \underline{\underline{\varepsilon_y = -0{,}022}}$$

Die Längenänderung Δl_y ist hier negativ, da es sich um eine Stauchung handelt.

Da der Block in y-Richtung gestaucht wird (negative Dehnung), muss er sich in x-Richtung entsprechend ausdehnen (Zusammenhang mit der Querkontraktionszahl v). Somit erhalten wir für die zugehörige Querdehnung in x-Richtung mithilfe der Umstellung von Gleichung (5.13) auf S. 75:

$$\sigma_x = 0 = \frac{E}{1 - v^2} \cdot \left(\varepsilon_x + v \cdot \varepsilon_y \right)$$

$$\Rightarrow \quad \varepsilon_x = -v \cdot \varepsilon_y \qquad\qquad \rightarrow \quad \underline{\underline{\varepsilon_x = 0{,}007}}$$

Die gesuchte Gleitung γ_{xy} erhalten wir entsprechend der Überlegung, dass der ursprünglich rechte Winkel am Block (unten linke Ecke) vergrößert wird. Aufgrund der geometrischen Zusammenhänge ergibt sich die Gleitung γ_{xy} mit folgender Berechnung:

$$\gamma_{xy} = \frac{\pi}{2} - (180° - 88{,}6°) \cdot \frac{2 \cdot \pi}{360°} \qquad \rightarrow \quad \underline{\underline{\gamma_{xy} = -0{,}024}}$$

Da die Gleitung γ_{xy} ein negatives Vorzeichen besitzt, wird der ursprünglich rechte Winkel am Block vergrößert. (*Merkregel*: Negative Gleitungen vergrößern den ursprünglich rechten Winkel des Elements.)

Ein rechteckiger kleiner Block ($E = 175.000$ N/mm², $v = 0{,}25$, $\alpha_t - 13 \cdot 10^{-6}$ 1/K) wird in einen starren temperaturunempfindlichen Rahmen passgenau (spiel- und spannungsfrei) eingesetzt. Nach dem Einsetzen wird nur der kleine Block um $\Delta T = 90°$C erwärmt.

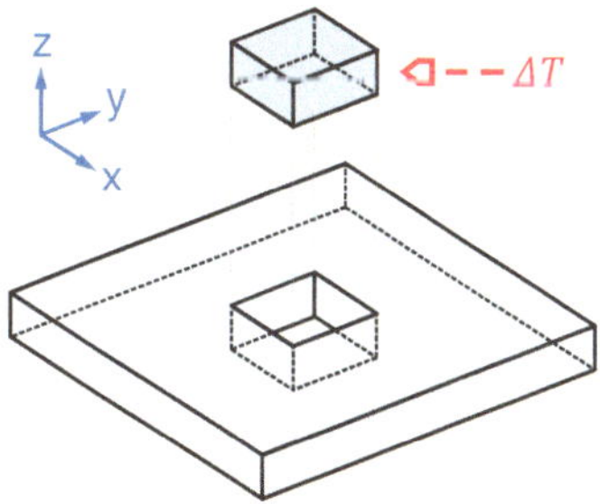

   a) Welche Spannungen treten nach der Erwärmung des Blocks auf und wie groß sind sie?

   b) Welche Verzerrungen treten nach der Erwärmung des Blocks auf und wie groß sind sie?

Lösung

a) Der Rahmen ist temperaturunempfindlich, weshalb die Abmessungen bei einer Temperaturänderung gleichbleiben und sich nicht ändern. Jedoch will sich der kleine Block nach dem Einsetzen in den Rahmen und der Temperaturerhöhung in alle Richtungen ausdehnen. Diese gewollte Ausdehnung wird aufgrund des umgebenden Rahmens in x- und y-Richtung verhindert. Lediglich in z-Richtung kann sich der Block frei ausdehnen. Daher muss gelten:

$$\varepsilon_x = \varepsilon_y = 0 \quad \text{und} \quad \varepsilon_z \neq 0 \qquad\qquad \text{(a)}$$

Da die Dehnungen in x- und y-Richtung Null sind, der Block sich ausdehnen will und es aber nicht kann, entstehen im Inneren des Blocks Wärmespannungen. Diese Wärmespannungen sind in diesem Fall Druckspannungen, da der Block gegen den Rahmen drückt. In z-Richtung kann sich der Block jedoch frei ausdehnen, weshalb in dieser Richtung keine Spannung aber eine Dehnung stattfindet. Somit muss für die Spannungen gelten:

$$\sigma_x \neq \sigma_y \neq 0 \quad \text{und} \quad \sigma_z = 0 \qquad (b)$$

Wir wollen nun die gesuchten Spannungen infolge der Erwärmung berechnen und wenden dazu die Gleichungen (5.16) des räumlichen Spannungszustands an. Verwenden wir in diesen Gleichungen die durch unsere Überlegung gefundene Bedingung (b), erhalten wir:

$$\varepsilon_x = 0 = \frac{1}{E} \cdot \left[\sigma_x - v \cdot (\sigma_y + 0) \right] + \alpha_T \cdot \Delta T$$

$$\varepsilon_y = 0 = \frac{1}{E} \cdot \left[\sigma_y - v \cdot (0 + \sigma_x) \right] + \alpha_T \cdot \Delta T$$

Diese beiden Gleichungen können wir nach den gesuchten Spannungen auflösen und erhalten:

$$\sigma_x = \sigma_y = -\frac{\alpha_T \cdot \Delta T \cdot E}{1 - v} \qquad \rightarrow \quad \underline{\underline{\sigma_x = \sigma_y = -273 \, \frac{N}{mm^2}}}$$

$$\rightarrow \quad \underline{\underline{\sigma_z = 0}}$$

b) Die auftretende Dehnung ε_z können wir ebenfalls mithilfe Gl. (5.16) berechnen:

$$\varepsilon_z = \frac{1}{E} \cdot \left[0 - v \cdot (\sigma_x + \sigma_y) \right] + \alpha_T \cdot \Delta T \qquad \rightarrow \quad \underline{\underline{\varepsilon_z = 1{,}95 \cdot 10^{-3}}}$$

$$\rightarrow \quad \underline{\underline{\varepsilon_x = \varepsilon_y = 0}}$$

Gleitungen treten hier nicht auf, da der Block keine Winkeländerung erfährt. Aufgrund der freien Ausdehnung in z-Richtung sowie der nicht möglichen Dehnung in x- und y-Richtung findet auch keine Gleitung statt.

Beispiel 5.4

Beim Zugversuch (Proben-$\varnothing$: $d_0 = 25$ mm, Länge: $l_0 = 250$ mm) einer Aluminiumlegierung wurden die folgenden Werte ermittelt: Zugkraft $F = 170$ kN, Längenänderung $\Delta l = 1{,}3$ mm, Schubmodul $G = 27$ GPa

Bestimmen Sie den Elastizitätsmodul E sowie die Größe der Durchmesseränderung Δd an der Probe bei gegebener Kraft F.

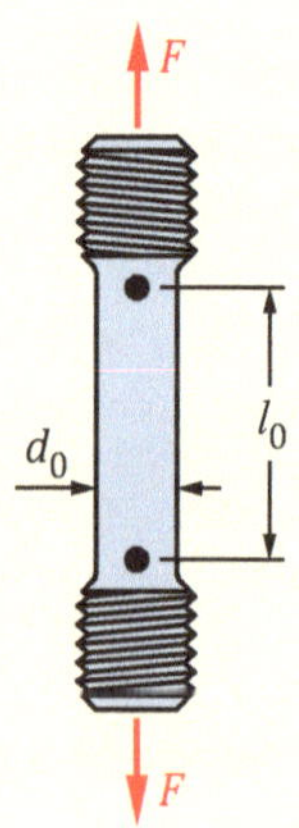

Lösung

Zuerst bestimmen wir uns die im Probestab wirkende Normalspannung (Zugspannung):

$$\sigma = \frac{F}{A} = \frac{F \cdot 4}{\pi \cdot d_0^2} \qquad\qquad \rightarrow \quad \sigma = 346{,}32 \; \frac{N}{mm^2}$$

Danach folgt nach Gl. (5.2) auf S. 69 die Dehnung (Längsdehnung) ε_l in Richtung der wirkenden Kraft F:

$$\varepsilon_l = \frac{\Delta l}{l_0} \qquad\qquad \rightarrow \quad \varepsilon_l = 5{,}2 \cdot 10^{-3}$$

Mithilfe dieser Werte können wir den Elastizitätsmodul E nach Gl. (5.4) auf S. 72 bestimmen:

$$E = \frac{\sigma}{\varepsilon_l} \qquad\qquad \rightarrow \quad E = 66.600 \; \frac{N}{mm^2}$$

Durch die Berechnung des Schubmoduls G nach Gl. (5.10) auf S. 73 erhalten wir nach dem Umstellen den Wert für die Querkontraktionszahl v:

$$v = \frac{E}{2 \cdot G} - 1 \qquad\qquad \rightarrow \quad v = 0{,}23$$

Mit der Beziehung zwischen der Längs- und Querdehnung nach Gl. (5.5) auf S. 73 können wir die Querdehnung ε_q bestimmen:

$$\varepsilon_q = -v \cdot \varepsilon_L \qquad\qquad \rightarrow \quad \varepsilon_q = -1{,}21 \cdot 10^{-3}$$

Damit können wir dann in Analogie zu Gl. (5.2) auf S. 69 die gesuchte Durchmesseränderung Δd an der Probe berechnen:

$$\Delta d = d_0 \cdot \varepsilon_q \qquad\qquad \rightarrow \quad \Delta d = -0{,}030 \, mm = -30 \, \mu m$$

Die gesuchte Durchmesseränderung Δd ist negativ, was so auch zu erwarten war, da sich die Probe in Querrichtung entsprechend staucht, wenn eine Zugkraftbeanspruchung in Längsrichtung vorhanden ist.

5.3 Elastizität und Plastizität

Das Hooke'sche Gesetz ist eine **Idealisierung** des realen Materialverhaltens.

Oberhalb der Streckgrenze R_e kommt es zu **plastischen Verformungen** im Material.

Das bisher betrachtete Hooke'sche Gesetz und dem damit verbundenen linear-elastischen Zusammenhang zwischen Spannungen und Dehnungen eines Materials stellt eine Idealisierung des realen Materialverhaltens dar und gilt auch nur bis zum Erreichen der Streckgrenze R_e. Wollen wir den Zusammenhang zwischen Spannung und Dehnung oberhalb der Streckgrenze abbilden, so müssen wir das Hooke'sche Gesetz erweitern und den Bereich der plastischen Verformungen hinzunehmen. Dies ist Aufgabe der *Elastizitätstheorie* und der *Plastomechanik*. Wir wollen daher nur kurz auf diese Materialeigenschaften eingehen.

Unter Plastizität verstehen wir die Eigenschaft eines Materials, sich unter Krafteinwirkung nach Überschreiten der Werkstoff-Fließgrenze (z. B. Streckgrenze) irreversibel zu verformen (zu fließen) und diese veränderte Form bei Wegfall der einwirkenden Kraft beizubehalten. Zur Verdeutlichung betrachten wir die vier verschiedenen Diagramme zum Materialverhalten in ▸ Abb. 5.12. In den Diagrammen ist das Materialverhalten bei *Belastung* in rot und bei *Entlastung* in blau sowie die zugehörige elastische Dehnung ε_{el} und die plastische Dehnung ε_{pl} dargestellt. Die darin gezeigten Materialverhalten sind:

a) *nichtlinear-elastisch*: das Material verhält sich vollständig elastisch, jedoch ist der Zusammenhang zwischen Spannung und Dehnung nichtlinear.

b) *linear-elastisch, linear-plastisch*: das Material verhält sich bis zum Erreichen der Streckgrenze R_e linear-elastisch. Nach Überschreiten der Streckgrenze R_e findet eine lineare Verfestigung (plastische Verformung) im Material statt. Bei Entlastung bleibt die plastische Verformung erhalten.

c) *linear-elastisch, ideal-plastisch*: das Material verhält sich bis zum Erreichen der Streckgrenze R_e linear-elastisch. Nach Überschreiten der Streckgrenze R_e tritt eine reine plastische Verformung (ideal plastisch) auf. Bei Entlastung bleibt die plastische Verformung erhalten.

d) *linear-plastisch*: das Material verhält sich vollständig linear-plastisch und bei Entlastung bleiben alle Verformungen vollständig erhalten.

Erweiterungen des Hooke'sche Gesetz zur Berücksichtigung von **plastischem Materialverhalten**.

Auch diese verschiedenen Arten von Materialverhalten sind lediglich Idealisierungen der Realität. Aber mit diesen kann das Hooke'sche Gesetz um den Bereich der Plastizität erweitert werden.

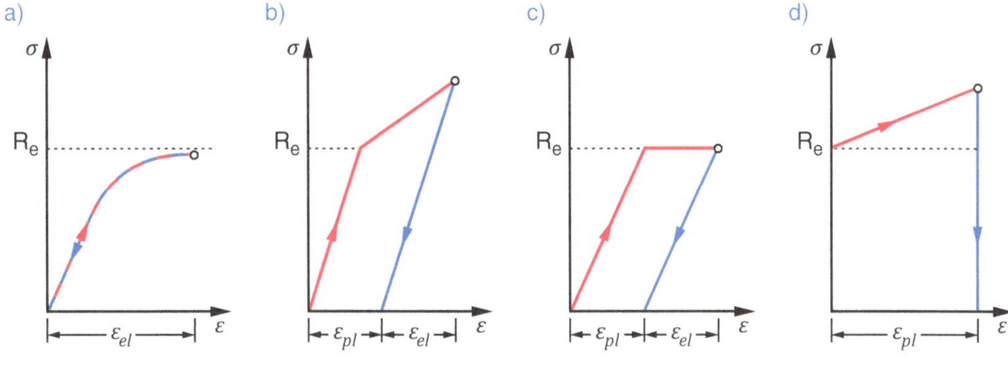

Abb. 5.12

5.4 Praktische Anwendung des HOOKE'schen Gesetzes bei DMS

In der praktischen Anwendung wird der Verzerrungszustand an einem Bauteil mittels *Dehnungsmessstreifen* (DMS) gemessen, siehe ▶ Abb. 5.13. Der typische Aufbau eines DMS besteht aus einem Drahtgitter (Draht-⌀ ca. 3...8 μm) auf einer dünnen Kunststofffolie. Bei einer Dehnung ändert sich der Widerstandswert des DMS. Bei positiven Dehnungen (Streckung) nimmt der Widerstand zu, bei negativen Dehnungen (Stauchungen) nimmt dieser ab. Dabei verhält sich der Widerstandswert proportional zur vorhandenen Dehnung.

Der Nachteil bei DMS ist, dass diese nur Dehnungen aber keine Winkeländerungen (Gleitungen) erfassen. Um dennoch einen Verzerrungszustand zu bestimmen, müssen die Dehnungen mit den zugehörigen Richtungswinkeln in drei unterschiedlichen Richtungen bekannt sein. Hierzu werden so genannte *DMS-Rosetten* eingesetzt. Dabei handelt es sich um mehrere in einem bestimmten Winkel angeordnete DMS, siehe ▶ Abb. 5.14. Die unter den Winkeln φ_a, φ_b, φ_c zur x-Achse angeordneten drei DMS erfassen die Dehnungen ε_a, ε_b, ε_c. Mithilfe solcher DMS-Rosetten ist es nun möglich, neben den Dehnungen auch die Gleitungen an einem Punkt eines Bauteils zu bestimmen. Zu beachten ist noch, dass die gemessenen Dehnungen alle in einer Ebene liegen.

Ohne auf die mathematische Herleitung einer allgemeinen DMS-Rosette, wie in ▶ Abb. 5.14 zu sehen ist, einzugehen, besteht der folgende Zusammenhang zwischen den gemessenen Dehnungen und den zugehörigen Verzerrungen:

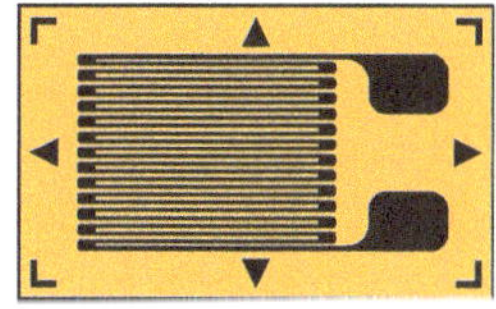

Abb. 5.13

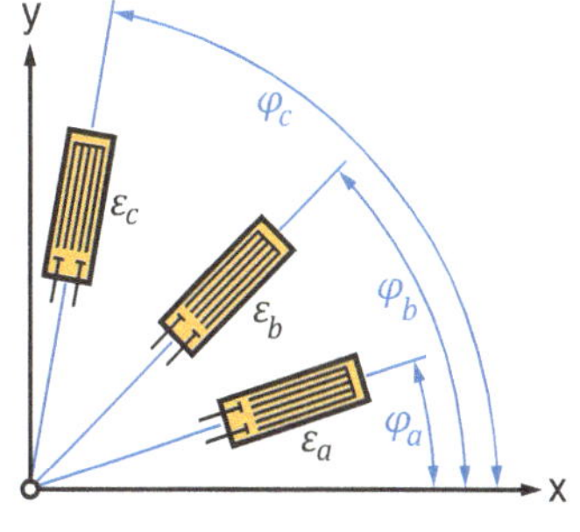

Abb. 5.14

$$\varepsilon_a = \frac{\varepsilon_x + \varepsilon_y}{2} + \frac{\varepsilon_x - \varepsilon_y}{2} \cdot \cos(2 \cdot \varphi_a) - \frac{\gamma_{xy}}{2} \cdot \sin(2 \cdot \varphi_a)$$

Verzerrungen bei drei unter *belie-bigem Winkel* angeordneten DMS

$$\varepsilon_b = \frac{\varepsilon_x + \varepsilon_y}{2} + \frac{\varepsilon_x - \varepsilon_y}{2} \cdot \cos(2 \cdot \varphi_b) - \frac{\gamma_{xy}}{2} \cdot \sin(2 \cdot \varphi_b) \qquad (5.18)$$

$$\varepsilon_c = \frac{\varepsilon_x + \varepsilon_y}{2} + \frac{\varepsilon_x - \varepsilon_y}{2} \cdot \cos(2 \cdot \varphi_c) - \frac{\gamma_{xy}}{2} \cdot \sin(2 \cdot \varphi_c)$$

Das Lösen dieses linearen Gleichungssystems liefert die entsprechenden Dehnungen ε_x, ε_y und die Gleitung γ_{xy} des ebenen Verzerrungszustands.

In der Praxis hat sich es etabliert, die DMS unter bestimmten Winkeln auf einer Trägerfolie anzuordnen. Hier sind eine Vielzahl verschiedener Anordnungen möglich. Wir wollen uns an dieser Stelle jedoch nur auf die zwei gebräuchlichsten DMS-Rosetten beschränken. Es handelt sich um die 45°- und die 60°-DMS-Rosette. Bei der 45°-DMS-Rosette sind die DMS entsprechend alle um 45°, bei der 60°-DMS-Rosette um 60°, versetzt zueinander angeordnet, siehe ▶ Abb. 5.15.

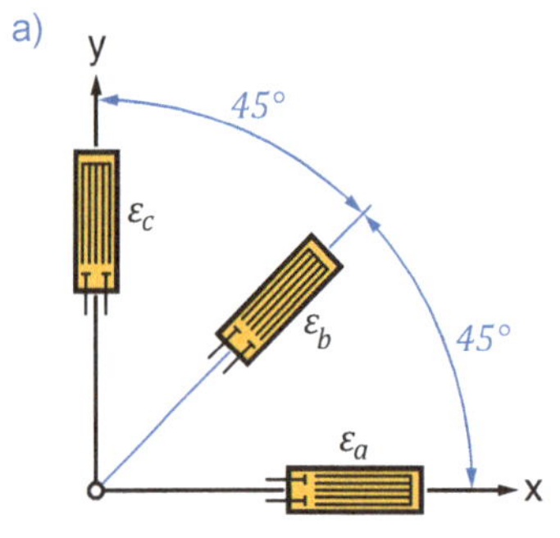

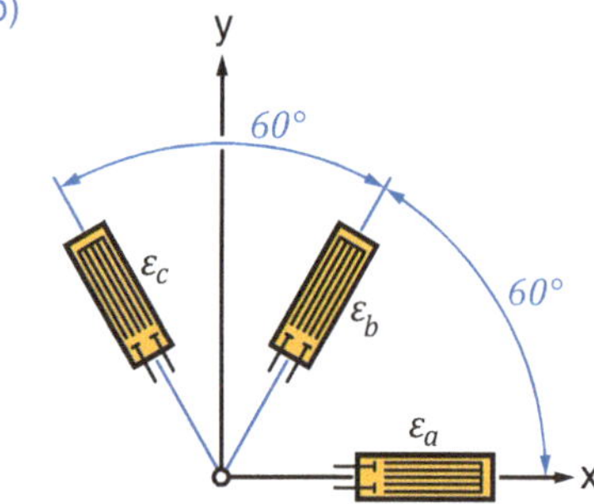

Abb. 5.15

Bei der 45°-DMS-Rosette, siehe ▶ Abb. 5.15a), lassen sich mit den gemessenen Dehnungen ε_a, ε_b, ε_c die Verzerrungen in der x-y-Ebene mit den folgenden Gleichungen bestimmen:

$$\varepsilon_x = \varepsilon_a$$

Verzerrungen bei einer 45°-DMS-Rosette

$$\varepsilon_y = \varepsilon_c \qquad (5.19)$$

$$\gamma_{xy} = 2 \cdot \varepsilon_b - (\varepsilon_a + \varepsilon_c)$$

Für die 60°-DMS-Rosette, siehe ▶ Abb. 5.15b), nehmen die Gleichungen eine leicht andere Form an:

$$\varepsilon_x = \varepsilon_a$$

$$\varepsilon_y = \frac{1}{3} \cdot (2 \cdot \varepsilon_b + 2 \cdot \varepsilon_c - \varepsilon_a) \tag{5.20}$$

$$\gamma_{xy} = \frac{2}{\sqrt{3}} \cdot (\varepsilon_b - \varepsilon_c)$$

Verzerrungen bei einer 60°-DMS-Rosette

Egal welche DMS-Rosette verwendet wird, es lassen sich nur die Verzerrungen eines ebenen Verzerrungszustands bestimmen. Zudem ist auf die Ausrichtung der DMS-Rosette zu achten. Wird beispielsweise die DMS-Rosette um den Winkel α gedreht zur x-Achse angeordnet (siehe ▶ Abb. 5.16), werden mit den Gleichungen (5.19) bzw. (5.20) die Verzerrungen ε_ξ, ε_η, $\gamma_{\xi\eta}$ berechnet (gedrehtes Koordinatensystem; vgl. Transformationsbeziehungen nach Kapitel 4.5.1 auf S. 56). Entscheidend ist hier die Ausrichtung des DMS mit der gemessenen Dehnung ε_α. Die Dehnung ε_α gibt die Ausrichtung des Koordinatensystems an, in welchem die Verzerrungen berechnet werden. Für das Beispiel in ▶ Abb. 5.16 werden also die Verzerrungen ε_ξ, ε_η, $\gamma_{\xi\eta}$ berechnet und anschließend mithilfe der Transformationsbeziehungen nach Gl. (4.14) auf S. 57 in die Verzerrungen ε_x, ε_y, γ_{xy} umgerechnet. Sind die Verzerrungen ε_x, ε_y, γ_{xy} bzw. ε_ξ, ε_η, $\gamma_{\xi\eta}$ bekannt, lassen sich mithilfe des Elastizitätsgesetzes die zugehörigen Spannungen σ_x, σ_y, τ_{xy} bzw. σ_ξ, σ_η, $\tau_{\xi\eta}$ berechnen.

Das Einsatzgebiet von DMS ist sehr vielseitig. Wir werden im weiteren Verlauf dieses Buches auf die Bestimmung von Spannungen infolge Zug, Druck, Biegung, Schub und Torsion zu sprechen kommen. Die damit einhergehenden Verzerrungen können an einem Realbauteil mithilfe von DMS gemessen und mit den vorher berechneten Werten verglichen werden. Dies wird in der Praxis sehr häufig im Bereich der Festigkeitsberechnung sowie Gestalt- und Werkstoffoptimierung durchgeführt. Des Weiteren dienen DMS-Messungen auch zur Verifizierung von *FEM*[14] Berechnungen.

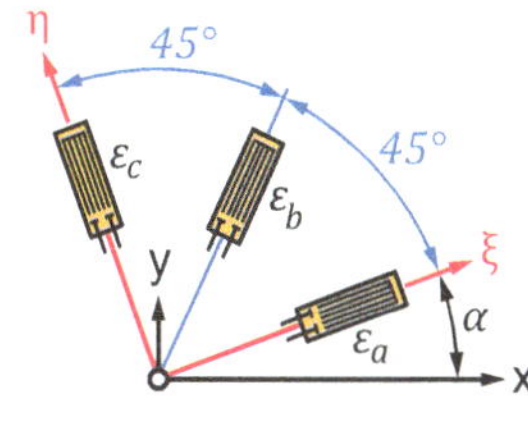

Abb. 5.16

▶ Bei **DMS-Rosetten** ist die **Ausrichtung des Koordinatensystems** zu beachten.

Bei **bekannten Verzerrungen** (z. B. ε_x, ε_y, γ_{xy}) können die zugehörigen **Spannungen** (σ_x, σ_y, τ_{xy}) mithilfe des **Elastizitätsgesetzes** berechnet werden.

---

[14] **Finite-Elemente-Methode**: Numerisches Verfahren zur Festigkeits- und Verformungsuntersuchung von Festkörpern mit geometrisch komplexer Form

Beispiel 5.5

Auf der Oberfläche eines Bauteils ($E = 83.500$ N/mm², $\nu = 0{,}25$) wurde eine 60°-DMS-Rosette appliziert und die folgenden Dehnungen gemessen:

$$\varepsilon_a = 6{,}2 \cdot 10^{-4}$$
$$\varepsilon_b = 2{,}7 \cdot 10^{-4}$$
$$\varepsilon_c = -3{,}1 \cdot 10^{-4}$$

Bestimmen Sie die Hauptspannungen, -dehnungen und -gleitungen sowie die entsprechenden Hauptschnittrichtungen.

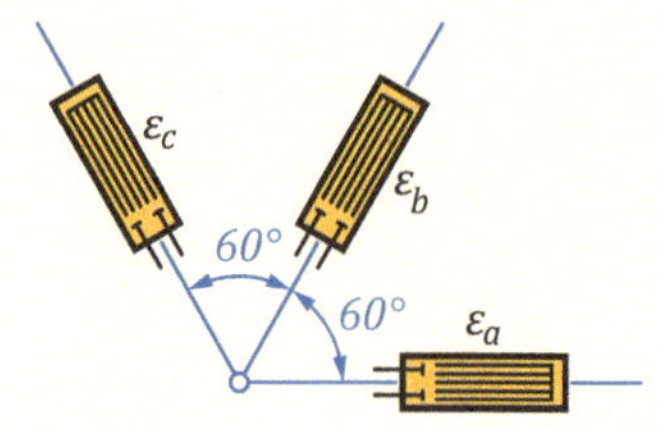

Lösung

Zuerst bestimmen wir uns die Orientierung für die DMS-Rosette. Da kein Koordinatensystem angegeben ist, legen wir die *x*-Achse in Richtung der Dehnung ε_a. Nun können wir die Gl. (5.20) verwenden, um die entsprechenden Verzerrungen in der *x*-*y*-Ebene zu bestimmen:

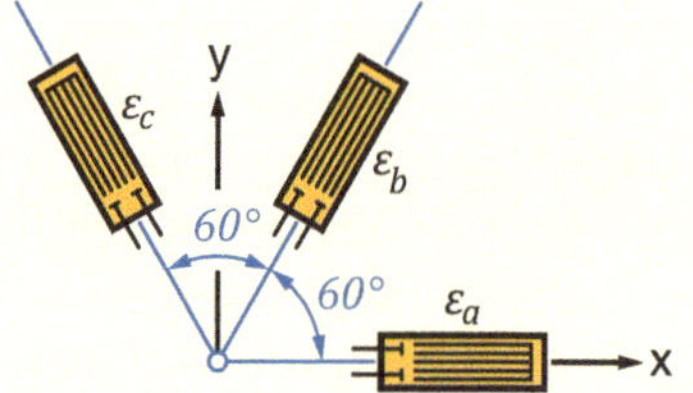

$$\varepsilon_x = \varepsilon_a \qquad\qquad \rightarrow\ \varepsilon_x = 6{,}2 \cdot 10^{-4}$$

$$\varepsilon_y = \frac{1}{3} \cdot (2 \cdot \varepsilon_b + 2 \cdot \varepsilon_c - \varepsilon_a) \qquad\qquad \rightarrow\ \varepsilon_y = -2{,}33 \cdot 10^{-4}$$

$$\gamma_{xy} = \frac{2}{\sqrt{3}} \cdot (\varepsilon_b - \varepsilon_c) \qquad\qquad \rightarrow\ \gamma_{xy} = 6{,}7 \cdot 10^{-4}$$

Wir bestimmen mittels Gl. (4.16) (S. 57) und (4.18) (S. 58) die Hauptdehnungen und Hauptgleitung sowie mit Gl. (4.15) (S. 57) und (4.17) (S. 58) die Hauptschnittrichtungen:

$$\varepsilon_1 = \frac{\varepsilon_x + \varepsilon_y}{2} + \sqrt{\left(\frac{\varepsilon_x - \varepsilon_y}{2}\right)^2 + \left(\frac{1}{2} \cdot \gamma_{xy}\right)^2} \qquad\qquad \rightarrow\ \underline{\underline{\varepsilon_1 = 7{,}36 \cdot 10^{-4}}}$$

$$\varepsilon_2 = \frac{\varepsilon_x + \varepsilon_y}{2} - \sqrt{\left(\frac{\varepsilon_x - \varepsilon_y}{2}\right)^2 + \left(\frac{1}{2} \cdot \gamma_{xy}\right)^2} \qquad\qquad \rightarrow\ \underline{\underline{\varepsilon_2 = -3{,}49 \cdot 10^{-4}}}$$

$$\gamma_{12} = 2 \cdot \sqrt{\left(\frac{\varepsilon_x - \varepsilon_y}{2}\right)^2 + \left(\frac{1}{2} \cdot \gamma_{xy}\right)^2} \qquad\qquad \rightarrow\ \underline{\underline{\gamma_{12} = 1{,}805 \cdot 10^{-3}}}$$

$$\varphi^* = \frac{1}{2} \cdot \arctan\left(\frac{\gamma_{xy}}{\varepsilon_x - \varepsilon_y}\right) \qquad\qquad \rightarrow\ \underline{\underline{\varphi^* = 19{,}1°}}$$

$$\bar{\varphi} = \varphi^* + \frac{\pi}{4} \qquad\qquad \rightarrow\ \underline{\underline{\bar{\varphi} = 64{,}1°}}$$

Jetzt benötigen wir noch die Hauptspannungen. Zur Berechnung können wir Gl. (5.13) (S. 75) benutzen. Da diese Gleichungen für ein kartesisches Koordinatensystem gelten, können wir die Indizes einfach austauschen, da die Hauptdehnungen wie auch Hauptspannungen senkrecht aufeinander stehen und damit ein kartesisches Koordinatensystem bilden. Wir erhalten dann:

$$G = \frac{E}{2 \cdot (1 + v)} \qquad \rightarrow \quad G = 33.400 \; \frac{N}{mm^2}$$

$$\sigma_1 = \frac{E}{1 - v^2} \cdot (\varepsilon_1 + v \cdot \varepsilon_2) \qquad \rightarrow \quad \underline{\underline{\sigma_1 = 57{,}76 \; \frac{N}{mm^2}}}$$

$$\sigma_2 = \frac{E}{1 - v^2} \cdot (\varepsilon_2 + v \cdot \varepsilon_1) \qquad \rightarrow \quad \underline{\underline{\sigma_2 = -14{,}71 \; \frac{N}{mm^2}}}$$

$$\tau_{12} = G \cdot \gamma_{12} \qquad \rightarrow \quad \underline{\underline{\tau_{12} = 36{,}23 \; \frac{N}{mm^2}}}$$

Die Hauptschnittrichtungen der Hauptspannungen und Hauptdehnungen sind identisch, daher brauchen wir diese nicht noch einmal zu berechnen.

Auf dem Rahmen eines Tennisschlägers ($E = 70$ GPa, $v = 0{,}34$) ist eine 45°-DMS-Rosette aufgeklebt. Beim Aufschlag wurden die folgenden Dehnungen gemessen:

$$\varepsilon_a = 1{,}3 \cdot 10^{-3}$$
$$\varepsilon_b = 3{,}2 \cdot 10^{-4}$$
$$\varepsilon_c = 6{,}7 \cdot 10^{-4}$$

Berechnen Sie alle Spannungen in der x-y-Ebene sowie die Hauptspannungen.

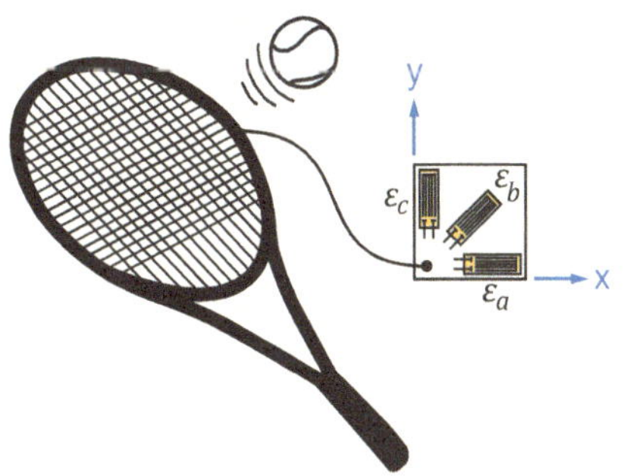

Lösung

Als erstes berechnen wir die Dehnungen in der x-y-Ebene mittels Gl. (5.19) (S. 86):

$$\varepsilon_x = \varepsilon_a \qquad \rightarrow \quad \varepsilon_x = 1{,}3 \cdot 10^{-3}$$

$$\varepsilon_y = \varepsilon_c \qquad \rightarrow \quad \varepsilon_y = 6{,}7 \cdot 10^{-4}$$

$$\gamma_{xy} = 2 \cdot \varepsilon_b - (\varepsilon_a + \varepsilon_c) \qquad \rightarrow \quad \gamma_{xy} = -1{,}33 \cdot 10^{-3}$$

Mit dem HOOKE'schen Gesetz für den ebenen Spannungszustand (die Dehnung in z-Richtung ist frei beweglich $\varepsilon_z \neq 0$, somit kann es kein ebener Verzerrungszustand sein) nach Gl. (5.13) auf S. 75 erhalten wir die zugehörigen Spannungen in der x-y-Ebene:

$$G = \frac{E}{2 \cdot (1 + \nu)}$$

$$\rightarrow \quad G = 26119{,}4 \; \frac{N}{mm^2}$$

$$\sigma_x = \frac{E}{1 - \nu^2} \cdot \left(\varepsilon_x + \nu \cdot \varepsilon_y \right)$$

$$\rightarrow \quad \sigma_x = 120{,}92 \; \frac{N}{mm^2}$$

$$\sigma_y = \frac{E}{1 - \nu^2} \cdot \left(\varepsilon_y + \nu \cdot \varepsilon_x \right)$$

$$\rightarrow \quad \sigma_y = 88 \; \frac{N}{mm^2}$$

$$\tau_{xy} = G \cdot \gamma_{xy}$$

$$\rightarrow \quad \tau_{xy} = -34{,}74 \; \frac{N}{mm^2}$$

Die Hauptspannungen können wir mittels Gl. (3.14) (S. 31) und (3.17) (S. 33) berechnen:

$$\sigma_{1,2} = \frac{\sigma_x + \sigma_y}{2} \pm \sqrt{\left(\frac{\sigma_x - \sigma_y}{2} \right)^2 + \tau_{xy}^2}$$

$$\rightarrow \quad \sigma_1 = 142{,}91 \; \frac{N}{mm^2}$$

$$\sigma_2 = 66 \; \frac{N}{mm^2}$$

$$\tau_{12} = \sqrt{\left(\frac{\sigma_x - \sigma_y}{2} \right)^2 + \tau_{xy}^2}$$

$$\rightarrow \quad \tau_{12} = 38{,}44 \; \frac{N}{mm^2}$$

In Kürze

- HOOKE'sche Gesetz für Spannungen:

$$\sigma = E \cdot \varepsilon$$

- HOOKE'sche Gesetz für Schub:

$$\tau = G \cdot \gamma$$

- Schubmodul:

$$G = \frac{E}{2 \cdot (1 + \nu)}$$

Ebener Spannungszustand

- Ein ebener Spannungszustand bewirkt einen räumlichen Verzerrungszustand.
- Es sind zwei Normal- und eine Schubspannung vorhanden, die alle in einer Ebene liegen:

$$\sigma_x \neq \sigma_y \neq \tau_{xy} \neq 0; \quad \sigma_z = \tau_{xz} = \tau_{yz} = 0$$

- HOOKE'sches Gesetz für die *Verzerrungen*:

$$\varepsilon_x = \frac{1}{E} \cdot \left(\sigma_x - \nu \cdot \sigma_y\right) + \alpha_T \cdot \Delta T$$

$$\varepsilon_y = \frac{1}{E} \cdot \left(\sigma_y - \nu \cdot \sigma_x\right) + \alpha_T \cdot \Delta T$$

$$\varepsilon_z = -\frac{\nu}{E} \cdot \left(\sigma_x + \sigma_y\right) + \alpha_T \cdot \Delta T$$

$$\gamma_{xy} = \frac{1}{G} \cdot \tau_{xy}$$

- HOOKE'sches Gesetz für die *Spannungen*:

$$\sigma_x = \frac{E}{1 - \nu^2} \cdot \left(\varepsilon_x + \nu \cdot \varepsilon_y\right) - \frac{E}{1 - \nu} \cdot \alpha_T \cdot \Delta$$

$$\sigma_y = \frac{E}{1 - \nu^2} \cdot \left(\varepsilon_y + \nu \cdot \varepsilon_x\right) - \frac{E}{1 - \nu} \cdot \alpha_T \cdot \Delta T$$

$$\tau_{xy} = G \cdot \gamma_{xy}$$

Ebener Verzerrungszustand

- Ein ebener Verzerrungszustand bewirkt einen räumlichen Spannungszustand.
- Es sind zwei Dehnungen und eine Gleitung vorhanden, welche in einer Ebene liegen. Die dritte Dehnung muss eingeschränkt (also Null) sein:

$$\varepsilon_x \neq \varepsilon_y \neq \gamma_{xy} \neq 0$$

$$\varepsilon_z = \gamma_{xz} = \gamma_{yz} = 0$$

- HOOKE'sches Gesetz für die *Verzerrungen*:

$$\varepsilon_x = \frac{1}{E} \cdot \left[\sigma_x - \nu \cdot \left(\sigma_y + \sigma_z\right)\right] + \alpha_T \cdot \Delta T$$

$$\varepsilon_y = \frac{1}{E} \cdot \left[\sigma_y - \nu \cdot \left(\sigma_z + \sigma_x\right)\right] + \alpha_T \cdot \Delta T$$

$$\gamma_{xy} = \frac{1}{G} \cdot \tau_{xy}$$

- HOOKE'sches Gesetz für die *Spannungen*:

$$\sigma_x = \frac{E}{(1 + \nu) \cdot (1 - 2\nu)} \cdot \left[(1 - \nu) \cdot \varepsilon_x + \nu \cdot \varepsilon_y\right]$$
$$- \frac{E}{1 - 2\nu} \cdot \alpha_T \cdot \Delta T$$

$$\sigma_y = \frac{E}{(1 + \nu) \cdot (1 - 2\nu)} \cdot \left[(1 - \nu) \cdot \varepsilon_y + \nu \cdot \varepsilon_x\right]$$
$$- \frac{E}{1 - 2\nu} \cdot \alpha_T \cdot \Delta T$$

$$\sigma_z = \frac{E}{(1 + \nu) \cdot (1 - 2\nu)} \cdot \left[\nu \cdot \left(\varepsilon_x + \varepsilon_y\right)\right]$$
$$- \frac{E}{1 - 2\nu} \cdot \alpha_T \cdot \Delta T$$

$$\tau_{xy} = G \cdot \gamma_{xy}$$

45°-DMS-Rosette

- Verzerrungen in der *x-y*-Koordinatenebene einer 45°-DMS-Rosette (*x*-Richtung zeigt in Richtung der Dehnung ε_a):

$$\varepsilon_x = \varepsilon_a$$

$$\varepsilon_y = \varepsilon_c$$

$$\gamma_{xy} = 2 \cdot \varepsilon_b - \left(\varepsilon_a + \varepsilon_c\right)$$

60°-DMS-Rosette

- Verzerrungen in der *x-y*-Koordinatenebene einer 60°-DMS-Rosette (*x*-Richtung zeigt in Richtung der Dehnung ε_a):

$$\varepsilon_x = \varepsilon_a$$

$$\varepsilon_y = \frac{1}{3} \cdot \left(2 \cdot \varepsilon_b + 2 \cdot \varepsilon_c - \varepsilon_a\right)$$

$$\gamma_{xy} = \frac{2}{\sqrt{3}} \cdot \left(\varepsilon_b - \varepsilon_c\right)$$

5.5   Aufgaben zu Kapitel 5

Aufgabe 5.1
Infolge einer äußeren Belastung herrscht in einem Punkt eines Bauteils (E = 70.000 N/mm², ν = 0,34) der skizzierte ebene Spannungszustand:
$$\sigma_x = 25 \text{ MPa}, \ \sigma_y = 12 \text{ MPa}, \ \tau_{xy} = 7 \text{ MPa}.$$
a) Wie groß sind die zugehörigen Verzerrungen?
b) Zeichnen Sie das verzerrte Element mit Ihren Ergebnissen aus a).

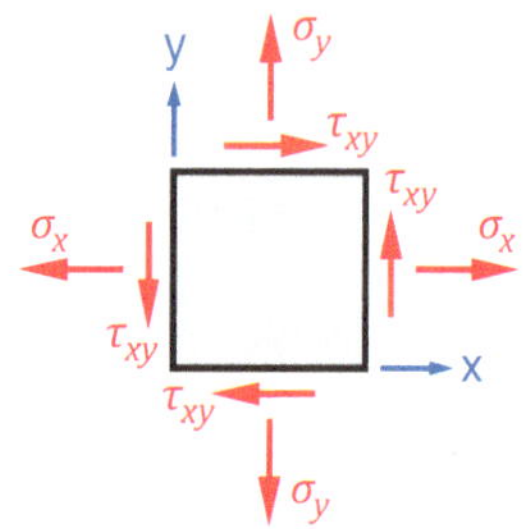

Aufgabe 5.2
Aufgrund der auf eine Welle (E = 210.000 N/mm², ν = 0,3, α_T = 135·10⁻⁷ 1/K) einwirkenden Axialkraft F und dem Torsionsmoment T ergibt sich auf der Welle im Punkt P der skizzierte ebene Spannungszustand:
$$\sigma_y = 530 \text{ N/mm}^2; \ \tau_{xy} = 295 \text{ N/mm}^2$$
a) Wie groß sind die zugehörigen Verzerrungen?
b) Welche Verzerrungen wirken an einem um 25° im Uhrzeigersinn gedrehten Element, wenn dieses zusätzlich um 75°C erwärmt wird?
c) Zeichnen Sie das verzerrte Element mit Ihren Ergebnissen aus b).

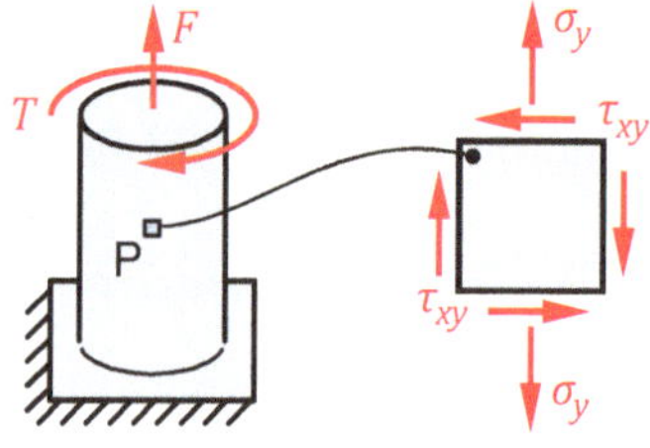

Aufgabe 5.3
An einem Eishockeyschläger aus Aluminium (E = 70.000 N/mm²; ν = 0,34) wurde eine DMS-Rosette appliziert, um die Dehnungen beim Schießen des Pucks zu messen. Es wurden die folgenden Werte erfasst:
$$\varepsilon_a = 6{,}3 \cdot 10^{-4}, \ \varepsilon_b = 4{,}1 \cdot 10^{-4}, \ \varepsilon_c = 3 \cdot 10^{-5}.$$
Wie groß sind die zugehörigen Spannungen in der x-y-Ebene?

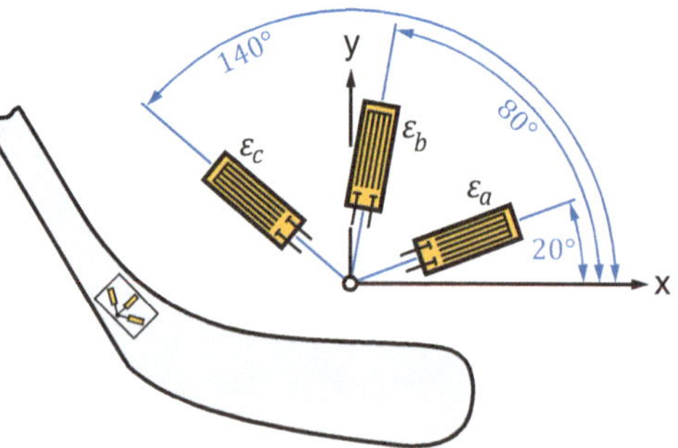

6 Festigkeitshypothesen

Lösungen

Aufgabe 5.1 $\varepsilon_x = 3 \cdot 10^{-4}$

                      $\varepsilon_y = 5 \cdot 10^{-5}$

                      $\gamma_{xy} = 2{,}7 \cdot 10^{-4}$

Aufgabe 5.2 $\varepsilon_x = -7{,}57 \cdot 10^{-4}$ $\varepsilon_\xi = 2{,}24 \cdot 10^{-3}$

                      $\varepsilon_y = 2{,}52 \cdot 10^{-3}$ $\varepsilon_\eta = 1{,}55 \cdot 10^{-3}$

                      $\gamma_{xy} = -3{,}65 \cdot 10^{-3}$ $\gamma_{\xi\eta} = -4{,}86 \cdot 10^{-3}$

Aufgabe 5.3 $\sigma_x = 41{,}4 \ \text{N/mm}^2$

                      $\sigma_y = 34{,}26 \ \text{N/mm}^2$

                      $\tau_{xy} = 17{,}96 \ \text{N/mm}^2$

© Springer Fachmedien Wiesbaden GmbH, ein Teil von Springer Nature 2019

C. Spura, *Technische Mechanik 2. Elastostatik*,

https://doi.org/10.1007/978-3-658-19979-1_6

Ein Bauteil kann grundsätzlich auf zwei verschiedene Arten versagen. Zum einen durch einen Trennbruch, auch mit sprödem Versagen bezeichnet. Zum anderen durch einen Schub- bzw. Gleitbruch, auch als duktiles Versagen bezeichnet. Um einem Versagen entgegenzuwirken, müssen Bauteile entsprechend dimensioniert werden. Die im Bauteil infolge der äußeren Belastung wirkenden inneren Beanspruchungen können wir berechnen. Zudem ist bekannt, dass aus dem Spannungs-Dehnungs-Diagramm die Streckgrenze und die Zugfestigkeit den Fließbeginn (Beginn der plastischen Verformung) und den Bruch/Riss (max. vom Werkstoff noch zu ertragende Spannung) kennzeichnen. Mit den sogenannten Festigkeitshypothesen wird ein mehrdimensionaler Spannungszustand auf eine Vergleichsspannung umgerechnet. Diese Vergleichsspannung kann dann mit dem aus dem Spannungs-Dehnungs-Diagramm ermittelten Spannungen eines eindimensionalen Spannungszustands verglichen werden. Ist die Vergleichsspannung größer, so tritt ein Werkstoffversagen auf.

Es gibt eine Vielzahl von Festigkeitshypothesen. Wir beschränken uns jedoch auf die heutzutage in der Praxis angewendeten Festigkeitshypothesen. Dies wären: die *Normalspannungshypothese* (NH), die *Schubspannungshypothese* (SH) und die *Gestaltänderungsenergiehypothese* (GEH).

Bisher haben wir die fünf Grundbelastungsarten und die damit einhergehende Beanspruchung durch Normal- und Schubspannungen kennengelernt. Danach folgten die Zusammenhänge der möglichen Spannungszustände und den damit verbundenen Verzerrungszuständen. Dementsprechend stellt sich nun die Frage, wie wir damit auf die Festigkeit eines Bauteils schließen können. Eingangs haben wir in den *Aufgaben der Elastostatik* beschrieben, dass die im Bauteil wirkenden Spannungen (Beanspruchungen) an keiner Stelle die zulässigen Spannungen (werkstoffabhängigen Beanspruchbarkeiten) überschreiten dürfen. Diese Nachrechnung ist der sogenannte *Festigkeitsnachweis*. Um einen Festigkeitsnachweis zu führen, müssen wir also auf der einen Seite die im Inneren eines Bauteils wirkenden Beanspruchungen, infolge der äußeren Belastungen, berechnen. Auf der anderen Seite benötigen wir die vom verwendeten Werkstoff zulässigen Beanspruchbarkeiten (also die Spannungen, die ohne Versagen vom Werkstoff ertragen werden können).

6.1 Festigkeitsnachweis

Die prinzipielle Vorgehensweise eines Festigkeitsnachweises ist in ▸ Abb. 6.1 dargestellt. Dieser setzt sich aus zwei Säulen zusammen. Auf der linken Seite werden zuerst anhand der äußeren Belastung die inneren Schnittgrößen berechnet. Dann werden die Schnittgrößen auf die Bauteilquerschnitte bezogen und wir erhalten die vorhandenen Beanspruchungen im Bauteil. Auf der rechten Seite müssen wir den Werkstoff des Bauteils festlegen. In Abhängigkeit des gewählten Werkstoffes können wir die zulässigen Beanspruchbarkeiten (Werkstoffkennwerte: R_e, $R_{p0,2}$, R_m) aus Tabellenwerken entnehmen. Anschließend werden beide Seiten zusammengeführt und die Sicherheit als Verhältnis von Beanspruchbarkeit zur Beanspruchung berechnet. Mathematisch ausgedrückt, ist die Sicherheit S eines Bauteils dann:

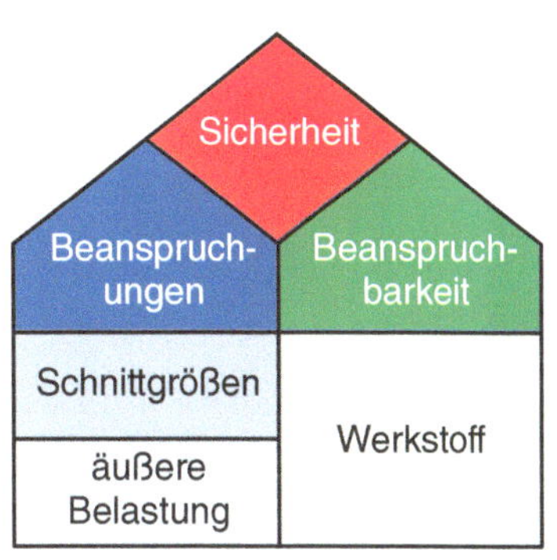

Abb. 6.1

$$S = \frac{\sigma_{zul}}{\sigma_{vorh}} \geq 1,0 \qquad (6.1)$$

Sicherheit/Festigkeit

Logischerweise muss die Sicherheit mindestens $S = 1,0$ sein, damit sich das Bauteil gerade an der Grenze der Belastbarkeit befindet. Wäre die Sicherheit kleiner als $1,0$ wären die Beanspruchungen (σ_{vorh}) größer als die Beanspruchbarkeit (σ_{zul}) und damit würde das Bauteil versagen.

Dabei ist entscheidend, was als ein *Versagen* definiert wird. Aus dem Spannungs-Dehnungs-Diagramm kennen wir zwei wichtige Kenngrößen, die eine solche Klassifizierung ermöglichen. Dies ist die Streck- R_e bzw. 0,2%-Dehngrenze $R_{p0,2}$ und die Zugfestigkeit R_m. Wird als Versagen das *Fließen* eines Werkstoffes definiert, ist die Streck- R_e bzw. 0,2%-Dehngrenze $R_{p0,2}$ die zulässige Spannung (Beanspruchbarkeit), welche nicht überschritten werden darf von der vorhandenen Spannung (Beanspruchung). Wenn dagegen der *Bruch* als Versagen definiert wird, ist die Zugfestigkeit R_m die zulässige Spannung. Bei einer Torsionsbeanspruchungen ist dies die Torsionsfließgrenze τ_{tF} und die Torsionsfestigkeit τ_{tB}. Wir erhalten damit als werkstoffseitige Beanspruchbarkeit (zulässige Spannung) folgendes:

▸ Wird als Versagen das **Fließen** definiert, ist als zul. Spannung die **Streck-** R_e **bzw. 0,2%-Dehngrenze** $R_{p0,2}$ oder die **Torsionsfließgrenze** τ_{tF} zu verwenden.

▸ Wird als Versagen der **Bruch** definiert, ist als zul. Spannung die **Zugfestigkeit** R_m oder die **Torsionsfestigkeit** τ_{tB} zu verwenden.

$$\sigma_{zul} = \begin{cases} R_e, R_{p0,2}, \tau_{tF} & \text{gegen Fließen} \\ R_m, \tau_{tB} & \text{gegen Bruch} \end{cases} \qquad (6.2)$$

zulässiger Spannungswert

Je nachdem was also als Versagen definiert wird, erhalten wir die zulässige Spannung (Beanspruchbarkeit) direkt aus dem Spannungs-Dehnungs-Diagramm.

6.2   Versagensarten

Bei der Definition des Materialversagens gibt es die Unterscheidung, ob Fließen oder Bruch als Versagen zählt. Beim Fließen wäre das Kriterium, dass keinerlei plastische Verformungen auftreten dürfen und das Material nach Entlastung wieder vollständig in seinen Ausgangszustand zurückkehrt. Wird der Bruch als Versagenskriterium definiert, sind plastische Verformungen zugelassen, da wir hier das Material über die Streckgrenze hinaus belasten. Bei Entlastung wird das Bauteil also bleibende Verformungen behalten.

Des Weiteren lässt sich anhand der Bruchfläche eines Bauteils sagen, durch welche Spannung der Bruch eingetreten ist. Es gibt zwei grundsätzliche Brucharten von Materialien:

- *Trennbruch* ▶ Abb. 6.2a): Der Trennbruch ist ein *sprödes Versagen*. Das Versagen kündigt sich nicht durch Verformungen an. Die verformungsarme Bruchfläche ist körnig und verläuft senkrecht zur Hauptnormalspannungsrichtung.

- *Schubbruch/Gleitbruch* ▶ Abb. 6.2b): Der Schub- bzw. Gleitbruch ist ein *duktiles Versagen*. Vor dem Materialversagen kommt es zu Verformungen infolge von Abgleitungen der Kristallgitterebenen. Diese Verformungen können je nach Material größer oder kleiner ausfallen. Die Bruchfläche ist matt glänzend und verläuft in Hauptschubspannungsrichtung.

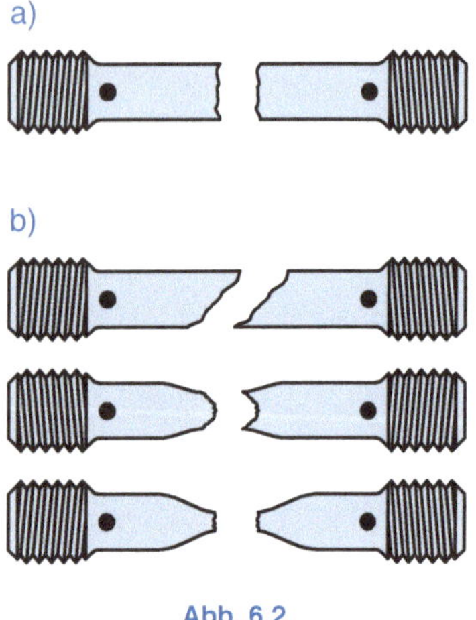

Abb. 6.2

Wir können also anhand der Bruchfläche feststellen, ob das Material durch die auftretende Hauptnormal- oder die Hauptschubspannung gebrochen ist. Wir betrachten dazu ▶ Abb. 6.2 etwas genauer. Bei einem Trennbruch verläuft die Bruchfläche senkrecht zur Hauptnormalspannung σ, siehe ▶ Abb. 6.3a). Dem gegenüber verläuft der Schubbruch unter einem Winkel von ca. 45° und damit in Richtung der Hauptschubspannung τ, siehe ▶ Abb. 6.3b). In Kapitel 3.3 auf S. 25ff. haben wir herausgefunden, dass die Hauptschubspannung unter einem Winkel von 45° zur Hauptnormalspannung σ liegt. Somit lässt sich auch die Richtung der Bruchfläche des Probestabes erklären. Die Hauptschubspannung τ wirkt um 45° gedreht zur Hauptnormalspannung σ und die Bruchfläche verläuft in Richtung der Hauptschubspannung τ.

Damit ist eindeutig klar, dass entweder die Hauptnormal- σ oder die Hauptschubspannung τ zu einem Bauteilversagen führen.

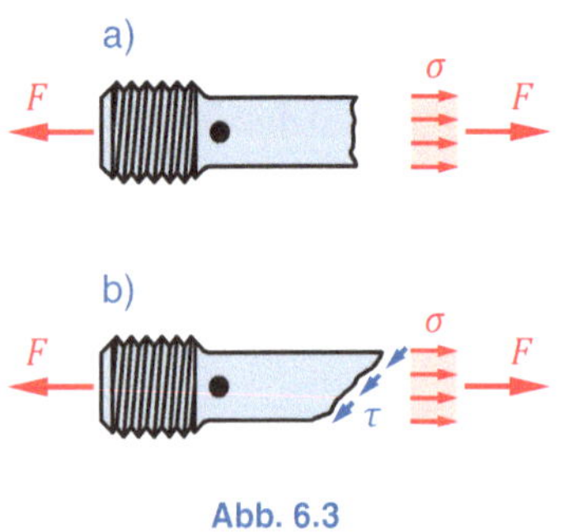

Abb. 6.3

6.3 Festigkeitshypothesen

Mit der bisherigen Kenntnis können wir einen Festigkeitsnachweis jedoch nur für einen eindimensionalen Spannungszustand führen. Die Werkstoffkennwerte aus dem Spannungs-Dehnungs-Diagramm werden anhand des eindimensionalen Zugversuchs ermittelt, siehe ▶ Abb. 6.4. Somit gelten diese Werte der Beanspruchbarkeit (R_e, $R_{p0,2}$, R_m) auch nur für Bauteile, in welchen ein eindimensionaler Spannungszustand vorhanden ist.

Haben wir nun Bauteile, in welchen ein mehrdimensionaler Spannungszustand vorliegt, müssen wir einen Weg finden, um auch diese Bauteile berechnen zu können. Am einfachsten wäre es, wenn wir den mehrdimensionalen Spannungszustand auf einen eindimensionalen Spannungszustand umrechnen könnten. Dieser umgerechnete (fiktive) eindimensionale Spannungszustand muss dann im Werkstoff die gleiche Beanspruchung hervorrufen wie der mehrdimensionale Spannungszustand. Anschaulich ist diese Vorgehensweise in ▶ Abb. 6.5 dargestellt. Die Werkstoffkennwerte (R_e, $R_{p0,2}$, R_m) werden durch den eindimensionalen Zugversuch ermittelt, wodurch im Werkstoff ein eindimensionaler Spannungszustand mit der wirkenden Normalspannung σ_{zug} auftritt, siehe ▶ Abb. 6.5a). Haben wir einen mehrdimensionalen Spannungszustand vorliegen,

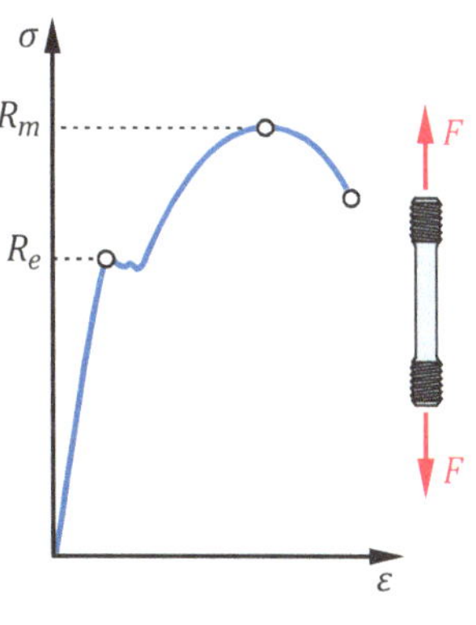

Abb. 6.4

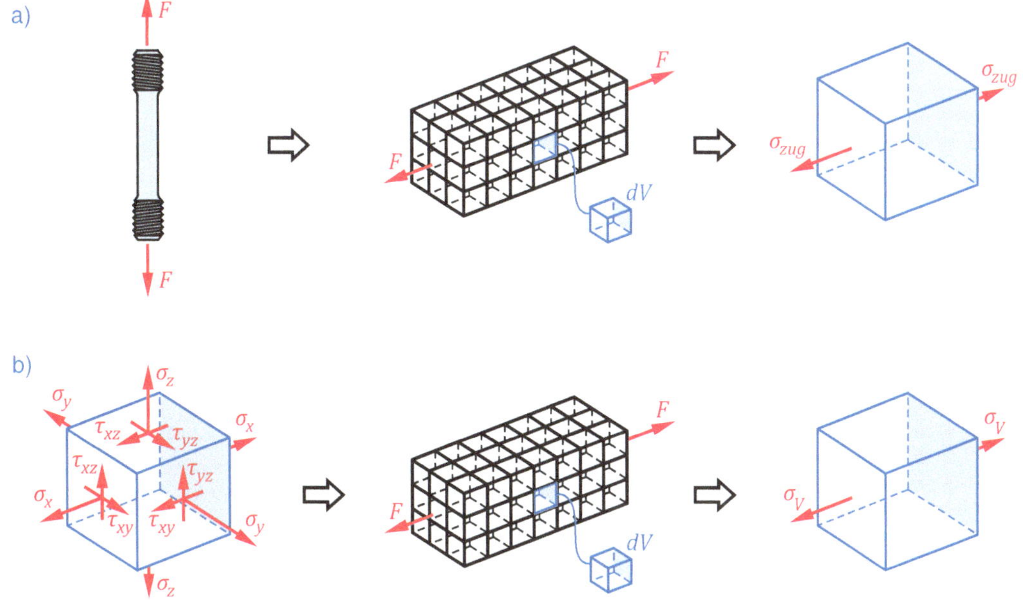

Abb. 6.5

▶ Wirken **Spannungen** in die **gleiche Richtung**, so dürfen diese **algebraisch addiert** werden (analog wie bei Kräften).

müssen wir diesen in einen (fiktiven) eindimensionalen Spannungszustand umrechnen. Die somit wirkende eindimensionale Normalspannung wird mit *Vergleichsspannung* σ_V bezeichnet, siehe ▶ Abb. 6.5b). Diese Vergleichsspannung σ_V ruft jetzt im Werkstoff die (hypothetisch) gleiche Beanspruchung hervor, wie die im Zugversuch vorhandene Zugspannung σ_{zug}. Damit können wir die Beanspruchbarkeiten (R_e, $R_{p0,2}$, R_m) auch für mehrdimensionale Spannungszustände verwenden und einen Festigkeitsnachweis für beliebige Spannungszustände führen.

Um die Vergleichsspannung σ_V zu bilden, können wir alle Spannungen, die in die gleiche Richtung wirken, algebraisch zu einer resultierenden Spannung (Index "res") addieren:

$$\sigma_{res} = \sigma_{zd} + \sigma_b$$

$$\tau_{res} = \tau_s + \tau_t$$

$$(6.3)$$

Die Normalspannungen durch Zug, Druck und Biegung sowie die Schubspannungen durch Schub und Torsion wirken alle in die gleiche Richtung (vgl. dazu Kapitel 2) und können daher zusammengefasst werden (genauso wie wir es in der *Stereostatik* mit Kräften gemacht haben). Dies ist wichtig, wenn sich mehrere Spannungszustände in einem Bauteil überlagern. Wir können dann die Spannungszustände einzeln betrachten und die Spannungen mit gleicher Wirkrichtung zusammenfassen.

Wollen wir nun einen mehrdimensionalen (ebenen oder räumlichen) Spannungszustand auf einen äquivalenten eindimensionalen Spannungszustand reduzieren, benutzen wir die sogenannten *Festigkeitshypothesen* dazu. Da es eine Vielzahl an Festigkeitshypothesen gibt, wollen wir uns auf die heutzutage in der Praxis angewendeten Festigkeitshypothesen beschränken:

- Normalspannungshypothese (NH)
- Schubspannungshypothese (SH)
- Gestaltänderungsenergiehypothese (GEH)

6.4   Normalspannungshypothese (NH)

Bei der Normalspannungshypothese[15] (NH) wird davon ausgegangen, dass das Bauteil aufgrund der größten Normalspannung versagt. Auf die Herleitung zur Bestimmung der größten Normalspannung können wir an dieser Stelle verzichten, da dies in Kapitel 3.4.2 auf S. 30 f. aufgeführt ist.

---

[15] Nach: William John Macquorn RANKINE (1820–1872), schott. Physiker und Ingenieur; Gabriel LAMÉ (1795–1870), franz. Mathematiker und Physiker

Die Anwendung der Normalspannungshypothese findet bei *spröden Werkstoffen* (wie z. B. Glas, Keramik, Gestein, Gusseisen, gehärteter Stahl, Schweißnähte) *unter Zug- sowie Stoßbelastung* statt, welche mit einem Trennbruch und ohne Fließen versagen, siehe ▶ Abb. 6.6. Zeigt ein Werkstoff im Spannungs-Dehnungs-Diagramm ähnliches Verhalten bei Zug- und Druckbelastung, kann die NH auch für Druckbelastung verwendet werden. Der Bruch erfolgt im Material senkrecht zur Richtung der größten Normalspannung und bei Überschreitung der Zugfestigkeit. Die Bruchfläche besitzt eine körnige Oberfläche. Das Versagen des Materials (Bruch) tritt hier also ein, wenn folgende Bedingung erfüllt ist:

$$\sigma_V > R_m \tag{6.4}$$

Bei einem räumlichen Spannungszustand müssen wir beachten, dass wir drei Hauptnormalspannungen (σ_1, σ_2, σ_3) haben. Diese drei Hauptnormalspannungen werden nach ihrer Größe sortiert: $\sigma_1 > \sigma_2 > \sigma_3$. Da wir drei Hauptnormalspannungen vorliegen haben, ergibt sich die Vergleichsspannung σ_V nach der Normalspannungshypothese zu:

$$\sigma_V = \begin{cases} \sigma_1 & \text{wenn: } \sigma_1 > 0 \text{ und } \sigma_1 > |\sigma_3| \\ |\sigma_3| & \text{wenn: } \sigma_3 < 0 \end{cases} \tag{6.5}$$

Für den ebenen Spannungszustand können wir die schon bekannte Gleichung zur Bestimmung der Hauptnormalspannung σ_1 verwenden und als Vergleichsspannung σ_V nehmen:

$$\sigma_V = \sigma_1 = \frac{\sigma_x + \sigma_y}{2} + \sqrt{\left(\frac{\sigma_x - \sigma_y}{2}\right)^2 + \tau_{xy}^2} \tag{6.6}$$

Für den eindimensionalen Spannungszustand mit überlagerter Schubbeanspruchung erhalten wir für die Vergleichsspannung σ_V den folgenden Ausdruck

$$\sigma_V = \frac{\sigma + \sqrt{\sigma^2 + 4 \cdot \tau^2}}{2} \tag{6.7}$$

6.5 Schubspannungshypothese (SH)

Bei der Schubspannungshypothese[16] (SH) wird davon ausgegangen, dass das Bauteil aufgrund der größten Schubspannung versagt.

Abb. 6.6

▶ Die **Normalspannungshypothese (NH)** wird bei **spröden Werkstoffen** angewendet.

▶ Das Versagen ist ein **Trennbruch ohne vorhergehendes Fließen**.

Vergleichsspannung nach der Normalspannungshypothese

Ebener Spannungszustand

Eindimen. Spannungszustand

---

[16] Nach: Henri Édouard TRESCA (1814–1885), franz. Ingenieur und Professor; Christian Otto MOHR (1835–1918), dt. Ingenieur, Baustatiker; Charles Augustin de COULOMB (1736–1806), franz. Physiker

6.5.1 Herleitung der SH

Wir werden die Herleitung der Schubspannungshypothese am räumlichen Spannungszustand durchführen. Die größte Schubspannung ergibt sich aus der Hauptnormalspannungsdifferenz (vgl. Gl (3.17) auf S. 33 des ebenen Spannungszustands). Werden die Hauptspannungen nach ihrer Größe benannt ($\sigma_1 > \sigma_2 > \sigma_3$), gilt für die größte Schubspannung:

max. Schubspannung

$$\tau_{max} = \frac{\sigma_1 - \sigma_3}{2} \tag{6.8}$$

Nun soll eine eindimensionale Vergleichsspannung σ_V (analog zur Normalspannung im Zugversuch) existieren, welche die gleiche Beanspruchung im Werkstoff hervorruft, wie ein räumlicher Spannungszustand. Dies führt auf die Bedingungen:

$$\begin{aligned} \sigma_1 &= \sigma_V \\ \sigma_2 &= \sigma_3 = 0 \end{aligned} \tag{6.9}$$

Die Vergleichsspannung σ_V entspricht dann im eindimensionalen Spannungszustand der Hauptnormalspannung σ_1:

$$\tau_{13} = \frac{1}{2} \cdot \sigma_1 = \frac{1}{2} \cdot \sigma_V \tag{6.10}$$

Nach dem Gleichsetzen der Gl. (6.8) und (6.10) erhalten wir nach dem Umstellen die Vergleichsspannung σ_V:

$$\tau_{max} = \tau_{13} = \frac{\sigma_1 - \sigma_3}{2} = \frac{1}{2} \cdot \sigma_V \tag{6.11}$$

Vergleichsspannung nach der
Schubspannungshypothese

$$\sigma_V = \sigma_1 - \sigma_3 \tag{6.12}$$

Für den ebenen Spannungszustand ist zu berücksichtigen, dass σ_3 existiert, aber $\sigma_3 = 0$ gilt. Da sich die größte Schubspannung aus der Differenz der Hauptnormalspannungen ergibt, müssen wir für den ebenen Spannungszustand drei Fälle der größten Schubspannung unterscheiden:

$$\tau_{max} = \begin{cases} \dfrac{\sigma_1 - \sigma_3}{2} = \dfrac{\sigma_1 - 0}{2} & \text{wenn: } \sigma_1 > \sigma_2 > 0 \\[2ex] \dfrac{\sigma_1 - \sigma_2}{2} & \text{wenn: } \sigma_1 > 0, \sigma_2 < 0 \\[2ex] \dfrac{\sigma_3 - \sigma_2}{2} = \dfrac{0 - \sigma_2}{2} & \text{wenn: } \sigma_2 < \sigma_1 < 0 \end{cases} \tag{6.13}$$

Entscheidend sind hierbei die Vorzeichen der Hauptnormalspannungen σ_1 und σ_2. Damit ergeben sich ebenso viele Fälle für die Ermittlung der Vergleichsspannung σ_V:

$$\sigma_V = \begin{cases} \sigma_1 & \text{wenn: } \sigma_1 > \sigma_2 > 0 \\[2mm] \sigma_1 - \sigma_2 = \sqrt{\left(\sigma_x - \sigma_y\right)^2 + 4 \cdot \tau_{xy}^2} & \text{wenn: } \sigma_1 > 0, \sigma_2 < 0 \\[2mm] |-\sigma_2| & \text{wenn: } \sigma_2 < \sigma_1 < 0 \end{cases} \quad (6.14)$$

Ebener Spannungszustand

Wir können dies auch etwas einfacher schreiben, indem der Maximalwert der folgenden drei Fälle als Vergleichsspannung zu verwenden ist:

$$\sigma_V = \max(|\sigma_1 - \sigma_2|;\ |\sigma_1|;\ |\sigma_2|) \tag{6.15}$$

Ebener Spannungszustand

Für den eindimensionalen Spannungszustand ist die Ermittlung der Vergleichsspannung dann wieder einfacher:

$$\sigma_V = \sqrt{\sigma^2 + 4 \cdot \tau^2} \tag{6.16}$$

Eindimen. Spannungszustand

6.5.2 Anwendung der SH

Die Schubspannungshypothese (SH) wird entweder bei *duktilen Werkstoffen mit ausgeprägter Streckgrenze* oder bei *spröden Werkstoffen unter mehrachsiger Druckbeanspruchung* angewendet. Das Versagen wird durch einen Schub-/Gleitbruch mit Fließen verursacht. Die Bruchfläche verläuft in Hauptschubspannungsrichtung (45°-Winkel zur Hauptnormalspannung). Der Bruch an sich kann mit und ohne Einschnürung des Materials erfolgen, siehe ▶ Abb. 6.7. Aufgrund des vor dem Bruch vorhandenen Fließens (Überschreitung der Streck- bzw. Fließgrenze), gilt dies auch als Versagenskriterium für die SH. Das Versagen des Materials (Fließen) tritt hier also ein, wenn folgende Bedingung erfüllt ist:

$$\sigma_V > R_e \tag{6.17}$$

Angemerkt sei bei der SH noch, dass ein plastisches Werkstoffverhalten unberücksichtigt bleibt. Die mit einer plastischen Verformung einhergehenden Effekte auf die Materialfestigkeit gehen nicht in die Schubspannungshypothese ein.

Die Vergleichsspannung der SH berechnet sich für die verschiedenen Spannungszustände wie folgt:

$$\sigma_V = \sigma_1 - \sigma_3 \tag{6.18}$$

Räuml. Spannungszustand

$$\sigma_V = \max(|\sigma_1 - \sigma_2|;\ |\sigma_1|;\ |\sigma_2|) \tag{6.19}$$

Ebener Spannungszustand

$$\sigma_V = \sqrt{\sigma^2 + 4 \cdot \tau^2} \tag{6.20}$$

Eindimen. Spannungszustand

Wichtig ist hier, dass beim ebenen Spannungszustand von den drei möglichen Fällen die davon betragsmäßig größte Spannung als Vergleichsspannung zu verwenden ist.

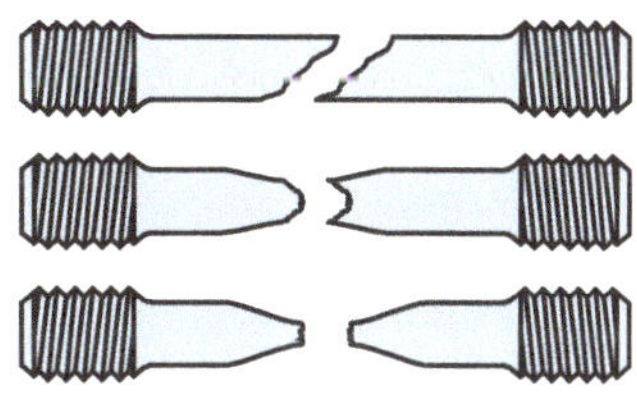

Abb. 6.7

▶ Die **Schubspannungshypothese (SH)** wird bei **duktilen oder spröden Werkstoffen** angewendet.

▶ Das Versagenskriterium des Werkstoffs ist **Fließen**.

6.6 Gestaltänderungsenergiehypothese (GEH)

Bei der Gestaltänderungsenergiehypothese[17] (GEH) wird davon ausgegangen, dass das Bauteil aufgrund plastischer Verformungen (wie auch bei der Schubspannungshypothese) versagt. Die plastischen Verformungen treten dann auf, wenn die im Bauteil wirkende Gestaltänderungsenergie einen werkstoffabhängigen Grenzwert übersteigt. Wichtig bei dieser Festigkeitshypothese ist, dass ein isotropes Material vorausgesetzt wird, welches auf Zug und Druck die gleiche Beanspruchbarkeit besitzt.

▶ Voraussetzung für die **GEH**: **isotropes Werkstoffverhalten** mit gleicher Beanspruchbarkeit für Zug und Druck.

6.6.1 Herleitung der GEH

Die innere Energie eines Körpers infolge einer äußeren Belastung kann mittels der wirkenden Spannungen und Dehnungen bestimmt werden. Die innere Energie wird auch als Formänderungsenergie U bezeichnet und ist der Flächeninhalt unterhalb der Spannungs-Dehnungs-Kurve und damit gilt:

Formänderungsenergie

$$U = \frac{1}{2} \cdot (\sigma_1 \cdot \varepsilon_1 + \sigma_2 \cdot \varepsilon_2 + \sigma_3 \cdot \varepsilon_3) \tag{6.21}$$

Aus der *Elastizitätstheorie* ist weiterhin bekannt, dass die Formänderungsenergie U aus zwei Anteilen besteht:

Formänderungsenergie

$$U = U_v + U_g \tag{6.22}$$

Darin ist U_v die *Volumenänderungsenergie* und U_g die *Gestaltänderungsenergie*. Die Volumenänderungsenergie U_v beschreibt dabei eine Volumenänderung, welche auf das Ausgangsvolumen bezogen ist und ist demnach ein *hydrostatischer Spannungszustand* (vgl. ▶ Abb. 3.17 auf S. 40). Berechnet wird die Volumenänderungsenergie U_v durch:

Volumenänderungsenergie

$$U_v = \frac{E}{6 \cdot (1 - 2 \cdot v)} \cdot (\varepsilon_1 + \varepsilon_2 + \varepsilon_3)^2 \tag{6.23}$$

Werden darin die Gleichungen (5.16) von S. 77 eingesetzt (Indizes x, y, z gegen 1, 2, 3 ausgetauscht), können die Dehnungen durch die Spannungen ersetzt werden:

Volumenänderungsenergie

$$U_v = \frac{1 - 2 \cdot v}{6 \cdot E} \cdot (\sigma_1 + \sigma_2 + \sigma_3)^2 \tag{6.24}$$

---

[17] Nach: Tytus Maksymilian Huber (1872–1950), pol. Ingenieur; Richard von Mises (1883–1953), österr. Mathematiker; Heinrich Hencky (1885–1951) dt. Ingenieur

Bei der Gestaltänderungsenergiehypothese wird jedoch davon ausgegangen, dass nur der Anteil der Energie ein Werkstoffversagen zur Folge hat, welcher eine Gestaltänderung bewirkt. Somit brauchen wir die Volumenänderungsenergie U_v nicht weiter berücksichtigen und betrachten nur noch die Gestaltänderungsenergie U_g:

$$U_g = \frac{E}{6 \cdot (1 + \nu)} \cdot [(\varepsilon_1 - \varepsilon_2)^2 + (\varepsilon_1 - \varepsilon_3)^2 + (\varepsilon_2 - \varepsilon_3)^2] \quad (6.25)$$

Gestaltänderungsenergie

Werden hier wieder die Gleichungen (5.16) von S. 77 eingesetzt, ergibt sich mit den Hauptspannungen:

$$U_g = \frac{1 + \nu}{6 \cdot E} \cdot [(\sigma_1 - \sigma_2)^2 + (\sigma_1 - \sigma_3)^2 + (\sigma_2 - \sigma_3)^2] \quad (6.26)$$

Gestaltänderungsenergie

Nun soll eine sogenannte eindimensionale Vergleichsspannung σ_V (analog zur Normalspannung im Zugversuch) existieren, welche die gleiche Gestaltänderungsenergie besitzt, wie ein räumlicher Spannungszustand mit σ_1, σ_2, σ_3, τ_{12}, τ_{13}, τ_{23}. Dazu berechnen wir zuerst die Gestaltänderungsenergie der Vergleichsspannung σ_V im eindimensionalen Spannungszustand. Tritt nur eine Normalspannung auf, so ist dies die erste Hauptnormalspannung σ_1 und alle anderen Hauptnormalspannungen sind Null:

$$\begin{aligned} \sigma_1 &= \sigma_V \\ \sigma_2 &= \sigma_3 = 0 \end{aligned} \quad (6.27)$$

Die damit verbundene Gestaltänderungsenergie ist dann:

$$U_{g,\sigma_V} = \frac{1 + \nu}{6 \cdot E} \cdot [(\sigma_V - 0)^2 + (\sigma_V - 0)^2 + (0 - 0)^2]$$

$$\quad (6.28)$$

$$U_{g,\sigma_V} = \frac{1 + \nu}{6 \cdot E} \cdot 2 \cdot \sigma_V^2$$

Gestaltänderungsenergie der Vergleichsspannung (eindimensionaler Zugversuch)

Diese im eindimensionalen Spannungszustand vorhandene Gestaltänderungsenergie U_{g,σ_V} wird mit der Gestaltänderungsenergie U_g des räumlichen Spannungszustands gleichgesetzt:

$$U_{g,\sigma_V} = U_g = \frac{1 + \nu}{6 \cdot E} \cdot 2 \cdot \sigma_V^2 = \frac{1 + \nu}{6 \cdot E} \cdot [(\sigma_1 - \sigma_2)^2 + (\sigma_1 - \sigma_3)^2 + (\sigma_2 - \sigma_3)^2] \quad (6.29)$$

Aufgelöst nach der gesuchten Vergleichsspannung σ_V:

$$\sigma_V = \sqrt{\frac{1}{2} \cdot [(\sigma_1 - \sigma_2)^2 + (\sigma_1 - \sigma_3)^2 + (\sigma_2 - \sigma_3)^2]} \quad (6.30)$$

Vergleichsspannung nach der GEH

Ersetzen wir die Hauptnormalspannungen durch die sechs Spannungen eines räumlichen Spannungszustands, folgt für die Vergleichsspannung σ_V:

Vergleichsspannung der GEH

$$\sigma_V = \sqrt{\sigma_x^2 + \sigma_y^2 + \sigma_z^2 - \sigma_x\sigma_y - \sigma_x\sigma_z - \sigma_y\sigma_z + 3\cdot\left(\tau_{xy}^2 + \tau_{xz}^2 + \tau_{yz}^2\right)} \qquad (6.31)$$

Für die Berechnung der Vergleichsspannung des ebenen sowie eindimensionalen Spannungszustandes müssen lediglich die nicht vorhandenen Spannungen zu Null gesetzt werden. Damit ergeben sich die folgenden Gleichungen:

Ebener Spannungszustand

$$\sigma_V = \sqrt{\sigma_1^2 - \sigma_1\sigma_2 + \sigma_2^2} = \sqrt{\sigma_x^2 + \sigma_y^2 - \sigma_x\sigma_y + 3\cdot\tau_{xy}^2} \qquad (6.32)$$

Eindimen. Spannungszustand

$$\sigma_V = \sqrt{\sigma^2 + 3\cdot\tau^2} \qquad (6.33)$$

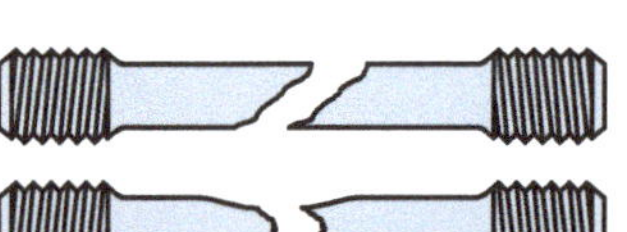

Abb. 6.8

▶ Die **Gestaltänderungsenergiehypothese (GEH)** wird bei **duktilen Werkstoffen** angewendet.

▶ Das Versagenskriterium des Werkstoffs ist **Fließen**.

▶ Bei Vorliegen eines **hydrostatischen Spannungszustands** ist die **Vergleichsspannung** $\sigma_V = 0$.

▶ Die **GEH** zeigt die **beste Übereinstimmung mit Versuchsergebnissen** (15% genauer als die SH).

6.6.2   Anwendung der GEH

Die Gestaltänderungsenergiehypothese (GEH) wird bei *duktilen Werkstoffen* angewendet. Das Versagen wird, wie auch bei der SH, durch einen Schub-/Gleitbruch mit Fließen verursacht. Die Bruchfläche verläuft in Hauptschubspannungsrichtung (45°-Winkel zur Hauptnormalspannung). Der Bruch an sich kann mit und ohne Einschnürung des Materials erfolgen, siehe ▶ Abb. 6.8. Aufgrund des vor dem Bruch vorhandenen Fließens (Überschreitung der Streck- bzw. Fließgrenze), gilt dies auch als Versagenskriterium für die GEH. Das Versagen des Materials (Fließen) tritt hier also ein, wenn folgende Bedingung erfüllt ist:

$$\sigma_V > R_e \qquad (6.34)$$

Liegt ein hydrostatischer Spannungszustand (gleich große Spannungen in allen drei Raumrichtungen; vgl. ▶ Abb. 3.17 auf S. 40) vor, so beträgt die Vergleichsspannung nach der GEH: $\sigma_V = 0$. Dies ergibt sich aus der Herleitung. Ein hydrostatischer Spannungszustand ändert ausschließlich das Volumen eines Körpers aber nicht dessen Gestalt. Grundlage eines Werkstoffversagens ist die Gestaltänderungsenergie, welche Verzerrungen verursacht. Die Volumenänderungsenergie, welche durch einen hydrostatischen Spannungszustand im Werkstoff vorhanden ist, ändert zwar das Volumen, aber es treten keine Verzerrungen auf.

Des Weiteren zeigt die GEH die beste Übereinstimmung mit Versuchsergebnissen. Zudem zeigen Versuchsergebnisse, dass die GEH um 15% genauere Ergebnisse liefert als die SH. Daher wird die GEH in der Praxis auch sehr oft angewendet.

6.7 Vergleich der Festigkeitshypothesen

Wir wollen nun einen Vergleich bzw. eine Gegenüberstellung der soeben betrachteten Festigkeitshypothesen anstellen. Dazu stellen wir die Ergebnisse aller drei Festigkeitshypothesen in einem Diagramm am Beispiel des *eindimensionalen Spannungszustands mit zusätzlicher Schubspannung* dar, siehe ▸ Abb. 6.9. Zweckmäßigerweise wird dies in normierter Form gemacht. Dazu beziehen wir jeweils die Vergleichsspannung σ_V und die Schubspannung τ auf die Normalspannung σ. An diesem Vergleich erkennen wir, dass die Normalspannungshypothese (NH) immer die geringsten Werte für die Vergleichsspannung σ_V liefert. Dagegen ist die Vergleichsspannung σ_V nach der Schubspannungshypothese (SH) im Vergleich immer am größten.

Führen wir also einen Festigkeitsnachweis nach Gl. (6.1) und würden die SH zur Berechnung der vorhandenen Beanspruchung im Bauteil benutzen ($\sigma_{vorh} = \sigma_V$), wäre die berechnete Sicherheit S kleiner als nach der NH oder GEH.

Nun wollen wir uns die SH und GEH noch einmal genauer anschauen, da diese beiden Festigkeitshypothesen für viele Werkstoffe gleichermaßen angewendet werden können. Bei der Anwendung gilt, dass die zulässige Spannung im Werkstoff (Beanspruchbarkeit) die Streckgrenze R_e ist und somit die Vergleichsspannung σ_V die Streckgrenze R_e nicht überschreiten darf. Wenn wir für den *ebenen Spannungszustand* für die Vergleichsspannung $\sigma_V = R_e$ verwenden, erhalten wir für die SH nach Gl. (6.14) auf S. 101 und die GEH nach Gl. (6.30) auf S. 103 mit $\sigma_3 = 0$ die in ▸ Abb. 6.10 dargestellten Formen. Die GEH ist in ihrer Form eine Ellipse mit den Längen: große Halbachse: $\sqrt{2} \cdot R_e$, kleine Halbachse: $\sqrt{2/3} \cdot R_e$. In dieser Darstellung sind das die Grenzbereiche der beiden Festigkeitshypothesen. Liegt die im Bauteil vorhandene Beanspruchung (Spannung) innerhalt der grünen bzw. blauen Fläche ist alles in Ordnung. Außerhalb der grünen bzw. blauen Fläche dagegen ist die zulässige Beanspruchbarkeit (in diesem Fall die Streckgrenze R_e) überschritten und es kommt zum Fließen (plastische Verformung) und somit zu Materialversagen.

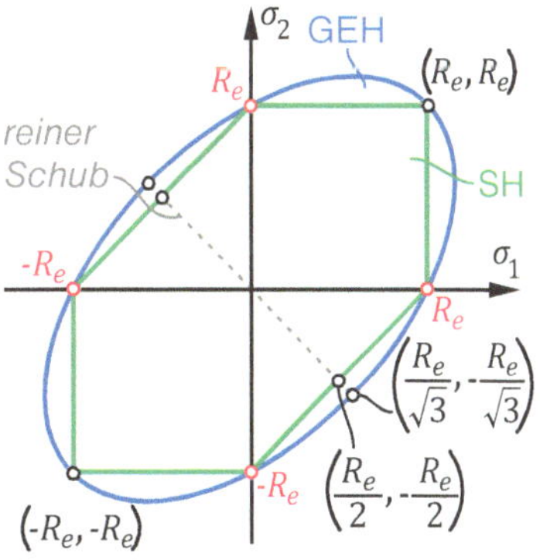

Im Vergleich der SH mit der GEH zeigt sich also, dass die SH größere Ergebnisse für die Vergleichsspannung σ_V liefert. Damit liegt die SH zum einen auf der sicheren Seite, was aber auf der anderen Seite zu einer Überdimensionierung von Bauteilen führt. Zudem zeigen Versuchsergebnisse, dass die GEH um 15% genauere Ergebnisse liefert als die SH.

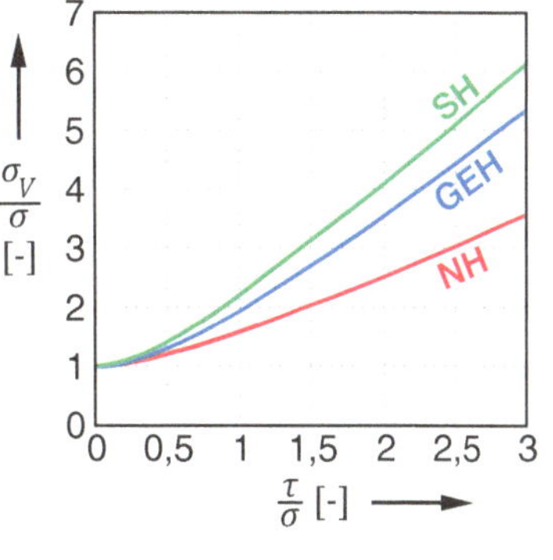

Abb. 6.9

Abb. 6.10

Bei der Dimensionierung müssen die in einem *kritischen* **Bauteilquerschnitt auftretenden Beanspruchungen unterhalb der zulässigen werkstoffabhängigen Beanspruchbarkeit** sein.

Ein Bauteilquerschnitt gilt als **kritisch**, wenn **bei Belastung** das Bauteil an genau diesem Querschnitt **zuerst versagt**.

6.8   Dimensionierung

Als *Dimensionierung* wird die Festlegung von Bauteilabmessungen während der Auslegungs-/Konstruktionsphase bezeichnet. Die Bauteilabmessungen sind dabei so zu wählen, dass die in einem *kritischen* Bauteilquerschnitt auftretenden Beanspruchungen unterhalb der zulässigen werkstoffabhängigen Beanspruchbarkeit sind. Dazu muss die Sicherheitsbedingung nach Gleichung (6.1) eingehalten werden. Dabei gilt ein Bauteilquerschnitt als kritisch, wenn bei Belastung das Bauteil an genau diesem Querschnitt zuerst versagt.

Um einen Bauteilquerschnitt zu dimensionieren, benötigen wir die auf das gesamte Bauteil wirkende Belastung. Als Beispiel wollen wir einmal einen Zugstab dimensionieren. Bei einem Zugstab kennen wir die angreifende Zugkraft F. Der im Zugstab wirkende Spannungszustand und damit die Normalspannung σ wird nach Gl. (3.5) auf S. 25 berechnet. Dann benötigen wir noch das Material, aus welchem der Zugstab sein soll. Wollen wir verhindern, dass Fließen im Zugstab auftritt, verwenden wir die Streckgrenze R_e als Beanspruchbarkeit. Zu guter Letzt brauchen wir noch einen Sicherheitswert S. Jetzt setzen wir alles nacheinander in die Gleichung (6.1) ein:

$$S = \frac{\sigma_{zul}}{\sigma_{vorh}} = \frac{R_e}{\sigma_{vorh}} = \frac{R_e}{\left(\frac{F}{A}\right)} = \frac{R_e \cdot A}{F} \tag{6.35}$$

In dieser Gleichung haben wir jetzt die äußere Belastung (F), die Beanspruchbarkeit des Werkstoffes (R_e), die Sicherheit gegen Fließen (S) und den Bauteilquerschnitt (A) enthalten. Stellen wir die Gleichung nach A um, erhalten wir damit die erforderliche Querschnittsfläche A_{erf}, auf der sich die Kraft F entsprechend gleichmäßig verteilt:

$$A_{erf} = \frac{S \cdot F}{R_e} \tag{6.36}$$

Je nachdem, ob es sich nun um einen kreisrunden, quadratischen, rechteckigen oder sonst wie gearteten Querschnitt handelt, haben wir mit dieser Gleichung die Fläche des Querschnitts A festgelegt. Die weiteren Abmessungen des Querschnitts können wir dann anhand von A bestimmen.

Die gleiche Vorgehensweise können wir bei allen Bauteilen und allen Belastungen durchführen. Ergibt sich im Bauteil ein mehrdimensionaler Spannungszustand müssen wir lediglich zur Bestimmung der Beanspruchung die Vergleichsspannung nach einer der Festigkeitshypothesen bilden.

Liegt ein **mehrdimensionaler Spannungszustand** vor, wird mit den vorhandenen Spannungen die **Vergleichsspannung** nach einer der **Festigkeitshypothesen** gebildet.

Beispiel 6.1

Eine Abschleppstange aus Stahl (E335, 1.0060, E = 210.000 N/mm², v = 0,3, R_e = 335 N/mm²) soll für eine Axiallast von 2,5 t ($F \approx$ 25 kN) ausgelegt werden. Der Sicherheitsfaktor gegen Fließen beträgt 3.

Wie groß muss der Durchmesser d bzw. die Kantenlänge a der Abschleppstange sein, wenn kein Fließen auftreten soll?

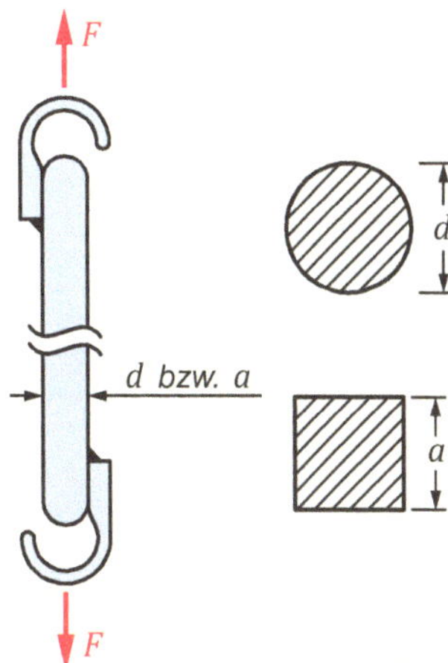

Lösung

Da es sich hier um einen eindimensionalen Spannungszustand handelt und wir die Querschnittabmessungen d sowie a bestimmen müssen, können wir wie auf der nebenstehenden Buchseite vorgehen. Mit Gleichung (6.35) haben wir schon mal alle wichtigen Größen in einer Gleichung:

$$S = \frac{\sigma_{zul}}{\sigma_{vorh}} = \frac{R_e}{\sigma_{vorh}} = \frac{R_e}{\left(\frac{F}{A}\right)} = \frac{R_e \cdot A}{F} \qquad \text{(a)}$$

In diese Gleichung fügen wir noch die Berechnung der entsprechenden Querschnittsfläche (Kreis und Quadrat) ein. Fangen wir mit dem Kreis an:

$$S = \frac{R_e \cdot A}{F} = \frac{R_e}{F} \cdot \frac{\pi \cdot d^2}{4} \qquad \text{(b)}$$

Stellen wir diese Gleichung nach der gesuchten Größe des Durchmessers d um, erhalten wir:

$$d = \sqrt{\frac{4 \cdot S \cdot F}{\pi \cdot R_e}} \qquad\qquad \rightarrow \quad \underline{\underline{d = 16,9\,mm}}$$

Nun brauchen wir noch die Kantenlänge a der Abschleppstange. Dazu fügen wir in Gl. (a) die Berechnung der Quadratfläche ein und stellen die Gleichung nach der Kantenlänge a um:

$$S = \frac{R_e \cdot A}{F} = \frac{R_e}{F} \cdot a^2 \qquad \text{(c)}$$

$$a = \sqrt{\frac{S \cdot F}{R_e}} \qquad\qquad \rightarrow \quad \underline{\underline{a = 15\,mm}}$$

Beispiel 6.2

Aufgrund der auf einer Welle aus Baustahl (E360, $R_e = 360$ MPa, $R_m = 670$ MPa, $E = 210.000$ N/mm^2, $\nu = 0{,}3$) wirkenden Axialkraft F und dem Torsionsmoment T ergibt sich im Punkt P der skizzierte ebene Spannungszustand:

$$\sigma_y = -280 \text{ N/mm}^2; \quad \tau_{xy} = 120 \text{ N/mm}^2$$

Überprüfen Sie, ob die Belastungen entsprechend der *SH* und der *GEH* ein Materialversagen (Fließen) verursachen.

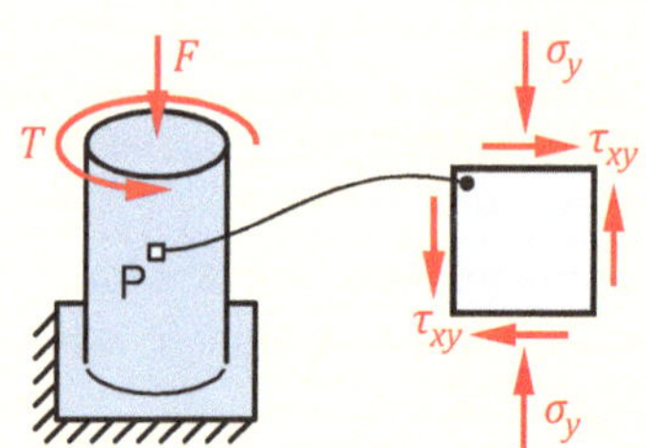

Lösung

Bei dieser Welle haben wir einen ebenen Spannungszustand im Punkt P vorliegen. Nach unserer Vorzeichenkonvention am infinitesimalen Element kommen wir auf die folgenden Werte:

$$\sigma_x = 0 \qquad \sigma_y = -280 \, \frac{N}{mm} \qquad \tau_{xy} = 120 \, \frac{N}{mm}$$

Um die Vergleichsspannung nach der Schubspannungshypothese zu bestimmen, benötigen wir die Hauptnormalspannungen nach Gl. (3.14) auf S. 31. Mit diesen Gleichungen erhalten wir:

$$\sigma_1 = \frac{\sigma_x + \sigma_y}{2} + \sqrt{\left(\frac{\sigma_x - \sigma_y}{2}\right)^2 + \tau_{xy}^2} \qquad \rightarrow \quad \underline{\sigma_1 = 44{,}4 \, \frac{N}{mm^2}}$$

$$\sigma_2 = \frac{\sigma_x + \sigma_y}{2} - \sqrt{\left(\frac{\sigma_x - \sigma_y}{2}\right)^2 + \tau_{xy}^2} \qquad \rightarrow \quad \underline{\sigma_2 = -324{,}4 \, \frac{N}{mm^2}}$$

Da hier die Hauptnormalspannungen unterschiedliche Vorzeichen besitzen, können wir uns den entsprechenden Fall zur Ermittlung der Vergleichsspannung nach der SH anhand Gl. (6.14) bzw. (6.19) herausnehmen und berechnen:

$$\sigma_{V,SH} = \sigma_1 - \sigma_2 = \sqrt{\left(\sigma_x - \sigma_y\right)^2 + 4 \cdot \tau_{xy}^2} \qquad \rightarrow \quad \underline{\sigma_{V,SH} = 368{,}8 \, \frac{N}{mm^2}}$$

Die Bestimmung der Vergleichsspannung nach der GEH ermitteln wir mit Gl. (6.32):

$$\sigma_{V,GEH} = \sqrt{\sigma_x^2 + \sigma_y^2 - \sigma_x \sigma_y + 3 \cdot \tau_{xy}^2} \qquad \rightarrow \quad \underline{\sigma_{V,GEH} = 348{,}7 \, \frac{N}{mm^2}}$$

Nun berechnen wir die Sicherheit gegen Fließen (als Beanspruchbarkeit nehmen wir nach Gl. (6.2) die Streckgrenze R_e) für diese beiden Vergleichsspannungen nach Gl. (6.1) von S. 95:

$$S = \frac{\sigma_{zul}}{\sigma_{vorh}} = \frac{R_e}{\sigma_V} \geq 1 \qquad \rightarrow \quad \underline{\underline{S_{SH} = 0{,}98}}$$

$$\rightarrow \quad \underline{\underline{S_{GEH} = 1{,}03}}$$

Anhand dieser beiden Werte für die Sicherheit ist deutlich erkennbar, dass bei Verwendung der SH die Vergleichsspannung höher ausfällt und damit die Sicherheit geringer wird. Umgekehrt ist die Vergleichsspannung nach der GEH geringer und die Sicherheit somit höher.

Des Weiteren haben wir hier den Fall, dass bei Verwendung der SH die Sicherheit gegen Fließen nicht gegeben ist ($S = 0{,}98 < 1$) und daher das Bauteil versagt. Nach der GEH tritt kein Fließen auf und das Bauteil hält den Belastungen stand ($S = 1{,}03 > 1$).

Soll das Bauteil den Belastungen auch nach der SH standhalten, so müssten wir hier die Welle vom Durchmesser her vergrößern, damit sich die Spannungen (σ_y und τ_{xy}) auf eine größere Querschnittsfläche verteilen und geringer werden. Dies führt also zu größeren Abmessungen und einer größeren Bauteildimensionierung. Oder wir müssen einen Werkstoff mit größerer Streckgrenze R_e verwenden.

Beispiel 6.3

An einem Bauteil aus Aluminium ($E = 70.000$ N/mm², $v = 0{,}34$, $R_{p0,2} = 210$ MPa, $R_m = 300$ MPa,) wurden an einer Stelle die dargestellten Verzerrungen eines ebenen Spannungszustands ermittelt:

$$\varepsilon_\xi = 6{,}9 \cdot 10^{-4}, \ \varepsilon_\eta = 4{,}9 \cdot 10^{-4}, \ \gamma_{\xi\eta} = 3 \cdot 10^{-3}, \ \varphi = 26°$$

a) Bestimmen Sie die im Bauteil vorhandene Vergleichsspannung nach der Normalspannungs- NH und Gestaltänderungsenergiehypothese GEH.

b) Wie groß ist die Sicherheit des Bauteils gegen ein Versagen?

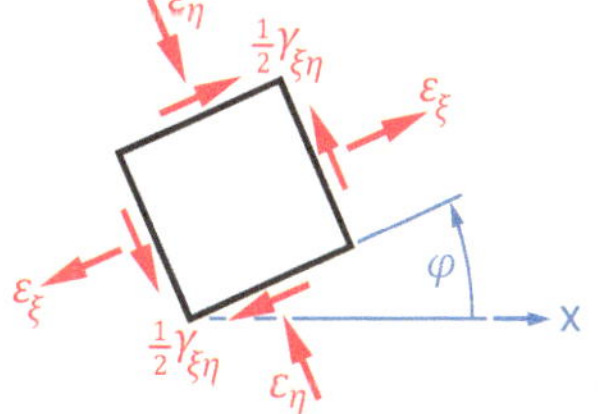

Lösung

a) Um die Vergleichsspannung zu bestimmen, müssen wir zuerst die Verzerrungen mithilfe des Elastizitätsgesetzes in Spannungen umrechnen. Bei den gegebenen Verzerrungen ist darauf zu achten, dass aus der Darstellung die Dehnung ε_η einen negativen Wert besitzt. Nun wenden wir die Gleichungen (5.13) sowie Gl. (5.10) an. Da das x-y- wie auch das ξ-η-Koordinatensystem kartesische Koordinatensysteme sind, können wir in Gl. (5.13) die Indizierungen einfach vertauschen:

$$G = \frac{E}{2 \cdot (1 + v)} \qquad \rightarrow \quad G = 26.119{,}4 \ \frac{N}{mm^2}$$

$$\sigma_\xi = \frac{E}{1 - v^2} \cdot (\varepsilon_\xi + v \cdot \varepsilon_\eta) \qquad \rightarrow \quad \underline{\sigma_\xi = 41{,}43 \ \frac{N}{mm^2}}$$

$$\sigma_\eta = \frac{E}{1 - v^2} \cdot (\varepsilon_\eta + v \cdot \varepsilon_\xi) \qquad \rightarrow \quad \underline{\sigma_\eta = -20{,}21 \ \frac{N}{mm^2}}$$

$$\tau_{\xi\eta} = G \cdot \gamma_{\xi\eta} \qquad \rightarrow \quad \underline{\tau_{\xi\eta} = 78{,}36 \ \frac{N}{mm^2}}$$

Jetzt können wir mit den Spannungen die Hauptnormalspannungen nach Gl. (3.14) berechnen. Auch hier können wir die Indizierung aufgrund der kartesischen Koordinatensysteme einfach austauschen:

$$\sigma_1 = \frac{\sigma_x + \sigma_y}{2} + \sqrt{\left(\frac{\sigma_x - \sigma_y}{2}\right)^2 + \tau_{xy}^2} \qquad \rightarrow \quad \sigma_1 = 94{,}8 \; \frac{N}{mm^2}$$

$$\sigma_2 = \frac{\sigma_x + \sigma_y}{2} - \sqrt{\left(\frac{\sigma_x - \sigma_y}{2}\right)^2 + \tau_{xy}^2} \qquad \rightarrow \quad \sigma_2 = -73{,}6 \; \frac{N}{mm^2}$$

Mit den nun vorliegenden Hauptnormalspannungen können wir die gesuchte Vergleichsspannung nach der Normalspannungshypothese nach Gl. (6.6) und der Gestaltänderungsenergiehypothese nach Gl. (6.32) berechnen:

$$\sigma_{V,NH} = \sigma_1 \qquad \rightarrow \quad \sigma_{V,NH} = 94{,}8 \; \frac{N}{mm^2}$$

$$\sigma_{V,GEH} = \sqrt{\sigma_1^2 - \sigma_1 \sigma_2 + \sigma_2^2} \qquad \rightarrow \quad \sigma_{V,GEH} = 146{,}2 \; \frac{N}{mm^2}$$

b) Die Sicherheiten gegen Fließen und gegen Bruch können wir mithilfe der Bedingung nach Gl. (6.2) bestimmen:

$$\sigma_{zul} = \begin{cases} R_{p0{,}2} & \text{gegen Fließen} \\ R_m & \text{gegen Bruch} \end{cases}$$

Damit erhalten wir für die Sicherheit gegen Fließen:

$$S_{F,NH} = \frac{\sigma_{zul}}{\sigma_{vorh}} = \frac{R_{p0{,}2}}{\sigma_{V,NH}} \qquad \rightarrow \quad S_{F,NH} = 2{,}22$$

$$S_{F,GEH} = \frac{R_{p0{,}2}}{\sigma_{V,GEH}} \qquad \rightarrow \quad S_{F,GEH} = 1{,}44$$

Entsprechend für die Sicherheit gegen Bruch:

$$S_{B,NH} = \frac{\sigma_{zul}}{\sigma_{vorh}} = \frac{R_m}{\sigma_{V,NH}} \qquad \rightarrow \quad S_{B,NH} = 3{,}16$$

$$S_{B,GEH} = \frac{R_m}{\sigma_{V,GEH}} \qquad \rightarrow \quad S_{B,GEH} = 2{,}05$$

Auch wenn die Normalspannungshypothese bei Aluminium nicht angewendet wird (Aluminium ist ein duktiler Werkstoff), so zeigen die Ergebnisse im Vergleich zur Gestaltänderungsenergiehypothese, dass die Vergleichsspannung niedriger als bei der GEH ausfällt und damit die Sicherheit entsprechend höher liegt (vgl. dazu Kapitel 6.7 auf S. 105).

Soll ein Bauteil als sicher gelten, müssen die im Inneren des Bauteils auftretenden Spannungen geringer sein als die vom Werkstoff ertragbare zulässige Spannung. Es gilt:

$$S = \frac{\sigma_{zul}}{\sigma_{vorh}} \geq 1{,}0$$

- Wird als Versagen das Fließen definiert, ist als zul. Spannung die Streck- R_e bzw. 0,2%-Dehngrenze $R_{p0,2}$ oder die Torsionsfließgrenze τ_{tF} zu verwenden.
- Wird als Versagen der Bruch definiert, ist als zul. Spannung die Zugfestigkeit R_m oder die Torsionsfestigkeit τ_{tB} zu verwenden.

$$\sigma_{zul} = \begin{cases} R_e, R_{p0,2}, \tau_{tF} & \text{gegen Fließen} \\ R_m, \tau_{tB} & \text{gegen Bruch} \end{cases}$$

Versagensarten

- *Trennbruch*: Der Trennbruch ist ein sprödes Versagen. Das Versagen kündigt sich nicht durch Verformungen an. Die verformungsarme Bruchfläche ist körnig und verläuft senkrecht zur Hauptnormalspannungsrichtung.
- *Schubbruch/Gleitbruch*: Der Schub- bzw. Gleitbruch ist ein duktiles Versagen. Vor dem Materialversagen kommt es zu Verformungen infolge von Abgleitungen der Kristallgitterebenen. Diese Verformungen können je nach Material größer oder kleiner ausfallen. Die Bruchfläche ist matt glänzend und verläuft in Hauptschubspannungsrichtung.

Festigkeitshypothesen

Da die Werkstoffkennwerte durch einen eindimensionalen Zugversuch ermittelt werden, wird durch die Vergleichsspannung σ_V ein mehrdimensionaler Spannungszustand auf einen äquivalenten eindimensionalen Spannungszustand reduziert, welcher die (hypothetisch) gleiche Werkstoffbeanspruchung hervorruft.

Normalspannungshypothese

- Anwendung bei: **spröden Materialien** (Glas, Keramik, Gestein, Gusseisen, gehärteter Stahl usw.); **begrenzte Verformung** (z. B. Schweißnähte)
- Das Versagen ist ein **Trennbruch** ohne vorhergehendes Fließen.

$$\sigma_{V,NH} = \sigma_1$$

Schubspannungshypothese

- Anwendung bei: **zähen Werkstoffen** mit Gleitbruch sowie **spröden Werkstoffen** bei Druckbeanspruchung
- Das Versagenskriterium des Werkstoffs ist **Fließen**

$$\sigma_{V,SH} = \max(|\sigma_1 - \sigma_2|; \ |\sigma_1|; \ |\sigma_2|)$$

Gestaltänderungshypothese

- Anwendung bei: **zähen Werkstoffen** (Baustahl, Vergütungsstahl usw.); **Dauerbruch**
- Das Versagenskriterium des Werkstoffs ist **Fließen**.
- Bei Vorliegen eines hydrostatischen Spannungszustands ist die Vergleichsspannung $\sigma_V = 0$.
- Die GEH zeigt die beste Übereinstimmung mit Versuchsergebnissen.

$$\sigma_V = \sqrt{\sigma_1^2 - \sigma_1 \sigma_2 + \sigma_2^2}$$

Wichtig: Vergleichsspannungshypothesen sind nur für isotrope Werkstoffe geeignet!

6.9   Aufgaben zu Kapitel 6

Aufgabe 6.1

Ein massebehafteter Balken ($G = 300$ N, $l = 2$ m,) ist über ein Stahlseil ($a = 1,2$ m) befestigt. Auf den Balken wirkt die Streckenlast:

$$q_{(x)} = q_0 \cdot \left[1 + \left(\frac{x}{l} \right)^2 \right]; \quad q_0 = 450 \; \frac{N}{m}$$

Bestimmen Sie den Mindestdurchmesser des Seils ($E = 200$ GPa, $\nu = 0,3$, $R_{p0,2} = 200$ MPa, $R_m = 500$ MPa) für eine Bruch-Sicherheit von 2,0.

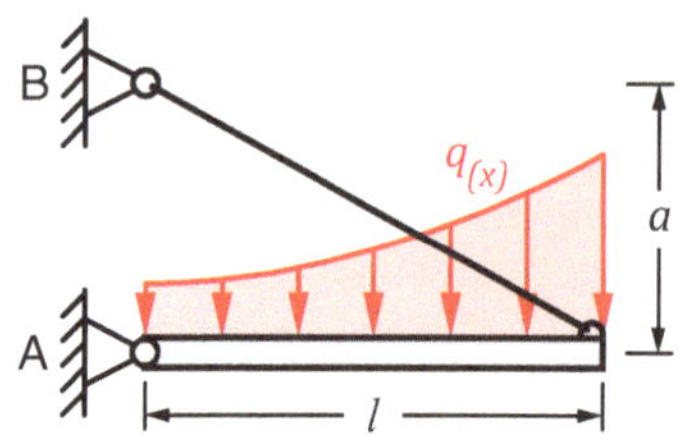

Aufgabe 6.2

An der Flügeloberfläche ($E = 395$ GPa, $\nu = 0,35$) einer Windkraftanlage wurde der dargestellte ebene Spannungszustand ermittelt:

$$\sigma_x = 270 \; \text{N/mm}^2; \quad \sigma_y = 290 \; \text{N/mm}^2; \quad \tau_{xy} = 155 \; \text{N/mm}^2$$

Berechnen Sie:

a) die Hauptdehnungen und -spannungen

b) die Vergleichsspannung nach der Schubspannungs- (*SH*) sowie der Gestaltänderungsenergiehypothese (*GEH*)

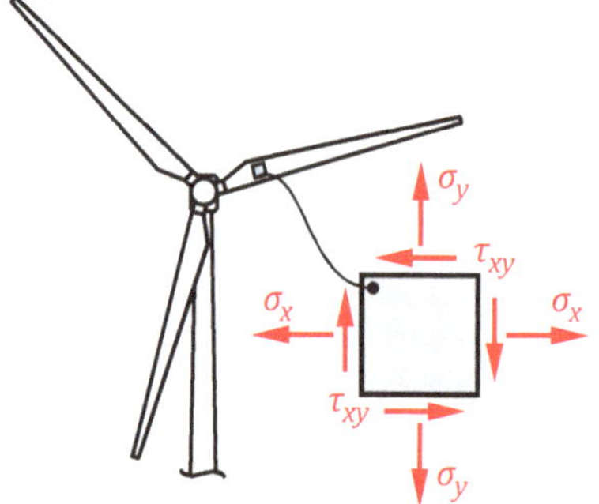

Aufgabe 6.3

An einem neuen Fahrraddesign aus Aluminium ($E = 70.000$ MPa, $\nu = 0,34$, $R_{p0,2} = 180$ MPa) wurden mittels 45°-DMS-Rosette die folgenden Dehnungen gemessen:

$$\varepsilon_a = 0,72 \; \text{‰}; \quad \varepsilon_b = -0,5 \; \text{‰}; \quad \varepsilon_c = 0,43 \; \text{‰}$$

Berechnen Sie:

a) die Hauptdehnungen und -spannungen

b) die Vergleichsspannung nach der *GEH*

c) die Sicherheit gegen Fließen

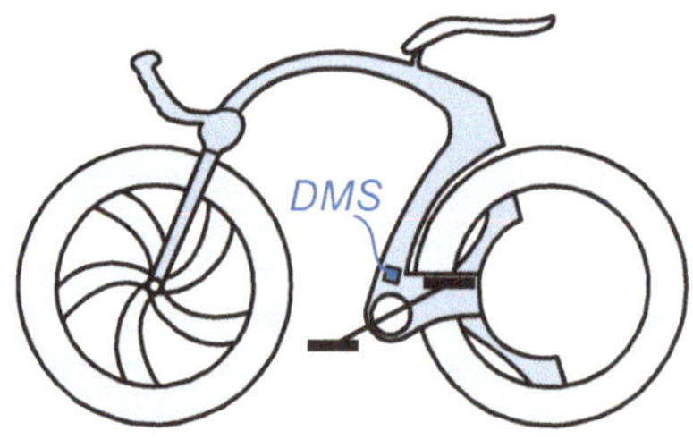

Aufgabe 6.4

Das Knochenmaterial des Oberschenkelknochens (*Os femoris*) kann näherungsweise durch die folgende Spannungs-Dehnungs-Funktion beschrieben werden:

$$\sigma_{(\varepsilon)} = \frac{k \cdot E \cdot \varepsilon}{1 + E \cdot \varepsilon}$$

Darin sind k und E Konstanten. Innerhalb der Länge l kann die Querschnittsfläche A des Kochens als konstant angenommen werden.

Bestimmen Sie bei einer gegebenen Belastung F die allgemeine Funktion der Stauchung des Knochens.

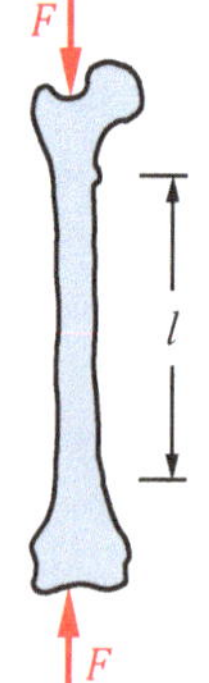

7 Stäbe und Stabsysteme

Lösungen

Aufgabe 6.1 $d = 2{,}9$ mm

Aufgabe 6.2 $\varepsilon_1 = 9{,}9 \cdot 10^{-4}$ $\sigma_1 = 435{,}2$ N/mm^2 $\sigma_{V,SH} = 435{,}3$ N/mm^2

                                 $\varepsilon_2 = -7{,}01 \cdot 10^{-5}$ $\sigma_2 = 124{,}7$ N/mm^2 $\sigma_{V,GEH} = 388{,}3$ N/mm^2

                                 $\gamma_{12} = 1{,}06 \cdot 10^{-3}$ $\tau_{12} = 155{,}3$ N/mm^2

Aufgabe 6.3 $\varepsilon_1 = 1{,}66 \cdot 10^{-3}$ $\sigma_1 = 117{,}7$ N/mm^2 $\sigma_V = 115{,}6$ N/mm^2 $S = 1{,}56$

                                 $\varepsilon_2 = -5{,}1 \cdot 10^{-4}$ $\sigma_2 = 4{,}3$ N/mm^2

                                 $\gamma_{12} = 2{,}17 \cdot 10^{-3}$ $\tau_{12} = 56{,}7$ N/mm^2

Aufgabe 6.4 $v = \dfrac{F \cdot l}{E \cdot (A \cdot k - F)}$

© Springer Fachmedien Wiesbaden GmbH, ein Teil von Springer Nature 2019

C. Spura, *Technische Mechanik 2. Elastostatik*,

https://doi.org/10.1007/978-3-658-19979-1_7

Einen Stab kennen wir als ein langes schlankes Bauteil, welches auf Zug oder Druck belastet wird. Eine Querkraft kann ein Stab nicht aufnehmen. Grundsätzlich kann es sich bei einem Stab um einen *homogenen* oder *inhomogenen* Stab handeln. Beim homogenen Stab sind alle Größen, wie z. B. Querschnittsfläche, Belastung, Elastizitätsmodul usw., entlang der Stabachse konstante Größen. Dementsprechend treten bei einem inhomogenen Stab Veränderungen entlang der Stabachse auf. Infolge dieser veränderlichen Größen und den damit verbundenen Abhängigkeiten untereinander, kann ein inhomogener Stab nur durch Integration der Differenzialgleichung gelöst werden.

Den Stab haben wir in *Band 1* als ein langes schlankes Bauteil kennengelernt. Weitere Eigenschaften eines Stabes sind:

- Länge >> Querschnitt
- biegesteif
- Belastung nur in Längsrichtung (Zug- oder Druckkräfte)

Als Stabsystem haben wir uns mit dem sogenannten Fachwerk beschäftigt, ▶ Abb. 7.1. Zur Berechnung eines Fachwerks musste zuerst die statische Bestimmtheit (Abzählkriterium, Bildungsgesetze, Polplan) geprüft werden. Anschließend wurden mit den Methoden der Stereostatik die in den Stäben wirkenden Normalkräfte berechnet.

In der Elastostatik wollen wir nun darauf aufbauen und die in Stäben auftretenden Spannungen sowie die sich einstellenden Verformungen bestimmen. Da ein Stab jedoch nicht immer nur zylindrisch ist und auch die Belastung unterschiedlich sein kann, wollen wir eine Unterteilung von Stäben durchführen, da deren Berechnung etwas unterschiedlich verläuft:

- *homogener Stab*: alle Stabeigenschaften wie die Querschnittsfläche A, der Elastizitätsmodul E, die Wärmeleitfähigkeit α_T sowie die Belastung durch eine Kraft F und eine Erwärmung ΔT sind entlang der Stabachse konstant.
- *inhomogener Stab*: die Stabeigenschaften wie die Querschnittsfläche $A_{(x)}$, der Elastizitätsmodul $E_{(x)}$, die Wärmeleitfähigkeit $\alpha_{T(x)}$ sowie die Belastung durch eine Kraft $F_{(x)}$, eine Streckenlast $n_{(x)}$ und eine Erwärmung $\Delta T_{(x)}$ sind entlang der Stabachse x veränderlich.

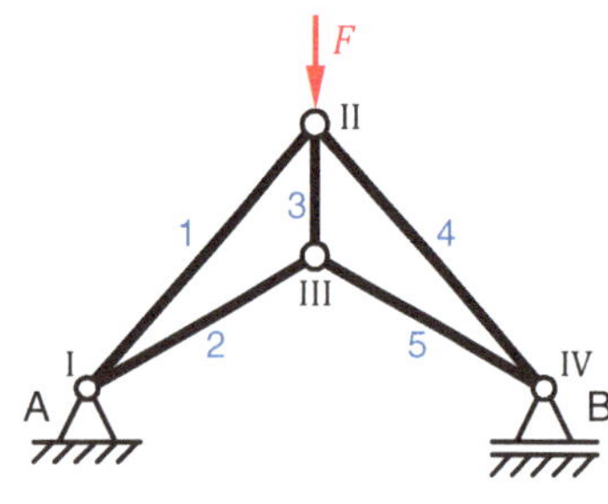

Abb. 7.1

▶ Die **Einteilung von Stäben** erfolgt anhand dessen **Eigenschaften** in:

- homogener Stab
- inhomogener Stab

7.1 Modellannahmen für Stäbe

Bevor wir mit der Behandlung von Stäben beginnen, müssen wir kurz die generellen Modellannahmen für Stäbe definieren. Diese Modellannahmen gelten für alle weiteren Betrachtungen in den nachfolgenden Kapiteln:

- Die Stabquerschnitte bleiben bei Belastung eben.
- Die Stabquerschnitte verschieben sich nur in Stablängsrichtung (es treten ausschließlich Dehnungen auf).
- Die Normalspannung σ ist gleichförmig über die Stabquerschnittsfläche verteilt.
- Die Querdehnung (Einschnürung in Querrichtung, vgl. ▶ Abb. 5.7 auf S. 73) kann vernachlässigt werden.

Die grafische Darstellung dieser Modellannahmen ist in ▶ Abb. 7.2 zu sehen. Die Vernachlässigung der Querdehnung (Maß a bleibt bei Belastung konstant) können wir annehmen, da wir in der Elastostatik ausschließlich Verformungen betrachten, die wesentlich kleiner als die Bauteilabmessungen sind ($\Delta l \ll l$), siehe Kapitel 1.4 auf S. 6 f.

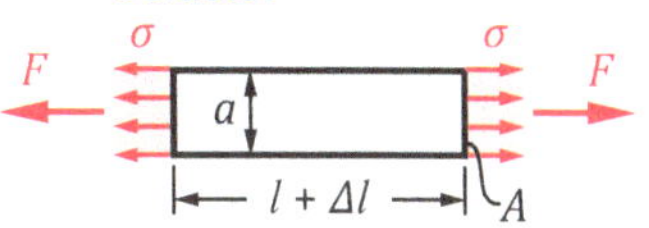

Abb. 7.2

7.2 Der homogene Stab

Damit es sich um einen *homogenen*[18] Stab handelt, müssen die folgenden Voraussetzungen vorliegen:

- Die Querschnittsfläche A ist entlang der Stabachse konstant.
- Der Elastizitätsmodul E und die Wärmeleitfähigkeit α_T sind entlang der Stabachse konstant.
- Die Erwärmung ΔT ist im gesamten Stab konstant.
- Als Belastung treten nur Zug- oder Druckkräfte an den Stabenden auf.

In ▶ Abb. 7.3 ist ein homogener prismatischer[19] Stab dargestellt. Wir verwenden hier ein unregelmäßiges Viereck als Querschnitt A, um die Allgemeingültigkeit der nachfolgend beschriebenen Betrachtungen zu verdeutlichen. Somit kann auch jede andere Querschnittsfläche verwendet werden, da die zugrundeliegende Theorie für alle Querschnittsformen prismatischer Stäbe gültig ist. Das Koordinatensystem wird so gewählt, dass die x-Achse mit der Stabachse zusammenfällt. Die z-Achse verläuft senkrecht nach unten, wie wir es schon aus *Band 1* vom Balken kennen.

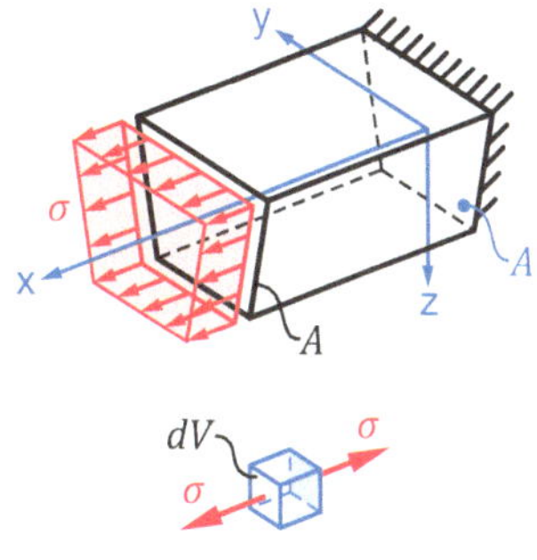

Abb. 7.3

---

[18] **Homogenität** (homós: *griech.* ὁμός: gleich; genesis: *griech.* γένεσις: Schöpfung, Entstehung) beschreibt die Gleichheit einer physikalischen Eigenschaft über das gesamte Volumen eines Körpers

[19] **Prisma**: ein ebenflächig begrenzter Körper mit Grund- und Deckfläche als Vielecke, welche kongruent (deckungsgleich) und zueinander parallel sind. Die Seitenflächen sind Parallelogramme.

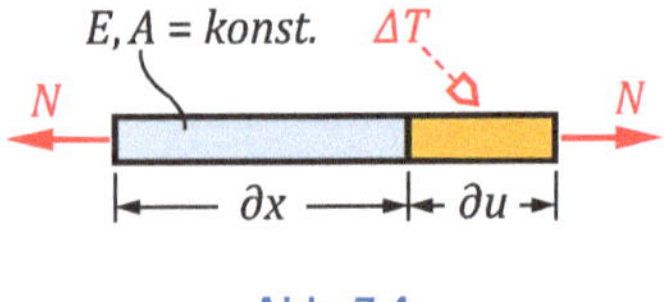

Abb. 7.4

7.2.1 Elastizitätsgesetz für den Stab

Anhand eines Stabmodells hatten wir uns in Kapitel 4.4 auf S. 54 den *eindimensionalen Verzerrungszustand* erklärt. Da sich bei einem Stab die Stabquerschnitte nur in Längsrichtung verschieben können, haben wir hier einen eindimensionalen Verzerrungszustand vorliegen. Die Gesamtdehnung ε_{ges} im eindimensionalen Verzerrungszustand war die Überlagerung einer Dehnung ε infolge einer Kraft mit einer Dehnung ε_T infolge einer Temperaturveränderung, siehe ▸ Abb. 7.4. Die mathematische Berechnung anhand eines infinitesimalen Stabelements der Länge ∂x mit der Längenänderung ∂u ist dann:

$$\varepsilon_{ges} = \varepsilon + \varepsilon_T = \frac{\Delta l}{l} = \frac{\partial u}{\partial x} \tag{7.1}$$

Ersetzen wir in dieser Gleichung die Dehnung ε mit dem Zusammenhang des HOOKE'schen Gesetz nach Gl. (5.4) auf S. 72 durch die Spannung σ und den Elastizitätsmodul E:

$$\varepsilon = \frac{\sigma}{E} \tag{7.2}$$

sowie die darin befindliche Spannung σ durch die im Inneren des Stabes wirkende Normalkraft N und der Querschnittsfläche A nach Gl. (3.5) auf S. 25:

Normalspannung

$$\sigma = \frac{N}{A} \tag{7.3}$$

und die Temperaturdehnung ε_T nach Gl. (4.4) auf S. 51 durch die Wärmeleitfähigkeit α_T und die Temperaturänderung ΔT:

$$\varepsilon_T = \alpha_T \cdot \Delta T$$

erhalten wir das sogenannte *Elastizitätsgesetz für den Stab*:

Elastizitätsgesetz für den Stab

$$\frac{\partial u}{\partial x} = \frac{N}{E \cdot A} + \alpha_T \cdot \Delta T \tag{7.4}$$

Das unter dem Bruchstrich befindliche Produkt aus Elastizitätsmodul und Querschnittsfläche ($E \cdot A$) wird als *Dehnsteifigkeit* bezeichnet. Warum dies recht wichtig bzw. anschaulich ist, können wir uns schnell vergegenwärtigen. Wird der Elastizitätsmodul E oder die Querschnittsfläche A erhöht, steigt die Steifigkeit des Stabes und die Dehnung wird geringer. Andersherum sinkt die Steifigkeit bei kleinerem Elastizitätsmodul E oder Querschnittsfläche A und die Verformung des Stabes wird entsprechend größer. Wenn wir also die Stabdehnung verringern wollen, müssen wir die Dehnsteifigkeit erhöhen.

7.2.2 Allgemeine Stabverlängerung

Mithilfe des Elastizitätsgesetzes für den Stab nach Gl. (7.4) können wir eine allgemeine Gleichung für die Berechnung der Stabverlängerung aufstellen. Dazu benutzen wir die *Trennung der Variablen* aus der Mathematik und erhalten:

$$\partial u = \left(\frac{N}{E \cdot A} + \alpha_T \cdot \Delta T \right) \cdot \partial x \tag{7.5}$$

In dieser Gleichung ersetzen wir die Normalkraft N durch die am Stab von außen angreifende Kraft F und integrieren dann auf beiden Seiten über die gesamte Stablänge l:

$$\int_{x=0}^{l} \partial u = \int_{x=0}^{l} \left(\frac{F}{E \cdot A} + \alpha_T \cdot \Delta T \right) \cdot \partial x \tag{7.6}$$

Als Ergebnis erhalten wir nach der Integration die *allgemeine Stabverlängerung* Δl:

$$u_{(l)} - u_{(x=0)} = \Delta l = \int_{x=0}^{l} \left(\frac{F}{E \cdot A} + \alpha_T \cdot \Delta T \right) \cdot \partial x \tag{7.7}$$

Allgemeine Stabverlängerung

Mithilfe dieser Gleichung können wir nun für jeden homogenen Stab die Stabverlängerung in Abhängigkeit der auf den Stab wirkenden äußeren Kraft F, der Dehnsteifigkeit des Stabes sowie einer Temperaturänderung ΔT und der Wärmeleitfähigkeit α_T bestimmen.

7.2.3 Sonderfälle der Stabverlängerung

In der Praxis lassen sich anhand von Gleichung (7.7) die folgenden drei Sonderfälle der Stabverlängerung ermitteln:

1) *Stabverlängerung infolge einer Kraft F ohne Temperatureinfluss*

    Es gilt: $E = A = F = T = konst.$

$$\Delta l = \frac{F \cdot l}{E \cdot A} \tag{7.8}$$

FLEA-Gleichung

Dies ist der einfachste Sonderfall einer Stabverlängerung infolge einer von außen wirkenden Einzelkraft F. In der Praxis wird diese Gleichung auch mit FLEA-Gleichung bezeichnet, da hier nur die Größen F, l, E und A enthalten sind.

2) *Stabverlängerung infolge Temperatureinfluss*

    Es gilt: $F = 0$

$$\Delta l = \alpha_T \cdot \Delta T \cdot l \tag{7.9}$$

Temperaturgleichung

In dieser Gleichung ist ausschließlich der Temperatureinfluss enthalten. Eine äußere Kraft F ist nicht vorhanden. Der Stab verlängert oder verkürzt sich nur durch die Temperatur.

3) *Stabverlängerung infolge einer Kraft F mit überlagertem Temperatureinfluss*

Es gilt: $E = A = F = \Delta T = konst.$

FLEA mit Temperatureinfluss

$$\Delta l = \frac{F \cdot l}{E \cdot A} + \alpha_T \cdot \Delta T \cdot l \tag{7.10}$$

Hier ist nun eine von außen angreifende Kraft F sowie eine Temperaturänderung ΔT am Stab vorhanden.

Beispiel 7.1

Ein zylindrischer Pfosten aus Stahl ($h = 7$ dm, $d = 12$ cm, $E = 210.000$ N/mm^2, $v = 0{,}3$, $\alpha_T = 17 \cdot 10^{-6}$ K^{-1}) wird durch eine Kraft $F = 1{,}5$ MN (ca. 150 t) axial belastet.

a) Berechnen Sie die Höhenänderung Δh aufgrund der wirkenden Kraft F.

b) Wie groß ist die Höhenänderung Δh, wenn der Pfosten eine zusätzliche Erwärmung um 70°C erfährt?

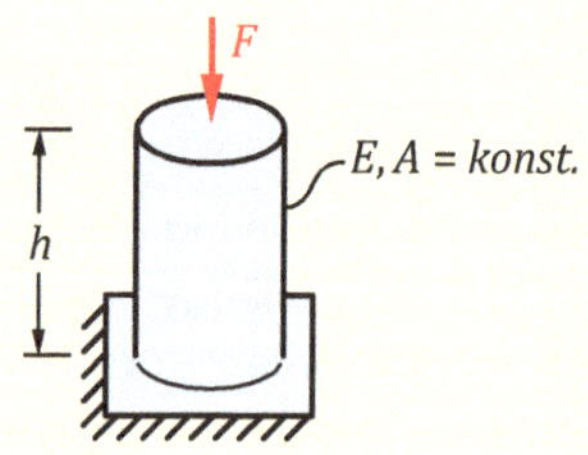

Lösung

a) Da es sich hier um einen homogenen Stab handelt, der ausschließlich durch eine Einzelkraft F belastet wird, können wir die FLEA-Gleichung (7.8) zur Berechnung der Höhenänderung anwenden. In der FLEA-Gleichung wird die Kraft F mit einem *negativen* Vorzeichen eingesetzt, da es sich um eine Druckkraft handelt (Vorzeichenkonvention für Druck beachten). Die Länge des Stabes entspricht der unbelasteten Höhe h. Der Elastizitätsmodul E ist gegeben und die Querschnittsfläche A können wir einfach berechnen, da es sich um eine Kreisfläche handelt. Wir erhalten also für die Höhenänderung Δh folgende Gleichung mit Ergebnis:

$$\Delta h = \frac{F \cdot l}{E \cdot A} = \frac{F \cdot h}{E \cdot \left(\frac{\pi \cdot d^2}{4}\right)} = \frac{F \cdot h \cdot 4}{E \cdot \pi \cdot d^2} \qquad \rightarrow \quad \underline{\underline{\Delta h = -0{,}44\,mm}}$$

Das Ergebnis besitzt ein negatives Vorzeichen, wodurch direkt ersichtlich ist, dass der Pfosten eine Stauchung erfährt. Dies war so auch zu erwarten, da der Pfosten mit einer Druckkraft belastet wird und dementsprechend zusammengedrückt wird.

b) Um die Temperaturänderung um $\Delta T = 70$ K (da es sich um eine Temperaturdifferenz handelt, können wir die Angabe [°C] durch [K] ersetzen) zu erfassen, erweitern wir die FLEA-Gleichung aus a) um den Anteil des Temperatureinflusses nach Gl. (7.9) bzw. wir verwenden direkt Gl. (7.10) und setzen dort die schon für den Aufgabenteil a) verwendeten Größen ein:

$$\Delta h = \frac{F \cdot h \cdot 4}{E \cdot \pi \cdot d^2} + \alpha_T \cdot \Delta T \cdot l = -0{,}44 \; mm + 0{,}83 \; mm \qquad \rightarrow \quad \underline{\underline{\Delta h = 0{,}39 \; mm}}$$

Hier ist das Ergebnis der Höhenänderung nun positiv. Aufgrund der sehr großen Temperaturänderung (Erwärmung um 70°C) ergibt sich eine Längenänderung infolge Erwärmung von $\Delta h_{(\Delta T)} = 0{,}83$ mm. Die Überlagerung mit der Stauchung durch die Kraft F von $\Delta h_{(F)} = -0{,}44$ mm ergibt dann die Gesamthöhenänderung von $\Delta h = 0{,}39$ mm.

Beispiel 7.2

Eine zylindrische Aluminiumhülse ($E_{Al} = 70.000$ N/mm^2, $v_{Al} = 0{,}34$, $A_{Al} = 320$ mm^2, $l = 12$ cm) wird mit einer Unterlegscheibe und einer Stahlschraube ($d = 12$ mm, $E = 210.000$ N/mm^2, $v = 0{,}3$) an einem Bauteil angeschraubt. Die Unterlegscheibe kann als starr angenommen und die Dicke kann vernachlässigt werden. Die Schraube kann im Bereich der Aluminiumhülse als Zylinder betrachtet werden. Beim Anziehen der Schraube wirkt im Inneren eine Kraft von $F = 650$ kN.

Wie groß ist die Gesamtlängenänderung Δl von Schraube und Hülse nach dem Anziehen der Schraube?

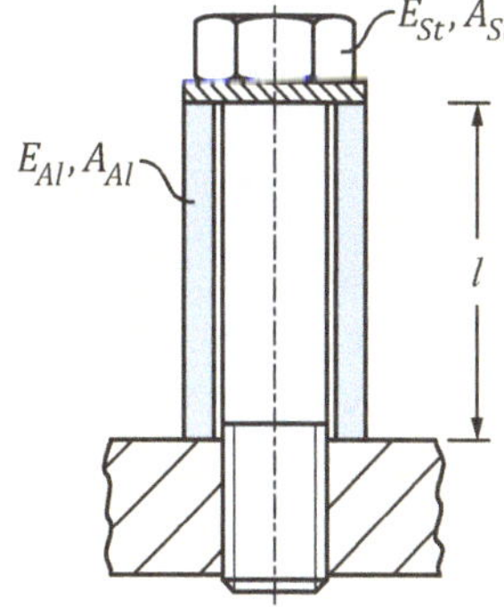

Lösung

Bevor wir mit der Berechnung beginnen, sollten wir uns zuallererst einmal klarmachen, was genau im vorliegenden System Schraube/Hülse passiert. Wird die Schraube mit einem Schraubenschlüssel angezogen, dreht sie sich weiter in das schraffierte Bauteil hinein. Gleichzeitig wird die Hülse zusammengedrückt und damit gestaucht (negative Dehnung). Die Schraube dagegen wird auf Zug belastet und in die Länge gezogen (gedehnt). Aufgrund von Kräftegleichgewicht muss dann in der Hülse und in der Schraube die gleiche Normalkraft N wirken. In der Hülse als Druckkraft (negatives Vorzeichen) und in der Schraube als Zugkraft (positives Vorzeichen).

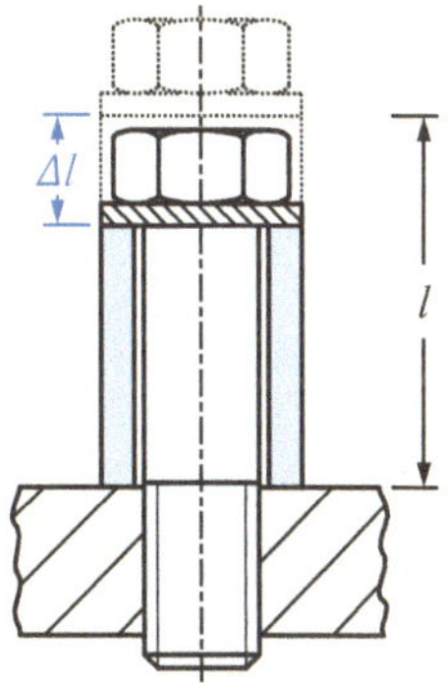

Betrachten wir die Hülse und den in der Hülse befindlichen Anteil der Schraube einzeln, ergeben sich die beiden nebenstehenden Freikörperbilder. Einfachheitshalber betrachten wir den auf Zug belasteten Anteil der Schraube als Zylinder. Den kleinen Anteil im Bereich der Unterlegscheibe sowie die kurze Gewindelänge, welche nicht im Bauteil eingeschraubt ist, können wir vernachlässigen.

Zur Berechnung der Gesamtlängenänderung Δl können wir wieder die FLEA-Gleichung (7.8) verwenden. Die Gesamtlängenänderung Δl ergibt sich als Summe der beiden Einzellängenänderungen von Schraube Δl_S und Hülse Δl_H. Zu beachten ist dabei, dass die Normalkraft N bei der Schraube positiv und bei der Hülse negativ eingesetzt werden muss. Stellen wir das negative Vorzeichen vor die FLEA-Gleichung, erhalten wir:

$$\Delta l = \Delta l_S - \Delta l_H = \frac{N \cdot l}{E_{St} \cdot A_{St}} - \frac{N \cdot l}{E_{Al} \cdot A_{Al}}$$

$$\Delta l = \frac{N \cdot l \cdot 4}{E_{St} \cdot \pi \cdot d^2} - \frac{N \cdot l}{E_{Al} \cdot A_{Al}} = 3{,}28 \, mm - 3{,}48 \, mm \qquad \rightarrow \quad \underline{\underline{\Delta l = -0{,}2 \, mm}}$$

Das Gesamtsystem von Schraube und Hülse wird also von der ursprünglichen Länge l = 60 mm um Δl = 0,1 mm zusammengedrückt. Hier bleibt entsprechend unberücksichtigt, dass sich die Schraube um eine bestimmte Länge in das Bauteil schraubt. Für eine einfache Betrachtung ist dies aber vollkommen ausreichend.

7.3   Der inhomogene Stab

Ein inhomogener Stab ist dann vorhanden, wenn mindestens eine der folgenden Größen entlang der Stabachse x kontinuierlich veränderlich ist:

- Querschnittsfläche $A_{(x)}$
- Elastizitätsmodul $E_{(x)}$
- Wärmeleitfähigkeit $\alpha_{T(x)}$
- Erwärmung $\Delta T_{(x)}$
- Belastung: Streckenlast $n_{(x)}$

Natürlich kann es auch vorkommen, dass alle diese Größen entlang der Stabachse kontinuierlich veränderlich sind. Der Begriff kontinuierlich sagt dabei aus, dass eine Veränderung allmählich stattfindet und sich nicht sprunghaft verändert. Damit lässt sich die Veränderung entlang der Stabachse mit einer Funktion in Abhängigkeit der Stablänge beschreiben.

7.3.1 Gleichgewichtsbedingung

Wir betrachten den in ▸ Abb. 7.5 dargestellten inhomogenen Stab. Der Stab wird zum einen durch eine Streckenlast mit der Funktion $n_{(x)}$ sowie durch zwei Kräfte F belastet. Zudem sind die Querschnittsfläche $A_{(x)}$ und der Elastizitätsmodul $E_{(x)}$ entlang der Stabachse x kontinuierlich veränderlich. Die Temperatur wollen wir erst einmal vernachlässigen.

Wie schon aus der Stereostatik bekannt, untersuchen wir zuerst das Gleichgewicht an unserem inhomogenen Stab. Dazu schneiden wir an einer beliebigen Stelle x ein infinitesimales Scheibenelement der Länge dx aus unserem Stab heraus. Dieses Scheibenelement wird dann durch die angreifende Streckenlast $n_{(x)}$ sowie durch eine auf beiden Seiten wirkende Normalkraft N belastet. Da es sich um eine infinitesimale Stabscheibe handelt, kann die Streckenlast $n_{(x)}$ entlang der Länge dx als konstant betrachtet werden. Des Weiteren erfährt die Normalkraft N vom linken zum rechten Rand unserer Stabscheibe eine infinitesimale Änderung dN (wir sind schließlich um dx weiter nach rechts gegangen). Stellen wir nun das Kräftegleichgewicht an unserem Stabelement auf, erhalten wir:

$$\rightarrow:\ 0 = -N + n_{(x)} \cdot dx + N + dN = n_{(x)} \cdot dx + dN$$

Stellen wir diese Gleichung etwas um, erhalten wir die *Gleichgewichtsbedingung für den inhomogenen Stab*:

$$\frac{dN}{dx} = N' = -n_{(x)} \tag{7.11}$$

Eine analoge Beziehung haben wir in *Band 1 (Kapitel 9: Schnittgrößen)* für die Schnittgröße der Querkraft Q und der Belastung durch eine Streckenlast $q_{(x)}$ erhalten.

7.3.2 Differenzialgleichung für den Stab

Die Gleichung der Gleichgewichtsbedingung für den inhomogenen Stab wollen wir nun etwas anwendungsfreundlicher aufbereiten. Nach Gleichung (7.1) (S. 116) gilt für die Gesamtdehnung ε_{ges}:

$$\varepsilon_{ges} = \frac{\partial u}{\partial x} = u' \tag{7.12}$$

Für die Spannung σ gilt nach Gleichung (2.1) (S. 13):

$$\sigma = \frac{N}{A} \tag{7.13}$$

Setzen wir diese beiden Beziehungen in Gleichung (5.9) auf S. 73 ein, erhalten wir das *Elastizitätsgesetz für den Stab*:

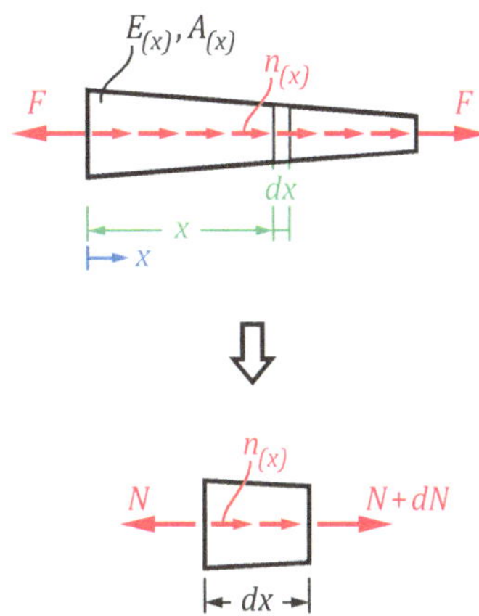

Abb. 7.5

Differenzieller Zusammenhang der Normalkraft

Normalspannung

Elastizitätsgesetz für den Stab

$$\frac{\partial u}{\partial x} = \varepsilon_{ges} = \frac{N}{E \cdot A} + \alpha_T \cdot \Delta T \qquad (7.14)$$

Hierin setzen wir für die Normalkraft N den differenziellen Zusammenhang nach Geichung (7.11) ein und erhalten nach Umstellen die *Differenzialgleichung für den Stab*:

Allgemeine Differenzialgleichung für den Stab

$$(E \cdot A \cdot u')' = -n_{(x)} + (E \cdot A \cdot \alpha_T \cdot \Delta T)' \qquad (7.15)$$

Wir müssen hier noch beachten, dass alle darin enthaltenen Variablen (A, E, u, α_T, ΔT) eine Abhängigkeit entlang der Stabachse x aufweisen. Dies wurde für eine bessere Lesbarkeit der Gleichung weggelassen.

Für den Fall, dass der Elastizitätsmodul E und die Querschnittsfläche A entlang der Stabachse konstante Größen sind ($E = A = konst.$) und es keine Temperaturänderung ΔT gibt, vereinfacht sich die Gleichung zu:

Differenzialgleichung bei konstanter Dehnsteifigkeit

$$E \cdot A \cdot u'' = -n_{(x)} \qquad (7.16)$$

Mithilfe der Differenzialgleichung lässt sich nun die Verschiebung u eines Stabquerschnittes an jeder beliebigen Stelle des Stabes durch Integration ermitteln.

7.3.3 Integrationsmethode für den Stab

Wie zuvor in *Band 1 (Kapitel 9: Schnittgrößen)* wollen wir auch an dieser Stelle die *Integrationsmethode (Lösen der Differenzialgleichung)* anwenden, um die Schnittgröße der Normalkraft $N_{(x)}$ sowie die Verschiebung $u_{(x)}$ an jeder beliebigen Stelle x unseres Stabes zu bestimmen. Dazu integrieren wir Gleichung (7.16) zweimal und erhalten:

$$E \cdot A \cdot u''_{(x)} = -n_{(x)}$$

Integrationsmethode für den Stab zur Bestimmung der Normalkraft $N_{(x)}$ und der Stabverlängerung $u_{(x)}$

$$E \cdot A \cdot u'_{(x)} = N_{(x)} = \int -n_{(x)} \cdot dx + C_1 \qquad (7.17)$$

$$E \cdot A \cdot u_{(x)} = \iint -n_{(x)} \cdot dx \cdot dx + C_1 \cdot x + C_2$$

Darin sind die *blauen Terme* von der jeweiligen Funktion der Streckenlast $n_{(x)}$ abhängig und die *grünen Terme* beinhalten die Integrationskonstanten C_1 und C_2, die für jede Streckenlastfunktion identisch sind. Die Integrationskonstanten werden aus den *Rand- und Übergangsbedingungen* nach ▶ Tab. 7-1 bestimmt. Wir benötigen für jede Integrationskonstante eine Rand- bzw. Übergangsbedingung.

Tab. 7-1 Rand- und Übergangsbedingungen für den Stab

Bezeichnung	Symbol	Normalkraft N	Verschiebung u
freies Ende		$N = 0$	$(u \neq 0)$
freies Ende mit Einzelkraft	F	$N = F$	$(u \neq 0)$
gelenkiges Loslager		$N = 0$	$(u \neq 0)$
gelenkiges Festlager		$(N \neq 0)$	$u = 0$
Parallelführung		$(N \neq 0)$	$u = 0$
Schlebehülse		$N = 0$	$(u \neq 0)$
feste Einspannung		$(N \neq 0)$	$u = 0$
Einzelkraft *(Normalrichtung)*	$I\ F\ II$	$N^I - F = N^{II}$	$u_I = u_{II}$

Ein zylindrischer Stab ($E = 70000$ N/mm², $l = 2$ m, $d = 10$ mm) wird durch eine konstante Streckenlast $n_0 = 1900$ N/m in Längsrichtung belastet.

Bestimmen Sie den Normalkraft- $N_{(x)}$ sowie den Verschiebungsverlauf $u_{(x)}$ entlang der Stabachse.

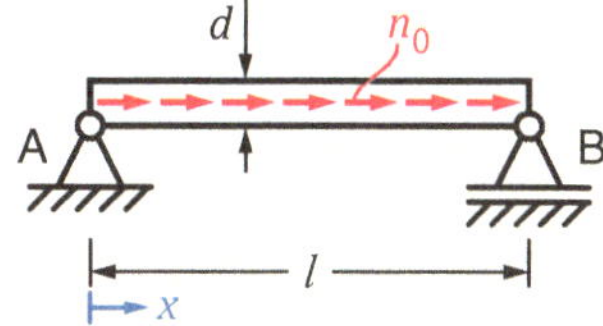

Lösung

Der Stab wird durch eine Streckenlast n_0 belastet, wodurch es sich um einen inhomogenen Stab handelt. Wir müssen also die *Integrationsmethode* nach Gleichung (7.17) anwenden, wenn wir den Normalkraft- $N_{(x)}$ und Verschiebungsverlauf $u_{(x)}$ entlang der Stabachse bestimmen wollen. Daher bilden wir zuerst die Streckenlastfunktion $n_{(x)}$. Aufgrund der konstant wirkenden Streckenlast n_0 erhalten wir folgende Streckenlastfunktion:

$$n_{(x)} = n_0 = \text{konstant}$$

Mit den differenziellen Zusammenhängen nach Gleichung (7.17) erhalten wir dann die beiden Ausgangsgleichungen für den Normalkraft- $N_{(x)}$ und Verschiebungsverlauf $u_{(x)}$:

$$E \cdot A \cdot u''_{(x)} = -n_{(x)} = -n_0 \qquad (1)$$

$$E \cdot A \cdot u'_{(x)} = N_{(x)} = -n_0 \cdot x + C_1 \qquad (2)$$

$$E \cdot A \cdot u_{(x)} = -\frac{1}{2} \cdot n_0 \cdot x^2 + C_1 \cdot x + C_2 \qquad (3)$$

Die Integrationskonstanten C_1 und C_2 bestimmen wir mithilfe der Rand- und Übergangsbedingungen nach ▸ Tab. 7-1. Aufgrund der Lager und deren Anordnung erhalten wir:

$$u_{(x=0)} = 0 \qquad\qquad N_{(x=l)} = 0$$

Setzen wir die beiden Randbedingungen mit den zugehörigen Laufkoordinaten x (jeweils $x = 0$ und $x = l$) in die beiden Gleichungen (2) und (3) ein, erhalten wir ein Gleichungssystem von zwei Gleichungen mit zwei Unbekannten. Lösen wir dieses Gleichungssystem nach den beiden gesuchten Integrationskonstanten C_1 und C_2 auf, erhalten wir als Ergebnisse:

$$C_1 = n_0 \cdot l \qquad\qquad C_2 = 0$$

Diese Ergebnisse setzen wir nun in unsere beiden Ausgangsgleichungen (2) und (3) ein und erhalten die Verlaufsfunktionen der Normalkraft $N_{(x)}$ und der Verschiebung $u_{(x)}$:

$$\rightarrow \quad N_{(x)} = n_0 \cdot (-x + l) \qquad (4)$$

$$\rightarrow \quad u_{(x)} = \frac{n_0}{E \cdot A} \cdot \left(-\frac{1}{2} \cdot x^2 + l \cdot x \right) \qquad (5)$$

Durch die beiden Gleichungen (4) und (5) haben wir nun unsere Ergebnisse und können damit die nebenstehenden Schnittgrößendiagramme erstellen.

Der Streckenlastverlauf $n_{(x)}$ ist konstant und besitzt die Höhe $n_0 = 1900$ N/m. Da der Streckenlastverlauf $n_{(x)}$ die Steigung des Normalkraftverlaufs $N_{(x)}$ beschreibt, ist der Normalkraftverlauf $N_{(x)}$ somit linear. Am linken Lager ist die größte Normalkraft von $N_{(x=0)} = 3800$ N vorhanden. Dies ist soweit auch einleuchtend, da nur das linke Lager die Normalkraft in Stablängsrichtung aufnehmen kann. Das rechte Lager besitzt einen Freiheitsgrad in dieser Richtung und kann daher keine Normalkraft aufnehmen. Analog dazu beschreibt der Normalkraft-

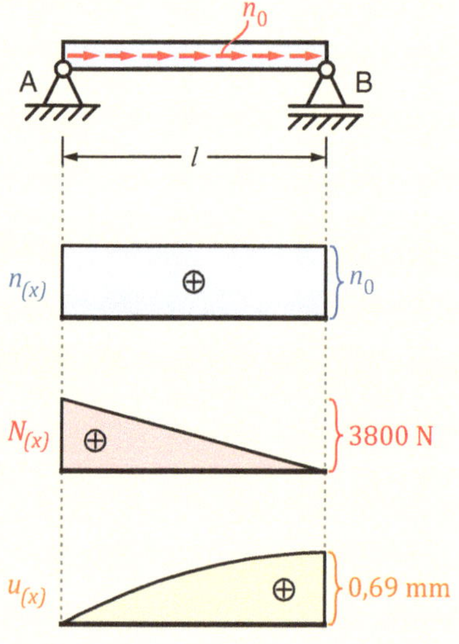

verlauf $N_{(x)}$ die Steigung des Verschiebungsverlaufs $u_{(x)}$, wodurch die Verschiebung $u_{(x)}$ quadratisch verläuft. Auch hier ist der Verlauf recht klar, da das linke Lager keine Verschiebung zulässt, ist an dieser Stelle die Verschiebung $u_{(x=0)} = 0$. Entlang der Stabachse nimmt die Streckenlastbelastung zu und die Verschiebung wird immer größer. Die größte Verschiebung von $u_{(x=l)} = 0,69$ mm tritt am rechten Lager auf, weil hier eine ungehinderte Verschiebung möglich ist.

Der Querschnitt eines Turms für eine Windkraftanlage (Druckstab) soll so ausgelegt werden, dass durch die oben aufliegende Gondel (Kraft F) sowie mit Berücksichtigung des Eigengewichts G durch eine Streckenlast $n_{(x)}$, in jedem Querschnitt eine gleichgroße konstante Druckspannung herrscht. Am oberen Ende des Turms ist die Querschnittsfläche A_0 vorhanden.

Bestimmen Sie die allgemeine Funktion für den Durchmesser d des Turmquerschnitts in Abhängigkeit von der Turmhöhe.

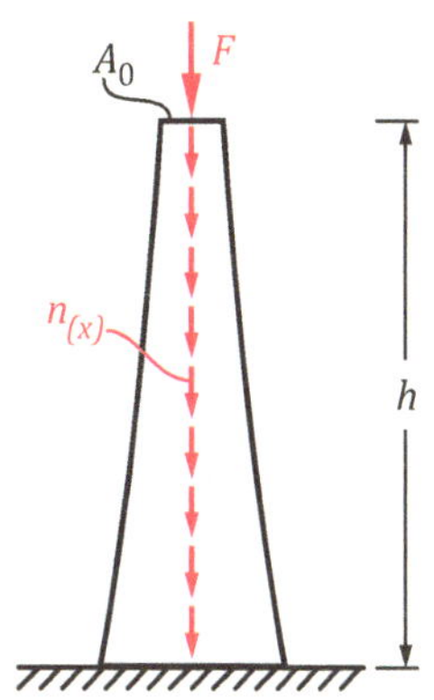

Lösung

Wir beginnen mit der Aufgabe, indem wir eine Laufkoordinate x einführen und diese von oben loslaufen lassen. Dann schneiden wir an einer beliebigen Stelle x eine infinitesimale Scheibe des Druckstabes heraus und tragen alle daran angreifenden Kraftgrößen an. Zudem nimmt die Querschnittsfläche des Scheibenelements von der oberen zur unteren Seite um einen Anteil dA zu. Das Eigengewicht des Stabes wollen wir mithilfe der Streckenlastfunktion $n_{(x)}$ beschreiben.

Als nächstes Stellen wir die Gleichgewichtsbedingung für unser infinitesimales Stabelement auf:

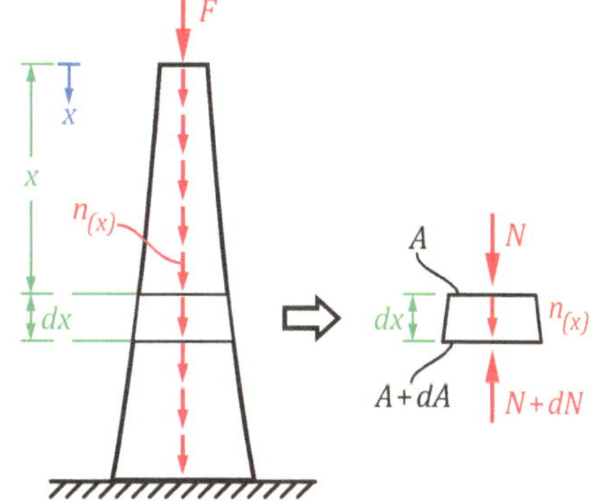

$$\sum F_{ix} = 0 = N + n_{(x)} \cdot dx - (N + dN)$$

Das Eigengewicht werden wir nun mithilfe der Streckenlastfunktion $n_{(x)}$ erfassen, indem wir diese mit dem differentiellen Eigengewicht des Stabelements gleichsetzen:

$$dG = n_{(x)} \cdot dx = \rho \cdot g \cdot dV = \rho \cdot g \cdot A \cdot dx$$

Mit der Beziehung nach Gl. (2.1) auf S. 13 fügen wir die Bedingung einer konstanten Spannung σ_0 ein. An der Ober- wie auch der Unterseite des Stabelements muss die Spannung gleich sein:

$$N + dN = \sigma_0 \cdot (A + dA)$$

Setzen wir beide Gleichungen in die Gleichgewichtsbedingung ein, so erhalten wir:

$$0 = \sigma_0 \cdot A + \rho \cdot g \cdot A \cdot dx - \sigma_0 \cdot (A + dA) = \rho \cdot g \cdot A \cdot dx - \sigma_0 \cdot dA$$

Hier trennen wir die Variablen und führen über beide Seiten der Gleichung die Integration aus. Als Integrationsgrenzen nehmen wir die Querschnittsfläche A_0, welche sich am oberen Ende bei $x = 0$ befindet und eine beliebige Querschnittsfläche A an der Stelle x. Dann erhalten wir:

$$\frac{dA}{A} = \frac{\rho \cdot g}{\sigma_0} \cdot dx \qquad\qquad \rightarrow \quad \int\limits_{A_0}^{A} \frac{1}{A} \cdot dA = \int\limits_{0}^{x} \frac{\rho \cdot g}{\sigma_0} \cdot dx$$

Führen wir die Integration aus und stellen die Gleichung nach der gesuchten Querschnittsfläche A um, folgt als Ergebnis:

$$\ln\frac{A}{A_0} = \frac{\rho \cdot g \cdot x}{\sigma_0} \qquad\qquad \rightarrow \quad A = A_{(x)} = A_0 \cdot e^{\left(\frac{\rho \cdot g \cdot x}{\sigma_0}\right)}$$

Hier führen wir jetzt nochmal die Beziehung nach Gl. (2.1) für die am oberen Stabende vorhandene Querschnittsfläche A_0 ein, da an dieser Stelle auch die konstante Spannung σ_0 wirken soll.

$$A_0 = \frac{F}{\sigma_0} \qquad\qquad \rightarrow \quad A_{(x)} = \frac{F}{\sigma_0} \cdot e^{\left(\frac{\rho \cdot g \cdot x}{\sigma_0}\right)}$$

Führen wir als letzten Schritt noch die Berechnung der Kreisfläche ein und stellen diese nach dem geforderten Durchmesser $d_{(x)}$ um, folgt als Endergebnis:

$$A = \frac{\pi \cdot d^2}{4} \qquad\qquad \rightarrow \quad A_{(x)} = \frac{\pi \cdot d_{(x)}^2}{4} = \frac{F}{\sigma_0} \cdot e^{\left(\frac{\rho \cdot g \cdot x}{\sigma_0}\right)}$$

$$\Rightarrow \quad d_{(x)} = \sqrt{\frac{4 \cdot F}{\pi \cdot \sigma_0} \cdot e^{\left(\frac{\rho \cdot g \cdot x}{\sigma_0}\right)}}$$

Angemerkt sei an dieser Stelle, dass bei konkreten Aufgabenstellungen die konstante Normalspannung σ_0 durch die zulässige vom Werkstoff ertragbare Beanspruchbarkeit (z. B. die Streckgrenze R_e) ersetzt werden kann. Damit wäre dann eine konkrete Dimensionierung eines solchen Druckstabes möglich, ohne das Versagen auftritt.

Ein Stahlseil ($d = 15$ mm, $E = 200$ GPa, $\nu = 0{,}3$, $R_e = 200$ MPa, $R_m = 500$ MPa, $\rho = 7{,}85$ kg/dm³) hängt von einer Decke herunter und ist ausschließlich durch dessen Eigengewicht G belastet.

Berechnen Sie die:
 a) allgemeine Funktion der Seilverlängerung.
 b) Reißlänge des Seils l_R.

Wie würde sich die Reißlänge l_R des Seils bei einer Durchmesservergrößerung ändern?

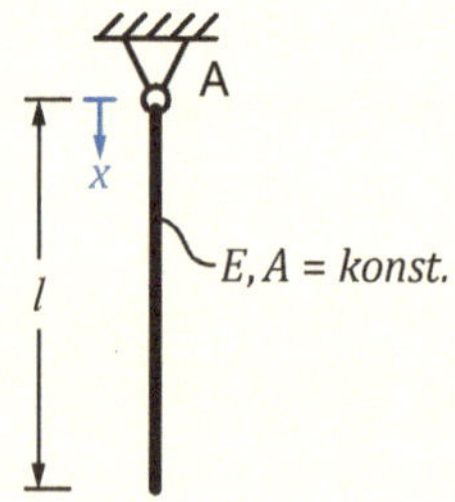

Lösung

Auch wenn es sich in dieser Aufgabe um eine Seil handelt, können wir hier die bisherigen Zusammenhänge für Stäbe ebenfalls anwenden. Schließlich ist der einzige Unterschied zwischen einem Seil und einem Stab, dass das Seil biegeschlaff ist.

a) Als erstes bestimmen wir die Gewichtskraft in Abhängigkeit der Länge des Seils und bilden daraus eine Streckenlast $n_{(x)}$, welche das Seil in dessen Längsrichtung belastet:

$$G = V \cdot \rho \cdot g = A \cdot l \cdot \rho \cdot g \qquad (1) \quad \rightarrow \quad n_{(x)} = \frac{G}{l}$$

Nun haben wir einen inhomogenen Stab vorliegen und können Gleichung (7.17) anwenden:

$$E \cdot A \cdot u''_{(x)} = -n_{(x)} = -\frac{G}{l} \qquad (2)$$

$$E \cdot A \cdot u'_{(x)} = N_{(x)} = -\frac{G}{l} \cdot x + C_1 \qquad (3)$$

$$E \cdot A \cdot u_{(x)} = -\frac{1}{2} \cdot \frac{G}{l} \cdot x^2 + C_1 \cdot x + C_2 \qquad (4)$$

Die Integrationskonstanten C_1 und C_2 bestimmen wir mithilfe der Rand- und Übergangsbedingungen nach ▸ Tab. 7-1. Aufgrund des freien Endes und Lagers erhalten wir:

$$u_{(x=0)} = 0 \qquad\qquad N_{(x=l)} = 0$$

Daraus folgt für die beiden Integrationskonstanten:

$$\rightarrow \quad C_1 = G \qquad\qquad \rightarrow \quad C_2 = 0$$

Setzen wir dies in Gleichung (4) ein und stellen diese um, erhalten wir als Ergebnis:

$$E \cdot A \cdot u_{(x)} = -\frac{1}{2} \cdot \frac{G}{l} \cdot x^2 + G \cdot x \qquad\qquad \rightarrow \quad \underline{\underline{u_{(x)} = \frac{G}{E \cdot A} \cdot \left(-\frac{1}{2} \cdot \frac{x^2}{l} + x \right)}}$$

b) Um die Reißlänge l_R des Seils zu bestimmen, müssen wir die Festigkeit überprüfen und benötigen daher die Spannung im Seil. Zur Bestimmung der Spannung brauchen wir die Normalkraft $N_{(x)}$ nach Gleichung (3):

$$E \cdot A \cdot u'_{(x)} = N_{(x)} = -\frac{G}{l} \cdot x + C_1 \qquad\qquad \rightarrow \quad N_{(x)} = G \cdot \left(1 - \frac{x}{l} \right)$$

Beziehen wir die Normalkraft $N_{(x)}$ auf die Querschnittfläche des Seils, bekommen wir

$$\sigma_{(x)} = \frac{N_{(x)}}{A} = \frac{G}{A} \cdot \left(1 - \frac{x}{l} \right)$$

Des Weiteren können wir uns überlegen, dass die größte Spannung im Seil an der Lagerstelle auftreten muss, da hier das komplette Eigengewicht G vorhanden ist. Demnach gilt:

$$\sigma_{(x=0)} = \sigma_{max} = \frac{G}{A} \cdot \left(1 - \frac{0}{l} \right) = \frac{G}{A}$$

Setzen wir in dieser Gleichung die Berechnung von G nach Gleichung (1) ein und stellen die Gleichung nach der Länge um, ist das die gesuchte Reißlänge l_R des Seils:

$$\sigma_{max} = \frac{G}{A} = \frac{A \cdot l \cdot \rho \cdot g}{A} = l \cdot \rho \cdot g \qquad (5) \qquad \rightarrow \; \underline{\underline{l_R = \frac{\sigma_{max}}{\rho \cdot g}}}$$

Hier setzen wir nun unsere Zahlenwerte aus der Aufgabenstellung ein und ersetzen die max. Spannung σ_{max} durch die Zugfestigkeit R_m des Seils, da bei dieser Spannung das Seil reißt:

$$l_R = \frac{\sigma_{max}}{\rho \cdot g} = \frac{R_m}{\rho \cdot g} \qquad\qquad \rightarrow \; \underline{\underline{l_R = 6{,}5 \cdot 10^6 \; mm = 6{,}5 \; km}}$$

Auch wenn dies nur ein sehr theoretischer Fall ist, so zeigt er doch, dass ab einer gewissen Länge, ein Seil durch sein Eigengewicht reißen wird.

Zum anderen können wir anhand Gleichung (5) auch die letzte Frage beantworten. Eine Durchmesservergrößerung würde rein gar nichts bewirken, da die Querschnittsfläche sich in der Gleichung heraus kürzt. Hieran ist ersichtlich, dass in manchen Fälle eine Vergrößerung der Querschnittsfläche nicht immer mit einer Festigkeitssteigerung und damit einer höheren Sicherheit gegen Versagen einhergeht.

Vorgehensweise

Homogener Stab

- Bestimmung der Stabverlängerung mittels:

$$\Delta l = \frac{F \cdot l}{E \cdot A} + \alpha_T \cdot \Delta T \cdot l$$

Inhomogener Stab

- Aufstellen der Streckenlastfunktion $n_{(x)}$.
- Streckenlastfunktion integrieren, um den Normalkraft- $N_{(x)}$ und den Verschiebungsverlauf $u_{(x)}$ zu erhalten:

$$E \cdot A \cdot u'_{(x)} = N_{(x)} = \int -n_{(x)} \cdot dx + C_1$$

$$E \cdot A \cdot u_{(x)} = \int N_{(x)} \cdot dx + C_1 \cdot x + C_2$$

- Rand- und Übergangsbedingungen definieren.
- Integrationskonstanten C_1 und C_2 mithilfe der Rand- und Übergangsbedingungen berechnen.
- Normalkraft- und Verschiebungsverlauf berechnen.
- Kritische Überprüfung der Berechnungsergebnisse.
- Normalkraft- und Verschiebungsverlauf zeichnen.

7.4 Wärmedehnungen und -spannungen

In Kapitel 4.2 auf S. 51 haben wir ja schon auf den Unterschied bei statisch bestimmten und unbestimmten Tragwerken bezüglich Wärmedehnungen und -spannungen hingewiesen:

- *Statisch bestimmtes Tragwerk*: Eine Temperaturänderung bewirkt eine Dehnung ε im Tragwerk. Aufgrund der möglichen freien Ausdehnung treten keine Wärmespannungen ($\sigma_T = 0$) auf.
- *Statisch unbestimmtes Tragwerk*: Eine Temperaturänderung bewirkt Wärmespannungen σ_T im Tragwerk. Aufgrund der nicht möglichen Ausdehnung ($\varepsilon = 0$) treten Wärmespannungen auf.

Zur Erklärung hatten wir uns am Beispiel von ▶ Abb. 7.6 ein statisch bestimmtes a) und statisch unbestimmtes Tragwerk b) betrachtet. Der Stab in a) ist an seinem freien Ende frei beweglich. Wird der Stab um eine Temperaturerhöhung ΔT erwärmt, tritt eine Dehnung auf und das freie Ende verschiebt sich um die Stabverlängerung Δl nach rechts. Ganz anders dagegen der unbestimmt gelagerte Stab in b). Aufgrund der beiden festen Einspannungen können sich die Enden des Stabes nicht bewegen. Wird dieser Stab um eine Temperaturerhöhung ΔT erwärmt, will sich auch dieser Stab zu seinen Seiten ausdehnen, aber kann es nicht aufgrund der Einspannungen. Daher kommt es zwangsläufig im Stab zu einer Druckkraft (Normalkraft) und damit zu einer Druckspannung (Kraft pro Fläche). Umgekehrt zieht sich der Stab bei einer Abkühlung um ΔT zusammen, was auch wieder aufgrund der Einspannungen nicht möglich ist und es infolge der dadurch vorhandenen Zugkraft zu einer Zugspannung kommt.

Zur Berechnung der Wärmespannung können wir Gl. (5.9) auf S. 73 verwenden. Hierbei müssen wir die Bedingung einsetzen, dass die Gesamtdehnung $\varepsilon_{ges} = 0$ ist, da sich der Stab nicht frei ausdehnen kann (unbestimmtes Tragwerk). Stellen wir die Gleichung nach der Spannung σ um, erhalten wir die in einem Stab wirkende Wärmespannung σ_T infolge einer reinen Temperaturänderung ΔT:

$$\sigma_T = -\alpha_T \cdot \Delta T \cdot E \tag{7.18}$$

Würde zusätzlich in unserem Stab noch eine Normalkraft N wirken, können wir den Anteil der (Kraft-)Spannung entsprechend hinzuaddieren:

$$\sigma_T = \frac{N}{A} - \alpha_T \cdot \Delta T \cdot E \tag{7.19}$$

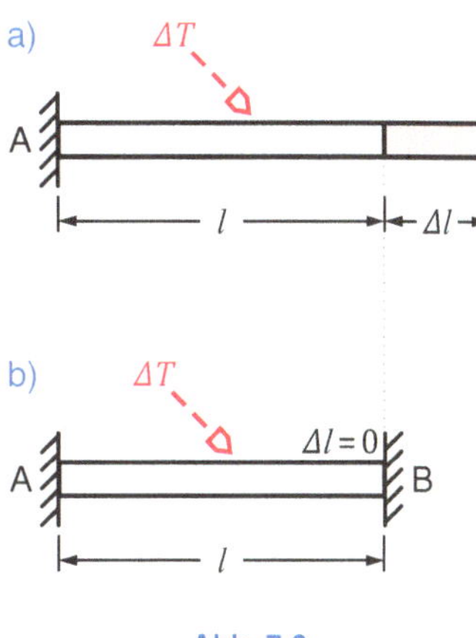

Abb. 7.6

▶ *Statisch unbestimmter Stab*: Eine **Temperaturerhöhung** $+\Delta T$ verursacht **Druckspannungen** im Stab, eine **Temperaturverringerung** $-\Delta T$ verursacht **Zugspannungen** im Stab.

Wärmespannung

Wärmespannung mit überlagerter Normalkraft

Ein beidseitig fest eingespannter, zylindrischer Stab ($d = 20$ mm, $\quad l = 1$ m, $\quad E = 210.000$ N/mm², $\quad \nu = 0{,}3$, $\alpha_T = 15{\cdot}10^{-6}$ K⁻¹) wird homogen von 20°C auf 120°C erwärmt.

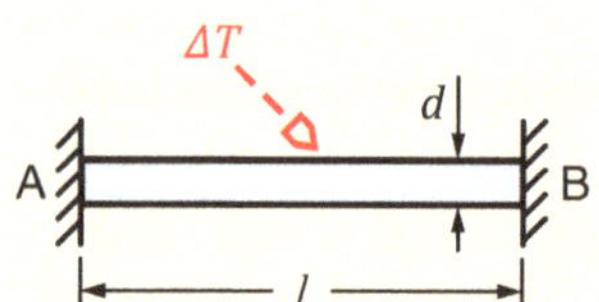

Bestimmen Sie die:

 a) im Stab auftretende Spannung.

 b) mit der Spannung einhergehende Normalkraft.

Lösung

 a) Da der Stab von 20°C auf 120°C erwärmt wird, ist hier eine Temperaturänderung von $\Delta T = +100$ K vorhanden. Die dadurch auftretende Wärmespannung σ_T können wir mittels Gleichung (7.18) berechnen:

$$\sigma_T = -\alpha_T \cdot \Delta T \cdot E \qquad\qquad \rightarrow \quad \underline{\underline{\sigma_T = -315\ \frac{N}{mm^2}}}$$

Hieran wird zum einen ersichtlich, dass die in einem statisch unbestimmten Stab infolge einer Temperaturänderung wirkende Wärmespannung unabhängig von der Querschnittsfläche A des Stabes ist. Die Wärmespannung hängt allein vom *Werkstoff* (Elastizitätsmodul E und Wärmeausdehnungskoeffizient σ_T) sowie der *Temperaturänderung* ΔT ab.

 b) Zur Bestimmung der durch die wirkende Wärmespannung σ_T resultierende Normalkraft N_T im Stab, benötigen wir die Querschnittsfläche A. Aus der bekannten Beziehung zwischen Kraft und Spannung erhalten wir dann die Normalkraft N_T:

$$\sigma = \frac{N_T}{A} \qquad\qquad \rightarrow \quad N_T = \sigma \cdot A \qquad\qquad \rightarrow \quad \underline{\underline{N_T = -99\ kN}}$$

(Der Index "T" soll hier lediglich verdeutlichen, dass die Normalkraft ausschließlich durch die Temperaturänderung hervorgerufen wird.)

Wir erkennen an diesem Beispiel, dass zum einen die Wärmespannung σ_T in einem statisch unbestimmten Stab unabhängig von den Abmessungen des Stabes ist. Weder Querschnittsfläche A noch Stablänge l haben einen Einfluss auf die sich einstellende Wärmespannung σ_T. Zum anderen erkennen wir, dass aber die sich durch die Wärmespannung σ_T ergebende Normalkraft N_T von der Querschnittsfläche A unseres Stabes abhängt. Wir können also nur durch Variation der Querschnittsfläche A die Größe der Normalkraft N_T beeinflussen.

7.5 Beispiele für Stabprobleme

Nachfolgend wollen wir die in der Praxis gängigen Stabprobleme und die damit einhergehende Berechnung aufzeigen.

7.5.1 Stab mit konstantem Querschnitt und konstanter Kraft

In ▶ Abb. 7.7 ist ein homogener Stab mit konstanten Werkstoffeigenschaften (Elastizitätsmodul E, Wärmeausdehnungskoeffizient σ_T), konstantem Querschnitt A sowie konstanter Belastung durch eine Kraft F dargestellt. Entsprechend diesen Eigenschaften können wir die Spannung σ im Stab sowie die sich einstellende Stabverlängerung Δl wie folgt berechnen:

$$\sigma = \frac{F}{A} \qquad \Delta l = \frac{F \cdot l}{E \cdot A} \tag{7.20}$$

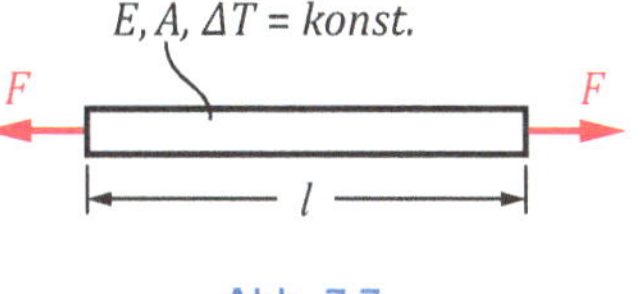

Abb. 7.7

7.5.2 Stab mit veränderlichem Querschnitt und konstanter Kraft

In ▶ Abb. 7.8 ist ein inhomogener Stab mit konstanten Werkstoffeigenschaften (Elastizitätsmodul E, Wärmeausdehnungskoeffizient σ_T), konstanter Belastung durch eine Kraft F aber einem entlang der Stablänge l veränderlichen Querschnitt $A_{(x)}$ dargestellt. Entsprechend diesen Eigenschaften ergeben sich bei der Berechnung von Spannung σ und Dehnung ε im Stab sowie der sich einstellenden Stabverlängerung Δl die folgenden Abhängigkeiten:

$$\sigma_{(x)} = \frac{F}{A_{(x)}} \qquad \Delta l = \int_{x=0}^{l} \frac{F}{E \cdot A_{(x)}} \cdot dx \tag{7.21}$$

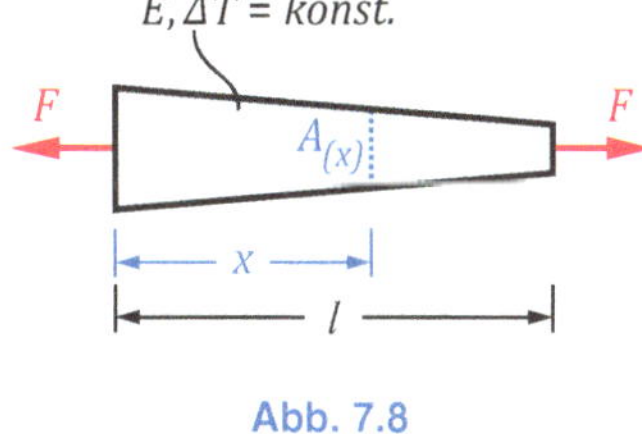

Abb. 7.8

7.5.3 Mehrfeldstab mit konstanter Kraft

In ▶ Abb. 7.9 ist ein homogener Mehrfeldstab mit konstanten Werkstoffeigenschaften (Elastizitätsmodul E, Wärmeausdehnungskoeffizient σ_T), konstanter Belastung durch eine Kraft F sowie einzelnen Absätzen der Längen l_i mit jeweils konstantem Querschnitt A_i dargestellt. Jeden Absatz können wir als einzelnen Stab betrachten und entsprechend berechnen. Die Gesamtstabverlängerung ist dann die Summe aus allen Δl_i:

$$\sigma_i = \frac{F}{A_i} \qquad \Delta l = \sum_{i=1}^{n} \Delta l_i = \sum_{i=1}^{n} \frac{F \cdot l_i}{E \cdot A_i} \tag{7.22}$$

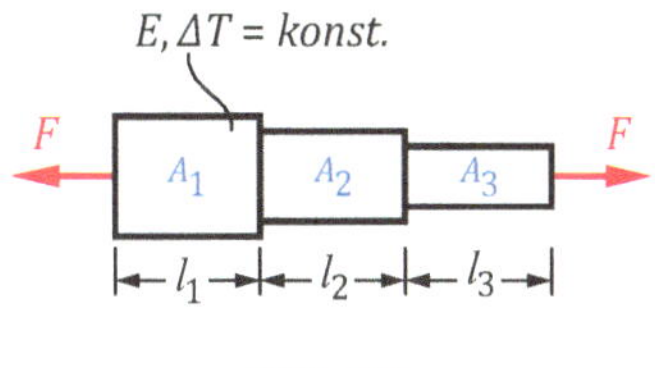

Abb. 7.9

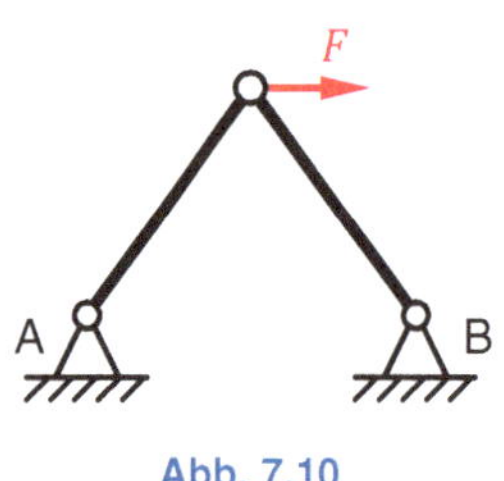

Abb. 7.10

Für die Berechnung von statisch **unbestimmten Stabsystemen** ist der **Rechenaufwand** für eine **Handrechnung sehr aufwändig** und es lassen sich auch nur überschaubare **Systeme mit einigen wenigen Stäben** in einer angemessenen Zeit berechnen.

Zur Behandlung von statisch **unbestimmten Stabsystemen** sei auf das *Kraft-* und *Weggrößenverfahren* in der gängigen Fachliteratur verwiesen.

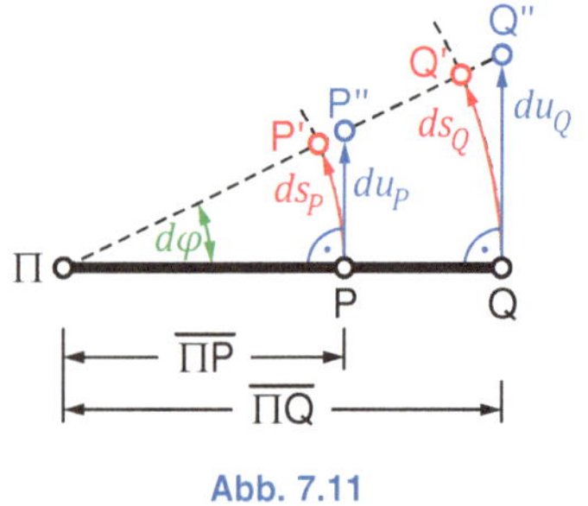

Abb. 7.11

7.6   Stabsysteme

Wie zu Beginn dieses Kapitels erwähnt, ist ein Fachwerk ein Stabsystem. Dazu werden mehrere Stäbe mit reibungsfreien Drehgelenken miteinander verbunden. Die Berechnung der in den einzelnen Stäben wirkenden Normalkräfte haben wir in *Band 1* behandelt. In der Elastostatik wollen wir nun wissen, wie groß die Längenänderung der Stäbe ist und wie das verformte Fachwerk aussieht.

Wir werden dazu aber nur *statisch bestimmte* Fachwerke betrachten, wie z. B. den in ▸ Abb. 7.10 dargestellten Dreigelenkbogen. Die Berechnung von statisch unbestimmten Stabsystemen erfordert einen erheblich höheren Rechenaufwand und ist daher für eine Handrechnung viel zu aufwändig. Zudem können infolge des erhöhten Rechenaufwands auch nur Stabsysteme mit sehr wenigen Stäben (drei oder vier Stäbe) behandelt werden. In vielen Literaturstellen wird zur Berechnung von statisch unbestimmten Stabsystemen das *Kraft-* oder auch das *Weggrößenverfahren* angewendet. Beide Verfahren stammen aus der Baustatik. Das Kraftgrößenverfahren wird bei einem statisch unbestimmten[20], das Weggrößenverfahren bei einem kinematisch unbestimmten Stabsystem angewendet. Das Weggrößenverfahren hat dabei einige Analogien zum *Prinzip der virtuellen Verrückungen*. Das Kraftgrößenverfahren wird aufgrund seiner Anschaulichkeit noch für Handrechnungen mit einigen wenigen Stäben angewendet. Aber wir wollen uns in diesem Buch nur mit statisch bestimmten Stabsystemen auseinandersetzen.

Wollen wir herausfinden, wie ein verformtes Stabsystem aussieht, müssen wir zwangsläufig einen Verschiebungsplan unseres belasteten Stabsystems zeichnen und benötigen dazu einen Polplan. In *Band 1* haben wir die Erstellung eines Polplans behandelt, da wir diesen zur Überprüfung der kinematischen Bestimmtheit eines Tragwerks sowie für die Verschiebungsfigur beim Prinzip der virtuellen Verrückungen brauchten. Die Zusammenhänge für einen Polplan haben wir uns mithilfe von ▸ Abb. 7.11 hergeleitet. Die zugehörigen Regeln aus *Band 1* bei der hier dargestellten infinitesimalen Drehung $d\varphi$ um den Pol Π sind in ▸ Tab. 7-2 aufgeführt. Sehr wichtig ist hierbei, dass ein Punkt P bei einer infinitesimalen Drehung $d\varphi$ um den Pol Π die Bewegung entlang der Tangente du_P und nicht auf der Kreisbahn ds_P stattfindet.

---

[20] Hierbei bedeutet *statisch unbestimmt*, dass das Abzählkriterium nicht erfüllt ist ($x > 0$) und das System somit x-fach statisch unbestimmt ist.

Tab. 7-2 Regeln für ebene infinitesimale Bewegungen

- Momentanpol (kurz: Pol): Drehpunkt, um den ein Starrkörper im Moment (Zeitpunkt) als nur drehend angesehen und behandelt werden kann.
- Die Bewegung eines Starrkörpers kann gleichgesetzt werden mit einer Drehung $d\varphi$ um einen Momentanpol bzw. Pol Π.
- Bei infinitesimalen (unendlich kleinen) Drehungen $d\varphi$ verläuft die Bewegung entlang der Tangente anstatt auf der Kreisbahn. Somit kann der Kreisbogen ds_P näherungsweise als Tangente du_P betrachtet werden.
- Für kleine Winkeländerungen $d\varphi$ gilt die Kleinwinkelnäherung:
  $\sin d\varphi \approx d\varphi$; $\cos d\varphi \approx 1$; $\tan d\varphi \approx d\varphi$
- Der Betrag der Verschiebung des Punktes P berechnet sich zu: $du_P = \overline{\Pi P} \cdot d\varphi$
- Es gilt: die Verschiebung du_P steht immer senkrecht auf dem Polstrahl $\overline{\Pi P}$.
- Die Verschiebungen du_P und du_Q sind proportional zueinander (Strahlensatz beachten).
- Bei einer reinen Translation liegt der Pol im Unendlichen.

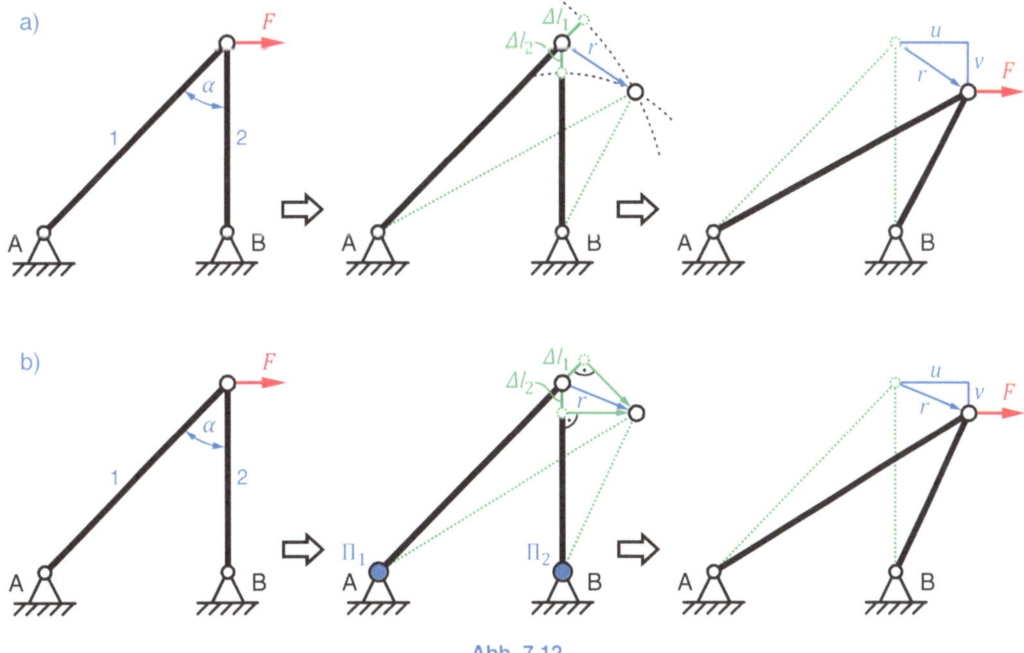

Abb. 7.12

Für ein einfaches Stabsystem ist dieser Sachverhalt in ▸ Abb. 7.12 dargestellt. In a) ist die reale Verschiebung des Kraftangriffspunktes zu sehen. Aufgrund der Verlängerung Δl_1 und der Verkürzung Δl_2 bewegen sich die Enden der beiden Stäbe auf Kreisbahnen um die beiden Lager A und B. Der Kraftangriffspunkt verschiebt sich somit nach rechts unten, in

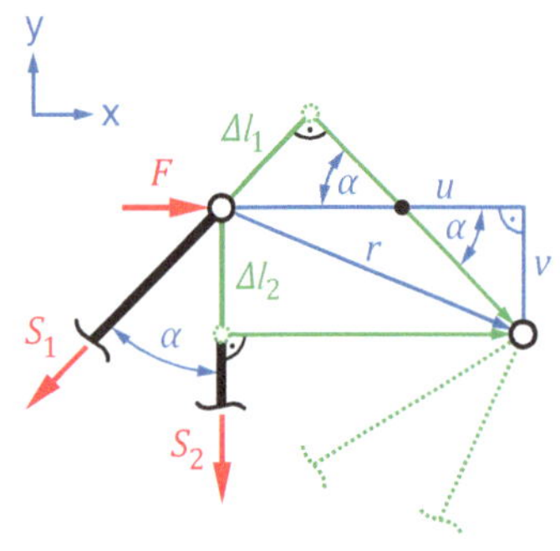

Abb. 7.13

den Schnittpunkt der beiden Kreisbahnen. Die Verschiebung ist hier mit r bezeichnet. Im Vergleich dazu ist in b) die Verschiebung des Kraftangriffspunktes nach den Regeln für eine infinitesimale Bewegung dargestellt. Die Kreisbahnen gehen in ihre jeweiligen Tangenten über und im Schnittpunkt der beiden Tangenten befindet sich dann der um den Weg r verschobene Kraftangriffspunkt bzw. die beiden Enden der verformten Stäbe.

Die anhand dieses Beispiels in blau dargestellte Verschiebung r können wir grafoanalytisch anhand der Einzelverschiebungen u (in x-Richtung) und v (in y-Richtung) berechnen, siehe ▶ Abb. 7.13. Die beiden Stabkräfte S_1 und S_2 erhalten wir mittels Knotenpunktverfahren bzw. Gleichgewichtsbedingungen am Kraftangriffspunkt:

$$\rightarrow: \ 0 = -S_1 \cdot \sin \alpha + F \qquad \rightarrow \ S_1 = \frac{F}{\sin \alpha}$$

$$\uparrow: \ 0 = -S_1 \cdot \cos \alpha - S_2 \qquad \rightarrow \ S_2 = -S_1 \cdot \cos \alpha = -\frac{F}{\tan \alpha}$$

Die beiden Längenänderungen Δl_1 und Δl_2 können wir dann mit der FLEA-Gleichung (7.8) auf S. 117 berechnen:

$$\Delta l_1 = \frac{S_1 \cdot l_1}{E \cdot A} = \frac{F \cdot l_1}{\sin \alpha \cdot E \cdot A}$$

$$\Delta l_2 = \frac{S_2 \cdot l_2}{E \cdot A} = -\frac{F \cdot l_2}{\tan \alpha \cdot E \cdot A}$$

Nun lässt sich die Verschiebungsfigur, wie in ▶ Abb. 7.13 dargestellt, zeichnen. Die beiden Verschiebungen u und v des Kraftangriffspunktes können wir nun mithilfe der Geometrie an der Verschiebungsfigur bestimmen. Die Verschiebung u setzt sich aus zwei Anteilen zusammen, welche mithilfe des Winkels α und die durch den schwarzen Punkt getrennten beiden rechtwinkligen Dreiecke berechnet werden:

$$u = \frac{\Delta l_1}{\sin \alpha} + \frac{\Delta l_2}{\tan \alpha}$$

$$v = \Delta l_2$$

Die Gesamtverschiebung r ist dann nur noch die Zusammenfassung der Einzelverschiebungen u und v:

$$r = \sqrt{u^2 + v^2}$$

Mit dieser schrittweisen Berechnung der Stabkräfte, gefolgt von den Längenänderungen und mittels Verschiebungsfigur schließlich die Verschiebungen, lassen sich Fachwerke mit geringer Anzahl an Stäben berechnen. Angemerkt sei noch, dass sich auch einige *statisch unbestimmte Stabsysteme* so berechnen lassen. Dann müssen aber die Längenänderungen und die Stabkräfte in gemeinsam zu lösenden Gleichungen miteinander verbunden werden. Bei sehr einfachen Stabsystemen ist diese Abhängigkeit der Stabkräfte und Längenänderungen recht einfach zu erkennen. Diese Abhängigkeit wird auch als sogenannte *Kompatibilitätsbedingungen* bezeichnet. In unserem einfachen Beispiel ist die Abhängigkeit der Längenänderungen und Stabkräfte durch die Kraft F gegeben. Nachfolgend sind in ▶ Abb. 7.14 die Kompatibilitätsbedingungen einfacher statisch unbestimmter Stabsysteme dargestellt, welche sich mittels Verschiebungsfigur leicht überlegen lassen.

a)

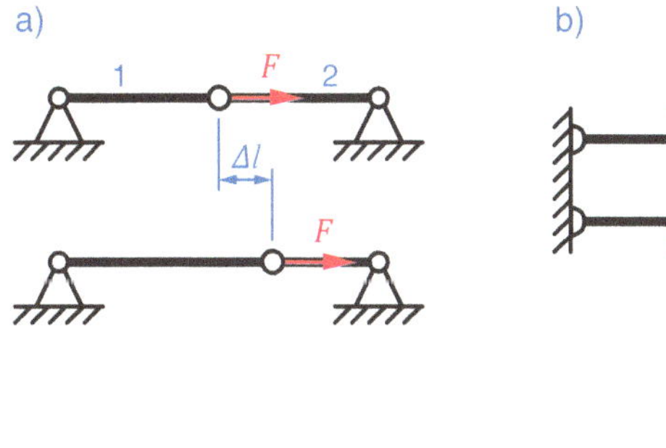

b)

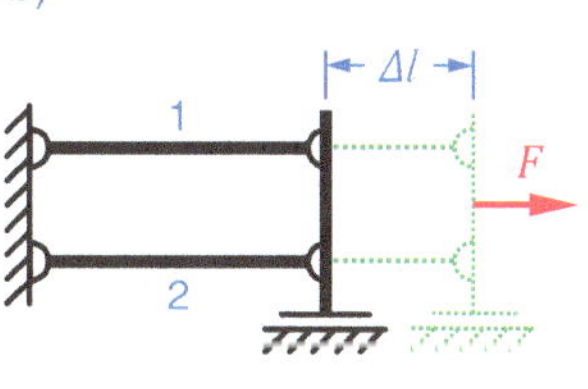

c)

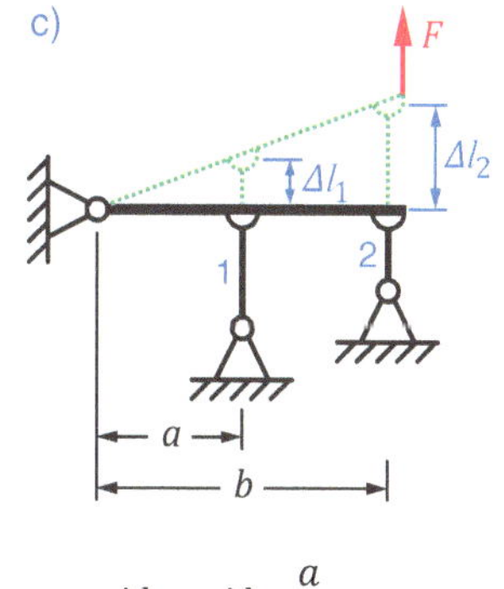

$$\Delta l_1 = -\Delta l_2 \qquad\qquad \Delta l_1 = \Delta l_2 \qquad\qquad \Delta l_1 = \Delta l_2 \cdot \frac{a}{b}$$

Abb. 7.14

Vorgehensweise

- Berechnung der Stabkräfte S_i mittels Gleichgewichtsbedingungen bzw. Knotenpunktverfahren.
- Bestimmung der Längenänderungen Δl_i mittels FLEA-Gleichung ggf. mit Temperatureinfluss:

$$\Delta l_i = \frac{S_i \cdot l_i}{E_i \cdot A_i} + \alpha_T \cdot \Delta T \cdot l_i$$

- Zeichnen der Verschiebungsfigur.
  (Bei einer Drehbewegung um einen Pol, stehen die Verschiebungen der Stabenden senkrecht auf den Stäben.)
- Berechnung der Stabspannungen mittels:

$$\sigma_i = \frac{S_i}{A_i}$$

In Kürze

Modellannahmen für Stäbe

- Die Stabquerschnitte bleiben bei Belastung eben.
- Die Stabquerschnitte verschieben sich nur in Stablängsrichtung (es treten ausschließlich Dehnungen auf).
- Die Normalspannung σ ist gleichförmig über die Stabquerschnittsfläche verteilt.
- Die Querdehnung (Einschnürung in Querrichtung) kann vernachlässigt werden.

Der homogene Stab

- Die Querschnittsfläche A ist entlang der Stabachse konstant.
- Der Elastizitätsmodul E und die Wärmeleitfähigkeit α_T sind entlang der Stabachse konstant.
- Die Erwärmung ΔT ist im gesamten Stab konstant.
- Als Belastung treten nur Zug- oder Druckkräfte an den Stabenden auf.

Allgemeine Stabverlängerung:

$$\Delta l = \int\limits_{x=0}^{l} \left(\frac{F}{E \cdot A} + \alpha_T \cdot \Delta T \right) \cdot \partial x$$

Stabverlängerung infolge einer Kraft mit Temperatureinfluss:

$$\Delta l = \frac{F \cdot l}{E \cdot A} + \alpha_T \cdot \Delta T \cdot l$$

Der inhomogene Stab

Mindestens eine der folgenden Größen entlang der Stabachse x ist kontinuierlich veränderlich:

- Querschnittsfläche $A_{(x)}$
- Elastizitätsmodul $E_{(x)}$
- Wärmeleitfähigkeit $\alpha_{T(x)}$
- Erwärmung $\Delta T_{(x)}$
- Belastung: Streckenlast $n_{(x)}$

Gleichgewichtsbedingung:

$$N'_{(x)} = -n_{(x)}$$

Äquivalenzbedingung:

$$N_{(x)} = \sigma_{(x)} \cdot A$$

Elastizitätsgesetz:

$$\varepsilon_{ges} = \frac{\sigma}{E} + \alpha_T \cdot \Delta T$$

kinematische Beziehung:

$$\varepsilon_{ges} = u' = \frac{\Delta l}{l} = \varepsilon + \varepsilon_T$$

Differenzialgleichung bei konstanter Dehnsteifigkeit:

$$E \cdot A \cdot u'' = -n_{(x)}$$

Integrationsmethode *zur Bestimmung der Normalkraft* $N_{(x)}$ *und der Stabverlängerung* $u_{(x)}$:

$$E \cdot A \cdot u''_{(x)} = -n_{(x)}$$

$$E \cdot A \cdot u'_{(x)} = N_{(x)} = \int -n_{(x)} \cdot dx + C_1$$

$$E \cdot A \cdot u_{(x)} = \iint -n_{(x)} \cdot dx \cdot dx + C_1 \cdot x + C_2$$

Die *blauen Terme* sind von der jeweiligen Funktion der Streckenlast $n_{(x)}$ abhängig und die *grünen Terme* beinhalten die Integrationskonstanten C_1 und C_2 und sind für jede Streckenlastfunktion identisch.

Rand- und Übergangsbedingungen:
▸ Tab. 7-1 auf S. 123

Wärmespannungen

Wärmespannungen eines homogenen und statisch unbestimmten Stabes mit überlagerter Normalkraftbelastung N:

$$\sigma_T = \frac{N}{A} - \alpha_T \cdot \Delta T \cdot E$$

7.7 Aufgaben zu Kapitel 7

Aufgabe 7.1

Auf zwei Stäben mit gleichem quadratischem Querschnitt ($a = 80$ mm, $h = 600$ mm, $l = 1,2$ m) aber unterschiedlichen Elastizitäts-Moduli ($E_A = 186.000$ MPa, $E_B = 93$ GPa) liegt eine starre unverformbare Platte.

Wie groß muss der Abstand x sein, damit die Platte bei wirkender Kraft $F = 250$ kN horizontal bleibt?

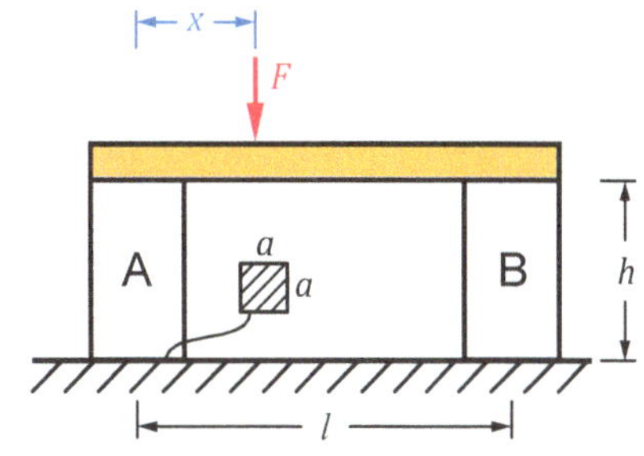

Aufgabe 7.2

Ein runder Stab ($d = 3$ cm) aus Kupfer ($l = 2$ dm, $\alpha_T = 17 \cdot 10^{-6}$ K^{-1}, $E = 126$ GPa) ist in A fest eingespannt, so dass ein Abstand von $a = 0,25$ mm zum unelastischen Lager B besteht.

Wie groß muss die Temperaturänderung ΔT im Stab werden, damit der Stab das Lager B berührt und im Stab eine Druckspannung von $\sigma_d = 140$ N/mm² herrscht?

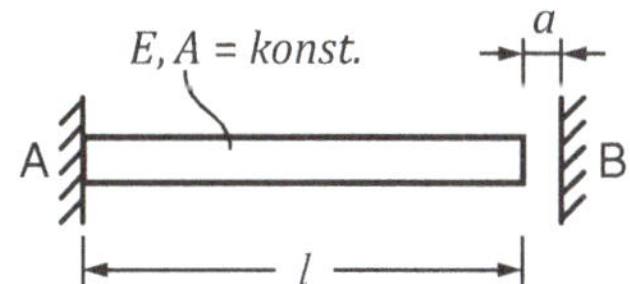

Aufgabe 7.3

Zwei runde Stäbe ($d = 30$ mm) aus Kupfer ($l_{Cu} = 100$ mm, $\alpha_T = 17 \cdot 10^{-6}$ K^{-1}, $E = 126$ GPa) und Aluminium ($l_{Al} = 200$ mm, $\alpha_T = 23 \cdot 10^{-6}$ K^{-1}, $E = 70$ GPa) sind fest eingespannt, so dass ein Abstand von $a = 0,7$ mm vorhanden ist. Die Raumtemperatur beträgt 21°C.

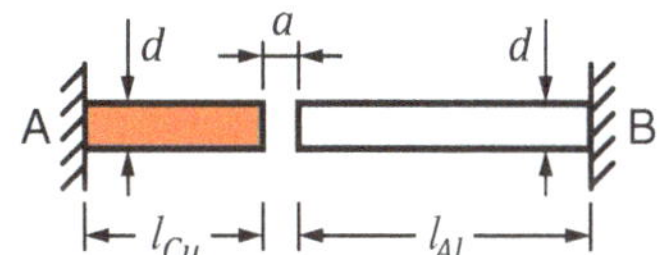

a) Wie groß sind die Spannungen in den beiden Stäben, wenn das ganze System auf 135°C erwärmt wird?

b) Wie groß ist die Längenänderung der beiden Stäbe?

Aufgabe 7.4

Ein beidseitig fest eingespannter Stab ($l = 10$ dm, $E = 70$ N/mm², $v = 0{,}34$, $A = 30$ mm²) wird durch eine konstante Streckenlast $n_0 = 15$ kN/m belastet.
Wie groß sind die Verschiebung u und die Spannung σ in der Mitte des Stabes?

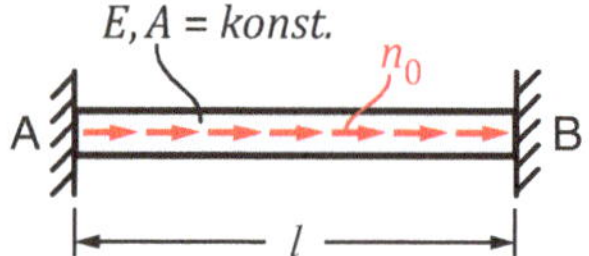

Aufgabe 7.5

Ein Stabsystem aus Messing ($d = 0{,}5$ cm, $E = 100.000$ N/mm², $v = 0{,}37$, $R_{p0,2} = 270$ N/mm², $R_m = 385$ N/mm²) wird mit der Kraft $F = 1{,}3$ kN belastet. Alle Stäbe haben die gleiche Länge $l = 300$ mm.

a) Wie groß ist die Verschiebung am Lager B?
b) Wie groß ist die Sicherheit gegen Fließen?
c) Wie groß muss der Stabdurchmesser sein, damit nur die halbe Verschiebung auftritt?

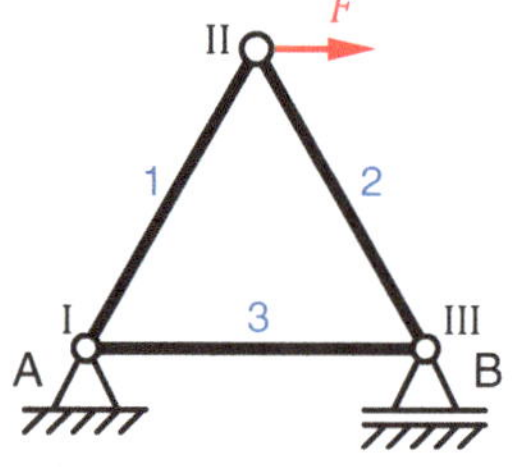

Aufgabe 7.6

Ein Stabsystem aus Stahl ($a = 1{,}5$ m, $\alpha = 60°$, $E = 200.000$ N/mm², $v = 0{,}3$) besteht aus drei Stäben. Alle Stäbe besitzen die gleiche Querschnittsfläche $A = 400$ mm².

Wie groß muss die Kraft F sein, damit sich der Kraftangriffspunkt D um 2 mm nach rechts bewegt?

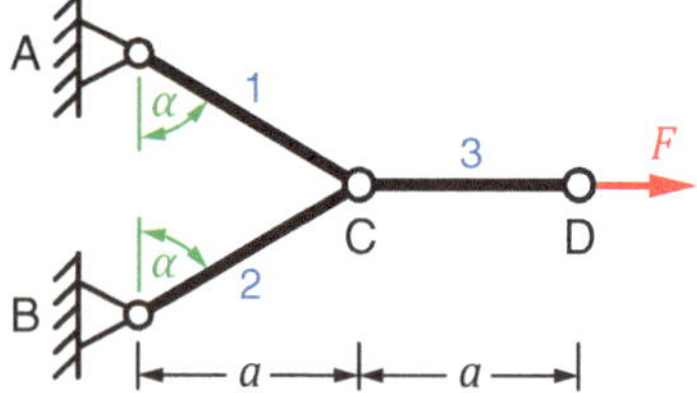

8 Flächenträgheitsmomente

Lösungen

Aufgabe 7.1 $x = 400$ mm

Aufgabe 7.2 $\Delta T = 139$ K

Aufgabe 7.3 $\sigma_{Cu} = \sigma_{Al} = -5$ N/mm^2 $\Delta l_{Cu} = 0{,}19$ mm $\Delta l_{Al} = 0{,}51$ mm

Aufgabe 7.4 $u_{(x=l/2)} = 0{,}89$ mm $\sigma_{(x=l/2)} = 0$

Aufgabe 7.5 $u_{x,B} = 0{,}1$ mm $S_{F,1} = 4{,}08$ $d = 7{,}07$ mm

                                                     $S_{F,2} = 4{,}08$

                                                     $S_{F,3} = 8{,}16$

Aufgabe 7.6 $F = 60{,}27$ kN

© Springer Fachmedien Wiesbaden GmbH, ein Teil von Springer Nature 2019

C. Spura, *Technische Mechanik 2. Elastostatik*,

https://doi.org/10.1007/978-3-658-19979-1_8

Das *Flächenträgheitsmoment*, auch Flächenmoment 2. Ordnung genannt, ist eine rein geometrische Größe und hängt ausschließlich vom Querschnitt eines Balkens ab. Anwendung findet das Flächenträgheitsmoment bei der Berechnung der *Durchbiegung*, den *auftretenden Spannungen* infolge Biegung, Schub und Torsion eines Balkens sowie bei *Stabilitätsuntersuchungen* (Knicken, Beulen). Das Flächenträgheitsmoment beschreibt somit den Widerstand einer Fläche gegen eine bestimmte Belastung. Abhängig von der Belastungsart kommen verschiedene Flächenträgheitsmomente zum Einsatz. Bei gerader Biegung wird das *axiale Flächenträgheitsmoment*, bei schiefer Biegung sowie asymmetrischen Balkenquerschnitten wird das *biaxiale Flächenträgheitsmoment* (Deviationsmoment) und bei Torsion wird für kreisrunde Querschnitte das *polare Flächenträgheitsmoment* sowie bei nicht-kreisrunden Querschnitten das *Torsionsträgheitsmoment* verwendet. Zudem muss bei einer parallelverschobenen Bezugsachse der sogenannte STEINER-Anteil bei der Berechnung des Flächenträgheitsmoments beachtet werden.

Zur Beschreibung des Flächenträgheitsmoments müssen wir ein wenig ausholen. Betrachten wir dazu zunächst den in ▸ Abb. 8.1 dargestellten Balken. Im Fall a) ist der Balken hochkant, im Fall b) flachkant angeordnet. In beiden Fällen wird der Balken durch eine gleichgroße Kraft F belastet. Aufgrund der Kraft F kommt es zu einer Verbiegung des Balkens. Die Größe dieser Verformung ist bei einer hochkant Anordnung (Maß a) wesentlich kleiner als bei einer flachkant Anordnung (Maß b). Es ergibt sich also ein Zusammenhang zwischen der äußeren Belastung und der damit einhergehenden Verformung des Balkens[21]. Dies stellt auch gleichzeitig die Grundlage für die in den nächsten Kapiteln folgende *Balkentheorie* dar.

Wenn nun also ein Zusammenhang zwischen der äußeren Belastung und der Verformung vorhanden ist, die Belastung aber in ▸ Abb. 8.1 identisch ist, muss die Anordnung und Lage des Balkens für die Größe der vorhandenen Verbiegung verantwortlich sein. Und damit wären wir dann auch schon beim *Flächenträgheitsmoment* angekommen. Das Flächenträgheitsmoment, auch *Flächenmoment 2. Ordnung* genannt, ist eine aus dem Balkenquerschnitt und dessen Lage abgeleitete rein geometrische Größe. Im Grunde beschreibt das Flächenträgheitsmoment den Widerstand eines Balkenquerschnitts (also

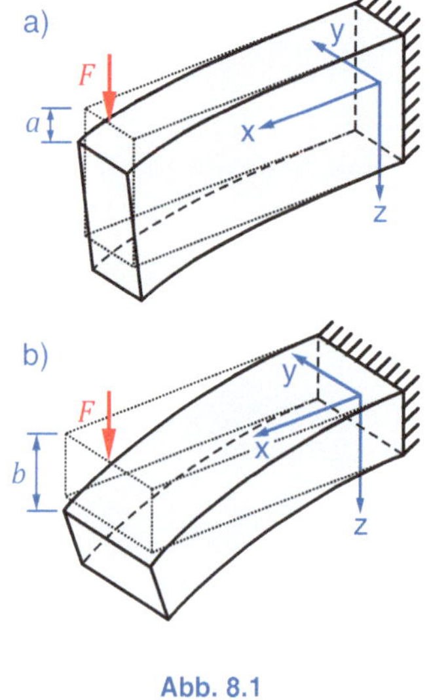

Abb. 8.1

---

21 Nach: Galileo GALILEI 1564–1642), ital. Universalgelehrter, Philosoph, Mathematiker, Ingenieur, Physiker, Astronom, Kosmologe, in seinem Werk *Discorsi e Dimostrazioni Matematiche intorno a due nuove scienze*.

einer Fläche) gegen eine Belastung und somit gegen eine Verformung. In der Elastostatik dient das Flächenträgheitsmoment zur Berechnung von Verformungen und Spannungen infolge Biegung, Schub und Torsion sowie bei Stabilitätsuntersuchungen (Knicken, Beulen).

8.1 Definition

Generell lassen sich Flächenmomente anhand ihrer jeweiligen Ordnung einteilen:

- *0. Ordnung*: Querschnittsfläche, Einheit [mm^2]
- *1. Ordnung*: statisches Moment, Einheit [mm^3]
- *2. Ordnung*: Flächenträgheitsmoment, Einheit [mm^4]

Dabei ist zu beachten, dass Flächenmomente rein geometrische Größen sind und diese ausschließlich von der Größe, Form und Lage der jeweiligen Fläche abhängen. Im weiteren Verlauf dieses Buches wollen wir verstärkt die Berechnungen an Balken durchführen und daher nochmals kurz auf das für Balken gedreht angeordnete Koordinatensystem in ▶ Abb. 8.1 verweisen. Für die nun folgende Berechnung der Flächenmomente schauen wir auf die Stirnseite des Balkens (*y-z*-Ebene) und somit auf dessen Querschnittsfläche.

Die Berechnung der Flächenmomente wollen wir nun ganz allgemeingültig anhand der in ▶ Abb. 8.2 dargestellten beliebig geformten Fläche A durchführen. Dazu zerlegen wir die Fläche A in infinitesimale Flächenelemente dA. Für die Größe der Fläche A, also das Flächenmoment 0. Ordnung, ergibt sich:

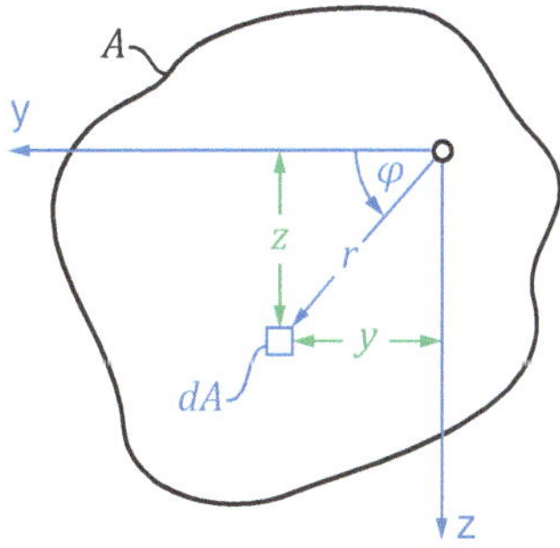

Abb. 8.2

$$A = \int dA \qquad (8.1)$$

Flächenmoment 0. Ordnung

Die statischen Momente, auch Flächenmoment 1 Ordnung, unserer Querschnittsfläche A bezüglich der *y*- und *z*-Achse, erhalten wir anhand der Berechnung aus *Band 1* zu:

$$S_y = \int z \cdot dA \qquad S_z = \int y \cdot dA \qquad (8.2)$$

Flächenmoment 1. Ordnung

Beim Flächenmoment 2. Ordnung gibt es eine Unterteilung in vier verschiedene Flächenmomente:

$$I_y = \int z^2 \cdot dA \qquad I_z = \int y^2 \cdot dA \qquad (8.3)$$

axiale Flächenträgheitsmomente

$$I_{yz} = I_{zy} = -\int y \cdot z \cdot dA \qquad (8.4)$$

biaxiales Flächenträgheitsmoment

$$I_p = \int r^2 \cdot dA = \int (z^2 + y^2) \cdot dA = I_y + I_z \qquad (8.5)$$

polares Flächenträgheitsmoment

▶ Die **axialen Flächenträg-heitsmomente** I_y **und** I_z sind **immer positiv**.

▶ Das **polare Flächenträg-heitsmoment** I_p gilt nur für **kreisrunde Flächen** und ist **immer positiv**.

▶ Das **biaxiale Flächenträg-heitsmoments** I_{yz} kann **positiv**, **negativ** oder **Null** werden. Hat die Querschnittsfläche eine Symmetrie bzgl. einer Achse, ist I_{yz} Null.

Die beiden axialen Flächenträgheitsmomente I_y und I_z werden zur Berechnung von Normalspannungen und den Verformungen bei gerader Biegung verwendet. Das biaxiale Flächenträgheitsmoment (auch Deviationsmoment) wird angewendet, wenn ein asymmetrischer Balkenquerschnitt eine gerade Biegung erfährt oder wenn ein Balkenquerschnitt eine asymmetrische Belastung (eine bestimmte Art der schiefen Biegung) erfährt. Das polare Flächenträgheitsmoment wird bei Torsion verwendet.

Da in den Gleichungen (8.3) zur Berechnung der axialen Flächenträgheitsmomente I_y (auf die y-Achse bezogen) und I_z (auf die z-Achse bezogen) die quadrierten Abstände z^2 und y^2 zur Mitte des infinitesimalen Flächenelements dA enthalten sind, werden wir für diese Flächenträgheitsmomente stets positive Werte erhalten.

Das polare Flächenträgheitsmoment I_p nach Gl. (8.5) können wir auch mittels der axialen Flächenträgheitsmomente I_y und I_z berechnen. Somit erhalten wir auch für I_p immer positive Werte. Zu beachten ist, dass I_p ausschließlich für kreisrunde Querschnittsflächen A gilt. Bei nicht-kreisrunden Querschnitten gibt es eine andere Berechnung, auf die wir in *Kapitel 11: Torsion* noch näher eingehen werden.

Bei der Berechnung des biaxialen Flächenträgheitsmoments I_{yz} sind in Gl. (8.4) die y- und z-Koordinate des Mittelpunkts von dA in der ersten Potenz enthalten. Daher kann I_{yz} positiv, negativ oder auch Null werden. Das auf den ersten Blick nicht so ganz passende Minuszeichen ist soweit üblich, da hierdurch die später folgenden Gleichungen der Transformationsbeziehungen für die Drehung des Koordinatensystems den gleichen Aufbau haben wie die Transformationsbeziehungen des Spannungs- und Verzerrungszustands. Des Weiteren ist zu beachten, dass I_{yz} immer Null ist, wenn die Querschnittsfläche A eine Symmetrie bzgl. einer Achse besitzt.

8.2   Berechnung beliebig geformter Flächen

Nachfolgend wollen wir die Berechnungsmöglichkeiten der Flächenträgheitsmomente I_y, I_z und I_{yz} für beliebig geformte Flächen in einem kartesischen Koordinatensystem zeigen. Dazu legen wir zuerst einmal den Ursprung unseres y-z-Koordinatensystems in den Flächenschwerpunkt S. Dann müssen wir uns lediglich überlegen, wie wir das in den Gleichungen (8.3) bis (8.5) enthaltene infinitesimale Flächenelement dA bilden. Dazu haben wir drei Möglichkeiten.

8.2.1 Infinitesimales Flächenelement

Wir verwenden ein infinitesimales Flächenelement dA mit den Seitenlängen dy und dz, siehe ▶ Abb. 8.3:

$$dA = dy \cdot dz \tag{8.6}$$

Da das Flächenelement in beide Koordinatenrichtungen infinitesimal ist, müssen wir das Doppelintegral zur Berechnung benutzen:

$$I_y = \int z^2 \cdot dA = \int \int z^2 \cdot dy \cdot dz$$

$$I_z = \int y^2 \cdot dA = \int \int y^2 \cdot dy \cdot dz \tag{8.7}$$

$$I_{yz} = -\int y \cdot z \cdot dA = -\int \int y \cdot z \cdot dy \cdot dz$$

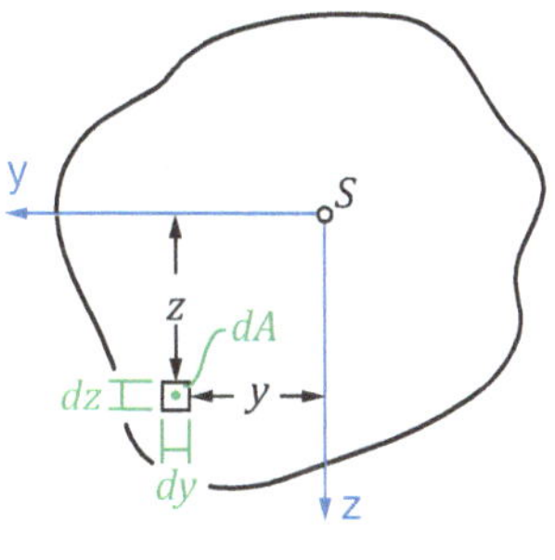

Abb. 8.3

8.2.2 Vertikaler infinitesimaler Flächenstreifen

In ▶ Abb. 8.4 benutzen wir einen vertikal angeordneten und zur z-Achse parallel verlaufenden infinitesimalen Flächenstreifen der Dicke dy. Damit besitzen alle Punkte auf dem Flächenstreifen die gleiche y-Koordinate zur z-Achse. Die Höhe $h_{(y)}$ des Flächenstreifens ist von der y-Koordinate abhängig. Damit ergibt sich für das Flächenelement dA in den Gleichungen (8.3) bis (8.5) die Berechnung:

$$dA = h_{(y)} \cdot dy \tag{8.8}$$

Somit können wir die Einfachintegrale zur Berechnung der Flächenträgheitsmomente beibehalten.

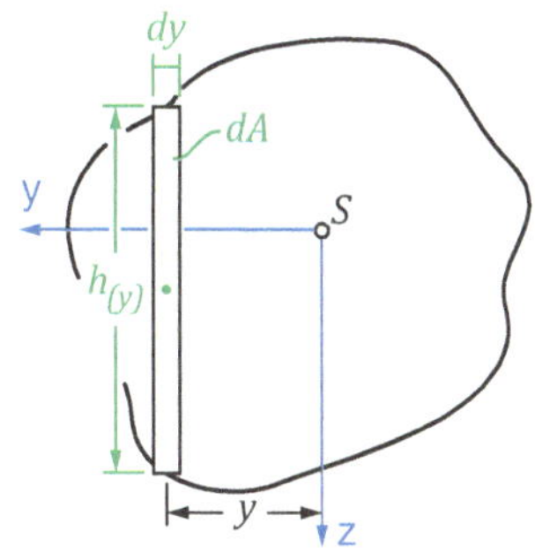

Abb. 8.4

8.2.3 Horizontaler infinitesimaler Flächenstreifen

Analog zum vertikalen Flächenstreifen können wir auch einen horizontal angeordneten Flächenstreifen verwenden, siehe ▶ Abb. 8.5. Dieser horizontale Flächenstreifen verläuft parallel zur y-Achse, sodass alle Punkte auf dem Flächenstreifen den gleichen Abstand z zur y-Achse besitzen. Die Dicke des Flächenstreifens ist entsprechend dz. Die Breite $b_{(z)}$ des Flächenstreifens ist von der z-Koordinate abhängig. Damit ergibt sich für das Flächenelement dA in den Gleichungen (8.3) bis (8.5):

$$dA = b_{(z)} \cdot dz \tag{8.9}$$

Auch hier können wir die Einfachintegrale beibehalten.

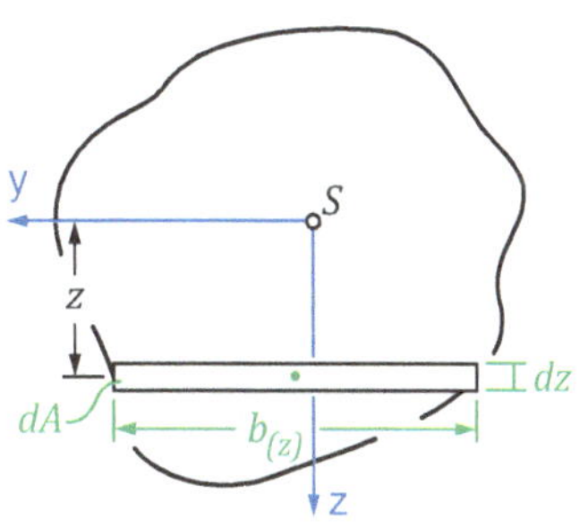

Abb. 8.5

Beispiel 8.1

Für die nebenstehende Rechteckfläche sind folgende Flächenträgheitsmomente bezüglich der Schwerachsen im dargestellten y-z-Koordinatensystem zu bestimmen:

a) axiales Flächenträgheitsmoment I_y
b) axiales Flächenträgheitsmoment I_z
c) biaxiales Flächenträgheitsmoment I_{yz}

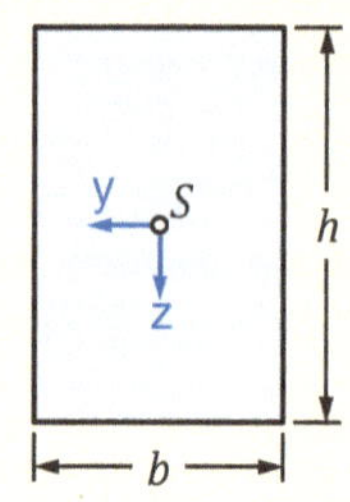

Lösung

a) Da wir hier eine Rechteckfläche mit konstanter Höhe und konstanter Breite haben, können wir die Berechnung am einfachsten mit dem infinitesimalen Flächenstreifen durchführen. Dazu verwenden wir zur Bestimmung des axialen Flächenträgheitsmomentes I_y (bzgl. der y-Achse) einen horizontalen Flächenstreifen der Höhe dz und der Breite b (die Breite b ist unsere Rechteckbreite), bei dem alle Punkte auf dem Flächenstreifen den gleichen Abstand z zur y-Achse besitzen. Für unser infinitesimales Flächenelement dA ergibt sich:

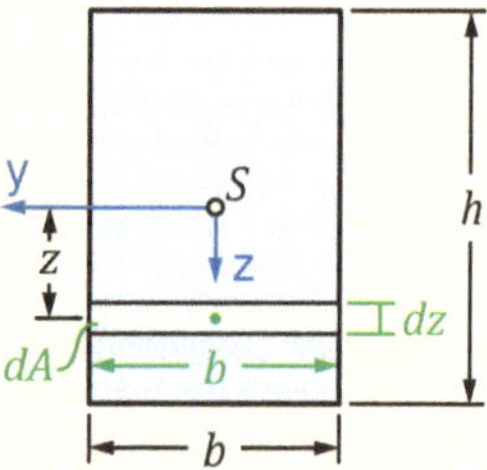

$$dA = b \cdot dz$$

Unseren Flächenstreifen lassen wir dann von der oberen ($-h/2$) bis zur unteren ($+h/2$) Kante des Rechtecks laufen und erhalten damit für das axialen Flächenträgheitsmomentes I_y:

$$I_y = \int z^2 \cdot dA = \int\limits_{-\frac{h}{2}}^{+\frac{h}{2}} z^2 \cdot b \cdot dz = \frac{1}{3} \cdot b \cdot z^3 \Big|_{-\frac{h}{2}}^{+\frac{h}{2}} \quad \rightarrow \quad \underline{\underline{I_y = \frac{b \cdot h^3}{12}}}$$

b) Zur Berechnung des axialen Flächenträgheitsmomentes I_z (bzgl. der z-Achse) verwenden wir ebenfalls einen infinitesimalen Flächenstreifen, welchen wir dieses Mal vertikal anordnen. Der Flächenstreifen hat somit die Breite dy und die Höhe h. Zudem besitzen alle Punkte auf unserem Flächenstreifen den identischen Abstand y zur z-Achse. Die Integration erfolgt dann in den Grenzen von der rechten ($-b/2$) bis zur linken ($+b/2$) Kante unseres Rechtecks. Für unser infinitesimales Flächenelement dA haben wir:

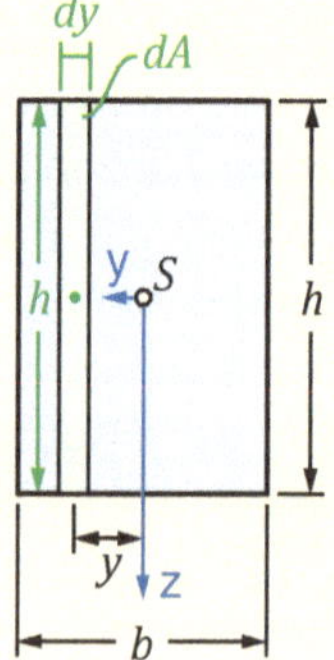

$$dA = h \cdot dy$$

Für das axiale Flächenträgheitsmoment I_z folgt dann:

$$I_z = \int y^2 \cdot dA = \int_{-\frac{b}{2}}^{+\frac{b}{2}} y^2 \cdot h \cdot dy = \frac{1}{3} \cdot h \cdot z^3 \bigg|_{-\frac{b}{2}}^{+\frac{b}{2}} \qquad \rightarrow \quad \underline{\underline{I_z = \frac{h \cdot b^3}{12}}}$$

c) Die Berechnung des biaxialen Flächenträgheitsmoments I_{yz} brauchen wir nicht mehr durchführen, da unsere Rechteckfläche eine Symmetrie bzgl. der y- und auch bzgl. der z-Achse besitzt. Damit folgt für das biaxialen Flächenträgheitsmoments I_{yz}:

$$\rightarrow \quad \underline{\underline{I_{yz} = 0}}$$

Für die nebenstehende Dreieckfläche sind folgende Flächenträgheitsmomente bezüglich der Schwerachsen im dargestellten y-z-Koordinatensystem zu bestimmen:

a) axiales Flächenträgheitsmoment I_y
b) axiales Flächenträgheitsmoment I_z
c) biaxiales Flächenträgheitsmoment I_{yz}

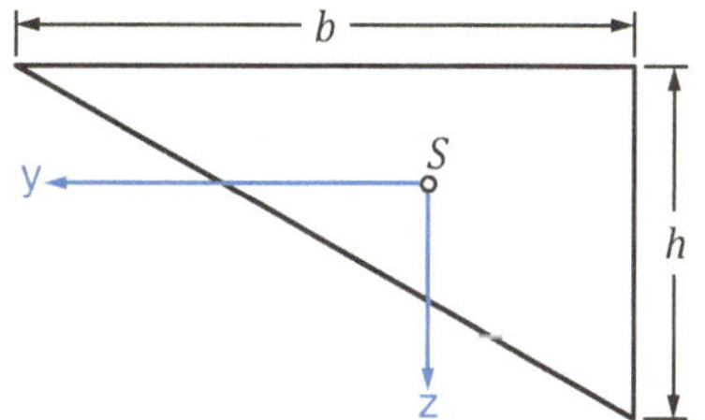

Lösung

Bevor wir mit der Berechnung der Flächenträgheitsmomente anfangen, sollten wir uns überlegen, wie wir die Dreieckfläche im verwendeten Koordinatensystem beschreiben können. Da es sich bei einem Dreieck im Grund um eine Gerade (Hypotenuse) handelt, welche durch die Breite b und die Höhe h begrenzt ist, können wir zur Beschreibung die Geradengleichung aufstellen:

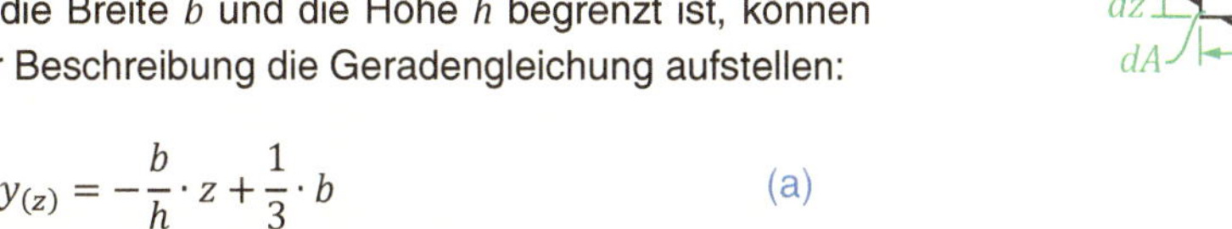
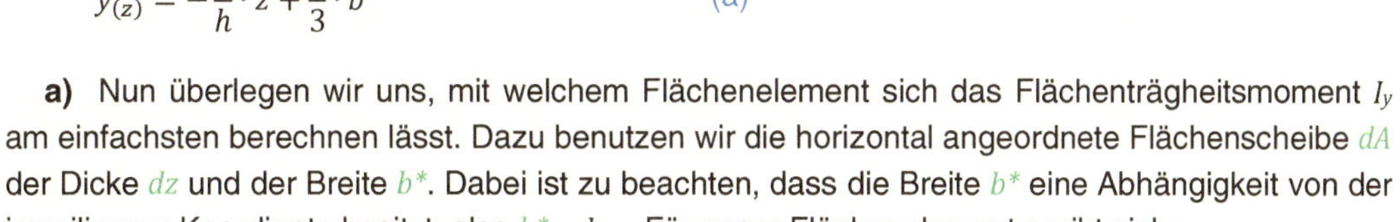

$$y_{(z)} = -\frac{b}{h} \cdot z + \frac{1}{3} \cdot b \qquad\qquad \text{(a)}$$

a) Nun überlegen wir uns, mit welchem Flächenelement sich das Flächenträgheitsmoment I_y am einfachsten berechnen lässt. Dazu benutzen wir die horizontal angeordnete Flächenscheibe dA der Dicke dz und der Breite b^*. Dabei ist zu beachten, dass die Breite b^* eine Abhängigkeit von der jeweiligen z-Koordinate besitzt, also $b^* = b_{(z)}$. Für unser Flächenelement ergibt sich:

$$dA = b^* \cdot dz \qquad\qquad \text{(b)}$$

Zudem brauchen wir die Koordinaten des Schwerpunkts S_E unseres Flächenstreifens, da wir diese in die Berechnungsgleichungen der Flächenträgheitsmomente einsetzen müssen. Für den Schwerpunkt S_E in y- und z-Richtung erhalten wir die Koordinaten:

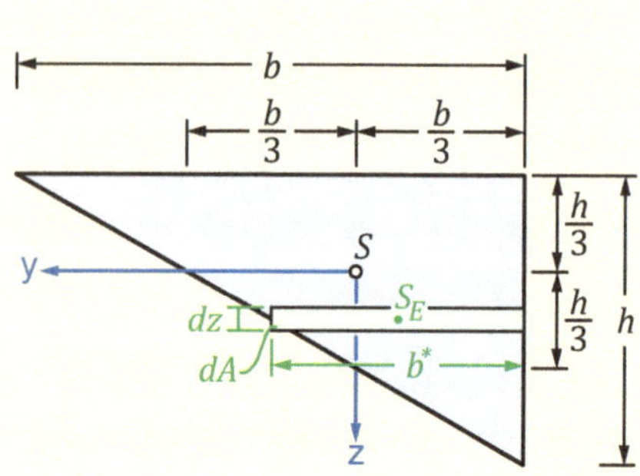

$$y_{S_E} = y - \frac{b^*}{2} \qquad\qquad z_{S_E} = z \qquad\qquad \text{(c)}$$

$$\text{mit: } b^* = y + \frac{b}{3} \qquad\qquad \text{(d)}$$

Unseren Flächenstreifen lassen wir dann von der oberen Kante ($-h/3$) bis zur unteren Spitze ($+2h/3$) laufen. Setzen wir die Gleichungen (c), (b), (d), (a) in dieser Reihenfolge in Gl. (8.3) ein, erhalten wir für das axialen Flächenträgheitsmomentes I_y:

$$\underline{\underline{I_y}} = \int z_{S_E}^2 \cdot dA = \int z^2 \cdot dA = \int z^2 \cdot b^* \cdot dz = \int z^2 \cdot \left[y + \frac{b}{3}\right] \cdot dz = \int z^2 \cdot \left[\left(-\frac{b}{h} \cdot z + \frac{1}{3} \cdot b\right) + \frac{b}{3}\right] \cdot dz$$

$$I_y = \int\limits_{-\frac{h}{3}}^{+\frac{2}{3}\cdot h} \left(-\frac{b}{h} \cdot z^3 + \frac{2}{3} \cdot b \cdot z^2\right) \cdot dz = -\frac{1}{4} \cdot \frac{b}{h} \cdot z^4 + \frac{2}{9} \cdot b \cdot z^3 \Bigg|_{-\frac{h}{3}}^{+\frac{2}{3}\cdot h} = \underline{\underline{\frac{b \cdot h^3}{36}}}$$

b) Für die Berechnung des axialen Flächenträgheitsmoments I_z gehen wir analog vor. Hier benutzen wir nun einen vertikal angeordneten Flächenstreifen. Die entsprechenden Gleichungen sind dann:

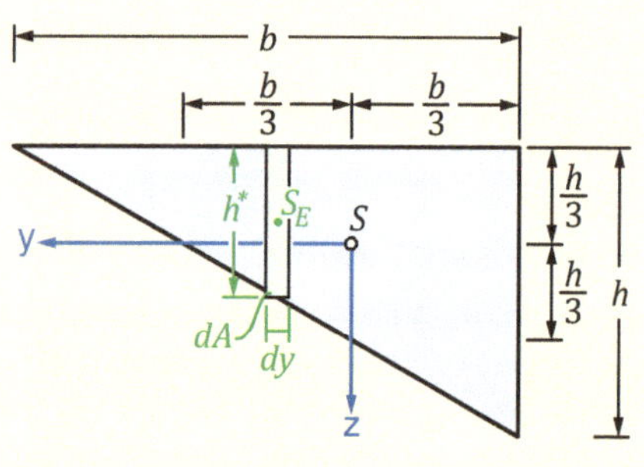

$$z_{(y)} = -\frac{h}{b} \cdot y + \frac{1}{3} \cdot h \qquad\qquad \text{(e)}$$

$$dA = h^* \cdot dy \qquad\qquad \text{(f)}$$

$$y_{S_E} = y \qquad\qquad z_{S_E} = z - \frac{h^*}{2} \qquad\qquad \text{(g)}$$

$$\text{mit: } h^* = z + \frac{h}{3} \qquad\qquad \text{(h)}$$

Setzen wir wieder alles in der Reihenfolge (g), (f), (h), (e) in Gl. (8.3) ein und integrieren von der rechten Kante ($-b/3$) bis zur linken Spitze ($+2b/3$), erhalten wir:

$$\underline{\underline{I_z}} = \int y_{S_E}^2 \cdot dA = \int y^2 \cdot dA = \int y^2 \cdot h^* \cdot dy = \int y^2 \cdot \left[z + \frac{h}{3}\right] \cdot dy = \int y^2 \cdot \left[\left(-\frac{h}{b} \cdot y + \frac{1}{3} \cdot h\right) + \frac{h}{3}\right] \cdot dy$$

$$I_z = \int\limits_{-\frac{b}{3}}^{+\frac{2}{3}\cdot b} \left(-\frac{h}{b} \cdot y^3 + \frac{2}{3} \cdot h \cdot y^2\right) \cdot dy = -\frac{1}{4} \cdot \frac{h}{b} \cdot y^4 + \frac{2}{9} \cdot h \cdot y^3 \Bigg|_{-\frac{b}{3}}^{+\frac{2}{3}\cdot b} = \underline{\underline{\frac{h \cdot b^3}{36}}}$$

c) Zur Berechnung des biaxialen Flächenträgheitsmoments I_{yz} können wir nun entweder den horizontalen oder vertikalen Flächenstreifen verwenden. Wir wollen die Berechnung mithilfe des vertikalen Flächenstreifens und den Gleichungen (e) bis (h) durchführen.

Da wir den vertikalen Flächenstreifen der Dicke dy verwenden, müssen wir auch die Integralgrenzen $(-b/3)$ bis $(+2b/3)$ benutzen (schließlich integrieren wir ja in Richtung der Flächenstreifendicke dy). Zur Berechnung des biaxialen Flächenträgheitsmoments I_{yz} setzen wir in der Reihenfolge (g), (f), (h), (e) alles in Gl. (8.4) ein und erhalten:

$$\underline{\underline{I_{yz}}} = -\int y_{S_E} \cdot z_{S_E} \cdot dA = -\int y \cdot \left(z - \frac{h^*}{2}\right) \cdot dA = -\int y \cdot \left[z - \frac{h^*}{2}\right] \cdot h^* \cdot dy$$

$$I_{yz} = -\int y \cdot \left[z - \frac{\left(z + \frac{h}{3}\right)}{2}\right] \cdot \left(z + \frac{h}{3}\right) \cdot dy$$

$$I_{yz} = -\int y \cdot \left[\left(-\frac{h}{b} \cdot y + \frac{1}{3} \cdot h\right) - \frac{\left(\left[-\frac{h}{b} \cdot y + \frac{1}{3} \cdot h\right] + \frac{h}{3}\right)}{2}\right] \cdot \left[\left(-\frac{h}{b} \cdot y + \frac{1}{3} \cdot h\right) + \frac{h}{3}\right] \cdot dy$$

$$I_{yz} = \int_{-\frac{b}{3}}^{+\frac{2}{3} \cdot b} \left(\frac{1}{2} \cdot \frac{h^2}{b^2} \cdot y^3 - \frac{1}{3} \cdot \frac{h^2}{b} \cdot y^2\right) \cdot dy = -\left(\frac{1}{8} \cdot \frac{h^2}{b^2} \cdot y^4 - \frac{1}{9} \cdot \frac{h^2}{b} \cdot y^3\right)\Bigg|_{-\frac{b}{3}}^{+\frac{2}{3} \cdot b} = \underline{\underline{\frac{b^2 \cdot h^2}{72}}}$$

8.3 Parallelverschiebung der Bezugsachsen

Bisher haben wir die Flächenträgheitsmomente nur für die Schwerachsen der jeweiligen Fläche berechnet. Da der Wert des Flächenträgheitsmoments von der Lage und damit von den Bezugsachsen abhängt, wollen wir nun den Zusammenhang bei parallelen Achsen ermitteln. Dazu betrachten wir die beiden in ▶ Abb. 8.6 dargestellten parallelen Koordinatensysteme. Das y-z-Koordinatensystem ist das Schwerachsensystem der dargestellten Fläche und dazu parallel verläuft das kartesische $\overline{y}$-$\overline{z}$-Koordinatensystem. In Bezug auf das Flächenelement dA erhalten wir dessen Lagekoordinaten im $\overline{y}$-$\overline{z}$-System zu:

$$\overline{y} = y + \overline{y}_S \qquad \overline{z} = z + \overline{z}_S$$

Die Anteile $\overline{y}_S$ und $\overline{z}_S$ sind im $\overline{y}$-$\overline{z}$-System die Schwerpunktkoordinaten unserer blauen Fläche, wodurch sich auch der Index "S" erklären lässt.

Setzen wir diese beiden Gleichungen in unsere Gleichungen (8.3) und (8.4) ein, erhalten wir damit die Flächenträgheitsmomente für ein beliebiges paralleles Koordinatensystem:

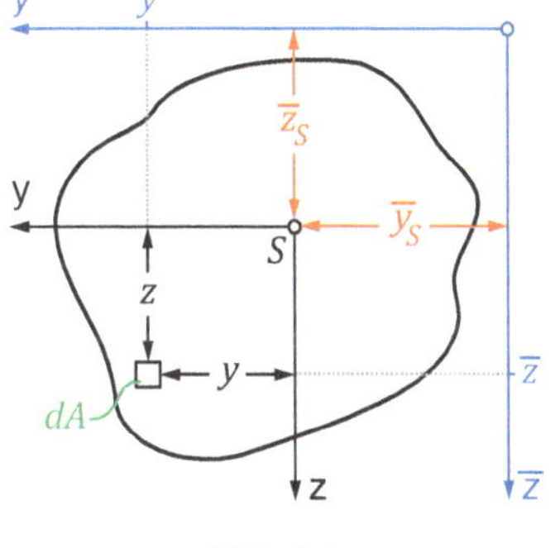

Abb. 8.6

$$I_{\overline{y}} = \int \overline{z}^2 \cdot dA = \int (z + \overline{z}_S)^2 \cdot dA = \int z^2 \cdot dA + 2 \cdot \overline{z}_S \cdot \int z \cdot dA + \overline{z}_S^2 \cdot \int dA$$

$$I_{\overline{z}} = \int \overline{y}^2 \cdot dA = \int \left(y + \overline{y}_S\right)^2 \cdot dA = \int y^2 \cdot dA + 2 \cdot y_S \cdot \int y \cdot dA + \overline{y}_S^2 \cdot \int dA$$

$$I_{\overline{yz}} = -\int \overline{y} \cdot \overline{z} \cdot dA = -\int \left(y + \overline{y}_S\right) \cdot (z + \overline{z}_S) \cdot dA$$

$$= -\int y \cdot z \cdot dA - \overline{y}_S^2 \cdot \int z \cdot dA - \overline{z}_S^2 \cdot \int y \cdot dA - \overline{y}_S \cdot \overline{z}_S \cdot \int dA$$

Da die statischen Momente $\int z \cdot dA$ und $\int y \cdot dA$ für die y- und z-Schwerachsen Null sind und wenn wir zusätzlich die Beziehungen $\int dA = A$ sowie $\int z^2 \cdot dA = I_y$, $\int y^2 \cdot dA = I_z$, $-\int y \cdot z \cdot dA = I_{yz}$ einführen, erhalten wir als Ergebnis die Beziehungen der Flächenträgheitsmomente bei einer Parallelverschiebung der Bezugsachsen:

Flächenträgheitsmomente bei Parallelverschiebung der Bezugsachsen

$$I_{\overline{y}} = I_y + \overline{z}_S^2 \cdot A$$

$$I_{\overline{z}} = I_z + \overline{y}_S^2 \cdot A \tag{8.10}$$

$$I_{\overline{yz}} = I_{yz} - \overline{y}_S \cdot \overline{z}_S \cdot A$$

Diese Beziehungen zwischen den Flächenträgheitsmomenten der Schwerachsen (I_y, I_z, I_{yz}) und den Flächenträgheitsmomenten dazu paralleler Achsen ($I_{\overline{y}}$, $I_{\overline{z}}$, $I_{\overline{yz}}$) werden als *Satz von* *Huygens-Steiner*[22] (im Allgemeinen auch nur *Satz von Steiner*) bezeichnet. Die Produkte aus den Abständen der Parallelverschiebungen mit der Querschnittsfläche ($\overline{z}_S^2 \cdot A$, $\overline{y}_S^2 \cdot A$, $\overline{y}_S \cdot \overline{z}_S \cdot A$) werden mit *Steiner-Anteile* bezeichnet. Bei axialen Flächenträgheitsmomenten sind die Steiner-Anteile immer positiv. Der Steiner-Anteil des biaxialen Flächenträgheitsmoments kann je nach Lage der Achsen positiv oder negativ sein.

Des Weiteren ergeben sich folgende *Besonderheiten*:

- Der Satz von Steiner stellt ausschließlich eine Beziehung zwischen den Flächenträgheitsmomenten bezüglich einer Schwerachse (y oder z) bzw. eines Koordinatensystems mit Ursprung im Flächenschwerpunkt S und einer dazu parallelen Achse ($\overline{y}$ oder $\overline{z}$) bzw. eines parallelen Koordinatensystems her.
- Der Satz von Steiner darf nicht angewendet werden, um eine Beziehung zwischen den Flächenträgheitsmomenten beliebiger Achsen bzw. Koordinatensysteme herzustellen.

---

[22] Nach: Christiaan Huygens (1629–1695), niederl. Astronom, Mathematiker, Physiker; Jakob Steiner (1796–1863), schweiz. Mathematiker

- Da bei einer Parallelverschiebung von den Schwerachsen (y, z) hin zu beliebigen parallelen Achsen $(\overline{y}, \overline{z})$ die STEI-NER-Anteile hinzuaddiert werden, besitzen die axialen Flächenträgheitsmomente I_y und I_z für die Schwerachsen den kleinsten Wert.

- Bei einer Parallelverschiebung von beliebigen Achsen $(\overline{y}, \overline{z})$ hin zu den Schwerachsen (y, z) der Fläche, müssen die STEINER-Anteile subtrahiert werden.

$$I_y = I_{\overline{y}} - \overline{z}_S^2 \cdot A \qquad I_z = I_{\overline{z}} - \overline{y}_S^2 \cdot A \qquad I_{yz} = I_{\overline{yz}} + \overline{y}_S \cdot \overline{z}_S \cdot A$$

- Um das Flächenträgheitsmoment von einer beliebigen Achse zu einer anderen beliebigen parallelen Achse herzustellen (beide Achsen sind keine Schwerachsen!), muss das Flächenträgheitsmoment zuerst mit dem negativen STEINER-Anteil zur Schwerachse hin und anschließend mit dem positiven STEINER-Anteil zur gewünschten Achse verschoben werden.

8.4 Praktische Anwendung bei zusammengesetzten Flächen

In der praktischen Anwendung haben wir es in der Regel mit aus einfachen Formen (z. B. Rechteck, Dreieck, Kreis usw.) zusammengesetzten Flächen zu tun, wie z. B. das L-Profil in ▶ Abb. 8.7. Hier könnten wir das L-Profil z. B. in zwei Rechtecke unterteilen. Dann berechnen wir im $\overline{y}$-$\overline{z}$-Koordinatensystem, welches seinen Ursprung an der obersten und rechten Seite des L-Profils hat, die Schwerpunktkoordinaten der Gesamtfläche $\overline{y}_S$ und $\overline{z}_S$ anhand der Einzelschwerpunktkoordinaten $\overline{y}_i$ und $\overline{z}_i$ der Einzelflächen A_i, wie aus *Band 1* bekannt:

$$\overline{y}_S = \frac{\sum \overline{y}_i \cdot A_i}{\sum A_i} \qquad \overline{z}_S = \frac{\sum \overline{z}_i \cdot A_i}{\sum A_i} \qquad (8.11)$$

Danach folgt die Berechnung der Flächenträgheitsmomente I_y, I_z, I_{yz} der Gesamtfläche. Aufgrund der geometrisch einfachen Teilflächen, können wir die für die jeweiligen Teilflächen geltenden Teil-Flächenträgheitsmomente I_{yi}, I_{zi}, I_{yzi} aus Tabellenwerken entnehmen. Für oft vorkommende Teilflächen sind die entsprechenden Flächenträgheitsmomente in ▶ Tab. 8-1 und für rechtwinklige Dreiecke in ▶ Tab. 8-2 aufgeführt. Da wir damit die Teil-Flächenträgheitsmomente bezüglich dessen Schwerachsen kennen, können wir die Gesamtflächen-Trägheitsmomente mithilfe des Satz von STEINER berechnen. Dazu verschieben wir die Teil-Flächenträgheitsmomente parallel mit dem STEINER-Anteil in den Gesamtflächenschwerpunkt.

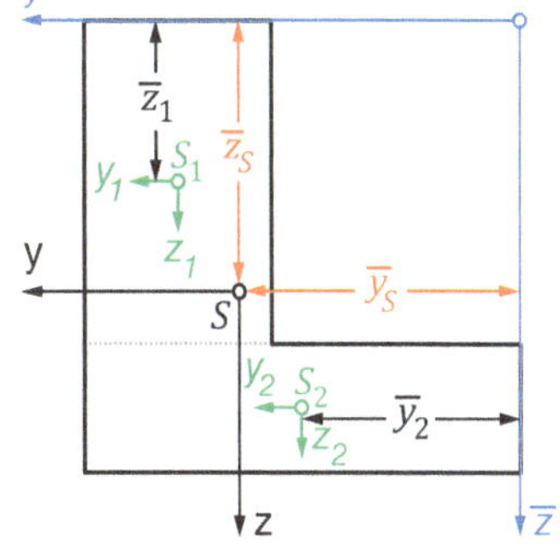

Abb. 8.7

Unter Verwendung der Gleichungen (8.10) erhalten wir dann für die Flächenträgheitsmomente von zusammengesetzten Flächen:

Flächenträgheitsmomente zu-sammengesetzter Flächen

$$I_y = \sum \left[I_{yi} + (-\overline{z}_S + \overline{z}_i)^2 \cdot A_i \right]$$

$$I_z = \sum \left[I_{zi} + \left(-\overline{y}_S + \overline{y}_i\right)^2 \cdot A_i \right] \tag{8.12}$$

$$I_{yz} = \sum \left[I_{yzi} - \left(-\overline{y}_S + \overline{y}_i\right) \cdot (-\overline{z}_S + \overline{z}_i) \cdot A_i \right]$$

Darin beschreibt der Term in der Klammer den Abstand zwischen den Einzelflächenschwerpunkten zum Gesamtflächenschwerpunkt. Bildlich gesprochen finden wir diesen Abstand, indem wir vom Gesamtflächenschwerpunkt um den Abstand $\overline{z}_S$ nach oben zur $\overline{y}$-Achse gehen und von dort aus um $\overline{z}_1$ zur y_1-Achse, siehe ▶ Abb. 8.7. Analoges gilt dann für die y-Richtung und dem Abstand zwischen der z- und der z_1-Achse.

▶ Im STEINER-**Anteil** ist der **parallele Abstand zwischen** dem **Koordinatensystem** der **Gesamtfläche** und dem Koordinatensystem der **Teilfläche** enthalten.

Beachten wir dazu noch, dass wenn die Teilflächenschwerpunkt auf der gleichen Achse wie der Gesamtflächenschwerpunkt liegt, sind die STEINER-Anteile Null, da keine Parallelverschiebung zur Berechnung des Gesamtflächenträgheitsmoments erfolgen muss.

Vorgehensweise und Hinweise

- Orientierung und Ursprung des globalen Koordinatensystems $(\overline{y}, \overline{z})$ festlegen. (*I.d.R. bietet sich die ganz obere und rechte Seite der Gesamtfläche dafür an.*)
- Zerlegung der Gesamtfläche in einfache zusammengesetzte Einzelflächen.
- Berechnung der Schwerpunktkoordinaten $\overline{y}_S$ und $\overline{z}_S$ für die Gesamtfläche im globalen Koordinatensystem nach Gleichung (8.11).
- Bestimmung der Einzel-Flächenträgheitsmomente I_{yi}, I_{zi}, I_{yzi} der Einzelflächen mithilfe der Formelsammlungen ▶ Tab. 8-1 und ▶ Tab. 8-2.
- Berechnung der Flächenträgheitsmomente I_y, I_z, I_{yz} der Gesamtfläche mithilfe des *Satz von* STEINER nach den Gleichungen (8.12).

- Bei Flächen mit Ausschnitten, werden die Ausschnitte als "*negative*" Flächen betrachtet.
- Bei negativen Flächen sind die Flächenträgheitsmomente ebenfalls negativ.
- Besitzt eine Fläche mehrere Symmetrieachsen, so liegt der Schwerpunkt im Schnittpunkt der Symmetrieachsen.
- Für symmetrische Flächen ist das biaxiale Flächenträgheitsmoment Null: $I_{yz} = 0$.
- Axiale Flächenträgheitsmomente, die sich auf dieselbe Achse beziehen bzw. biaxiale Flächenträgheitsmomente die sich auf dasselbe Koordinatensystem beziehen, dürfen addiert oder subtrahiert werden.

Tab. 8-1 Formelsammlung axiale Flächenmomente 2. Ordnung - *Allgemeine Formen*

Fläche		I_y, I_z	W_y, W_z
Rechteck		$I_y = \dfrac{b \cdot h^3}{12}$ $I_z = \dfrac{h \cdot b^3}{12}$	$W_y = \dfrac{b \cdot h^2}{6}$ $W_z = \dfrac{h \cdot b^2}{6}$
Quadrat		$I_y = \dfrac{a^4}{12}$ $I_z = \dfrac{a^4}{12}$	$W_y = \dfrac{a^3}{6}$ $W_z = \dfrac{a^3}{6}$
gleichschenkliges/ -seitiges Dreieck		$I_y = \dfrac{b \cdot h^3}{36}$ $I_z = \dfrac{h \cdot b^3}{48}$	$W_y = \dfrac{b \cdot h^2}{24}$ $W_z = \dfrac{a \cdot b^2}{24}$
Kreis		$I_y = \dfrac{\pi}{4} \cdot r^4 = \dfrac{\pi}{64} \cdot d^4$ $I_z = \dfrac{\pi}{4} \cdot r^4 = \dfrac{\pi}{64} \cdot d^4$	$W_y = \dfrac{\pi}{4} \cdot r^3 = \dfrac{\pi}{32} \cdot d^3$ $W_z = \dfrac{\pi}{4} \cdot r^3 = \dfrac{\pi}{32} \cdot d^3$
dünner Kreisring $t \ll r_m$		$I_y = \pi \cdot r_m^3 \cdot t$ $I_z = \pi \cdot r_m^3 \cdot t$	$W_y = \pi \cdot r_m^2 \cdot t$ $W_z = \pi \cdot r_m^2 \cdot t$
dicker Kreisring		$I_y = \dfrac{\pi \cdot \left(r_a^4 - r_i^4 \right)}{4}$ $I_z = \dfrac{\pi \cdot \left(r_a^4 - r_i^4 \right)}{4}$	$W_y = \dfrac{\pi \cdot \left(r_a^4 - r_i^4 \right)}{4 \cdot r_a}$ $W_z = \dfrac{\pi \cdot \left(r_a^4 - r_i^4 \right)}{4 \cdot r_a}$

Tab. 8-1 *Fortsetzung*

Fläche		I_y, I_z	W_y, W_z
Halbkreis		$I_y = \dfrac{9 \cdot \pi^2 - 64}{72 \cdot \pi} \cdot r^4$ $I_z = \dfrac{\pi}{8} \cdot r^4$	$W_y = \dfrac{9 \cdot \pi^2 - 64}{72 \cdot \pi - 96} \cdot r^3$ $W_z = \dfrac{\pi}{8} \cdot r^3$
Ellipse		$I_y = \dfrac{\pi}{4} \cdot a \cdot b^3$ $I_z = \dfrac{\pi}{4} \cdot b \cdot a^3$	$W_y = \dfrac{\pi}{4} \cdot b^2 \cdot a$ $W_z = \dfrac{\pi}{4} \cdot a^2 \cdot b$
Ellipsenring		$I_y = \dfrac{\pi}{4} \cdot (A \cdot B^3 - a \cdot b^3)$ $I_z = \dfrac{\pi}{4} \cdot (B \cdot A^3 - b \cdot a^3)$	$W_y = \dfrac{\pi}{4} \cdot \dfrac{B^3 \cdot A - b^3 \cdot a}{B}$ $W_z = \dfrac{\pi}{4} \cdot \dfrac{A^3 \cdot B - a^3 \cdot b}{A}$
Sechseck		$I_y = \dfrac{5 \cdot \sqrt{3}}{16} \cdot a^4$ $I_z = \dfrac{5 \cdot \sqrt{3}}{16} \cdot a^4$	$W_y = \dfrac{5}{8} \cdot a^3$ $W_z = \dfrac{5 \cdot \sqrt{3}}{16} \cdot a^3$
Achteck		$I_y = \dfrac{8 \cdot \sqrt{2} + 11}{12} \cdot a^4$ $I_z = \dfrac{8 \cdot \sqrt{2} + 11}{12} \cdot a^4$	$W_y = \dfrac{2^{(1/4)} \cdot \left(8 \cdot \sqrt{2} + 11\right)}{6} \cdot a^3$ $W_z = \dfrac{2^{(1/4)} \cdot \left(8 \cdot \sqrt{2} + 11\right)}{6} \cdot a^3$
Vierkantrohr		$I_y = \dfrac{B \cdot H^3 - b \cdot h^3}{12}$ $I_z = \dfrac{H \cdot B^3 - h \cdot b^3}{12}$	$W_y = \dfrac{B \cdot H^3 - b \cdot h^3}{6 \cdot H}$ $W_z = \dfrac{H \cdot B^3 - h \cdot b^3}{6 \cdot B}$

Tab. 8-2 Formelsammlung axiale Flächenmomente 2. Ordnung - *rechtwinklige Dreiecke*

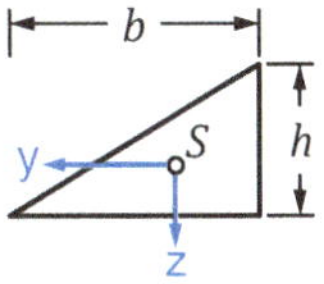	$I_y = \dfrac{b \cdot h^3}{36}$	$I_z = \dfrac{h \cdot b^3}{36}$	$I_{yz} = -\dfrac{b^2 \cdot h^2}{72}$
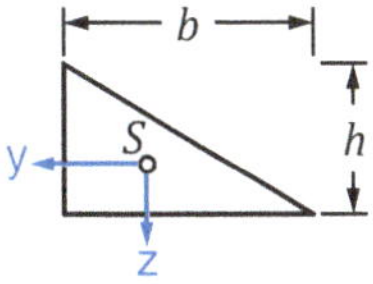	$I_y = \dfrac{b \cdot h^3}{36}$	$I_z = \dfrac{h \cdot b^3}{36}$	$I_{yz} = \dfrac{b^2 \cdot h^2}{72}$
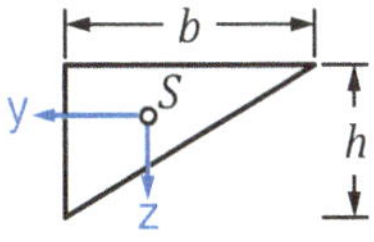	$I_y = \dfrac{b \cdot h^3}{36}$	$I_z = \dfrac{h \cdot b^3}{36}$	$I_{yz} = -\dfrac{b^2 \cdot h^2}{72}$
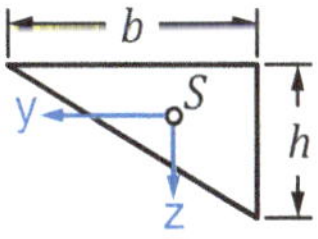	$I_y = \dfrac{b \cdot h^3}{36}$	$I_z = \dfrac{h \cdot b^3}{36}$	$I_{yz} = \dfrac{b^2 \cdot h^2}{72}$
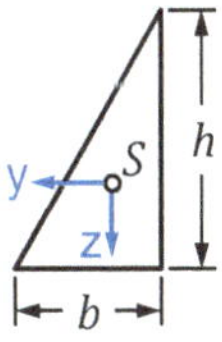	$I_y = \dfrac{b \cdot h^3}{36}$	$I_z = \dfrac{h \cdot b^3}{36}$	$I_{yz} = -\dfrac{b^2 \cdot h^2}{72}$
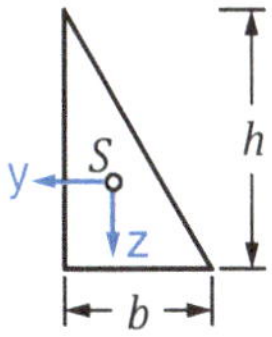	$I_y = \dfrac{b \cdot h^3}{36}$	$I_z = \dfrac{h \cdot b^3}{36}$	$I_{yz} = \dfrac{b^2 \cdot h^2}{72}$
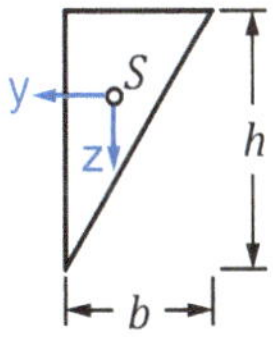	$I_y = \dfrac{b \cdot h^3}{36}$	$I_z = \dfrac{h \cdot b^3}{36}$	$I_{yz} = -\dfrac{b^2 \cdot h^2}{72}$
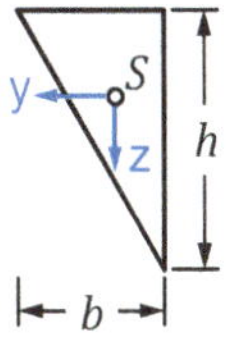	$I_y = \dfrac{b \cdot h^3}{36}$	$I_z = \dfrac{h \cdot b^3}{36}$	$I_{yz} = \dfrac{b^2 \cdot h^2}{72}$

Für das nebenstehende L-Profil sind bezüglich dessen Schwerachsen alle Flächenträgheitsmomente zu bestimmen.

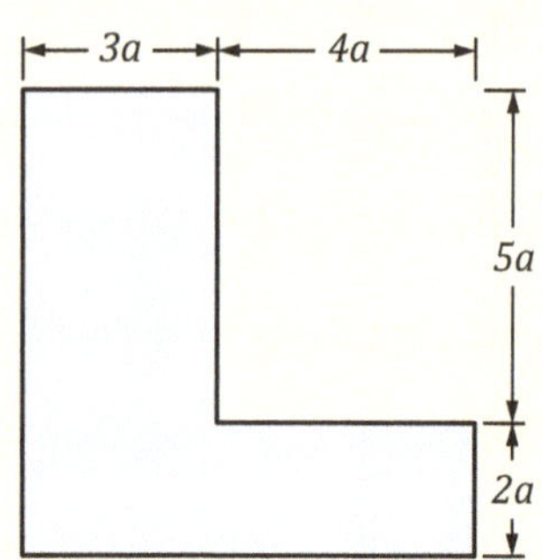

Lösung

Bevor wir mit der Berechnung beginnen, legen wir zuerst das globale $\overline{y}$-$\overline{z}$-Koordinatensystem an den oberen und rechten Rand des L-Profils. In diesem Koordinatensystem berechnen wir die Schwerpunktkoordinaten des L-Profils. Dazu zerlegen wir die Gesamtfläche in zwei Rechtecke (blau und grün). Zudem zeichnen wir die Einzelflächenschwerpunkte S_1 und S_2 mit den jeweiligen Einzelflächenkoordinatensystemen y_1-z_1 und y_2-z_2 ein. Die Schwerpunktkoordinaten der Gesamtfläche erhalten wir mit:

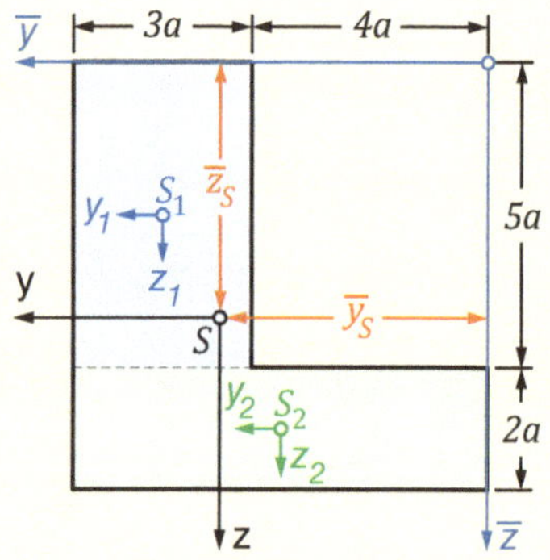

$$\overline{y}_S = \frac{\sum \overline{y}_i \cdot A_i}{\sum A_i} = \frac{\left(\frac{3a}{2} + 4a\right) \cdot 3a \cdot 5a + \frac{7a}{2} \cdot 7a \cdot 2a}{3a \cdot 5a + 7a \cdot 2a} \quad \rightarrow \quad \overline{y}_S = 4{,}53 \cdot a$$

$$\overline{z}_S = \frac{\sum \overline{z}_i \cdot A_i}{\sum A_i} = \frac{\frac{5a}{2} \cdot 3a \cdot 5a + \left(\frac{2a}{2} + 5a\right) \cdot 7a \cdot 2a}{3a \cdot 5a + 7a \cdot 2a} \quad \rightarrow \quad \overline{z}_S = 4{,}19 \cdot a$$

Nun folgt die Berechnung der Flächenträgheitsmomente des L-Profils für dessen Schwerachsen (y, z). Aus ▸ Tab. 8-1 erhalten wir die jeweiligen Flächenträgheitsmomente für die Rechtecke in Bezug auf deren Schwerachsen (y_1, z_1 sowie y_2, z_2) zu:

$$I_{y1} = \frac{b \cdot h^3}{12} = \frac{3a \cdot (5a)^2}{12} \qquad I_{z1} = \frac{h \cdot b^3}{12} = \frac{5a \cdot (3a)^2}{12} \qquad I_{yz1} = 0$$

$$I_{y2} = \frac{b \cdot h^3}{12} = \frac{7a \cdot (2a)^2}{12} \qquad I_{z2} = \frac{h \cdot b^3}{12} = \frac{2a \cdot (7a)^2}{12} \qquad I_{yz2} = 0$$

Die biaxialen Flächenträgheitsmomente der beiden Einzelflächen sind Null, da es sich um Rechtecke handelt und diese zwei Symmetrieachsen besitzen. Die Berechnung der Gesamtflächenträgheitsmomente führen wir mit dem Satz von STEINER durch, indem wir die Einzel-Flächenträgheitsmomente I_{yi}, I_{zi}, I_{yzi} von den Einzelschwerpunkten S_1 und S_2 parallel in den Schwerpunkt der Gesamtfläche S verschieben:

$$I_y = \sum \left[I_{yi} + (-\overline{z}_S + \overline{z}_i)^2 \cdot A_i \right]$$

$$= \frac{3a \cdot (5a)^2}{12} + \left(-\overline{z}_S + \frac{5a}{2}\right)^2 \cdot 3a \cdot 5a + \frac{7a \cdot (2a)^2}{12} + \left(-\overline{z}_S + \frac{2a}{2} + 5a\right)^2 \cdot 7a \cdot 2a$$

$$\underline{\underline{I_y = 124{,}62 \cdot a^4}}$$

$$I_z = \sum \left[I_{zi} + (-\overline{y}_S + \overline{y}_i)^2 \cdot A_i \right]$$

$$= \frac{5a \cdot (3a)^2}{12} + \left(-\overline{y}_S + \frac{3a}{2} + 4a\right)^2 \cdot 3a \cdot 5a + \frac{2a \cdot (7a)^2}{12} + \left(-\overline{y}_S + \frac{7a}{2}\right)^2 \cdot 7a \cdot 2a$$

$$\underline{\underline{I_z = 97{,}38 \cdot a^4}}$$

$$I_{yz} = \sum \left[I_{yzi} - (-\overline{y}_S + \overline{y}_i) \cdot (-\overline{z}_S + \overline{z}_i) \cdot A_i \right]$$

$$= 0 - \left(-\overline{y}_S + \frac{3a}{2} + 4a\right) \cdot \left(-\overline{z}_S + \frac{5a}{2}\right) \cdot 3a \cdot 5a + 0 - \left(-\overline{y}_S + \frac{7a}{2}\right) \cdot \left(-\overline{z}_S + \frac{2a}{2} + 5a\right) \cdot 7a \cdot 2a$$

$$\underline{\underline{I_{yz} - 50{,}69 \cdot u^4}}$$

8.5 Transformationsbeziehungen

Wenn wir die Flächenträgheitsmomente für eine andere winklige Ausrichtung bestimmen wollen, können wir unser Koordinatensystem auch drehen. Wir haben dies auch schon zuvor beim Spannungs- sowie Verzerrungszustand vorgenommen.

Drehen wir unser y-z-Koordinatensystem um einen beliebigen Winkel φ, so befinden wir uns nach ▶ Abb. 8.8 im gedrehten η-ζ-Koordinatensystem. Die y-Achse geht dabei in die η-Achse (Eta) und die z-Achse in die ζ-Achse (Zeta) über. Um die Lage des dargestellten Flächenelements dA im gedrehten η-ζ-Koordinatensystem zu beschreiben, finden wir anhand der Trigonometrie folgenden Beziehungen in ▶ Abb. 8.8:

$$\eta = z \cdot \sin \varphi + y \cdot \cos \varphi$$

$$\zeta = z \cdot \cos \varphi - y \cdot \sin \varphi$$

Diese beiden Beziehungen setzen wir nun in unsere Gleichungen (8.3) und (8.4) ein und erhalten damit die beiden axialen I_η, I_ζ und das biaxiale Flächenträgheitsmoment $I_{\eta\zeta}$ für unser gedrehtes Koordinatensystem:

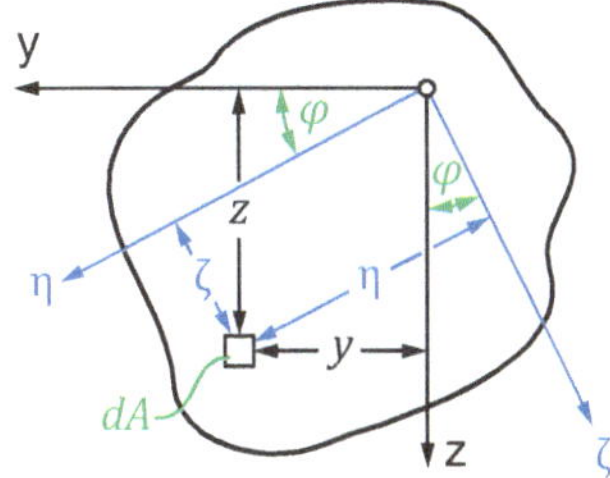

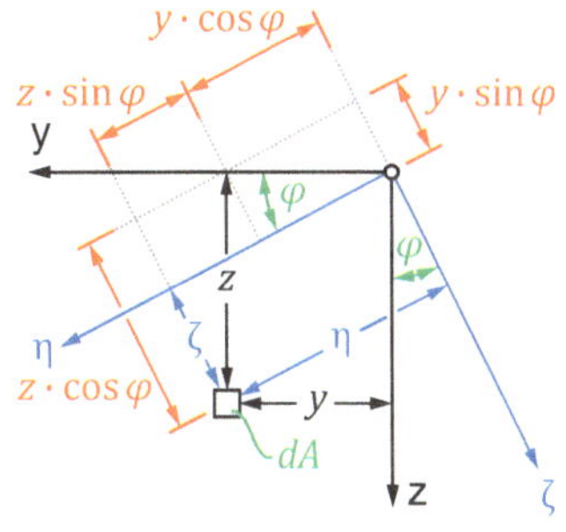

Abb. 8.8

$$I_\eta = \int \zeta^2 \cdot dA = \int (z \cdot \cos\varphi - y \cdot \sin\varphi)^2 \cdot dA$$

$$= \sin^2\varphi \cdot \int y^2 \cdot dA + \cos^2\varphi \cdot \int z^2 \cdot dA - 2 \cdot \sin\varphi \cdot \cos\varphi \cdot \int y \cdot z \cdot dA$$

$$I_\zeta = \int \eta^2 \cdot dA = \int (z \cdot \sin\varphi + y \cdot \cos\varphi)^2 \cdot dA$$

$$= \cos^2\varphi \cdot \int y^2 \cdot dA + \sin^2\varphi \cdot \int z^2 \cdot dA + 2 \cdot \sin\varphi \cdot \cos\varphi \cdot \int y \cdot z \cdot dA$$

$$I_{\eta\zeta} = -\int \eta \cdot \zeta \cdot dA = -\int (z \cdot \sin\varphi + y \cdot \cos\varphi) \cdot (z \cdot \cos\varphi - y \cdot \sin\varphi) \cdot dA$$

$$= \sin\varphi \cdot \cos\varphi \cdot \int y^2 \cdot dA - \cos^2\varphi \cdot \int y \cdot z \cdot dA + \sin^2\varphi \cdot \int y \cdot z \cdot dA - \sin\varphi \cdot \cos\varphi \cdot \int z^2 \cdot dA$$

Mithilfe der trigonometrischen Umformungen, welche wir auch schon in Kapitel 3.3 auf S. 27 angewendet haben:

$$\sin^2\varphi = \frac{1}{2} \cdot (1 - \cos 2\varphi) \qquad \cos^2\varphi = \frac{1}{2} \cdot (1 + \cos 2\varphi)$$

$$2 \cdot \sin\varphi \cdot \cos\varphi = \sin 2\varphi$$

erhalten wir nach einigen Umformungen die entsprechenden *Transformationsbeziehungen für Flächenträgheitsmomente*:

$$I_\eta = \frac{1}{2} \cdot \left(I_y + I_z\right) + \frac{1}{2} \cdot \left(I_y - I_z\right) \cdot \cos(2\varphi) + I_{yz} \cdot \sin(2\varphi)$$

Transformationsbeziehungen für Flächenträgheitsmomente

$$I_\zeta = \frac{1}{2} \cdot \left(I_y + I_z\right) - \frac{1}{2} \cdot \left(I_y - I_z\right) \cdot \cos(2\varphi) - I_{yz} \cdot \sin(2\varphi) \qquad (8.13)$$

$$I_{\eta\zeta} = -\frac{1}{2} \cdot \left(I_y - I_z\right) \cdot \sin(2\varphi) + I_{yz} \cdot \cos(2\varphi)$$

Für das polare Flächenträgheitsmoment I_p nach Gleichung (8.5) gilt Folgendes:

polares Flächenträgheitsmoment

$$I_p = I_y + I_z = I_\eta + I_\zeta \qquad (8.14)$$

Damit wird deutlich, dass die Summe der beiden axialen Flächenträgheitsmomente I_y und I_z bei einer Drehung der Bezugsachsen um den Winkel φ konstant bleibt.

Des Weiteren lassen sich mittels der Transformationsbeziehungen (8.13) die Flächenträgheitsmomente für jeden beliebigen Winkel φ berechnen, unter der Voraussetzung, dass die axialen Flächenträgheitsmomente I_y und I_z bekannt sind.

Das polare Flächenträgheitsmoment I_p brauchen wir hierbei nicht betrachten, da für eine kreisförmige Fläche das polare Flächenträgheitsmoment I_p unter jedem Winkel gleich ist.

8.6 Hauptträgheitsmomente

Wir haben bereits festgestellt, dass die Flächenträgheitsmomente bezüglich der Schwerachsen am kleinsten als zu jeder anderen parallelen Achse sind. Bei den Schwerachsen fällt ja auch der STEINER-Anteil in den Gleichungen (8.10) auf S. 148 weg. Nun stellt sich die Frage, für welche winklige Ausrichtung die Flächenträgheitsmomente den größten bzw. kleinsten Wert besitzen. Um dies herauszufinden, gehen wir analog wie beim Spannungszustand (Kapitel 3.4.2 auf S. 30 ff.) vor. Um die Extremwerte herauszufinden, leiten wir die erste Gleichung aus (8.13) nach dem gesuchten Schnittwinkel φ^* ab und setzen diese gleich Null:

$$\left.\frac{dI_\eta}{d\varphi}\right|_{\varphi^*} = 0 = -\left(I_y - I_z\right) \cdot \sin(2\varphi^*) + 2 \cdot I_{yz} \cdot \cos(2\varphi^*)$$

Stellen wir diese Gleichung etwas um:

$$\tan 2\varphi^* = \frac{2 \cdot I_{yz}}{I_y - I_z} \tag{8.15}$$

und lösen dies nach dem gesuchten Schnittwinkel φ^* auf, erhalten wir den *Schnittwinkel der Hauptschnittrichtungen*:

$$\varphi^* = \frac{1}{2} \cdot \arctan\left(\frac{2 \cdot I_{yz}}{I_y - I_z}\right) \tag{8.16}$$

Schnittwinkel der Hauptschnittrichtungen

Da auch hier die Tangensfunktion mit π periodisch verläuft und im Intervall $[0, 2\pi]$ zwei Lösungen besitzt, existieren somit wieder zwei Schnittrichtungen, nämlich φ^* und $\varphi^* + \pi/2$.

Das gleiche Ergebnis würden wir übrigens auch finden, wenn wir die zweite Gleichung aus (8.13) nach dem gesuchten Schnittwinkel φ^* ableiten und gleich Null setzen würden.

Um jetzt noch die Werte für die Flächenträgheitsmomente zu berechnen, setzen wir Gleichung (8.16) in (8.13) und erhalten nach einigen mathematischen Umformungen die entsprechenden *Hauptträgheitsmomente*:

$$I_1 = \frac{I_y + I_z}{2} + \sqrt{\left(\frac{I_y - I_z}{2}\right)^2 + I_{yz}^2}$$

$$I_2 = \frac{I_y + I_z}{2} - \sqrt{\left(\frac{I_y - I_z}{2}\right)^2 + I_{yz}^2} \tag{8.17}$$

Hauptträgheitsmomente

$$I_{12} = 0$$

▶ Das größte **Hauptträgheitsmoment** wird mit I_1, das kleinste mit I_2 bezeichnet.

▶ In Richtung der **Hauptträgheitsmoment** ist das biaxiale Flächenträgheitsmoment Null.

Auch hier stehen die axialen Hauptträgheitsmomente senkrecht aufeinander und werden so nummeriert, dass $I_1 > I_2$ gilt. Das biaxiale Flächenträgheitsmoment I_{12} ist Null, da dieses in Richtung der Hauptträgheitsmomente verschwindet. Zudem werden auch hier die 1-2-Koordinatenachsen als *Hauptachsen* bezeichnet.

Mit dem Ergebnis, dass das biaxiale Flächenträgheitsmoment I_{12} in den Hauptachsen Null ist, können wir noch eine Überlegung anstellen. Da bei einem symmetrischen Querschnitt ebenfalls $I_{12}=0$ gilt, liegen die beiden Hauptachsen auf der Symmetrieachse und senkrecht dazu (wenn der Querschnitt nur eine Symmetrieachse besitzt).

Nun benötigen wir noch die Extremwerte des biaxialen Flächenträgheitsmoments und dessen Schnittrichtungen. Dazu gehen wir auch hier analog zum Spannungszustand vor. Wir leiten die dritte Gleichung aus (8.13) nach dem gesuchten Schnittwinkel φ^* ab und setzen diese gleich Null:

$$\left. \frac{dI_{\eta\zeta}}{d\varphi} \right|_{\overline{\varphi}} = 0 = -\left(I_y - I_z\right) \cdot \cos(2\overline{\varphi}) - 2 \cdot I_{yz} \cdot \sin(2\overline{\varphi})$$

Umstellen dieser Gleichung liefert dann:

$$\tan 2\overline{\varphi} = -\frac{I_y - I_z}{2 \cdot I_{yz}} \tag{8.18}$$

Vergleich wir dieses Ergebnis mit Gleichung (8.15), erhalten wir den folgenden Zusammenhang:

$$\tan 2\overline{\varphi} = -\frac{1}{\tan 2\varphi^*} = -\cot 2\varphi^* \tag{8.19}$$

Aufgrund der π-Periodizität der Tangens- und Kotangensfunktion können wir hieran feststellen, dass die Verläufe der beiden Funktionen lediglich um $\pi/4$ gegeneinander verschoben sind und damit gilt für den Hauptschnittwinkel:

Schnittwinkel der Hauptschnittrichtungen

$$\overline{\varphi} = \varphi^* + \frac{\pi}{4} \tag{8.20}$$

Setzen wir jetzt noch Gleichung (8.18) in (8.13) ein, erhalten wir:

Maximales biaxiale Flächenträgheitsmoment und mittleres axiales Flächenträgheitsmoment

$$I_{12} = \sqrt{\left(\frac{I_y - I_z}{2}\right)^2 + I_{yz}^2} = \frac{I_1 - I_2}{2} = -I_{21} \tag{8.21}$$

$$I_M = \frac{I_y + I_z}{2} = \frac{I_1 + I_2}{2}$$

Darin sind das maximale biaxiale Flächenträgheitsmoment I_{12} und das mittlere axiale Flächenträgheitsmoment I_M. Dieses Ergebnis ist analog zu den Ergebnissen des Spannungs- und Verzerrungszustands.

8.7 Mohr'scher Trägheitskreis

Aufgrund der Transformationsbeziehungen und den Hauptträgheitsmomenten können wir, analog zu den Mohr'schen Spannungs- und Verzerrungskreisen, auch einen *Mohr'schen Trägheitskreis* erstellen. Dazu können wir die bisherige Vorgehensweise der Mohr'schen Kreise beibehalten und müssen lediglich die Achsenbezeichnungen anpassen. Beim Trägheitskreis werden auf der horizontalen Achse die axialen und auf der vertikalen Achse die biaxialen Flächenträgheitsmomente aufgetragen, siehe ▶ Abb. 8.9.

Analog zum Mohr'schen Spannungs- und Verzerrungskreis lässt sich auch der **Mohr'sche Trägheitskreis** erstellen.

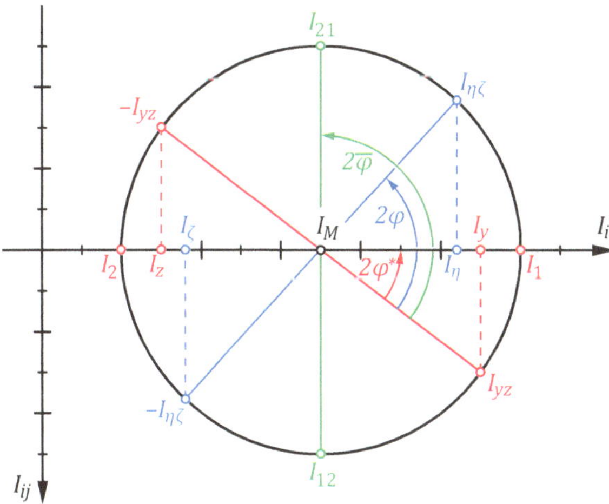

Abb. 8.9

Hinweis: An dieser Stelle sei angemerkt, dass alle Mohr'schen Kreise dazu dienen, ein besseres Verständnis der Zusammenhänge zwischen den einzelnen Größen in den jeweiligen Kreisen zu erhalten. Es ist lediglich eine visuelle Darstellung der zugehörigen Gleichungen. Aufgrund der heutigen leistungsfähigen Taschenrechner sind diese grafischen Methoden jedoch abgelöst und es können die ursprünglichen Gleichungen verwendet werden. Nichtsdestotrotz bleibt das visuelle Verständnis dennoch erhalten.

Beispiel 8.4

Für die nebenstehende blaue Fläche sind alle Flächenträgheitsmomente bezüglich der Schwerachsen zu bestimmen.

Funktionsgleichung der Fläche:

$$\overline{y}^2 = \frac{b^2}{h} \cdot \overline{z}$$

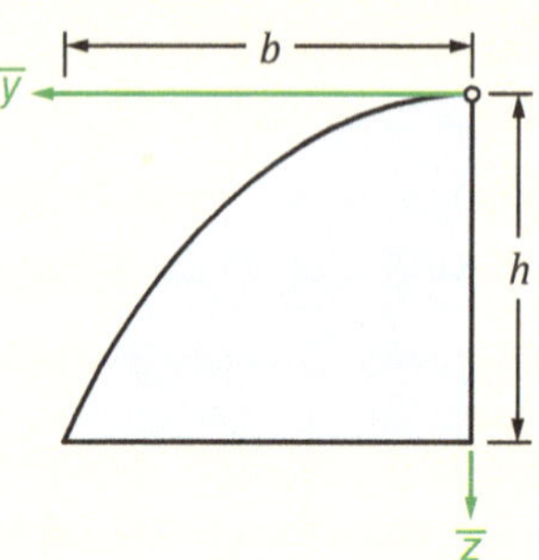

Lösung

Bevor wir die Berechnung der Flächenträgheitsmomente durchführen, bestimmen wir im vorhandenen grünen $\overline{y}$-$\overline{z}$-Koordinatensystem den Schwerpunkt S der Fläche. Dazu benutzen wir einen vertikalen Flächenstreifen dA der Dicke $d\overline{y}$ und der Breite $\overline{z}$:

$$dA = h^* \cdot d\overline{y} = (h - \overline{z}) \cdot d\overline{y}$$

Damit folgt dann für die Berechnung des Flächenschwerpunkts S:

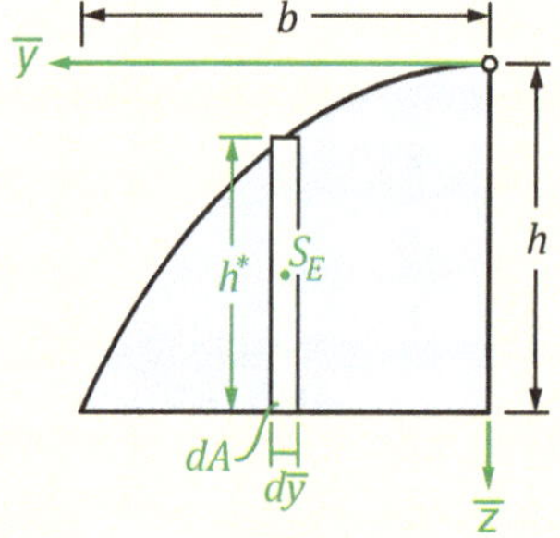

$$\overline{y}_S = \frac{\int \overline{y} \cdot dA}{\int dA} = \frac{\int \overline{y} \cdot h^* \cdot d\overline{y}}{\int h^* \cdot d\overline{y}} = \frac{\int \overline{y} \cdot (h - \overline{z}) \cdot d\overline{y}}{\int (h - \overline{z}) \cdot d\overline{y}} = \frac{\int \overline{y} \cdot \left(h - \frac{h}{b^2} \cdot \overline{y}^2\right) \cdot d\overline{y}}{\int \left(h - \frac{h}{b^2} \cdot \overline{y}^2\right) \cdot d\overline{y}}$$

$$\underline{\underline{\overline{y}_S}} = \frac{\left. \frac{1}{2} \cdot h \cdot \overline{y}^2 - \frac{1}{4} \cdot \frac{h}{b^2} \cdot \overline{y}^4 \right|_0^b}{\left. h \cdot \overline{y} - \frac{1}{3} \cdot \frac{h}{b^2} \cdot \overline{y}^3 \right|_0^b} = \frac{\frac{1}{4} \cdot b^2 \cdot h}{\frac{2}{3} \cdot b \cdot h} = \underline{\underline{\frac{3}{8} \cdot b}}$$

Bei der Berechnung der Schwerpunktkoordinate $\overline{z}_S$ verwenden wir einen horizontalen Flächenstreifen dA der Dicke $d\overline{z}$ und der Breite $\overline{y}$

$$dA = \overline{y} \cdot d\overline{z}$$

Damit folgt dann für die Berechnung des Flächenschwerpunkts S:

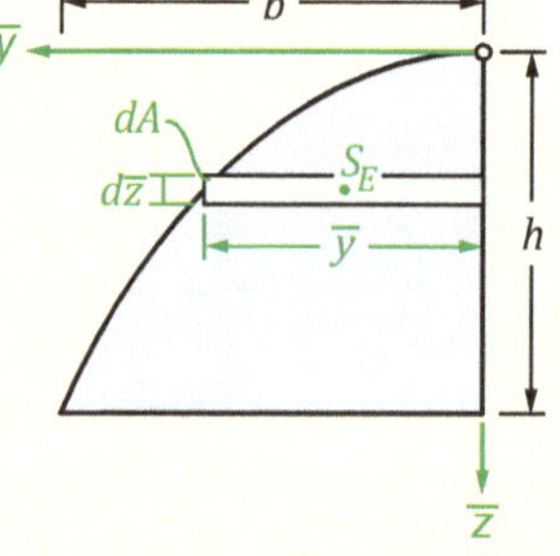

$$\underline{\underline{\overline{z}_S}} = \frac{\int \overline{z} \cdot dA}{\int dA} = \frac{\int \overline{z} \cdot \overline{y} \cdot d\overline{z}}{\int \overline{y} \cdot d\overline{z}} = \frac{\int \overline{z} \cdot \frac{b}{\sqrt{h}} \cdot \overline{z}^{\left(\frac{1}{2}\right)} \cdot d\overline{z}}{\int \frac{b}{\sqrt{h}} \cdot \overline{z}^{\left(\frac{1}{2}\right)} \cdot d\overline{z}} = \frac{\left. \frac{2}{5} \cdot \frac{b}{\sqrt{h}} \cdot \overline{z}^{\left(\frac{5}{2}\right)} \right|_0^h}{\left. \frac{2}{3} \cdot \frac{b}{\sqrt{h}} \cdot \overline{z}^{\left(\frac{3}{2}\right)} \right|_0^h} = \frac{\frac{2}{5} \cdot b \cdot h^2}{\frac{2}{3} \cdot b \cdot h} = \underline{\underline{\frac{3}{5} \cdot h}}$$

Die Berechnung der Flächenträgheitsmomente führen wir zuerst in Bezug auf die Achsen des $\bar{y}$-$\bar{z}$-Koordinatensystems durch und bestimmen dann mithilfe des Satzes von Steiner die Flächenträgheitsmomente in Bezug auf die Schwerachsen (y, z). Für das axiale Flächenträgheitsmoment $I_{\bar{y}}$ benutzen wir den horizontalen, für $I_{\bar{z}}$ den vertikalen und für $I_{\bar{y}\bar{z}}$ den horizontalen Flächenstreifen:

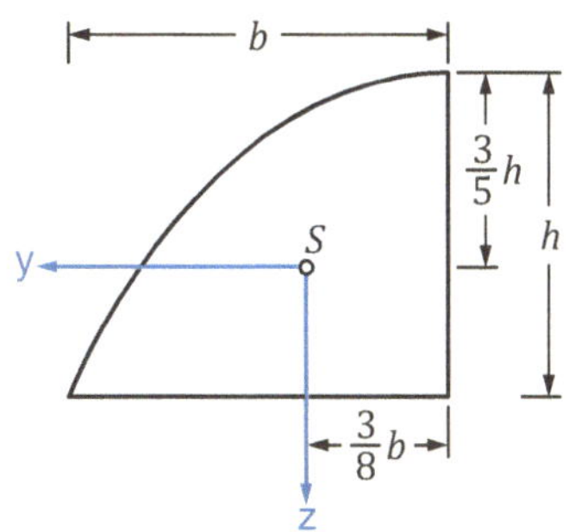

$$\underline{\underline{I_{\bar{y}}}} = \int \bar{z}^2 \cdot dA = \int \bar{z}^2 \cdot \bar{y} \cdot d\bar{z} = \int \bar{z}^2 \cdot \frac{b}{\sqrt{h}} \cdot \bar{z}^{\left(\frac{1}{2}\right)} \cdot d\bar{z} = \frac{2}{7} \cdot \frac{b}{\sqrt{h}} \cdot \bar{z}^{\left(\frac{7}{2}\right)} \Big|_0^h = \underline{\underline{\frac{2}{7} \cdot b \cdot h^3}}$$

$$I_{\bar{z}} = \int \bar{y}^2 \cdot dA = \int \bar{y}^2 \cdot (h - \bar{z}) \cdot d\bar{y} = \int \bar{y}^2 \cdot \left(h - \frac{h}{b^2} \cdot \bar{y}^2\right) \cdot d\bar{y} = \frac{1}{3} \cdot h \cdot \bar{y}^3 - \frac{1}{5} \cdot \frac{h}{b^2} \cdot \bar{y}^5 \Big|_0^b$$

$$\underline{\underline{I_{\bar{z}} = \frac{2}{15} \cdot b^3 \cdot h}}$$

$$I_{\overline{yz}} = -\int \bar{y} \cdot \bar{z} \cdot dA = -\int \bar{y} \cdot \bar{z} \cdot \bar{y} \cdot d\bar{z} = -\int \bar{y}^2 \cdot \bar{z} \cdot d\bar{z} = -\int \frac{b^2}{h} \cdot \bar{z} \cdot \bar{z} \cdot d\bar{z} = -\int \frac{b^2}{h} \cdot \bar{z}^2 \cdot d\bar{z}$$

$$\underline{\underline{I_{\overline{yz}}}} = -\left(\frac{1}{3} \cdot \frac{b^2}{h} \cdot \bar{z}^3\right)\Big|_0^h = \underline{\underline{-\frac{1}{3} \cdot b^2 \cdot h^2}}$$

Nun können wir mithilfe der STEINER-Anteile die Flächenträgheitsmomente bezüglich der Schwerachsen berechnen. Dabei müssen wir jedoch beachten, dass die STEINER-Anteile *negativ* sind, da wir von einem beliebigen Koordinatensystem hin zum Schwerachsensystem verschieben (siehe letzter Punkt zu den *Besonderheiten* der STEINER-Anteile auf S. 149).

$$\underline{\underline{I_y}} = I_{\bar{y}} - \bar{z}_S^2 \cdot A = \frac{2}{7} \cdot b \cdot h^3 - \left(\frac{3}{5} \cdot h\right)^2 \cdot \frac{2}{3} \cdot b \cdot h = \underline{\underline{\frac{8}{175} \cdot b \cdot h^3}}$$

$$\underline{\underline{I_z}} = I_{\bar{z}} - \bar{y}_S^2 \cdot A = \frac{2}{15} \cdot b^3 \cdot h - \left(\frac{3}{8} \cdot b\right)^2 \cdot \frac{2}{3} \cdot b \cdot h = \underline{\underline{\frac{19}{480} \cdot b^3 \cdot h}}$$

$$\underline{\underline{I_{yz}}} = I_{\overline{yz}} + \bar{y}_S \cdot \bar{z}_S \cdot A = -\frac{1}{3} \cdot b^2 \cdot h^2 + \left(\frac{3}{8} \cdot b\right) \cdot \left(\frac{3}{5} \cdot h\right) \cdot \frac{2}{3} \cdot b \cdot h = \underline{\underline{-\frac{11}{60} \cdot b^2 \cdot h^2}}$$

Die in diesen drei Gleichungen enthaltenen Klammern sind lediglich für ein besseren Verständnis eingefügt worden, um die einzelnen Terme der Schwerpunktkoordinaten $\bar{y}_S$ und $\bar{z}_S$ besser sichtbar zu machen. Mathematisch gesehen können die Klammern auch weggelassen werden.

Für das nebenstehende Profil ($a = 15$ mm, $b = 30$ mm, $c = 25$ mm, $d = 17$ mm, $t = 5$ mm) sind alle Flächenträgheitsmomente bezüglich der Schwerachsen sowie die Hauptträgheitsmomente zu bestimmen.

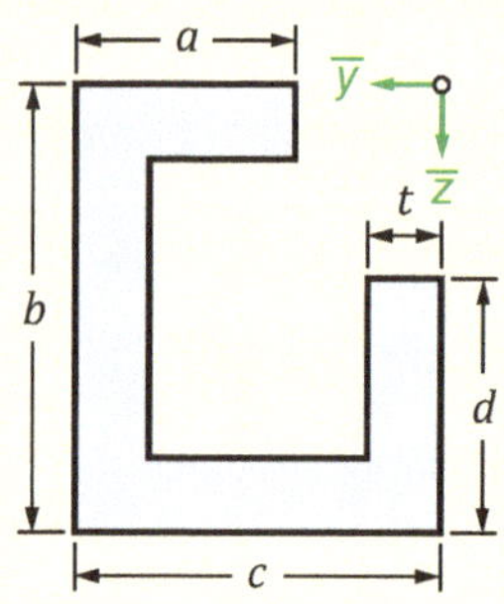

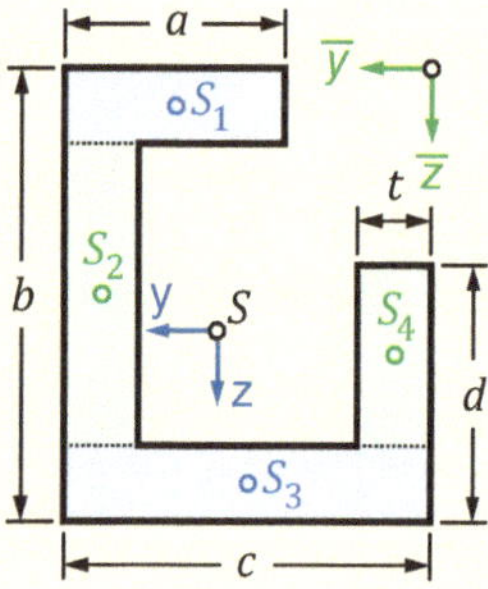

Lösung

Zuerst zerlegen wir das Profil in einzelne Rechteckflächen mit ihren jeweiligen Schwerpunkten S_i. Dann bestimmen wir die Schwerpunktkoordinaten $\overline{y}_S$ und $\overline{z}_S$ im grünen $\overline{y}$-$\overline{z}$-Koordinatensystem:

$$\overline{\underline{\underline{y_S}}} = \frac{\sum \overline{y}_i \cdot A_i}{\sum A_i} = \frac{\left(c - \frac{a}{2}\right) \cdot a \cdot t + \left(c - \frac{t}{2}\right) \cdot t \cdot (b - 2 \cdot t) + \frac{c}{2} \cdot c \cdot t + \frac{t}{2} \cdot t \cdot (d - t)}{a \cdot t + t \cdot (b - 2 \cdot t) + c \cdot t + t \cdot (d - t)} = \underline{\underline{14{,}65 \, mm}}$$

$$\overline{z}_S = \frac{\sum \overline{z}_i \cdot A_i}{\sum A_i} = \frac{\frac{t}{2} \cdot a \cdot t + \frac{b}{2} \cdot t \cdot (b - 2 \cdot t) + \left(b - \frac{t}{2}\right) \cdot c \cdot t + \left(b - t - \frac{d - t}{2}\right) \cdot t \cdot (d - t)}{a \cdot t + t \cdot (b - 2 \cdot t) + c \cdot t + t \cdot (d - t)}$$

$$\overline{\underline{\underline{z_S}}} = 17{,}4 \, mm$$

Die Flächenträgheitsmomente berechnen wir mittels der Gleichungen (8.12) auf S. 150:

$$\underline{\underline{I_y}} = \sum \left[I_{yi} + (-\overline{z}_S + \overline{z}_i)^2 \cdot A_i \right]$$

$$= \frac{a \cdot t^3}{12} + \left(-\overline{z}_S + \frac{t}{2}\right)^2 \cdot a \cdot t + \frac{t \cdot (b - 2 \cdot t)^3}{12} + \left(-\overline{z}_S + \frac{b}{2}\right)^2 \cdot t \cdot (b - 2 \cdot t)$$

$$+ \frac{c \cdot t^3}{12} + \left(-\overline{z}_S + b - \frac{t}{2}\right)^2 \cdot c \cdot t + \frac{t \cdot \left(\frac{d - t}{2}\right)^3}{12} + \left(-\overline{z}_S + b - t - \frac{d - t}{2}\right)^2 \cdot t$$

$$\cdot (d - t) = 33971{,}6 \, mm^4 = \underline{\underline{3{,}4 \, cm^4}}$$

$$\underline{\underline{I_z}} = \sum \left[I_{zi} + \left(-\overline{y}_S + \overline{y}_i\right)^2 \cdot A_i \right]$$

$$= \frac{t \cdot a^3}{12} + \left(-\overline{y}_S + c - \frac{a}{2}\right)^2 \cdot a \cdot t + \frac{(b - 2 \cdot t) \cdot t^3}{12} + \left(-\overline{y}_S + c - \frac{t}{2}\right)^2 \cdot t$$

$$\cdot (b - 2 \cdot t) + \frac{t \cdot c^3}{12} + \left(-\overline{y}_S + \frac{c}{2}\right)^2 \cdot c \cdot t + \frac{\left(\frac{d-t}{2}\right) \cdot t^3}{12} + \left(-\overline{y}_S + \frac{t}{2}\right)^2 \cdot t$$

$$\cdot (d - t) = 24394{,}1 \; mm^4 = \underline{\underline{2{,}44 \; cm^4}}$$

$$\underline{\underline{I_{yz}}} = \sum \left[I_{yzi} - \left(-\overline{y}_S + \overline{y}_i\right) \cdot \left(-\overline{z}_S + \overline{z}_i\right) \cdot A_i \right]$$

$$= 0 - \left(-\overline{y}_S + c - \frac{a}{2}\right) \cdot \left(-\overline{z}_S + \frac{t}{2}\right) \cdot a \cdot t + 0 - \left(-\overline{y}_S + c - \frac{t}{2}\right) \cdot \left(-\overline{z}_S + \frac{b}{2}\right) \cdot t$$

$$\cdot (b - 2 \cdot t) + 0 - \left(-\overline{y}_S + \frac{c}{2}\right) \cdot \left(-\overline{z}_S + b - \frac{t}{2}\right) \cdot c \cdot t + 0 - \left(-\overline{y}_S + \frac{t}{2}\right)$$

$$\cdot \left(-\overline{z}_S + b - t - \frac{d-t}{2}\right) \cdot t \cdot (d - t) = 8949{,}7 \; mm^4 = \underline{\underline{0{,}89 \; cm^4}}$$

Die Hauptträgheitsmomente bestimmen wir mithilfe der Gleichungen (8.17) auf S. 157 und (8.21) auf S. 158:

$$I_{1,2} = \frac{I_y + I_z}{2} \pm \sqrt{\left(\frac{I_y - I_z}{2}\right)^2 + I_{yz}^2} \qquad\qquad \rightarrow \underline{\underline{I_1 = 3{,}93 \; cm^4}}$$

$$\rightarrow \underline{\underline{I_2 = 1{,}90 \; cm^4}}$$

$$I_{12} = \sqrt{\left(\frac{I_y - I_z}{2}\right)^2 + I_{yz}^2} = \frac{I_1 - I_2}{2} \qquad\qquad \rightarrow \underline{\underline{I_{12} = 1{,}02 \; cm^4}}$$

MOHR'scher Trägheitskreis

- Die I_i-Achse (axiales Flächenträgheitsmoment) verläuft horizontal nach rechts, die I_{ij}-Achse (biaxiales Flächenträgheitsmoment) vertikal nach unten positiv.
- Eintragen der Punkte $\left(I_y, I_{yz}\right)$ und $\left(I_z, -I_{yz}\right)$. Die axialen Flächenträgheitsmomente I_y und I_z werden vorzeichenrichtig, das biaxiale Flächenträgheitsmoment I_{yz} wird beim ersten Punkt vorzeichenrichtig und beim zweiten Punkt $\left(I_z, -I_{yz}\right)$ mit gedrehtem Vorzeichen eingezeichnet.
- Der Schnittpunkt der Verbindungslinie dieser Punkte mit der I_i-Achse ist der Kreismittelpunkt bzw. das mittlere axiale Flächenträgheitsmoment I_M nach Gl. (8.21).
- Die Verbindungslinie zwischen dem Kreismittelpunkt I_M und $\left(I_y, I_{yz}\right)$ ist der Radius des Trägheitskreises.
- Zeichnen des Kreises mit einem Zirkel.
- Auf dem Trägheitskreis liegen nun alle Flächenträgheitsmomente mit ihren zugehörigen Schnittwinkeln.
- Der Schnittpunkt des Kreises mit der I_i-Achse auf der rechten Seite ist das axiale Hauptträgheitsmoment I_1. Der Schnittpunkt auf der linken Seite entsprechend das axiale Hauptträgheitsmoment I_2.
- Senkrecht nach oben und unten vom mittleren axialen Flächenträgheitsmoment I_M aus befindet sich das maximale biaxiale Flächenträgheitsmoment $I_{12} = -I_{21}$ auf dem Trägheitskreis.
- Die Drehrichtungen der Schnittwinkel bzw. Schnittrichtungen im Trägheitskreis entsprechen den gleichen Drehrichtungen wie im Koordinatensystem.
- Die Drehrichtungen werden im Trägheitskreis mit dem doppelten Winkel eingezeichnet.

In Kürze

Flächenträgheitsmomente für beliebig geformte Flächen

$$I_y = \int z^2 \cdot dA$$

$$I_z = \int y^2 \cdot dA$$

$$I_{yz} = I_{zy} = -\int y \cdot z \cdot dA$$

$$I_p = \int r^2 \cdot dA = \int (z^2 + y^2) \cdot dA = I_y + I_z$$

Schwerpunktkoordinaten von zusammengesetzten Flächen

$$\overline{y}_S = \frac{\sum \overline{y}_i \cdot A_i}{\sum A_i}$$

$$\overline{z}_S = \frac{\sum \overline{z}_i \cdot A_i}{\sum A_i}$$

Parallelverschiebung der Bezugsachsen

$$I_{\overline{y}} = I_y + \overline{z}_S^2 \cdot A$$

$$I_{\overline{z}} = I_z + \overline{y}_S^2 \cdot A$$

$$I_{\overline{yz}} = I_{yz} - \overline{y}_S \cdot \overline{z}_S \cdot A$$

Flächenträgheitsmomente für zusammengesetzte Flächen

$$I_y = \sum \left[I_{yi} + (-\overline{z}_S + \overline{z}_i)^2 \cdot A_i \right]$$

$$I_z = \sum \left[I_{zi} + (-\overline{y}_S + \overline{y}_i)^2 \cdot A_i \right]$$

$$I_{yz} = \sum \left[I_{yzi} - (-\overline{y}_S + \overline{y}_i) \cdot (-\overline{z}_S + \overline{z}_i) \cdot A_i \right]$$

Formelsammlung Flächenträgheitsmomente:
▶ Tab. 8-1 auf S. 151

Transformationsbeziehungen

$$I_\eta = \frac{1}{2} \cdot (I_y + I_z) + \frac{1}{2} \cdot (I_y - I_z) \cdot \cos(2\varphi) + I_{yz} \cdot \sin(2\varphi)$$

$$I_\zeta = \frac{1}{2} \cdot (I_y + I_z) - \frac{1}{2} \cdot (I_y - I_z) \cdot \cos(2\varphi) - I_{yz} \cdot \sin(2\varphi)$$

$$I_{\eta\zeta} = -\frac{1}{2} \cdot (I_y - I_z) \cdot \sin(2\varphi) + I_{yz} \cdot \cos(2\varphi)$$

Hauptträgheitsmomente und deren Schnittwinkel

$$I_{1,2} = \frac{I_y + I_z}{2} \pm \sqrt{\left(\frac{I_y - I_z}{2}\right)^2 + I_{yz}^2}$$

$$\varphi^* = \frac{1}{2} \cdot \arctan\left(\frac{2 \cdot I_{yz}}{I_y - I_z}\right)$$

$$I_{12} = \sqrt{\left(\frac{I_y - I_z}{2}\right)^2 + I_{yz}^2} = \frac{I_1 - I_2}{2}$$

$$\overline{\varphi} = \varphi^* + \frac{\pi}{4}$$

Hinweise zur Berechnung

- Bei Flächen mit Ausschnitten werden die Ausschnitte als "*negative*" Flächen betrachtet.
- Bei negativen Flächen sind die Flächenträgheitsmomente ebenfalls negativ.
- Besitzt eine Fläche mehrere Symmetrieachsen, so liegt der Schwerpunkt im Schnittpunkt der Symmetrieachsen.
- Für symmetrische Flächen ist das biaxiale Flächenträgheitsmoment Null: $I_{yz} = 0$.
- Axiale Flächenträgheitsmomente, die sich auf dieselbe Achse beziehen bzw. biaxiale Flächenträgheitsmomente die sich auf dasselbe Koordinatensystem beziehen, dürfen addiert oder subtrahiert werden.

8.8   Aufgaben zu Kapitel 8

Aufgabe 8.1
Berechnen Sie für das Winkelprofil ($a = 65$ mm, $b = 30$ mm, $c = 15$ mm, $t = 5$ mm) alle Flächenträgheitsmomente bzgl. der y- und z-Achse sowie die entsprechenden Hauptträgheitsmomente.

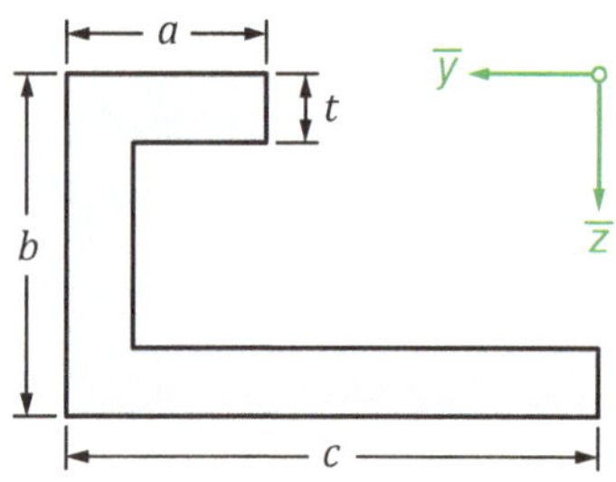

Aufgabe 8.2
Für das dargestellte I-Profil ($a = 10$ cm, $b = 90$ mm, $t_s = 7{,}5$ mm, $t_g = 11{,}3$ mm) sind die axialen Flächenträgheitsmomente um die y- und z-Achse sowie das biaxiale Flächenträgheitsmoment zu bestimmen.

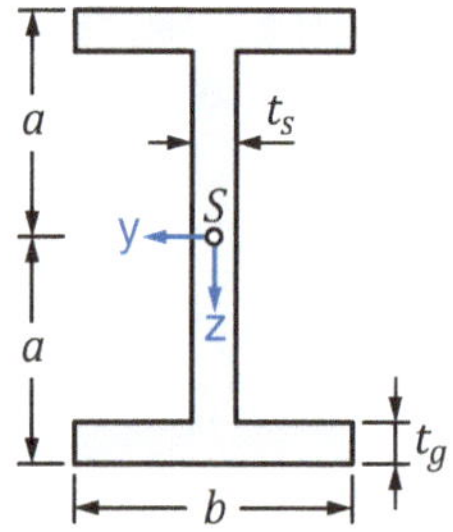

Aufgabe 8.3
Bestimmen Sie für den sechseckigen Querschnitt mit Ausschnitt ($a = 30$ mm) alle Flächenträgheitsmomente bezüglich der Schwerachsen sowie die Hauptträgheitsmomente.
Wie groß sind die Flächenträgheitsmomente, wenn die Querschnittsfläche um 45° gedreht wird?

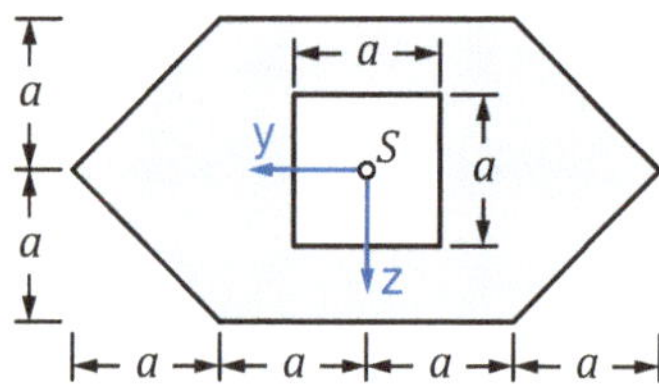

Aufgabe 8.4
Bestimmen Sie für das dargestellte symmetrische Winkelprofil ($a = 130$ mm, $t = 20$ mm) die Flächenträgheitsmomente bezüglich der Schwerachsen.

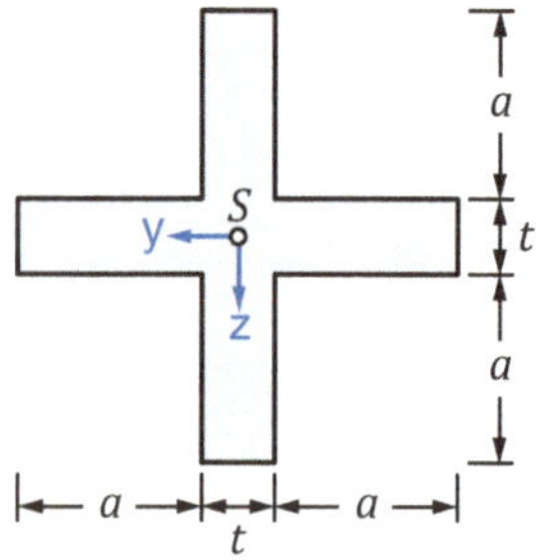

Aufgabe 8.5

Berechnen Sie für das Winkelprofil ($a = 50$ mm, $b = 80$ mm, $t = 5$ mm) aus Stahl alle Flächenträgheitsmomente in Bezug auf die y- und z-Achse sowie die entsprechenden Hauptträgheitsmomente.

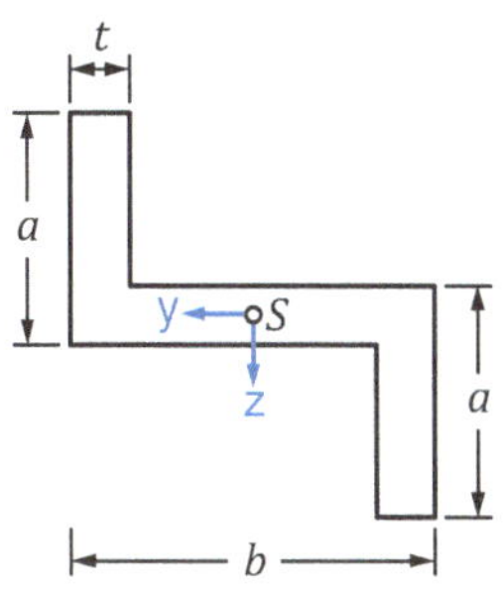

Aufgabe 8.6

Bestimmen Sie für die dargestellte Fläche mit Bohrung ($a = 50$ mm) alle Flächenträgheitsmomente bezüglich der Schwerachsen sowie die Hauptträgheitsmomente.

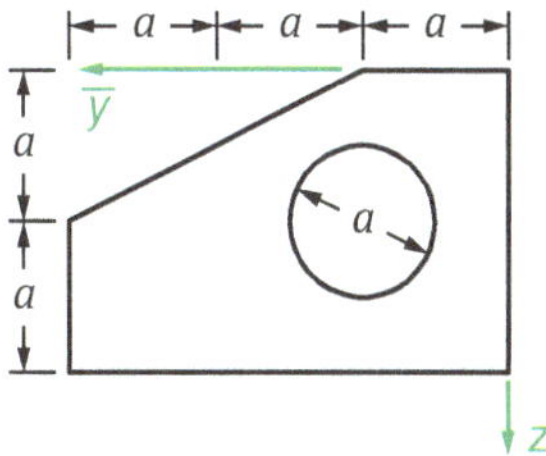

Aufgabe 8.7

Bestimmen Sie für die Viertelkreisfläche die Flächenträgheitsmomente bzgl. der $\overline{y}$- und $\overline{z}$-Achse.

Funktionsgleichung der Fläche:

$$r^2 = \overline{y}^2 + \overline{z}^2$$

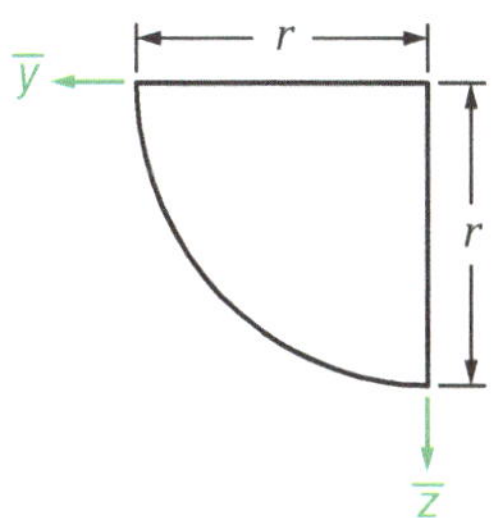

Aufgabe 8.8

Bestimmen Sie für die dargestellte blaue Fläche ($b = 25$ mm, $h = 40$ mm) die Flächenträgheitsmomente bzgl. der Schwerachsen.

Funktionsgleichung der Fläche:

$$\overline{z} = h \cdot \left(1 - \frac{\overline{y}^2}{b^2} \right)$$

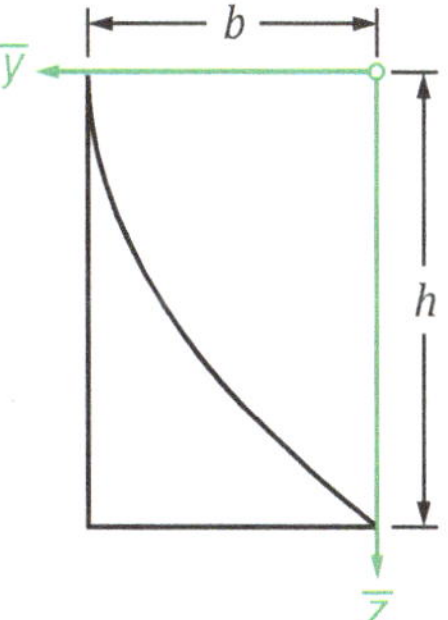

Lösungen

Aufgabe 8.1	$I_y = 4{,}7\ \text{cm}^4$	$I_1 = 22{,}2\ \text{cm}^4$
	$I_z = 20{,}5\ \text{cm}^4$	$I_2 = 3{,}05\ \text{cm}^4$
	$I_{yz} = 5{,}4\ \text{cm}^4$	$I_{12} = 9{,}6\ \text{cm}^4$

Aufgabe 8.2 $\quad I_y = 2161{,}75\ \text{cm}^4 \qquad I_z = 137{,}9\ \text{cm}^4 \qquad I_{yz} = 0$

Aufgabe 8.3	$I_y = 128{,}25\ \text{cm}^4$	$I_1 = 398{,}25\ \text{cm}^4$	$I_\eta = 263{,}25\ \text{cm}^4$
	$I_z = 398{,}25\ \text{cm}^4$	$I_2 = 128{,}25\ \text{cm}^4$	$I_\zeta = 263{,}25\ \text{cm}^4$
	$I_{yz} = 0$	$I_{12} = 263{,}25\ \text{cm}^4$	$I_{\eta\zeta} = 135\ \text{cm}^4$

Aufgabe 8.4 $\quad I_y = 3676\ \text{cm}^4 \qquad I_z = 3676\ \text{cm}^4 \qquad I_{yz} = 0$

Aufgabe 8.5	$I_y = 35{,}8\ \text{cm}^4$	$I_1 = 109\ \text{cm}^4$
	$I_z = 84{,}7\ \text{cm}^4$	$I_2 = 11{,}5\ \text{cm}^4$
	$I_{yz} = 42{,}2\ \text{cm}^4$	$I_{12} = 60{,}3\ \text{cm}^4$

Aufgabe 8.6	$I_y = 840{,}9\ \text{cm}^4$	$I_1 = 2345{,}7\ \text{cm}^4$
	$I_z = 2261{,}5\ \text{cm}^4$	$I_2 = 756{,}7\ \text{cm}^4$
	$I_{yz} = -356{,}1\ \text{cm}^4$	$I_{12} = 13{,}3\ \text{cm}^4$

Aufgabe 8.7

$$I_{\bar{y}} = I_{\bar{z}} = \frac{\pi \cdot r^4}{16} \qquad I_{\overline{yz}} = -\frac{r^4}{8}$$

Aufgabe 8.8 $\quad I_y = 2{,}82\ \text{cm}^4 \qquad I_z = 0{,}78\ \text{cm}^4 \qquad I_{yz} = 9{,}17\ \text{cm}^4$

9 EULER-BERNOULLI-Balkentheorie (schubstarrer Balken)

© Springer Fachmedien Wiesbaden GmbH, ein Teil von Springer Nature 2019
C. Spura, *Technische Mechanik 2. Elastostatik*,
https://doi.org/10.1007/978-3-658-19979-1_9

Die Balkentheorie beschreibt das Verhalten von Balken unter äußeren Belastungen. Dazu werden die bisherigen Kenntnisse und Zusammenhänge der Technischen Mechanik zu einer übergreifenden Theorie zusammengefasst. Sinn und Zweck der Balkentheorie ist es, infolge der äußeren Belastung die im Inneren eines Balkens auftretenden Schnittgrößen (Querkraft und Biegemoment) sowie die damit einhergehenden Deformationen/Formänderungen (Balkenneigung und Balkendurchbiegung) berechnen zu können. Dabei wird klassischer Weise die EULER-BERNOULLI- und die TIMOSHENKO-Balkentheorie unterschieden. Bei der in diesem Kapitel behandelten EULER-BERNOULLI-Balkentheorie wird ein schubstarrer Balken zugrundegelegt. Dies bedeutet, dass *Schubverformungen keinen Einfluss* auf die Schnittgrößen sowie die Deformationen/Formänderungen besitzen.

Die Bestimmung der im Balken auftretenden Schnittgrößen mit den damit einhergehenden Beanspruchungen (Spannungen) sowie der Neigung und Durchbiegung (Biegelinie) des Balkens erfolgt mithilfe der *Integrationsmethode*. Dazu wird der Balken in einzelne Felder unterteilt, innerhalb derer die Kraft- und Verformungsgrößen alle stetig verlaufen. Mit der anschließenden mehrmaligen Integration der *Differenzialgleichung der Biegelinie* des Balkens, werden dann die Schnittgrößen sowie die Balkenneigung und -durchbiegung berechnet.

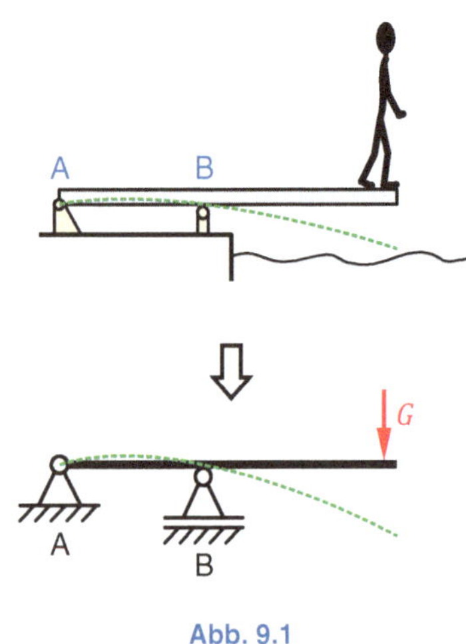

Abb. 9.1

Ein Balken ist ein langes, schlankes Tragwerk, welches alle Arten an Belastungen aufnehmen kann. Wird ein Balken beispielsweise durch eine Querkraft oder ein Moment belastet, verformt sich der Balken entsprechend den äußeren Belastungen. Als Beispiel können wir uns das nebenstehende Modell des Sprungbrettes in ▶ Abb. 9.1 ansehen. Durch die Gewichtskraft G des Springers wird das Sprungbrett (Balken) durch eine Querkraft belastet und verformt sich entsprechend der dargestellten grünen Strichlinie. Zwischen den Lagern *A* und *B* erfährt der Balken eine Verbiegung nach oben. Zwischen dem Lager *B* und dem Springer verbiegt sich der Balken nach unten. Wollen wir nun ein solches Sprungbrett konstruktiv auslegen und die Abmessungen bestimmen, müssen wir vorher die Beanspruchungen im Inneren des Sprungbrettes kennen. Zudem ist auch die Durchbiegung des Sprungbrettes von Interesse. Biegt sich das Sprungbrett zu weit nach unten durch, könnte es mit der Wasseroberfläche in Berührung kommen, was unerwünscht ist. Ist das Sprungbrett dagegen zu steif und federt zu wenig, kann der Springer nicht hoch genug springen.

Um diese Fragestellungen zu beantworten, gibt es in der

Elastostatik den Bereich der *Balkentheorie*. Das Ziel der Balkentheorie ist es, die infolge der äußeren Belastung im Inneren eines Balkens auftretenden Schnittgrößen (Querkraft und Biegemoment) sowie die damit einhergehenden Formänderungen (Balkenneigung und Balkendurchbiegung) berechenbar zu machen. Dazu werden die bisher behandelten Kenntnisse und Zusammenhänge zu einer übergreifenden Theorie, der Balkentheorie, zusammengefasst. In der Vergangenheit haben sich dabei die beiden folgenden Balkentheorien etabliert:

- EULER-BERNOULLI-Balkentheorie[23]
- TIMOSHENKO-Balkentheorie[24]

Wir wollen uns in diesem Kapitel ausschließlich mit der EULER-BERNOULLI-Balkentheorie auseinandersetzen und erst im nächsten Kapitel auf die TIMOSHENKO-Balkentheorie eingehen.

Das Ziel der Balkentheorie ist die Berechnung der im Inneren des Balkens auftretenden Schnittgrößen (Querkraft und Biegemoment) sowie die auftretenden Formänderungen (Balkenneigung und Balkendurchbiegung).

9.1 Balkentheorie und deren Ordnung

Bevor wir uns mit der Balkentheorie beschäftigen, müssen wir zuvor noch beachten, nach welcher Theorie wir unsere Verformungen und damit unsere benötigten Gleichgewichtsbedingungen aufstellen, siehe ▶ Abb. 9.2. Wie in Kapitel 1.4 auf S. 6 ff. schon angesprochen, gibt es drei Ordnungen:

a) *Theorie 1. Ordnung*: Die Gleichgewichtsbedingungen werden am *unverformten* Balken aufgestellt. Die auftretenden Verformungen w sind *klein* gegenüber der Balkenhöhe h. Da diese Theorie fast immer ausreichend ist, wird sie in der Praxis sehr häufig angewendet.

b) *Theorie 2. Ordnung*: Die Gleichgewichtsbedingungen werden am *verformten* Balken aufgestellt. Die auftretenden Verformungen w sind *klein* und entsprechen ungefähr der Balkenhöhe h. Diese Theorie wird in der Praxis vor allem bei Stabilitätsproblemen und Knicken sowie bei Durchbiegungen bis etwa 20°-Neigungswinkel benutzt.

c) *Theorie 3. Ordnung*: Die Gleichgewichtsbedingungen werden am *verformten* Balken aufgestellt. Die Verformungen w sind wesentlich *größer* als die Balkenhöhe h. Diese Theorie beinhaltet eine *geometrisch nichtlineare* Beschreibung des Balkens und ist daher sehr aufwendig und kompliziert. Angewendet wird diese Theorie in Sonderfällen und bei extremen Neigungswinkeln von mehr als 20°, wie sie z. B. bei Seilnetzen auftreten.

a)

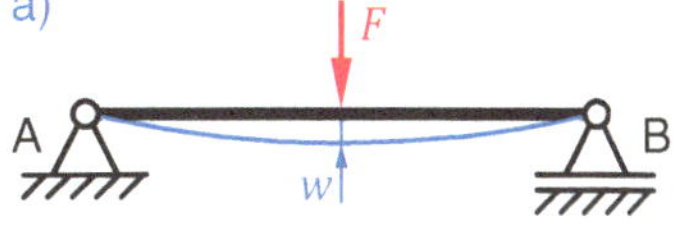

b)

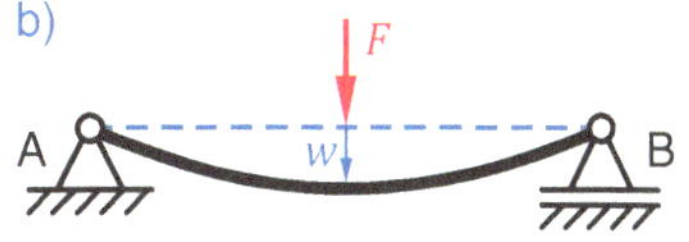

c)

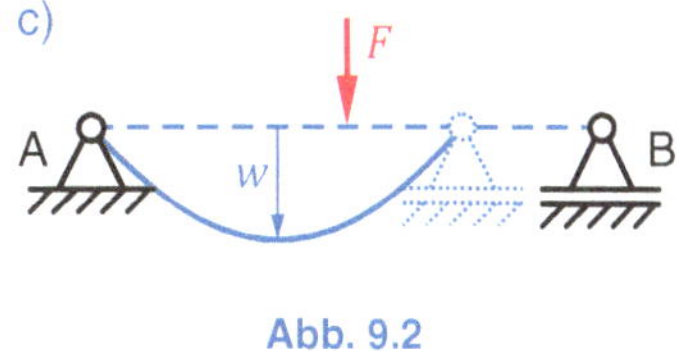

Abb. 9.2

---

[23] Nach: Jakob I. BERNOULLI (1655–1705) und Daniel BERNOULLI (1700–1782), schweiz. Mathematiker, Physiker; Leonhard EULER (1707–1783), schweiz. Mathematiker, Physiker

[24] Nach: Stepan Prokopowytsch TYMOSCHENKO (engl. Transkription: Stephen TIMOSHENKO, 1878–1972), ukr. Ingenieur, Professor

Da in den meisten Fällen das Ergebnis der Berechnung nach der *Theorie 1. Ordnung* hinreichend genau mit der Realität übereinstimmt, werden wir in diesem Lehrbuch ausschließlich die Balkentheorie 1. Ordnung anwenden.

9.2   Allgemeine Modellannahmen

Nachfolgend wollen wir die für die Balkentheorie geltenden allgemeinen Modellannahmen vorstellen. Diese Modellannahmen dienen dazu, die Realität in eine geeignete mathematisch-physikalische Beschreibung zu überführen. Zudem gelten diese allgemeinen Modellannahmen sowohl für die EULER-BERNOULLI- als auch für die TIMOSHENKO-Balkentheorie:

▶ **Allgemeine Modellannahmen** zur **Balkentheorie**, welche für die EULER-BERNOULLI- und die TIMOSHENKO-**Balkentheorie** gelten.

- Balkenlänge >> Querschnittsabmessungen (b, h)
- Balken ist schlank (Richtwert: $l \geq 5 \cdot b$, $5 \cdot h$)
- Balken ist biegesteif
- Balken ist gerade oder nur leicht gekrümmt
- Balken mit konstantem bzw. schwach veränderlichem Querschnitt (prismatischer Balken)
- x-Achse entspricht der Schwerachse S des Balkens
- Die Durchbiegung w ist abhängig von der x- und unabhängig von der z-Koordinate: $w = w_{(x)}$
  (Alle Punkte eines Querschnitts an einer beliebigen Stelle x erfahren die gleiche Durchbiegung w in z-Richtung. Die Balkenhöhe ändert sich bei der Durchbiegung nicht.)
- alle Verformungen sind klein gegenüber den Balkenabmessungen: v, $w << h$, b (Richtwert: v, $w \leq l/500$)
- die Verformung u in x-Richtung wird vernachlässigt
- es tritt keine Verdrehung (Torsion) des Balkens um dessen Schwerachse (x-Achse) auf
- isotropes linear-elastisches Materialverhalten nach dem HOOKE'schen Gesetz
- Der Balken ist im unbelasteten Zustand spannungsfrei

9.3   Einteilung der Balkentheorie

Bevor wir mit der EULER-BERNOULLI-Balkentheorie beginnen, müssen wir noch eine Einteilung der verschiedenen Arten einer Biegung vornehmen. Eine erste Einteilung haben wir in Kapitel 2.3 auf S. 14 ff. kennengelernt. Diese Einteilung wollen wir nun noch etwas genauer erfassen. Dazu sind in ▶ Abb. 9.3 die verschiedenen Arten der Biegung von verschiedenen Querschnitten dargestellt.

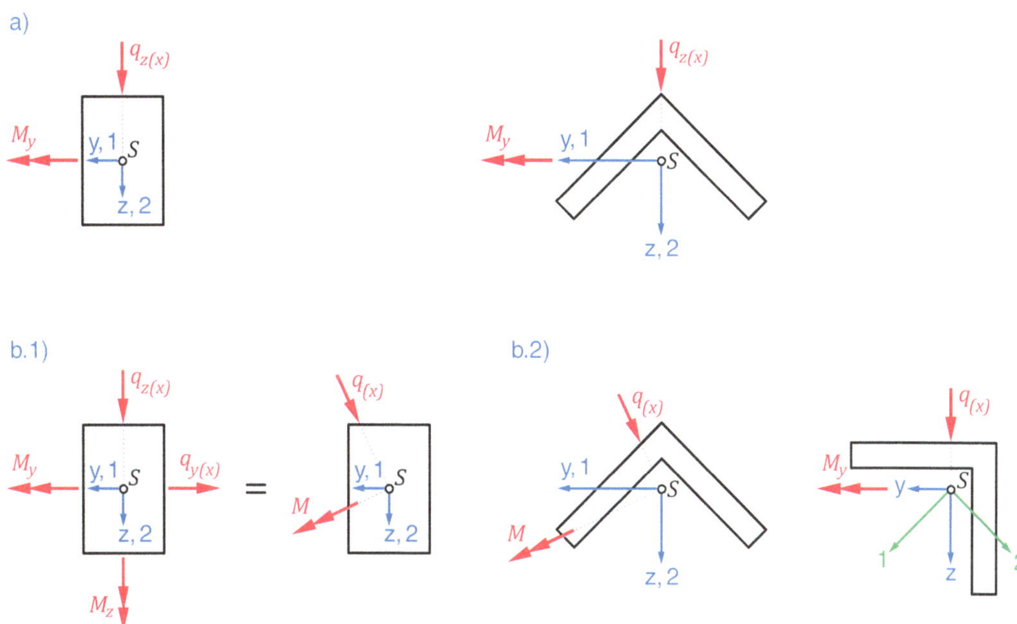

Abb. 9.3

Die Einteilung der Biegung und damit auch der zugehörigen Balkentheorie ist nach ▶ Abb. 9.3 wie folgt:

a) *gerade Biegung*: Die Biegung infolge der äußeren Kraftgrößen (Einzelkraft, Streckenlast, Moment) erfolgt um nur eine Achse im y-z-Koordinatensystem, welches gleichzeitig auch das Hauptachsensystem der Querschnittsfläche ist. Dabei ist es unerheblich, ob die Hauptachsen gleichzeitig Schwerachsen der Querschnittsfläche sind oder nicht (Beispiel: L-Profil). Im Hauptachsensystem ist das biaxiale Flächenträgheitsmoment $I_{yz} = 0$.

Die **gerade Biegung** findet um nur **eine der Hauptachsen** eines Querschnitts statt.

b1) *schiefe Biegung im Hauptachsensystem*: Die Biegung erfolgt um die y- und z-Koordinatenachsen, welche gleichzeitig Hauptachsen sind und der Querschnitt besitzt eine Symmetrie zur y- und/oder z-Achse. Dann lassen sich zwei gerade Biegungen (q_z und M_y sowie q_y und M_z) zu einer Gesamtbiegung (q und M) überlagern. Zudem ist das biaxiale Flächenträgheitsmoment $I_{yz} = 0$.

Die **schiefe Biegung im Hauptachsensystem** kann als **Überlagerung von zwei geraden Biegungen** um die Hauptachsen angesehen werden.

b2) *schiefe Biegung im beliebigen Achsensystem*: Die Biegung erfolgt um beliebige Achsen oder um die y- und z-Achsen, wobei keine der Achsen Hauptachsen sind. Die Querschnittsfläche besitzt keine Symmetrie und somit ist das biaxiale Flächenträgheitsmoment $I_{yz} \neq 0$.

Die **schiefe Biegung** findet **um andere Achsen** als die Hauptachsen statt und der **Querschnitt besitzt keine Symmetrie**.

9.4   Gerade Biegung

Bei der geraden Biegung handelt es sich um eine einachsige Biegung, welche um eine der Hauptachsen der Querschnittsfläche verläuft. Dies kann entweder die y- oder die z-Achse sein. Es ist dabei unerheblich, ob die Querschnittsfläche eine Symmetrie besitzt oder nicht. Im Hauptachsensystem ist das biaxiale Flächenträgheitsmoment immer $I_{yz} = I_{12} = 0$.

9.4.1   Modellannahmen zur geraden Biegung

▶ **Allgemeine Modellannahmen** für die **gerade Biegung**, also die **einachsige Biegung** um eine der **Hauptachsen der Querschnittsfläche**.

Die folgenden Modellannahmen gelten ausschließlich die für gerade Biegung:

- die y- und z-Koordinatenachsen sind Hauptachsen
- das biaxiale Flächenträgheitsmoment ist $I_{yz} = 0$
  (*Hauptachsensystem*, siehe auch Gl. (8.17) auf S. 157)
- die Belastung erfolgt in Richtung der Hauptachsen
- alle äußeren Kräfte wirken nur in der x-z-Ebene
- alle äußeren Momente wirken nur um die y-Achse
- die Durchbiegung w erfolgt nur in Richtung der z-Achse

Wir gehen hier davon aus, dass die Belastung den Balken rein um die y-Achse verbiegt. Eine Übertragung auf eine reine Verbiegung um die z-Achse ist aber problemlos möglich

9.4.2   Annahmen zur EULER-BERNOULLI-Balkentheorie

▶ Spezielle **Annahmen** zur **EULER-BERNOULLI-Balkentheorie**, welche auch als **Bernoulli'sche Hypothesen** bekannt sind.

Für die Herleitung und Anwendung der EULER-BERNOULLI-Balkentheorie gelten die folgenden Annahmen[25]:

- schubstarrer Balken
  (reine Biegung, kein Einfluss durch Schubverformung)
- alle Balkenquerschnitte an jeder beliebigen x-Koordinate, die vor der Verbiegung senkrecht auf der Balkenachse standen, stehen auch nach der Verbiegung senkrecht auf der deformierten Balkenachse
  1. BERNOULLI'sche Hypothese: *Senkrechtbleiben der Querschnitte*
- alle Balkenquerschnitte an jeder beliebigen x-Koordinate sind vor der Verbiegung eben und bleiben auch nach der Verbiegung eben (es tritt keine Verwölbung der Querschnittsfläche auf)
  2. BERNOULLI'sche Hypothese: *Ebenbleiben der Querschnitte*

Es sei angemerkt, dass diese Annahmen in der Realität nur mehr oder weniger genau erfüllt sind und das kein realer Balken existiert, der diesen Annahmen genau entspricht.

---

[25] Nach: Jakob I. BERNOULLI (1655–1705), schweiz. Mathematiker, Physiker

9.4.3 Biegung und Biegespannung

Zur Bestimmung der Biegespannung in einem Balken und dem mit dieser Spannung einhergehenden Verformungsverhalten, betrachten wir den in ▶ Abb. 9.4 dargestellten Balken. Zur besseren Verdeutlichung des Verformungsverhaltens sind auf dem Balken horizontale und vertikale Gitterlinien vorhanden. Die vertikalen Gitterlinien stellen gleichzeitig die Balkenquerschnittsfläche A an der entsprechenden Stelle x in Balkenlängsrichtung dar. Wird nun der Balken durch eine *reine Biegung*[26] belastet, erfahren die horizontalen Linien am oberen Rand des Balkens eine Stauchung ($\varepsilon < 0$) und damit eine Druckkraft bzw. Druckspannung ($-\sigma_x$). Am unteren Rand entsteht eine Dehnung ($\varepsilon > 0$) und somit eine Zugkraft bzw. Zugspannung ($+\sigma_x$). Zwischen dem oberen und unteren Rand muss die Dehnung sich kontinuierlich ändern, um von der Stauchung in die Dehnung überzugehen. Dadurch muss es zwangsweise eine Stelle geben, an welcher die Dehnung in Balkenlängsrichtung Null ist. Diese Stelle wird als *neutrale Faser* bezeichnet. Da wir nur gerade Balken (allgemeine Modellannahme) betrachten, verläuft die neutrale Faser durch den Schwerpunkt der Balkenquerschnittsfläche und somit entlang der x-Achse (Schwerachse der Querschnittsflächen des Balkens und weitere Modellannahme).

Des Weiteren werden, aufgrund des konstant wirkenden Biegemoments M_y, alle horizontalen Linien gleichmäßig verbogen und erfahren somit eine konstante Krümmung in Form eines Kreisbogens. Verformen sich nun alle horizontalen Linien, inklusive der neutralen Faser, zu Kreisbögen, können damit auch die beiden BERNOULLI'schen Hypothesen erklärt werden. Durch die konstante Kreisbogenkrümmung bleiben alle vertikalen Linien (Querschnittsfläche A) senkrecht auf der neutralen Faser stehen (*1. Hypothese: Senkrechtbleiben der Querschnitte*). Zusätzlich bleiben die vertikalen Linien infolge der konstanten Kreisbogenkrümmung in sich eben und gerade (*2. Hypothese: Ebenbleiben der Querschnitte*). Eine Verwölbung der Querschnittsfläche tritt nicht auf. Wir können also festhalten, dass die Querschnittsflächen immer eben und senkrecht auf der neutralen Faser stehen und sich infolge der Balkenbiegung um den Verbindungspunkt mit der neutralen Faser neigen bzw verdrehen. Diesen Zusammenhang wollen wir nun mathematisch erfassen.

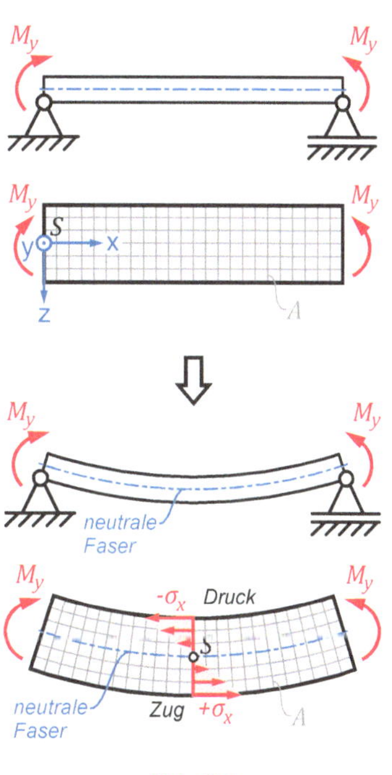

Abb. 9.4

Aufgrund der **konstanten Kreisbogenkrümmung der neutralen Faser** infolge einer Biegung, ergeben sich die beiden BERNOULLI'schen Hypothesen der Balkentheorie.

---

[26] Die *reine Biegung* wird auch *querkraftfreie Biegung* genannt, da diese ausschließlich durch zwei an den Enden des Balkens angreifende Biegemomente entsteht. Es gibt hierbei keine Kräfte, welche in Querkraftrichtung wirken und damit eine Biegung erzeugen könnten.

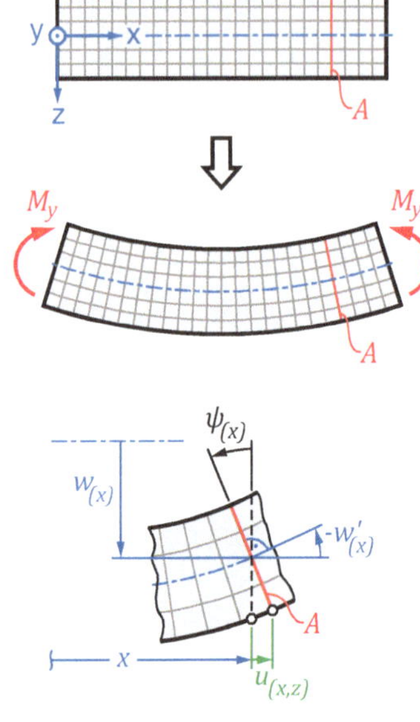

Abb. 9.5

Wir betrachten den in ▶ Abb. 9.5 dargestellten Balken. In der oberen Darstellung ist der Balken unbelastet und besitzt das übliche Koordinatensystem. Die blaue Strich-Punkt-Linie stellt die neutrale Faser dar. Wird der Balken mit einer reinen Biegung durch das Moment M_y belastet, stellt sich die abgebildete Verformung ein und alle horizontalen Gitterlinien erfahren eine konstante Krümmung. Alle gekennzeichneten Querschnittsflächen A (vertikalen Gitterlinien) bleiben immer senkrecht zur neutralen Faser. Die neutrale Faser erfährt an jeder beliebigen Balkenlängskoordinate x eine entsprechende Durchbiegung $w_{(x)}$ in z-Richtung. Die Durchbiegung $w_{(x)}$ ist dabei ausschließlich von der x-Koordinate abhängig (allgemeine Modellannahme). Zur Beschreibung der gedrehten Lage der Querschnittsfläche A in unserem Koordinatensystem ist $\psi_{(x)}$ der Verdrehwinkel der Querschnittsfläche A und $w'_{(x)}$ die Neigung der neutralen Faser. Auch diese beiden Variablen sind ausschließlich von der x-Koordinate abhängig.

Des Weiteren erinnern wir uns, dass wir stets nur kleine Verformungen betrachten (allgemeine Modellannahme) und somit die Kleinwinkelnäherung gilt:

$$\sin \alpha \approx \alpha \qquad \cos \alpha \approx 1 \qquad \tan \alpha \approx \alpha \qquad (9.1)$$

Da die Querschnittsfläche A immer senkrecht auf der neutralen Faser steht (1. Bernoulli'sche Hypothese), gilt für die Verdrehung $\psi_{(x)}$ und die Neigung $w'_{(x)}$ der Zusammenhang:

$$\psi_{(x)} = -w'_{(x)} \qquad (9.2)$$

Hinweis: Unsere z-Koordinate verläuft positiv nach unten, weshalb die Neigung $w'_{(x)}$ nach mathematischer Definition das Minuszeichen erhält, weil $w'_{(x)}$ in negative z-Richtung verläuft.

Die Verschiebung $u_{(x,z)}$ in x-Richtung ist zum einen von der Balkenlängskoordinate x wie auch von der Balkenhöhenkoordinate z abhängig. Da die Querschnittsfläche A eben bleibt (2. Bernoulli'sche Hypothese), können wir zur Beschreibung der Verschiebung $u_{(x,z)}$ an jeder beliebigen Balkenhöhenkoordinate z die Verdrehung $\psi_{(x)}$ verwenden:

$$u_{(x,z)} = \psi_{(x)} \cdot z = -w'_{(x)} \cdot z \qquad (9.3)$$

Unser Balken wird infolge des Moments M_y an seiner Unterseite gedehnt. Erinnern wir uns an die Beschreibung einer Dehnung nach Gl. (4.1) auf S. 49, können wir mittels der Verschiebung $u_{(x,z)}$ die zugehörige Dehnung $\varepsilon_{(x,z)}$ bestimmen:

$$\varepsilon_{(x,z)} = \frac{du_{(x,z)}}{dx} = u'_{(x,z)} = \psi'_{(x)} \cdot z = -w''_{(x)} \cdot z \qquad (9.4)$$

Um mit dieser Kenntnis nun die im Balken wirkenden Normalspannungen σ_x infolge des Moments M_y berechnen zu können, betrachten wir die Querschnittsfläche A unseres Balkens an einer beliebigen Längskoordinate x, siehe ▶ Abb. 9.6. Nun betrachten wir auf der Querschnittsfläche A zwei infinitesimale Flächenelemente dA, welche gleich weit von der y-Achse um die Balkenhöhenkoordinate z entfernt sind. Beide Flächenelemente erfahren die gleiche infinitesimale Normalkraft dN. Am unteren Flächenelement dA ist die dort wirkende Normalkraft dN positiv, am oberen Flächenelement ist dN entsprechend negativ. Dies resultiert daraus, dass das Biegemoment M_y den Balken oberhalb der y-Achse staucht und unterhalb der y-Achse dehnt. Somit muss in negativer z-Richtung eine Druckkraft ($-dN$) und in positiver z-Richtung eine Zugkraft ($+dN$) vorhanden sein.

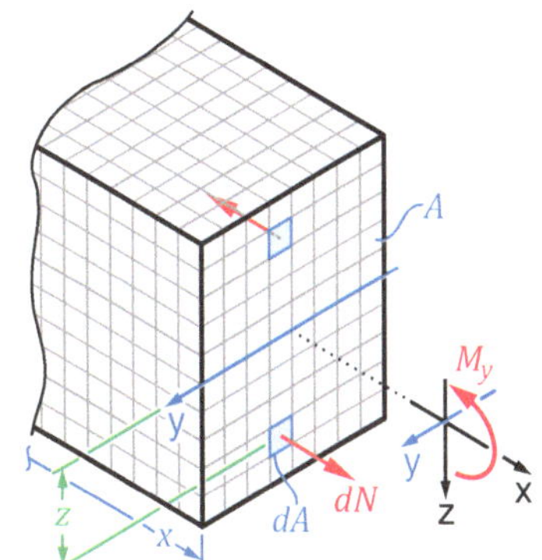

Abb. 9.6

Wir stellen nun das Kräftegleichgewicht in Balkenlängsrichtung auf und integrieren die infinitesimale Normalkraft dN über die gesamte Querschnittsfläche A:

$$\sum F_{ix} = 0 = \int dN - N \tag{9.5}$$

Die Kräfte in Balkenlängsrichtung verschwinden also, was bei reiner Biegung auch so zu erwarten war.

Um anhand der Normalkraft dN die damit einhergehende Normalspannung σ_x zu erhalten, können wir die Beziehung nach Gl. (3.5) auf S. 25 verwenden. Da die Größe der Normalkraft von der z-Koordinate abhängt, besitzt auch die Normalspannung $\sigma_{x(z)}$ eine Abhängigkeit von z:

$$dN = \sigma_{x(z)} \cdot dA \tag{9.6}$$

Jetzt müssen wir noch eine Beziehung zwischen der Normalspannung $\sigma_{x(z)}$ und dem äußeren Moment M_y herstellen, siehe ▶ Abb. 9.7. Stellen wir hier das Momentengleichgewicht um die y-Achse auf, erhalten wir:

$$\sum M_{iy}^{(S)} = 0 = -M_y + \int z \cdot \sigma_{x(z)} \cdot dA \tag{9.7}$$

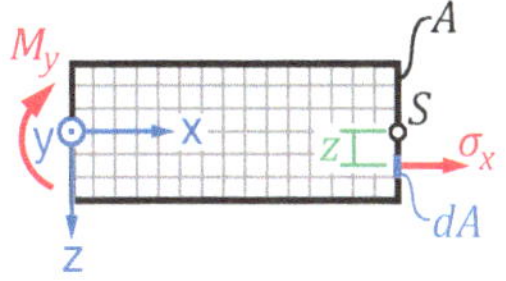

Abb. 9.7

Umgeformt nach dem Moment M_y ergibt:

$$M_y = \int z \cdot \sigma_{x(z)} \cdot dA \tag{9.8}$$

Da die Normalspannung $\sigma_{x(z)}$ mit der Querschnittsfläche A bzw. mit dA zusammenhängt, können wir die Normalspannung nicht einfach vor das Integral ziehen sondern müssen einen kleinen Umweg gehen.

Zuerst setzen wir für die Normalspannung das HOOKE'sche Gesetz nach Gl. (5.4) auf S. 72 ein:

$$M_y = \int z \cdot E \cdot \varepsilon \cdot dA \tag{9.9}$$

Anstelle der Dehnung ε wird Gl. (9.4) eingefügt und alle von dA unabhängigen Größen werden vor das Integral gezogen:

$$M_y = \int z \cdot E \cdot \psi'_{(x)} \cdot z \cdot dA = E \cdot \psi'_{(x)} \cdot \int z^2 \cdot dA \tag{9.10}$$

Nun erkennen wir, dass der Integralausdruck unser schon bekanntes axiales Flächenträgheitsmoment I_y nach Gl. (8.3) auf S. 141 ist und erhalten den folgenden Ausdruck:

Elastizitätsgesetz für das Biegemoment

$$M_y = E \cdot I_y \cdot \psi'_{(x)} = E \cdot I_y \cdot \frac{d\psi}{dx} \tag{9.11}$$

Diese Gleichung besagt nun zum einen, dass die Drehwinkeländerung $d\psi$ über der Länge dx eines infinitesimalen Balkenelements proportional zum wirkenden Moment M_y ist, wie in ▸ Abb. 9.8 dargestellt. Hiermit haben wir also eine Beziehung zwischen dem äußeren angreifenden Moment M_y und der Verdrehung $\psi_{(x)}$ unseres Balkens hergestellt, weshalb diese Gleichung auch als *Elastizitätsgesetz für das Biegemoment* bezeichnet wird. Der Ausdruck $E \cdot I$ stellt darin die Biegesteifigkeit, analog der Dehnsteifigkeit $E \cdot A$ von Stäben (siehe Gl. (7.4) auf S. 116), dar. Zum anderen haben wir in unserer Gleichung nun keinen Integralausdruck mehr enthalten und können daher zur Bestimmung der Normalspannung $\sigma_{x(z)}$ kommen. Für den Elastizitätsmodul E in Gl. (9.11) setzen wir wieder das HOOKE'sche Gesetz nach Gl. (5.4) ein:

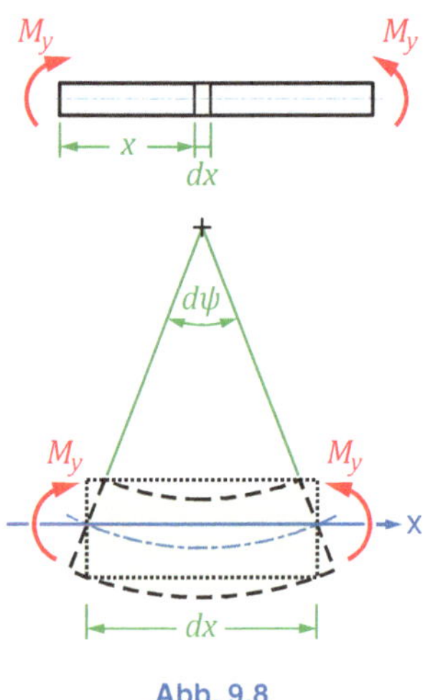

Abb. 9.8

$$M_y = \frac{\sigma}{\varepsilon} \cdot I_y \cdot \psi'_{(x)} \tag{9.12}$$

Und die Dehnung ε wird wieder mittels Gl. (9.4) ersetzt:

$$M_y = \frac{\sigma}{\psi'_{(x)} \cdot z} \cdot I_y \cdot \psi'_{(x)} = \sigma_{x(z)} \cdot \frac{I_y}{z} \tag{9.13}$$

Diesen Ausdruck stellen wir nach der gesuchten Normalspannung $\sigma_{x(z)}$ um und erhalten schließlich:

Biegespannungsverlauf

$$\sigma_{x(z)} = \frac{M_y}{I_y} \cdot z \tag{9.14}$$

Hieran erkennen wir nun, dass die Normalspannung $\sigma_{x(z)}$ infolge Biegung von der Balkenhöhenkoordinate z abhängig ist. Somit besitzt die Normalspannung $\sigma_{x(z)}$ entlang der Balkenhöhe einen linearen Verlauf, siehe ▶ Abb. 9.9a). Ist der Balkenquerschnitt symmetrisch zur *x*-Achse, wie in ▶ Abb. 9.9a) dargestellt, tritt die größte Normalspannung an der Oberseite wie auch der Unterseite des Balkens auf. Aufgrund der verschiedenen Vorzeichen in Balkenhöhenrichtung (Oberseite: $-z$, Unterseite: $+z$) besitzt auch die maximale Normalspannung $\pm\sigma_{max}$ auf der Oberseite ein negatives und auf der Unterseite ein positives Vorzeichen. Wirkt zusätzlich zum Moment M_y auch noch eine Normalkraft N auf den Balken, so entsteht im Inneren des Balkens eine durch die Normalkraft N hervorgerufene Normalspannung σ_x (in diesem Fall eine Zugspannung), siehe ▶ Abb. 9.9b). Da es sich um zwei Normalspannungen handelt und diese in die gleiche Richtung wirken, können wir die Spannung unter Beachtung ihrer Vorzeichen nach Gl. (6.3) auf S. 98 zu einer resultierenden Normalspannung $\sigma_{x,res(z)}$ addieren:

$$\sigma_{x,res(z)} = \sigma_{x(z)} + \sigma_x = \frac{M_y}{I_y} \cdot z + \frac{N}{A} \qquad (9.15)$$

Als Ergebnis erhalten wir den in ▶ Abb. 9.9b) dargestellten Normalspannungsverlauf. Aufgrund der überlagerten Zugspannung σ_x ist hier der Nullpunkt der Spannung nicht mehr im Flächenschwerpunkt S sondern etwas verschoben dazu. Zudem ist die maximale Normalspannung σ_{max} nur auf der Balkenunterseite vorhanden, da sich hier beide Spannungen überlagern. Auf der Balkenoberseite wirkt die Differenz der beiden Spannungen, da diese entgegengesetzt gerichtet sind.

▶ Der **Verlauf der Normalspannung** $\sigma_{x(z)}$ ist entlang der Balkenhöhe **linear**.

▶ Bei einem zur *x*-Achse **symmetrischen Balkenquerschnitt** ist die **max. Normalspannung** σ_{max} auf der **Oberseite und Unterseite gleich groß**, jedoch mit unterschiedlichem Vorzeichen.

Wird die **Biegespannung** $\sigma_{x(z)}$ mit einer **zusätzlichen Normalspannung** σ_x überlagert, befindet sich der **Nullpunkt des resultierenden Normalspannungsverlaufs** $\sigma_{x,res(z)}$ ober- oder unterhalb des Flächenschwerpunkts S.

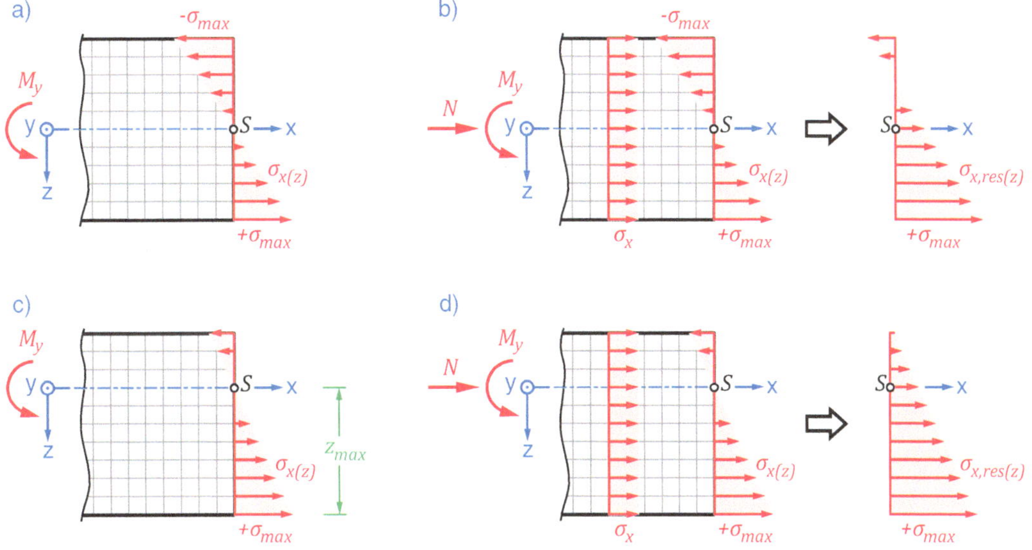

Abb. 9.9

▶ Die **max. Normalspannung** σ_{max} tritt immer am **maximalen Abstand** z_{max} zur neutralen Faser auf.

Des Weiteren sind in ▶ Abb. 9.9c) und d) die Normalspannungsverläufe $\sigma_{x(z)}$ für einen zur x-Achse asymmetrischen Balkenquerschnitt dargestellt. In ▶ Abb. 9.9c) ist der Normalspannungsverlauf $\sigma_{x(z)}$ linear entlang der Balkenhöhe und die Nullstelle befindet sich im Flächenschwerpunkt S. Die Unterseite des Balkens besitzt einen größeren Abstand z_{max} zur neutralen Faser als die Oberseite des Balkens. Daher tritt bei einem asymmetrischen Querschnitt die maximale Normalspannung σ_{max} immer dort auf, wo der größte Abstand in Balkenhöhenrichtung vorhanden ist. Setzen wir also den maximalen Abstand z_{max} von der neutralen Faser in Gl. (9.14) ein, erhalten wir damit die maximale Normalspannung σ_{max}:

max. Biegespannung

$$\sigma_{max} = \frac{M_y}{I_y} \cdot z_{max} = \frac{M_y}{W_y} \tag{9.16}$$

Die **max. Biegespannung** kann mithilfe des **Widerstandsmoments W_y** berechnet werden.

Darin ist der Quotient aus dem Flächenträgheitsmoment I_y und dem max. Abstand z_{max} zur neutralen Faser, das sogenannte Widerstandsmoment W_y um die y-Achse. Mithilfe der Formelsammlung ▶ Tab. 8-1 auf S. 151 lässt sich somit die max. Normalspannung σ_{max} direkt mit dem Widerstandsmoment W_y berechnen.

Bei einer zusätzlich wirkenden Normalspannung σ_z können wir beide Spannungen überlagern, siehe Gl. (9.15), und erhalten die in ▶ Abb. 9.9d) sowie in ▶ Abb. 9.10 dargestellte resultierende Normalspannung $\sigma_{x,res(z)}$. Auch hier tritt die maximale Normalspannung σ_{max} auf der Unterseite des Balkens auf, da beide Spannungen in die gleiche Richtung wirken.

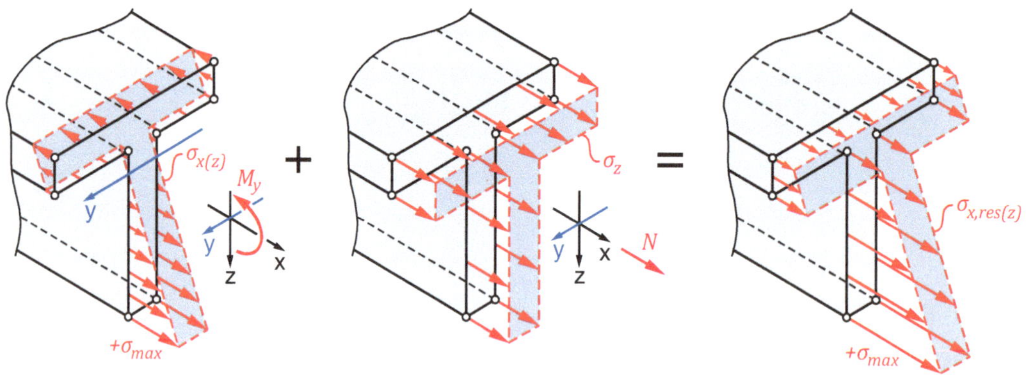

Abb. 9.10

9.4.4 Schubstarrheit

Wir wollen nun kurz auf die dritte Annahme der EULER-BERNOULLI-Balkentheorie und damit auf den Begriff der *Schubstarrheit* eines Balkens eingehen.

In Kapitel 2.4 auf S. 17 haben wir die mit dem Schub einhergehende modellhafte Verformung gezeigt. Wird ein realer Balken durch eine quer zur Balkenachse angreifende Kraft F belastet, bleibt die Querschnittsfläche A jedoch nicht eben sondern verwölbt sich, siehe ▶ Abb. 9.11a) (zur besseren Verdeutlichung der Verformung sind wieder die Gitterlinien eingezeichnet). Durch diese Verwölbung besitzt die reale Querschnittsfläche A_S eine andere Größe als die Querschnittsfläche A. Die reale Querschnittsfläche A_S wird auch als sogenannte *Schubfläche A_S* bezeichnet.

Betrachten wir nun ein infinitesimales Volumenelement dV des Balkens, können wir hieran die Verformungsbeziehungen aus Kapitel 4.3 und dort speziell aus ▶ Abb. 4.7 auf S. 52 sowie die Gleichungen (4.5) und (4.6), anwenden. Damit ergibt sich die in ▶ Abb. 9.11b) dargestellte *reine Gleitung* mit den zugehörigen Bemaßungen im x-z-Koordinatensystem. Unter Beachtung von Gl. (9.3) auf S. 176 erhalten wir die Zusammenhänge:

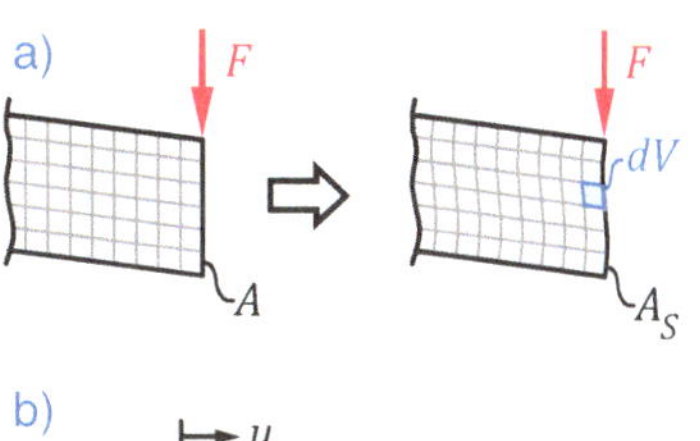
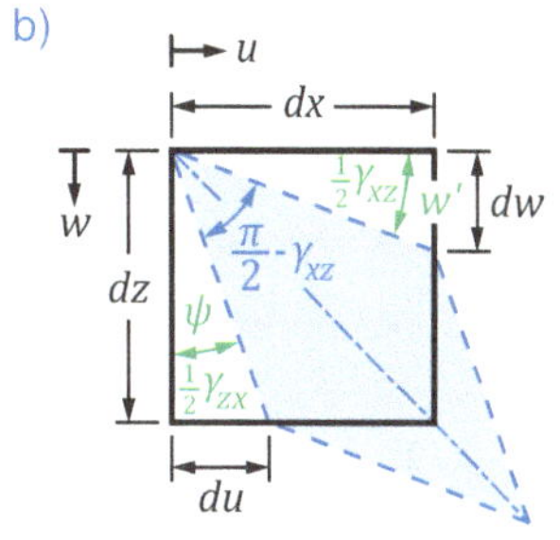

Abb. 9.11

$$\varepsilon_{xz} = \frac{1}{2} \cdot \gamma_{xz} = \frac{\partial w}{\partial x} = w'$$
$$\varepsilon_{zx} = \frac{1}{2} \cdot \gamma_{zx} = \frac{\partial u}{\partial z} = \psi \tag{9.17}$$

Setzen wir dies in das *HOOKE'sche Gesetz für Schub* nach Gl. (5.11) auf S. 73 ein, erhalten wir:

$$\tau = G \cdot \gamma = G \cdot \left(\frac{1}{2} \cdot \gamma_{xz} + \frac{1}{2} \cdot \gamma_{zx} \right) = G \cdot (\psi + w') \tag{9.18}$$

Des Weiteren setzen wir die Verformungen in Relation zu den inneren Kräften im Balken, also den Schnittgrößen. Unter der Voraussetzung, dass die Schubspannung τ_m konstant über der Balkenquerschnittshöhe ist, erhalten wir, mit einer zum Moment M_y analogen Vorgehensweise und unter Zuhilfenahme von ▶ Abb. 9.12 die Bestimmung der Querkraft Q_z durch:

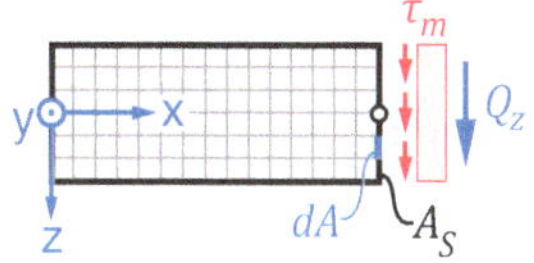

Abb. 9.12

$$Q_z = \int \tau_m \cdot dA \tag{9.19}$$

Für die mittlere Schubspannung τ_m setzen wir Gl. (9.18) ein und erhalten damit:

$$Q_z = \int \tau_m \cdot dA = \int G \cdot (\psi + w') \cdot dA \tag{9.20}$$

Der Schubmodul G wie auch der Verdrehwinkel ψ und die Neigung w' sind von der Querschnittsfläche A_S unabhängig, weshalb wir diese Größen vor das Integral ziehen können:

$$Q_z = G \cdot (\psi + w') \cdot \int dA = G \cdot A_S \cdot (\psi + w') \qquad (9.21)$$

Die Veränderung der *Schubfläche* A_S im Vergleich zur Querschnittsfläche A können wir mit dem sogenannten *Schubkorrekturfaktor* κ anpassen. Damit wird Gleichung (9.21) zu:

$$Q = G \cdot A_S \cdot (\psi + w') = \kappa \cdot G \cdot A \cdot (\psi + w') \qquad (9.22)$$

Elastizitätsgesetz für die Querkraft

Der Zusammenhang nach dieser Gleichung wird auch als *Elastizitätsgesetz für die Querkraft* bezeichnet. Durch die wirkende Querkraft Q_z erfährt der Balken eine Schubverzerrung $\psi + w'$. Das Produkt $\kappa \cdot G \cdot A$ ist die *Schubsteifigkeit* des Balkens.

Nun kommen wir aber zur Definition der Schubstarrheit. Wenn wir eine Schubstarrheit voraussetzen, gehen wir nach der 2. BERNOULLI'schen Hypothese immer von ebenen Querschnittsflächen aus, wodurch die gerade beschriebene Verwölbung der Querschnittsfläche vernachlässigt wird. Um diese Schubstarrheit rechnerisch zu erfassen, muss in (9.22) die Schubsteifigkeit gegen unendlich gehen: $\kappa \cdot G \cdot A \to \infty$. Damit nun in (9.22) trotz unendlich großer Schubsteifigkeit eine endlich große Querkraft Q_z heraus kommt, muss die Schubverzerrung gegen Null streben: $\psi + w' \to 0$. Somit muss gelten:

▶ Bei einem **schubstarren Balken** tritt **keine Verwölbung** auf, da die **Schubsteifigkeit** des Balkens **gegen unendlich** strebt: $\kappa \cdot G \cdot A \to \infty$.

$$\psi + w' = 0 \qquad (9.23)$$

Und damit erhalten wir wiederum den Zusammenhang nach Gleichung (9.2) auf S. 176. Die Voraussetzung der Schubstarrheit ist also in den BERNOULLI'schen Hypothesen enthalten, weshalb die EULER-BERNOULLI-Balkentheorie auch als *Theorie des schubstarren Balkens* bezeichnet wird.

Schubstarrheit

Das Elastizitätsgesetz für die Querkraft nach (9.22) werden wir später noch in *Kapitel 10: Timoshenko-Balkentheorie (schubweicher Balken)* benötigen.

Die **EULER-BERNOULLI-Balkentheorie** wird auch als ***Theorie des schubstarren Balkens*** bezeichnet.

9.4.5 Grundgleichungen der geraden Biegung

Wir wollen die notwendigen Grundgleichungen der geraden Biegung und den damit einhergehenden Berechnungsgang noch einmal kurz zusammenfassen. Grundlage bilden die acht Gleichungen (9.24) bis (9.31). Darin sind die beiden BERNOULLI'schen Hypothesen, die Schnittgrößen (Q, M), das HOOKE'sche Gesetz, das axiale Flächenträgheitsmoment I_y und die Schubsteifigkeit enthalten.

$$\psi_{(x)} = -w'_{(x)} \tag{9.24}$$

Senkrechtbleiben der Querschnitte

$$u_{(x,z)} = \psi_{(x)} \cdot z = -w'_{(x)} \cdot z \tag{9.25}$$

Ebenbleiben der Querschnitte

$$Q_{(x)} = \int \tau_m \cdot dA \tag{9.26}$$

Schnittgröße: Querkraft

$$M_{y(x)} = \int z \cdot \sigma_{x(z)} \cdot dA \tag{9.27}$$

Schnittgröße: Biegemoment

$$\sigma_{x(z)} = E \cdot \varepsilon_x = E \cdot \frac{\partial u_{(x,z)}}{\partial x} = E \cdot \psi'_{(x)} \cdot z \tag{9.28}$$

HOOKE'sches Gesetz

$$\tau_m = G \cdot \gamma = G \cdot \left(\frac{1}{2} \cdot \gamma_{xz} + \frac{1}{2} \cdot \gamma_{zx} \right) = G \cdot (\psi + w') \tag{9.29}$$

$$I_y = \int z^2 \cdot dA \tag{9.30}$$

axiales Flächenträgheitsmoment

$$\psi + w' = 0 \tag{9.31}$$

Schubsteifigkeit

Setzen wir das HOOKE'sche Gesetz nach Gl. (9.29) in die Gleichung der Querkraft (9.26) ein und führen wir zusätzlich noch den Schubkorrekturfaktor κ ein, erhalten wir als Resultat das *Elastizitätsgesetz für die Querkraft*:

$$Q = \kappa \cdot G \cdot A \cdot (\psi + w') \tag{9.32}$$

Elastizitätsgesetz für die Querkraft

Wenn wir in die Gleichung des Biegemoments (9.27) das HOOKE'sche Gesetz nach Gl. (9.28) einsetzen und den damit erhaltenen quadratischen Ausdruck durch das axiale Flächenträgheitsmoment nach Gl. (9.30) ersetzen, erhalten wir das *Elastizitätsgesetz für das Biegemoment*:

$$M_y = E \cdot I_y \cdot \psi'_{(x)} \tag{9.33}$$

Elastizitätsgesetz für das Biegemoment

In dieser Gleichung ersetzen wir den Elastizitätsmodul E mithilfe des HOOKE'schen Gesetzes nach Gl. (9.28) und erhalten damit die Berechnung des *Biegespannungsverlaufes*:

$$\sigma_{x(z)} = \frac{M_y}{I_y} \cdot z \tag{9.34}$$

Biegespannungsverlauf

9.4.6 Differenzialgleichung der Biegelinie

Wir wollen nun die Differenzialgleichung der Biegelinie bestimmen, um die Formänderung eines Balkens berechnen zu können.

Im bisherigen Verlauf der Technischen Mechanik haben wir vier Differenzialgleichungen kennengelernt. Dies sind die beiden Gleichungen der Schnittgrößen (siehe hierzu auch *Band 1: Kapitel 9: Schnittgrößen*) und die beiden neu hinzugekommenen Gleichungen der Deformationsgrößen:

Schnittgrößen

$$Q'_{(x)} = -q_{(x)} \qquad\qquad M'_{(x)} = Q_{(x)} \qquad (9.35)$$

Deformationsgrößen

$$\psi'_{(x)} = \frac{M_{y(x)}}{E \cdot I_y} \qquad\qquad w'_{(x)} = -\psi_{(x)} \qquad (9.36)$$

Als erstes setzen wir die Gleichungen (9.36) ineinander ein, um die Verdrehung $\psi_{(x)}$ herauszustreichen. Als Ergebnis erhalten wir die *Differenzialgleichung der Biegelinie*:

Differenzialgleichung der Biegelinie

$$w''_{(x)} = -\frac{M_{y(x)}}{E \cdot I_y} \qquad (9.37)$$

Um hier die Verschiebung $w_{(x)}$ an jeder beliebigen Stelle x eines Balkens zu erhalten, muss der Biegemomentenverlauf $M_{y(x)}$ bekannt sein. Da dies jedoch in der Regel nicht so ist, erweitern wir die Differenzialgleichung mithilfe der Gleichgewichtsbeziehungen der Schnittgrößen nach Gl. (9.35). Des Weiteren ziehen wir der Einfachheit halber die Biegesteifigkeit $(E \cdot I_y)$ auf die linke Seite, zur Durchbiegung $w_{(x)}$. Wir erhalten dann die *erweiterte Differenzialgleichung der Biegelinie*:

wenn: $E \cdot I \neq$ konst.

$$\left[E \cdot I_y \cdot w''_{(x)}\right]'' = q_{(x)} \qquad (9.38)$$

wenn: $E \cdot I =$ konst.

$$E \cdot I_y \cdot w''''_{(x)} = q_{(x)} \qquad (9.39)$$

Die hier vorgenommene Unterscheidung anhand der Biegesteifigkeit $(E \cdot I_y)$ ist wichtig, falls diese entlang der Balkenachse variabel ist. (Dies kann analog zum inhomogenen Stab betrachtet werden, bei dem ja auch z. B. die Querschnittsfläche ungleichmäßig entlang der Stabachse war.) In der Regel haben wir es jedoch mit Balken zu tun, die eine konstante Biegesteifigkeit besitzen.

Die Beziehungen und Zusammenhänge, welche wir anhand der beiden Gleichungen (9.38) und (9.39) erhalten können, sind folgende:

$E \cdot I \neq$ konst.	$E \cdot I =$ konst.	
$\left[E \cdot I_y \cdot w''_{(x)}\right]'' = q_{(x)}$	$E \cdot I_y \cdot w''''_{(x)} = q_{(x)}$	Streckenlastverlauf
$\left[E \cdot I_y \cdot w''_{(x)}\right]' = -Q_{(x)}$	$E \cdot I_y \cdot w'''_{(x)} = -Q_{(x)}$	Querkraftverlauf
$E \cdot I_y \cdot w''_{(x)} = -M_{y(x)}$	$E \cdot I_y \cdot w''_{(x)} = -M_{y(x)}$	Biegemomentenverlauf
$w'_{(x)} = -\psi_{(x)}$	$w'_{(x)} = -\psi_{(x)}$	Neigungsverlauf (1. BERNOULLI'sche Hypothese)
$w_{(x)}$	$w_{(x)}$	Biegelinie (Durchbiegungsverlauf)

Die Lösung dieser Differenzialgleichungen wird auch als Randwertproblem bezeichnet, da durch die Rand- und Übergangsbedingungen Funktionswerte vorgegeben sind. Somit können wir hier auf die schon aus *Band 1* bekannte Integrationsmethode zurückgreifen, um diese Differenzialgleichungen zu lösen.

Im weiteren Verlauf dieses Buches wollen wir uns auf Balken mit einer konstanten Biegesteifigkeit beschränken und gehen daher immer von $E \cdot I_y = $ konstant aus. Dies trifft im überwiegenden Fall auch auf die praktische Anwendung zu.

9.4.7 Integrationsmethode

Zur Anwendung der Integrationsmethode muss der Streckenlastverlauf $q_{(x)}$ bekannt sein. Ist dieser Verlauf bekannt, können wir die viermalige Integration von Gleichung (9.39) durchführen. Zur Verdeutlichung der Vorgehensweise verwenden wir die in ▸ Abb. 9.13 dargestellten drei Beispiele a) bis c). Jeder Balken wird durch eine konstante Streckenlast q_0 belastet, wodurch für den Streckenlastverlauf $q_{(x)}$ gilt:

$$q_{(x)} = q_0 = \text{konstant}$$

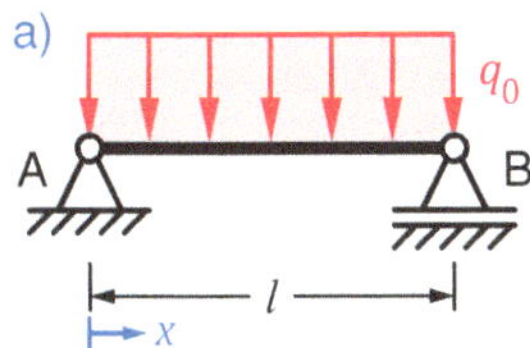

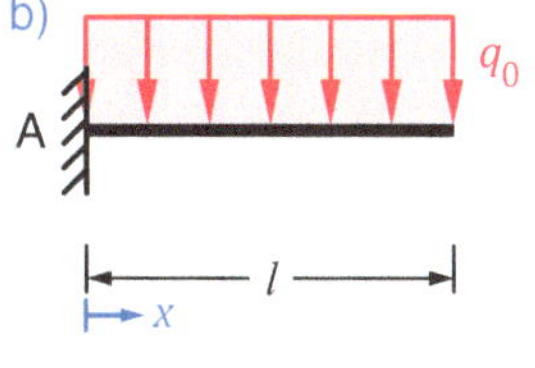

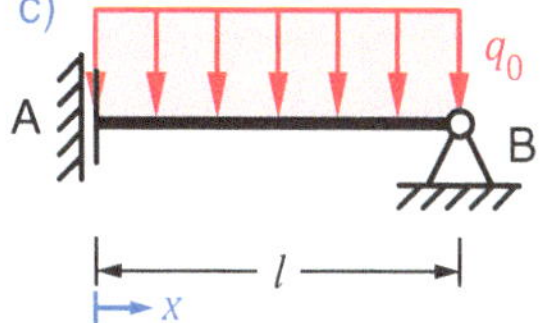

Abb. 9.13

Führen wir die viermalige Integration von Gleichung (9.39) aus, so erhalten wir im ersten Schritt:

$$E \cdot I_y \cdot w_{(x)}'''' = q_{(x)} = q_0$$

$$E \cdot I_y \cdot w_{(x)}''' = -Q_{(x)} = q_0 \cdot x + C_1 \tag{1}$$

$$E \cdot I_y \cdot w_{(x)}'' = -M_{(x)} = \frac{1}{2} \cdot q_0 \cdot x^2 + C_1 \cdot x + C_2 \tag{2}$$

$$E \cdot I_y \cdot w_{(x)}' = \frac{1}{6} \cdot q_0 \cdot x^3 + \frac{1}{2} \cdot C_1 \cdot x^2 + C_2 \cdot x + C_3 \tag{3}$$

$$E \cdot I_y \cdot w_{(x)} = \frac{1}{24} \cdot q_0 \cdot x^4 + \frac{1}{6} \cdot C_1 \cdot x^3 + \frac{1}{2} \cdot C_2 \cdot x^2 + C_3 \cdot x + C_4 \tag{4}$$

Darin sind die *blauen Terme* von der jeweiligen Funktion der Streckenlast $q_{(x)}$ abhängig und die *grünen Terme* beinhalten die Integrationskonstanten C_1 bis C_4, die für jede Streckenlastfunktion identisch sind. Die Integrationskonstanten werden bei einteiligen Tragwerken mithilfe der *Randbedingungen* bestimmt, welche eine Aussage bezüglich der Ränder des Tragwerks geben. Dabei unterscheiden wir in statische und geometrische (bzw. kinematische) Randbedingungen. Die *statischen Randbedingungen* liefern eine Aussage zu den Kraftgrößen (Schnittgrößen $Q_{(x)}$ und $M_{(x)}$) und die *geometrischen Randbedingungen* liefern eine Aussage zu den Verformungsgrößen (Neigung $w'_{(x)}$ und Durchbiegung $w_{(x)}$), siehe ▶ Tab. 9-1. Hier sind uns die statischen Randbedingungen schon von der Integrationsmethode aus *Band 1 (Kapitel 9: Schnittgrößen)* bekannt.

▶ Für jede **Integrationskonstante** C_i wird eine **Randbedingung** benötigt.

Aufgrund der unterschiedlichen Lagerungen der drei Balken (gelenkiges Fest- und Loslager bei a), feste Einspannung bei b) und Parallelführung und gelenkiges Loslager bei c)), ergeben sich für die Bestimmung der vier Integrationskonstanten C_1 bis C_4 verschiedene Randbedingungen. Die zu verwendenden Randbedingungen der unterschiedlichen Lagerungen können wir ▶ Tab. 9-1 entnehmen. Wir können somit die folgenden Randbedingungen aufstellen:

a)	b)	c)
$M_{(x=0)} = 0$	$w'_{(x=0)} = 0$	$Q_{(x=0)} = 0$
$w_{(x=0)} = 0$	$w_{(x=0)} = 0$	$w'_{(x=0)} = 0$
$M_{(x=l)} = 0$	$Q_{(x=l)} = 0$	$M_{(x=l)} = 0$
$w_{(x=l)} = 0$	$M_{(x=l)} = 0$	$w_{(x=l)} = 0$

Tab. 9-1 Randbedingungen für Lagerungen

Bezeichnung	Symbol	Statische Randbedingungen		Geometrische Randbedingungen	
		Querkraft	Biegemoment	Neigung	Durchbiegung
freies Ende		$Q = 0$	$M = 0$	$(w' \neq 0)$	$(w \neq 0)$
gelenkiges Loslager		$(Q \neq 0)$	$M = 0$	$(w' \neq 0)$	$w = 0$
gelenkiges Festlager		$(Q \neq 0)$	$M = 0$	$(w' \neq 0)$	$w = 0$
Parallelführung		$Q = 0$	$(M \neq 0)$	$w' = 0$	$(w \neq 0)$
Schiebehülse		$(Q \neq 0)$	$(M \neq 0)$	$w' = 0$	$w = 0$
feste Einspannung		$(Q \neq 0)$	$(M \neq 0)$	$w' = 0$	$w = 0$

Diese Randbedingungen setzen wir nacheinander für die drei Beispiele a), b) und c) mit den zugehörigen Laufkoordinaten x (jeweils $x = 0$ und danach $x = l$) in die vier Gleichungen (1) bis (4) ein und erhalten damit für jedes Modell ein Gleichungssystem von vier Gleichungen mit vier Unbekannten. Lösen wir diese Gleichungssysteme nach den vier gesuchten Integrationskonstanten C_1 bis C_4 auf, erhalten wir für die unterschiedlichen Modelle folgende Ergebnisse:

a)
$$C_1 = -\frac{1}{2} \cdot q_0 \cdot l$$
$$C_2 = 0$$
$$C_3 = \frac{1}{24} \cdot q_0 \cdot l^3$$
$$C_4 = 0$$

b)
$$C_1 = -q_0 \cdot l$$
$$C_2 = \frac{1}{2} \cdot q_0 \cdot l^2$$
$$C_3 = 0$$
$$C_4 = 0$$

c)
$$C_1 = 0$$
$$C_2 = -\frac{1}{2} \cdot q_0 \cdot l^2$$
$$C_3 = 0$$
$$C_4 = \frac{5}{24} \cdot q_0 \cdot l^4$$

Jetzt setzen wir die Ergebnisse der Integrationskonstanten C_1 bis C_4 in die Ausgangsgleichungen (1) bis (4) ein, um die entsprechenden Verlaufsfunktionen von Querkraft $Q_{(x)}$, Biegemoment $M_{(x)}$, Neigung $w'_{(x)}$ und Durchbiegung $w_{(x)}$ zu erhalten. Zusätzlich zu den Verlaufsfunktionen sind in den nebenstehenden Abbildungen ▸ Abb. 9.14 bis ▸ Abb. 9.16 die Balken mit ihren jeweiligen Durchbiegungsverläufen $w_{(x)}$ im direkten Vergleich maßstäblich dargestellt:

$$Q_{(x)} = q_0 \cdot \left(-x + \frac{1}{2} \cdot l \right) \tag{a.1}$$

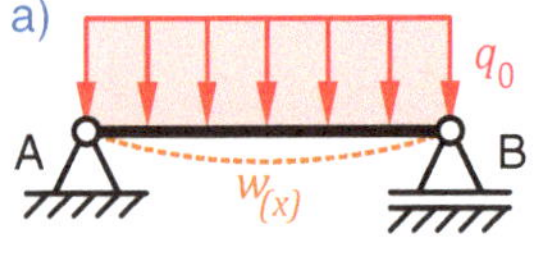

Abb. 9.14

$$M_{(x)} = q_0 \cdot \left(-\frac{1}{2} \cdot x^2 + \frac{1}{2} \cdot l \cdot x \right) \tag{a.2}$$

$$w'_{(x)} = \frac{q_0}{E \cdot I_y} \cdot \left(\frac{1}{6} \cdot x^3 - \frac{1}{4} \cdot l \cdot x^2 + \frac{1}{24} \cdot l^3 \right) \tag{a.3}$$

$$w_{(x)} = \frac{q_0}{E \cdot I_y} \cdot \left(\frac{1}{24} \cdot x^4 - \frac{1}{12} \cdot l \cdot x^3 + \frac{1}{24} \cdot l^3 \cdot x \right) \tag{a.4}$$

$$Q_{(x)} = q_0 \cdot (-x + l) \tag{b.1}$$

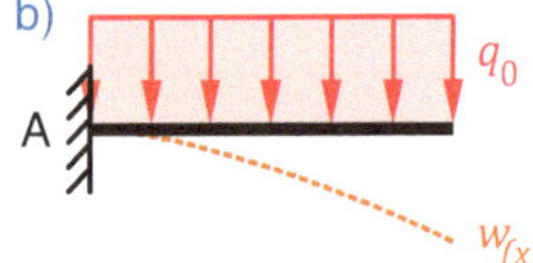

Abb. 9.15

$$M_{(x)} = q_0 \cdot \left(-\frac{1}{2} \cdot x^2 + l \cdot x - \frac{1}{2} \cdot l^2 \right) \tag{b.2}$$

$$w'_{(x)} = \frac{q_0}{E \cdot I_y} \cdot \left(\frac{1}{6} \cdot x^3 - \frac{1}{2} \cdot l \cdot x^2 + \frac{1}{2} \cdot l^2 \cdot x \right) \tag{b.3}$$

$$w_{(x)} = \frac{q_0}{E \cdot I_y} \cdot \left(\frac{1}{24} \cdot x^4 - \frac{1}{6} \cdot l \cdot x^3 + \frac{1}{4} \cdot l^2 \cdot x^2 \right) \tag{b.4}$$

$$Q_{(x)} = -q_0 \cdot x \tag{c.1}$$

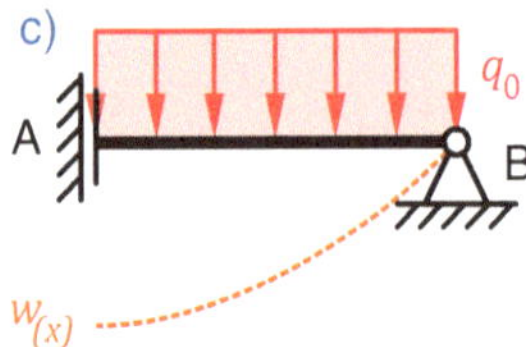

Abb. 9.16

$$M_{(x)} = q_0 \cdot \left(-\frac{1}{2} \cdot x^2 + \frac{1}{2} \cdot l^2 \right) \tag{c.2}$$

$$w'_{(x)} = \frac{q_0}{E \cdot I_y} \cdot \left(\frac{1}{6} \cdot x^3 - \frac{1}{2} \cdot l^2 \cdot x \right) \tag{c.3}$$

$$w_{(x)} = \frac{q_0}{E \cdot I_y} \cdot \left(\frac{1}{24} \cdot x^4 - \frac{1}{4} \cdot l^2 \cdot x^2 + \frac{5}{24} \cdot l^4 \right) \tag{c.4}$$

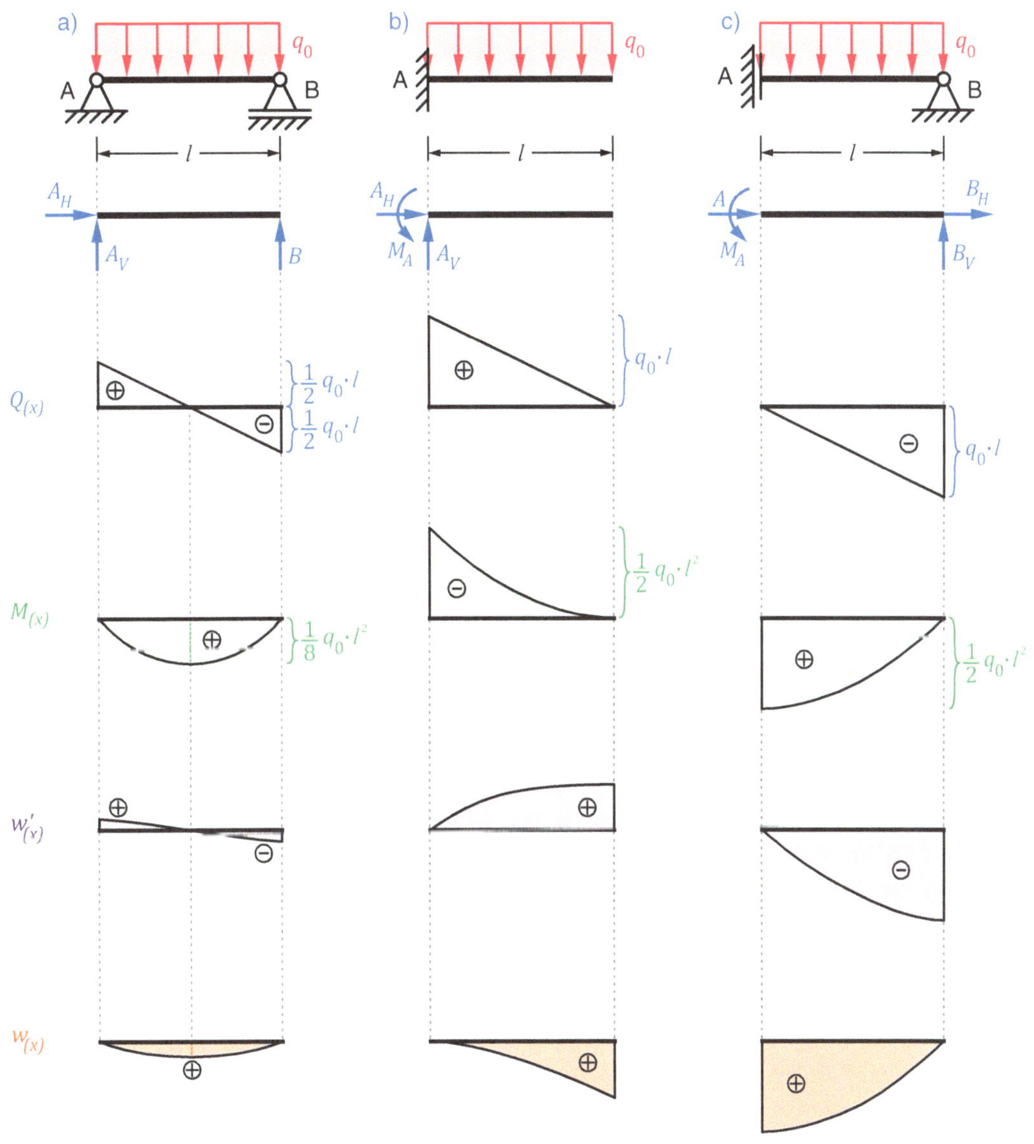

Abb. 9.17

Des Weiteren sind in ▶ Abb. 9.17 alle Balken mit ihren Belastungen und den Ergebnissen der entsprechenden Verlaufsfunktionen maßstäblich gegenübergestellt. Infolge der verschiedenen Lagerungen und der am Modell b) und c) vorhandenen Freiheitsgrade (für b) bei $x = l$, für c) bei $x = 0$), ist dementsprechend auch die Durchbiegung $w_{(x)}$ in z-Richtung (nach unten) wesentlich größer als bei a).

Zusätzlich wird an diesen drei Balken ersichtlich, dass die Integrationsmethode bei *statisch bestimmten* a), b) sowie *statisch unbestimmten Tragwerken* c) angewendet werden kann.

▶ Die **Integrationsmethode** kann bei **statisch bestimmten** sowie **statisch unbestimmten Tragwerken** angewendet werden.

Wie auch schon in *Band 1* lassen sich aufgrund der differentiellen Zusammenhänge von Streckenlast q, Querkraft Q, Biegemoment M, Neigung w' und Durchbiegung w, die folgenden Abhängigkeiten bzw. Gegebenheiten aufstellen. Diese können wir auch anhand der mathematischen Erkenntnisse aus der Kurvendiskussion erhalten:

- Der Streckenlastverlauf q beschreibt die Steigung des Querkraftverlaufs Q und die Krümmung des Biegemomentenverlaufs M.
- Der Querkraftverlauf Q beschreibt die Steigung des Biegemomentenverlaufs M und die Krümmung des Neigungsverlaufs w'.
- Der Biegemomentenverlauf M beschreibt die Steigung des Neigungsverlaufs w' und die Krümmung des Durchbiegungsverlaufs w.
- Der Neigungsverlauf w' beschreibt die Steigung des Durchbiegungsverlaufs w.

Des Weiteren sind in ▶ Tab. 9-2 neben den gerade aufgeführten Zusammenhängen noch weitere Punkte zur besseren Übersichtlichkeit aufgeführt.

Tab. 9-2 Zusammenhang zwischen Belastung, Schnitt- und Verformungsgrößen

Belastung	Querkraft	Biegemoment	Neigung	Durchbiegung
Streckenlast $q_{(x)} = 0$	konstant	linear	$(...)^2$ quadratisch	$(...)^3$ kubisch
Streckenlast $q_{(x)} = $ konstant	linear	$(...)^2$ quadratisch	$(...)^3$ kubisch	$(...)^4$
Streckenlast $q_{(x)} = $ linear	$(...)^2$ quadratisch	$(...)^3$ kubisch	$(...)^4$	$(...)^5$
Streckenlast $q_{(x)} = $ quadratisch	$(...)^3$ kubisch	$(...)^4$	$(...)^5$	$(...)^6$
	= 0	Maximum[*]	Wendepunkt	
		= 0	Maximum[*]	Wendepunkt
			= 0	Maximum[*]

[*] Dieser Wert ist ein Extremwert nach mathematischer Definition. Jedoch muss dies nicht dem absoluten Maximum der Funktion entsprechen.

Mehrteilige Tragwerke (*Mehrfeldbalken*)

Mit unserem ersten Beispiel haben wir gesehen, dass die Integrationsmethode für einteilige statisch wie auch für einteilige statisch unbestimmte Tragwerke angewendet werden kann. Nun wollen wir unsere Betrachtung auf mehrteilige bestimmte und unbestimmte Tragwerke erweitern. Dazu betrachten wir die drei mehrteiligen Tragwerke in ▶ Abb. 9.18. Das erste Tragwerk a) ist statisch bestimmt, da beim Abzählkriterium $x = 0$ herauskommt und der Polplan einen Widerspruch aufweist. Die beiden anderen Tragwerke b) und c) sind dagegen statisch unbestimmt, da das Abzählkriterium $x > 0$ ist.

▶ Die **Integrationsmethode** lässt sich auch bei **mehrteiligen Tragwerken** (*statisch bestimmt* und *unbestimmt*) anwenden.

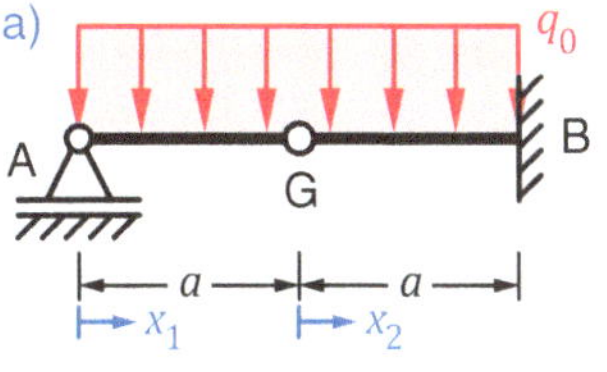
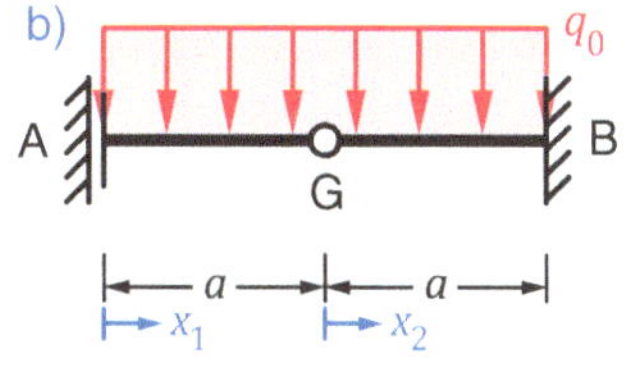
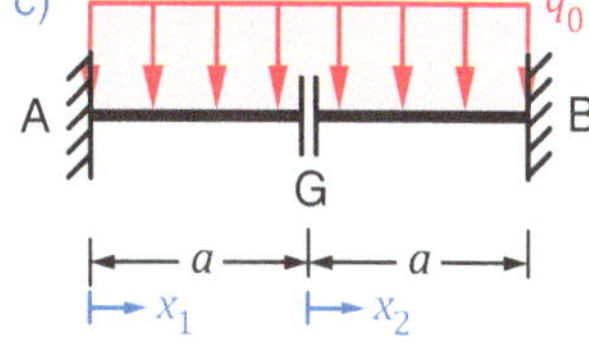

Abb. 9.18

Zur Berechnung der Tragwerke gehen wir nun so vor, dass wir die Tragwerke in Bereiche einteilen. Dabei müssen wir darauf achten, dass innerhalb eines Bereiches alle Kraftgrößen (Schnittgrößen $Q_{(x)}$ und $M_{(x)}$) sowie auch alle Verformungsgrößen (Neigung $w'_{(x)}$ und Durchbiegung $w_{(x)}$) stetig sind (also keine Sprünge oder andere Unstetigkeiten aufweisen). Bei den Kraftgrößen treten Unstetigkeiten nur dann auf, wenn Einzelkräfte in z-Richtung (Sprung im Querkraftverlauf) oder Einzelmomente um die y-Achse (Sprung im Biegemomentenverlauf) angreifen. Bei den Verformungsgrößen treten Unstetigkeiten bei einem Drehgelenk (Sprung im Neigungsverlauf) und beim Querkraftgelenk (Sprung im Durchbiegungsverlauf) auf.

▶ Sobald **Unstetigkeiten** innerhalb der **Kraftgrößen $Q_{(x)}$ und $M_{(x)}$** sowie der **Verformungsgrößen $w'_{(x)}$ und $w_{(x)}$** auftreten, muss das Tragwerk in **mehrere Bereiche eingeteilt** werden.

Diese Bereichseinteilung kennen wir schon von der Integrationsmethode aus *Band 1*. In der Elastostatik müssen wir lediglich noch zusätzlich auf die Verformungsgrößen $w'_{(x)}$ und $w_{(x)}$ achten, wenn wir die Bereichseinteilung durchführen. Zur Hilfe der Bereichseinteilung sowie zur anschließenden Berechnung der Tragwerke können die Übergangsbedingungen nach ▶ Tab. 9-3 und ▶ Tab. 9-4 verwendet werden. Daraus ist direkt ersichtlich, unter welchen Bedingungen welche Kraft- und welche Verformungsgrößen eine Unstetigkeit besitzen. Bei einer Einzelkraft besitzt die Querkraft, bei einem Einzelmoment das Biegemoment, bei einem Drehgelenk die Neigung und bei einem Querkraftgelenk die Durchbiegung eine Unstetigkeit.

▶ **Innerhalb eines Bereichs** müssen die **Kraft- und Verformungsgrößen** alle **stetig** sein.

Tab. 9-3 Übergangsbedingungen zwischen Bereich *I* und Bereich *II* – Belastungen

Bezeichnung	Symbol	Querkraft	Biegemoment	Neigung	Durchbiegung
Einzelkraft		$Q^I - F = Q^{II}$ *Sprung*	$M^I = M^{II}$ *Knick*	$w'_I = w'_{II}$	$w_I = w_{II}$
Einzelmoment		$Q^I = Q^{II}$	$M^I - M = M^{II}$ *Sprung*	$w'_I = w'_{II}$	$w_I = w_{II}$
Streckenlast		$Q^I = Q^{II}$ *Knick*	$M^I = M^{II}$	$w'_I = w'_{II}$	$w_I = w_{II}$
Drehgelenk mit Einzelkraft		$Q^I - F = Q^{II}$ *Sprung*	$M^I = M^{II}$	$(w'_I \neq w'_{II})$	$w_I = w_{II}$
Drehgelenk mit Einzelmoment		$Q^I = Q^{II}$	$M^I - M = M^{II} = 0$	$(w'_I \neq w'_{II})$	$w_I = w_{II}$

Tab. 9-4 Übergangsbedingungen zwischen Bereich *I* und Bereich *II* – Gelenke

Bezeichnung	Symbol	Querkraft	Biegemoment	Neigung	Durchbiegung
Drehgelenk		$Q^I = Q^{II}$	$M^I = M^{II} = 0$	$(w'_I \neq w'_{II})$	$w_I = w_{II}$
Querkraftgelenk		$Q^I = Q^{II} = 0$	$M^I = M^{II}$	$w'_I = w'_{II}$	$(w_I \neq w_{II})$
Normalkraftgelenk		$Q^I = Q^{II}$	$M^I = M^{II}$	$w'_I = w'_{II}$	$w_I = w_{II}$
Zwischenlager		$(Q^I \neq Q^{II})$	$M^I = M^{II}$	$w'_I = w'_{II}$	$w_I = w_{II} = 0$
Rahmenecke		$N^I = -Q^{II}$ $Q^I = N^{II}$	$M^I = M^{II}$	$w'_I = w'_{II}$	$u_I = w_{II}$ $w_I = u_{II}$

Hinweis: An dieser Stelle sei angemerkt, dass auch einteilige Tragwerke in mehrere Bereiche eingeteilt werden müssen, wenn Einzelkräfte und/oder Einzelmomente am Tragwerk angreifen. Durch Einzelkräfte und -momente entstehen Unstetigkeiten in den Kraftgrößen, welche mit den Übergangsbedingungen erfasst werden müssen.

Wollen wir nun die Tragwerke in ▶ Abb. 9.18 berechnen, müssen wir alle Tragwerke in zwei Bereiche ($0 < x_1 < a$; $0 < x_2 < a$) unterteilen. Aufgrund des vorhandenen Drehgelenks G, tritt bei a) und b) eine Unstetigkeit im Neigungsverlauf $w'_{(x)}$ auf. Beim Tragwerk c) ergibt sich infolge des Querkraftgelenks G eine Unstetigkeit in der Durchbiegung $w_{(x)}$. Die Kraftgrößen sind aufgrund der stetig verlaufenden Streckenlast bei allen Tragwerken stetig. Dies lässt sich auch aus den nebenstehenden ▶ Tab. 9-3 und ▶ Tab. 9-4 entnehmen.

Haben wir nun unsere Tragwerke in Bereiche unterteilt, so müssen wir jetzt für jeden einzelnen Bereich die Integrationsmethode nach Gleichung (9.39) auf S. 184 anwenden. Wir stellen also die folgenden Gleichungen auf:

Bereich I

$0 < x_1 < a$

$$E \cdot I_y \cdot w''''_{(x_1)} = q_{(x_1)} = q_0$$

$$E \cdot I_y \cdot w'''_{(x_1)} = -Q_{(x_1)} = q_0 \cdot x_1 + C_1 \tag{1}$$

$$E \cdot I_y \cdot w''_{(x_1)} = -M_{(x_1)} = \frac{1}{2} \cdot q_0 \cdot x_1^2 + C_1 \cdot x_1 + C_2 \tag{2}$$

$$E \cdot I_y \cdot w'_{(x_1)} = \frac{1}{6} \cdot q_0 \cdot x_1^3 + \frac{1}{2} \cdot C_1 \cdot x_1^2 + C_2 \cdot x_1 + C_3 \tag{3}$$

$$E \cdot I_y \cdot w_{(x_1)} = \frac{1}{24} \cdot q_0 \cdot x_1^4 + \frac{1}{6} \cdot C_1 \cdot x_1^3 + \frac{1}{2} \cdot C_2 \cdot x_1^2 + C_3 \cdot x_1 + C_4 \tag{4}$$

Bereich II

$0 < x_2 < a$

$$E \cdot I_y \cdot w''''_{(x_2)} = q_{(x_2)} = q_0$$

$$E \cdot I_y \cdot w'''_{(x_2)} = -Q_{(x_2)} = q_0 \cdot x_2 + C_5 \tag{5}$$

$$E \cdot I_y \cdot w''_{(x_2)} = -M_{(x_2)} = \frac{1}{2} \cdot q_0 \cdot x_2^2 + C_5 \cdot x_2 + C_6 \tag{6}$$

$$E \cdot I_y \cdot w'_{(x_2)} = \frac{1}{6} \cdot q_0 \cdot x_2^3 + \frac{1}{2} \cdot C_5 \cdot x_2^2 + C_6 \cdot x_2 + C_7 \tag{7}$$

$$E \cdot I_y \cdot w_{(x_2)} = \frac{1}{24} \cdot q_0 \cdot x_2^4 + \frac{1}{6} \cdot C_5 \cdot x_2^3 + \frac{1}{2} \cdot C_6 \cdot x_2^2 + C_7 \cdot x_2 + C_8 \tag{8}$$

Wir haben nun für jeden Bereich vier Integrationskonstanten C_i, wodurch wir neben den *Randbedingungen (RB)* auch die *Übergangsbedingungen (ÜB)* heranziehen müssen. Da die Randbedingungen eine Aussage bezüglich der Ränder des Tragwerks zulassen, erhalten wir mit den Übergangsbedingungen eine Aussage zwischen den einzelnen Bereichen (*Bereich I* zu *Bereich II*). Für jede Integrationskonstante C_i wird wieder eine Rand- bzw. Übergangsbedingung benötigt. Die entsprechenden Rand- bzw. Übergangsbedingungen können wir den Tabellen ▶ Tab. 9-1, ▶ Tab. 9-3 und ▶ Tab. 9-4 entnehmen. Wir erhalten dann die folgenden Bedingungen:

RB	a) $M_{(x_1=0)} = 0$	b) $Q_{(x_1=0)} = 0$	c) $w'_{(x_1=0)} = 0$
RB	$w_{(x_1=0)} = 0$	$w'_{(x_1=0)} = 0$	$w_{(x_1=0)} = 0$
ÜB	$Q^I_{(x_1=a)} = Q^{II}_{(x_2=0)}$	$Q^I_{(x_1=a)} = Q^{II}_{(x_2=0)}$	$Q^I_{(x_1=a)} = Q^{II}_{(x_2=0)} = 0$
ÜB	$M^I_{(x_1=a)} = M^{II}_{(x_2=0)} = 0$	$M^I_{(x_1=a)} = M^{II}_{(x_2=0)} = 0$	$M^I_{(x_1=a)} = M^{II}_{(x_2=0)}$
ÜB	$w_{I(x_1=a)} = w_{II(x_2=0)}$	$w_{I(x_1=a)} = w_{II(x_2=0)}$	$w'_{I(x_1=a)} = w'_{II(x_2=0)}$
RB	$w'_{(x_2=a)} = 0$	$w'_{(x_2=a)} = 0$	$w'_{(x_2=a)} = 0$
RB	$w_{(x_2=a)} = 0$	$w_{(x_2=a)} = 0$	$w_{(x_2=a)} = 0$

Wir haben hier auf den ersten Blick nur sieben Gleichung für acht Integrationskonstanten. Dies täuscht jedoch, da die Übergangsbedingung des Biegemoments für die Tragwerke a) und b) sowie die ÜB für die Querkraft beim Tragwerk c) gleich Null sind, haben wir hier zwei Bedingungen und können damit auch zwei Integrationskonstanten berechnen. Setzen wir nun die Rand- und Übergangsbedingungen in unsere Gleichungen (1) bis (8) ein, finden wir als Lösung der Integrationskonstanten:

a) $C_1 = -\dfrac{1}{2} \cdot q_0 \cdot a$	b) $C_1 = 0$	c) $C_1 = -q_0 \cdot a$
$C_2 = 0$	$C_2 = -\dfrac{1}{2} \cdot q_0 \cdot a^2$	$C_2 = \dfrac{1}{3} \cdot q_0 \cdot a^2$
$C_3 = \dfrac{1}{3} \cdot q_0 \cdot a^3$	$C_3 = 0$	$C_3 = 0$
$C_4 = 0$	$C_4 = \dfrac{2}{3} \cdot q_0 \cdot a^4$	$C_4 = 0$
$C_5 = \dfrac{1}{2} \cdot q_0 \cdot a$	$C_5 = q_0 \cdot a$	$C_5 = 0$
$C_6 = 0$	$C_6 = 0$	$C_6 = -\dfrac{1}{6} \cdot q_0 \cdot a^2$
$C_7 = -\dfrac{5}{12} \cdot q_0 \cdot a^3$	$C_7 = -\dfrac{2}{3} \cdot q_0 \cdot a^3$	$C_7 = 0$
$C_8 = \dfrac{7}{24} \cdot q_0 \cdot a^4$	$C_8 = \dfrac{11}{24} \cdot q_0 \cdot a^4$	$C_8 = \dfrac{1}{24} \cdot q_0 \cdot a^4$

Setzen wir die Ergebnisse der Integrationskonstanten C_1 bis C_8 nun wieder in unsere Ausgangsgleichungen (1) bis (8) ein und formen diese ein wenig um, erhalten wir für die Tragwerke die folgenden Verlaufsfunktionen der Kraft- und Verformungsgrößen für die beiden Bereiche x_1 und x_2 zu:

a) Bereich I

$0 < x_1 < a$

Bereich II

$0 < x_2 < a$

$$Q_{(x_1)} = q_0 \cdot \left(-x_1 + \frac{1}{2} \cdot a\right)$$

$$Q_{(x_2)} = q_0 \cdot \left(-x_2 + \frac{1}{2} \cdot a\right)$$

$$M_{(x_1)} = q_0 \cdot \left(-\frac{1}{2} \cdot x_1^2 + \frac{1}{2} \cdot a \cdot x_1\right)$$

$$M_{(x_2)} = q_0 \cdot \left(-\frac{1}{2} \cdot x_2^2 + \frac{1}{2} \cdot a \cdot x_2\right)$$

$$w'_{(x_1)} = \frac{q_0}{E \cdot I_y} \cdot \left(\frac{1}{6} \cdot x_1^3 - \frac{1}{4} \cdot a \cdot x_1^2 + \frac{1}{3} \cdot a^3\right)$$

$$w'_{(x_2)} = \frac{q_0}{E \cdot I_y} \cdot \left(\frac{1}{6} \cdot x_2^3 - \frac{1}{4} \cdot a \cdot x_2^2 + \frac{1}{3} \cdot a^3\right)$$

$$w_{(x_1)} = \frac{q_0}{E \cdot I_y} \cdot \left(\frac{1}{24} \cdot x_1^4 - \frac{1}{12} \cdot a \cdot x_1^3 + \frac{1}{3} \cdot a^3 \cdot x_1\right)$$

$$w_{(x_2)} = \frac{q_0}{E \cdot I_y} \cdot \left(\frac{1}{24} \cdot x_2^4 - \frac{1}{12} \cdot a \cdot x_2^3 + \frac{1}{3} \cdot a^3 \cdot x_2\right)$$

b) Bereich I

$0 < x_1 < a$

Bereich II

$0 < x_2 < a$

$$Q_{(x_1)} = -q_0 \cdot x_1$$

$$Q_{(x_2)} = q_0 \cdot (-x_2 - a)$$

$$M_{(x_1)} = q_0 \cdot \left(-\frac{1}{2} \cdot x_1^2 + \frac{1}{2} \cdot a^2\right)$$

$$M_{(x_2)} = q_0 \cdot \left(-\frac{1}{2} \cdot x_2^2 - a \cdot x_2\right)$$

$$w'_{(x_1)} = \frac{q_0}{E \cdot I_y} \cdot \left(\frac{1}{6} \cdot x_1^3 - \frac{1}{2} \cdot a^2 \cdot x_1\right)$$

$$w'_{(x_2)} = \frac{q_0}{E \cdot I_y} \cdot \left(\frac{1}{6} \cdot x_2^3 + \frac{1}{2} \cdot a \cdot x_2^2 - \frac{2}{3} \cdot a^3\right)$$

$$w_{(x_1)} = \frac{q_0}{E \cdot I_y} \cdot \left(\frac{1}{24} \cdot x_1^4 - \frac{1}{4} \cdot a^2 \cdot x_1^2 + \frac{2}{3} \cdot a^4\right)$$

$$w_{(x_2)} = \frac{q_0}{E \cdot I_y} \cdot \left(\frac{1}{24} \cdot x_2^4 - \frac{1}{6} \cdot a \cdot x_2^3 - \frac{2}{3} \cdot a^3 \cdot x_2 + \frac{11}{24} \cdot a^4\right)$$

c) Bereich I

$0 < x_1 < a$

Bereich II

$0 < x_2 < a$

$$Q_{(x_1)} = q_0 \cdot (-x_1 + a)$$

$$Q_{(x_2)} = -q_0 \cdot x_2$$

$$M_{(x_1)} = q_0 \cdot \left(-\frac{1}{2} \cdot x_1^2 + a \cdot x_1 - \frac{1}{3} \cdot a^2\right)$$

$$M_{(x_2)} = q_0 \cdot \left(-\frac{1}{2} \cdot x_2^2 + \frac{1}{6} \cdot a^2\right)$$

$$w'_{(x_1)} = \frac{q_0}{E \cdot I_y} \cdot \left(\frac{1}{6} \cdot x_1^3 - \frac{1}{2} \cdot a \cdot x_1^2 + \frac{1}{3} \cdot a^2 \cdot x_1\right)$$

$$w'_{(x_2)} = \frac{q_0}{E \cdot I_y} \cdot \left(\frac{1}{6} \cdot x_2^3 - \frac{1}{6} \cdot a^2 \cdot x_2\right)$$

$$w_{(x_1)} = \frac{q_0}{E \cdot I_y} \cdot \left(\frac{1}{24} \cdot x_1^4 - \frac{1}{6} \cdot a \cdot x_1^3 + \frac{1}{6} \cdot a^2 \cdot x_1^2\right)$$

$$w_{(x_2)} = \frac{q_0}{E \cdot I_y} \cdot \left(\frac{1}{24} \cdot x_2^4 - \frac{1}{12} \cdot a^2 \cdot x_2^2 + \frac{1}{24} \cdot a^4\right)$$

Entsprechend der Verlaufsfunktionen sind in ▶ Abb. 9.19 die zugehörigen Diagramme maßstäblich im direkten Vergleich dargestellt. Auch hier ist es durchaus nachvollziehbar, dass die größte Durchbiegung am Tragwerk b) auftritt, da dort im Lager A ein vertikaler Freiheitsgrad vorliegt. Dagegen ist die geringste Durchbiegung am Tragwerk c) vorhanden, weil die Lagerungen zwei Einspannungen sind.

Nachdem wir nun die Schnitt- und Verformungsgrößen kennen, können wir anschließend noch mittels Gleichung (9.34) auf S. 183 die Biegespannung $\sigma_{x(z)}$ berechnen, um z. B. eine Festigkeitsberechnung durchzuführen.

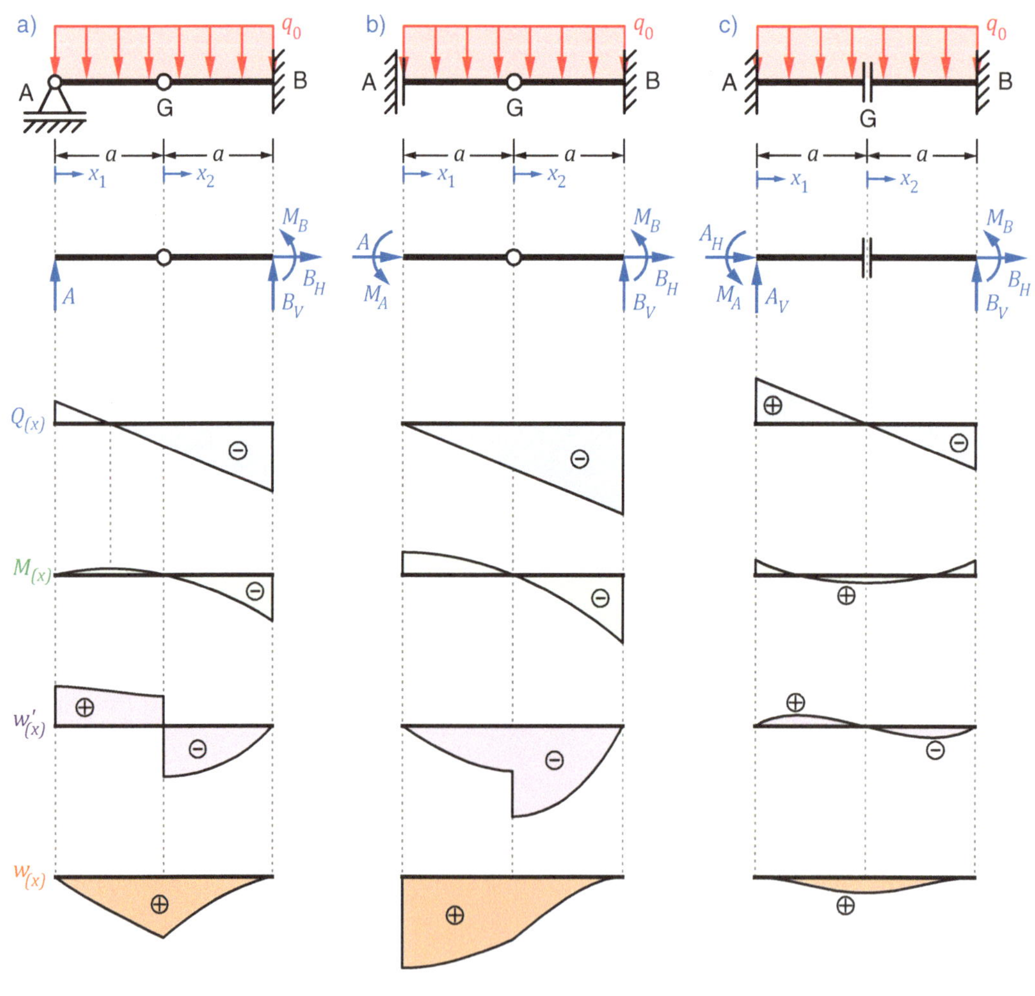

Abb. 9.19

Da in der praktischen Anwendung sehr oft Standardtragwerke vorkommen, sind in ▶ Tab. 9-5 auf S. 198 ff. einige einteilige Tragwerke mit der Berechnungsgleichung der Biegelinie $w_{(x)}$, der maximalen Durchbiegung w_{max} und den Neigungen an den Lagerstellen w'_A und w'_B bzw. am freien Ende $w'_{(x=0)}$ aufgeführt. Die Berechnungsgleichung der Biegelinie wurde durch Anwendung der Integrationsmethode ermittelt. Die Stelle der maximalen Durchbiegung w_{max} kann analog der Stelle des maximalen Biegemoments M_{max} ermittelt werden (*Band 1*). Da die Ableitung der Durchbiegung $w_{(x)}$ dem Neigungsverlauf $w'_{(x)}$ entspricht (die Neigung beschreibt die Steigung der Durchbiegung), wird der Neigungsverlauf gleich Null gesetzt, um damit die Stelle der maximalen Durchbiegung zu bestimmen (Kurvendiskussion).

▶ Die **Gleichung der Biegelinie** $w_{(x)}$ kann für verschiedene **Standardtragwerke** der **Formelsammlung** ▶ **Tab. 9-5** entnommen werden.

Vorgehensweise

- Bereiche definieren, sodass alle Größen innerhalb eines Bereichs stetig verlaufen.
- Für jeden Bereich die Streckenlastfunktion $q_{(x)}$ aufstellen und viermal integrieren, um den Querkraft- $Q_{(x)}$, Biegemomenten- $M_{(x)}$, Neigungs- $w'_{(x)}$ und Durchbiegungsverlauf $w_{(x)}$ zu erhalten:

$$E \cdot I_y \cdot w''''_{(x)} = q_{(x)}$$

$$E \cdot I_y \cdot w'''_{(x)} = -Q_{(x)} = \int q_{(x)} \cdot dx + C_1$$

$$E \cdot I_y \cdot w''_{(x)} = -M_{y(x)} = \int -Q_{(x)} \cdot dx + C_1 \cdot x + C_2$$

$$E \cdot I_y \cdot w'_{(x)} = \int -M_{y(x)} \cdot dx + \frac{1}{2} \cdot C_1 \cdot x^2 + C_2 \cdot x + C_3$$

$$E \cdot I_y \cdot w_{(x)} = \int w'_{(x)} \cdot dx + \frac{1}{6} \cdot C_1 \cdot x^3 + \frac{1}{2} \cdot C_2 \cdot x^2 + C_3 \cdot x + C_4$$

- Rand- und Übergangsbedingungen: ▶ Tab. 9-1 (S. 187), ▶ Tab. 9-3 und ▶ Tab. 9-4 (S. 192)
- Integrationskonstanten C_i mithilfe der Rand- und Übergangsbedingungen berechnen.
- Verläufe für jeden Bereich berechnen.
- Verlaufsdiagramme zeichnen.
- Berechnung des Biegespannungsverlaufs $\sigma_{x(z)}$ bzw. der max. Biegespannung σ_{max} mit Normalkraft $N_{(x)}$:

$$\sigma_{x(z)} = \frac{M_{y(x)}}{I_y} \cdot z + \frac{N_{(x)}}{A} \qquad \text{bzw.} \qquad \sigma_{max} = \frac{M_{y,max}}{I_y} \cdot z_{max} + \frac{N_{(x)}}{A}$$

Tab. 9-5 Formelsammlung Biegelinien und Neigungen

Lastfall	Grundgleichung der Biegelinie
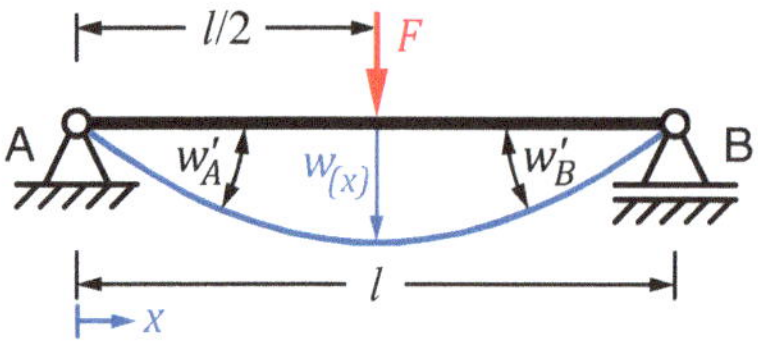	$0 \leq x \leq \dfrac{l}{2}$ $w_{(x)} = \dfrac{F}{48 \cdot EI} \cdot (3 \cdot l^2 \cdot x - 4 \cdot x^3)$
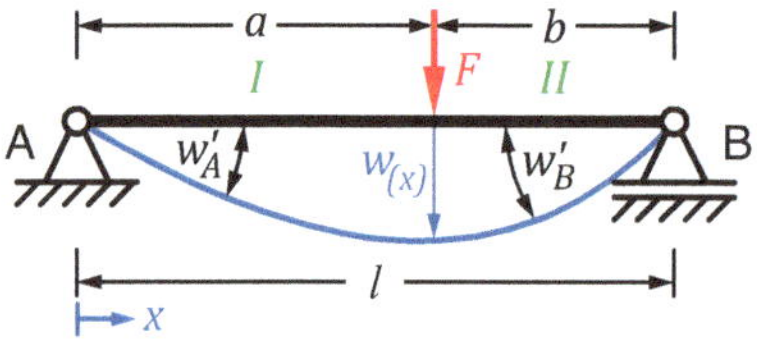	$0 \leq x \leq a$ $w_{(x)} = \dfrac{F}{6 \cdot EI} \cdot \left(a \cdot b \cdot x + \dfrac{a \cdot b^2}{l} \cdot x - \dfrac{b}{l} \cdot x^3 \right)$ $a \leq x \leq l$ $w_{(x)} = \dfrac{F \cdot a^2 \cdot b}{6 \cdot EI} \cdot \left[\left(1 + \dfrac{l}{a}\right) \cdot \dfrac{l - x}{l} - \dfrac{(1 - x)^3}{a \cdot b \cdot l} \right]$
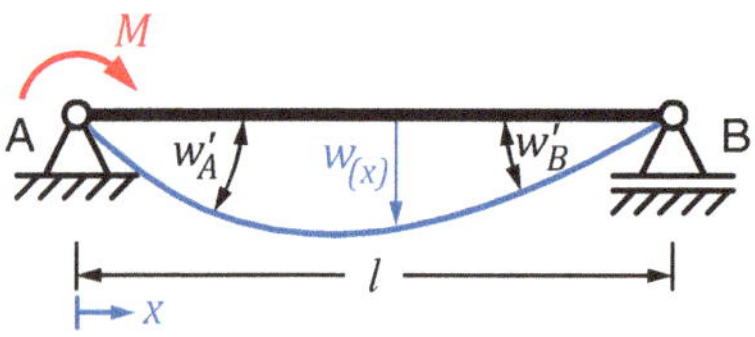	$w_{(x)} = \dfrac{M}{6 \cdot EI} \cdot \left(-\dfrac{x^3}{l} - 3 \cdot x^2 + 2 \cdot l \cdot x \right)$
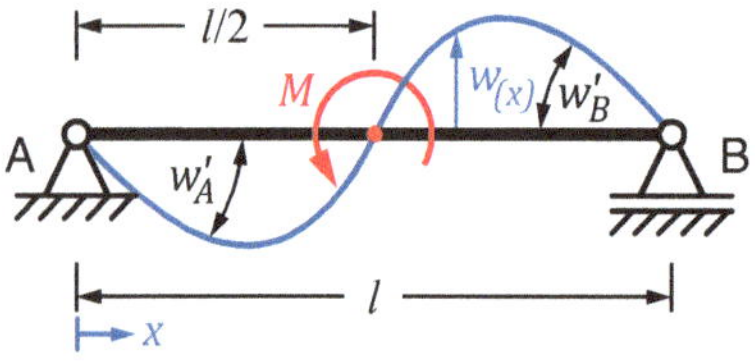	$0 \leq x \leq l/2$ $w_{(x)} = \dfrac{M}{24 \cdot EI} \cdot \left(l \cdot x - 4 \cdot \dfrac{x^3}{l} \right)$ $l/2 \leq x \leq l$ $w_{(x)} = \dfrac{M}{24 \cdot EI} \cdot \left(3 - 11 \cdot \dfrac{x}{l} + 12 \cdot \dfrac{x^2}{l^2} - 4 \cdot \dfrac{x^3}{l^3} \right)$
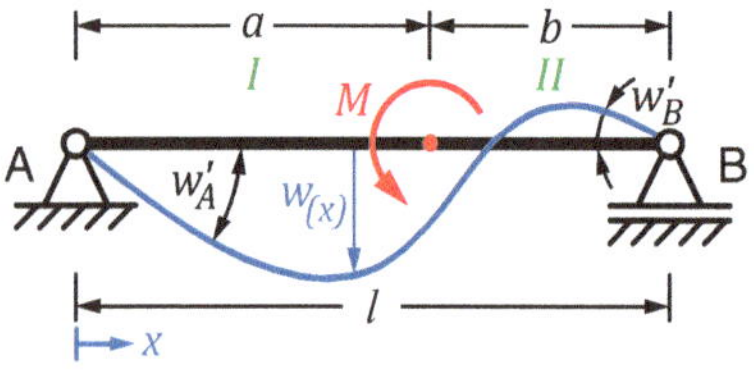	$0 \leq x \leq a$ $w_{(x)} = \dfrac{M}{6 \cdot EI} \cdot \left(6 \cdot a \cdot x - 2 \cdot l \cdot x - \dfrac{3 \cdot a^2 \cdot x}{l} - \dfrac{x^3}{l} \right)$ $a \leq x \leq l$ $w_{(x)} = \dfrac{M}{6 \cdot EI} \cdot \left(1 - \dfrac{x}{l} \right) \cdot (x^2 - 2 \cdot l \cdot x + 3 \cdot a^2)$

max. Durchbiegung	Neigung
$$w_{max} = \dfrac{F \cdot l^3}{48 \cdot EI}$$	$$w_A' = w_B' = \dfrac{F \cdot l^2}{16 \cdot EI}$$
$a > b:\quad x_m = \sqrt{(l^2 - b^2)/3}$ $$w_{max} = \dfrac{F \cdot b \cdot \sqrt{(l^2 - b^2)^3}}{9 \cdot \sqrt{3} \cdot EI \cdot l}$$ $a < b:\quad x_m = l - \sqrt{(l^2 - a^2)/3}$ $$w_{max} = \dfrac{F \cdot a \cdot \sqrt{(l^2 - a^2)^3}}{9 \cdot \sqrt{3} \cdot EI \cdot l}$$	$$w_A' = \dfrac{F \cdot a \cdot b \cdot (l + b)}{6 \cdot EI \cdot l}$$ $$w_B' = \dfrac{F \cdot a \cdot b \cdot (l + a)}{6 \cdot EI \cdot l}$$
$$x_m = l - \dfrac{l}{\sqrt{3}}$$ $$w_{max} = \dfrac{M \cdot l^2}{9 \cdot \sqrt{3} \cdot EI}$$	$$w_A' = \dfrac{M \cdot l}{3 \cdot EI}$$ $$w_B' = \dfrac{M \cdot l}{6 \cdot EI}$$
$$x_m^I = \dfrac{l}{2 \cdot \sqrt{3}}$$ $$x_m^{II} = \left(l - \dfrac{l}{2 \cdot \sqrt{3}}\right)$$ $$w_{max}^I = w_{max}^{II} = \dfrac{M \cdot l^2}{72 \cdot \sqrt{3} \cdot EI}$$	$$w_A' = w_B' = \dfrac{M \cdot l}{24 \cdot EI}$$
$a > b:\quad x_m = \dfrac{\sqrt{18 \cdot a \cdot l - 6 \cdot l^2 - 9 \cdot a^2}}{3}$ $$w_{max} = \dfrac{M \cdot \sqrt{3}}{27 \cdot EI \cdot l} \cdot (6 \cdot a \cdot l - 3 \cdot a^2 - 2 \cdot l^2)^{3/2}$$ $a < b:\quad x_m = l - \dfrac{\sqrt{3 \cdot l^2 - 9 \cdot a^2}}{3}$ $$w_{max} = \dfrac{M \cdot \sqrt{3}}{27 \cdot EI \cdot l} \cdot (l^2 - 3 \cdot a^2)^{3/2}$$	$$w_A' = \dfrac{M}{6 \cdot EI} \cdot \left(\dfrac{3 \cdot a^2}{l} - 6 \cdot a + 2 \cdot l\right)$$ $$w_B' = \dfrac{M}{6 \cdot EI} \cdot \left(\dfrac{3 \cdot a^2}{l} - l\right)$$

Tab. 9-5 *Fortsetzung*

Lastfall	Grundgleichung der Biegelinie
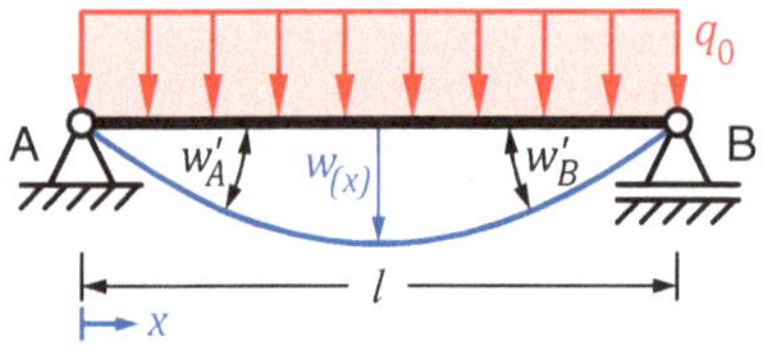	$w_{(x)} = \dfrac{q_0}{24 \cdot EI} \cdot (x^4 - 2 \cdot l \cdot x^3 + l^3 \cdot x)$
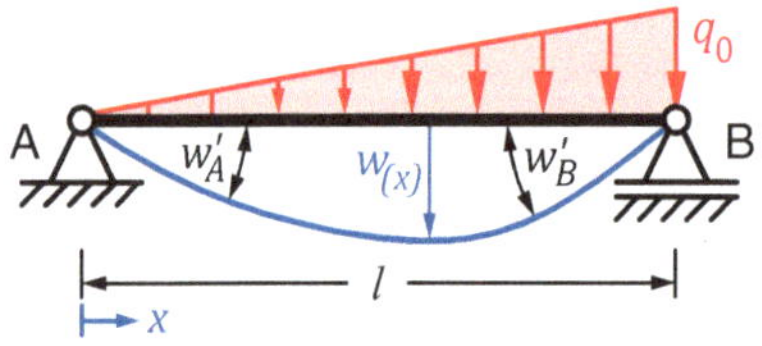	$w_{(x)} = \dfrac{q_0}{360 \cdot EI} \cdot \left(3 \cdot \dfrac{x^5}{l} - 10 \cdot l \cdot x^3 + 7 \cdot l^3 \cdot x \right)$
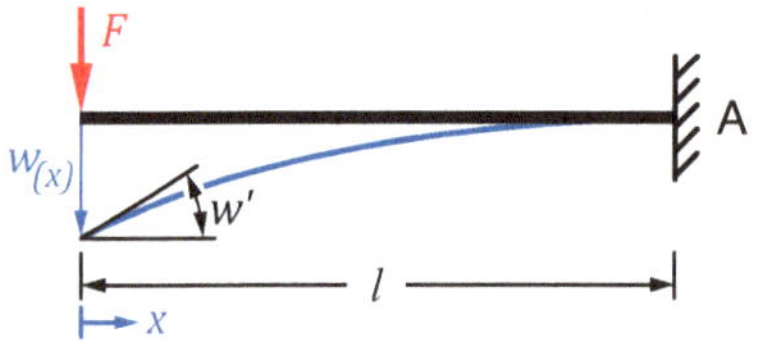	$w_{(x)} = \dfrac{F}{6 \cdot EI} \cdot (x^3 - 3 \cdot l^2 \cdot x + 2 \cdot l^3)$
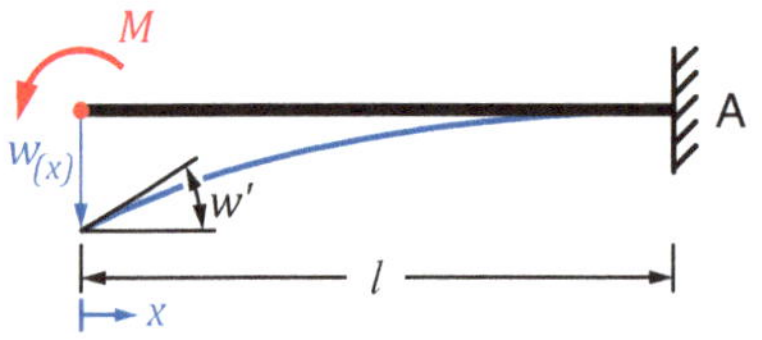	$w_{(x)} = \dfrac{M}{2 \cdot EI} \cdot (x^2 - 2 \cdot l \cdot x + l^2)$
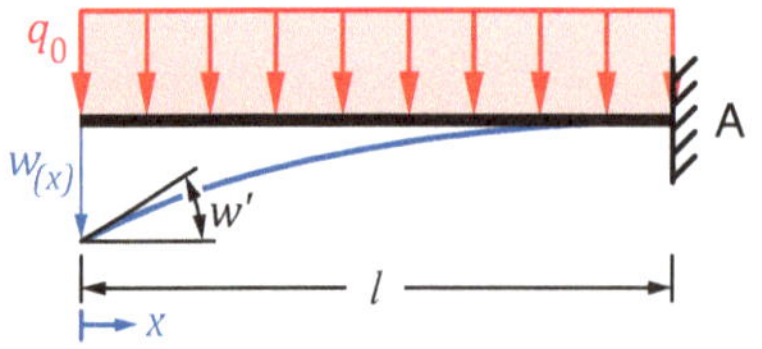	$w_{(x)} = \dfrac{q_0}{24 \cdot EI} \cdot (x^4 - 4 \cdot l^3 \cdot x + 3 \cdot l^4)$

max. Durchbiegung	Neigung
$w_{max} = \dfrac{5}{384} \cdot \dfrac{q_0 \cdot l^4}{EI}$	$w'_A = w'_B = \dfrac{q_0 \cdot l^3}{24 \cdot EI}$
$x_m = 0{,}519 \cdot l$ $w_{max} = \dfrac{q_0 \cdot l^4}{153{,}3 \cdot EI}$	$w'_A = \dfrac{7}{360} \cdot \dfrac{q_0 \cdot l^3}{6 \cdot EI}$ $w'_B = \dfrac{8}{360} \cdot \dfrac{q_0 \cdot l^3}{3 \cdot EI}$
$w_{max} = \dfrac{F \cdot l^3}{3 \cdot EI}$	$w'_{(x=0)} - \dfrac{F \cdot l^2}{2 \cdot EI}$
$w_{max} = \dfrac{M \cdot l^2}{2 \cdot EI}$	$w'_{(x=0)} = \dfrac{M \cdot l}{EI}$
$w_{max} = \dfrac{q_0 \cdot l^4}{8 \cdot EI}$	$w'_{(x=0)} = \dfrac{q_0 \cdot l^3}{6 \cdot EI}$

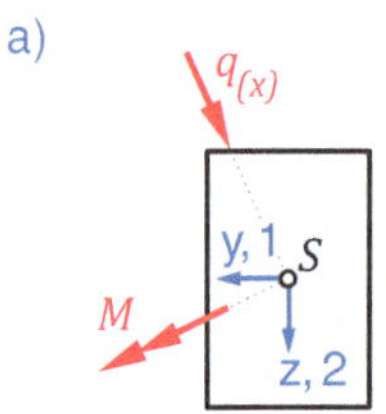

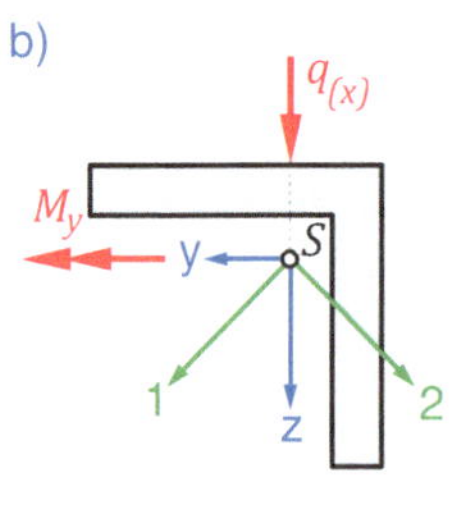

Abb. 9.20

9.5 Schiefe Biegung

Bei der Einteilung der Biegung haben wir in ▶ Abb. 9.3 auf S. 173 gesehen, dass sich die *schiefe Biegung* einmal als eine Biegung im Hauptachsensystem und einmal als eine Biegung im beliebigen Achsensystem aufteilt. Bei der schiefen Biegung im *Hauptachsensystem* sind die y- und z-Koordinatenachsen gleichzeitig auch die 1-2-Hauptachsen des Balkenquerschnitts und der Querschnitt besitzt eine Symmetrie zur y- und/oder z-Achse, siehe ▶ Abb. 9.20a). Die schiefe Biegung im *beliebigen Achsensystem* ist dadurch gekennzeichnet, dass die 1-2-Hauptachsen des Balkenquerschnitts verdreht zu den y- und z-Koordinatenachsen liegen und dass der Querschnitt keine Symmetrie besitzt. Dadurch ist auch das biaxiale Flächenträgheitsmoment ungleich Null: $I_{yz} \neq 0$, siehe ▶ Abb. 9.20b).

Zur Berechnung der schiefen Biegung können wir die allgemeinen Modellannahmen nach Kapitel 9.2 (S. 172) sowie die Annahmen der EULER-BERNOULLI-Balkentheorie nach Kapitel 9.4.2 (S. 174) auch für die schiefe Biegung anwenden. Wir gehen bei der schiefen Biegung also auch wieder davon aus, dass der Balken schubstarr ist und die Balkenquerschnitte immer Senkrecht zur neutralen Faser und auch immer eben bleiben, also sich nicht verwölben.

9.5.1 Herleitung der schiefen Biegung um Hauptachsen

Bei der schiefen Biegung um die Hauptachsen gehen wir davon aus, dass der Querschnitt eine Symmetrie besitzt und die 1-2-Hauptachsen mit unseren y-z-Koordinatenachsen zusammenfallen. Dementsprechend können wir dann die schiefe Biegung als Superposition (Überlagerung) von zwei geraden Biegungen betrachten, vgl. ▶ Abb. 2.10 auf S. 16. Hier entsteht die *schiefe Biegung* in c) durch eine *gerade Biegung* um die y-Achse in a) und eine *gerade Biegung* um die z-Achse in b). Die gerade Biegung im Falle a) ist uns aus dem vorhergehenden Kapitel 9.4 bekannt. Somit müssen wir uns nur noch mit der geraden Biegung um die z-Achse befassen.

In ▶ Abb. 9.21 ist die gerade Biegung um die y-Achse sowie die gerade Biegung um die z-Achse dargestellt. Bei der *geraden Biegung um die y-Achse* betrachten wir unseren Balken in der Seitenansicht. Das Biegemoment M_y wirkt positiv um die y-Achse. Der Verdrehwinkel ψ_y dreht ebenfalls positiv um die y-Achse und die zugehörige Neigung w' verläuft nach oben, also in negativer z-Richtung. Daher ist auch das negative Vorzeichen bei der Neigung w' vorhanden. Die einhergehende Verschiebung u ist positiv (in positiver x-Richtung wirkend).

▶ Die **schiefe Biegung um die Hauptachsen** ergibt sich aus einer **geraden Biegung um die y-** und einer **geraden Biegung um die z-Achse**.

Gerade Biegung um die **y-Achse**:
- *positiv*: Biegemoment M_y
  Verdrehwinkel ψ_y
  Verschiebung u
- *negativ*: Neigung w'

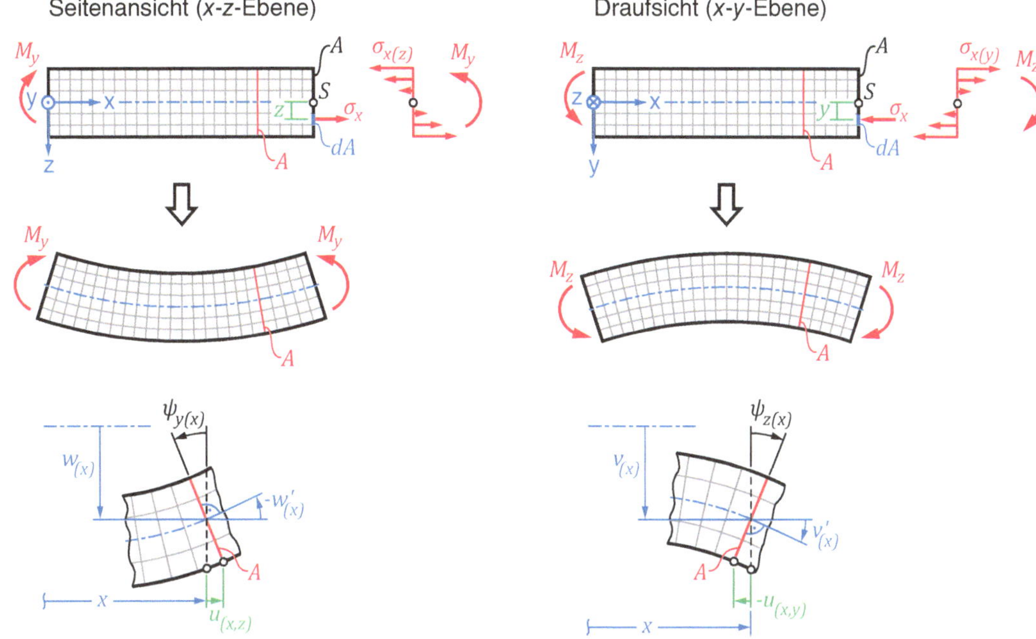

Abb. 9.21

Demgegenüber ist die *gerade Biegung um die z-Achse* dargestellt. Hier betrachten wir unseren Balken in der Draufsicht, wodurch die z-Achse in die Ebene hineingeht und die y-Achse positiv nach unten verläuft. Auch hier wirkt das Biegemoment M_z positiv um die z-Achse. Der Verdrehwinkel ψ_z dreht positiv um die z-Achse und die Neigung v' ist hier nun positiv, weil sich durch die Verformung der Balken nach unten, in Richtung der positiven y-Achse, neigt. Die Verschiebung u ist dagegen negativ, da diese entgegen der positiven x-Richtung wirkt.

Die Herleitung der geraden Biegung um die y-Achse erfolgt analog zur geraden Biegung um die z-Achse. Zuerst müssen wir jedoch die Zusammenhänge der Schnittgrößen in der Draufsicht (x-y-Ebene) unseres Balkens ermitteln. Dazu betrachten wir ganz allgemein einen Balken mit beliebigem Streckenlastverlauf $q_{(x)}$, siehe ▶ Abb. 9.22. Nun schneiden wir aus dem Balken eine infinitesimale (unendlich kleine) Scheibe der Dicke dx heraus. Da die Scheibe infinitesimal dick ist, können wir vereinfacht annehmen, dass die Streckenlast $q_{(x)}$ entlang der Dicke dx konstant verläuft. Des Weiteren gehen wir davon aus, dass alle Schnittgrößen vom linken Rand der Scheibe zum rechten Rand eine infinitesimale Änderung erfahren. Also sich um die Beträge dN, dQ und dM geändert haben.

Gerade Biegung um die **z-Achse**:

- *positiv*: Biegemoment M_z
  Verdrehwinkel ψ_z
  Neigung v'
- *negativ*: Verschiebung u

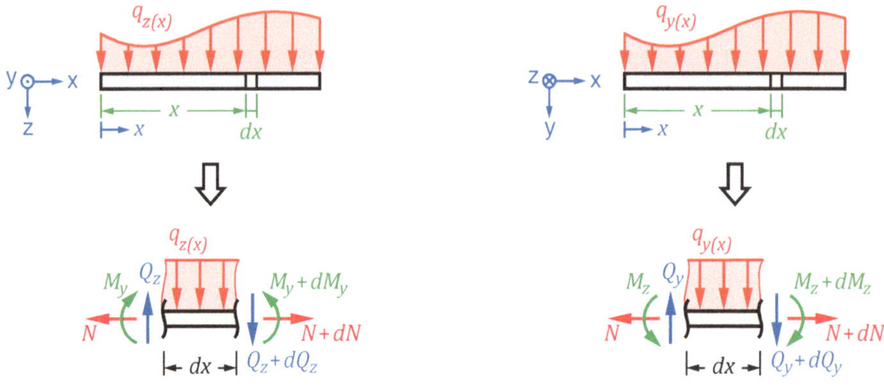

Abb. 9.22

Stellen wir nun an den beiden infinitesimalen Balkenscheiben dx die Gleichgewichtsbedingungen auf und kürzen alle Terme, welche von höherer Ordnung klein sind heraus, erhalten wir die Zusammenhänge:

Schnittgröße: Querkraft

$$\frac{dQ_z}{dx} = Q_z' = -q_{z(x)} \qquad \frac{dQ_y}{dx} = Q_y' = -q_{y(x)} \qquad (9.40)$$

Schnittgröße: Biegemoment

$$\frac{dM_y}{dx} = M_y' = Q_{z(x)} \qquad \frac{dM_z}{dx} = M_z' = -Q_{y(x)} \qquad (9.41)$$

Nun können wir zur geraden Biegung um die z-Achse, analog die gerade Biegung um die y-Achse herleiten. Um die Analogie direkt zu erkennen, sind nachfolgend die Grundgleichungen der beiden geraden Biegungen, diesmal ohne die Querkraft, aufgeführt. Die jeweilige Aussage (z. B. die BERNOULLI'sche Hypothese) dieser Gleichungen kann anhand der entsprechenden Grundgleichung auf. S. 183 entnommen werden.

gerade Biegung um die y-Achse   **gerade Biegung um die z-Achse**

$$\psi_{y(x)} = -w_{(x)}' \qquad\qquad \psi_{z(x)} = v_{(x)}' \qquad (9.42)$$

$$u_{(x,z)} = \psi_{y(x)} \cdot z = -w_{(x)}' \cdot z \qquad\qquad u_{(x,y)} = -\psi_{z(x)} \cdot y = -v_{(x)}' \cdot y \qquad (9.43)$$

$$M_{y(x)} = \int z \cdot \sigma_{x(z)} \cdot dA \qquad\qquad M_{z(x)} = \int y \cdot \left[-\sigma_{x(y)}\right] \cdot dA \qquad (9.44)$$

$$\sigma_{x(z)} = E \cdot \varepsilon_x = E \cdot \psi_{(x)}' \cdot z \qquad\qquad \sigma_{x(y)} = E \cdot \varepsilon_x = -E \cdot \psi_{z(x)}' \cdot y \qquad (9.45)$$

$$I_y = \int z^2 \cdot dA \qquad\qquad I_z = \int y^2 \cdot dA \qquad (9.46)$$

$$\psi + w' = 0 \qquad\qquad \psi - v' = 0 \qquad (9.47)$$

Setzen wir diese Grundgleichungen wieder ineinander ein, so erhalten wir das *Elastizitätsgesetz für das Biegemoment*:

$$M_{y(x)} = E \cdot I_y \cdot \psi'_{y(x)} \qquad M_{z(x)} = E \cdot I_z \cdot \psi'_{z(x)} \qquad (9.48)$$

Elastizitätsgesetz

die *Differenzialgleichung der Biegelinie*:

$$w''_{(x)} = -\frac{M_{y(x)}}{E \cdot I_y} \qquad v''_{(x)} = \frac{M_{z(x)}}{E \cdot I_z} \qquad (9.49)$$

Differenzialgleichung

und die *erweiterte Differenzialgleichung der Biegelinie*:

$$\left[E \cdot I_y \cdot w''_{(x)}\right]'' = q_{z(x)} \qquad \left[E \cdot I_z \cdot v''_{(x)}\right]'' = q_{y(x)}$$

wenn: $E \cdot I \neq$ konst.

$$(9.50)$$

$$E \cdot I_y \cdot w''''_{(x)} = q_{z(x)} \qquad E \cdot I_z \cdot v''''_{(x)} = q_{y(x)}$$

wenn: $E \cdot I =$ konst.

Führen wir die Integration der erweiterten Differenzialgleichungen aus, so erhalten wir bei einer konstanten Biegesteifigkeit ($E \cdot I_y =$ konst.) die folgenden Gleichungen:

gerade Biegung um die y**-Achse**	**gerade Biegung um die** z**-Achse**	
$E \cdot I_y \cdot w''''_{(x)} = q_{z(x)}$	$E \cdot I_z \cdot v''''_{(x)} = q_{y(x)}$	Streckenlastverlauf
$E \cdot I_y \cdot w'''_{(x)} = -Q_{z(x)}$	$E \cdot I_z \cdot v'''_{(x)} = -Q_{y(x)}$	Querkraftverlauf
$E \cdot I_y \cdot w''_{(x)} = -M_{y(x)}$	$E \cdot I_z \cdot v''_{(x)} = M_{z(x)}$	Biegemomentenverlauf
$w'_{(x)} = -\psi_{y(x)}$	$v'_{(x)} = \psi_{z(x)}$	Neigungsverlauf (1. BERNOULLI'sche Hypothese)
$w_{(x)}$	$v_{(x)}$	Biegelinie (Durchbiegungsverlauf)

Sind durch diese Berechnung die beiden Durchbiegungen $w_{(x)}$ und $v_{(x)}$ bekannt, ergibt sich die Gesamtverschiebung f zu:

$$f = \sqrt{w_{(x)}^2 + v_{(x)}^2} \qquad (9.51)$$

Gesamtverschiebung

Abschließend folgt noch die Berechnung der Biegespannung entlang der Balkenhöhe mit:

$$\sigma_{x(z)} = \frac{M_{y(x)}}{I_y} \cdot z \qquad \sigma_{x(y)} = -\frac{M_{z(x)}}{I_z} \cdot y \qquad (9.52)$$

Biegespannungsverlauf

Wollen wir nun noch die gesamte resultierende Biegespannung $\sigma_{x(y,z)}$ (vgl. ▶ Abb. 9.9 auf S. 179) wissen, können wir einfach die beiden Gleichungen (9.52) überlagern:

resultierende Biegespannung

$$\sigma_{x(y,z)} = \frac{M_{y(x)}}{I_y} \cdot z - \frac{M_{z(x)}}{I_z} \cdot y \tag{9.53}$$

Hätten wir dabei noch zusätzlich eine Normalkraft $N_{(x)}$ an unserem Balken angreifen, welche in x-Richtung wirkt, können wir die damit einhergehende Normalspannung σ_x ebenfalls nochmals überlagern, da ja alle Spannungen in die gleiche Richtung wirken:

resultierende Biegespannung mit überlagerter Normalkraft

$$\sigma_{x(y,z)} = \frac{M_{y(x)}}{I_y} \cdot z - \frac{M_{z(x)}}{I_z} \cdot y + \frac{N_{(x)}}{A} \tag{9.54}$$

9.5.2 Herleitung der schiefen Biegung um beliebige Achsen

Liegt eine schiefe Biegung um beliebige Achsen vor, müssen wir die beiden geraden Biegungen gemeinsam betrachten und daraus die Differenzialgleichung des Biegemoments und anschließend die Biegespannung herleiten.

Anhand der Beziehungen aus ▶ Abb. 9.21 (S. 203) und den Gleichungen (9.43) (S. 204) können wir die Verschiebung u, welche sich infolge der Verdrehung des Querschnitts um die beiden Winkel ψ_y und ψ_z ergibt, berechnen zu:

$$u_{(x,y,z)} = \psi_{y(x)} \cdot z - \psi_{z(x)} \cdot y = -w'_{(x)} \cdot z - v'_{(x)} \cdot y \tag{9.55}$$

Eingesetzt in das HOOKE'sche Gesetz $\sigma = E \cdot \varepsilon$ liefert:

$$\sigma_x = E \cdot \varepsilon_x = E \cdot \frac{\partial u}{\partial x} = -E \cdot w''_{(x)} \cdot z - E \cdot v''_{(x)} \cdot y \tag{9.56}$$

Setzen wir nun diese Beziehung in die beiden Gleichungen (9.44) der Biegemomente M_y und M_z ein, erhalten wir damit:

$$M_{y(x)} = \int z \cdot \sigma_{x(z)} \cdot dA = -E \cdot w''_{(x)} \cdot \int z^2 \cdot dA - E \cdot v''_{(x)} \cdot \int y \cdot z \cdot dA \tag{9.57}$$

$$M_{z(x)} = \int y \cdot \left[-\sigma_{x(y)}\right] \cdot dA = E \cdot w''_{(x)} \cdot \int y \cdot z \cdot dA + E \cdot v''_{(x)} \cdot \int y^2 \cdot dA \tag{9.58}$$

In diesen beiden Gleichungen können wir nun die Integrale durch die axialen I_y und I_z sowie das biaxiale Flächenträgheitsmoment I_{yz} (Vorzeichen beachten!) ersetzen und erhalten:

$$M_{y(x)} = -E \cdot w''_{(x)} \cdot I_y + E \cdot v''_{(x)} \cdot I_{yz} \tag{9.59}$$

$$M_{z(x)} = -E \cdot w''_{(x)} \cdot I_{yz} + E \cdot v''_{(x)} \cdot I_z \tag{9.60}$$

Stellen wir diese beiden Gleichungen nach den beiden Größen w'' und v'' um, erhalten wir als Ergebnis:

$$w''_{(x)} = \frac{-M_{y(x)} \cdot I_z + M_{z(x)} \cdot I_{yz}}{E \cdot \left(I_y \cdot I_z - I_{yz}^2\right)}$$

$$v''_{(x)} = \frac{-M_{y(x)} \cdot I_{yz} + M_{z(x)} \cdot I_y}{E \cdot \left(I_y \cdot I_z - I_{yz}^2\right)}$$

(9.61)

Differenzialgleichungen der Biegemomente bei schiefer Biegung um beliebige Achsen

Sind in diesen beiden Gleichungen die Biegemomente $M_{y(x)}$ und $M_{z(x)}$ bekannt, können durch zweimalige Integration und das Aufstellen der Randbedingungen mit dem Lösen der Integrationskonstanten C_i, die Durchbiegungen $w_{(x)}$ und $v_{(x)}$ berechnet werden. Auch hier kann dann die Gesamtverschiebung f mittels Gleichung (9.51) berechnet werden.

Setzen wir weiterhin die Gleichungen (9.61) in (9.56) ein, folgt damit die Berechnung der Biegespannung σ_x:

$$\sigma_{(x,y,z)} = \frac{\left(M_{y(x)} \cdot I_z - M_{z(x)} \cdot I_{yz}\right) \cdot z - \left(M_{z(x)} \cdot I_y - M_{y(x)} \cdot I_{yz}\right) \cdot y}{I_y \cdot I_z - I_{yz}^2} + \frac{N}{A}$$

(9.62)

Biegespannung

Des Weiteren können wir in den beiden Gleichungen (9.59) und (9.60) die bekannten Beziehungen zwischen den Schnittgrößen und den Streckenlasten nach Gleichung (9.40) und (9.41) einsetzen und erhalten damit die erweiterten Differenzialgleichungen der Biegelinie:

$$\left[E \cdot I_y \cdot w''_{(x)} - E \cdot I_{yz} \cdot v''\right]'' = q_{z(x)} \qquad \left[E \cdot I_z \cdot v''_{(x)} - E \cdot I_{yz} \cdot w''\right]'' = q_{y(x)} \qquad E \cdot I \neq \text{konst.}$$

(9.63)

$$E \cdot I_y \cdot w''''_{(x)} - E \cdot I_{yz} \cdot v'''' = q_{z(x)} \qquad E \cdot I_z \cdot v''''_{(x)} - E \cdot I_{yz} \cdot w'''' = q_{y(x)} \qquad E \cdot I = \text{konst.}$$

Hinweis: Ein Sonderfall tritt hierbei auf, wenn die y- und z-Achsen gleichzeitig Hauptachsen des Balkenquerschnitts sind. Dadurch wird das biaxiale Flächenträgheitsmoment $I_{yz} = 0$ und die Gleichungen (9.63) und (9.62) gehen in die Gleichungen (9.50) und (9.53) über.

Hinweis: Wie aus dieser Herleitung deutlich wird, sind die Durchbiegungen $w_{(x)}$ und $v_{(x)}$ jeweils von beiden Biegemomenten $M_{y(x)}$ und $M_{z(y)}$ abhängig. Weiterhin entstehen aufgrund der zum y-z-Koordinatensystem verdrehten Hauptachsen immer Durchbiegungen in beide Richtungen, auch wenn nur ein Biegemoment $M_{y(x)}$ oder $M_{z(y)}$ vorhanden ist. Für statisch bestimme Tragwerke können die Biegemomentenverläufe recht einfach ermittelt werden. Bei unbestimmten Tragwerken müssen die Gleichungen (9.63) zusammen gelöst werden, was bei einer Handrechnung zu einem erheblichen Aufwand führt. In einer technischen Anwendung sollte sinnvollerweise die Biegung um die Hauptachsen stattfinden, um eine Durchbiegung in andere Richtungen zu vermeiden. Aufgrund dessen werden wir im weiteren Verlauf dieses Buches nur noch die *schiefe Biegung um die Hauptachsen* betrachten und die *schiefe Biegung um beliebige Achsen* vernachlässigen.

9.5.3   Berechnung der schiefen Biegung

Aufgrund der Einteilung der schiefen Biegung, einmal um die Hauptachsen und einmal um beliebige Achsen des Balkenquerschnitts, ergeben sich Unterschiede in der Berechnung.

▶ Die **schiefe Biegung um die Hauptachsen** ergibt sich aus einer **geraden Biegung um die y-** und einer **geraden Biegung um die z-Achse**.

Bei der *schiefen Biegung um die Hauptachsen* lässt sich die Gesamtbiegung als Überlagerung von zwei geraden Biegungen (um die y- sowie z-Achse) berechnen. Daher müssen wir die folgenden Differenzialgleichungen lösen, um die Verläufe von Querkraft $Q_{z(x)}$ und $Q_{y(x)}$, Biegemoment $M_{y(x)}$ und $M_{z(x)}$, Neigung $w'_{(x)}$ und $v'_{(x)}$ sowie Durchbiegung $w_{(x)}$ und $v_{(x)}$ zu bestimmen:

wenn: $E \cdot I = \text{konst.}$

$$E \cdot I_y \cdot w''''_{(x)} = q_{z(x)} \qquad E \cdot I_z \cdot v''''_{(x)} = q_{y(x)} \qquad (9.64)$$

Sind dann alle Verläufe bekannt, kann mithilfe der Biegemomentenverläufe die resultierende Biegespannung $\sigma_{x(y,z)}$ berechnet werden:

resultierende Biegespannung mit überlagerter Normalkraft

$$\sigma_{x(y,z)} = \frac{M_{y(x)}}{I_y} \cdot z - \frac{M_{z(x)}}{I_z} \cdot y + \frac{N_{(x)}}{A} \qquad (9.65)$$

Darin ist noch eine überlagerte Normalkraft N enthalten. Greift keine zusätzliche Normalkraft am Balken an, kann dieser Term zu Null gesetzt werden.

9.5.4   Spannungsnulllinie

Wir haben bei der geraden Biegung gesehen, dass die Biegespannung σ_x entlang der Balkenhöhe linear verläuft und an der Stelle der neutralen Faser zu Null wird. Zudem ist die Biegespannung bei der geraden Biegung um die y-Achse auf Höhe der neutralen Faser in y-Richtung auf der gesamten Balkenbreite ebenfalls Null, siehe ▶ Abb. 9.23. Diese sogenannte *Spannungsnulllinie (SN)* verläuft also bei a) der geraden Biegung um die y-Achse in Richtung der y-Achse und bei b) der Biegung um die z-Achse in Richtung der z-Achse.

Bei der schiefen Biegung um die Hauptachsen c) ist dies jedoch ein wenig anders. Die Biegespannung verläuft zwar immer noch linear, jedoch liegt die Spannungsnulllinie nun nicht in Richtung einer der Koordinatenachsen sondern verdreht (schief) dazu auf der Balkenquerschnittsfläche. Die Lage der schief über der Balkenquerschnittsfläche verlaufenden Spannungsnulllinie können wir berechnen, indem wir in Gleichung (9.65) die Biegespannung $\sigma_{(x,y,z)} = 0$ setzen und nach der z-Koordinate auflösen. Dann gilt für die *Koordinaten der Spannungsnulllinie*:

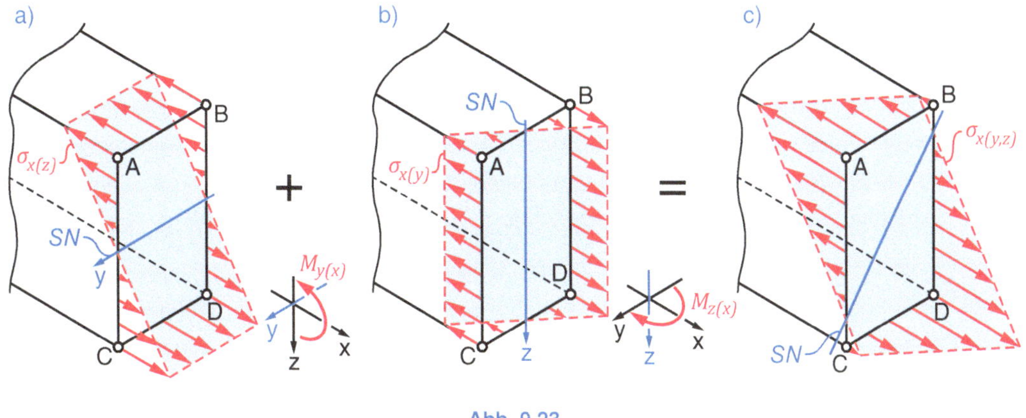

Abb. 9.23

$$z = \frac{M_{z(x)} \cdot I_y}{M_{y(x)} \cdot I_z} \cdot y - \frac{I_y}{M_y(x)} \cdot \frac{N_{(x)}}{A} \qquad (9.66)$$

Koordinaten der Spannungsnulllinie

9.6 Balkenkrümmung und Krümmungsradius

Aus der Kurvendiskussion wissen wir, dass wir mithilfe der zweiten Ableitung einer Funktion deren Krümmung bestimmen können. Nach Gleichung (9.37) (S. 184) bzw. (9.49) (S. 205) ist die zweite Ableitung der Durchbiegung proportional zum vorhandenen Biegemoment. Dadurch können wir direkt anhand des Vorzeichens die vorliegende Balkenkrümmung bestimmen, siehe ▶ Abb. 9.24a):

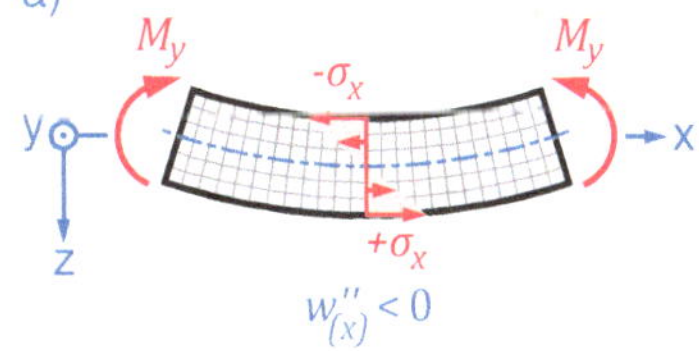

- Ein positives *Biegemoment* $M_y > 0$ bewirkt eine negative Balkenkrümmung $w'' < 0$ (rechtsgekrümmt).
- Ein *positives Biegemoment* $M_y > 0$ bewirkt in *positiver* z-Richtung *positive Spannungen* $\sigma_x > 0$.

Entsprechend gegenteilig verhält es sich bei einem negativen Biegemoment M_y, siehe ▶ Abb. 9.24b).

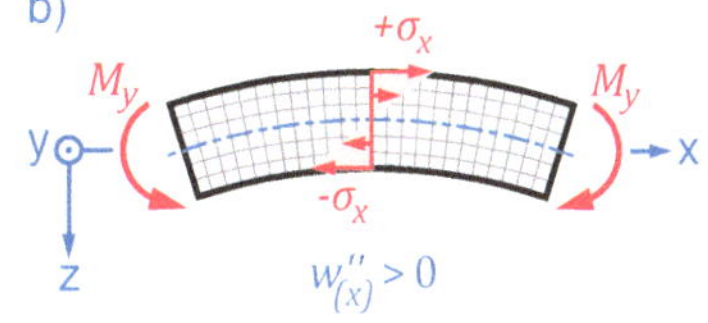

Abb. 9.24

Des Weiteren können wir nach der mathematischen Definition der Krümmung κ diese auch entsprechend berechnen:

$$\kappa_{(x)} = \frac{w''_{(x)}}{\left(1 + w'^2_{(x)}\right)^{\frac{3}{2}}} \qquad (9.67)$$

Krümmung

Das Reziproke davon ist dann der Krümmungsradius ϱ:

$$\varrho_{(x)} = \frac{1}{\kappa_{(x)}} = \frac{\left(1 + w'^2_{(x)}\right)^{\frac{3}{2}}}{w''_{(x)}} \qquad (9.68)$$

Krümmungsradius

Vorgehensweise: *schiefe Biegung um Hauptachsen*

- Bereiche definieren, sodass alle Größen innerhalb eines Bereichs stetig verlaufen.
- Für jeden Bereich die Streckenlastfunktionen $q_{z(x)}$ und $q_{y(x)}$ aufstellen und viermal integrieren, um die Querkraft- $Q_{z(x)}$, und $Q_{y(x)}$, Biegemomenten- $M_{y(x)}$ und $M_{z(x)}$, Neigungs- $w'_{(x)}$ und $v'_{(x)}$ sowie Durchbiegungen $w_{(x)}$ und $v_{(x)}$ zu erhalten:

$$E \cdot I_y \cdot w''''_{(x)} = q_{z(x)}$$

$$E \cdot I_y \cdot w'''_{(x)} = -Q_{z(x)} = \int q_{z(x)} \cdot dx + C_1$$

$$E \cdot I_y \cdot w''_{(x)} = -M_{y(x)} = \int -Q_{z(x)} \cdot dx + C_1 \cdot x + C_2$$

$$E \cdot I_y \cdot w'_{(x)} = \int -M_{y(x)} \cdot dx + \frac{1}{2} \cdot C_1 \cdot x^2 + C_2 \cdot x + C_3$$

$$E \cdot I_y \cdot w_{(x)} = \int w'_{(x)} \cdot dx + \frac{1}{6} \cdot C_1 \cdot x^3 + \frac{1}{2} \cdot C_2 \cdot x^2 + C_3 \cdot x + C_4$$

$$E \cdot I_z \cdot v''''_{(x)} = q_{y(x)}$$

$$E \cdot I_z \cdot v'''_{(x)} = -Q_{y(x)} = \int q_{y(x)} \cdot dx + C_5$$

$$E \cdot I_z \cdot v''_{(x)} = M_{z(x)} = \int -Q_{y(x)} \cdot dx + C_5 \cdot x + C_6$$

$$E \cdot I_z \cdot v'_{(x)} = \int M_{z(x)} \cdot dx + \frac{1}{2} \cdot C_5 \cdot x^2 + C_6 \cdot x + C_7$$

$$E \cdot I_z \cdot v_{(x)} = \int v'_{(x)} \cdot dx + \frac{1}{6} \cdot C_5 \cdot x^3 + \frac{1}{2} \cdot C_6 \cdot x^2 + C_7 \cdot x + C_8$$

- Rand- und Übergangsbedingungen: ▶ Tab. 9-1 (S. 187), ▶ Tab. 9-3 und ▶ Tab. 9-4 (S. 192)
- Integrationskonstanten C_i mithilfe der Rand- und Übergangsbedingungen berechnen.
- Verläufe für jeden Bereich berechnen.
- Verlaufsdiagramme zeichnen.
- Berechnung des Biegespannungsverlaufs $\sigma_{x(z)}$ bzw. der max. Biegespannung σ_{max} mit überlagerter Normalkraft N:

$$\sigma_{x(y,z)} = \frac{M_y}{I_y} \cdot z - \frac{M_z}{I_z} \cdot y + \frac{N}{A} \qquad \text{bzw.} \qquad \sigma_{max} = \frac{M_{y,max}}{I_y} \cdot z_{max} - \frac{M_{z,max}}{I_z} \cdot y_{max} + \frac{N}{A}$$

- Die max. Biegespannung tritt an der Ecke mit dem größten Abstand zur neutralen Faser auf.

Beispiel 9.1

Ein masseloser Balken (E = 210.000 N/mm², a = 1 m
b = 40 mm, h = 60 mm) wird durch eine Einzelkraft
F = 5 kN belastet.
Bestimmen Sie:

a) den Querkraftverlauf $Q_{(x)}$
b) den Biegemomentenverlauf $M_{(x)}$
c) den Neigungsverlauf $w'_{(x)}$
d) die Biegelinie $w_{(x)}$

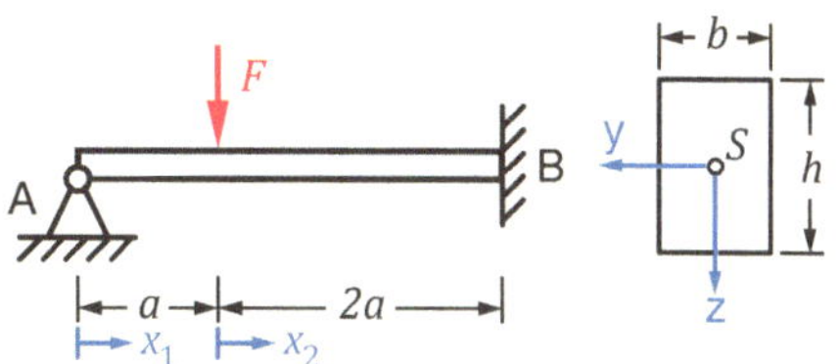

Lösung

Wie schon in der Aufgabenstellung angedeutet, handelt es sich um einen Mehrfeldbalken.
Durch die angreifende Einzelkraft F ist im Querkraftverlauf $Q_{(x)}$ ein Sprung, also eine Unstetigkeit,
vorhanden. Daher müssen wir den Balken in zwei Bereiche ($0 < x_1 < a$; $0 < x_2 < 2a$) unterteilen.
Ansonsten handelt es sich um einen statisch unbestimmten Balken, welcher durch eine gerade
Biegung (ausschließlich um die y-Achse) belastet wird. Daher können wir wie in den Beispielen in
▶ Abb. 9.18 auf S. 191 vorgehen und für die beiden Bereiche die erweiterte Differenzialgleichung
der Biegelinie aufstellen

$$E \cdot I_y \cdot w''''_{(x_1)} = q_{(x_1)} = 0 \qquad \text{Bereich I}$$

$$0 < x_1 < a$$

$$E \cdot I_y \cdot w'''_{(x_1)} = -Q_{(x_1)} = C_1 \tag{1}$$

$$E \cdot I_y \cdot w''_{(x_1)} = -M_{(x_1)} - C_1 \cdot x_1 + C_2 \tag{2}$$

$$E \cdot I_y \cdot w'_{(x_1)} = \frac{1}{2} \cdot C_1 \cdot x_1^2 + C_2 \cdot x_1 + C_3 \tag{3}$$

$$E \cdot I_y \cdot w_{(x_1)} = \frac{1}{6} \cdot C_1 \cdot x_1^3 + \frac{1}{2} \cdot C_2 \cdot x_1^2 + C_3 \cdot x_1 + C_4 \tag{4}$$

$$E \cdot I_y \cdot w''''_{(x_2)} = q_{(x_2)} = 0 \qquad \text{Bereich II}$$

$$0 < x_2 < a$$

$$E \cdot I_y \cdot w'''_{(x_2)} = -Q_{(x_2)} = C_5 \tag{5}$$

$$E \cdot I_y \cdot w''_{(x_2)} = -M_{(x_2)} = C_5 \cdot x_2 + C_6 \tag{6}$$

$$E \cdot I_y \cdot w'_{(x_2)} = \frac{1}{2} \cdot C_5 \cdot x_2^2 + C_6 \cdot x_2 + C_7 \tag{7}$$

$$E \cdot I_y \cdot w_{(x_2)} = \frac{1}{6} \cdot C_5 \cdot x_2^3 + \frac{1}{2} \cdot C_6 \cdot x_2^2 + C_7 \cdot x_2 + C_8 \tag{8}$$

Entsprechend der Rand- und Übergangsbedingungen nach ▶ Tab. 9-1 (S. 187) und ▶ Tab. 9-3 (S. 192) erhalten wir folgende Bedingungen:

Randbedingungen (RB):	Übergangsbedingungen (ÜB):

$$M_{(x_1=0)} = 0 \qquad\qquad Q^I_{(x_1=a)} - F = Q^{II}_{(x_2=0)}$$

$$w_{(x_1=0)} = 0 \qquad\qquad M^I_{(x_1=a)} = M^{II}_{(x_2=0)}$$

$$w'_{(x_2=2a)} = 0 \qquad\qquad w'_{I,(x_1=a)} = w'_{II,(x_2=0)}$$

$$w_{(x_2=2a)} = 0 \qquad\qquad w_{I,(x_1=a)} = w_{II,(x_2=0)}$$

Damit können wir die Integrationskonstanten C_1 bis C_8 bestimmen und erhalten:

$$C_1 = -\frac{14}{27}\cdot F \qquad C_2 = 0 \qquad C_3 = \frac{1}{3}\cdot F\cdot a^2 \qquad C_4 = 0$$

$$C_5 = \frac{13}{27}\cdot F \qquad C_6 = -\frac{14}{27}\cdot F\cdot a \qquad C_7 = \frac{2}{27}\cdot F\cdot a^2 \qquad C_8 = \frac{20}{81}\cdot F\cdot a^3$$

Setzen wir die Integrationskonstanten nun in die Gleichungen (1) bis (8) ein und sortieren alles ein wenig um, ergeben sich damit die folgenden Verlaufsfunktionen und -diagramme:

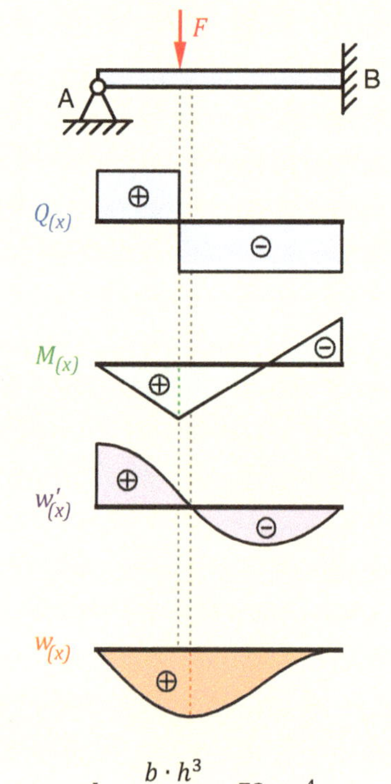

I: $\quad Q_{(x_1)} = \dfrac{14}{27}\cdot F$

$$M_{(x_1)} = \frac{14}{27}\cdot F\cdot x$$

$$w'_{(x_1)} = \frac{F}{E\cdot I_y}\cdot\left(-\frac{7}{27}\cdot x_1^2 + \frac{1}{3}\cdot a^2\right)$$

$$w_{(x_1)} = \frac{F}{E\cdot I_y}\cdot\left(-\frac{7}{81}\cdot x_1^3 + \frac{1}{3}\cdot a^2\cdot x_1\right)$$

II: $\quad Q_{(x_2)} = -\dfrac{13}{27}\cdot F$

$$M_{(x_2)} = F\cdot\left(-\frac{13}{27}\cdot x_2 + \frac{14}{27}\cdot a\right)$$

$$w'_{(x_2)} = \frac{F}{E\cdot I_y}\cdot\left(\frac{13}{54}\cdot x_2^2 - \frac{14}{27}\cdot a\cdot x_2 + \frac{2}{27}\cdot a^2\right)$$

$$w_{(x_2)} = \frac{F}{E\cdot I_y}\cdot\left(\frac{13}{162}\cdot x_2^3 - \frac{7}{27}\cdot a\cdot x_2^2 + \frac{2}{27}\cdot a^2\cdot x_2 + \frac{20}{81}\cdot a^3\right)$$

Um die Diagrammwerte zu berechnen, fehlt noch das axiale Flächenträgheitsmoment I_y des Balkenquerschnitts:

$$I_y = \frac{b\cdot h^3}{12} = 72\ cm^4$$

Beispiel 9.2

Ein masseloser Balken (S235JR, $r = 16$ mm, $l = 1{,}2$ m, $E = 210.000$ N/mm^2, $R_e = 235$ MPa, $R_m = 360$ MPa,) wird durch eine Streckenlast $q_{(x)}$ belastet.

$$q_{(x)} = q_0 \cdot \left[\frac{x}{l} - \left(\frac{x}{l}\right)^2\right]; \ q_0 = 15{,}1 \ \frac{kN}{m}$$

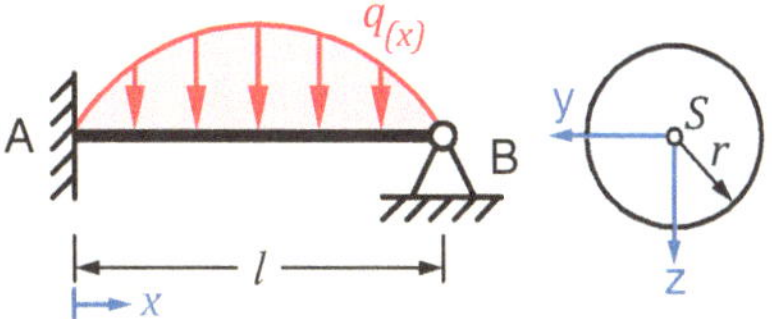

a) An welcher Stelle tritt das größte Biegemoment im Balken auf und wie groß ist es?

b) An welcher Stelle tritt die größte Durchbiegung im Balken auf und wie groß ist sie?

c) Wie groß sind die Sicherheiten gegen Fließen und gegen Bruch infolge der Biegung?

Lösung

Es handelt sich hier um eine gerade Biegung und der Balken besitzt nur einen Bereich $(0 < x < l)$, da alle Kraft- und Verformungsgrößen in diesem Bereich stetig sind. Als nächstes berechnen wir das axiale Flächenträgheitsmoment I_y:

$$I_y = \frac{\pi}{4} \cdot r^4 = 51471{,}9 \ mm^4$$

a) Wir integrieren nun wieder vier Mal die erweiterte Differenzialgleichung der Biegelinie:

$$E \cdot I_y \cdot w_{(x)}'''' = q_{(x)} = q_0 \cdot \left[\frac{x}{l} - \left(\frac{x}{l}\right)^2\right]$$

$$E \cdot I_y \cdot w_{(x)}''' = -Q_{(x)} = q_0 \cdot \left[\frac{1}{2} \cdot \frac{x^2}{l} - \frac{1}{3} \cdot \frac{x^3}{l^2}\right] + C_1$$

$$E \cdot I_y \cdot w_{(x)}'' = -M_{y(x)} = q_0 \cdot \left[\frac{1}{6} \cdot \frac{x^3}{l} - \frac{1}{12} \cdot \frac{x^4}{l^2}\right] + C_1 \cdot x_1 + C_2$$

$$E \cdot I_y \cdot w_{(x)}' = q_0 \cdot \left[\frac{1}{24} \cdot \frac{x^4}{l} - \frac{1}{60} \cdot \frac{x^5}{l^2}\right] + \frac{1}{2} \cdot C_1 \cdot x^2 + C_2 \cdot x + C_3$$

$$E \cdot I_y \cdot w_{(x)} = q_0 \cdot \left[\frac{1}{120} \cdot \frac{x^5}{l} - \frac{1}{360} \cdot \frac{x^6}{l^2}\right] + \frac{1}{6} \cdot C_1 \cdot x^3 + \frac{1}{2} \cdot C_2 \cdot x^2 + C_3 \cdot x + C_4$$

Mithilfe der ▶ Tab. 9-1 (S. 187) können wir die folgenden Randbedingungen aufstellen und nach den Integrationskonstanten auflösen:

$$w_{(x=0)}' = 0 \qquad w_{(x=0)} = 0 \qquad M_{(x=l)} = 0 \qquad w_{(x=l)} = 0$$

$$C_1 = -\frac{13}{120} \cdot q_0 \cdot l \qquad C_2 = \frac{1}{40} \cdot q_0 \cdot l^2 \qquad C_3 = 0 \qquad C_4 = 0$$

Setzen wir die Integrationskonstanten in die Ausgangsgleichungen ein, erhalten wir:

$$Q_{(x)} = q_0 \cdot \left[-\frac{1}{2} \cdot \frac{x^2}{l} + \frac{1}{3} \cdot \frac{x^3}{l^2} + \frac{13}{120} \cdot l \right]$$

$$M_{(x)} = q_0 \cdot \left[-\frac{1}{6} \cdot \frac{x^3}{l} + \frac{1}{12} \cdot \frac{x^4}{l^2} + \frac{13}{120} \cdot l \cdot x - \frac{1}{40} \cdot l^2 \right]$$

$$w'_{(x)} = \frac{q_0}{E \cdot I_y} \cdot \left[\frac{1}{24} \cdot \frac{x^4}{l} - \frac{1}{60} \cdot \frac{x^5}{l^2} - \frac{13}{240} \cdot l \cdot x^2 + \frac{1}{40} \cdot l^2 \cdot x \right]$$

$$w_{(x)} = \frac{q_0}{E \cdot I_y} \cdot \left[\frac{1}{120} \cdot \frac{x^5}{l} - \frac{1}{360} \cdot \frac{x^6}{l^2} - \frac{13}{720} \cdot l \cdot x^3 + \frac{1}{80} \cdot l^2 \cdot x^2 \right]$$

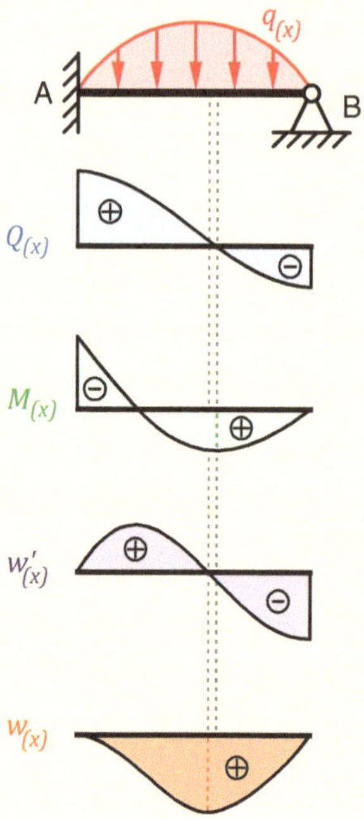

Die Stelle des max. Biegemoments erhalten wir, wenn wir den Querkraftverlauf (Steigung des Biegemomentenverlaufs) zu Null setzen und nach der gesuchten Stelle x auflösen. Wir erhalten dann als Ergebnisse:

$$x_{max} = 0{,}6014 \cdot l = 0{,}72 \, m$$

$$\rightarrow \quad \underline{\underline{M_{max} = M_{(x=x_{max})} = 321{,}8 \, Nm}}$$

Anhand des Schnittgrößenverlaufs ist ersichtlich, dass dieser max. Funktionswert nicht dem absolutem Maximalwert des Biegemoments entspricht. Das absolute Maximum tritt am Lager A, also an der Stelle $x = 0$ auf:

$$\rightarrow \quad \underline{\underline{M_{(x=0)} = -543{,}6 \, Nm}}$$

b) Die Stelle der max. Durchbiegung erhalten wir, indem wir den Neigungsverlauf (Steigung des Durchbiegungsverlaufs) zu Null setzen und nach der Stelle x auflösen. Wir brauchen hier also nur den Klammerausdruck des Neigungsverlaufs nach x auflösen:

$$0 = \frac{1}{24} \cdot \frac{x^4}{l} - \frac{1}{60} \cdot \frac{x^5}{l^2} - \frac{13}{240} \cdot l \cdot x^2 + \frac{1}{40} \cdot l^2 \cdot x$$

$$x = \underline{\underline{x_{max} = 0{,}5732 \cdot l}}$$

Setzen wir dieses Ergebnis in den Durchbiegungsverlauf ein, erhalten wir die max. Durchbiegung zu:

$$\underline{\underline{w_{(x=x_{max})} = 3{,}26 \, mm}}$$

Dieser Wert entspricht auch gleichzeitig dem absoluten Maximum der Durchbiegung. An den Enden des Balken kann durch die Lagerung keine Durchbiegung auftreten.

c) Um die Sicherheiten zu berechnen, verwenden wir die Gleichungen (6.1) und (6.2) (S. 95). Dazu müssen wir zuvor die max. Normalspannung σ_{max} infolge des max. Biegemoments M_{max} nach Gleichung (9.16) (S. 180) berechnen:

$$\sigma_{max} = \frac{M_{max}}{I_y} \cdot z_{max} = \frac{M_{max}}{I_y} \cdot r \qquad\qquad \rightarrow \quad \underline{\sigma_{max} = -169\,\frac{N}{mm^2}}$$

Das Vorzeichen der Biegespannung sagt uns, dass es sich um eine Druckspannung handelt. Des Weiteren tritt diese Druckspannung bei der positiven z-Koordinate, also an der Unterseite des Balkens auf. Hätten wir die negative z-Koordinate verwendet (die aufgrund des symmetrischen Querschnitts $-r$ ist), ergibt sich der gleiche Betrag für die Spannung, jedoch mit anderem Vorzeichen. Zudem können wir auch den gesamten Biegemomentenverlauf in die Gleichung der Biegespannung einsetzen und würden damit den Biegespannungsverlauf bekommen. Da die beiden Größen I_y und z_{max} konstant sind, würde der Verlauf genauso wie beim Biegemoment aussehen. Lediglich die Größe des Verlaufs wäre eine andere. Und da sich das Vorzeichen des Biegemoments mit zunehmender Balkenlänge von negativ zu positiv ändert, ändert sich auch die Druckspannung auf der Unterseite des Balkens ab einer bestimmten x-Koordinate zu einer Zugspannung. Diese Vorzeichenänderung ist die Folge der statisch unbestimmten Lagerung.

Die Sicherheiten können wir nun nach Gleichung (6.1) mit der Beziehung nach (6.2) berechnen. Damit ergeben sich die Sicherheit gegen Fließen und die Sicherheit gegen Bruch zu:

$$S_F = \frac{\sigma_{zul}}{\sigma_{vorh}} = \frac{R_e}{|\sigma_{max}|} \qquad\qquad \rightarrow \quad \underline{S_F = 1{,}39}$$

$$S_B = \frac{R_m}{|\sigma_{max}|} \qquad\qquad\qquad \rightarrow \quad \underline{S_B = 2{,}13}$$

Da es sich bei der Sicherheit immer um eine positive Größe handelt, verwenden wir nur den Betrag der größten Spannung zur Berechnung der Sicherheit.

Am Ende eines Kragträgers ($b = 80$ mm, $h = 140$ mm, $l = 1$ m) greifen zwei Momente an, $M_y = 7$ kNm, $M_z = 10$ kNm.

Bestimmen Sie an der Einspannstelle die daraus resultierende Spannung an jeder Ecke des Balkenquerschnitts (Punkte A bis D).

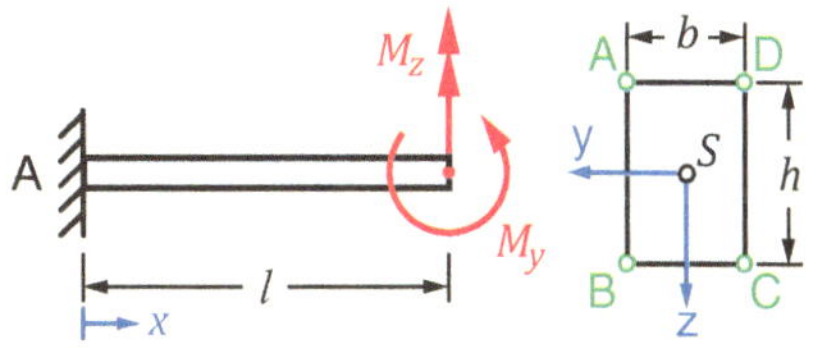

Lösung

Bei diesem Kragträger befinden wir uns in der schiefen Biegung. Der Balkenquerschnitt besitzt zwei Symmetrieebenen, weshalb die schiefe Biegung um die Hauptachsen erfolgt. Da wir die Größe der beiden Biegemomente M_y und M_z kennen, brauchen wir nicht die Differenzialgleichung lösen, sondern können direkt die Biegespannung berechnen. Wir müssen lediglich nach der Rechte-Faust-Regel (*Band 1*) die Vorzeichen der Biegemomente bestimmen. Danach besitzt M_y einen positiven Drehsinn um die y-Achse und M_z einen negativen Drehsinn um die z-Achse:

$$M_y = 7.000\,Nm \qquad\qquad M_z = -10.000\,Nm$$

Des Weiteren sind die Biegemomente im Inneren des Balkens konstant über der gesamten Balkenlänge l vorhanden. Bei den beiden Biegemomenten handelt es sich um zwei Kräftepaare, welche keinen Bezugspunkt und somit auch keinen Hebelarm besitzen. An der Einspannung sind die Biegemomente im Inneren des Balkens genauso groß wie die angreifenden Biegemomente.

Die damit verbundene Biegespannung σ_x können wir dann mittels Gleichung (9.65) auf S. 208 berechnen. Dazu benötigen wir die beiden axialen Flächenträgheitsmomente I_y und I_z:

$$I_y = \frac{b \cdot h^3}{12} \qquad \rightarrow \quad \underline{I_y = 1.829,3\,cm^4} \qquad\qquad I_z = \frac{h \cdot b^3}{12} \qquad \rightarrow \quad \underline{I_z = 597,3\,cm^4}$$

Zusätzliche brauchen wir auch die Koordinaten der vier Eckpunkte A bis D im vorliegenden y-z-Koordinatensystem, für welche wir die Biegespannung berechnen sollen:

Punkt A:	$y_A = 40\,mm$	$z_A = -70\,mm$
Punkt B:	$y_B = 40\,mm$	$z_B = 70\,mm$
Punkt C:	$y_C = -40\,mm$	$z_C = 70\,mm$
Punkt D:	$y_D = -40\,mm$	$z_D = -70\,mm$

Nun können wir alles in Gleichung (9.65) einsetzen und erhalten die folgenden Spannungen:

$$\underline{\sigma_{x,A} = 40,2\,\frac{N}{mm^2}} \qquad \underline{\sigma_{x,B} = 93,8\,\frac{N}{mm^2}} \qquad \underline{\sigma_{x,C} = -40,2\,\frac{N}{mm^2}} \qquad \underline{\sigma_{x,D} = -93,8\,\frac{N}{mm^2}}$$

In nebenstehender Abbildung ist die Normalspannung grafisch dargestellt. Hier ist zu beachten, dass die Biegemomente M_y und M_z äußere Momente sind und die Normalspannung σ_x die im Inneren herrschende Spannung. Da die äußeren Momenten diese innere Spannung hervorrufen, sind diese beiden Größen in die gleich Richtung wirkend.

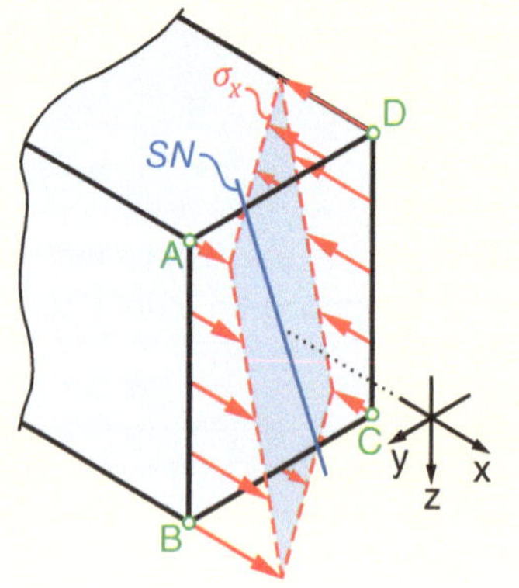

Beispiel 9.4

Ein masseloser Kragträger (a = 1 m, $b = h$ = 50 mm, t = 6 mm,) aus Vergütungsstahl (C50E, 1.1206, $R_{p0,2}$ = 520 MPa, R_m = 750 MPa) wird durch zwei Kräfte F_1 = 400 N und F_2 = 700 N belastet.

a) Wie groß sind die Biegemomente im Balken an der Einspannung A?
b) An welcher Ecke des Profils tritt die größte Biegespannung auf und wie groß ist diese?
c) Wie groß sind die Sicherheiten gegen Fließen und gegen Bruch?

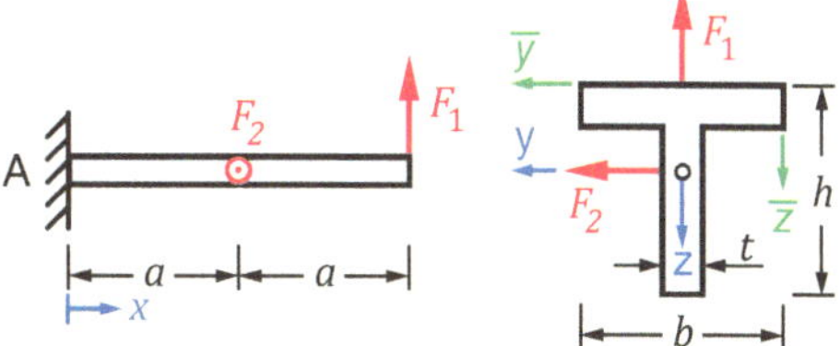

Lösung

Wir haben hier ein statisch bestimmtes Tragwerk. Aufgrund der Einspannung werden alle äußeren Kräfte hier aufgenommen. Dadurch ist auch an der Einspannung die größte Beanspruchung im Balken vorhanden, denn alle Kräfte werden hier überlagert.

a) Als erstes berechnen wir uns die Lage des Schwerpunkts und damit den Ursprung des blauen y-z-Koordinatensystems. Dazu nehmen wir die obere rechte Ecke des Profils und legen dort das grüne $\overline{y}$-$\overline{z}$-Hilfskoordinatensystem hinein. In diesem Hilfskoordinatensystem berechnen wir nun die Schwerpunktkoordinaten des Profils:

$$\overline{y}_S = \frac{b}{2} = 25\ mm \qquad \overline{z}_S = \frac{\sum \overline{z}_i \cdot A_i}{\sum A_i} = \frac{\frac{t}{2} \cdot b \cdot t + \left(\frac{h-t}{2} + t\right) \cdot (h-t) \cdot t}{b \cdot t + (h-t) \cdot t} = 14{,}7\ mm$$

Unser Balken wird durch zwei Kräfte belastet, die jeweils eine Biegung um die y-Achse (durch F_1) und um die z-Achse (durch F_2) bewirken. Daher benötigen wir die beiden axialen Flächenträgheitsmomente I_y und I_z:

$$I_y = \frac{b \cdot h^3}{12} + \left(-\overline{z}_S + \frac{t}{2}\right)^2 \cdot b \cdot t + \frac{t \cdot (h-t)^3}{12} + \left(-z_S + \frac{h-t}{2} + t\right)^2 \cdot (h-t) \cdot t = 13{,}126\ cm^4$$

$$I_z = \frac{t \cdot b^3}{12} + \frac{(h-t) \cdot t^3}{12} = 6{,}329\ cm^4$$

Nun bestimmen wir die Biegemomente im Inneren des Balkens an der Einspannung A. Beide Kräfte bewirken je ein positiv drehendes Biegemoment im Balken an der Einspannung:

$$M_y = F_1 \cdot 2a = 800\ Nm \qquad\qquad M_z = F_2 \cdot a = 700\ Nm$$

b) Um die Biegespannung nach Gleichung (9.65) (S. 208) zu berechnen, benötigen wir noch die Koordinaten der Eckpunkte in unserem *y-z*-Koordinatensystem. Dazu benennen wir die Ecken entsprechend der nebenstehenden Abbildung. Die Koordinaten in Bezug zum Schwerpunkt des Profils sowie die dort auftretenden Biegespannungen sind dann:

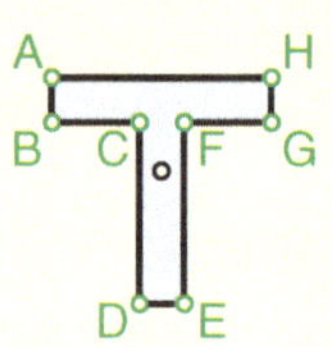

Punkt A	$y_A = 25\ mm$	$z_A = -14{,}7\ mm$	$\sigma_{x,A} = -366{,}1\ \frac{N}{mm^2}$
Punkt B	$y_B = 25\ mm$	$z_B = -8{,}7\ mm$	$\sigma_{x,B} = -329{,}5\ \frac{N}{mm^2}$
Punkt C	$y_C = 3\ mm$	$z_C = -8{,}7\ mm$	$\sigma_{x,C} = -86{,}2\ \frac{N}{mm^2}$
Punkt D	$y_D = 3\ mm$	$z_D = 35{,}3\ mm$	$\sigma_{x,D} = 182\ \frac{N}{mm^2}$
Punkt E	$y_E = -3\ mm$	$z_E = 35{,}3\ mm$	$\sigma_{x,E} = 248{,}3\ \frac{N}{mm^2}$
Punkt F	$y_F = -3\ mm$	$z_F = -8{,}7\ mm$	$\sigma_{x,F} = -19{,}9\ \frac{N}{mm^2}$
Punkt G	$y_G = -25\ mm$	$z_G = -8{,}7\ mm$	$\sigma_{x,G} = 223{,}5\ \frac{N}{mm^2}$
Punkt H	$y_H = -25\ mm$	$z_H = -14{,}7\ mm$	$\sigma_{x,H} = 186{,}9\ \frac{N}{mm^2}$

Anhand dieser Ergebnisse sehen wir, dass Ecke *A* die betragsmäßig größte Spannung von |-366,1 N/mm²| aufweist. Bei allen anderen Ecken treten geringere Spannungen auf. Zudem ist in nebenstehender Abbildung die Spannungsverteilung und die damit einhergehende Spannungsnulllinie (SN) dargestellt.

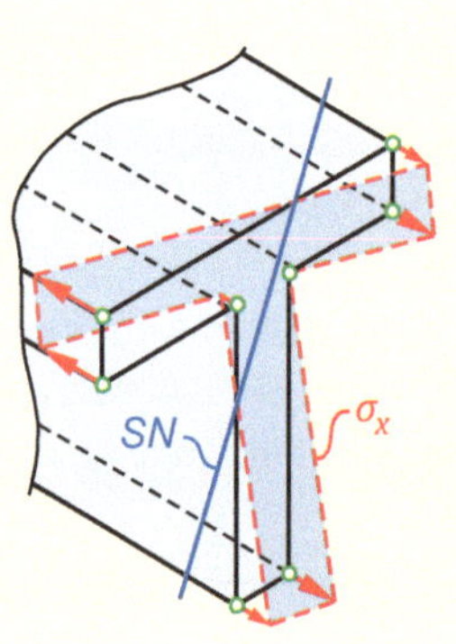

c) Die Sicherheiten gegen Fließen und gegen Bruch berechnen wir mittels Gleichung (6.1) und der Beziehung nach (6.2). Dann erhalten wir als Ergebnisse:

$$S_F = \frac{\sigma_{zul}}{\sigma_{vorh}} = \frac{R_{p0,2}}{|\sigma_{x,A}|} \qquad \rightarrow \quad \underline{\underline{S_F = 1{,}42}}$$

$$S_B = \frac{R_m}{|\sigma_{x,A}|} \qquad \rightarrow \quad \underline{\underline{S_B = 2{,}05}}$$

Einteilung der Biegung

- *gerade Biegung*: Die Biegung infolge der äußeren Kraftgrößen (Einzelkraft, Streckenlast, Moment) erfolgt um nur eine Achse im y-z-Koordinatensystem, welches gleichzeitig auch das Hauptachsensystem der Querschnittsfläche ist. Dabei ist es unerheblich, ob die Hauptachsen gleichzeitig Schwerachsen der Querschnittsfläche sind oder nicht (Hauptachsensystem: $I_{yz} = 0$).
- *schiefe Biegung im Hauptachsensystem*: Die Biegung erfolgt um die y- und z-Koordinatenachsen, welche gleichzeitig Hauptachsen sind und der Querschnitt besitzt eine Symmetrie zur y- und/oder z-Achse. Dann lassen sich zwei gerade Biegungen zu einer Gesamtbiegung überlagern.
- *schiefe Biegung im beliebigen Achsensystem*: Die Biegung erfolgt um beliebige Achsen oder um die y- und z-Achsen, wobei keine der Achsen Hauptachsen sind. Die Querschnittsfläche besitzt keine Symmetrie und somit ist das biaxiale Flächenträgheitsmoment $I_{yz} \neq 0$.

Eigenschaften der Biegung

- Die max. Normalspannung σ_{max} tritt immer am maximalen Abstand z_{max} zur neutralen Faser auf.
- Der Verlauf der Normalspannung σ_x ist entlang der Balkenhöhe linear.
- Ein positives Biegemoment $M_y > 0$ bewirkt eine negative Balkenkrümmung $w'' < 0$ (rechtsgekrümmt).
- Ein positives Biegemoment $M_y > 0$ bewirkt in positiver z-Richtung positive Spannungen $\sigma_x > 0$.
- Bei einem schubstarren Balken tritt keine Verwölbung auf, da die Schubsteifigkeit des Balkens gegen unendlich strebt: $\kappa \cdot G \cdot A \to \infty$.

Integrationsmethode

- Die Integrationsmethode kann bei statisch bestimmten sowie statisch unbestimmten Tragwerken angewendet werden.
- Sobald Unstetigkeiten innerhalb der Kraftgrößen $Q_{(x)}$ und $M_{(x)}$ oder der Verformungsgrößen $w'_{(x)}$ und $w_{(x)}$ auftreten, muss das Tragwerk in mehrere Bereiche eingeteilt werden.
- Innerhalb eines Bereichs müssen alle Kraft- und Verformungsgrößen stetig sein.

- **gerade Biegung**
- *erweiterte Differenzialgleichung*:

$$E \cdot I_y \cdot w''''_{(x)} = q_{z(x)}$$

- *Biegespannungsverlauf*:

$$\sigma_{x(z)} = \frac{M_{y(x)}}{I_y} \cdot z + \frac{N_{(x)}}{A}$$

- *max. Biegespannung*:

$$\sigma_{max} = \frac{M_{y,max}}{I_y} \cdot z_{max} + \frac{N_{(x)}}{A}$$

- **schiefe Biegung um Hauptachsen**
- *erweiterte Differenzialgleichungen*:

$$E \cdot I_y \cdot w''''_{(x)} = q_{z(x)}$$
$$E \cdot I_z \cdot v''''_{(x)} = q_{y(x)}$$

- *Biegespannungsverlauf*:

$$\sigma_{x(y,z)} = \frac{M_y}{I_y} \cdot z - \frac{M_z}{I_z} \cdot y + \frac{N}{A}$$

- *max. Biegespannung*:

$$\sigma_{max} = \frac{M_{y,max}}{I_y} \cdot z_{max} - \frac{M_{z,max}}{I_z} \cdot y_{max} + \frac{N}{A}$$

Formelsammlung Biegelinien und Neigungen:
▸ Tab. 9-5 auf S. 198

9.7   Aufgaben zu Kapitel 9

Aufgabe 9.1

Ein masseloser Balken aus Aluminium ($b = 40$ mm, $h = 60$ mm, $l = 1,5$ m, AlMg5, $E = 70.000$ MPa, $v = 0,34$, $R_{p0,2} = 180$ MPa, $R_m = 270$ MPa) wird mit einer Streckenlast $q_0 = 9$ kN/m belastet.

a) Wie groß ist die max. Durchbiegung?
b) Wie groß ist die max. Biegespannung?
c) Wie groß sind die Sicherheiten gegen Fließen und gegen Bruch?

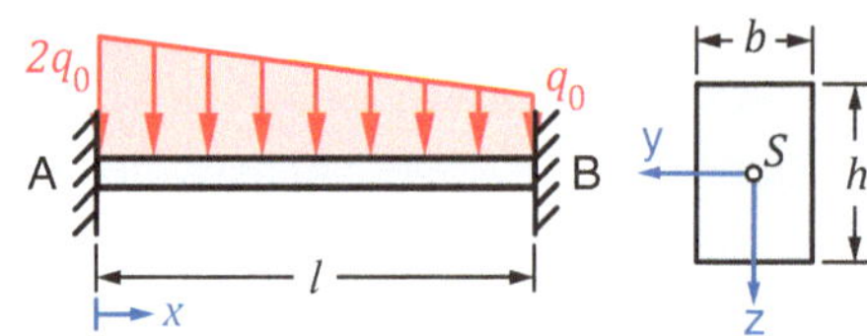

Aufgabe 9.2

Ein masseloser eingespannter Balken aus Stahl ($l = 10$ dm, 18CrNiMo7-6, $E = 210.000$ MPa, $v = 0,3$, $R_e = 850$ N/mm^2, $R_m = 1200$ N/mm^2,) mit sechseckigem Profil (Schlüsselweite SW $= 13$ mm) wird mit einer Streckenlast $q_0 = 150$ N/m belastet.

$$q_{(x)} = q_0 \cdot \left(2 \cdot \frac{x}{l} - \frac{x^2}{l^2} \right)$$

a) Wie groß sind das max. Biegemoment und die max. Durchbiegung?
b) Wie groß ist die max. Biegespannung?
c) Wie groß ist die Sicherheit gegen Fließen?

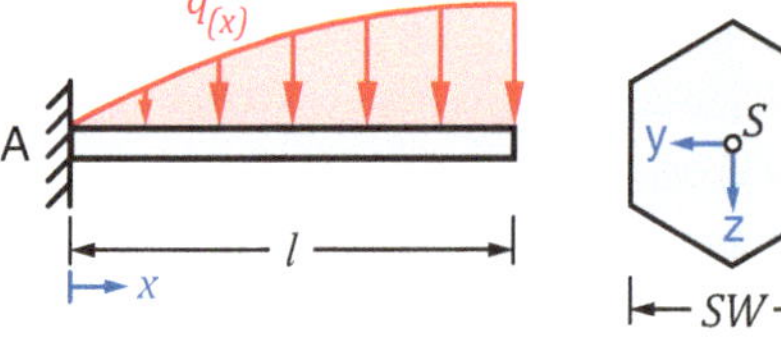

Aufgabe 9.3

Ein masseloser Balken ($l = 2$ m) aus Stahl (S275J2, 1.0145, $E = 210.000$ MPa, $v = 0,3$, $R_e = 275$ N/mm^2, $R_m = 430$ N/mm^2,) mit elliptischem Profil ($a = 60$ mm, $b = 25$ mm) wird mit einer Streckenlast belastet.

$$q_{(x)} = 4 \cdot q_0 \cdot \left[\frac{x}{l} - \left(\frac{x}{l} \right)^2 \right]; \quad q_0 = 10 \ \frac{kN}{m}$$

a) Bestimmen Sie die Maximalwerte für M_y, w und σ_x.
b) Wie groß sind die Maximalwerte aus a), wenn das Profil um 90° gedreht wird?
c) Wie groß ist die Sicherheit gegen Fließen für a) und für b)?

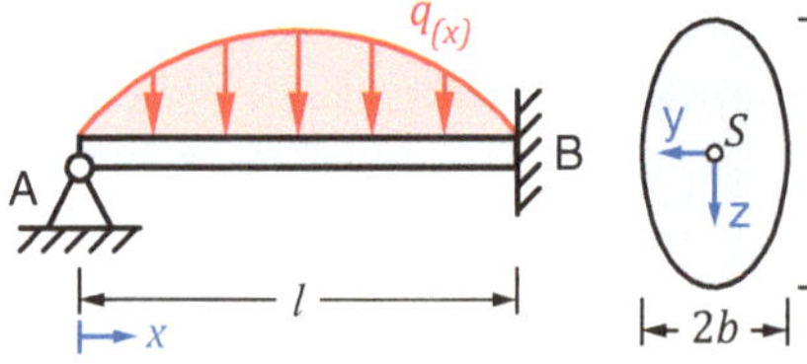

Aufgabe 9.4

Ein masseloser Balken ($l = 1{,}6$ m, $a = 30$ mm) aus Stahl
(S275, 1.0143, $E = 210$ GPa, $v = 0{,}3$, $R_e = 275$ N/mm^2,
$R_m = 410$ N/mm^2,) mit quadratischem Profil wird mit
einer Streckenlast belastet.

$$q_{(x)} = q_0 \cdot \left[1 + \left(\frac{x}{l}\right)^2\right]; \quad q_0 = 1{,}65 \, \frac{kN}{m}$$

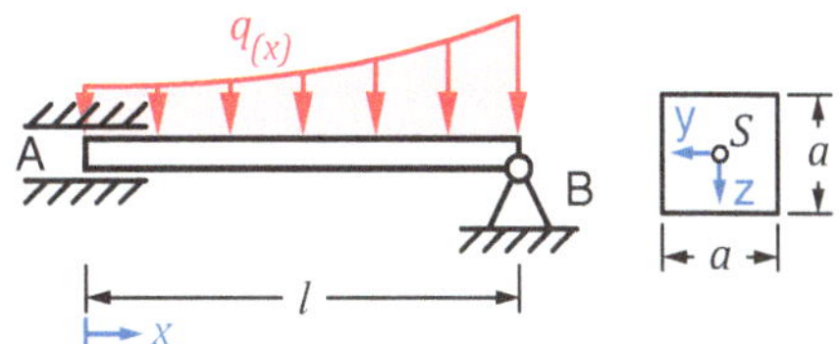

a) Wie groß sind das max. Biegemoment und die
   max. Durchbiegung?
b) Wie groß ist die Sicherheit gegen Fließen?

Aufgabe 9.5

Ein masseloser Balken ($l = 2$ m, $E = 210.000$ MPa,
$I_y = 72$ cm^4,) wird mit einer Kraft $F = 2268$ N belastet.

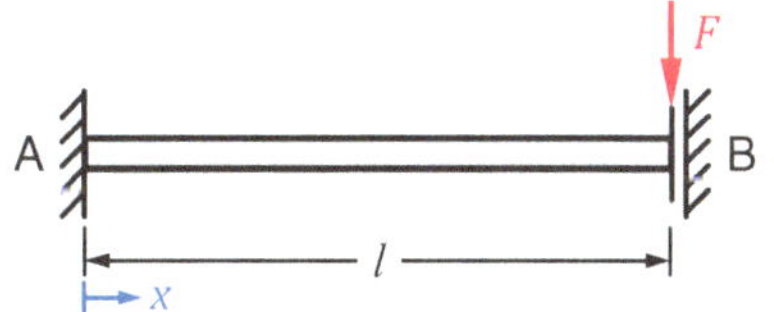

a) Wie groß sind das Einspannmoment bei A und die
   Verschiebung bei B?
b) Wie groß wäre die Durchbiegung an der Kraftangriffsstelle, wenn dort kein Lager ist?

Aufgabe 9.6

Ein masseloses Tragwerk ($a = 8$ dm, $c = 20$ mm,
$d = 3$ cm) aus Stahl (E335, 1 $v = 0{,}34$, $E = 210$ Gpa,
$R_e = 335$ Mpa, $R_m = 570$ Mpa) wird durch eine konstante
Streckenlast $q_0 = 500$ Nm belastet.

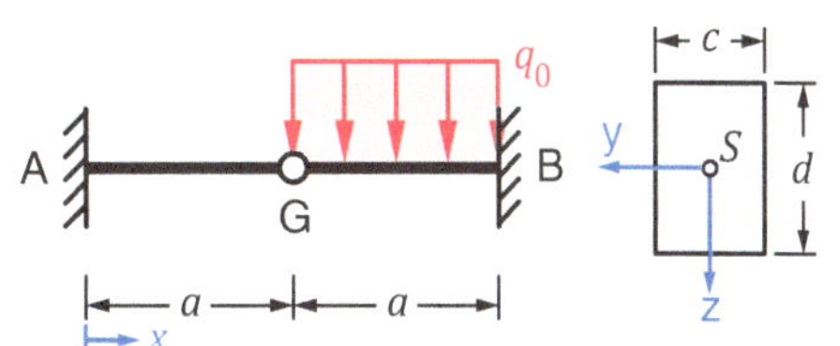

a) Bestimmen Sie die Maximalwerte für M_y, w und σ_x.
b) Wie groß sind die Sicherheit gegen Fließen und
   gegen Bruch?

Aufgabe 9.7

Ein masseloser Balken ($a = 500$ mm, $d = 28$ mm, S355,
$R_e = 355$ MPa, $R_m = 510$ MPa, $E = 210$ GPa) wird an den
Enden durch zwei Einzelkräfte $F = 2200$ N belastet.

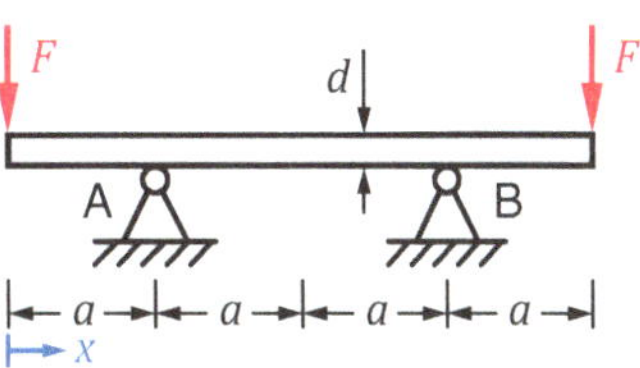

a) Wie groß ist die Durchbiegung an den Enden und
   in der Mitte des Balkens?
b) Wie groß ist die Sicherheit gegen Fließen?

Lösungen

Aufgabe 9.1	$x_{max} = 0{,}4917 \cdot l$	$x_{max} = 0$	$S_F = 1{,}6$
	$w_{max} = 3{,}53$ mm	$\sigma_{max} = 112{,}5$ N/mm^2	$S_B = 2{,}4$
Aufgabe 9.2	$M_{y(x=0)} = -62{,}5$ Nm	$z_{max} = 7{,}506$ mm	$S_F = 3{,}1$
	$w_{(x=l)} = 46{,}2$ mm	$\sigma_{max} = 273{,}1$ N/mm^2	
Aufgabe 9.3	$M_{y(x=l)} = -4000$ Nm	$M_{y(x=l)} = -4000$ Nm	$S_{F,a} = 4{,}86$
	$\sigma_{x(x=l)} = 56{,}6$ N/mm^2	$\sigma_{x(x=l)} = 135{,}8$ N/mm^2	$S_{F,b} = 2{,}0$
	$w_{(x=0{,}427 \cdot l)} = 0{,}81$ mm	$w_{(x=0{,}427 \cdot l)} = 4{,}65$ mm	
Aufgabe 9.4	$M_{y(x=0)} = -668{,}8$ Nm	$\sigma_{x(x=0)} = 148{,}6$ N/mm^2	$S_F = 1{,}85$
	$w_{(x=0{,}5874 \cdot l)} = 5{,}6$ mm		
Aufgabe 9.5	$M_{y(x=0)} = -2268$ Nm	$M_{y(x=0)} = -4536$ Nm	
	$w_{(x=l)} = 10$ mm	$w_{(x=l)} = 40$ mm	
Aufgabe 9.6	$M_{y(x=2a)} = -360$ Nm	$w_{(x=a)} = 4{,}9$ mm	$S_F = 2{,}79$
	$\sigma_{x(x=2a)} = 120$ N/mm^2		$S_B = 4{,}75$
Aufgabe 9.7	$w_{(x=0)} = 57{,}9$ mm	$w_{(x=2a)} = -21{,}7$ mm	$S_F = 0{,}7$

10 Timoshenko-Balkentheorie (schubweicher Balken)

© Springer Fachmedien Wiesbaden GmbH, ein Teil von Springer Nature 2019

C. Spura, *Technische Mechanik 2. Elastostatik*,

https://doi.org/10.1007/978-3-658-19979-1_10

Bei der Timoshenko-Balkentheorie handelt es sich um eine Erweiterung der Euler-Bernoulli-Balkentheorie. In der Timoshenko-Balkentheorie werden Schubverformungen zugelassen, wodurch es zu zusätzlichen Deformationen kommt und die Steifigkeit des Balkens geringer wird. Dadurch wird die 1. Bernoulli'sche Hypothese vom Senkrechtbleiben der Querschnitte jedoch nicht mehr erfüllt. Zudem kommt es infolge der Schubverformungen zu einer veränderlichen Gleitung entlang der Balkenhöhe. Damit verbunden ergibt sich eine Verwölbung der Querschnittsfläche. Durch diese Verwölbung wird die 2. Bernoulli'sche Hypothese ebenfalls nicht mehr erfüllt. Da jedoch eine Erweiterung der Balkentheorie um eine nichtlineare Gleitung nur mit erheblichem Aufwand möglich ist, wird auch bei der Timoshenko-Balkentheorie von einer konstanten Gleitung ausgegangen. Somit bleibt die 2. Bernoulli'sche Hypothese vom Ebenbleiben der Querschnitte erhalten.

10.1　Schubspannungen: Modell vs. Realität

Wird ein Balken durch eine Einzelkraft F quer zur Balkenachse belastet, kommt es zu einer Querkraft Q_z im Inneren des Balkens und damit einhergehend zu der in ▶ Abb. 10.1a) dargestellten Schubverformung. Beziehen wir nun die innere Querkraft Q_z auf den Balkenquerschnitt A, erhalten wir die mittlere Schubspannung τ_m:

$$\tau_m = \frac{Q_z}{A} \tag{10.1}$$

Hierbei wird die Querkraft Q_z gleichmäßig auf den Balkenquerschnitt A verteilt, wodurch auch die Bezeichnung *mittlere Schubspannung* τ_m herrührt.

Schneiden wir aus dem Balken ein infinitesimales Volumenelement dV heraus, können wir daran den Spannungszustand ermitteln. Nach dem *Satz der zugeordneten Schubspannungen* sind Schubspannungen in zueinander senkrecht stehenden Schnittebenen gleich groß. Ansonsten können wir kein Gleichgewicht am Volumenelement dV aufstellen, siehe ▶ Abb. 10.1b) (vgl. dazu Kapitel 3.2, S. 24). Es gilt also:

$$\tau_{xz} = \tau_{zx} = \tau_m \tag{10.2}$$

Hinweis: Die Normalspannungen σ_x infolge Biegung (die Kraft F besitzt mit dem Hebelarm der Balkenlänge ein Moment) sind in dieser Abbildung und werden auch in den weiteren Abbildungen herausgelassen, weil wir uns in diesem Kapitel ausschließlich mit den Schubspannungen befassen wollen.

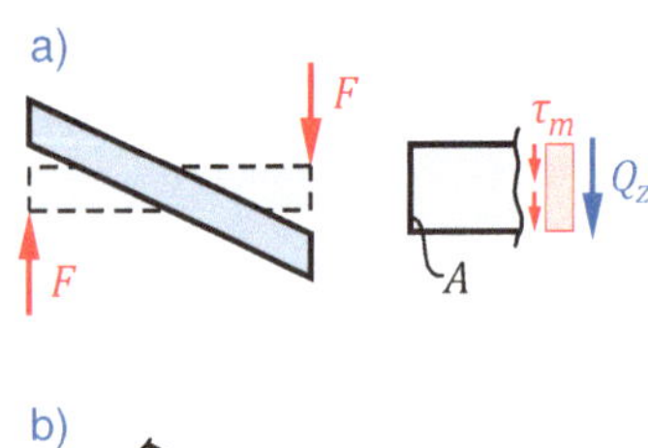

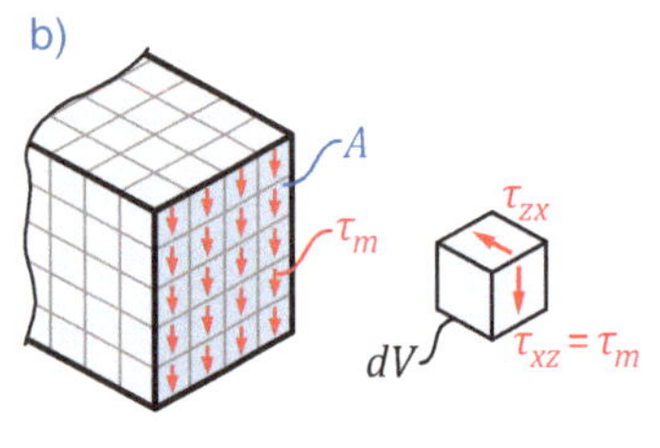

Abb. 10.1

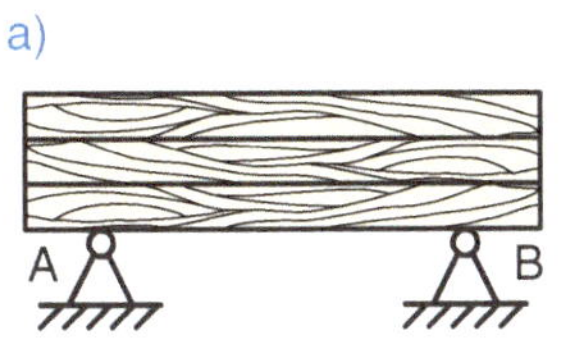 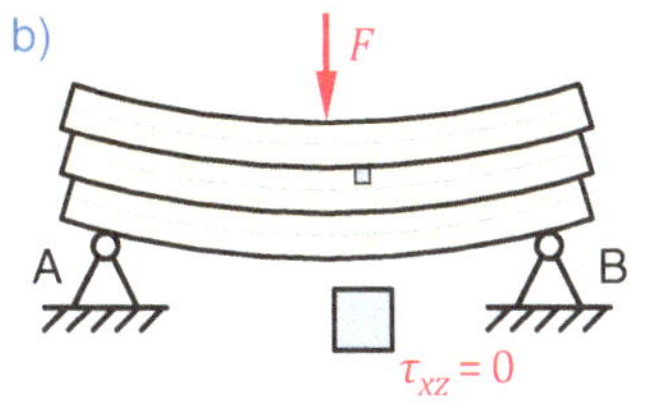 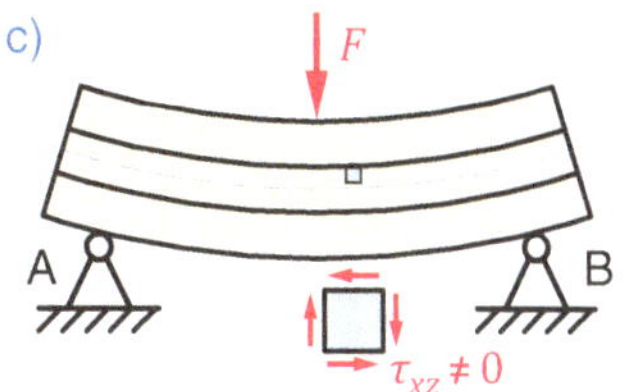

Abb. 10.2

Diese Bestimmung von Schubspannungen haben wir in unserer bisherigen Modellbildung immer angewendet. Leider entspricht dies nicht der Realität. Um dies zu beweisen, sehen wir uns die in ▶ Abb. 10.2 dargestellten Balken an. In a) ist der Balkenstapel unbelastet. Wird nun in der Mitte eine Kraft F aufgebracht, verformen sich die Balken. In b) liegen alle Balken lose aufeinander und können sich gegeneinander verschieben. In c) dagegen sind die Balken miteinander fest verbunden (z. B. verleimt oder verklebt).

Die Kraft F bewirkt in b), dass sich alle Balken gleich verformen. Jeder Balken erfährt die gleiche Verformung und in jedem Balken gibt es eine neutrale Faser (Strich-Punkt-Linie). An den Berührflächen können sich die Balken gegeneinander verschieben. Aufgrund des hier vorliegenden Freiheitsgrades können in den Berührflächen zwischen den Balken keine Schubspannungen wirken (reibungsfreie Oberflächen). Betrachten wir ein infinitesimales Volumenelement dV an der Oberseite eines Einzelbalkens im Stapel, so ist dieses Element schubspannungsfrei ($\tau_{xz} = 0$). Wenn an der Oberseite des Elements keine Schubspannung wirkt (Oberfläche des Balkens), dann dürfte nach dem Satz der zugeordneten Schubspannungen auch keine Schubspannung in Schnitten senkrecht dazu wirken. Dies ist aber nicht so. Des Weiteren fällt auf, dass die Balken an den Enden (links und rechts) nicht mehr gleich lang sind und daher keine glatte Gesamtfläche mehr vorhanden ist wie in a).

Aufgrund der festen Verbindung zwischen den Balken in c), kann der ganze Stapel als ein großer Balken betrachtet werden. Durch die Kraft F wird der ganze Stapel verformt und in der Mitte befindet sich die neutrale Faser. Da sich die Querschnitte der Balken alle gleichermaßen verformen, bleibt auch der Gesamtquerschnitt des Stapels an jeder Stelle eben (2. BERNOULLI'sche Hypothese: Ebenbleiben der Querschnitte). Betrachten wir weiterhin ein infinitesimales Volumenelement dV, so herrscht an diesem eine bestimmte Schubspannung $\tau_{xz} \neq 0$. Schließlich können sich die Balken infolge der festen Verbindung nicht gegeneinander verschieben.

Liegen mehrere **Balken mit reibungsfreien Oberflächen** aufeinander, bleiben trotz einer angreifenden Querkraft, die **Oberflächen schubspannungsfrei**.

Werden fest **verbundene Balken** durch eine **Querkraft belastet**, wirken in der Querschnittsfläche **Schubspannungen** und die **Querschnittsfläche** selbst **verwölbt sich**.

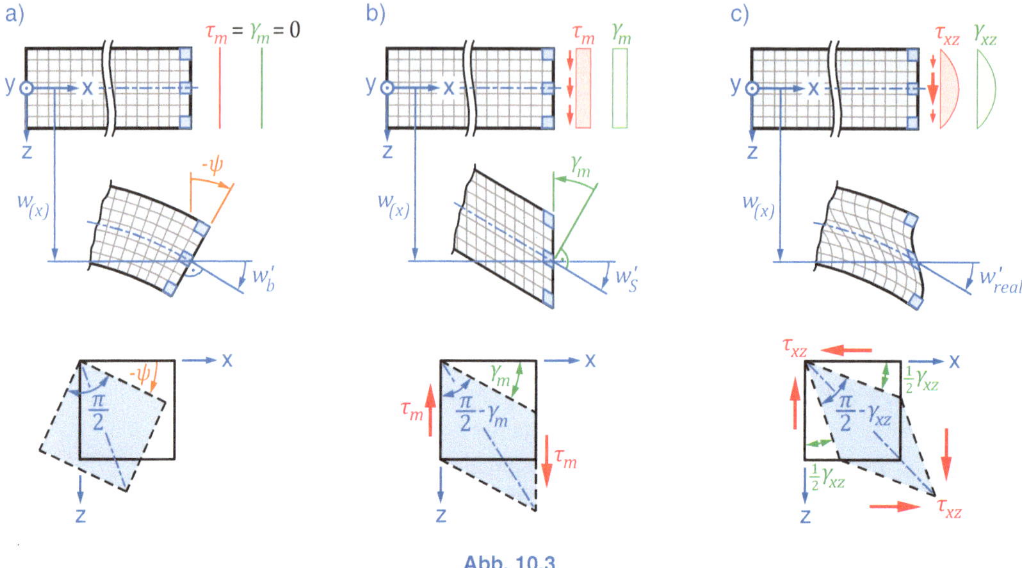

Abb. 10.3

Bei der Verformung eines Balkens haben wir bisher die beiden Fälle a) und b) in ▶ Abb. 10.3 behandelt:

Bei der **reinen Biegung** (EULER-BERNOULLI-Balken) ist der **Balken schubstarr** und **Schubspannungen** sowie **Gleitungen werden vernachlässigt**.

Der Fall a) entspricht der *reinen Biegung ohne Schub* (EULER-BERNOULLI-Balken; schubstarrer Balken; keine Gleitung). Die Balkenquerschnitte erfahren eine Verdrehung $-\psi$ (negatives Vorzeichen wegen mathematisch negativem Drehsinn) und damit eine Neigung w'_b (Index "b" für Biegung; positiv, da in positiver z-Richtung wirkend). Den Zusammenhang zwischen Verdrehung und Neigung haben wir in Gleichung (9.2) (S. 176) bzw. (9.23) (S. 182) schon behandelt.

Im Fall b) ist die modellhafte Schubverformung durch eine *mittlere Schubspannung* τ_m und eine *mittlere Gleitung* γ_m vorhanden, die beide konstant groß sind. Das im Balken befindliche infinitesimale Volumenelement dV bzw. der gesamte Querschnitt wird durch eine *einfache Gleitung* (vgl. ▶ Abb. 4.7 auf S. 52) gleichmäßig deformiert. Die neutrale Faser erfährt dabei eine Neigung w'_S (Index "S" für Schub). Damit verbunden ergibt sich für diesen Fall der Zusammenhang:

Die **einfachste Modellannahme** einer **mittleren Schubspannung** τ_m und **mittleren Gleitung** γ_m führt zu einer **Deformation durch die einfache Gleitung**.

$$\gamma_m = w'_S \tag{10.3}$$

Wie wir gerade am Beispiel des Balkenstapels gesehen haben, verwölbt sich die Querschnittsfläche eines Balkens infolge einer Schubverformung. Somit ergibt sich die in Fall c) infolge von *Querkraftschub* deformierte und verwölbte Querschnittsfläche. Der Querschnitt wird durch eine *nichtlineare Schubspannung* τ_{xz} und eine *nichtlineare Gleitung* γ_{xz} deformiert.

Beim **realen Schub** sind **Schubspannung und Gleitung nichtlinear** und es kommt zu einer **Verwölbung des Querschnitts**.

Zu beachten ist hierbei, dass die *reine Gleitung* γ_{xz} (mit vollständiger Symmetrie, vgl. ▶ Abb. 4.7) entlang der Balkenhöhe an jeder Stelle auftritt. An der Ober- und Unterseite des Balkens werden die dargestellten infinitesimalen Volumenelemente dV nicht deformiert, da diese beiden Oberflächen schubspannungsfrei sind.

Wir können also festhalten, dass durch die Wirkung von Schubspannungen die beiden BERNOULLI'schen Hypothesen vom Senkrechtbleiben (1.) und Ebenbleiben (2.) der Querschnitte nicht der Realität entsprechen. Um jedoch die Balkentheorie in ihrer Anwendung aufrecht zu erhalten, definieren wir die folgende Annahme für Schubspannungen:

- Die zusätzlich zur Biegung wirkenden Schubspannungen haben keinen Einfluss auf andere Spannungen.

Dies hat zur Folge, dass zwar Schubspannungen auftreten, wir jedoch die damit verbundenen Schubverzerrungen vernachlässigen können. Nachteilig bei dieser Annahme ist leider, dass die Schubspannungen nicht mehr nach dem HOOKE'schen Gesetz berechnet werden können und wir eine eigenständige Gleichgewichtsbedingung aufstellen müssen. Aber wir können dafür den richtigen Schubspannungsverlauf bestimmen und müssen nicht mehr von einer mittleren Schubspannung τ_m ausgehen. Des Weiteren nehmen wir an, dass bei einer Querkraft Q_z, welche nur in z-Richtung wirkt, in einem Rechteckquerschnitt auch nur Schubspannungen in z-Richtung auftreten und dass diese Schubspannungen gleichmäßig über die Querschnittsbreite (nicht über die Querschnittshöhe!) verteilt sind, siehe ▶ Abb. 10.4.

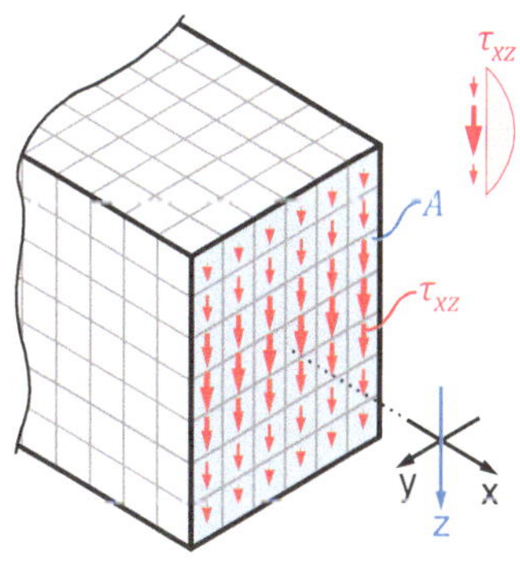

Abb. 10.4

10.2 Modellannahmen zur Berechnung

Um die Schubspannungen infolge einer Querkraft berechnen zu können, wollen wir zuvor die Modellannahmen vorstellen, welche wir für die nachfolgende Berechnung verwenden:

- Es gelten die allgemeinen Annahmen der Balkentheorie nach Kapitel 9.2 auf S. 172
- Es gilt der Satz der zugeordneten Schubspannungen
- y- und z-Achsen sind Hauptachsen und verlaufen durch den Schwerpunkt
- Der Querschnitt ist entlang der Längsachse (x-Achse) konstant (prismatischer Balken)
- Schubspannungen verlaufen tangential (parallel) zur Querschnittsberandung
- Schubspannungen haben keinen Einfluss auf andere Spannungen
- Schubspannungen wirken nur in z-Richtung: $\sigma_y = \sigma_z = \tau_{xy} = \tau_{yz} = 0$
- Schubspannungen sind unabhängig von der y-Koordinate: $\tau_{xz} = \tau_{xz(z)} = \tau_{(z)}$
- freie Oberflächen (z. B. Bauteiloberflächen) sind schubspannungsfrei: $\tau_{(z)} = 0$
- Schubspannungen $\tau_{xz} = \tau_{(z)}$ sind an der Stelle z über die Querschnittsbreite $b_{(z)}$ konstant
- Normalspannungen bleiben unabhängig von den Schubspannungen: $\sigma_x = \sigma_{x(x,z)} = \sigma$
- Die Normalkraft ist konstant und es treten keine tangentialen Streckenlasten auf: $n_{(x)} = 0$

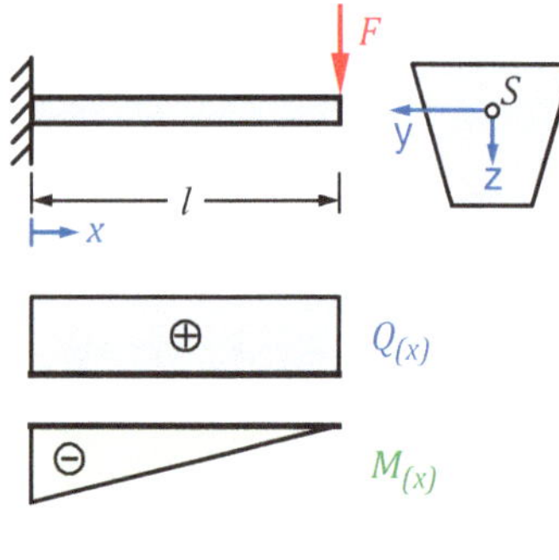

Abb. 10.5

10.3 Balken mit dickwandigen Querschnitten

Wir wollen als erstes prismatische Balken mit dickwandigen Querschnitten behandeln und dafür die Berechnung der Schubspannungsverteilung entlang der Balkenhöhe ermitteln. Dazu verwenden wir als Modell den in ▶ Abb. 10.5 dargestellten Balken mit trapezförmigem Querschnitt. Der Balken wird durch eine Einzelkraft F belastet, welche in Querkraftrichtung (z-Richtung) wirkt. Die entsprechenden Schnittgrößen der Querkraft $Q_{(x)}$ und des Biegemoments $M_{(x)}$ sind ebenfalls dargestellt. Die im Inneren des Balkens wirkende Querkraft $Q_{(x)}$ ist über der gesamten Balkenlänge l konstant.

Wie eingangs erwähnt, können wir aufgrund des nichtlinearen Verlaufs das HOOKE'sche Gesetz leider nur zur Berechnung einer mittleren Schubspannung τ_m verwenden, aber nicht für die wirkliche Schubspannungsverteilung. Um die wirkliche Schubspannungsverteilung entlang der Balkenhöhe berechnen zu können, benötigen wir daher eine eigenständige Gleichgewichtsbedingung. Um diese eigenständige Gleichgewichtsbedingung aufzustellen, schneiden wir aus unserem Balken eine infinitesimale Scheibe der Dicke dx heraus, siehe ▶ Abb. 10.6.

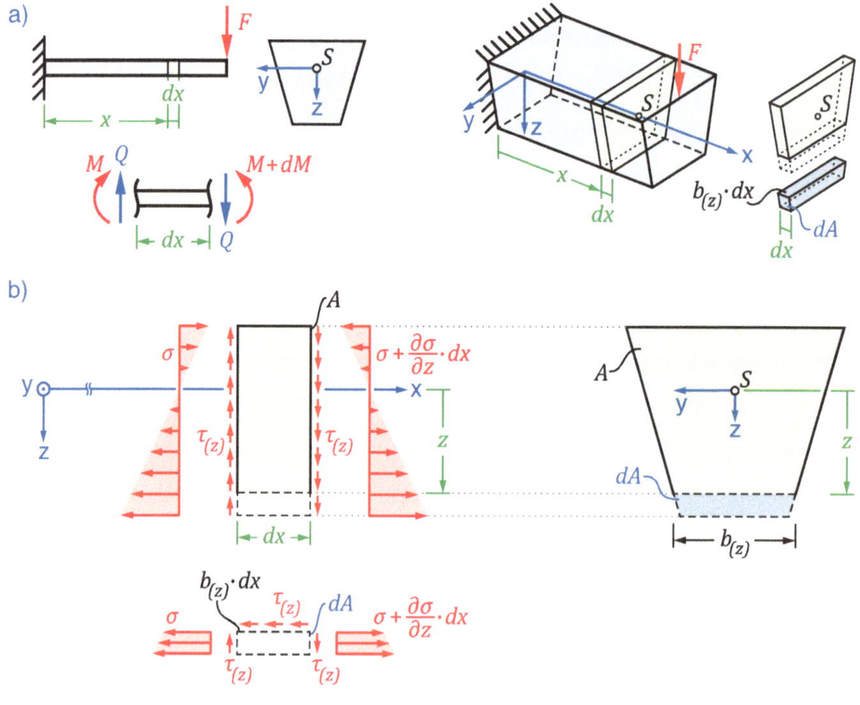

Abb. 10.6

In ▸ Abb. 10.6a) ist unser Ausgangsmodell mit der infinitesimalen Scheibendicke dx zwei- und (zur besseren Verdeutlichung) dreidimensional dargestellt. Diese Scheibe betrachten wir in ▸ Abb. 10.6b) nun etwas genauer. Hier sind nun die durch die wirkenden Schnittgrößen (Q, M) hervorgerufenen Spannungen an der Scheibe angetragen. Aufgrund des wirkenden Biegemoments M kommt es zu einer linear entlang der Balkenhöhe verteilten Normalspannung σ. Der Nulldurchgang der Normalspannung ist entsprechend im Schwerpunkt S des Querschnitts. Zudem vergrößert sich die Normalspannung von der linken zur rechten Seite unserer Scheibe um einen kleinen Zuwachs durch dM (Infinitesimalrechnung). Des Weiteren wird unsere Scheibe an den Seitenflächen durch die vorhandene und in z-Richtung wirkende Querkraft Q mit einer Schubspannung $\tau_{(z)}$ belastet. Um nun die Größe und Verteilung von $\tau_{(z)}$ zu berechnen, schneiden wir unsere Balkenscheibe dx nochmals durch. Wir führen den zweiten Schnitt horizontal und schneiden an einer beliebigen Stelle z von unserer Scheibe den unteren Teil ab, siehe ▸ Abb. 10.6b). An diesem kleinen Teilelement wirkt entsprechend nur ein Teil der Normalspannung σ. Auf den Seitenflächen wirkt ebenfalls nur ein Teil der Schubspannung $\tau_{(z)}$. Aufgrund des Satzes der zugeordneten Schubspannungen muss auf unserer horizontalen Schnittfläche die gleich große Schubspannung $\tau_{(z)}$ wirken, welche auch auf den Seitenflächen wirkt. Zudem ist die Schubspannung $\tau_{(z)}$ entlang der Breite $b_{(z)}$ konstant groß. Mit dem Kräftegleichgewicht folgt:

$$\rightarrow:\ 0 = -\int \sigma \cdot dA - \tau_{(z)} \cdot b_{(z)} \cdot dx + \int \sigma \cdot dA + \int \frac{\partial \sigma}{\partial x} \cdot dx \cdot dA$$

Die Seitenflächen unserer Teilscheibe haben die Größe dA. Aufgrund des horizontalen Schnittes besitzt die Schnittfläche die Größe $b_{(z)} \cdot dx$. Multiplizieren wir die wirkenden Spannungen auf deren Wirkflächen, erhalten wir eine Kraft. Daher können wir auch hier das Kräftegleichgewicht aufstellen. Stellen wir die Gleichung nach der Schubspannung $\tau_{(z)}$ um, erhalten wir:

$$\tau_{(z)} \cdot b_{(z)} = \int \frac{\partial \sigma}{\partial x} \cdot dA \tag{10.4}$$

Leiten wir die Berechnung der Normalspannung σ nach Gleichung (9.14) (S. 178) ab und setzen darin den Zusammenhang nach Gleichung (9.35) (S. 184) ein, ergibt sich:

$$\frac{\partial \sigma}{\partial x} = \frac{\partial}{\partial x} \cdot \left(\frac{M_y}{I_y} \cdot z \right) = \frac{M_y'}{I_y} \cdot z = \frac{Q_z}{I_y} \cdot z \tag{10.5}$$

Setzen wir dies in Gleichung (10.4) ein, folgt:

$$\tau_{(z)} \cdot b_{(z)} = \int \frac{Q_z}{I_y} \cdot z \cdot dA = \frac{Q_z}{I_y} \cdot \int z \cdot dA \tag{10.6}$$

Wenn wir uns ein wenig zurück erinnern, sollte uns der Integralausdruck durchaus bekannt vorkommen. Hier handelt es sich um das *statische Moment* der Fläche unseres betrachteten Teilelements. In *Band 1* haben wir das statische Moment in der Schwerpunktberechnung kennengelernt. In der Elastostatik haben wir das statische Moment (Flächenmoment 1. Ordnung) im Zusammenhang mit dem Flächenträgheitsmoment behandelt, siehe Gleichung (8.2) auf S. 141. Wenden wir dies auf unser Teilelement an, erhalten wir für das *statische Moment* mit den Integralgrenzen nach ▶ Abb. 10.7 die Berechnung:

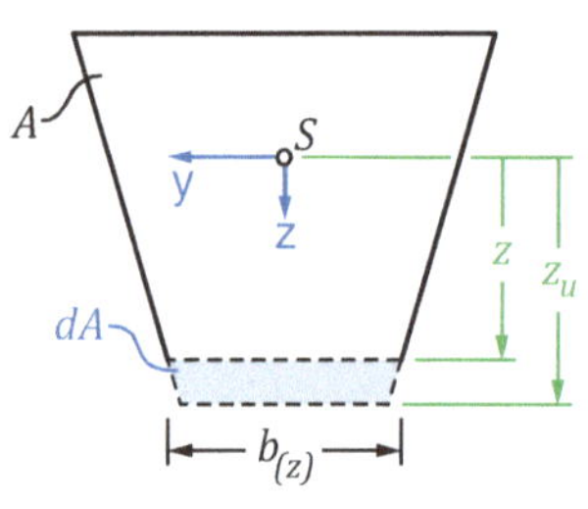
Abb. 10.7

statisches Moment des Teilelements

$$S_{y(z)} = \int z \cdot dA = \int\limits_{z_o=z}^{z_u} z \cdot b_{(z)} \cdot dz \tag{10.7}$$

Wir lassen das Integral von der oberen Seite unseres Teilelements (Koordinate: z_o; "o" für oben; gleich unserer Laufkoordinate z) bis zur unteren Seite (Koordinate: z_u; "u" für unten) laufen. Entsprechend brauchen wir für die variable Breite $b_{(z)}$ unseres Teilelements eine Funktion, mit welcher wir die Breite an jeder beliebigen z-Koordinate bestimmen können.

In manchen Literaturstellen wird unser Teilelement auch als Restfläche A_R bezeichnet, siehe ▶ Abb. 10.8. Damit ergibt sich für die Auswertung des Integrals des statischen Moments $S_{y(z)}$ das Produkt aus Schwerpunktabstand der Restfläche z_R und Restfläche A_R:

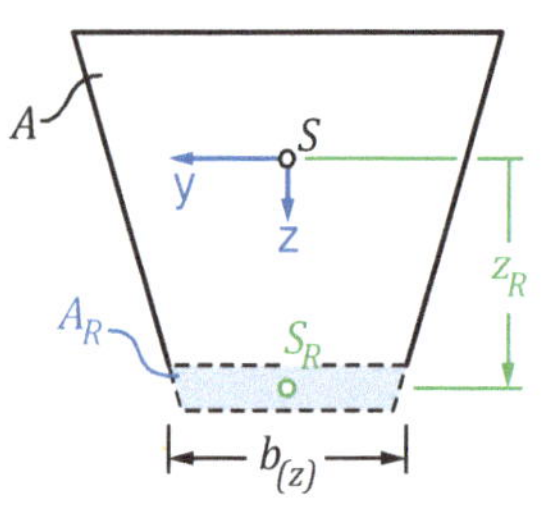
Abb. 10.8

Schubspannungsverlauf für dickwandige Querschnitte

$$S_{y(z)} = \int\limits_{z}^{z_u} z \cdot b_{(z)} \cdot dz = z_R \cdot A_R \tag{10.8}$$

Und damit folgt dann letztlich für die *Schubspannung* $\tau_{(z)}$:

$$\tau_{(z)} = \frac{Q_z}{I_y \cdot b_{(z)}} \cdot S_{y(z)} \tag{10.9}$$

Vorgehensweise

- Schwerpunkte y_S, z_S des Balkenquerschnitts bestimmen.
- Bestimmung des axialen Flächenträgheitsmoments I_y.
- Funktion für die Breite $b_{(z)}$ des Querschnitts A aufstellen.
- Berechnung des statischen Moments $S_{y(z)}$ der Restfläche A_R unterhalb unserer Laufkoordinate nach Gl. (10.7).
- Berechnung der Schubspannung $\tau_{(z)}$ nach Gl. (10.9).

Beispiel 10.1

Ein rechteckiger Balken ($b = 15$ mm, $h = 40$ mm, $l = 1$ m) wird durch eine Kraft $F = 10$ kN belastet.

Berechnen Sie die Schubspannungsverteilung $\tau_{(z)}$ entlang der Querschnittshöhe.

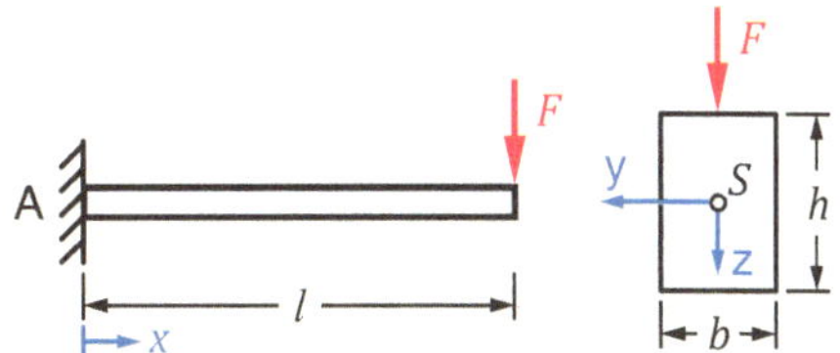

Lösung

Als erstes bestimmen wir uns die Lage unserer Schwerachsen:

$$\overline{y}_S = \frac{b}{2} = 7{,}5 \ mm \qquad\qquad \overline{z}_S = \frac{h}{2} = 20 \ mm$$

Nun berechnen wir das axiale Flächenträgheitsmoment I_y, da die Kraft F um die y-Achse wirkt:

$$I_y = \frac{b \cdot h^3}{12} = 80000 \ mm^4$$

Da der Querschnitt entlang der z-Koordinate eine konstante Breite b besitzt, brauchen wir hier keine Funktion der Breite aufstellen. Für das statische Moment erhalten wir:

$$S_{y(z)} = \int z \cdot b \cdot dz = \frac{1}{2} \cdot b \cdot z^2 \Big|_z^{\frac{h}{2}} = \frac{1}{2} \cdot b \cdot \left(\frac{h^2}{4} - z^2\right)$$

Somit können wir direkt Gleichung (10.9) zur Berechnung des Schubspannungsverlaufs $\tau_{(z)}$ anwenden. Dabei läuft unsere z-Koordinate von $z = -h/2$ bis $z = h/2$. Zur Verdeutlichung der Ergebnisse sind ein paar ausgewählte Punkte sowie der grafische Verlauf aufgeführt:

$$\tau_{(z)} = \frac{Q_z}{I_y \cdot b_{(z)}} \cdot S_{y(z)}$$

$$\to \ \tau_{\left(z=-\frac{h}{4}\right)} = 18{,}72 \ N/mm^2$$

$$\to \ \tau_{(z=0)} = 25 \ N/mm^2$$

$$\tau_{(z)} = \frac{Q_z}{I_y} \cdot \frac{1}{2} \cdot \left(\frac{h^2}{4} - z^2\right)$$

$$\to \ \tau_{\left(z=\frac{h}{4}\right)} = 18{,}72 \ N/mm^2$$

Zusätzlich ist im nebenstehenden Verlauf auch im Vergleich die mittlere Schubspannung τ_m mit aufgeführt:

$$\underline{\underline{\tau_m = \frac{Q}{b \cdot h} = 16{,}7 \ N/mm^2}}$$

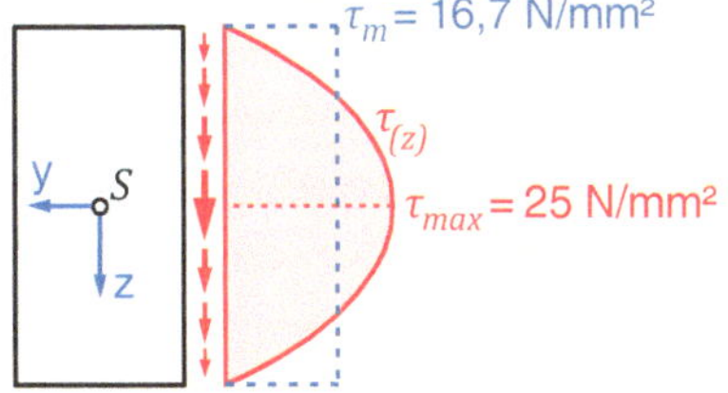

Ein runder Balken ($r = 20$ mm, $l = 1$ m) wird durch eine Kraft $F = 12$ kN belastet.

Berechnen Sie die Schubspannungsverteilung $\tau_{(z)}$ entlang der Querschnittshöhe.

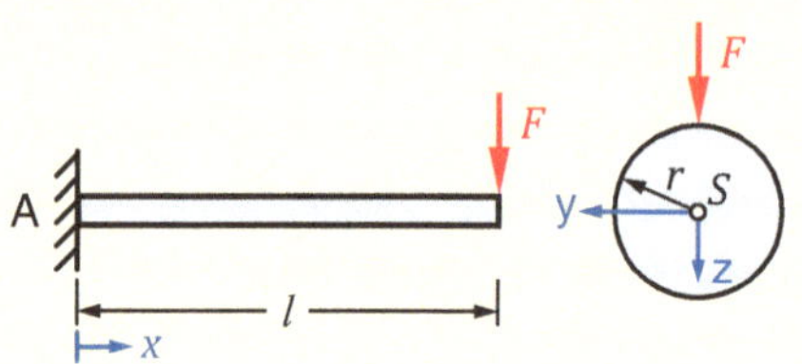

Lösung

Da die Lage unseres Koordinatensystems direkt im Kreismittelpunkt liegt, brauchen wir die Schwerpunktkoordinaten nicht extra zu bestimmen. Wir können direkt das axiale Flächenträgheitsmoment I_y um die y-Achse aufstellen:

$$I_y = \frac{\pi}{4} \cdot r^4 = 125.663,7 \ mm^4$$

Nun müssen wir die Funktion für die variable Breite $b_{(z)}$ unseres Kreisquerschnitts aufstellen. An jeder beliebigen Koordinate z benötigen wir die Breite $b_{(z)}$. Mithilfe der nebenstehenden Bemaßung und den Hilfslinien finden wir mit dem Satz von PYTHAGORAS folgende Gleichung:

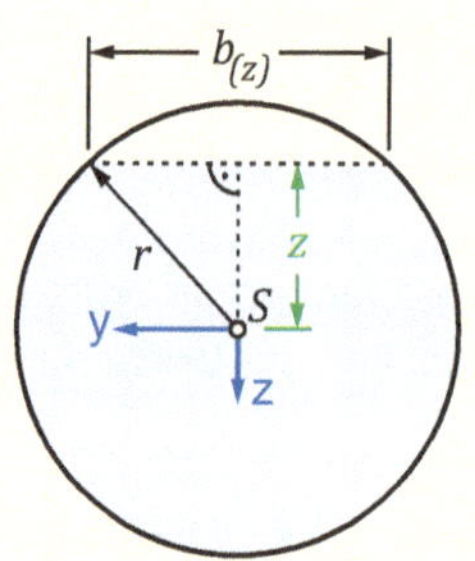

$$b_{(z)} = 2 \cdot \sqrt{r^2 - z^2}$$

Damit können wir nun das statische Moment $S_{y(z)}$ berechnen:

$$S_{y(z)} = \int z \cdot b_{(z)} \cdot dz = \int_{z}^{r} z \cdot 2 \cdot \sqrt{r^2 - z^2} \cdot dz = -\frac{2}{3} \cdot (r^2 - z^2)^{\frac{3}{2}} \Big|_{z}^{r} \quad \rightarrow \quad S_{y(z)} = \frac{2}{3} \cdot (r^2 - z^2)^{\frac{3}{2}}$$

Bei den Integralgrenzen lassen wir unsere z-Koordinate von *-r* (oben) bis *+r* (unten) laufen. Da die obere Integralgrenze durch unsere unterste z-Koordinate (*+r*) feststeht, ist nur die obere Begrenzung der blauen Fläche und damit die untere Integralgrenze variabel. Der Startwert für z wäre dann *-r*. Somit haben wir nun die Beschreibungsfunktion des statischen Moments.

Jetzt können wir mittels Gleichung (10.9) den Schubspannungsverlauf $\tau_{(z)}$ berechnen. Setzen wir alle Größen ein, finden wir nach einigen Umformungen:

$$\tau_{(z)} = \frac{Q_z}{I_y \cdot b_{(z)}} \cdot S_{y(z)}$$

$$\rightarrow \quad \tau_{(z)} = \frac{4}{3} \cdot \frac{Q_z}{\pi \cdot r^2} \cdot \left(1 - \frac{z^2}{r^2}\right)$$

$$\rightarrow \quad \tau_m = \frac{Q}{\pi \cdot r^2} = 9,6 \ N/mm^2$$

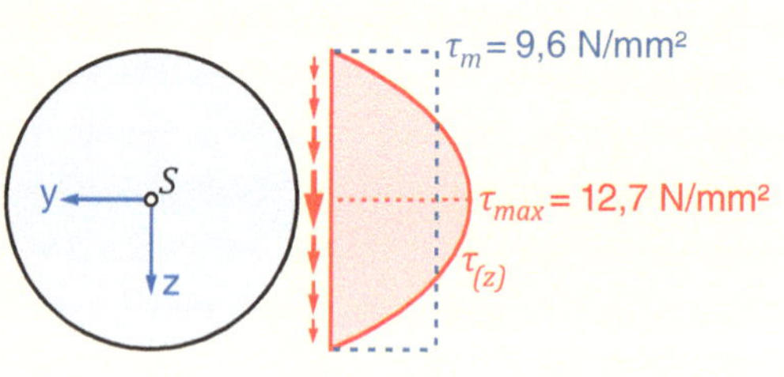

Ein quadratischer Balken ($a = 20$ mm, $l = 1$ m) wird durch eine Kraft $F = 20$ kN belastet.

Berechnen Sie die Schubspannungsverteilung $\tau_{(z)}$ entlang der Querschnittshöhe.

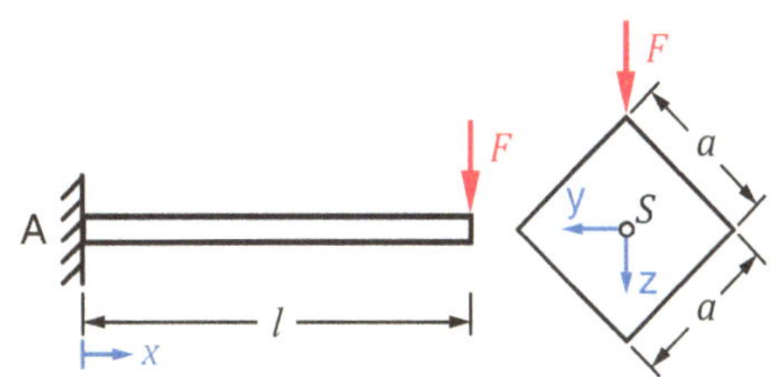

Lösung

Der Ursprung unseres Koordinatensystems liegt im Mittelpunkt der Quadratfläche. Daher kommen wir direkt zur Bestimmung des axialen Flächenträgheitsmoments I_y. Dazu können wir entweder a) die ▸ Tab. 8-1 auf S. 151 verwenden. Wir bestimmen zuerst das axiale Flächenträgheitsmoment I_η um die η-Achse und danach berechnen wir uns mithilfe der Transformationsbeziehungen nach (8.13) auf S. 156 das um $\varphi = 45°$ in die y-Achse gedrehte axiale Flächenträgheitsmoment I_y. Oder b), wir zerlegen unsere Fläche in vier rechtwinklige Dreiecke und erhalten dann für I_y (Flächenträgheitsmoment plus STEINER-Anteil):

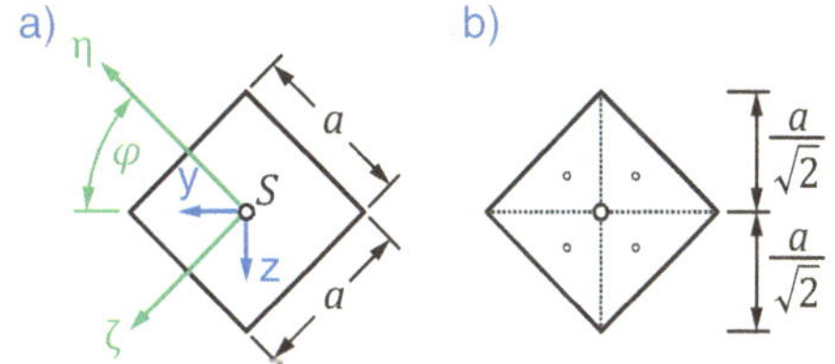

$$I_y = 4 \cdot \left[\frac{\left(a/\sqrt{2} \right)^4}{36} + \left(\frac{1}{3} \cdot \frac{a}{\sqrt{2}} \right)^2 \cdot \frac{1}{2} \cdot \frac{a}{\sqrt{2}} \cdot \frac{a}{\sqrt{2}} \right] \qquad \rightarrow \quad \underline{\underline{I_y = 13.333{,}3 \; mm^4}}$$

Als nächstes müssen wir die Funktion der Breite $b_{(z)}$ aufstellen. Dazu schneiden wir den Querschnitt horizontal in der Mitte durch. In der oberen Hälfte wird die Breite $b_{(z)}$ mit wachsender z-Koordinate größer. In der unteren Hälfte wird $b_{(z)}$ kleiner. Daher müssen wir für a) und b) jeweils eine Funktion aufstellen. Anhand der Geometrie und der Winkelbeziehungen erhalten wir als Funktionen:

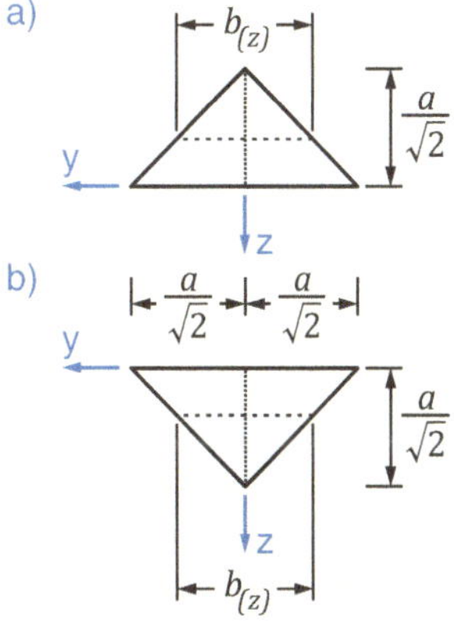

$$b_{(z),a} = 2 \cdot \left(z + \frac{a}{\sqrt{2}} \right)$$

$$b_{(z),b} = 2 \cdot \left(\frac{a}{\sqrt{2}} - z \right)$$

Nun berechnen wir mit diesen beiden Funktionen das statische Moment $S_{y(z)}$ unserer Fläche. Auch hier müssen wir dies getrennt für beide Funktionen $b_{(z)}$ durchführen:

$$S_{y(z),a} = \int z \cdot b_{(z)} \cdot dA = \int z \cdot 2 \cdot \left(z + \frac{a}{\sqrt{2}}\right) \cdot dA = 2 \cdot \left(\frac{1}{3} \cdot z^3 + \frac{1}{2} \cdot \frac{a \cdot z^2}{\sqrt{2}}\right)\Bigg|_z^0$$

$$S_{y(z),b} = \int z \cdot b_{(z)} \cdot dA = \int z \cdot 2 \cdot \left(\frac{a}{\sqrt{2}} - z\right) \cdot dA = 2 \cdot \left(\frac{1}{2} \cdot \frac{a \cdot z^2}{\sqrt{2}} - \frac{1}{3} \cdot z^3\right)\Bigg|_z^{\frac{a}{\sqrt{2}}}$$

Für den Fall a) starten wir mit unserer z-Koordinate bei $z = -a/\sqrt{2}$ und enden bei $z = 0$. Entsprechend ist der Startpunkt für den Fall b) bei $z = 0$ und wir enden bei $z = a/\sqrt{2}$.

Bei der Berechnung des Schubspannungsverlaufs $\tau_{(z)}$ müssen wir jetzt beachten, dass bei der oberen Fläche das gesamte statische Moment $S_{y(z),b} = 942{,}81\ \text{mm}^3$ in der Restfläche enthalten ist. Damit erhalten wir für die Schubspannung $\tau_{(z)}$ der oberen Hälfte:

$$\tau_{(z),a} = \frac{Q_z}{I_y \cdot b_{(z),a}} \cdot \left(S_{y(z),a} + 942{,}81\ mm^3\right)$$

Für die untere Hälfte brauchen wir nur das statische Moment der unteren Restfläche und damit unser $S_{y(z),b}$:

$$\tau_{(z),b} = \frac{Q_z}{I_y \cdot b_{(z),b}} \cdot S_{y(z),b}$$

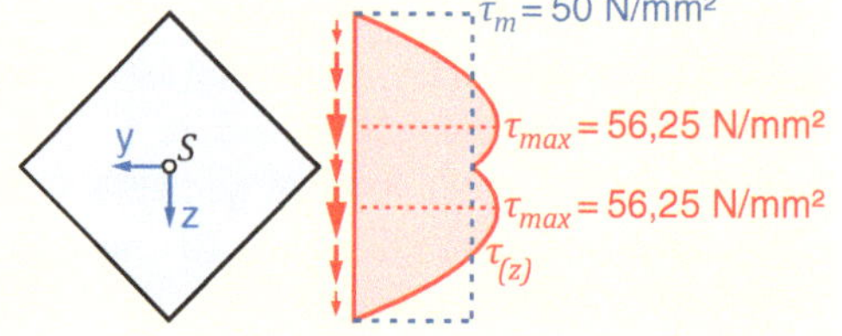

Für die mittlere Schubspannung τ_m erhalten wir:

$$\underline{\underline{\tau_m}} = \frac{Q_z}{a \cdot a} = \underline{\underline{50\ \frac{N}{mm^2}}}$$

Bei dieser Lösung ist auffällig, dass die max. Schubspannung τ_{max} nicht im Flächenschwerpunkt, sonder ober- und unterhalb davon auftritt. Es ist nicht zwangsweise so, dass die max. Schubspannung τ_{max} immer im Flächenschwerpunkt vorhanden ist.

Ein masseloser Balken mit dickwandigem T-Profil ($b = h = 50$ mm, $t = s = 10$ mm) wird durch eine Kraft $F = 45$ kN belastet.

Berechnen Sie die Schubspannungsverteilung $\tau_{(z)}$ entlang der Querschnittshöhe.

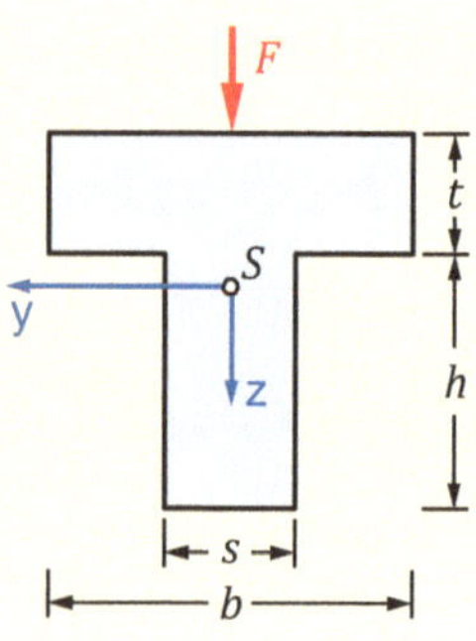

Lösung

Für das T-Profil müssen wir uns zunächst die Lage des Schwerachsensystems bestimmen:

$$y_S = \frac{b}{2} = 25\ mm \qquad\qquad z_S = \frac{\sum z_i \cdot A_i}{\sum A_i} = \frac{\frac{t}{2} \cdot b \cdot t + \left(t + \frac{h}{2}\right) \cdot h \cdot s}{b \cdot t + h \cdot s} = 20\ mm$$

Nun folgt die Berechnung des axialen Flächenmoments I_y:

$$I_y = \frac{b \cdot t^3}{12} + \left(-z_S + \frac{t}{2}\right)^2 \cdot b \cdot t + \frac{s \cdot h^3}{12} + \left(-z_S + t + \frac{h}{2}\right)^2 \cdot s \cdot h = 333.333{,}3\ mm^4$$

Wir können unseren Querschnitt in zwei Rechtecke mit konstanter Breite aufteilen. Somit können wir direkt zur Berechnung der statischen Momente für beide Rechtecke kommen:

$$S_{y(z),1} = \int z \cdot b \cdot dz = \frac{1}{2} \cdot b \cdot z^2 \Big|_{-z_S}^{-z_S+t} \qquad\qquad S_{y(z),2} = \int z \cdot s \cdot dz = \frac{1}{2} \cdot s \cdot z^2 \Big|_{-z_S+t}^{-z_S+t+h}$$

Bei der Berechnung des Schubspannungsverlaufs $\tau_{(z)}$ müssen wir beachten, dass bei der oberen Fläche, das gesamte statische Moment $S_{y(z),2} = 7500\ mm^3$ in der Restfläche enthalten ist. Damit erhalten wir für die Schubspannung $\tau_{(z)}$ der oberen Hälfte:

$$\tau_{(z),1} = \frac{Q_z}{I_y \cdot b} \cdot \left(S_{y(z),1} + 7.500\ mm^3\right)\Big|_z^{-z_S+t}$$

Bei der unteren Fläche gehen wir analog vor und erhalten für die Schubspannungsverteilung:

$$\tau_{(z),2} = \frac{Q_z}{I_y \cdot s} \cdot S_{y(z),2} \Big|_z^{-z_S+t+h}$$

10.3.1 Schubspannungen in Breitenrichtung

Wir wollen jetzt nochmal auf die Verteilung der Schubspannung in Breitenrichtung eingehen. In unseren Modellannahmen (Kapitel 10.2 auf S. 227) haben wir drei Annahmen getroffen:

- Schubspannungen verlaufen tangential (parallel) zur Querschnittsberandung
- freie Oberflächen (z. B. Bauteiloberflächen) sind schubspannungsfrei: $\tau_{(z)} = 0$
- Schubspannungen $\tau_{xz} = \tau_{(z)}$ sind an der Stelle z über die Querschnittsbreite $b_{(z)}$ konstant

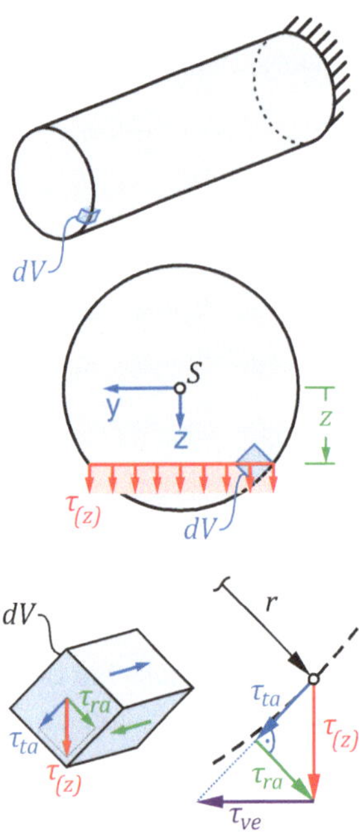

Abb. 10.9

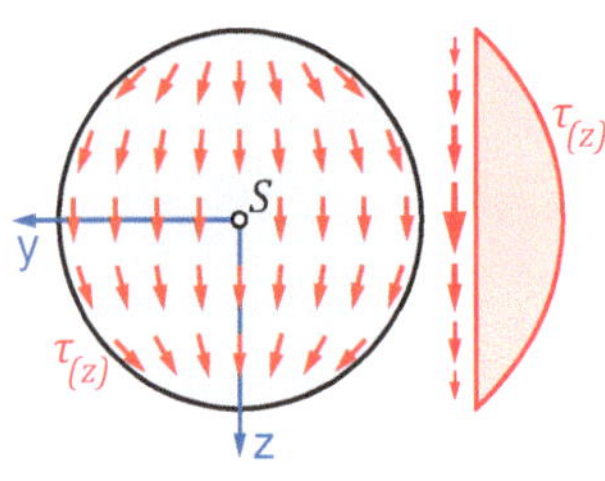

Abb. 10.10

Zur weiteren Betrachtung nehmen wir den kreisrunden Balken aus *Beispiel 10.2* hinzu und betrachten die Schubspannungen an einer beliebigen Stelle z, siehe ▶ Abb. 10.9. Die Schubspannungen $\tau_{(z)}$ sind über die Breite $b_{(z)}$ konstant verteilt. Jetzt schneiden wir aus dem Balken ein infinitesimales Volumenelement dV heraus. Dabei ist eine Oberfläche des Elements unsere Querschnittsfläche und eine weitere Elementseite ist die Seite unseres Balkens. Mit unserer Berechnung nach Gleichung (10.9) haben wir die vertikale Schubspannung $\tau_{(z)}$ bestimmt, welche senkrecht nach unten wirkt. Auf unser Element dV bezogen, müssen wir die Schubspannung $\tau_{(z)}$ entsprechend in eine tangentiale Komponente τ_{ta} und eine radiale Komponente τ_{ra} zerlegen, da unser Element dV geneigt ist. An unserem Element dV sind die Spannungen ja immer rechtwinklig zu den Kanten gerichtet. Gilt nun unsere Annahme, dass alle freien Oberflächen (dunkle Flächen an dV) schubspannungsfrei sind, so muss nach dem Satz der zugeordneten Schubspannungen die radiale Komponente $\tau_{ra} = 0$ sein. Wir hätten also direkt an der Oberfläche des Balkens nur die tangentiale Schubspannung τ_{ta} wirken. Da wir an jeder beliebigen Stelle jedoch die vertikale Schubspannung $\tau_{(z)}$ berechnen, müssten wir an oberflächennahen Bereichen noch eine horizontale Schubspannung τ_{ve} hinzuaddieren. Mit dieser Überlegung sieht dann der richtige Schubspannungsverlauf, gemäß unseren Modellannahmen (*Schubspannungen verlaufen tangential (parallel) zur Querschnittsberandung*), so aus, wie in ▶ Abb. 10.10 dargestellt. Der richtige Schubspannungsverlauf entspricht also nur in der Mitte unserer Kreisfläche der berechneten Schubspannung $\tau_{(z)}$. Gehen wir näher zum Rand der Kreisfläche, verläuft die richtige Schubspannung tangential zur Querschnittsberandung und ist entsprechend größer als $\tau_{(z)}$. Von daher ist uns nun klar, dass die berechnete Schubspannung $\tau_{(z)}$ nur die vertikale Schubspannung darstellt und die reale Schubspannung am Bauteil davon abweicht.

Des Weiteren wird durch diese Betrachtung deutlich, dass auch unsere Modellannahme "*Schubspannungen $\tau_{xz} = \tau_{(z)}$ sind an der Stelle z über die Querschnittsbreite $b_{(z)}$ konstant*" nicht der Realität entspricht. Mit dem Beispiel der kreisförmigen Querschnittsfläche haben wir gesehen, dass die Schubspannungen an einer Stelle z zum Rand hin größer werden müssen als in der Mitte der Fläche. Um dies alles realitätsnah zu erfassen und berechnen zu können, müssen wir die Methoden der *Elastizitätstheorie* anwenden. Zum einen würde dadurch die Komplexität unserer Berechnungen deutlich ansteigen und zum anderen würde dies den Rahmen dieses Lehrbuchs übersteigen. Daher wollen wir hier nur über die Ergebnisse der Elastizitätstheorie diskutieren und für die Anwendung in der Praxis aufarbeiten. Die Ergebnisse aus der Elastizitätstheorie wollen wir uns an einem Balken mit Rechteckquerschnitt einmal genauer ansehen, da diese Querschnittsform eine wesentlich größere Bedeutung für die praktische Anwendung besitzt als die Kreisfläche. In ▶ Abb. 10.11 sind die Ergebnisse der realen Schubspannungsverteilung τ_{real} nach der Elastizitätstheorie und die Schubspannungsverteilung $\tau_{(z)}$ nach Gleichung (10.9) dargestellt. Hier zeigt sich deutlich, dass die maximale Schubspannung direkt am Rand des Balkens auftritt und größer ist als unsere berechnete Schubspannung $\tau_{(z)}$. Haben wir einen schmalen Querschnitt, wie in ▶ Abb. 10.11a), bei dem das Verhältnis $b/h = 0{,}5$ beträgt, ist die maximal auftretende Schubspannung nur ca. 3% größer als unsere berechnete Schubspannung $\tau_{(z)}$. Hierbei können wir die Abweichung in unserer Berechnung also getrost vernachlässigen. Anders dagegen ist es bei einem breiten Querschnitt, wie in ▶ Abb. 10.11b). Beträgt hier das Verhältnis $b/h = 2$ gibt es eine Abweichung von der max. Schubspannung zu unserer berechneten Schubspannung $\tau_{(z)}$ von ca. 40%. Wir können also sagen, dass mit zunehmendem Breiten-Höhen-Verhältnis, die Abweichungen von der berechneten $\tau_{(z)}$ zur realen Schubspannung τ_{real} immer größer werden. Dies muss im Einzelfall bei der Verwendung von breiten Balken berücksichtigt werden. Es sei aber angemerkt, dass bei einer Querkraftbelastung die Anwendung eines auf der Seite liegenden Rechteckprofils gut überdacht werden soll. Schließlich wird dadurch auch die Durchbiegung des Balkens wesentlich größer als wenn das Balkenprofil hochkant angeordnet wird.

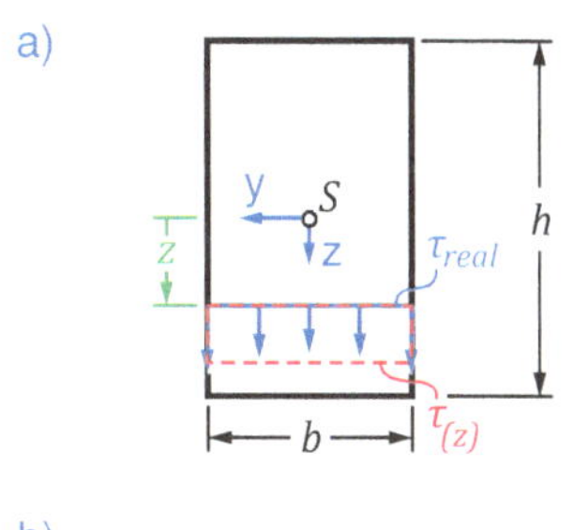

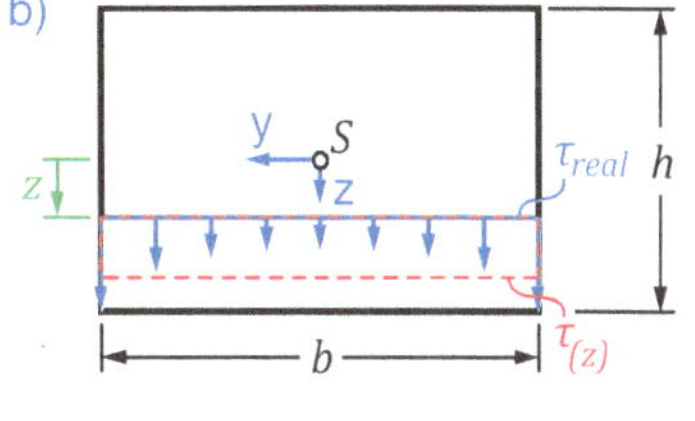

Abb. 10.11

10.3.2 Schubspannungen in Höhenrichtung

Wir haben uns die Schubspannungsverteilung in Breitenrichtung genauer angesehen und mussten feststellen, dass diese immer noch nicht exakt der Realität entspricht. Daher wollen wir uns auch noch einmal die Schubspannungsverteilung in Höhenrichtung am *Beispiel 10.4* genauer ansehen. In unserer Berechnung gehen wir anhand unserer Modellannahmen (*Schubspannungen $\tau_{xz} = \tau_{(z)}$ sind an der Stelle z über die Querschnittsbreite $b_{(z)}$ konstant*) davon aus, dass die Schubspannung sich entlang der Breite konstant verteilt. Daher erhalten wir bei dem dickwandigen T-Profil auch einen Sprung in der Schubspannungsverteilung an der Übergangsstelle vom oberen Flansch zum Steg. Dieser Sprung ist durchaus nachvollziehbar, da sich ja auch die Breite der Querschnitts-

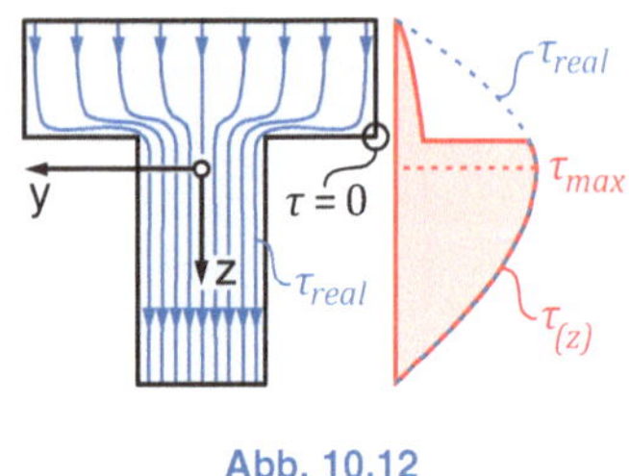

Abb. 10.12

Der **Schubspannungsverlauf in Höhenrichtung** hat große Ähnlichkeit mit den **Strömungslinien von Wasser**.

▶ Der **berechnete Schubspannungsverlauf** ist lediglich eine **Näherungslösung**. Die **realen Schubspannungen** in einem Bauteil lassen sich nur mit den **Methoden der Elastizitätstheorie** richtig erfassen.

▶ Für die **meisten technischen Anwendungen** ist diese **Näherungslösung jedoch ausreichend genau**.

fläche sprunghaft von breit zu schmal ändert. Jedoch entspricht dieser Sprung nicht der Realität. Auch hier ergibt sich mithilfe der Methoden der Elastizitätstheorie ein anderer Verlauf der realen Schubspannungen τ_{real} mit den nach Gleichung (10.9) berechneten Schubspannungen $\tau_{(z)}$, siehe ▶ Abb. 10.12.

Des Weiteren sind freie Oberflächen spannungsfrei. Somit dürfen die Seitenflächen von Flansch und Steg sowie die Unterseite des Flansches keine Schubspannungen aufweisen. In diesen Bereichen gilt: $\tau = 0$.

Gedankenexperiment: Stellen wir uns das in ▶ Abb. 10.12 dargestellte T-Profil als Verbindungsstück von zwei Wasserschläuchen vor. Dann würde das Wasser von einem großen dicken Schlauch in einen kleinen dünnen Schlauch geleitet werden. So wie auch die Strömungslinien des Wassers durch das T-förmige Verbindungsstück verlaufen, verläuft auch der Schubspannungsverlauf durch den Balkenquerschnitt. An den unteren Kanten des Flansches (da wo $\tau = 0$ markiert ist), steht das Wasser und ist ohne Bewegung. Hier sind auch die Schubspannungen gleich Null. Überall dort, wo eine Kante ist, muss das Wasser um diese Kante herumfließen, so auch die Schubspannung. Gleiches ergibt sich übrigens auch, wenn wir dieses Gedankenexperiment mit dem Kreisquerschnitt durchführen. Wird Wasser von oben in den Kreis eingefüllt und fließt unten wieder heraus, ergeben sich die Strömungslinien auch tangential zur Querschnittsberandung.

10.3.3 Anwendungsgrenzen und Einschränkungen

Wie wir anhand des Vergleichs unserer berechneten Schubspannungen $\tau_{(z)}$ nach Gleichung (10.9) mit den aus der Elastizitätstheorie ermittelten realen Schubspannungen τ_{real} gesehen haben, ist unsere Berechnung lediglich eine *Näherungslösung*. Wir haben einige Modellannahmen getroffen, um unsere Berechnung vom Aufwand her einfach zu halten. Damit verbunden ergeben sich immer Einschränkungen in Bezug auf die Realität. Jedoch sind diese Einschränkungen in der praktischen Anwendung durchaus zu tolerieren. In den meisten ingenieurwissenschaftlichen Fragestellungen sind zum einen die Abweichungen unserer berechneten Schubspannungen $\tau_{(z)}$ immer noch realitätsnaher als die gemittelte Schubspannung τ_m. Zum anderen sind die Abweichungen unserer berechneten Schubspannungen $\tau_{(z)}$ zu den realen Schubspannungen τ_{real} lediglich bei sehr breiten Profilen mit geringer Höhe von Bedeutung. Wobei dieses Profil in technischen Anwendungen eher selten eingesetzt wird.

10.4 Balken mit dünnwandigen Querschnitten

Für die Beschreibung dünnwandiger Querschnitte verwenden wir nachfolgend die Profilmittellinie des Querschnitts (halbe Wandstärke; blaue Strich-Punkt-Linie in ▶ Abb. 10.13). Des Weiteren führen wir die Laufkoordinate ζ (Zeta) ein, welche entlang der Profilmittellinie verläuft. Die Laufkoordinate ζ wird uns bei der Berechnung der Schubspannungen behilflich sein. Zudem ist der Startpunkt der Laufkoordinate ζ in der Regel an der unteren Seite des Profils. Der Verlauf der Profilmittellinie kann dann in unserem Koordinatensystem mit den Koordinaten $y_{(\zeta)}$, $z_{(\zeta)}$ beschrieben werden. Mit dieser ersten Betrachtung lassen sich dünnwandig offene sowie dünnwandig geschlossene Profile berechnen.

10.4.1 Modellannahmen dünnwandiger Querschnitte

Für dünnwandige Querschnitte müssen wir neben den allgemeinen Modellannahmen aus Kapitel 10.2 auf S. 227 noch die folgenden Annahmen hinzufügen:

- Die Wandstärken t_i sind klein gegenüber den Abmessungen von Höhe und Breite des Querschnitts
- Die Schubspannungen verlaufen tangential zur Querschnittsberandung: $\tau_{(\zeta)}$
- Die Schubspannungen $\tau_{(\zeta)}$ sind an der Stelle ζ über die Wandstärke $t_{(\zeta)}$ konstant verteilt (siehe ▶ Abb. 10.13)

10.4.2 Herleitung

Bei der Herleitung der Schubspannungsberechnung $\tau_{(\zeta)}$ dünnwandiger Querschnitte gehen wir fast analog vor, wie wir es bei den dickwandigen Querschnitten getan haben. Dazu betrachten wir das U-Profil in ▶ Abb. 10.14 auf der nächsten Seite. An einer beliebigen Stelle x schneiden wir aus dem Balken eine infinitesimale Scheibe der Dicke dx heraus. Von dieser Scheibe dx trennen wir am unteren Rand ein kleines infinitesimales Teilelement der Breite $d\zeta$ ab. Aufgrund der angreifenden äußeren Kraft F ergibt sich eine Normalspannung σ auf den Seitenflächen der Scheibe dx. Da wir vom einen Rand unserer Scheibe an der Koordinate x um die Strecke dx weitergehen, erhält die Normalspannung σ einen infinitesimalen Zuwachs um $\partial\sigma$. An dem Teilelement sind die freien Oberflächen schubspannungsfrei. Daher treten Schubspannungen $\tau_{(\zeta)}$ nur an der vorderen sowie (aufgrund des Satzes der zugeordneten Schubspannungen) an der Schnittseite (links) auf. Die anderen Seiten sind freie Oberflächen.

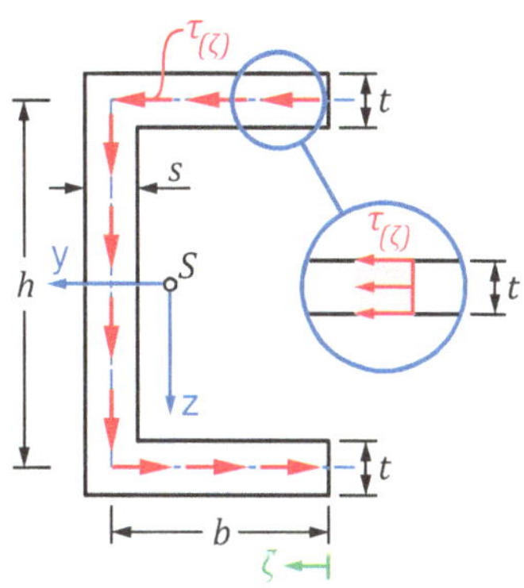

Abb. 10.13

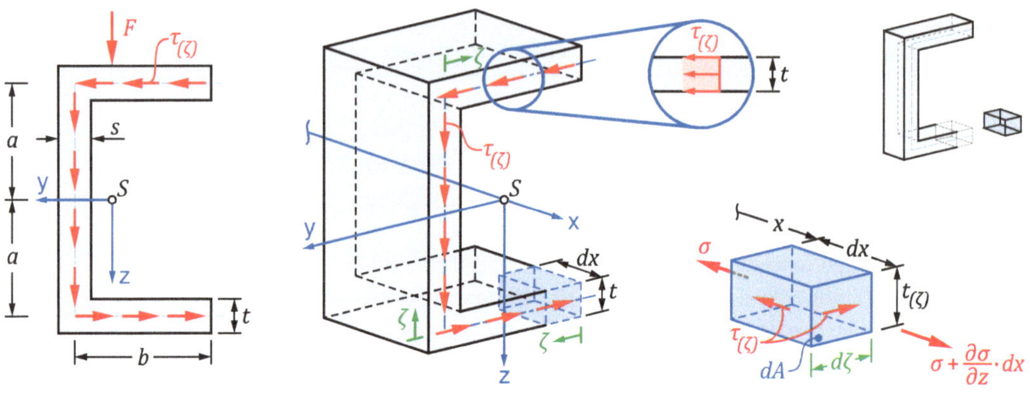

Abb. 10.14

$$\searrow x:\quad 0 = -\int \sigma \cdot dA - \tau_{(z)} \cdot t_{(\zeta)} \cdot dx + \int \sigma \cdot dA + \int \frac{\partial \sigma}{\partial x} \cdot dx \cdot dA$$

Die Seitenflächen unseres Teilelements haben die Größe dA. Stellen wir diese Gleichung nach der Schubspannung $\tau_{(\zeta)}$ um, erhalten wir:

$$\tau_{(\zeta)} \cdot t_{(\zeta)} = \int \frac{\partial \sigma}{\partial x} \cdot dA \tag{10.10}$$

Setzen wir hier nun wieder die Normalspannung σ nach Gleichung (9.14) (S. 178) mit der Ableitung des Biegemoments nach Gleichung (9.35) (S. 184) ein, erhalten wir:

$$\frac{\partial \sigma}{\partial x} = \frac{\partial}{\partial x} \cdot \left(\frac{M_y}{I_y} \cdot z_{(\zeta)} \right) = \frac{M_y'}{I_y} \cdot z_{(\zeta)} = \frac{Q_z}{I_y} \cdot z_{(\zeta)} \tag{10.11}$$

$$\rightarrow \quad \tau_{(\zeta)} \cdot t_{(\zeta)} = \int Q_{z(x)} \cdot \frac{z_{(\zeta)}}{I_y} \cdot dA = \frac{Q_z}{I_y} \cdot \int z_{(\zeta)} \cdot dA \tag{10.12}$$

Stellen wir diese Gleichung etwas um, erhalten wir die Berechnung der Schubspannung dünnwandiger Querschnitte:

Schubspannungsverlauf für dünnwandige Querschnitte

$$\tau_{(\zeta)} = \frac{Q_z}{I_y \cdot t_{(\zeta)}} \cdot S_{y(\zeta)} \tag{10.13}$$

Darin ist $S_{y(\zeta)}$ wieder das statische Moment der Teilquerschnittrestfläche A_R. Aufgrund des dünnwandigen Querschnitts ergibt die Auswertung des statischen Moments $S_{y(\zeta)}$ wieder das Produkt aus dem Schwerpunktabstand der Restfläche $z_{S(\zeta)R}$, der Querschnittdicke $t_{(\zeta)}$ und der Länge der Profilmittellinie ζ:

statisches Moment des Teilelements

$$S_{y(\zeta)} = \int_{A_R} z_{(\zeta)} \cdot dA = \int z_{(\zeta)} \cdot t_{(\zeta)} \cdot d\zeta = z_{S(\zeta)R} \cdot t_{(\zeta)} \cdot \zeta \tag{10.14}$$

Führen wir die Berechnung nach Gleichung (10.13) an unserem U-Profil aus, erhalten wir die in ▶ Abb. 10.15 dargestellten Schubspannungsverläufe $\tau_{(\zeta)}$ (Berechnung und Ergebnisse siehe *Beispiel 10.5*). Einfachheitshalber brauchen wir nur die beiden Verläufe des unteren horizontalen Flansches sowie der unteren Hälfte des Steges berechnen. Da es sich um ein symmetrisches Profil handelt und die *y*-Achse die Symmetrieachse ist, können wir die Verläufe unterhalb der *y*-Achse einfach spiegeln. In dieser Darstellung sehen wir, dass in den horizontalen Verläufen des Flansches, die Schubspannung $\tau_{(\zeta),F}$ linear verläuft. An der rechten Seite mit der freien Oberfläche sind die Schubspannungen Null und steigen dann linear in Richtung Steg an. Entlang des Steges, also in vertikaler Richtung, verläuft die Schubspannung $\tau_{(\zeta),S}$ quadratisch. Das die Schubspannung in vertikaler Richtung quadratisch verläuft, ist uns von den dickwandigen Querschnitten bereits bekannt. Zudem sei hier angemerkt, dass wir die Schubspannung ausschließlich entlang der Profilmittellinie berechnen, wodurch auch in der Darstellung der Schubspannungsverläufe diese nicht über die Profilmittellinie hinaus gehen. Würden wir das U-Profil lediglich durch einfache schwarze Linie darstellen, erhielten wir den in ▶ Abb. 10.15 in klein dargestellten schematischen Verlauf entlang des U-Profils.

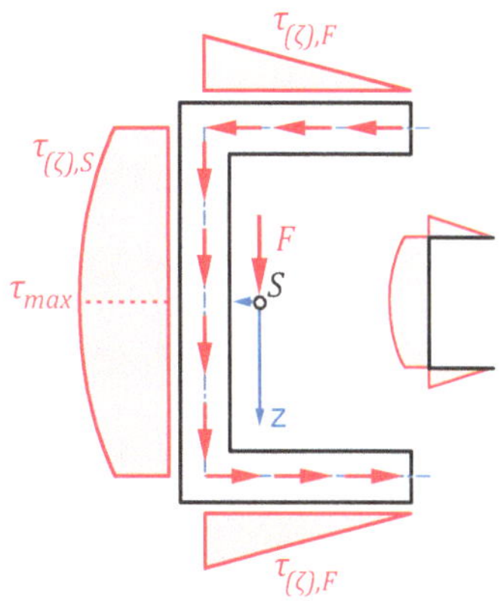

Abb. 10.15

10.4.3 Kreuzungspunkte

Der Verlauf der Schubspannung von drei ausgewählten dünnwandigen Querschnitten ist auf der nächsten Seite in ▶ Abb. 10.16 dargestellt. Wir wollen hier kurz auf die Besonderheiten an den gekennzeichneten Kreuzungspunkten eingehen. Bei einfachen Ecken, wie in a) dargestellt, verläuft die Schubspannung um die Ecke herum und besitzt an der Übergangsstelle der beiden Bereiche 1 und 2 den gleichen Wert. Auch das statische Moment S_y ist an dieser Übergangsstelle in beiden Bereichen gleich groß. In b) ist ein Verzweigungspunkt vorhanden. Hier verlaufen die horizontalen Schubspannungen der Bereiche 1 und 2 zusammen. Somit muss an der Übergangsstelle im Bereich 3 die Schubspannung sowie das statische Moment so groß sein wie die Summe aus 1 und 2 zusammen. Und in c) ist eine Symmetrie vorhanden. An dieser Stelle sind die Schubspannung wie auch das statische Moment gleich Null. Die Schubspannung und das statische Moment teilen sich hier auf und verlaufen symmetrisch in den Bereich 1 und 2.

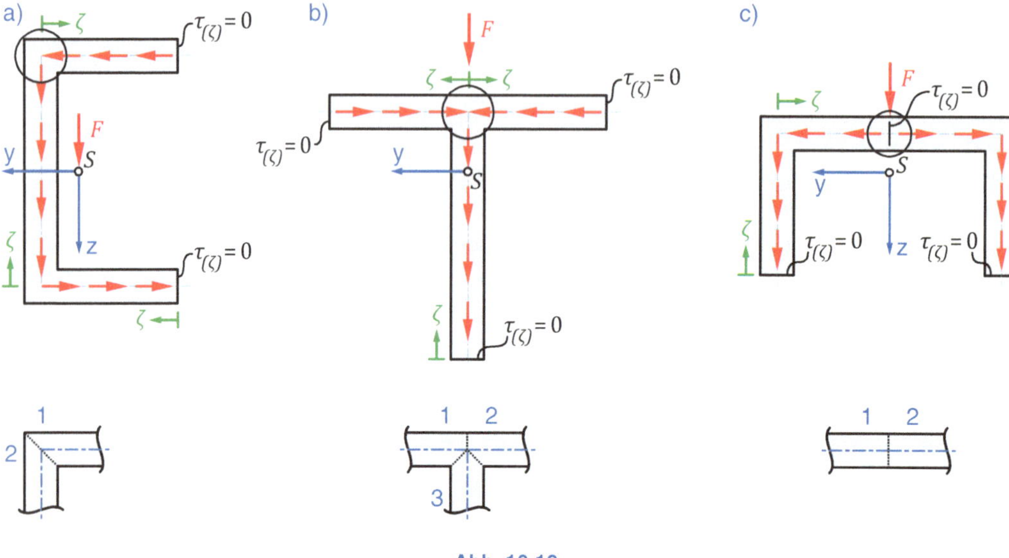

Abb. 10.16

Für das statische Moment S_y ergeben sich somit die folgenden Bedingungen bei der Berechnung:

a) $S_{y(\zeta),1} = S_{y(\zeta),2}$

b) $S_{y(\zeta),1} + S_{y(\zeta),2} = S_{y(\zeta),3}$ $\qquad$ (10.15)

c) $S_{y(\zeta),1} = S_{y(\zeta),2} = 0$

Vorgehensweise

- Schwerpunkte y_S, z_S des dünnwandigen Balkenquerschnitts bestimmen.
- Bestimmung des axialen Flächenträgheitsmoments I_y.
- Den dünnwandigen Querschnitt in einzelne Abschnitte unterteilen (sinnvoller Weise die einzelnen Abschnitte in horizontaler und vertikaler Richtung mit konstanter Wandstärke t einteilen. Falls dies nicht geht, geradlinige Abschnitte mit konstanter Wandstärke t einteilen.).
- Berechnung des statischen Moments $S_{y(\zeta)}$ für jeden Abschnitt mit Laufkoordinate ζ nach Gl. (10.14).
- Berechnung der Schubspannung $\tau_{(\zeta)}$ nach Gl. (10.13).

Beispiel 10.5

Ein dünnwandiger Balken mit U-Profil ($a = 40$ mm, $b = 30$ mm, $s = 5$ mm, $t = 5$ mm) wird durch eine Querkraft $F = 17$ kN belastet.

Berechnen Sie die Schubspannungsverteilung $\tau_{(\zeta)}$ entlang des dünnwandigen Querschnitts.

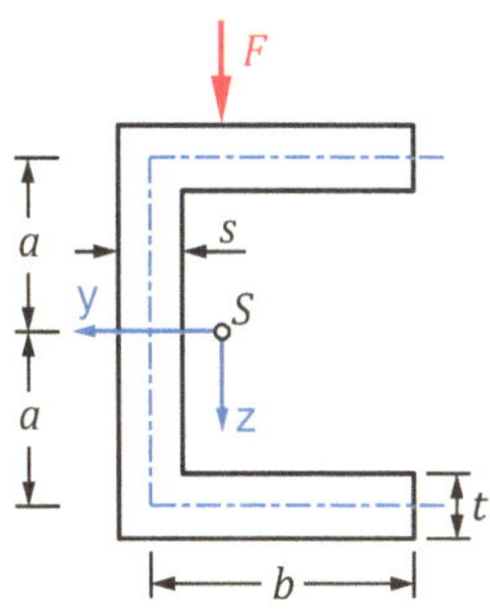

Lösung

Aufgrund der vorhandenen Bemaßung brauchen wir den Schwerpunkt S nicht zu bestimmen. Wir berechnen daher direkt das axiale Flächenträgheitsmoment I_y um die y-Achse für den Steg und die beiden Flansche mit ihren Steiner-Anteilen:

$$I_y = \frac{s \cdot (2a)^3}{12} + 2 \cdot \frac{b \cdot t^3}{12} + 2 \cdot a^2 \cdot b \cdot t = 693.958 \, mm^4$$

Anmerkung: Das axiale Flächenträgheitsmoment der beiden Flansche (zweiter Term) ist von der Größe her so klein gegenüber den anderen beiden Termen, dass wir diesen Term auch hätten vernachlässigen können. In manchen Literaturstellen wird dies gern gemacht, dass untergeordnete Terme vernachlässigt werden um den Rechenaufwand zu verringern.

Für die Berechnung der Schubspannung teilen wir das U-Profil in zwei Abschnitte: den unteren Flansch und die untere Hälfte des Stegs. Da das U-Profil symmetrisch zur y-Achse ist, brauchen wir nur die untere Hälfte zu berechnen und können die Ergebnisse dann um die y-Achse spiegeln. Die Laufkoordinate ζ lassen wir am unteren Flansch von rechts ($\zeta = 0$) nach links ($\zeta = b$) laufen. Damit erhalten wir für das statische Moment des Flansches:

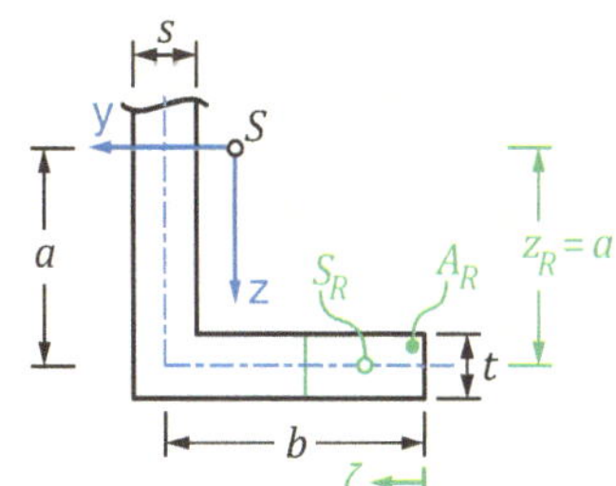

$$S_{y(\zeta),F} = \int_{A_R} z_{(\zeta)} \cdot dA = \int z_R \cdot t \cdot d\zeta = \int_0^b a \cdot t \cdot d\zeta = a \cdot t \cdot \zeta \, \big|_{\zeta=0}^{\zeta=b}$$

Beim Steg lassen wir unsere Laufkoordinate ζ von unten an der Ecke ($\zeta = 0$) bis zur y-Achse ($\zeta = a$) laufen. Zudem müssen wir wieder beachten, dass die Restfläche des Flansches $A_{R,F}$ mit zur Stegfläche gezählt wird. Damit erhalten wir für das statische Moment des Stegs:

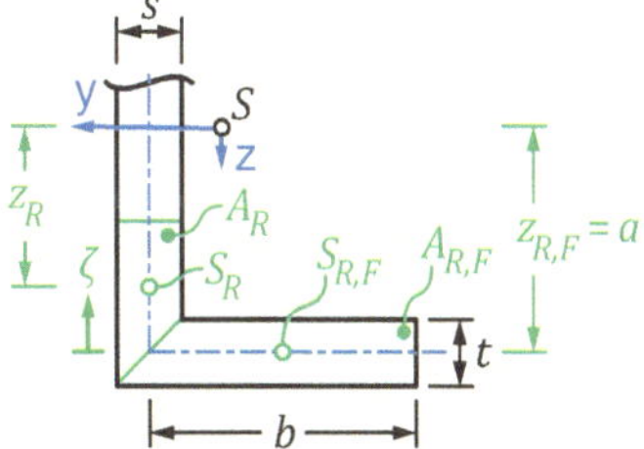

$$S_{y(\zeta),S} = \int_{A_R} z_{(\zeta)} \cdot dA + a \cdot t \cdot b = \int_0^a (a - \zeta) \cdot s \cdot d\zeta + a \cdot t \cdot b = s \cdot \left(a \cdot \zeta - \frac{1}{2} \cdot \zeta^2 \right) \Big|_{\zeta=0}^{\zeta=a} + a \cdot t \cdot b$$

Dies setzen wir nun wieder alles in Gleichung (10.13) ein und können dann separat für den Flansch und für den Steg die Schubspannungsverläufe $\tau_{(\zeta)}$ berechnen. Unsere Laufkoordinate ζ lassen wir entsprechend für den Flansch von $\zeta = 0$ bis $\zeta = b$ und für den Steg von $\zeta = 0$ bis $\zeta = a$ laufen. Danach können wir die Schubspannungsverläufe $\tau_{(\zeta)}$ um die y-Achse spiegeln und erhalten dann für das U-Profil folgende Ergebnisse:

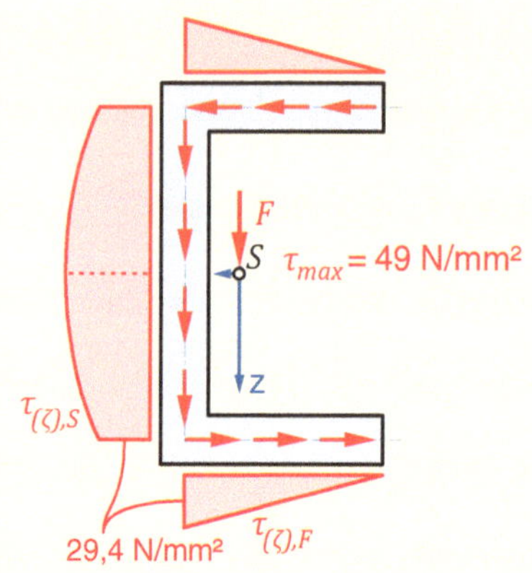

$$\tau_{(\zeta),F} = \frac{Q_z}{I_y \cdot t_{(\zeta)}} \cdot S_{y(\zeta),F} = \left. \frac{F \cdot a}{I_y} \cdot \zeta \right|_{\zeta=0}^{\zeta=b}$$

$$\tau_{(\zeta),S} = \frac{Q_z}{I_y \cdot t_{(\zeta)}} \cdot S_{y(\zeta),S} = \left. \frac{F}{I_y \cdot s} \cdot \left[s \cdot \left(a \cdot \zeta - \frac{1}{2} \cdot \zeta^2 \right) + a \cdot t \cdot b \right] \right|_{\zeta=0}^{\zeta=a}$$

Die maximale Schubspannung τ_{max} = 49 N/mm² tritt an der y-Achse im Steg auf. An den Ecken erhalten wir eine Schubspannung von τ = 29,4 N/mm². Zudem ist deutlich der lineare Schubspannungsverlauf in den Flanschen sowie der quadratische Verlauf entlang des Steges zu erkennen.

Ein dünnwandiger Balken mit T-Profil (b = 30 mm, h = 30 mm, s = 4,5 mm, t = 4,5 mm) wird durch eine Querkraft F = 17 kN belastet.

Berechnen Sie die Schubspannungsverteilung $\tau_{(\zeta)}$ entlang des dünnwandigen Querschnitts.

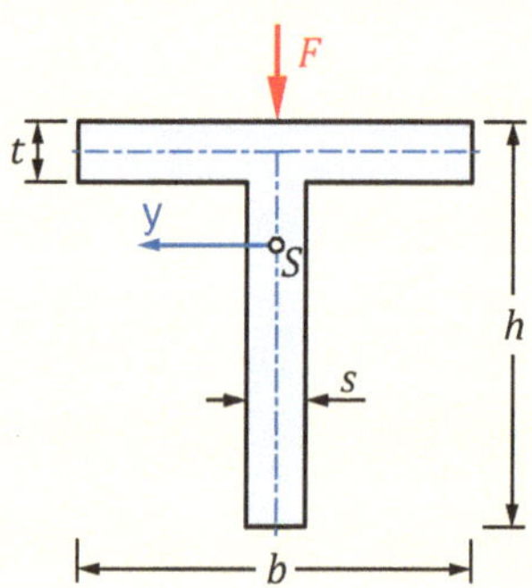

Lösung

Bei diesem T-Profil benötigen wir zuerst die Lage des Schwerpunkts:

$$y_S = \frac{b}{2} = 15\ mm \qquad z_S = \frac{\frac{t}{2} \cdot t \cdot b + \left(\frac{h-t}{2} + t \right) \cdot s \cdot (h-t)}{t \cdot b + s \cdot (h-t)} = 9{,}14\ mm$$

Nun bestimmen wir das axiale Flächenträgheitsmoment I_y:

$$I_y = \frac{b \cdot t^3}{12} + \left(-z_S + \frac{t}{2} \right)^2 \cdot t \cdot b + \frac{s \cdot (h-t)^3}{12} + \left(-z_S + \frac{h-t}{2} + t \right)^2 \cdot s \cdot (h-t) = 20.401{,}9\ mm^4$$

Wir unterteilen das T-Profil nun in den vertikalen Steg und den horizontalen Flansch. Wobei wir die Schubspannungen $\tau_{(\zeta),F}$ entlang des Flansches nur über die halbe Breite b berechnen müssen, da das T-Profil eine Symmetrie zur z-Achse besitzt und wir den Schubspannungsverlauf $\tau_{(\zeta),F}$ somit wieder spiegeln können.

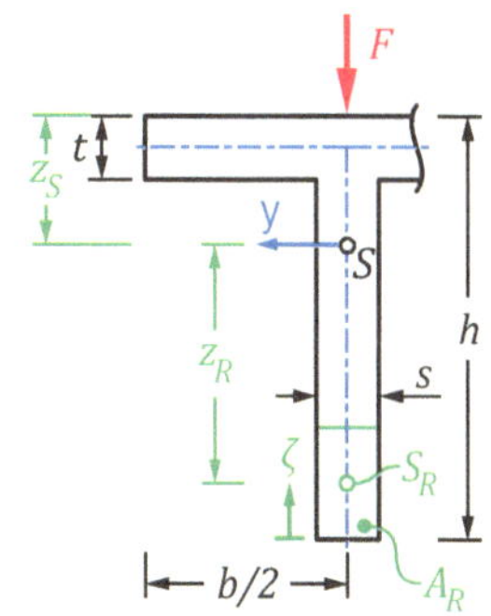

Bestimmen wir zuerst den Schubspannungsverlauf $\tau_{(\zeta),S}$ im Steg. Unsere Laufkoordinate ζ lassen dafür von unten ($\zeta = 0$) bis zur Unterseite des Flansches ($\zeta = h-t$) laufen. Damit erhalten wir für das statische Moment $S_{y(\zeta),S}$:

$$\underline{S_{y(\zeta),S}} = \int_{A_R} z_{(\zeta)} \cdot dA = \int z_R \cdot s \cdot d\zeta = \int_0^{h-t} (h - z_S - \zeta) \cdot s \cdot d\zeta = \left(h \cdot \zeta - z_S \cdot \zeta - \frac{1}{2} \cdot \zeta^2 \right) \cdot s \Big|_{\zeta=0}^{\zeta=h-t}$$

Bei der Berechnung des statischen Moments für den Flansch lassen wir unsere Laufkoordinate ζ von der linken Seite des Flansches ($\zeta = 0$) bis zur Flanschmitte ($\zeta = b/2$) laufen. Dementsprechend ergibt sich für den Schwerpunkt S_R der Restfläche A_R die nebenstehende Bemaßung. Da wir unsere Laufkoordinate ζ von der freien Seite des Flanschen aus laufen lassen, brauchen wir bei der Berechnung des statischen Moments nur die Restfläche links neben der Laufkoordinate ζ zu beachten. Wir erhalten dann das statische Moment zu:

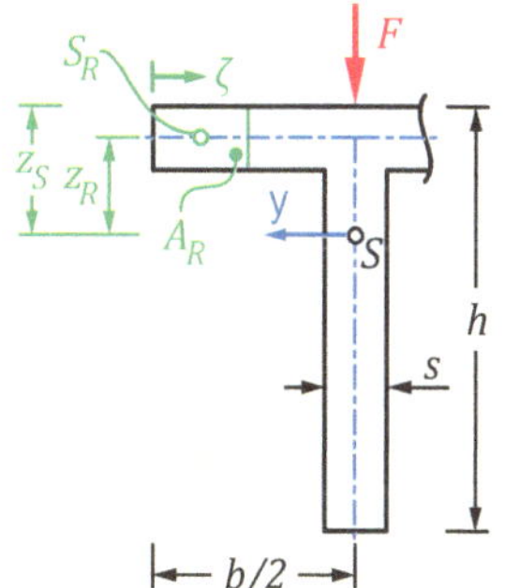

$$\underline{S_{y(\zeta),F}} = \int_{A_R} z_{(\zeta)} \cdot dA = \int z_R \cdot t \cdot d\zeta = \int_0^{b/2} \left(z_S - \frac{t}{2} \right) \cdot t \cdot d\zeta = \left(z_S - \frac{t}{2} \right) \cdot t \cdot \zeta \Big|_{\zeta=0}^{\zeta=b/2}$$

Die Schubspannungsverläufe erhalten wir wieder nach einsetzen in Gleichung (10.13):

$$\tau_{(\zeta),S} = \frac{F}{I_y \cdot s} \cdot S_{y(\zeta),S} \Big|_{\zeta=0}^{\zeta=h-t} \qquad\qquad \tau_{(\zeta),F} = \frac{F}{I_y \cdot t} \cdot S_{y(\zeta),F} \Big|_{\zeta=0}^{\zeta=b/2}$$

Betrachten wir die Verläufe der Schubspannungen ist auch hier wieder deutlich erkennbar, dass im horizontalen Flansch die Schubspannung linear und im vertikalen Steg quadratisch verläuft. Das Maximum ($\tau_{max} = 80$ N/mm²) tritt hier im Steg in Höhe des Schwerpunkts auf.

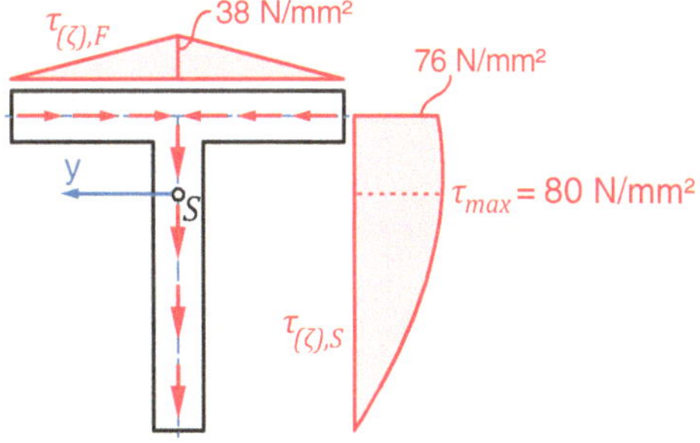

Tab. 10-1 Formelsammlung: Schubspannungsverteilung ausgewählter Querschnitte

Querschnittsfläche	Schubspannungsverteilung	max. Schubspannung
Rechteck	$\tau_{(z)} = \dfrac{3}{2} \cdot \dfrac{Q_z}{b \cdot h} \cdot \left(1 - \dfrac{4 \cdot z^2}{h^2}\right)$	$\tau_{max} = \dfrac{3}{2} \cdot \dfrac{Q_z}{b \cdot h}$
Vollkreis	Vertikalkomponente $\tau_{(z)} = \dfrac{4}{3} \cdot \dfrac{Q_z}{\pi \cdot r^2} \cdot \left(1 - \dfrac{z^2}{r^2}\right)$ Tangentialkomponente $\tau_{ta} = \dfrac{4}{3} \cdot \dfrac{Q_z}{\pi \cdot r^2} \cdot \sqrt{1 - \dfrac{z^2}{r^2}}$	$\tau_{max} = \dfrac{4}{3} \cdot \dfrac{Q_z}{\pi \cdot r^2}$
dünnwand. Kreisring	$\tau_{(\varphi)} = \dfrac{Q_z}{\pi \cdot r \cdot t} \cdot \cos(\varphi)$	$\tau_{max} = \dfrac{Q_z}{\pi \cdot r \cdot t}$
U-Profil (z. B. DIN 1026)	Flansch $\tau_{(\zeta),F} = \dfrac{Q_z}{I_y} \cdot a \cdot \zeta$ Steg $\tau_{(\zeta),S} = \dfrac{Q_z}{I_y} \cdot \left(a \cdot b \cdot \dfrac{t_g}{t_s} + \dfrac{a^2}{2} - \dfrac{z^2}{2}\right)$	$\tau_{F,max} = \dfrac{Q_z}{I_y} \cdot a \cdot b$ $\tau_{S,max} = \dfrac{Q_z}{I_y} \cdot \left(a \cdot b \cdot \dfrac{t_g}{t_s} + \dfrac{a^2}{2}\right)$
I-Profil (z. B. DIN 1025)	Flansch $\tau_{(\zeta),F} = \dfrac{Q_z}{I_y} \cdot a \cdot \zeta$ Steg $\tau_{(\zeta),S} = \dfrac{Q_z}{I_y} \cdot \left(a \cdot b \cdot \dfrac{t_g}{t_s} + \dfrac{a^2}{2} - \dfrac{z^2}{2}\right)$	$\tau_{F,max} = \dfrac{Q_z}{I_y} \cdot a \cdot \dfrac{b}{2}$ $\tau_{S,max} = \dfrac{Q_z}{I_y} \cdot \left(a \cdot b \cdot \dfrac{t_g}{t_s} + \dfrac{a^2}{2}\right)$

10.5   Schubmittelpunkt

Bei dünnwandigen Querschnitten haben wir die Annahme getroffen, dass die Schubspannungen $\tau_{(\zeta)}$ konstant über die Wandstärke $t_{(\zeta)}$ verteilt sind und tangential (parallel) zur Querschnittsberandung verlaufen. Betrachten wir nun nochmal unseren in ▶ Abb. 10.17a) dargestellten Balken mit U-Profil. Belasten wir den Balken mit der Kraft F (Wirkungslinie verläuft durch den Schwerpunkt S), ergibt sich der dargestellte Schubspannungsverlauf $\tau_{(\zeta),F}$ in den Flanschen und $\tau_{(\zeta),S}$ im Steg des Profils. Jetzt schneiden wir den Balken an einer beliebigen Stelle x durch. An der Schnittstelle muss für die Spannungen *actio = reactio* gelten. Nun betrachten wir das abgeschnittene Balkenstück in ▶ Abb. 10.17b). Da wir uns immer noch in der Statik befinden, muss sich die angreifende Kraft F mit den am Schnittufer im Inneren des Balkens wirkenden Schubspannungen $\tau_{(\zeta)}$ im Gleichgewicht befinden. Integrieren wir nun die jeweiligen Schubspannungsverläufe über den entsprechenden Teil-Querschnittsflächen, erhalten wir die auf die jeweiligen Teil-Querschnitten wirkenden inneren Kräfte:

$$F_i = \int \tau_{i(\zeta)} \cdot t_{i(\zeta)} \cdot d\zeta \qquad (10.16)$$

Wir erhalten damit also zwei gleich große, aber entgegengesetzt wirkende Kräfte F_F in den Flanschen und ein Kraft F_S im Steg des U-Profils, siehe ▶ Abb. 10.17b). Hierbei fällt nun auf,

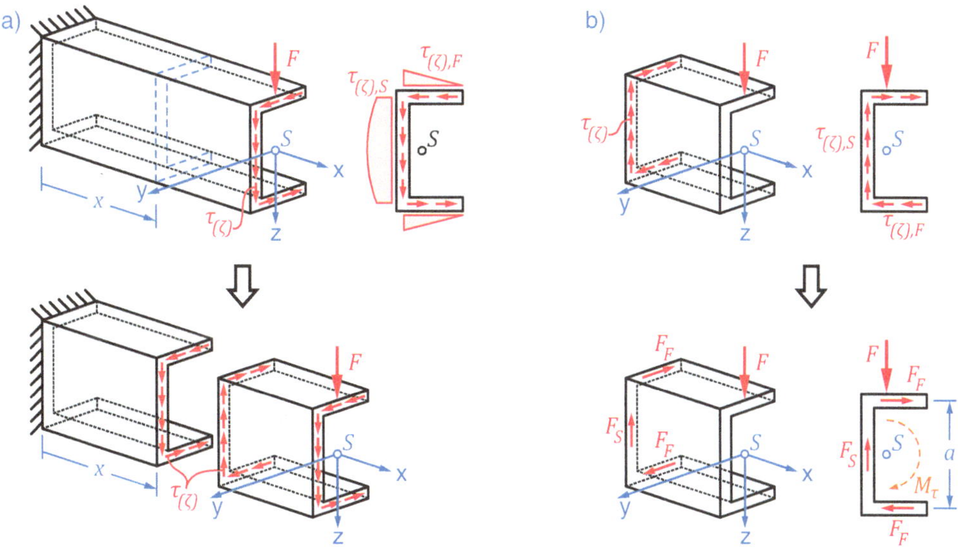

Abb. 10.17

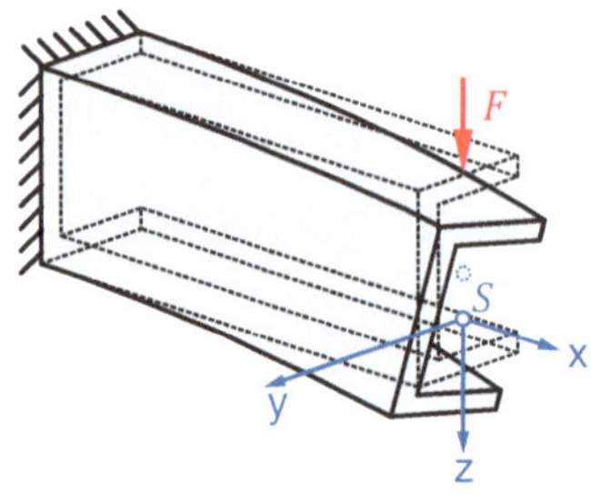

Abb. 10.18

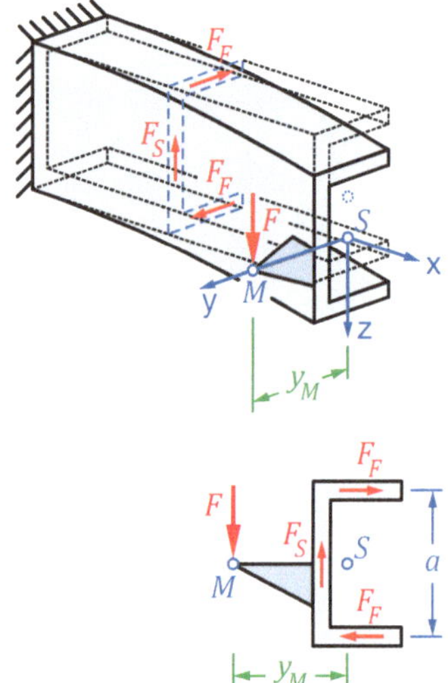

Abb. 10.19

dass zum einen die beiden Kräfte F und F_S gleich groß sein müssen (sonst gibt es kein Gleichgewicht). Zum anderen bilden die beiden Kräfte F_F im Flansch mit dem Abstand a ein Kräftepaar und damit ein Moment $M_\tau = F_F \cdot a$. Durch dieses Moment M_τ kommt es bei der Verformung unseres Balkens zu einer *Verdrillung*, siehe ▶ Abb. 10.18. Daher wird unser Balken nicht nur verbogen, sondern zusätzlich auch noch tordiert. Wollen wir diese Verdrillung/Torsion verhindern, müssen wir die angreifende Kraft F um einen bestimmten Abstand y_M entlang der y-Achse verschieben, um mit dem Hebelarm y_M dem Moment M_τ entgegenzuwirken, siehe ▶ Abb. 10.19. Dieser Punkt in den wir die Kraft F verschieben, wird als *Schubmittelpunkt M* bezeichnet. In diesem Punkt heben sich also die Wirkungen aller Momente gegenseitig auf und unser Balken erfährt eine *torsionsfreie Biegung*. Den Abstand y_M für den Angriffspunkt der Kraft F können wir mithilfe des Momentengleichgewichts bestimmen:

$$y_M = \frac{F_F}{F} \cdot a \tag{10.17}$$

Hinweis: Diesen Zusammenhang vom Schubmittelpunkt und der torsionsfreien Biegung müssen wie jedoch nur bei *asymmetrischen Querschnitten*, wie z. B. dem U- und L-Profil, beachten. Denn nur bei asymmetrischen Querschnitten entstehen durch die inneren Schubspannungen Kräfte, die ein Moment erzeugen. Bei *symmetrischen Querschnitten*, wie z. B. dem T- und I-Profil, heben sich die Momentenwirkung der inneren Schubspannungen gegenseitig auf.

Zudem gilt für den *Schubmittelpunkt M* folgendes:

- Besitzt der Querschnitt eine Symmetrieachse, liegt der Schubmittelpunkt auf der Symmetrieachse.
- Existieren zwei Symmetrieachsen, liegt der Schubmittelpunkt im Schwerpunkt S des Querschnitts.
- Ist der Querschnitt aus zwei Rechtecken zusammengesetzt, liegt der Schubmittelpunkt im Schnittpunkt der Mittellinien der Rechtecke.
- Bei sternförmigen Querschnitten liegt der Schubmittelpunkt im Schnittpunkt der Mittellinien der Rechtecke.

Für einige ausgewählte Querschnitte ist die Lage des Schubmittelpunkts M in ▶ Tab. 10-2 aufgeführt.

Tab. 10-2 Lage der Schubmittelpunkte M ausgewählter dünnwandiger Querschnitte

Kreisring	Rechteckprofil	I-Profil[27]
T-Profil[28]	**L-Profil[29]**	**Z-Profil[30]**

U-Profil[31]	Rechteckprofil mit Schlitz	Kreisring mit Schlitz
$$e = \frac{3 \cdot b^2}{h + 6 \cdot b}$$	$$e = \frac{b \cdot (2h + 3b)}{2h + 6b}$$	$$e = 2 \cdot r$$
für: $t = \text{konst.} \ll h, b$	für: $t = \text{konst.} \ll h, b$	für: $t = \text{konst.} \ll h, b$

---

[27] z. B. nach DIN 1025
[28] z. B. nach DIN 59051, DIN EN 10055
[29] z. B. nach DIN 1022, DIN EN 10056
[30] z. B. nach DIN 1027, DIN EN 10162
[31] z. B. nach DIN 1026

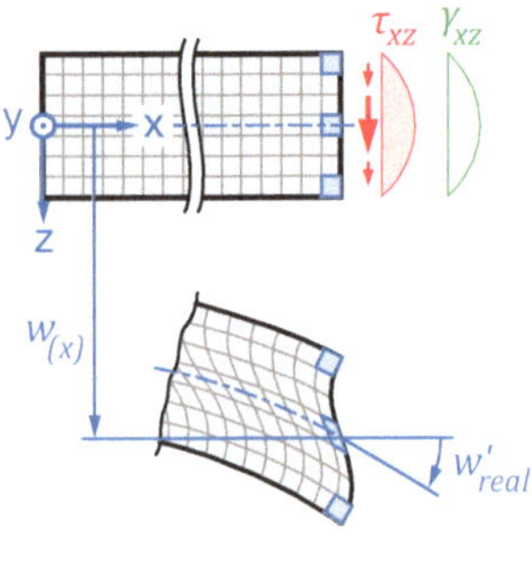

Abb. 10.20

10.6 TIMOSHENKO-Balkentheorie

Beschäftigen wir uns nun mit dem eigentlichen Thema, der TIMOSHENKO-Balkentheorie[32]. Betrachten wir zuerst einen Balken mit dickwandigem Querschnitt unter einer Schubbelastung, siehe ▶ Abb. 10.20. Anhand der Berechnung in Kapitel 10.3 (S. 228 ff.) haben wir festgestellt, dass die Schubspannung τ_{xz} entlang der Balkenhöhe quadratisch verläuft und somit veränderlich ist. Nach dem HOOKE'schen Gesetz für Schub, Gleichung (5.11) auf S. 73, gilt für die Gleitung γ_{xz}:

$$\gamma_{xz} = \frac{\tau_{xz}}{G} \tag{10.18}$$

Somit ist auch die Gleitung γ_{xz} entlang der Balkenhöhe veränderlich und es findet eine Verwölbung der eigentlich ebenen Balkenquerschnittsfläche statt, wie in ▶ Abb. 10.20 dargestellt. Durch diese Verwölbung lassen sich die beiden BERNOULLI'schen Hypothesen vom Senkrechtbleiben (1.) und Ebenbleiben (2.) des Balkenquerschnitts nicht aufrechthalten. Eine Erweiterung der EULER-BERNOULLI-Balkentheorie (EBB) um eine nichtlineare Gleitung γ_{xz} ist jedoch nur mit erheblichem mathematischen Aufwand möglich. Daher wird in der TIMOSHENKO-Balkentheorie (TB) die Hypothese vom Ebenbleiben des

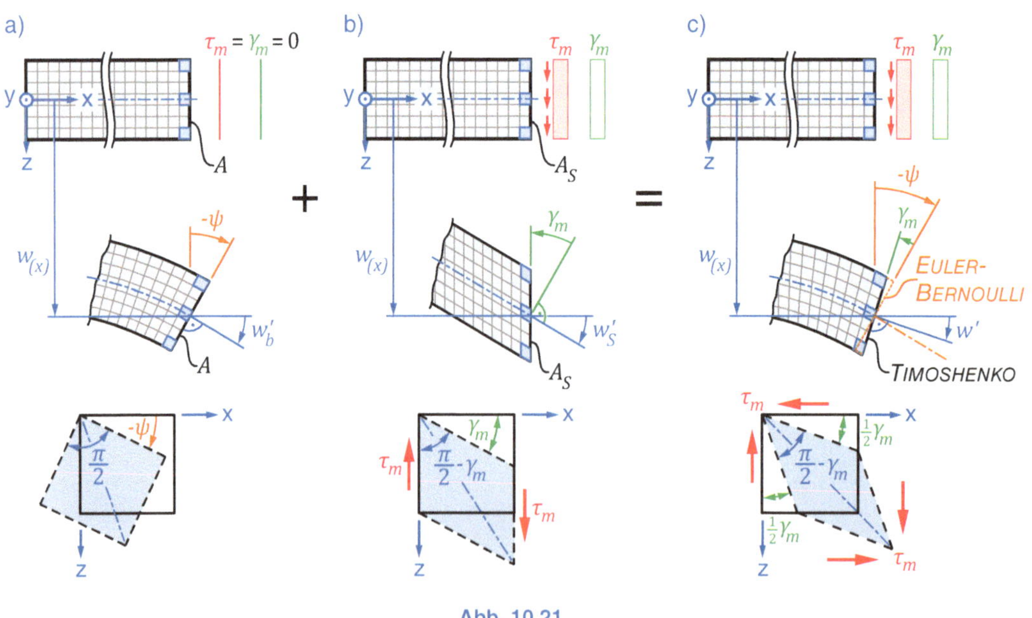

Abb. 10.21

[32] Nach: Stepan Prokopowytsch TYMOSCHENKO (engl. Transkription: Stephen TIMOSHENKO, 1878–1972), ukr. Ingenieur, Professor

Balkenquerschnitts (2.) aufrechterhalten und eine mittlere Schubspannung τ_m sowie eine mittlere Gleitung γ_m berücksichtigt. Diese Überlegung ist in ▶ Abb. 10.21 dargestellt. Es wird die EULER-BERNOULLI-Balkentheorie des schubstarren Balkens unter reiner Biegung a) um eine mittlere Schubspannung τ_m und einer mittleren Gleitung γ_m b) zur TIMOSHENKO-Balkentheorie des schubweichen Balkens c) erweitert.

Des Weiteren wird auch weiterhin die Veränderung der Schubfläche A_S im Vergleich zur Querschnittsfläche A durch den bekannten Schubkorrekturfaktor[33] κ beibehalten, siehe ▶ Abb. 10.22.

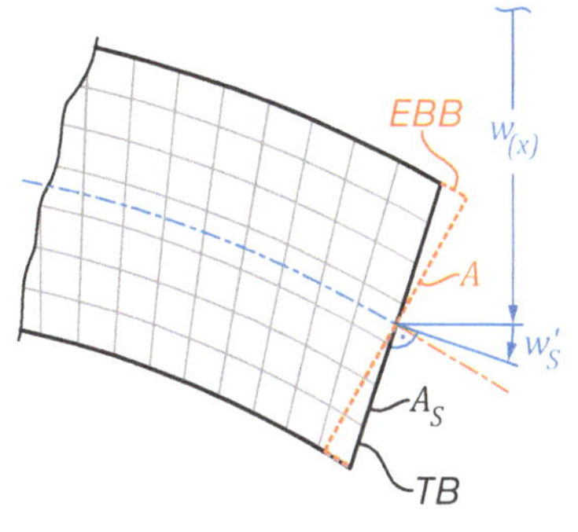

Abb. 10.22

10.6.1 Modellannahmen

Neben den in Kapitel 9.2 auf S. 172 aufgeführten allgemeinen Modellannahmen wollen wir hier die weiteren Modellannahmen der TIMOSHENKO-Balkentheorie aufführen:

- schubweicher Balken (Schubspannungen und Schubverformungen werden berücksichtigt)
- Schubspannung τ_m und Gleitung γ_m sind entlang der Querschnittshöhe konstant
- alle Balkenquerschnitte an jeder beliebigen x-Koordinate sind vor der Deformation eben und bleiben auch nach der Deformation eben (es tritt keine Verwölbung der Querschnittsfläche auf; 2. BERNOULLI'sche Hypothese)
- die Veränderung der Schubfläche A_S im Vergleich zur Querschnittsfläche A wird durch den Schubkorrekturfaktor κ berücksichtigt
- Verformungen senkrecht zur Balkenachse werden vernachlässigt

▶ Spezielle **Annahmen** der TIMOSHENKO-Balkentheorie.

10.6.2 Differenzialgleichung der Biegelinie

Aus Kapitel 9.4.5 sind uns von S. 183 die beiden Elastizitätsgesetze für das Biegemoment und für die Querkraft der EULER-BERNOULLI-Balkentheorie noch bekannt:

$$M_y = E \cdot I_y \cdot \psi'_{(x)} \tag{10.19}$$

$$Q = \kappa \cdot G \cdot A \cdot (\psi + w') \tag{10.20}$$

Elastizitätsgesetze für das Biegemoment und für die Querkraft

Da wir nun den *schubweichen Balken* behandeln, müssen wir die Bedingung der Schubsteifigkeit nach Gleichung (9.31) auf S. 183 ersetzen. Wie in ▶ Abb. 10.21 gezeigt, erweitern wir den schubstarren Balken durch eine mittlere Gleitung γ_m. Damit ergibt sich dann die Bedingung:

---

[33] Die Herleitung des Schubkorrekturfaktors κ erfolgt in *Kapitel 12.2* auf S. 309

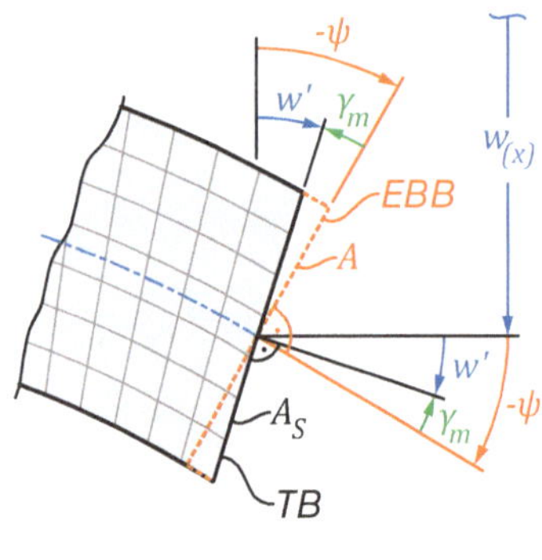

Abb. 10.23

$$\psi + w' = \gamma_m \tag{10.21}$$

Durch diese Bedingung erhalten wir den schubweichen Balken nach der TIMOSHENKO-Balkentheorie, siehe ▶ Abb. 10.23. Der ebene Balkenquerschnitt neigt sich infolge der reinen Biegung nach der EULER-BERNOULLI-Balkentheorie um den Winkel $-\psi$ (negatives Vorzeichen aufgrund der mathematisch negativen Drehrichtung). Dazu addieren wir nach der TIMOSHENKO-Balkentheorie eine mittlere Gleitung γ_m, wodurch die Neigung des ebenen Balkenquerschnitts geringer wird. Schließlich erhalten wir dann die Gesamtneigung w' des ebenen Balkenquerschnitts nach Gleichung (10.21):

$$w' = -\psi_{(x)} + \gamma_m \tag{10.22}$$

Nun wollen wir die entsprechende Herleitung zur Bestimmung der Biegelinie nach der TIMOSHENKO-Balkentheorie durchführen, unter der Voraussetzung konstanter Biege- ($E \cdot I_y =$ konstant) und Schubsteifigkeit ($\kappa \cdot G \cdot A =$ konstant). Dazu nehmen wir das Elastizitätsgesetz für die Querkraft nach Gleichung (10.20), differenzieren dieses dreimal und beachten dabei den Zusammenhang zwischen der Querkraft Q und der Streckenlast q nach Gleichung (9.35) auf S. 184:

$$\frac{dQ}{dx} = Q' = \kappa \cdot G \cdot A \cdot (\psi + w')' = -q \tag{10.23}$$

$$\frac{d^2Q}{dx^2} = Q'' = \kappa \cdot G \cdot A \cdot (\psi + w')'' = -q' \tag{10.24}$$

$$\frac{d^3Q}{dx^3} = Q''' = \kappa \cdot G \cdot A \cdot (\psi + w')''' = -q'' \tag{10.25}$$

Die erste (10.23) und dritte Ableitung (10.25) stellen wir etwas um und erhalten, nach dem Auflösen der Klammern:

$$\psi' + w'' = -\frac{q}{\kappa \cdot G \cdot A} \tag{10.26}$$

$$\psi''' + w'''' = -\frac{q''}{\kappa \cdot G \cdot A} \tag{10.27}$$

Als nächstes differenzieren wir zweimal das Elastizitätsgesetz des Biegemoments nach Gleichung (10.19) und beachten auch hier den Zusammenhang zwischen dem Biegemoment M und der Querkraft Q nach Gleichung (9.35) auf S. 184:

$$\frac{dM}{dx} = M' = Q = E \cdot I_y \cdot \psi'' = \kappa \cdot G \cdot A \cdot (\psi + w') \tag{10.28}$$

$$\frac{d^2M}{dx} = M'' = Q' = E \cdot I_y \cdot \psi''' = \kappa \cdot G \cdot A \cdot (\psi + w')' \tag{10.29}$$

In Gleichung (10.29) setzen wir nun für ψ''' Gleichung (10.27) und für $\psi' + w''$ Gleichung (10.26) ein:

$$-E \cdot I_y \cdot w'''' - E \cdot I_y \cdot \frac{q''}{\kappa \cdot G \cdot A} = -\kappa \cdot G \cdot A \cdot \frac{q}{\kappa \cdot G \cdot A}$$

Nach dem Kürzen und Umstellen erhalten wir dann die *erweiterte Differenzialgleichung der Biegelinie*:

$$E \cdot I_y \cdot w''''_{(x)} = q_{(x)} - \frac{E \cdot I_y}{\kappa \cdot G \cdot A} \cdot q''_{(x)} \tag{10.30}$$

Differenzialgleichung der Biegelinie für $E \cdot I = $ konst.

Vergleichen wir dies mit der *erweiterten Differenzialgleichung der reinen Biegung* (9.39) auf S. 184, ist bei der TIMOSHENKO-Balkentheorie lediglich der zweite Term auf der rechten Seite hinzugekommen. Dieser Term beinhaltet die zweite Ableitung der Streckenlast $q_{(x)}$. Somit stellt die EULER-BERNOULLI-Balkentheorie (Theorie des schubstarren Balkens) einen Sonderfall der TIMOSHENKO-Balkentheorie dar. Für einen schubstarren Balken wird der Nenner im rechten Term unendlich groß ($\kappa \cdot G \cdot A \to \infty$) und damit der gesamte Term Null werden.

▶ Die **EULER-BERNOULLI-Balkentheorie** (schubstarrer Balken) ist ein **Sonderfall** der **TIMOSHENKO-Balkentheorie** (schubweicher Balken).

Zusätzlich sei angemerkt, dass wir in der TIMOSHENKO-Balkentheorie die Biegung eines schubstarren Balkens mit einer mittleren Gleitung überlagert haben, um den schubweichen Balken zu erhalten. Somit können wir die beiden Gleichungen (10.19) und (10.20) (S. 251) auch so formulieren, dass wir einmal die reine Biegung und einmal die reine Schubverformung betrachten (vgl. dazu ▶ Abb. 10.21 auf S. 250 und ▶ Abb. 10.23):

$$\frac{M_y}{E \cdot I_y} = \psi' = -w''_b \tag{10.31}$$

Biegeverformung

$$\frac{Q}{\kappa \cdot G \cdot A} = \psi + w' = \gamma_m = w'_S \tag{10.32}$$

Schubverformung

Wir können hier beide Verformungsanteile getrennt betrachten und anschließend zu einer gesamten Verformung überlagern. Dabei steht der Index "b" für die Biegeverformung und "S" für die Schubverformung:

$$w_{ges} = w_b + w_s \tag{10.33}$$

Gesamtverformung

10.6.3 Anwendung der TIMOSHENKO-Balkentheorie

Wie wir gesehen haben, können wir die Verformungsanteile der Biegung und des Schubs einfach zu einer Gesamtverformung überlagern. Die Berechnung der beiden Verformungsan-

► Die Berechnung der **Schubverformung** nach der Timoshenko**-Balkentheorie** kann für **statisch bestimmte und statisch unbestimmte Tragwerke** vorgenommen werden.

teile können wir mithilfe der erweiterten Differenzialgleichung der Biegelinie nach Gleichung (10.30) bzw. den in den beiden Gleichungen (10.31) und (10.32) separat aufgeführten Einzelverformungen infolge Biegung und Schub durchführen.

Des Weiteren können wir anhand dieser Gleichungen erkennen, dass die Schubverformung eine Ergänzung zur bereits bekannten Biegeverformung darstellt. Somit können wir beide Anteile für sich berechnen. Dadurch können wir, wie auch schon bei der Euler-Bernoulli-Balkentheorie, statisch bestimmte sowie statisch unbestimmte Tragwerke gleichermaßen berechnen.

Wollen wir nun ein Tragwerk berechnen, können wir die Biegeverformung nach der Euler-Bernoulli-Balkentheorie und die Schubverformung nach der Timoshenko-Balkentheorie separat ermitteln und anschließend überlagern. Die Anwendung der Euler-Bernoulli-Balkentheorie zur Bestimmung der Durchbiegung $w_{(x)}$ infolge Biegung haben wir in Kapitel 9 bzw. 9.4.6 und 9.4.7 auf S. 184 ff. ausführlich behandelt. Daher werden wir an dieser Stelle lediglich mit der noch zu berechnenden Schubverformung beschäftigen.

Zur Bestimmung der Schubverformung (Durchbiegung infolge Schub) verwenden wir Gleichung (10.32), ziehen das Produkt $\kappa \cdot G \cdot A$ auf die andere Seite der Gleichung, integrieren alles einmal, fügen den Zusammenhang zwischen Querkraft Q und Streckenlast q nach Gleichung (9.35) auf S. 184 hinzu und erhalten als Ergebnis die Differenzialgleichung für die Durchbiegung infolge Schub w_S:

$$\kappa \cdot G \cdot A \cdot w_S'' = -q_{(x)} \tag{10.34}$$

Mit der schon bekannten Differenzialgleichung für die Biegeverformung haben wir nun zwei einzelne Differenzialgleichungen, eine für die Biegung und eine für den Schub:

$$E \cdot I_y \cdot w_b'''' = q_{(x)} \tag{10.35}$$

$$\kappa \cdot G \cdot A \cdot w_S'' = -q_{(x)} \tag{10.36}$$

Zur Lösung dieser beiden Gleichungen wenden wir wieder die bekannte *Integrationsmethode* an. Analog zur Vorgehensweise in Kapitel 9.4.6 auf S. 184 ff. erhalten wir bei einer konstanten Biegesteifigkeit ($E \cdot I_y =$ konstant) und einer konstanten Schubsteifigkeit ($\kappa \cdot G \cdot A =$ konstant) die folgenden Zusammenhänge:

Biegung	**Schub**

$$E \cdot I_y \cdot w''''_{(x)} = q_{(x)}$$

$$E \cdot I_y \cdot w'''_{(x)} = -Q_{(x)}$$

$$E \cdot I_y \cdot w''_{(x)} = -M_{y(x)} \qquad \kappa \cdot G \cdot A \cdot w''_{S(x)} = -q_{(x)}$$

$$w'_{(x)} = -\psi_{(x)} \qquad \kappa \cdot G \cdot A \cdot w'_{S(x)} = Q_{(x)}$$

$$w_{(x)} \qquad w_{S(x)}$$

Die Vorgehensweise zur Lösung dieser Gleichungen für die Biegung haben wir ausführlich im vorhergehenden Kapitel behandelt (siehe S. 185 ff.), weswegen wir uns jetzt mit der Lösung der Gleichungen für den Schub befassen wollen. Wir führen dies wieder am Beispiel unseres Kragträgers mit konstanter Streckenlast $q_{(x)} = q_0$ durch, siehe ▶ Abb. 10.24. Dazu integrieren wir die Differenzialgleichung des Schubs (10.36) zweimal und erhalten dabei, wie gewohnt, zwei Integrationskonstanten C_5 und C_6 hinzu:

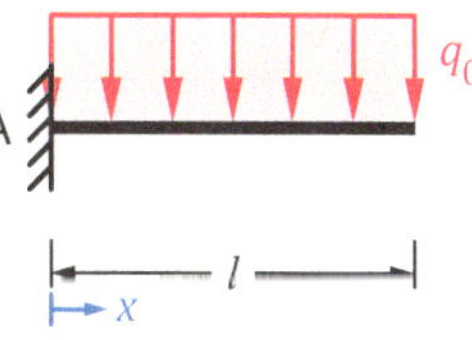

Abb. 10.24

$$\kappa \cdot G \cdot A \cdot w''_{S(x)} = -q_{(x)} = -q_0$$

$$\kappa \cdot G \cdot A \cdot w'_{S(x)} = Q_{(x)} = -q_0 \cdot x + C_5 \qquad (1)$$

$$\kappa \cdot G \cdot A \cdot w_{S(x)} = -\frac{1}{2} \cdot q_0 \cdot x^2 + C_5 \cdot x + C_6 \qquad (2)$$

Wir haben für die Integrationskonstanten die Indizes "5" und "6" verwendet, da bei einer ausführlichen Lösung die Integrationskonstanten C_1 bis C_4 zur Berechnung der Biegung verwendet werden (siehe Lösung auf S. 185 ff.).

Die Bestimmung der beiden Integrationskonstanten C_5, C_6 können wir wieder mithilfe der bekannten Rand- (RB) und Übergangsbedingungen (ÜB) nach den Tabellen ▶ Tab. 9-1 (S. 187), ▶ Tab. 9-3 und ▶ Tab. 9-4 (192) durchführen. Wir finden damit die beiden Ergebnisse:

$$w_{S(x=0)} = 0 \qquad \rightarrow \qquad C_2 = 0$$

$$Q_{(x=l)} = 0 \qquad \rightarrow \qquad C_1 = q_0 \cdot l$$

Setzen wir diese Ergebnisse in die beiden Gleichungen (1) und (2) ein, erhalten wir als Lösung:

$$Q_{(x)} = q_0 \cdot (-x + l)$$

$$w_{S(x)} = \frac{q_0}{\kappa \cdot G \cdot A} \cdot \left(-\frac{1}{2} \cdot x^2 + l \cdot x\right)$$

Zusätzlich führen wir noch die Lösungen für die Biegung von S. 188 als direkten Vergleich auf:

$$Q_{(x)} = q_0 \cdot (-x + l)$$

$$M_{(x)} = q_0 \cdot \left(-\frac{1}{2} \cdot x^2 + l \cdot x - \frac{1}{2} \cdot l^2\right)$$

$$w'_{b(x)} = \frac{q_0}{E \cdot I_y} \cdot \left(\frac{1}{6} \cdot x^3 - \frac{1}{2} \cdot l \cdot x^2 + \frac{1}{2} \cdot l^2 \cdot x\right)$$

$$w_{b(x)} = \frac{q_0}{E \cdot I_y} \cdot \left(\frac{1}{24} \cdot x^4 - \frac{1}{6} \cdot l \cdot x^3 + \frac{1}{4} \cdot l^2 \cdot x^2\right)$$

Hier ist direkt ersichtlich, dass der Querkraftverlauf $Q_{(x)}$ in beiden Lösungen identisch ist. Von daher hätten wir auch nur die Integrationskonstante C_6 berechnen müssen, da der Querkraftverlauf $Q_{(x)}$ nach dem Lösen der Differenzialgleichung der Biegung schon bekannt ist. Die Gesamtdurchbiegung w_{ges} des Balkens erhalten wir durch Überlagerung der beiden Einzeldurchbiegungen für die reine Biegung w_b und für den Schub w_S nach Gleichung (10.33) zu:

$$w_{ges(x)} = w_{b(x)} + w_{S(x)} = \frac{q_0}{E \cdot I_y} \cdot \left(\frac{1}{24} \cdot x^4 - \frac{1}{6} \cdot l \cdot x^3 + \frac{1}{4} \cdot l^2 \cdot x^2\right) + \frac{q_0}{\kappa \cdot G \cdot A} \cdot \left(-\frac{1}{2} \cdot x^2 + l \cdot x\right) \quad (10.37)$$

Bei der Berechnung können wir also die Durchbiegung w_b der reinen Biegung nach der EULER-BERNOULLI-Balkentheorie wie gewohnt bestimmen. Danach, mit bekanntem Querkraftverlauf $Q_{(x)}$, berechnen wir die Durchbiegung infolge Schub w_S nach der TIMOSHENKO-Balkentheorie. Somit würde in Gleichung (1) die Integrationskonstante C_5 wegfallen und wir müssten nur noch C_6 bestimmen. Anschließend addieren wir beide Ergebnisse für die Gesamtdurchbiegung w_{ges} und erhalten damit die Gesamtdurchbiegung für einen schubweichen Balken.

▶ Bei **bekanntem Querkraftverlauf** $Q_{(x)}$ fällt die **Integrationskonstante** C_5 bei der Berechnung der **Schubverformung** weg.

Des Weiteren lässt sich die Gesamtneigung w'_{ges} analog zur Gesamtdurchbiegung w_{ges} berechnen:

$$w'_{ges(x)} = w'_{b(x)} + w'_{S(x)} = \frac{q_0}{E \cdot I_y} \cdot \left(\frac{1}{6} \cdot x^3 - \frac{1}{2} \cdot l \cdot x^2 + \frac{1}{2} \cdot l^2 \cdot x\right) + \frac{Q_{(x)}}{\kappa \cdot G \cdot A} \quad (10.38)$$

Vorgehensweise für statisch bestimmte Tragwerke

- Bereiche definieren, sodass alle Größen innerhalb eines Bereichs stetig verlaufen.
- Für jeden Bereich die Streckenlastfunktion $q_{z(x)}$ aufstellen.
- Differenzialgleichung der Biegung viermal integrieren:

$$E \cdot I_y \cdot w_{b(x)}'''' = q_{z(x)}$$

$$E \cdot I_y \cdot w_{b(x)}''' = -Q_{z(x)} = \int q_{z(x)} \cdot dx + C_1$$

$$E \cdot I_y \cdot w_{b(x)}'' = -M_{y(x)} = \int -Q_{z(x)} \cdot dx + C_1 \cdot x + C_2$$

$$E \cdot I_y \cdot w_{b(x)}' = \int -M_{y(x)} \cdot dx + \frac{1}{2} \cdot C_1 \cdot x^2 + C_2 \cdot x + C_3$$

$$E \cdot I_y \cdot w_{b(x)} = \int w_{(x)}' \cdot dx + \frac{1}{6} \cdot C_1 \cdot x^3 + \frac{1}{2} \cdot C_2 \cdot x^2 + C_3 \cdot x + C_4$$

- Differenzialgleichung des Schubs zweimal integrieren:

$$\kappa \cdot G \cdot A \cdot w_{S(x)}'' = -q_{z(x)}$$

$$\kappa \cdot G \cdot A \cdot w_{S(x)}' = Q_{z(x)} = \int -q_{z(x)} \cdot dx + C_5$$

$$\kappa \cdot G \cdot A \cdot w_{S(x)} = \int Q_{z(x)} \cdot dx + C_5 \cdot x + C_6$$

- Rand- und Übergangsbedingungen mithilfe von ▶ Tab. 9-1 auf (S. 187), ▶ Tab. 9-3 und ▶ Tab. 9-4 auf S. 192. definieren.
- Integrationskonstanten C_i mithilfe der Rand- und Übergangsbedingungen berechnen. Anmerkung: ist der Querkraftverlauf $Q_{z(x)}$ aus der zweiten Gleichung für die Biegung bekannt und wird in der zweiten Gleichung für den Schub eingesetzt, fällt die Integrationskonstante C_5 weg.
- Verläufe für jeden Bereich berechnen und ggf. Verlaufsdiagramme zeichnen.
- Berechnung der Gesamtneigung w_{ges}' und Gesamtdurchbiegung w_{ges}:

$$w_{ges}' = w_b' + w_S' = \left[\frac{1}{E \cdot I_y} \cdot \left(\int -M_{y(x)} \cdot dx + \frac{1}{2} \cdot C_1 \cdot x^2 + C_2 \cdot x + C_3 \right) \right]_b + \left[\frac{Q_{z(x)}}{\kappa \cdot G \cdot A} \right]_S$$

$$w_{ges} = w_b + w_S$$

Hinweis: Die Berücksichtigung der Schubverformung kann für lange schlanke Balken (Richtwert: $l \geq 5 \cdot h$) in der Regel vernachlässigt werden, da die Schubverformung prozentual so gering ist (< 4%). Lediglich bei gedrungenen kurzen Balken ist die Schubverformung zu berücksichtigen.

Beispiel 10.7

Ein rechteckiger Balken ($b = 40$ mm, $h = 60$ mm, $l = 1$ m, $\kappa = 5/6$) aus Stahl ($E = 210.000$ N/mm^2, $v = 0{,}3$) wird durch eine Kraft $F = 1$ kN belastet.

Berechnen Sie die Durchbiegungen infolge Biegung und Schub an der Kraftangriffsstelle.

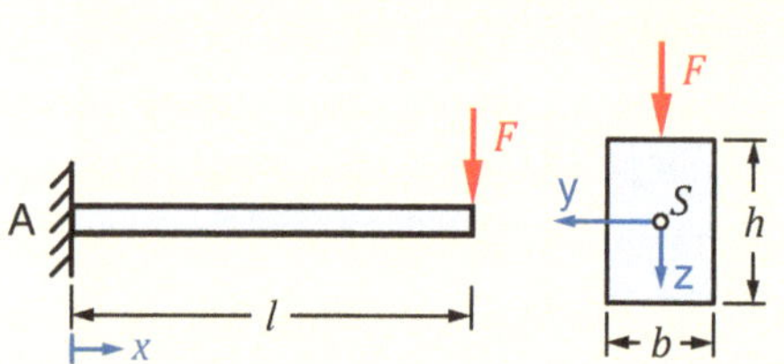

Lösung

Zur Lösung dieser Aufgabe gehen wir genauso vor, wie in der *Vorgehensweise für statisch bestimmte Tragwerke* beschrieben. Da die vorhandene Einzelkraft F am Ende des Balkens angreift, haben wir nur einen Bereich. Innerhalb dieses Bereichs ist keine Streckenlast vorhanden. Somit können wir direkt die viermalige Integration der Biegelinie der reinen Biegung durchführen:

$$E \cdot I_y \cdot w_{b(x)}'''' = q_{(x)} = 0$$

$$E \cdot I_y \cdot w_{b(x)}''' = -Q_{(x)} = C_1 \tag{1}$$

$$E \cdot I_y \cdot w_{b(x)}'' = -M_{(x)} = C_1 \cdot x + C_2 \tag{2}$$

$$E \cdot I_y \cdot w_{b(x)}' = \frac{1}{2} \cdot C_1 \cdot x^2 + C_2 \cdot x + C_3 \tag{3}$$

$$E \cdot I_y \cdot w_{b(x)} = \frac{1}{6} \cdot C_1 \cdot x^3 + \frac{1}{2} \cdot C_2 \cdot x^2 + C_3 \cdot x + C_4 \tag{4}$$

Als nächstes definieren wir die Rand- und Übergangsbedingungen und setzen die Ergebnisse für die Integrationskonstanten in unsere Ausgangsgleichungen (1) bis (4) wieder ein:

$$w_{b(x=0)}' = 0 \qquad \rightarrow C_1 = -F \qquad \Rightarrow Q_{(x)} = F$$

$$w_{b(x=0)} = 0 \qquad \rightarrow C_2 = F \cdot l \qquad \Rightarrow M_{(x)} = F \cdot (x - l)$$

$$Q_{(x=l)} = F \qquad \rightarrow C_3 = 0 \qquad \Rightarrow w_{b(x)}' = \frac{F}{E \cdot I_y} \cdot \left(-\frac{1}{2} \cdot x^2 + l \cdot x \right)$$

$$M_{(x=l)} = 0 \qquad \rightarrow C_4 = 0 \qquad \Rightarrow w_{b(x)} = \frac{F}{E \cdot I_y} \cdot \left(-\frac{1}{6} \cdot x^3 + \frac{1}{2} \cdot l \cdot x^2 \right)$$

Als nächstes integrieren wir zweimal die Biegelinie des Schubs und gehen analog vor:

$$\kappa \cdot G \cdot A \cdot w_{S(x)}'' = -q_{(x)} = 0$$

$$\kappa \cdot G \cdot A \cdot w_{S(x)}' = Q_{(x)} = C_5 \tag{5}$$

$$\kappa \cdot G \cdot A \cdot w_{S(x)} = C_5 \cdot x + C_6 \tag{6}$$

$$w'_{S(x=0)} = 0 \qquad \rightarrow \quad C_5 = F \qquad \Rightarrow \quad Q_{(x)} = F$$

$$Q_{(x=l)} = F \qquad \rightarrow \quad C_6 = 0 \qquad \Rightarrow \quad w_{S(x)} = \frac{F}{\kappa \cdot G \cdot A} \cdot x$$

Um die Durchbiegungen zu berechnen, benötigen wir noch das axiale Flächenträgheitsmoment I_y sowie den Schubmodul G und die Querschnittsfläche A:

$$I_y = \frac{b \cdot h^3}{12} = 720.000 \; mm^4 \qquad G = \frac{E}{2 \cdot (1 + v)} = 80.769{,}2 \; \frac{N}{mm^2} \qquad A = b \cdot h = 2.400 \; mm^2$$

Nun können wir die Einzeldurchbiegungen an der Kraftangriffsstelle berechnen, indem wir für $x = l$ und die übrigen Zahlenwerte aus der Aufgabenstellung einsetzen. Wir erhalten damit:

$$\underline{\underline{w_{b(x=l)}}} = \frac{F \cdot l^3}{6 \cdot E \cdot I_y} = \underline{\underline{2{,}2 \; mm}} \qquad\qquad \underline{\underline{w_{S(x=l)}}} = \frac{F \cdot l}{\kappa \cdot G \cdot A} = \underline{\underline{0{,}0062 \; mm}}$$

Bei diesen Ergebnissen wird deutlich, dass bei einer Gesamtverformung von $w_{ges} = 2{,}2062$ mm der Anteil der Schubverformung lediglich 0,28% beträgt und eigentlich vernachlässigt werden kann. Es handelt sich hierbei schließlich um einen langen schlanken Balken mit einem Schlankheitsgrad von $h/l = 0{,}06$ bzw. einer Länge von $l = h/0{,}06 = 16{,}67 \cdot h$.

Ein rechteckiger Balken ($b = 40$ mm, $h = 60$ mm, $l = 1$ m, $\kappa = 5/6$) aus Stahl ($E = 210.000$ N/mm², $v = 0{,}3$) wird durch eine konstante Streckenlast $q_0 = 5$ kN/m belastet.

Berechnen Sie die Durchbiegungen infolge Biegung und Schub am freien Ende.

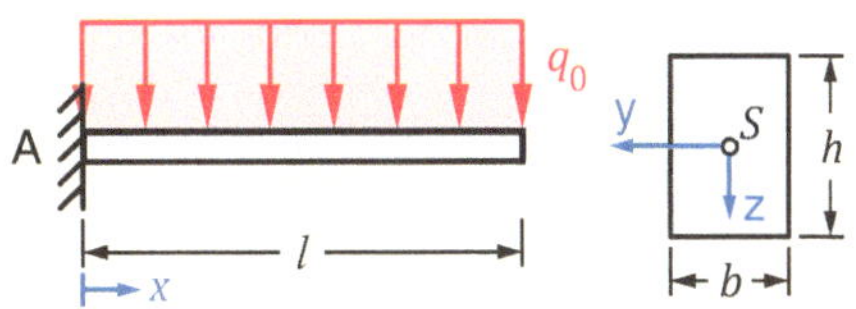

Lösung

Bei dieser Aufgabe ist nur einen Bereich vorhanden und wir können direkt die viermalige Integration der Biegelinie der reinen Biegung durchführen:

$$E \cdot I_y \cdot w''''_{b(x)} = q_{(x)} = q_0$$

$$E \cdot I_y \cdot w'''_{b(x)} = -Q_{(x)} = q_0 \cdot x + C_1 \qquad\qquad (1)$$

$$E \cdot I_y \cdot w''_{b(x)} = -M_{(x)} = \frac{1}{2} \cdot q_0 \cdot x^2 + C_1 \cdot x + C_2 \qquad\qquad (2)$$

$$E \cdot I_y \cdot w'_{b(x)} = \frac{1}{6} \cdot q_0 \cdot x^3 + \frac{1}{2} \cdot C_1 \cdot x^2 + C_2 \cdot x + C_3 \qquad\qquad (3)$$

$$E \cdot I_y \cdot w_{b(x)} = \frac{1}{24} \cdot q_0 \cdot x^4 + \frac{1}{6} \cdot C_1 \cdot x^3 + \frac{1}{2} \cdot C_2 \cdot x^2 + C_3 \cdot x + C_4 \qquad\qquad (4)$$

Die Integrationskonstanten lösen wir mithilfe der Rand- und Übergangsbedingungen und setzen die Ergebnisse wieder in unsere Ausgangsgleichungen (1) bis (4) ein:

$$w'_{b(x=0)} = 0 \qquad \rightarrow \quad C_1 = -q_0 \cdot l \qquad\qquad \Rightarrow \quad Q_{(x)} = q_0 \cdot (-x + l)$$

$$w_{b(x=0)} = 0 \qquad \rightarrow \quad C_2 = \frac{1}{2} \cdot q_0 \cdot l^2 \qquad \Rightarrow \quad M_{(x)} = q_0 \cdot \left(-\frac{1}{2} \cdot x^2 + l \cdot x - \frac{1}{2} \cdot l^2 \right)$$

$$Q_{(x=l)} = 0 \qquad \rightarrow \quad C_3 = 0 \qquad\qquad \Rightarrow \quad w'_{b(x)} = \frac{q_0}{E \cdot I_y} \cdot \left(\frac{1}{6} \cdot x^3 - \frac{1}{2} \cdot l \cdot x^2 + \frac{1}{2} \cdot l^2 \cdot x \right)$$

$$M_{(x=l)} = 0 \qquad \rightarrow \quad C_4 = 0 \qquad\qquad \Rightarrow \quad w_{b(x)} = \frac{q_0}{E \cdot I_y} \cdot \left(\frac{1}{24} \cdot x^4 - \frac{1}{6} \cdot l \cdot x^3 + \frac{1}{4} \cdot l^2 \cdot x^2 \right)$$

Für die Berechnung der Schubverformung gehen wir analog vor:

$$\kappa \cdot G \cdot A \cdot w''_{S(x)} = -q_{(x)} = -q_0$$

$$\kappa \cdot G \cdot A \cdot w'_{S(x)} = Q_{(x)} = -q_0 \cdot x + C_5 \tag{5}$$

$$\kappa \cdot G \cdot A \cdot w_{S(x)} = -\frac{1}{2} \cdot q_0 \cdot x^2 + C_5 \cdot x + C_6 \tag{6}$$

Nach der Bestimmung der Integrationskonstanten und dem Einsetzen in die Gleichungen (5) und (6) erhalten wir als Ergebnis:

$$w'_{S(x=0)} = 0 \qquad\quad \rightarrow \quad C_5 = q_0 \cdot l \qquad\quad \Rightarrow \quad Q_{(x)} = q_0 \cdot (-x + l)$$

$$Q_{(x=l)} = F \qquad\quad \rightarrow \quad C_6 = 0 \qquad\qquad \Rightarrow \quad w_{S(x)} = \frac{q_0}{\kappa \cdot G \cdot A} \cdot \left(-\frac{1}{2} \cdot x^2 + l \cdot x \right)$$

Mit den entsprechenden Werten für das axiale Flächenträgheitsmoment I_y, dem Schubmodul G und der Querschnittsfläche A:

$$I_y = \frac{b \cdot h^3}{12} = 720.000 \, mm^4 \qquad G = \frac{E}{2 \cdot (1 + \nu)} = 80.769{,}2 \, \frac{N}{mm^2} \qquad A = b \cdot h = 2.400 \, mm^2$$

erhalten wir für die Einzeldurchbiegungen an der Kraftangriffsstelle $x = l$ und die Werte:

$$\underline{\underline{w_{b(x=l)}}} = \frac{q_0 \cdot l^4}{8 \cdot E \cdot I_y} = \underline{\underline{4{,}1 \, mm}} \qquad\qquad \underline{\underline{w_{S(x=l)}}} = \frac{q_0 \cdot l^2}{2 \cdot \kappa \cdot G \cdot A} = \underline{\underline{0{,}0155 \, mm}}$$

Da es sich um einen langen schlanken Balken mit einem Schlankheitsgrad von h/l = 0,06 bzw. einer Länge von $l = h/0{,}06 = 16{,}67 \cdot h$ handelt, beträgt der Anteil der Schubverformung an der Gesamtverformung von w_{ges} = 4,1155 mm lediglich 0,37%.

Anmerkung: Bei diesem und auch bei Beispiel 10.7 hätten wir die Durchbiegungen w_b an der Kraftangriffsstelle direkt aus der Formelsammlung ▶ Tab. 9-5 auf S. 198 entnehmen können.

10.6.4 Vergleich der Biege- und Schubverformung

Anhand der beiden letzten Beispiele 10.7 und 10.8 wollen wir nun eine kurze Auswertung der Biege- und Schubverformung durchführen. Wir nehmen dazu die jeweiligen Gleichungen für die Durchbiegungen w_b und w_S am freien Ende des Balkens und variieren dabei den Schlankheitsgrad λ:

$$\lambda = l \cdot \sqrt{\frac{A}{I_y}} = \frac{l}{h} \cdot \sqrt{12} \qquad (10.39)$$

Schlankheitsgrad

Danach berechnen wir uns die prozentualen Anteile der beiden Durchbiegungen w_b und w_S an der Gesamtdurchbiegung $w_{ges} = w_b + w_S$. Die Ergebnisse dieser Vorgehensweise sind in den beiden Diagrammen ▶ Abb. 10.25 dargestellt. Generell sehen wir an diesen Ergebnisse, dass mit zunehmendem Schlankheitsgrad der Verformungsanteil infolge Biegung drastisch zunimmt und der Verformungsanteil infolge Schub nicht mehr wirklich ins Gewicht fällt. Zudem beträgt der Anteil der Schubverformung bei einem Schlankheitsgrad von $\lambda \approx 17$ lediglich 3% bei der Belastung durch die Einzelkraft F und 4% bei der Belastung durch die Streckenlast q_0. Dabei entspricht der Schlankheitsgrad von $\lambda \approx 17$ einem Verhältnis von $h/l = 0{,}2$ oder anders ausgedrückt, einer Länge von $l = 5 \cdot h$. Dieses Verhältnis von Höhe zu Länge entspricht in etwa dem Minimalwert für einen schlanken Balken. Alles was einen Schlankheitsgrad von $\lambda > 17$ besitzt ist definitiv ein schlanker Balken (*hellgelb* hinterlegter Bereich in ▶ Abb. 10.25). Alles darunter ($\lambda < 17$) ist somit ein gedrungener Balken. Dies ist auch der

Ab einem **Schlankheitsgrad** von $\lambda > 17$ bzw. einem Verhältnis von $h/l = 0{,}2$ gilt ein **Balken** als **schlank**.

Für einen **Schlankheitsgrad von** $\lambda < 17$ handelt es sich um einen **kurzen gedrungenen Balken**.

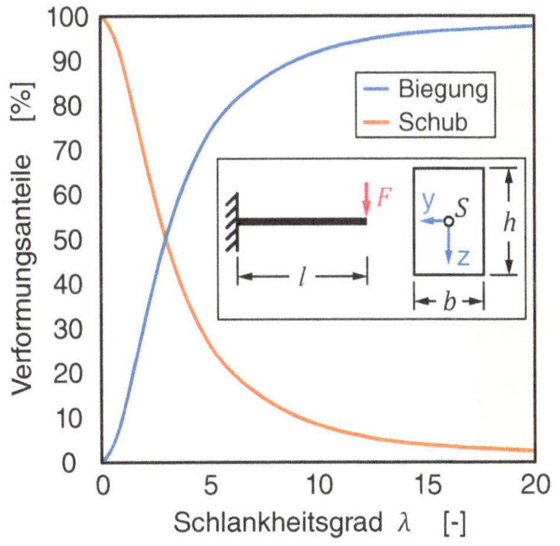

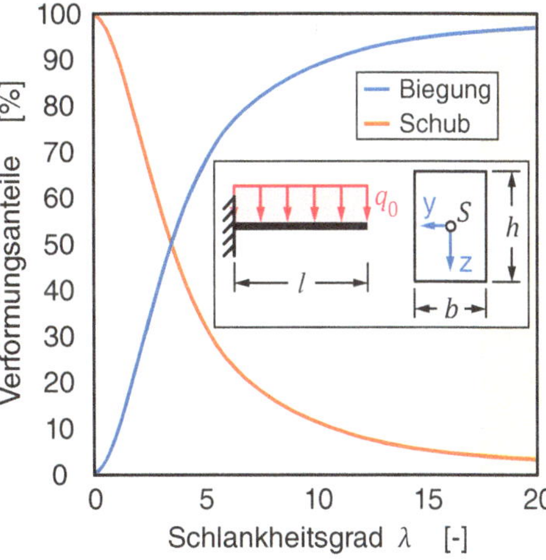

Abb. 10.25

► Die **Schubverformung** w_S kann für **lange schlanke Balken** (Richtwert: $l \geq 5 \cdot h$) **vernachlässigt werden**.

► Die **Schubspannung** τ_m **bzw.** $\tau_{(z)}$ kann ebenfalls für **lange schlanke Balken** (Richtwert: $l \geq 5 \cdot h$) **vernachlässigt werden**.

Eine der **Hauptanwendungen** der TIMOSHENKO-**Balkentheorie** liegt im Bereich der **Baustatik** und dort bei der Berechnung von **Schwingungen in Balkentragwerken**.

Grund, warum wir in der Vorgehensweise zur Berechnung von statisch bestimmten Tragwerken beim Hinweis genau dieses Verhältnis für schlanke Balken angegeben haben.

Als Beispielwert besitzt ein Balken mit einer Länge von $l = 600$ mm und einer Breite von $b = 40$ mm eine Höhe von $h = 120$ mm bei einem Schlankheitsgrad von $\lambda \approx 17$. Dies wäre also der Grenzfall zwischen einem langen schlanken und einem kurzen gedrungenen Balken. In der gängigen Praxis sind die Balken aber meistens viel schlanker als dieses Beispiel.

Damit wäre gezeigt, dass die Berücksichtigung der Schubverformung lediglich bei kurzen gedrungenen Balken berücksichtigt werden muss. Bei langen schlanken Balken überwiegt die Biegeverformung deutlich der Schubverformung und wir können daher ruhigen Gewissens die Schubverformung vernachlässigen.

Gleiches gilt übrigens auch für die damit verbundene Schubspannung $\tau_{(z)}$ bei einem langen schlanken Balken. Nehmen wir einmal das Beispiel des Kragträgers mit der Einzelkraft F. Dann beträgt bei einem Schlankheitsgrad von $\lambda \approx 17$ die mittlere Schubspannung τ_m lediglich 3,3% von der Biegespannung σ_b und die max. Schubspannung τ_{max} der nahezu realen Schubspannungsverteilung nach ▶ Tab. 10-1 (S. 246, Rechteckquerschnitt bzw. Beispiel 10.1) beträgt gerade einmal 5% von der Biegespannung σ_b. Von daher können wir auch hier festhalten, dass die Schubspannungen τ_m bzw. $\tau_{(z)}$ für lange schlanke Balken, welche eine Biegung erfahren, vernachlässigbar sind.

Jetzt kommt natürlich die Frage auf "*Wieso haben wir uns so ausführlich mit der Berechnung der Schubspannung und der Schubverformung beschäftigt, wenn diese im Allgemeinen bei langen schlanken Balken sowieso vernachlässigt werden können??*" Zum einen müssen die Schubspannung und die Schubverformung bei einem kurzen gedrungenen Balken berücksichtigt werden. Zum anderen ist die Hauptanwendung der TIMOSHENKO-Balkentheorie in der Baustatik. Durch die Berücksichtigung einer zusätzlichen Schubverformung ist, wie eingangs schon erwähnt, die Steifigkeit des Balkens geringer und damit die Gesamtverformung größer. Dies ist bei der Auslegung von z. B. Brücken enorm wichtig. Denn mit veränderter Steifigkeit und größeren Verformungen ändern sich auch die Eigenfrequenzen, was große Auswirkungen auf das Schwingungsverhalten hat. Darum wird die TIMOSHENKO-Balkentheorie auch sehr viel im Bereich der Berechnung von Schwingungen angewendet.

In Kürze

Schubspannung und Schubverformung

- Bei der reinen Biegung (EULER-BERNOULLI-Balken) ist der Balken schubstarr und Schubspannungen sowie Gleitungen werden vernachlässigt.
- Beim realen Schub sind Schubspannung und Gleitung nichtlinear über der Querschnittshöhe verteilt und es kommt zu einer Verwölbung des Querschnitts.
- Der berechnete Schubspannungsverlauf $\tau_{(z)}$ ist lediglich eine Näherungslösung. Die realen Schubspannungen in einem Bauteil lassen sich nur mit den *Methoden der Elastizitätstheorie* richtig erfassen.
- Für die meisten technischen Anwendungen ist diese Näherungslösung jedoch ausreichend genau.
- Bei langen schlanken Balken (Richtwert: $l \geq 5 \cdot h$) können die Schubspannungen τ_m bzw. $\tau_{(z)}$ und die Schubverformung w_S vernachlässigt werden.
- Die EULER-BERNOULLI-Balkentheorie ist ein Sonderfall der TIMOSHENKO-Balkentheorie.

Schubmittelpunkt

- Der Schubmittelpunkt ist der Punkt eines Balkenquerschnitts, durch den die angreifende Querkraft F gehen muss, damit eine torsionsfreie Biegung des Balkens stattfindet.
- Besitzt der Querschnitt eine Symmetrieachse, liegt der Schubmittelpunkt auf der Symmetrieachse.
- Existieren zwei Symmetrieachsen, liegt der Schubmittelpunkt im Schwerpunkt S des Querschnitts.
- Ist der Querschnitt aus zwei Rechtecken zusammengesetzt, liegt der Schubmittelpunkt im Schnittpunkt der Mittellinien der Rechtecke.
- Bei sternförmigen Querschnitten liegt der Schubmittelpunkt im Schnittpunkt der Mittellinien der Rechtecke.

mittlere Schubspannung

(einfachste Berechnung der Schubspannung)

$$\tau_m = \frac{Q_z}{A}$$

Dickwandige Balkenquerschnitte

- *statisches Moment*:

$$S_{y(z)} = \int z \cdot dA = \int_{z_o = z}^{z_u} z \cdot b_{(z)} \cdot dz$$

- *Schubspannungsverlauf*:
  (Näherungslösung; annähernd real)

$$\tau_{(z)} = \frac{Q_z}{I_y \cdot b_{(z)}} \cdot S_{y(z)}$$

Dünnwandige Balkenquerschnitte

- *statisches Moment*:

$$S_{y(\zeta)} = \int z_{(\zeta)} \cdot t_{(\zeta)} \cdot d\zeta = z_{S(\zeta)R} \cdot t_{(\zeta)} \cdot \zeta$$

- *Schubspannungsverlauf*:
  (Näherungslösung; annähernd real)

$$\tau_{(\zeta)} = \frac{Q_z}{I_y \cdot t_{(\zeta)}} \cdot S_{y(\zeta)}$$

Formelsammlung Schubspannungsverteilung:
▶ Tab. 10-1 auf S. 246

TIMOSHENKO-Balkentheorie

- *Differenzialgleichung der Biegung*:

$$E \cdot I_y \cdot w_{b(x)}'''' = q_{(x)}$$

- *Differenzialgleichung des Schubs*:

$$\kappa \cdot G \cdot A \cdot w_{S(x)}'' = -q_{(x)}$$

- Zur Lösung der beiden Differenzialgleichungen (Biegung und Schub) gelten die Rand- und Übergangsbedingungen nach ▶ Tab. 9-1 auf (S. 187), ▶ Tab. 9-3 und ▶ Tab. 9-4 auf S. 192.

10.7 Aufgaben zu Kapitel 10

Aufgabe 10.1
Ein masseloser Balken mit dickwandigem U-Profil
($b = 70$ mm, $h = 40$ mm, $s = 5$ mm) wird durch eine
Kraft $F = 34$ kN belastet.

Berechnen Sie die Schubspannungsverteilung $\tau_{(z)}$
entlang der Balkenhöhe und die max. auftretende
Schubspannung τ_{max}.

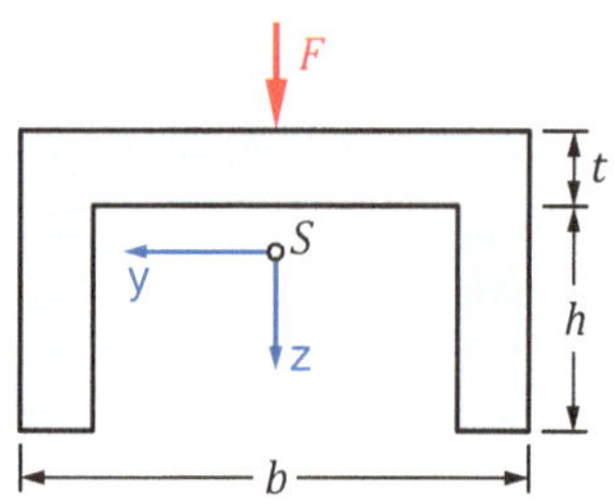

Aufgabe 10.2
Ein masseloser Balken mit dem dargestellten dreieck-
förmigen Querschnitt ($b = h = 30$ mm) wird durch eine
Querkraft $F = 30$ kN in z-Richtung belastet.

Berechnen Sie:
  a) die Querschnittsbreite $b_{(z)}$ in Abhängigkeit von
     der Laufkoordinate in z-Richtung.
  b) die Schubspannungsverteilung $\tau_{(z)}$ entlang der
     Querschnittshöhe.
  c) die max. Schubspannung τ_{max} und deren
     z-Koordinate.

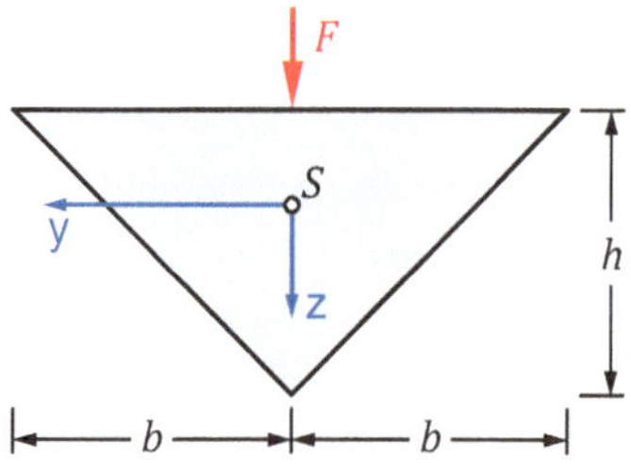

Aufgabe 10.3
Ein masseloser Balken mit dünnwandigem L-Profil
($b = 50$ mm, $h = 50$ mm, $t = 6$ mm) wird durch eine
Kraft $F = 13$ kN belastet.

Berechnen Sie die Schubspannungsverteilung $\tau_{(\zeta)}$
entlang der Profilmittellinie und die max. auftretende
Schubspannung τ_{max}.

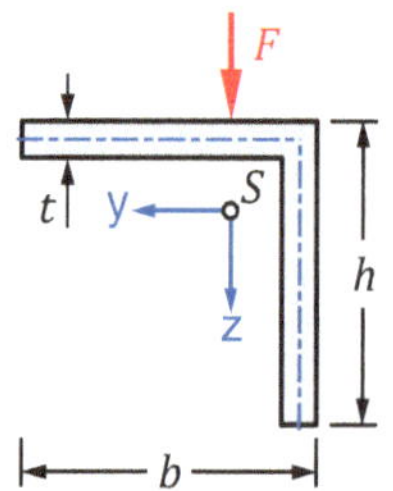

Aufgabe 10.4
Ein masseloser Balken (E295, $l = 1$ m, $b = 60$ mm,
$h = 100$ mm, $E = 210$ GPa, $\nu = 0{,}3$, $R_e = 295$ N/mm^2,
$\kappa = 5/6$,) wird mit einer Streckenlast $q_{(x)}$ belastet.

$$q_{(x)} = q_0 \cdot \frac{x^2}{l^2}; \quad q_0 = 115 \, \frac{kN}{m}$$

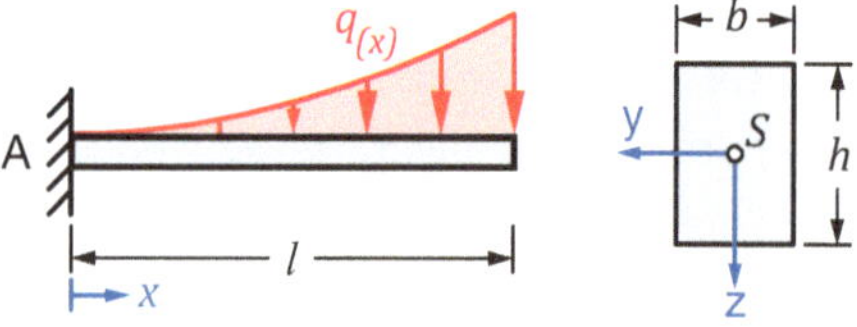

Bestimmen Sie die Einzelanteile der Durchbiegung am
freien Ende aufgrund von Biegung und Schub.

Aufgabe 10.5

Ein masseloser Balken (E335, $l = 1$ m, $r = 40$ mm, $E = 210$ GPa, $v = 0{,}3$, $R_e = 335$ N/mm², $\kappa = 3/4$) wird mit einer Streckenlast $q_0 = 95$ kN/m belastet.

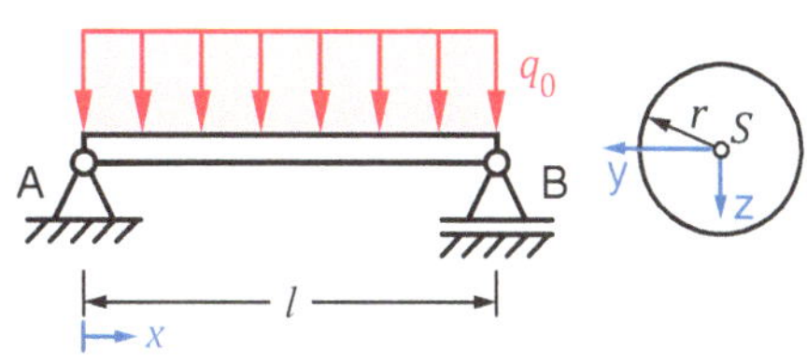

a) Bestimmen Sie die Einzelanteile der Durchbiegung von Biegung und Schub in der Mitte des Balkens.

b) Wie groß ist die Sicherheit gegen Fließen?

Aufgabe 10.6

Ein masseloser Balken (S275, $l = 0{,}8$ m, $a = 30$ mm, $E = 210\,000$ N/mm², $v = 0{,}3$, $R_e = 275$ N/mm², $\kappa = 5/6$, $w_{zul} = 5$ mm) wird mit einer Streckenlast $q_0 = 3{,}5$ kN/m belastet.

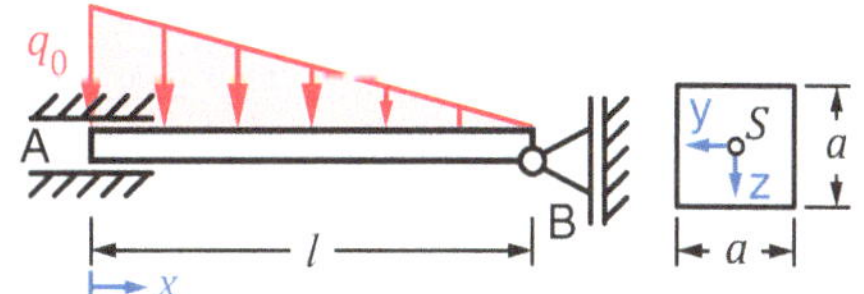

a) Bestimmen Sie die Einzelanteile der max. Durchbiegung von Biegung und Schub.

b) Berechnen Sie die max. Biegespannung und max. Schubspannung im Inneren des Balkens.

c) Wie groß ist die Sicherheit gegen Fließen nach der Gestaltänderungsenergiehypothese?

d) Wie groß ist die Sicherheit gegen Durchbiegung?

Aufgabe 10.7

Ein masseloser Balken (E360, $l = 0{,}7$ m, $a = 45$ mm, $b = 20$ mm, $E = 210$ GPa, $v = 0{,}3$, $R_e = 360$ N/mm², $\kappa = 0{,}75$) wird mit einer Streckenlast $q_{(x)}$ belastet.

$$q_{(x)} = q_0 \cdot \left(2 \cdot \frac{x}{l} - \frac{x^2}{l^2} \right); \quad q_0 = 28 \, \frac{kN}{m}$$

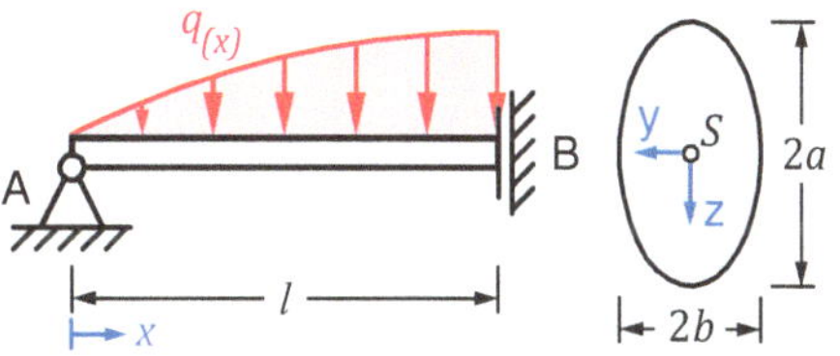

a) Bestimmen Sie die Einzelanteile der max. Durchbiegung von Biegung und Schub.

b) Berechnen Sie die max. Biegespannung und max. Schubspannung im Inneren des Balkens.

c) Wie groß ist die Sicherheit gegen Fließen nach der Gestaltänderungsenergiehypothese?

Lösungen

Aufgabe 10.1 $\tau_{max(z=0)} = 106{,}5$ N/mm²

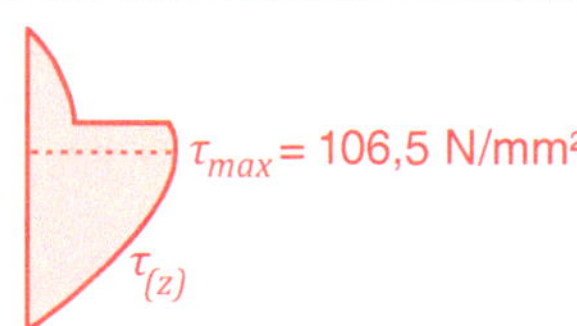

Aufgabe 10.2 $b_{(z)} = \dfrac{4}{3} \cdot b - 2 \cdot \dfrac{b}{h} \cdot z$

$\tau_{max(z=5\,mm)} = 50$ N/mm²

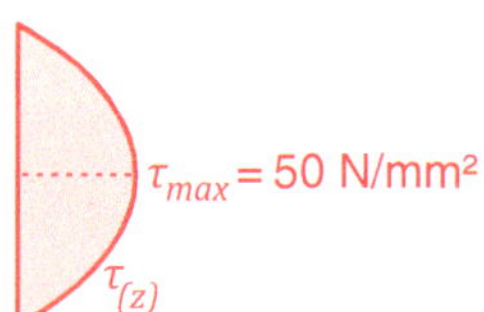

Aufgabe 10.3 $\tau_{max(z=0)} = 61{,}7$ N/mm²

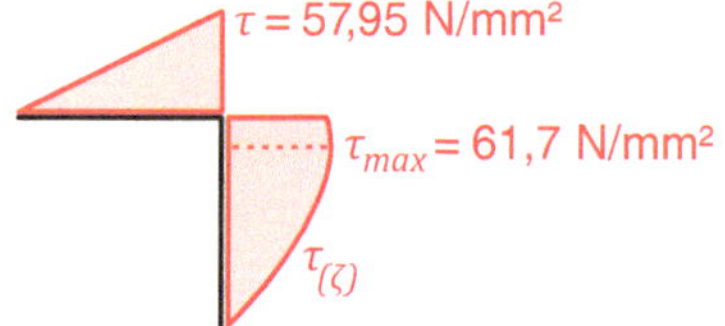

Aufgabe 10.4 $w_{b(x=l)} = 7{,}91$ mm
$w_{S(x=l)} = 0{,}071$ mm

Aufgabe 10.5 $w_{b(x=l/2)} = 2{,}93$ mm $M_{y(x=l/2)} = 11875$ Nm
$w_{S(x=l/2)} = 0{,}039$ mm $\sigma_{x(x=l/2)} = 236{,}2$ N/mm²

Aufgabe 10.6 $w_{b(x=l)} = 3{,}37$ mm $\sigma_{max} = |83$ N/mm²$|$
$w_{S(x=l)} = 0{,}0062$ mm $\tau_{max} = 2{,}33$ N/mm²
$M_{max(x=0)} = -373{,}3$ Nm $\sigma_V = 83{,}06$ N/mm²
$Q_{max(x=0)} = 1400$ N $S_F = 3{,}31$
$S_w = 1{,}48$

Aufgabe 10.7 $w_{b(x=l)} = 4{,}81$ mm $\sigma_{max} = 179{,}7$ N/mm²
$w_{S(x=l)} = 0{,}0334$ mm $\tau_{max} = 6{,}16$ N/mm²
$M_{max(x=l)} = 5{,}72$ kNm $\sigma_V = 180$ N/mm²
$Q_{max(x=0)} = 13{,}1$ kN $S_F = 2{,}0$

11 Torsion

© Springer Fachmedien Wiesbaden GmbH, ein Teil von Springer Nature 2019

C. Spura, *Technische Mechanik 2. Elastostatik*,

https://doi.org/10.1007/978-3-658-19979-1_11

Eine Torsion entsteht, wenn ein Bauteil durch ein Moment um seine Längsachse belastet wird. Durch diese Belastung kommt es zu einer Verdrillung/Verdrehung des Bauteil. Die damit einhergehenden Schubspannungen wirken innerhalb der Bauteilquerschnittsfläche. Zudem kommt es, infolge der Schubspannungen, zu einer Verwölbung der Querschnittsfläche. Die Berechnung der Torsion erfolgt nach der SAINT-VENANT'schen Torsionstheorie. Da diese Theorie für beliebige Querschnitte recht komplex ist, beschränken wir uns in diesem Kapitel auf die in der Praxis wichtigsten Querschnitte: kreis- und kreisringförmige sowie dünnwandig geschlossene und dünnwandig offene Querschnitte.

Wir haben bisher Balken durch eine Normalkraft sowie durch Biegemomente belastet. Die Normalkraft N wirkte in Richtung der x-Achse und verursachte eine Normalspannung σ_x. Bei der Biegung wirkten die Biegemomente M_y um die y- und M_z um die z-Achse. Auch diese Belastungen bewirken eine Normalspannung σ_x. Danach folgte die Betrachtung einer Querkraft Q_z in Richtung der z-Achse. Hierbei kommt es zu einer Schubspannung $\tau_{(z)}$. Analog dazu führt eine Querkraft Q_y in Richtung der y-Achse zu einer Schubspannung $\tau_{(y)}$. Wir haben bisher also Kräfte untersucht, welche in Richtung unserer drei Koordinatenachsen wirken und dabei die Normalspannung σ_x und die Schubspannungen $\tau_{(z)}$ und $\tau_{(y)}$ bewirken. Zudem haben wir die Momentenwirkungen um die y- und z-Achse untersucht, welche entsprechende Biegungen um diese Achsen und damit die Normalspannung σ_x herbeiführt. Nun müssen wir uns noch mit einer letzten Belastung beschäftigen, nämlich der Momentenwirkung um die x-Achse, siehe ▸ Abb. 11.1. Durch das hier angreifende äußere Moment T wird unser Balken um seine Längsachse (x-Achse) verdreht bzw. tordiert. Daher wird dieses Moment auch Torsionsmoment T genannt und mit dem Formelbuchstaben "T" gekennzeichnet. Zudem erkennen wir, wenn wir ein infinitesimales Volumenelement dV auf der Oberfläche unseres Balkens näher betrachten, dass hier *reiner Schub* (vgl. ▸ Abb. 3.16 auf S. 40) und damit eine Torsionsschubspannung τ_t auftritt. Der Index "t" steht hierbei für Torsion (dies sollte nicht mit dem Index "T" für die Temperatur verwechselt werden).

Eine Torsionsbelastung führt somit also zu einer Verdrehung ϑ unseres Balkens um dessen Längsachse. Aus Kapitel 10.5 auf S. 247 wissen wir noch, dass wenn eine Querkraft nicht durch den Schubmittelpunkt M verläuft, eine Verdrehung

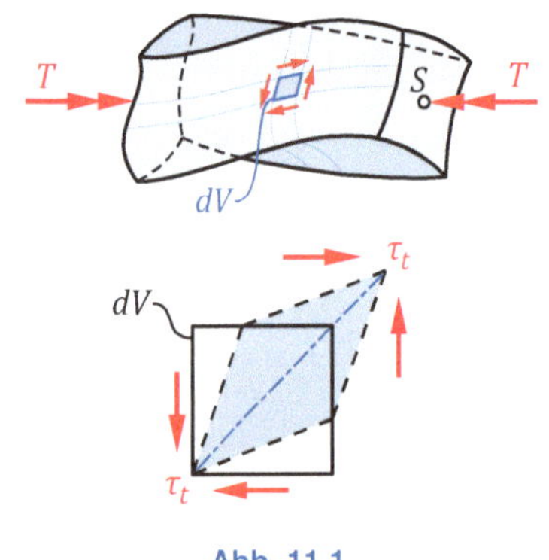

Abb. 11.1

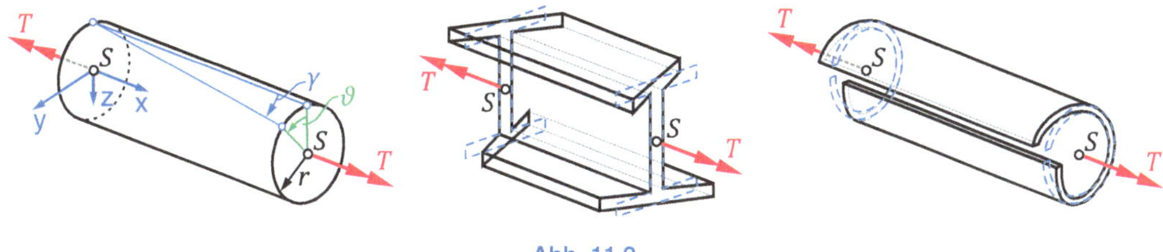

Abb. 11.2

des Querschnitts und somit eine Torsion auftritt. Des Weiteren kommt es im Zuge einer Torsion, je nach Querschnittsprofil, zu einer Verwölbung der Querschnittsfläche. Diese Verwölbung ist in ▶ Abb. 11.2 anhand eines I-Profils sowie eines geschlitzten dünnwandigen Rohres dargestellt.

Bei der Verwölbung eines Querschnitts müssen wir zwei wichtige Fälle unterscheiden. Wird ein Bauteil, wie in ▶ Abb. 11.3, einer reinen Torsion ausgesetzt, kann am *freien Ende* bei $x = l$ eine ungehinderte Verwölbung auftreten. Somit kann es hier zu Verschiebungen $u_{(x,y,z)} \neq 0$ in x-Richtung kommen, aber es können keine Normalspannungen $\sigma_{x(x,y,z)} = 0$ (freies Ende) auftreten. Andersherum verhält es sich dagegen, wenn eine *feste Einspannung* bei $x = 0$ vorliegt. Hier wird durch die Lagerung die Verschiebung $u_{x(x,y,z)} = 0$ verhindert, aber dafür können Normalspannungen $\sigma_{x(x,y,z)} \neq 0$ auftreten. Wir können also folgendes festhalten:

- *Torsion ohne Wölbbehinderung*: Verschiebungen sind vorhanden $u_{(x,y,z)} \neq 0$, Normalspannungen sind Null: $\sigma_{x(x,y,z)} = 0$, siehe ▶ Abb. 11.2.
- *Torsion mit Wölbbehinderung*: es treten keine Verschiebungen auf $u_{(x,y,z)} = 0$, Normalspannungen sind vorhanden $\sigma_{x(x,y,z)} \neq 0$. Aufgrund der hohen Komplexität einer Wölbbehinderung, werden wir diesen Fall nicht behandelt.

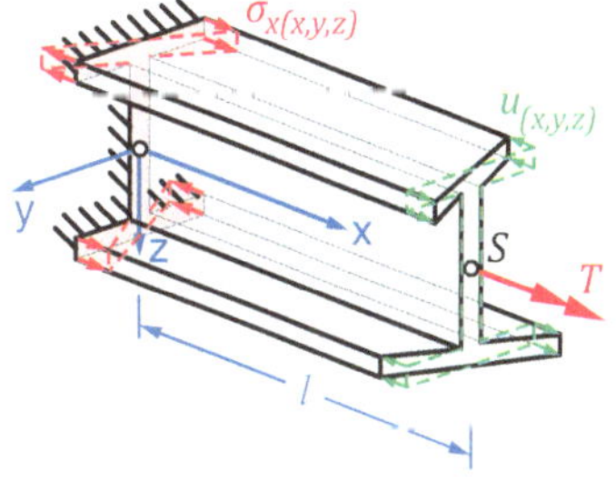

Abb. 11.3

11.1 Modellannahmen

Da wir zur Berechnung der Torsion auch Modellannahmen benötigen, um die Realität mit möglichst einfachen Berechnungen abbilden zu können, folgen nun die dafür notwendigen Annahmen:

- Balkenlänge >> Querschnittsabmessungen (b, h, r)
- Balken ist schlank (Richtwert: $l \geq 5 \cdot b$, $5 \cdot h$)
- Balken ist biegesteif
- Balken ist gerade oder nur leicht gekrümmt
- Balken mit konstantem bzw. schwach veränderlichem Querschnitt (prismatischer Balken)

▶ **Allgemeingültige Modellannahmen zur Torsion.**

- x-Achse entspricht der Schwerachse S des Balkens
- alle Verformungen sind klein gegenüber den Balkenabmessungen: $u, v, w << h, b, r$ und $\vartheta \leq 1°$/m Balkenlänge
- Die Verdrehung $\vartheta_{(x)}$ des Querschnitts erfolgt in der Regel um den Schubmittelpunkt M des Profils
- isotropes linear-elastisches Materialverhalten nach dem HOOKE'schen Gesetz
- Der Balken ist im unbelasteten Zustand spannungsfrei

Diese Modellannahmen gelten für die weitere Behandlung der Torsion in diesem Kapitel. Da wir die Torsion anhand verschiedener Querschnitte behandeln wollen:

Einteilung der Torsion anhand des jeweiligen **Querschnitts**.

- Kreis- und kreisringförmige Querschnitte
- Dünnwandig geschlossene Querschnitte
- Dünnwandig offene Querschnitte

werden wir in den entsprechenden Unterkapiteln noch weitere Modellannahmen für die jeweiligen Querschnitte angeben.

11.2 Gleichgewichtsbedingung der Torsion

Bevor wir mit der Berechnung der Torsion beginnen, wollen wir die dafür notwendige Gleichgewichtsbedingung aufstellen. Dazu betrachten wir den in ▶ Abb. 11.4 dargestellten Balken, der durch zwei Torsionsmomente T und eine beliebige Torsionsstreckenlast $m_{t(x)}$ belastet wird. Der Querschnitt A sowie der Elastizitätsmodul E sind beide konstant: $A = E = $ konstant. Die Temperatur wollen wir vernachlässigen.

Aus unserem Balken schneiden wir wieder an einer beliebigen Stelle x ein infinitesimales Scheibenelement der Länge dx aus unserem Balken heraus. Da es sich um eine infinitesimale Balkenscheibe handelt, kann die Torsionsstreckenlast $m_{t(x)}$ entlang der Länge dx als konstant betrachtet werden und das Torsionsmoment T erfährt von der linken Seite (Stelle x) zur rechten Seite (Stelle $x + dx$) eine infinitesimale Änderung um dT. An dieser Balkenscheibe stellen wir nun das Momentengleichgewicht um die x-Achse an der Stelle x auf und erhalten:

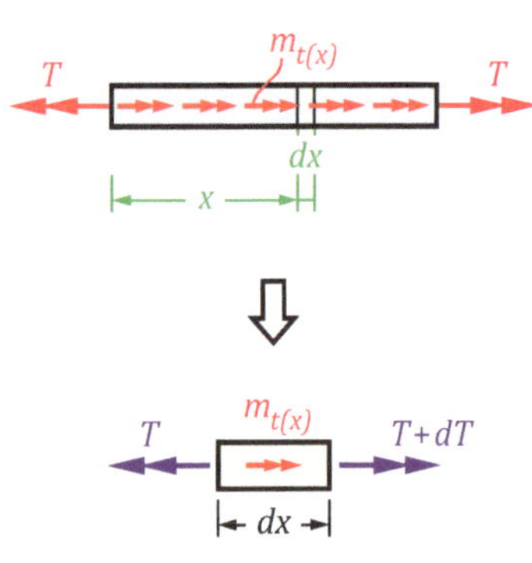

Abb. 11.4

$$\circlearrowleft x: \sum M_{ix} = 0 = -T + m_{t(x)} \cdot dx + T + dT$$

Stellen wir diese Gleichung wieder etwas um, erhalten wir die *Gleichgewichtsbedingung für die Torsion*:

Gleichgewichtsbedingung für die Torsion

$$\frac{dT}{dx} = T' = -m_{t(x)} \tag{11.1}$$

Diese Vorgehensweise sollte uns aus den vorhergehenden Kapiteln recht bekannt sein.

11.3 Kreis- und kreisringförmige Querschnitte

Für die Behandlung von kreis- und kreisringförmigen Querschnitten betrachten wir das in ▶ Abb. 11.5 dargestellte Balkenmodell mit kreisförmigen Querschnitt. Zudem wenden wir die von COULOMB[34] aufgestellten speziellen Modellannahmen für kreis- und kreisringförmige Querschnitte an:

- Balkenquerschnitte verdrehen sich wie starre Scheiben ("*Speiche bleibt Speiche*")
- Ebene Querschnitte bleiben eben (keine Verwölbung) ("*Ebene bleibt Ebene*")
- Die Schraubenlinie wird als Gerade angenommen ("*Gerade bleibt Gerade*")

Wir gehen also davon aus, dass wir unseren Balken in dünne Scheiben schneiden können und das sich diese Scheiben dann entlang der Balkenachse immer weiter gegeneinander verdrehen. Das ist mit der ersten Annahme "Speiche bleibt Speiche" gemeint. Zudem gehen wir davon aus, dass es keine Querschnittverwölbung gibt und demnach $u_{x(x,y,z)} = 0$ gilt. Dies ist durchaus einleuchtend, wenn wir den Balken als eine Aneinanderreihung von Kreisscheiben sehen. Da sich alle Scheiben gleichmäßig gegeneinander verdrehen, kann keine Verwölbung entstehen. Abschließend ergibt sich anhand der ersten Annahme, dass die Verbindungslinie der verdrehten Scheiben eine Gerade darstellt. Diese Gerade wird als Schraubenlinie bezeichnet, wie in ▶ Abb. 11.5 zu sehen ist.

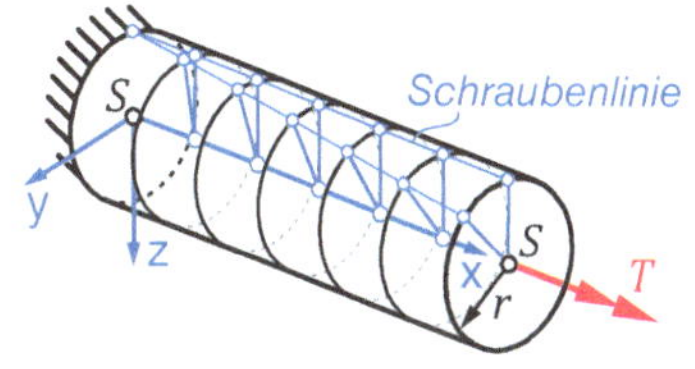

Abb. 11.5

11.3.1 Differenzialgleichung der Torsion

Wir wollen uns nun mit der mathematischen Berechnung der Torsion beschäftigen. Dazu betrachten wir in unserem Balken eine infinitesimale Scheibe der Dicke dx, siehe ▶ Abb. 11.6. An der Stelle x (linker Rand) besitzt die Scheibe die Verdrehung ϑ. An der Stelle $x + dx$ (rechter Rand) ist die Verdrehung um den Betrag $d\vartheta$ fortgeschritten. Zudem können wir mithilfe der Schraubenlinie einen Zusammenhang zwischen der Gleitung γ (Winkeländerung) auf der Oberfläche unseres Balkens und dem Verdrehwinkel ϑ herstellen. Betrachten wir nun die Balkenscheibe dx für sich alleine, haben wir vom linken zum rechten Rand die Verdrehung $d\vartheta$ und damit die Gleitung γ vorliegen. Des Weiteren können wir zur Verdrehung $d\vartheta$ am Rand der Kreisscheibe zusätzlich die Verschiebung du (Abschnitt des Kreisbogens) antragen.

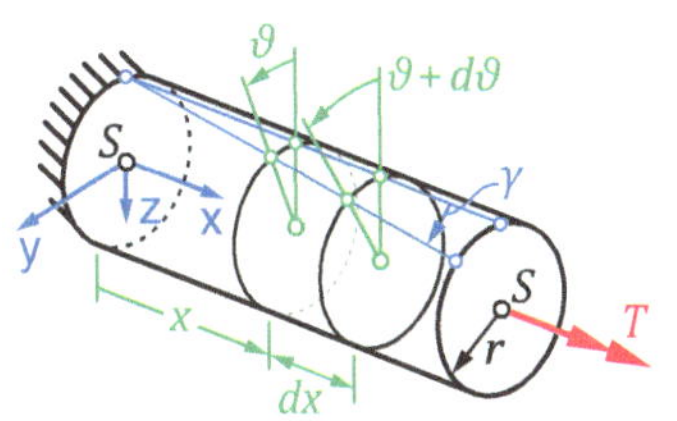

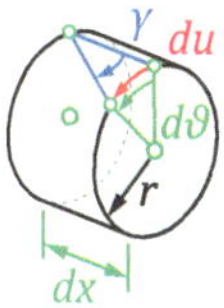

Abb. 11.6

---

[34] Charles Augustin de COULOMB (1736–1806), franz. Physiker

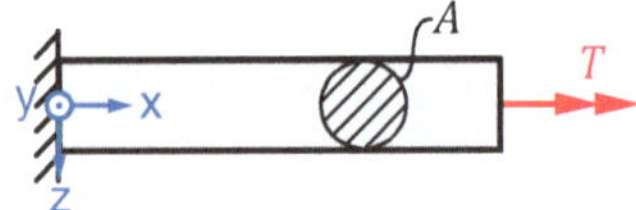

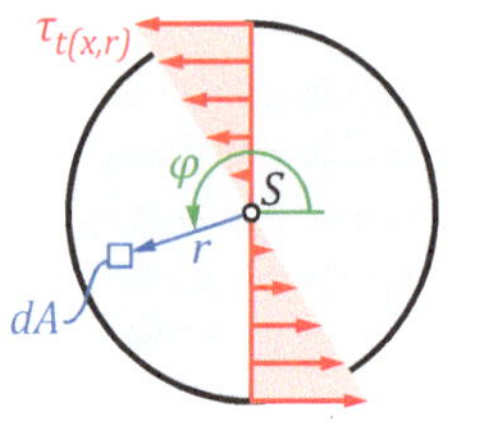

Abb. 11.7

Mit diesen Überlegungen wollen wir nun die Differenzialgleichung der Torsion herleiten. Dazu gehen wir davon aus, dass die Torsionsspannung $\tau_{t(x,r)}$ tangential zum Kreisring wirkt und mit größer werdendem Radius ebenfalls größer wird, siehe ▶ Abb. 11.7. Damit ist die Torsionsspannung $\tau_{t(x,r)}$ zum einen von der betrachteten Stelle x wie auch vom, an der Stelle x, vorhandenen Radius r abhängig. Um nun das Torsionsmoment T zu berechnen, verwenden wir ein infinitesimales Flächenelement dA unseres Kreisquerschnitts A, welches wir mithilfe von Zylinderkoordinaten (x, r, φ) beschreiben wollen. Da sich das Torsionsmoment T auf den Kreisquerschnitt A verteilt, können wir das Torsionsmoment T berechnen, indem wir die Torsionsspannung $\tau_{t(x,r)}$ über unseren Kreisquerschnitts A integrieren. Wir erhalten damit die Gleichung:

$$T = \int r \cdot \tau_{t(x,r)} \cdot dA \tag{11.2}$$

Hierin setzen wir das HOOKE'sche Gesetz für Schub nach Gleichung (5.11) auf S. 73 ein:

$$T = \int r \cdot G \cdot \gamma \cdot dA \tag{11.3}$$

Anhand von ▶ Abb. 11.6 ist die Verschiebung bzw. der Kreisbogenabschnitt du proportional zur Gleitung γ und zum Verdrehwinkel $d\vartheta$:

$$du = r \cdot d\vartheta = \gamma \cdot dx \tag{11.4}$$

Daraus erhalten wir durch umstellen:

$$\gamma = r \cdot \frac{d\vartheta}{dx} = r \cdot \vartheta' \tag{11.5}$$

Diesen Zusammenhang setzen wir in Gleichung (11.3) ein:

$$T = \int r \cdot G \cdot r \cdot \vartheta' \cdot dA = G \cdot \vartheta' \cdot \int r^2 \cdot dA \tag{11.6}$$

Darin entspricht der Integralausdruck dem schon bekannten polaren Flächenträgheitsmoment I_p, siehe Gleichung (8.5) auf S. 141. Mit Bezug auf eine einheitliche Benennung werden wir den Index "t" für Torsion verwenden und damit den Begriff des Torsionsträgheitsmoments I_t einführen. Dann folgt mit $I_t = I_p$ das *Elastizitätsgesetz der Torsion*:

Elastizitätsgesetz der Torsion

$$T = G \cdot I_t \cdot \vartheta' \tag{11.7}$$

Zu guter Letzt setzen wir hier noch die Gleichgewichtsbedingung für die Torsion nach Gleichung (11.1) ein und erhalten damit dann die gesuchte *Differenzialgleichung der Torsion*, einmal für den allgemeinen Fall und einmal für eine konstante Torsionssteifigkeit $G \cdot I_t =$ konstant (analog der Dehnsteifigkeit $E \cdot A$, der Biegesteifigkeit $E \cdot I_y$, der Schubsteifigkeit $G \cdot A_S$):

$$\left(G \cdot I_t \cdot \vartheta'_{(x)}\right)' = -m_{t(x)} \tag{11.8}$$

wenn: $G \cdot I_t \neq$ konst.

$$G \cdot I_t \cdot \vartheta''_{(x)} = -m_{t(x)} \tag{11.9}$$

wenn: $G \cdot I_t =$ konst.

Auch hier wollen wir wieder im weiteren Verlauf nur Balken mit konstanter Torsionssteifigkeit $G \cdot I_t =$ konstant behandeln.

11.3.2 Integrationsmethode

Auch hierbei können wir wieder die bekannte Integrationsmethode anwenden, um zum einen das Torsionsmoment $T_{(x)}$ und zum anderen die Verdrehung $\vartheta_{(x)}$ an jeder beliebigen Stelle x unseres Balkens zu berechnen. Dazu integrieren wir Gleichung (11.9) zweimal und erhalten:

$$G \cdot I_t \cdot \vartheta''_{(x)} = -m_{t(x)}$$

$$G \cdot I_t \cdot \vartheta'_{(x)} = T_{(x)} = \int -m_{t(x)} \cdot dx + C_1 \tag{11.10}$$

$$G \cdot I_t \cdot \vartheta_{(x)} = \iint -m_{t(x)} \cdot dx \cdot dx + C_1 \cdot x + C_2$$

Integrationsmethode für die Torsion zur Bestimmung des Torsionsmoments $T_{(x)}$ und der Verdrehung $\vartheta_{(x)}$

Auch hier sind die *blauen Terme* wieder von der jeweiligen Funktion der Streckenlast $m_{t(x)}$ abhängig und die *grünen Terme* beinhalten die Integrationskonstanten C_1 und C_2, die für jede Streckenlastfunktion identisch sind. Die Integrationskonstanten werden wieder anhand der *Rand- und Übergangsbedingungen* nach ▸ Tab. 11-1 auf der nächsten Seite bestimmt und wir benötigen für jede Integrationskonstante eine Rand- bzw. Übergangsbedingung.

Wie zuvor beim Stab und auch bei der Biegung, lassen sich mithilfe der Integrationsmethode für die Torsion sowohl *statisch bestimmte* als auch *statisch unbestimmte Tragwerke* berechnen. Die Vorgehensweise dazu ist in beiden Fällen die gleiche.

Ist der Verlauf des Torsionsmoments $T_{(x)}$ bekannt, so braucht nur eine Integrationskonstante bestimmt zu werden, um die Differenzialgleichung der Torsion zu lösen.

Tab. 11-1 Rand- und Übergangsbedingungen für die Torsion

Bezeichnung	Symbol	Torsionsmoment T	Verdrehung ϑ
freies Ende		$T = 0$	$(\vartheta \neq 0)$
freies Ende mit Torsionsmoment		$T = T$	$(\vartheta \neq 0)$
gelenkiges Loslager		$T = 0$	$(\vartheta \neq 0)$
gelenkiges Festlager		$T = 0$	$(\vartheta \neq 0)$
Parallelführung		$(T \neq 0)$	$(\vartheta \neq 0)$
Schiebehülse		$T = 0$	$(\vartheta \neq 0)$
feste Einspannung		$(T \neq 0)$	$\vartheta = 0$
Einzelmoment		$T^I - T = T^{II}$	$\vartheta_I = \vartheta_{II}$

11.3.3　Torsionsspannung und Verdrehwinkel

Bei der Verteilung der Torsionsspannung $\tau_{t(x,r)}$ gehen wir in unserer Modellbildung davon aus, dass die Torsionsspannung tangential zur Kreisform wirkt. Dabei ist es unerheblich, ob wir eine Kreisfläche oder eine Kreisringfläche als Balkenquerschnitt vorliegen haben. Bei einem Kreisring tritt nur dort wo sich auch Material befindet, eine Torsionsspannung $\tau_{t(x,r)}$ auf, siehe ▶ Abb. 11.8. Für die Berechnung der Torsionsspannung $\tau_{t(x,r)}$ verwenden wir das HOOKE'sche Gesetz für Schub nach Gleichung (5.11) auf S. 73 und setzen dort einmal die Gleitung γ nach Gleichung (11.5) und einmal die Ableitung der Verdrehung ϑ' des Elastizitätsgesetzes der Torsion nach Gleichung (11.7) ein. Damit erhalten wir dann als Ergebnis:

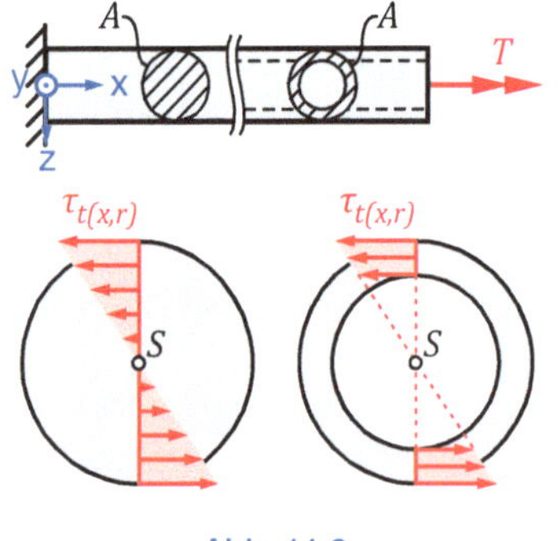

Abb. 11.8

Torsionsspannung

$$\tau_{t(x,r)} = G \cdot \gamma = G \cdot r \cdot \vartheta' = G \cdot r \cdot \frac{T}{G \cdot I_t} = \frac{T \cdot r}{I_t} \qquad (11.11)$$

In Analogie zur Berechnung der max. Normalspannung bei Biegung (Gleichung (9.16) auf S. 180) kann auch die *max. Torsionsspannung* τ_{tmax} mit Einführung des Torsionswiderstandsmoments W_t berechnet werden:

$$\tau_{tmax} = \frac{T_{max}}{I_t} \cdot r_{max} = \frac{T_{max}}{W_t} \qquad (11.12)$$

max. Torsionsspannung

In manchen Literaturstellen werden das polare Flächenträgheitsmoment I_p sowie das polare Widerstandsmoment W_p angegeben. Bei der Berechnung von kreis- und kreisringförmigen Querschnitten gilt:

$$I_t = I_p \qquad\qquad W_t = W_p \qquad (11.13)$$

für kreis- und kreisringförmige Querschnitte

Somit kann die Berechnung des polaren Flächenträgheitsmoments I_p bzw. des Torsionsträgheitsmoments I_t sowie des polaren Widerstandsmoments W_p bzw. des Torsionswiderstandsmoments W_t nach der Formelsammlung ▶ Tab. 11-2 auf S. 276 berechnet werden.

Um den Verdrehwinkel $\vartheta_{(x)}$ zwischen zwei um Δl entfernten Punkten an unserem Balken zu berechnen, brauchen wir nur das Elastizitätsgesetz der Torsion nach Gleichung (11.7) zu integrieren und erhalten damit:

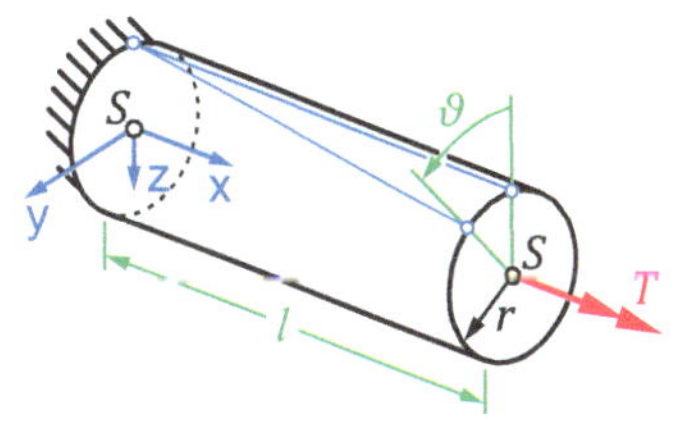

Abb. 11.9

$$\vartheta = \int\limits_{x=l}^{l+\Delta l} \vartheta'_{(x)} \cdot dx = \int\limits_{x=l}^{l+\Delta l} \frac{T}{G \cdot I_t} \cdot dx = \frac{T \cdot \Delta l}{G \cdot I_t} \qquad (11.14)$$

Verdrehwinkel

Bei unserem Kragträger in ▶ Abb. 11.9 würde dann die Verdrehung am freien Ende $\vartheta_{(x=l)}$ wie folgt berechnet:

$$\vartheta_{(x=l)} = \int\limits_{x=0}^{l} \frac{T}{G \cdot I_t} \cdot dx = \frac{T \cdot l}{G \cdot I_t} \qquad (11.15)$$

Verdrehwinkel

Wir können hier also durchaus eine Ähnlichkeit zur Berechnung des Stabs aus Kapitel 7 erkennen. Beim Stab war es die sogenannte *FLEA*-Gleichung, um die Längenänderung zu bestimmten. Bei der hier vorliegenden Torsion ist lediglich die Normalkraft durch das Torsionsmoment und die Dehnsteifigkeit des Stabes durch die Torsionssteifigkeit $G \cdot I_t$ ausgetauscht.

Die Spannungen im jeweiligen Tragwerk berechnen sich anhand der vorliegenden Belastung (beim Stab ist es die Normalkraft, bei der Biegung das Biegemoment und bei der Torsion das Torsionsmoment) und dem Widerstandsmoment des Querschnitts.

Tab. 11-2 Formelsammlung Torsionsträgheitsmomente

Fläche	I_t	W_t
Rechteck	$I_t = c_1 \cdot h \cdot b^3$ $c_1 = \dfrac{1}{3} \cdot \left(1 - \dfrac{0{,}63}{h/b} + \dfrac{0{,}052}{\left(h/b\right)^5} \right)$	$W_t = \dfrac{c_1}{c_2} \cdot h \cdot b^2$ $c_2 = 1 - \dfrac{0{,}65}{1 + \left(h/b\right)^3}$
Quadrat	$I_t = 0{,}141 \cdot a^4$	$W_t = 0{,}208 \cdot a^3$
gleichseitiges Dreieck	$I_t = \dfrac{b^4}{46{,}2} = \dfrac{h^4}{26}$ $\left(h = b \cdot \dfrac{\sqrt{3}}{2} \right)$	$W_t = \dfrac{b^3}{20} = \dfrac{h^3}{13}$
Kreis	$I_t = \dfrac{\pi}{32} \cdot d^4$	$W_t = \dfrac{\pi}{16} \cdot d^3$
dünner Kreisring $t \ll r_m$	$I_t = 2 \cdot \pi \cdot r_m^3 \cdot t$	$W_t = 2 \cdot \pi \cdot r_m^2 \cdot t$
dicker Kreisring	$I_t = \dfrac{\pi}{2} \cdot \left(r_a^4 - r_i^4 \right)$	$W_t = \dfrac{\pi}{2} \cdot \dfrac{r_a^4 - r_i^4}{r_a}$

Tab. 11-2 *Fortsetzung*

Fläche		I_t	W_t
Ellipse		$I_t = \pi \cdot \dfrac{a^3 \cdot b^3}{a^2 + b^2}$	$W_t = \dfrac{\pi}{2} \cdot a \cdot b^2$
dünnwandig geschlossene Profile mit variabler Dicke t		$I_t = \dfrac{4 \cdot A_m^2}{\oint \dfrac{1}{t_{(\zeta)}} \cdot d\zeta}$	$W_t = 2 \cdot A_m \cdot t_{min}$
		$I_t = \dfrac{4 \cdot A_m^2}{\sum \left(\dfrac{h_i}{t_i} \right)}$	$W_t = 2 \cdot A_m \cdot t_{min}$
dünnwandig geschlossene Profile mit $t_{(\zeta)}$ = konst.		$I_t = \dfrac{4 \cdot A_m^2 \cdot t}{U_m}$	$W_t = 2 \cdot A_m \cdot t$
dünnwandig offene Profile		$I_t = \dfrac{K}{3} \cdot \displaystyle\sum_{i=1}^{n} \left(h_i \cdot t_i^3 \right)$	$W_t = \dfrac{I_t}{t_{max}}$

Profilform:	I	L	T	U	□
K:	1,3	1,0	1,12	1,12	1,0

A_m: Hohlfläche (gesamte Fläche, welche von der Profilmittellinie eingeschlossen ist)

U_m: Länge der Profilmittellinie

Vorgehensweise

- Aufstellen der Streckenlastfunktion $m_{t(x)}$.
- Streckenlastfunktion integrieren, um den Torsionsmoment- $T_{(x)}$ und den Verdrehungsverlauf $\vartheta_{(x)}$ zu erhalten:

$$G \cdot I_t \cdot \vartheta'_{(x)} = T_{(x)} = \int -m_{t(x)} \cdot dx + C_1$$

$$G \cdot I_t \cdot \vartheta_{(x)} = \int T_{(x)} \cdot dx + C_1 \cdot x + C_2$$

- Rand- und Übergangsbedingungen definieren.
- Integrationskonstanten C_1 und C_2 mithilfe der Rand- und Übergangsbedingungen berechnen.
- Torsionsmoment- und Verdrehungsverlauf berechnen.
- Kritische Überprüfung der Berechnungsergebnisse.
- Verlaufsdiagramme zeichnen.
- Berechnung des Torsionsträgheitsmoments I_t bzw. des Torsionswiderstandsmoments W_t mithilfe der Formelsammlung ▶ Tab. 11-2 auf S. 276 (bei kreisförmigen Querschnitten gilt: $I_t = I_p$, $W_t = W_p$).
- Berechnung des Torsionsspannungsverlaufs $\tau_{t(x,r)}$ bzw. der max. Torsionsspannung τ_{tmax}:

$$\tau_{t(x,r)} = \frac{T \cdot r}{I_t} \quad \text{bzw.} \quad \tau_{tmax} = \frac{T}{I_t} \cdot r_{max} = \frac{T}{W_t}$$

- Berechnung des Verdrehwinkels $\vartheta_{(x)}$:

$$\vartheta_{(x=l)} = \int_{x=0}^{l} \frac{T}{G \cdot I_t}\, dx = \frac{T \cdot l}{G \cdot I_t}$$

Beispiel 11.1

Ein Stahlrohr (E360, $d = 80$ mm, $t = 6$ mm, $l = 0{,}8$ m, $E = 210.000$ N/mm², $\nu = 0{,}3$) wird durch ein Torsionsmoment $T = 3400$ Nm belastet.

Bestimmen Sie die Torsionsspannung an der Außen- τ_{tA} und Innenseite τ_{tI} des Rohres sowie den am freien Ende vorhandenen Verdrehwinkel ϑ in [°].

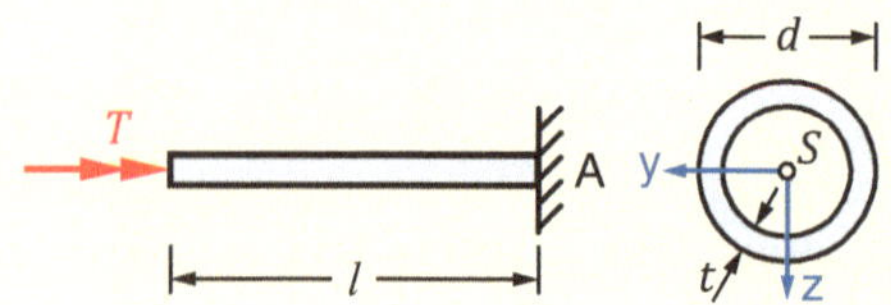

Lösung

Zunächst berechnen wir uns den Schubmodul G und das Torsionsträgheitsmoment I_t:

$$G = \frac{E}{2 \cdot (1 + \nu)} \qquad\qquad \rightarrow \quad G = 80.769{,}2 \; \frac{N}{mm^2}$$

$$I_t = \frac{\pi}{2} \cdot \left(r_a^4 - r_i^4\right) \qquad\qquad \rightarrow \quad I_t = 1.922.126{,}9 \; mm^4$$

Da an jeder beliebigen Stelle x das Torsionsmoment gleich groß ist, müssen wir nicht noch das max. Torsionsmoment bestimmen. Wir können also direkt die Torsionsspannung mit dem angegebenen Torsionsmoment $T = 3400$ Nm bestimmen. Dazu verwenden wir Gleichung (11.11) und setzen für die Berechnung der Torsionsspannung an der Außen- τ_{tA} wie auch der Innenseite τ_{tI} des Rohres den zugehörigen Radius r_A und r_I ein:

$$\tau_{t(x,r)} = \frac{T \cdot r}{I_t} \qquad\qquad \rightarrow \quad \underline{\underline{\tau_{tA(r_A)} = 70{,}75 \; mm^2}}$$

$$\rightarrow \quad \underline{\underline{\tau_{tI(r_I)} = 60{,}14 \; mm^2}}$$

Zur Berechnung des Verdrehwinkels ϑ am freien Ende bei $x = l$ können wir direkt Gleichung (11.15) anwenden:

$$\vartheta_{(x=l)} = \frac{T \cdot l}{G \cdot I_t} \qquad\qquad \rightarrow \quad \underline{\underline{\vartheta_{(x=l)} = 1°}}$$

Hierbei müssen wir darauf achten, dass anhand der Zahlenwerte der Verdrehwinkel ϑ in [rad] berechnet wird. Dementsprechend müssen wir noch eine Umrechnung von [rad] in [°] durchführen um auf den Verdrehwinkel ϑ in [°] zu kommen.

Beispiel 11.2

Ein Stahlrohr (S275J2, $d = 40$ mm, $t = 4$ mm, $l = 1$ m, $E = 210.000$ N/mm², $\tau_{tF} = 140$ N/mm², $\tau_{tB} = 235$ N/mm²) wird durch ein Torsionsmoment T belastet.

Bestimmen Sie das max. Torsionsmoment T_{max}, wenn die Sicherheiten gegen Fließen $S_F = 1{,}3$ und gegen Bruch $S_B = 1{,}8$ eingehalten werden müssen.

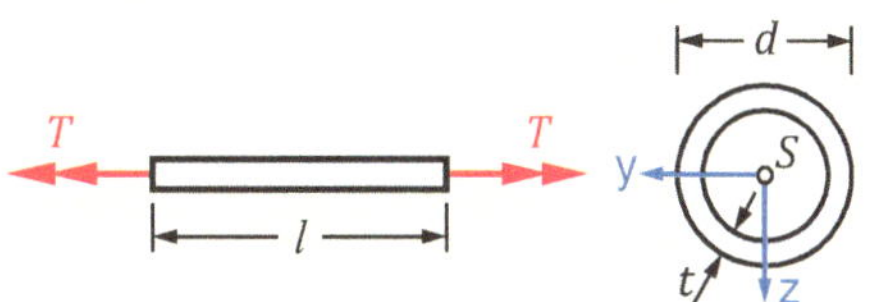

Lösung

Als erstes berechnen wir uns die im Rohr maximal auftretende Spannung. Dies stellt nach der Festigkeitsbedingung (6.1) auf S. 95 unsere zulässige Spannung dar. Für die zul. Torsionsspannung gegen Fließen τ_{tzulF} und die zul. Torsionsspannung gegen Bruch τ_{tzulB} gilt dann:

$$\tau_{tzulF} = \frac{\tau_{tF}}{S_F} = 108\ \frac{N}{mm^2} \qquad\qquad \tau_{tzulB} = \frac{\tau_{t,B}}{S_B} = 131\ \frac{N}{mm^2}$$

Hier nehmen wir nun die kleinere Torsionsspannung her, um damit das max. Torsionsmoment T_{max} zu bestimmen. Würden wir die größere zul. Torsionsspannung für die Berechnung von T_{max} verwenden, wäre zwar die kleiner zul. Torsionsspannung enthalten, aber dann würde die Sicherheit von S_F nicht mehr eingehalten, da T_{max} zu groß werden würde.

Die im Rohr auftretende max. vorhandene Torsionsspannung τ_{tmax} können wir mithilfe von Gleichung (11.12) berechnen. Hierzu benötigen wir vorher noch das Torsionswiderstandsmoment W_t aus der Formelsammlung ▶ Tab. 11-2 auf S. 276:

$$W_t = \frac{\pi \cdot \left(r_a^4 - r_i^4\right)}{2 \cdot r_a} = 7.419{,}2\ mm^3$$

Da wir als max. vorhandene Torsionsspannung τ_{tmax} im Rohr die Bedingung der Materialfestigkeit mit der entsprechenden Sicherheit berücksichtigen müssen, setzen wir als max. Torsionsspannung unsere berechnete zul. Torsionsspannung gegen Fließen τ_{tzulF} in Gleichung (11.12) ein. Nun stellen wir diese Gleichung nach dem gesuchten max. Torsionsmoment T_{max} entsprechend um und erhalten als Ergebnis:

$$\underline{\underline{T_{max}}} = \tau_{tmax} \cdot W_t = \tau_{tzulF} \cdot W_t = \underline{\underline{799\ Nm}}$$

Ein Balken aus Aluminium ($r = 60$ mm, $l = 1{,}2$ m, $E = 70.000$ N/mm², $v = 0{,}34$) wird durch eine konstante Torsionsstreckenlast $m_{t0} = 2{,}6$ kNm/m belastet.

Bestimmen Sie die max. Torsionsspannung im Balken und den max. Verdrehwinkel ϑ in [°].

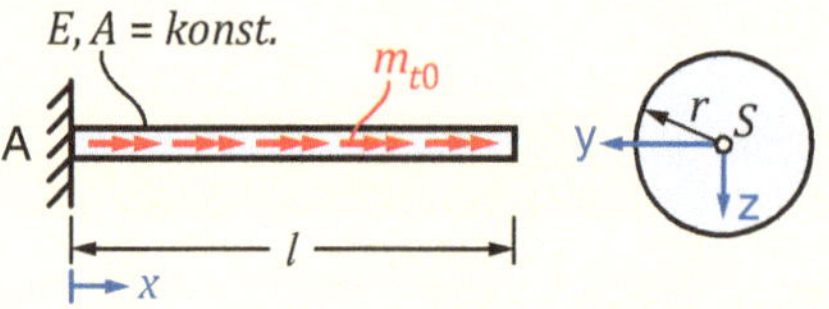

Lösung

Da wir bei dieser Aufgabe eine Belastung durch eine Torsionsstreckenlast m_{t0} vorliegen haben, wenden wir die normale Vorgehensweise zur Lösung solcher Aufgaben an. Wir haben nur einen Bereich vorliegen, da die Torsionsstreckenlast m_{t0} eine konstante Größe über der gesamten Balkenlänge besitzt. Wir können also direkt die *Differenzialgleichung der Torsion* zweimal integrieren:

$$G \cdot I_t \cdot \vartheta''_{(x)} = -m_{t(x)} = -m_{t0} \qquad (1)$$

$$G \cdot I_t \cdot \vartheta'_{(x)} = T_{(x)} = -m_{t0} \cdot x + C_1 \qquad (2)$$

$$G \cdot I_t \cdot \vartheta_{(x)} = -\frac{1}{2} \cdot m_{t0} \cdot x^2 + C_1 \cdot x + C_2 \qquad (3)$$

Die Integrationskonstanten C_1 und C_2 bestimmen wir wieder mithilfe der Rand- und Übergangsbedingungen nach ▶ Tab. 11-1 und finden damit die Ergebnisse:

$$\vartheta_{(x=0)} = 0 \qquad\qquad \rightarrow \quad C_2 = 0$$

$$T_{(x=l)} = 0 \qquad\qquad \rightarrow \quad C_1 = m_{t0} \cdot l$$

Setzen wir diese in die Gleichungen (2) und (3) ein, erhalten wir für die Verlaufsfunktionen:

$$\rightarrow \quad T_{(x)} = m_{t0} \cdot (-x + l) \qquad\qquad \rightarrow \quad \vartheta_{(x)} = \frac{m_{t0}}{G \cdot I_t} \cdot \left(-\frac{1}{2} \cdot x^2 + l \cdot x \right)$$

3120 Nm
$T_{(x)}$
$\oplus$
0,2°
$\oplus$
$\vartheta_{(x)}$

Um mit diesen Gleichungen Zahlenwerte zu berechnen, benötigen wir noch das Torsionsträgheitsmoment I_t, welches wir anhand der Formelsammlung ▶ Tab. 11-2 auf S. 276 bestimmen:

$$I_t = \frac{\pi}{32} \cdot (2 \cdot r)^4 \qquad\qquad \rightarrow \quad I_t = 20.357.520{,}4 \; mm^4$$

Das max. Torsionsmoment T_{max} und die damit verbundene max. Torsionsspannung τ_{tmax} treten an der Einspannung bei $x = 0$ auf. Der max. Verdrehwinkel ϑ ist am freien Ende bei $x = l$ am größten. Setzen wir also diese beiden Stellen in unsere Verlaufsfunktionen ein, erhalten wir damit:

$$\rightarrow \quad \underline{\underline{T_{max}}} = T_{(x=0)} = m_{t0} \cdot l = \underline{\underline{3.120 \; Nm}} \qquad \rightarrow \quad \underline{\underline{\vartheta_{max}}} = \Delta\vartheta_{(x=l)} = \frac{1}{2} \cdot \frac{m_{t0} \cdot l^2}{G \cdot I_t} = \underline{\underline{0{,}2°}}$$

Bei der Berechnung des Verdrehwinkels ϑ erhalten wir anhand der Zahlenwerte das Ergebnis in [rad], welches anschließend noch in [°] umgerechnet werden muss.

Als letztes berechnen wir die max. Torsionsspannung τ_{tmax} mithilfe des max. Torsionsmoments T_{max} nach Gleichung (11.12) und finden:

$$\tau_{tmax} = \frac{T_{max}}{I_t} \cdot r_{max} \qquad\qquad \rightarrow \quad \underline{\underline{\tau_{tmax} = 9{,}2 \; \frac{N}{mm^2}}}$$

Hinweis: bei dieser Aufgabe handelt es sich um ein *statisch bestimmtes Tragwerk*. Die generelle Vorgehensweise dieser Aufgabe (Integrationsmethode mit dem Lösen der Differenzialgleichung für die Torsion) ist ebenso für *statisch unbestimmte Tragwerke* anwendbar. Die Analogie zur Berechnung von inhomogenen Stäben (vgl. Kapitel 7.3.3 auf S. 122) wie auch der Biegung nach der EULER-BERNOULLI-Balkentheorie (vgl. Kapitel 9.4.7 auf S. 185) ist hierbei unverkennbar.

11.4 Dünnwandig geschlossene Querschnitte

Wir wollen uns nun mit dünnwandig geschlossenen Querschnitten befassen, da diese im Maschinen-, Flugzeug- und Automobilbau eine hohe praktische Bedeutung besitzen. dünnwandig geschlossene Querschnitte werden vorrangig bei Leichtbau- und Rahmenkonstruktionen aufgrund der damit verbundenen Gewichtsersparnis eingesetzt.

Dünnwandig geschlossene Querschnitte besitzen eine **sehr hohe praktische Bedeutung**.

11.4.1 Modellannahmen

Als Grundlage für die Berechnung dünnwandig geschlossener Querschnitte dient die SAINT-VENANT'sche Torsionstheorie[35] und die damit verbundenen speziellen Modellannahmen:

▶ **Spezielle Annahmen** der **SAINT-VENANT'schen Torsionstheorie** für dünnwandig geschlossene Querschnitte.

- Die Wandstärke $t_{(\zeta)}$ des Querschnitts ist konstant oder nur schwach veränderlich.
- Die größte Wandstärke t_{max} ist klein im Vergleich zur kleinsten Querschnittsabmessung b_{min} bzw. h_{min}.
- Die Torsionsspannung $\tau_{t(\zeta)}$ ist konstant über die Wandstärke $t_{(\zeta)}$ verteilt.
- In Querschnitten senkrecht zur Stabachse sind die Normalspannungen Null: $\sigma_{x(x=konst.)} = 0$ (Wölbfreiheit).

Des Weiteren gelten die BREDT'schen Annahmen[36] für dünnwandige geschlossene Hohlquerschnitte unter reiner Torsionsbeanspruchung:

▶ **BREDT'schen Annahmen** für **dünnwandige geschlossene Hohlquerschnitten** unter **reiner Torsionsbeanspruchung**

- Balkenquerschnitte senkrecht zur x-Achse bleiben in ihrer Form erhalten
  (*"Speiche bleibt Speiche in der Projektionsebene"*)
- Eine Verwölbung des Querschnitts ist zugelassen: $u_{(x,y,z)} \neq 0$
  (*"Verwölbung des Querschnitts"*)
- Die Schraubenlinie wird als Gerade angenommen
  (*"Gerade bleibt Gerade"*)
- Die Axialverschiebung u ist konstant über die Wandstärke $t_{(\zeta)}$: $u = u_{(x,\zeta)}$

Wir verwenden diese BREDT'schen Annahmen, da wir die damit verbundenen BREDT'schen Formeln zur Berechnung der Torsionsspannung in dünnwandig geschlossenen Querschnitten verwenden wollen.

---

[35] Adhémar Jean Claude Barré de SAINT-VENANT (1797–1886), franz. Ingenieur, Mathematiker
[36] Rudolf BREDT (1842–1900), dt. Maschinenbauingenieur, Unternehmer

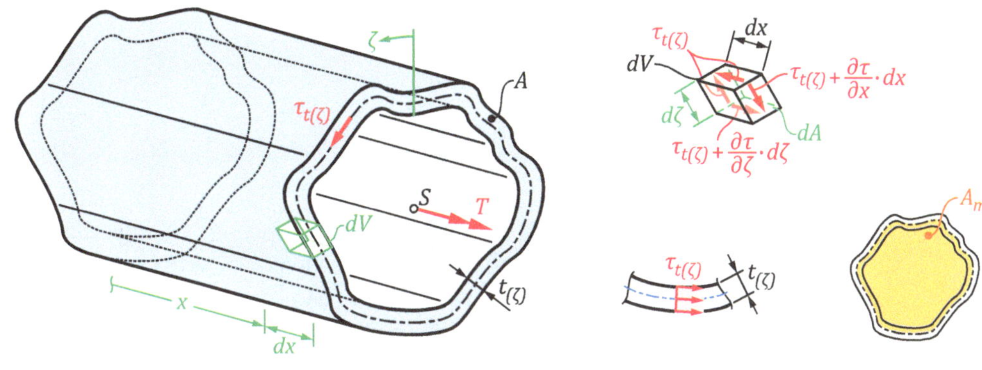

Abb. 11.10

11.4.2 Herleitung

Für die Herleitung der Berechnungsgleichungen wollen wir zur besseren Veranschaulichung der gerade aufgeführten Modellannahmen den in ▶ Abb. 11.10 dargestellten beliebig geformten dünnwandigen geschlossenen Balken benutzen. Des Weiteren verwenden wir die schon aus Kapitel 10.4 auf S. 239 ff. bekannte und für dünnwandige Querschnitte übliche Laufkoordinate ζ, welche entlang der Profilmittellinie verläuft.

Die Torsionsspannung $\tau_{t(\zeta)}$ ist, wie in ▶ Abb. 11.10 zu sehen, konstant über die Wandstärke $t_{(\zeta)}$ verteilt. Zusätzlich ist die für die spätere Berechnung wichtige *Hohlfläche A_m*, welche von der Profilmittellinie (Strich-Punkt-Linie) umschlossen wird sowie die Querschnittsfläche A unseres dünnwandigen Querschnitts dargestellt. Bei der Hohlfläche A_m ist unbedingt darauf zu achten, dass dies der gesamt Flächeninhalt ist, welcher ausschließlich von der Profilmittellinie umschlossen wird. Es ist dabei vollkommen unerheblich wie dick die Wandstärke $t_{(\zeta)}$ ist oder wie die Innenkontur des Querschnitts verläuft. Nur die Profilmittellinie ist für die Bestimmung der Hohlfläche A_m ausschlaggebend.

▶ Zur **Berechnung** der **Hohlfläche** A_m wird **ausschließlich** die **Profilmittellinie** verwendet.

Weiterhin ist in ▶ Abb. 11.10 ein infinitesimales Volumenelement dV des Balkens im Detail dargestellt. Hieran ist ersichtlich, dass stirnseitig die Torsionsspannung $\tau_{t(\zeta)}$ von der Stelle x zur Stelle $x+dx$ eine infinitesimale Änderung um $\partial\tau/\partial x \cdot dx$ erfährt. Dazu findet bei der Torsionsspannung im Schnitt senkrecht dazu, entlang der Länge $d\zeta$, eine infinitesimale Änderung um $\partial\tau/\partial\zeta \cdot d\zeta$ statt. Die Seitenflächen des Volumenelements dV wollen wir mit der Größe dA annehmen. Wenn wir nun das Kräftegleichgewicht in x- und ζ-Richtung bilden, erhalten wir als Ergebnis:

$$\text{x:}\quad 0 = -\tau_{t(\zeta)} \cdot dA + \tau_{t(\zeta)} \cdot dA + \frac{\partial \tau}{\partial \zeta} \cdot d\zeta \cdot dA = \frac{\partial \tau}{\partial \zeta} \cdot d\zeta \cdot dA \qquad \rightarrow \quad \frac{\partial \tau}{\partial \zeta} = 0$$

$$\zeta:\quad 0 = -\tau_{t(\zeta)} \cdot dA + \tau_{t(\zeta)} \cdot dA + \frac{\partial \tau}{\partial x} \cdot dx \cdot dA = \frac{\partial \tau}{\partial x} \cdot dx \cdot dA \qquad \rightarrow \quad \frac{\partial \tau}{\partial x} = 0$$

Da die infinitesimalen Größen dx, $d\zeta$, dA ungleich Null sind, müssen die beiden Ableitungen der Torsionsspannung $\partial\tau/\partial\zeta$ und $\partial\tau/\partial x$ zu Null werden, damit beide Gleichungen Null werden. Mit der Ableitung einer Funktion wird bekanntlich die Steigung beschrieben, wodurch anhand dieser Ergebnisse deutlich wird, dass die Torsionsspannung keine Steigung erfährt und demnach konstant in x- und ζ-Richtung verlaufen muss. Hierdurch ist die SAINT-VENANT'sche Annahme einer über die Wandstärke $t_{(\zeta)}$ konstanten Torsionsspannung $\tau_{t(\zeta)}$ erfüllt.

Als nächstes wollen wir das zur Torsionsspannung $\tau_{t(\zeta)}$ gehörende Torsionsmoment T berechnen, siehe ▶ Abb. 11.11. Wie wir wissen, ist ein Moment nichts anderes als eine Kraft multipliziert mit dessen senkrechtem Hebelarm bezüglich eines Punktes. Als Bezugspunkt wählen wir hier den Schwerpunkt S, um den das Torsionsmoment T wirkt. Mit der Laufkoordinate ζ wählen wir eine beliebige Stelle auf unserem Querschnitt aus. Von dort aus gehen wir um die infinitesimale Länge $d\zeta$ entlang der Profilmittellinie weiter geradeaus. Nun wollen wir die auf diesem Teilstück $d\zeta$ wirkende Torsionsspannung $\tau_{t(\zeta)}$ zur Berechnung des Torsionsmoments T benutzen. Dazu beziehen wir die Torsionsspannung $\tau_{t(\zeta)}$ auf das infinitesimale Teilstück mit dem Flächeninhalt $t_{(\zeta)} \cdot d\zeta$. Die dadurch erhaltene Kraft (Spannung mal Fläche gleich Kraft) multiplizieren wir mit deren senkrechtem Hebelarm $r_{\perp}$. Wir erhalten damit das infinitesimale Torsionsmoment dT des Teilstücks $d\zeta$:

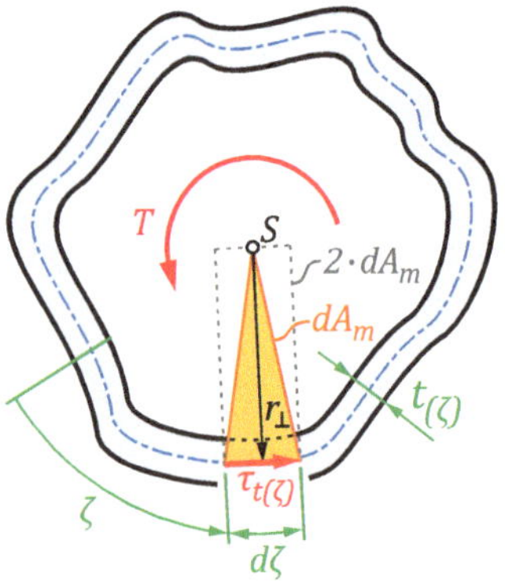

$$dT = \tau_{t(\zeta)} \cdot t_{(\zeta)} \cdot r_{\perp} \cdot d\zeta \tag{11.16}$$

Um damit das gesamte Torsionsmoment T zu berechnen, müssen wir nur das Ringintegral[37] über unseren dünnwandigen Querschnitt bilden und es folgt damit:

$$T = \oint \tau_{t(\zeta)} \cdot t_{(\zeta)} \cdot r_{\perp} \cdot d\zeta \tag{11.17}$$

Da wir in unseren Annahmen davon ausgehen, dass die Torsionsspannung $\tau_{t(\zeta)}$ wie auch die Wandstärke $t_{(\zeta)}$ konstante Größen sind, können wir diese vor das Integral ziehen:

Abb. 11.11

---

[37] Als *Ringintegral* (auch *Umlaufintegral*) werden Wegintegrale über geschlossene Kurven bezeichnet.

$$T = \tau_{t(\zeta)} \cdot t_{(\zeta)} \cdot \oint r_\perp \cdot d\zeta \tag{11.18}$$

Um das Ringintegral entlang unserer Profilmittellinie auszuwerten, verwenden wir das in ▶ Abb. 11.11 hervorgehobene Hohlflächenteilstück dA_m unserer gesamten Hohlfläche A_m aus ▶ Abb. 11.10. Aus ▶ Abb. 11.11 wird direkt deutlich, dass die Multiplikation von Hebelarm $r_\perp$ mit der Länge $d\zeta$ dem doppelten Flächeninhalt des Hohlflächenteilstück dA_m entspricht:

$$r_\perp \cdot d\zeta = 2 \cdot dA_m \tag{11.19}$$

Wenn wir nun über beide Seiten dieser Gleichung das Ringintegral bilden, erhalten wir:

$$\oint r_\perp \cdot d\zeta = \oint 2 \cdot dA_m = 2 \cdot \oint dA_m = 2 \cdot A_m \tag{11.20}$$

Diesen Zusammenhang setzen wir jetzt in Gleichung (11.18) ein und wir erhalten das gesuchte Torsionsmoments T:

$$T = 2 \cdot A_m \cdot \tau_{t(\zeta)} \cdot t_{(\zeta)} \tag{11.21}$$

Stellen wir diese Gleichung um, können wir bei Kenntnis des Torsionsmoments T die Torsionsspannung $\tau_{t(\zeta)}$ berechnen:

$$\tau_{t(\zeta)} = \frac{T}{2 \cdot A_m \cdot t_{(\zeta)}} \tag{11.22}$$

Torsionsspannung
(1. Bredt'sche Formel)

Diese Berechnung der Torsionsspannung $\tau_{t(\zeta)}$ für dünnwandig geschlossene Querschnitte wird auch als *1. Bredt'sche Formel* bezeichnet. Die darin enthaltene Hohlfläche A_m darf dabei nicht mit der Querschnittsfläche A verwechselt werden, siehe nochmals ▶ Abb. 11.10.

Die im Querschnitt größte auftretende max. Torsionsspannung τ_{tmax} tritt an der Stelle der geringsten Wandstärke t_{min} auf. Um dies in der bekannten Art und Weise mithilfe des Torsionswiderstandsmoments W_t zu beschreiben, erhalten wir dann:

$$\tau_{tmax} = \frac{T}{W_t} \qquad\qquad W_t = 2 \cdot A_m \cdot t_{min} \tag{11.23}$$

max. Torsionsspannung

Als nächsten wollen wir die Herleitung des Verdrehwinkels ϑ durchführen. Wie wir in ▶ Abb. 11.2 und ▶ Abb. 11.3 auf S. 269 gesehen haben, kommt es bei nicht-kreisförmigen Querschnitten zu Verschiebungen $u_{(x,y,z)}$ in x-Richtung, wenn das Bauteil eine Torsionsbelastung erfährt. Um also den Verdrehwinkel ϑ zu berechnen, verwenden wir die auftretenden Verschiebungen $u_{(x,y,z)}$ in x-Richtung unseres Balkens in Abhängigkeit des angreifenden Torsionsmoments T.

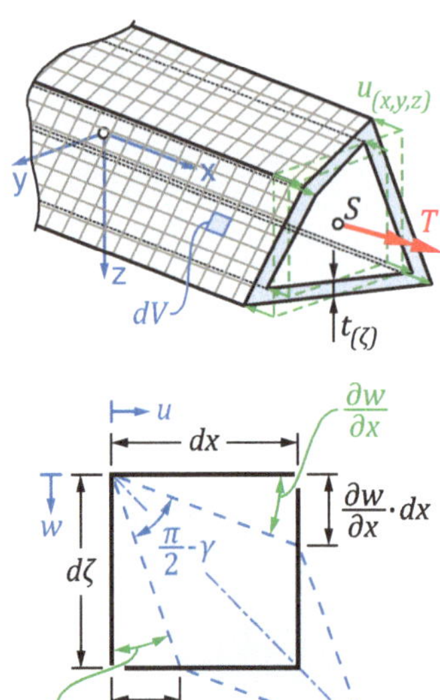

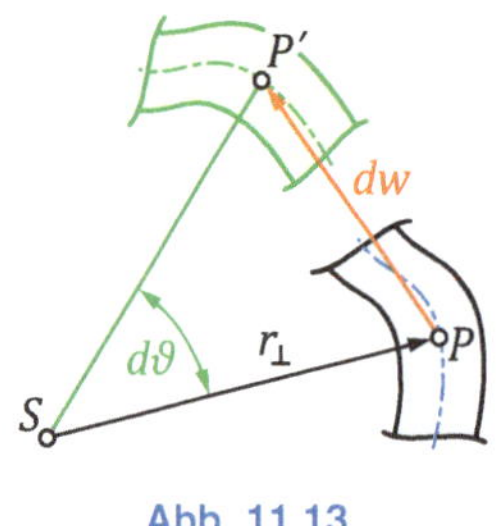

Abb. 11.12

Abb. 11.13

Zur Bestimmung der Verschiebungen $u_{(x,y,z)}$ in x-Richtung betrachten wir das nebenstehende dünnwandige Vierkantprofil in ▶ Abb. 11.12. Wir benutzen dieses Vierkantprofil um die sich einstellenden Verschiebungen $u_{(x,y,z)}$ besser darzustellen. Die nachfolgend aufgeführte Herleitung gilt jedoch auch für beliebig geformte dünnwandige Querschnitte.

Infolge des angreifenden Torsionsmoments T ergeben sich die entsprechenden Verschiebungen $u_{(x,y,z)}$. Nun betrachten wir wieder ein infinitesimales Volumenelement dV auf der Seitenfläche unseres dünnwandigen Balkens. Aufgrund der Torsionsbelastung und den sich einstellenden Verschiebungen wird unser Element dV entsprechend verformt, siehe ▶ Abb. 11.12. (Wir haben hier für die Verschiebung in ζ-Richtung den Formelbuchstaben w verwendet. Dabei handelt es sich nicht um die gleiche Durchbiegung w, welche wir bei eine Biegung in den Kapiteln 9 und 10 behandelt haben.) Aufgrund der BREDT'schen Annahme, dass die Axialverschiebung $u_{(x,y,z)}$ konstant über die Wandstärke $t_{(\zeta)}$ ist, erhalten wir für die Gleitung γ an unserem Element dV den Zusammenhang:

$$\gamma = \frac{\partial w}{\partial x} + \frac{\partial u}{\partial \zeta} \tag{11.24}$$

Betrachten wir nochmal einen beliebigen Punkt P auf der Profilmittellinie unseres Querschnitts in ▶ Abb. 11.13. Wenn wir nun unseren Querschnitt um einen infinitesimalen Verdrehwinkel $d\vartheta$ verdrehen, geht der Punkt P in den Punkt P' über. Der Abstand von P nach P' ist dann die Verschiebung dw. Für kleine Verdrehwinkel $d\vartheta$ gilt die Kleinwinkelnäherung und wir erhalten mit dem senkrechten Abstand $r_\perp$ zum Punkt P die folgende mathematische Beziehung:

$$dw = r_\perp \cdot d\vartheta \tag{11.25}$$

Dies leiten wir einmal nach x ab und setzen den Ausdruck in Gleichung (11.24) ein:

$$\gamma = \frac{\partial w}{\partial x} + \frac{\partial u}{\partial \zeta} = r_\perp \cdot d\vartheta' + \frac{\partial u}{\partial \zeta} \tag{11.26}$$

Jetzt müssen wir die darin noch enthaltene unbekannte Verschiebung u bestimmen. Dazu nehmen wir den Ausdruck und bilden das Ringintegral von einem beliebigen Startpunkt A bis zum Endpunkt E über unseren Querschnitt. Da bei einem vollen Umlauf entlang des Querschnitts der Startpunkt A mit dem Endpunkt E zusammenfallen, muss die Gesamtverschiebung Null werden, da ansonsten der Querschnitt nicht geschlossen wäre:

$$\oint_A^E \frac{\partial u}{\partial \zeta} \cdot \partial \zeta = u_E - u_A = 0 \tag{11.27}$$

Als nächstes setzen wir das HOOKE'sche Gesetz für Schub nach Gleichung (5.11) auf S. 73 in Gleichung (11.26) ein:

$$\gamma = \frac{\tau}{G} = r_\perp \cdot d\vartheta' \tag{11.28}$$

Über diese Gleichung bilden wir das Ringintegral entlang unseres Querschnitts:

$$\oint \frac{\tau}{G} \cdot \partial \zeta = \oint r_\perp \cdot d\vartheta' \cdot \partial \zeta = \vartheta' \cdot \oint r_\perp \cdot \partial \zeta \tag{11.29}$$

Dann setzen wir darin für die Schubspannung τ die Berechnung der Torsionsspannung $\tau_{t(\zeta)}$ nach der 1. BREDT'schen Formel (11.22) sowie auf der rechten Seite für das Ringintegral den Ausdruck nach Gleichung (11.20) ein und erhalten:

$$\oint \frac{T}{2 \cdot A_m \cdot t_{(\zeta)} \cdot G} \cdot \partial \zeta = \vartheta' \cdot 2 \cdot A_m \tag{11.30}$$

Umgestellt nach der Ableitung des Verdrehwinkels ϑ' ergibt:

$$\vartheta' = \frac{T}{4 \cdot A_m^2 \cdot G} \cdot \oint \frac{1}{t_{(\zeta)}} \cdot \partial \zeta \tag{11.31}$$

Wenn wir diese Gleichung wieder in der Form von Gleichung (11.14) auf S. 275 mit der Torsionssteifigkeit $G \cdot I_t$ schreiben und das Integral über der Balkenlänge l bilden, erhalten wir als Ergebnis für den Verdrehwinkel ϑ:

$$\vartheta = \int \vartheta' \cdot dx = \int \frac{T}{G \cdot I_t} \cdot dx = \frac{T \cdot l}{G \cdot I_t} \tag{11.32}$$

Verdrehwinkel

Das darin enthaltene Torsionsträgheitsmoments I_t wird nach der *2. BREDT'sche Formel* berechnet:

$$I_t = \frac{4 \cdot A_m^2}{\oint \frac{1}{t_{(\zeta)}} \cdot d\zeta} \qquad\qquad I_t = \frac{4 \cdot A_m^2}{\sum \left(\frac{h_i}{t_i} \right)} \tag{11.33}$$

Torsionsträgheitsmoment
(2. BREDT'sche Formel)

Für abschnittsweise konstante Wandstärken t_i und Längen h_i, kann das Ringintegral durch eine Summe ersetzt werden.

Ist bei einem Querschnitt die Wandstärke an jeder Stelle gleich groß: $t_{(\zeta)} = t = konstant$, vereinfacht sich die Berechnung:

$$I_t = \frac{4 \cdot A_m^2 \cdot t}{U_m} \tag{11.34}$$

Torsionsträgheitsmoment für
$t_{(\zeta)} = t = konstant$

Darin ist U_m die Länge der *Profilmittellinie*.

11.4.3 Anwendung

Bei dünnwandig geschlossenen Querschnitten ist die Torsionsspannung $\tau_{t(\zeta)}$ über der Wandstärke $t_{(\zeta)}$ konstant. Ist das angreifende Torsionsmoment T bekannt, können wir die Torsionsspannung $\tau_{t(\zeta)}$ nach der *1. Bredt'sche Formel* berechnen:

Torsionsspannung
(1. Bredt'sche Formel)

$$\tau_{t(\zeta)} = \frac{T}{2 \cdot A_m \cdot t_{(\zeta)}} \tag{11.35}$$

Darin ist A_m die sogenannte Hohlfläche. Die Hohlfläche ist dabei der gesamte Flächeninhalt, welcher ausschließlich von der Profilmittellinie umschlossen wird. Die Hohlfläche A_m darf dabei nicht mit der Querschnittsfläche A unseres dünnwandigen Querschnitts verwechselt werden. Siehe dazu am besten nochmals ▶ Abb. 11.10 auf S. 283.

Die max. Torsionsspannung τ_{tmax} berechnet sich, in gewohnter Weise, mithilfe des wirkenden Torsionsmoments T sowie dem Torsionswiderstandsmoment W_t des Querschnitts. Zudem tritt die max. Torsionsspannung τ_{tmax} immer an der Stelle mit der geringsten Wandstärke t_{min} auf:

max. Torsionsspannung

$$\tau_{tmax} = \frac{T}{W_t} \qquad W_t = 2 \cdot A_m \cdot t_{min} \tag{11.36}$$

Der sich infolge der Wirkung des Torsionsmoments T einstellende Verdrehwinkel ϑ des belasteten Balkens berechnet sich mit der Balkenlänge l und der Torsionssteifigkeit $G \cdot I_t$. Das darin enthaltene Torsionsträgheitsmoment I_t wird nach der *2. Bredt'schen Formel* ermittelt:

Verdrehwinkel und
Torsionsträgheitsmoment
(2. Bredt'sche Formel)

$$\vartheta = \frac{T \cdot l}{G \cdot I_t} \qquad I_t = \frac{4 \cdot A_m^2}{\oint \frac{1}{t_{(\zeta)}} \cdot d\zeta} \tag{11.37}$$

Ist bei dem vorliegenden dünnwandigen Querschnitt die Wandstärke $t_{(\zeta)}$ jedoch überall konstant dick, fällt das Ringintegral bei der Berechnung des Torsionsträgheitsmoments weg und die Gleichung vereinfacht sich zu:

Torsionsträgheitsmoment für
$t_{(\zeta)} = t = konstant$

$$I_t = \frac{4 \cdot A_m^2 \cdot t}{U_m} \tag{11.38}$$

Darin ist U_m die Länge der Profilmittellinie. Auch hier ist darauf zu achten, dass ausschließlich die Länge der Profilmittellinie, also im Grunde der Umfang, gemeint ist.

In der Formelsammlung ▶ Tab. 11-2 auf S. 276 sind die Berechnungen nochmals zusammengefasst aufgeführt.

- Berechnung der Hohlfläche A_m

  Bei einfachen Querschnittsformen kann der Gesamtquerschnitt auch in Einzelquerschnitte zerlegt werden, um die Berechnung einfacher zu halten. Die Zerlegung kann analog wie bei der Schwerpunktberechnung durchgeführt werden.
- Berechnung der Länge der Profilmittellinie U_m
- Berechnung des Torsionsträgheitsmoments I_t

  Bei ungleichmäßiger Wandstärke $t_{(\zeta)}$ muss dabei das Ringintegral gelöst bzw. für abschnittsweise konstante Wandstärken t_i und Längen h_i, kann das Ringintegral durch die Summe ersetzt werden:

$$I_t = \frac{4 \cdot A_m^2}{\oint \frac{1}{t_{(\zeta)}} \cdot d\zeta} \qquad \text{bzw.} \qquad I_t = \frac{4 \cdot A_m^2}{\sum \left(\frac{h_i}{t_i} \right)}$$

Ist die Wandstärke an jeder Stelle $t_{(\zeta)} = t = konstant$, vereinfacht sich die Gleichung und es muss die Länge der Profilmittellinie U_m bestimmt werden:

$$I_t = \frac{4 \cdot A_m^2 \cdot t}{U_m}$$

- Berechnung des Torsionswiderstandsmoments W_t

$$W_t = 2 \cdot A_m \cdot t_{min}$$

- Berechnung der Torsionsspannung $\tau_{t(\zeta)}$

$$\tau_{t(\zeta)} = \frac{T}{2 \cdot A_m \cdot t_{(\zeta)}}$$

- Berechnung der max. Torsionsspannung τ_{tmax}

$$\tau_{tmax} = \frac{T}{W_t}$$

- Berechnung des Verdrehwinkels ϑ

$$\vartheta = \frac{T \cdot l}{G \cdot I_t}$$

11.5 Dünnwandig offene Querschnitte

Wie zuvor die dünnwandig geschlossenen Querschnitte, besitzen auch die dünnwandig offenen Querschnitte eine hohe praktische Bedeutung im Maschinen-, Flugzeug- und Automobilbau. Für die Berechnung der dünnwandig offenen Querschnitte wollen wir analog vorgehen.

11.5.1 Modellannahmen

Auch die Berechnung dünnwandig offener Querschnitte wird nach der SAINT-VENANT'sche Torsionstheorie durchgeführt. Der wesentliche Unterschied zu den dünnwandig geschlossenen Querschnitten ist die Verteilung der Torsionsspannung über die Wandstärke. Somit ersetzen wir die dritte spezielle Annahme der SAINT-VENANT'sche Torsionstheorie durch die folgenden beiden neuen Annahmen für dünnwandig offene Querschnitte:

▶ **Spezielle Annahmen** der SAINT-VENANT**'schen Torsionstheorie** für dünnwandig offene Querschnitte.

- Die Torsionsspannung $\tau_{t(\zeta)}$ ist linear über die Wandstärke $t_{(\zeta)}$ verteilt (analog der Normalspannung σ bei Biegung).
- Störeinflüsse in Umlenkbereichen der Torsionsspannung $\tau_{t(\zeta)}$ werden vernachlässigt.

Alle weiteren Modellannahmen in Kapitel 11.4.1 auf S. 282 bleiben erhalten.

11.5.2 Herleitung

Für die Herleitung der Berechnungsgleichungen dünnwandig offener Querschnitte verwenden wir den in ▶ Abb. 11.14a) dargestellten Balken mit dünnwandigem Rechteckquerschnitt. Zur weiteren Behandlung führen wir eine Abstraktion durch. Dazu betrachten wir den eigentlichen Rechteckquerschnitt und zerlegen diesen in einzelne dünnwandig geschlossene Querschnitte, siehe grüne Fläche in ▶ Abb. 11.14b). Dies hat den Vorteil, dass wir auf die Gleichungen zur Berechnung dünnwandig geschlossener Querschnitte zurückgreifen können. Des Weiteren ist die eigentliche Torsionsspannung $\tau_{t(y)}$ eines dünnwandig offenen Querschnitts linear über die Wandstärke $t_{(y)}$ verteilt, siehe ebenfalls ▶ Abb. 11.14b). Mit dem Modell der grün hinterlegten Hohlquerschnitte nehmen wir weiterhin an, dass die Torsionsspannung $\tau_{t(\zeta)}$ innerhalb des Hohlquerschnitts konstant über die Wandstärke dy verteilt ist. Da wir aufgrund unserer Modellannahmen die Umlenkbereiche in den Ecken sowie durch die Dünnwandigkeit des Querschnitts begründet, die horizontalen Bereiche der Torsionsspannung $\tau_{t(\zeta)}$ vernachlässigen können, benötigen wir im weiteren Verlauf der Herleitung lediglich die vertikalen Bereiche von $\tau_{t(\zeta)}$. Diese vertikalen

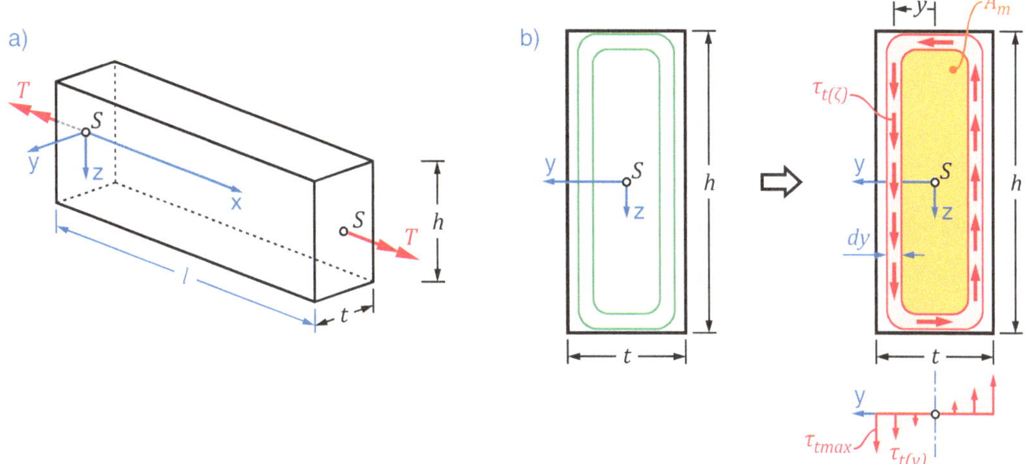

Abb. 11.14

Bereiche sind näherungsweise so lang wie die Höhe h des Querschnitts. Wir gehen in unserer Betrachtung von infinitesimalen Hohlquerschnitten aus. Dann können wir die Hohlfläche A_m näherungsweise wie folgt berechnen:

$$A_{m(y)} \approx 2 \cdot h \cdot y \qquad (11.39)$$

Für die Dicke unseres gedachten dünnwandig geschlossenen Querschnitts ergibt sich:

$$t_{(\zeta)} = dy \qquad (11.40)$$

Die im eigentlichen Rechteckquerschnitt vorhandene linear verlaufende Torsionsspannung $\tau_{t(y)}$ kann nach ▸ Abb. 11.14b) mithilfe der max. Torsionsspannung τ_{tmax} berechnet werden:

$$\tau_{t(y)} = \frac{\tau_{tmax}}{\left(\frac{t}{2}\right)} \cdot y \qquad (11.41)$$

Diese Torsionsspannung $\tau_{t(y)}$ setzen wir nun gleich der Torsionsspannung $\tau_{t(\zeta)}$ unseres gedachten dünnwandigen Querschnitts mittels Gleichung (11.35) auf S. 288:

$$\tau_{t(y)} = \frac{\tau_{tmax}}{\left(\frac{t}{2}\right)} \cdot y = \tau_{t(\zeta)} = \frac{T}{2 \cdot A_m \cdot t_{(\zeta)}} \qquad (11.42)$$

Darin ersetzen wir die Hohlfläche A_m mit Gleichung (11.39) und die Wandstärke $t_{(\zeta)}$ mit Gleichung (11.40). Da wir damit die infinitesimale Wandstärke dy einfügen, müssen wir das darauf wirkende infinitesimale Torsionsmoment dT einsetzen:

$$\frac{2 \cdot \tau_{tmax}}{t} \cdot y = \frac{dT}{2 \cdot 2 \cdot h \cdot y \cdot dy} \tag{11.43}$$

Umgestellt nach dT ergibt:

$$dT = \frac{8 \cdot \tau_{tmax} \cdot h \cdot y^2}{t} \cdot dy \tag{11.44}$$

Das gesamte Torsionsmoment T erhalten wir, wenn wir über die Rechteckbreite integrieren:

$$T = \int_0^{\frac{t}{2}} dT = \int_0^{\frac{t}{2}} \frac{8 \cdot \tau_{tmax} \cdot h \cdot y^2}{t} \cdot dy = \frac{8 \cdot \tau_{tmax} \cdot h}{t} \cdot \int_0^{\frac{t}{2}} y^2 \cdot dy = \frac{8 \cdot \tau_{tmax} \cdot h}{t} \cdot \left[\frac{1}{3} \cdot y^3 \right]_0^{\frac{t}{2}} \tag{11.45}$$

$$T = \frac{1}{3} \cdot \tau_{tmax} \cdot h \cdot t^2$$

Wir brauchen hier nur von 0 bis $t/2$ integrieren, da die eigentliche Torsionsspannung linear von 0 bis $t/2$ verläuft.

Stellen wir diese Gleichung etwas um, haben wir direkt die Berechnung der max. Torsionsspannung τ_{tmax}:

$$\tau_{tmax} = \frac{3 \cdot T}{h \cdot t^2} \tag{11.46}$$

Bringen wir dies noch in die gewohnte Form mit dem Torsionswiderstandsmoment W_t, erhalten wir als Ergebnis:

max. Torsionsspannung

$$\tau_{tmax} = \frac{T}{W_t} \qquad\qquad W_t = \frac{1}{3} \cdot h \cdot t^2 \tag{11.47}$$

Als nächstes wollen wir das Torsionsträgheitsmoment I_t unseres gedachten Hohlquerschnitts berechnen. Dazu verwenden wir Gleichung (11.37) auf S. 288. Lassen wir das darin enthaltene Ringintegral entlang des Umfangs U unseres gedachten Hohlquerschnitts laufen, können wir das Integral mit der Annahme, dass $t \ll h$ ist, recht einfach auswerten:

$$\oint_U \frac{1}{t_{(\zeta)}} \cdot d\zeta = \oint_U \frac{1}{dy} \cdot d\zeta = \frac{1}{dy} \cdot \oint_U d\zeta = \frac{2 \cdot h}{dy} \tag{11.48}$$

Jetzt haben wir hier wieder das dy enthalten, weshalb wir zuerst das damit verbundene infinitesimale Torsionsträgheitsmoment dI_t mittels (11.37) berechnen:

$$dI_t = \frac{4 \cdot A_m^2}{\oint \frac{1}{t_{(\zeta)}} \cdot d\zeta} = \frac{4 \cdot A_m^2}{\left(\frac{2 \cdot h}{dy} \right)} = \frac{4 \cdot A_m^2}{2 \cdot h} \cdot dy \tag{11.49}$$

Hier ersetzen wir wieder die Hohlfläche A_m mit Gleichung (11.39) und erhalten:

$$dI_t = \frac{4 \cdot (2 \cdot h \cdot y)^2}{2 \cdot h} \cdot dy = 8 \cdot h \cdot y^2 \cdot dy \qquad (11.50)$$

Integrieren wir dies wieder über die Rechteckfläche, bekommen wir das Torsionsträgheitsmoment I_t:

$$I_t = \int\limits_0^{\frac{t}{2}} dI_t = \int\limits_0^{\frac{t}{2}} 8 \cdot h \cdot y^2 \cdot dy = 8 \cdot h \cdot \int\limits_0^{\frac{t}{2}} y^2 \cdot dy = 8 \cdot h \cdot \left[\frac{1}{3} \cdot y^3 \right]_0^{\frac{t}{2}} = \frac{1}{3} \cdot h \cdot t^3 \qquad (11.51)$$

Für dünnwandige Rechtecke haben wir damit also das entsprechende Torsionsträgheitsmoment I_t bestimmt:

$$I_t = \frac{1}{3} \cdot h \cdot t^3 \qquad (11.52)$$

Torsionsträgheitsmoment für ein dünnwandiges Rechteck

Setzen wir nun unsere Ergebnisse für dT und dI_t aus Gleichung (11.44) und (11.49) in Gleichung (11.32) auf S. 287 ein:

$$\vartheta' = \frac{dT}{G \cdot dI_t} = \frac{\left(\dfrac{8 \cdot \tau_{tmax} \cdot h \cdot y^2}{t} \cdot dy \right)}{G \cdot \left(\dfrac{4 \cdot A_m^2}{2 \cdot h} \cdot dy \right)} = \frac{\tau_{tmax}}{G \cdot t} \qquad (11.53)$$

Diese Gleichung erweitern wir nun im Zähler sowie im Nenner jeweils mit dem Ausdruck $t \cdot h^2/3$:

$$\vartheta' = \frac{\tau_{tmax}}{G \cdot t} \cdot \frac{3 \cdot t \cdot h^2}{3 \cdot t \cdot h^2} = \frac{\tau_{tmax} \cdot t \cdot h^2}{3} \cdot \frac{1}{G} \cdot \frac{3}{t \cdot h^3} = \frac{T}{G \cdot I_t} \qquad (11.54)$$

Integrieren wir dies wiederum über die Balkenlänge l, erhalten wir die bekannte Gleichung für den Verdrehwinkel ϑ:

$$\vartheta = \int \vartheta' \cdot dx = \frac{T \cdot l}{G \cdot I_t} \qquad (11.55)$$

Verdrehwinkel

11.5.3 Anwendung

In der praktischen Anwendung von dünnwandig offenen Querschnitten bestehen diese in der Regel aus zusammengesetzten dünnwandigen Rechtecken, wie z. B. I-, L-, T-, U- und Z-Profile. Zudem verläuft nach unserer Modellannahme die Torsionsspannung $\tau_{t(y)}$ linear über der Wanddicke, siehe ▶ Abb. 11.14b). Damit ist im Grunde nur die max. Torsionsspannung τ_{tmax} von Interesse. An allen anderen Stellen des Querschnitts ist die Torsionsspannung ja geringer. Daher übertragen wir die in der Herleitung gefundenen Berechnungen auf zusammengesetzte dünnwandig offene Querschnitte.

Greift ein Torsionsmoment T an, wird die gesamte Querschnittsfläche mit diesem Torsionsmoment beansprucht. Zudem erfahren alle Teilflächen die gleiche Verdrehung wie der Gesamtquerschnitt. Somit müssen wir die bisherigen Gleichungen nur auf alle Teilflächen übertragen.

Die in einem dünnwandig offenen Querschnitt auftretende max. Torsionsspannung τ_{tmax} wird mithilfe des Torsionswiderstandsmoments W_t berechnet:

max. Torsionsspannung

$$\tau_{tmax} = \frac{T}{W_t} \qquad\qquad W_t = \frac{I_t}{t_{max}} \tag{11.56}$$

Wie schon erwähnt, verläuft die Torsionsspannung linear über die Wandstärke und die max. Torsionsspannung τ_{tmax} tritt demnach bei der größten Wandstäke t_{max} auf.

Der gesamte Querschnitt ist in der Regel aus mehreren einfachen Rechtecken zusammengesetzt, wie das in ▶ Abb. 11.15 dargestellte L-Profil. Wollen wir für so einen zusammengesetzten Querschnitt das Gesamt-Torsionsträgheitsmoment I_t berechnen, müssen wir nur die Summe über alle Teil-Torsionsträgheitsmomente I_{ti} bilden und erhalten dann:

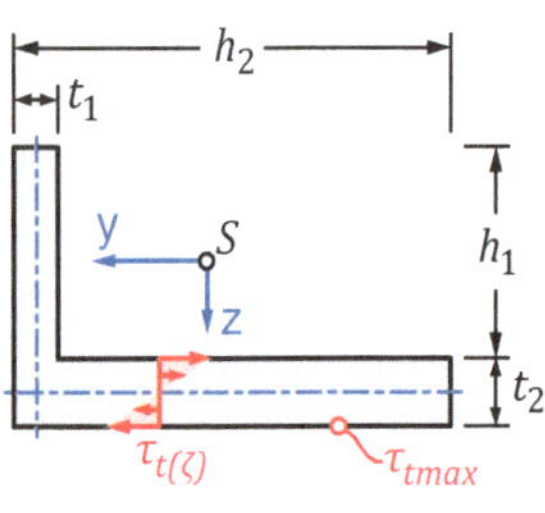

Abb. 11.15

Torsionsträgheitsmoment

$$I_t = \frac{K}{3} \cdot \sum_{i=1}^{n} h_i \cdot t_i^3 \tag{11.57}$$

Der in dieser Gleichung enthaltene Faktor K ist lediglich ein Korrekturfaktor. Mit diesem Faktor werden Wölbbehinderungen berücksichtigt, zu denen es innerhalb eines zusammengesetzten dünnwandig offenen Querschnitts kommt. Werte für diesen Faktor sind in der Formelsammlung ▶ Tab. 11-2 auf S. 276 für gängige Profilformen aufgeführt.

Da nun das Torsionswiderstandsmoment W_t wie auch das Torsionsträgheitsmoment I_t berechnet werden können, kann für den sich einstellenden Verdrehwinkel ϑ über der gesamten Balkenlänge l die übliche Gleichung herangezogen werden:

Verdrehwinkel

$$\vartheta = \frac{T \cdot l}{G \cdot I_t} \tag{11.58}$$

Zudem sind in der Formelsammlung ▶ Tab. 11-2 auf S. 276 nochmal die Berechnungen des Torsionsträgheitsmoments I_t und des Torsionswiderstandsmoment W_t sowie Werte für den Korrekturfaktor K angegeben.

Vorgehensweise

- Einteilung des Querschnitts in zusammengesetzte Einzelflächen. In der Regel sind dies schmale Rechtecke.
- Bestimmung des Torsionsträgheitsmoments I_t

$$I_t = \frac{K}{3} \cdot \sum_{i=1}^{n} h_i \cdot t_i^3$$

- Berechnung des Torsionswiderstandsmoments W_t

$$W_t = \frac{I_t}{t_{max}}$$

- Berechnung der max. Torsionsspannung τ_{tmax}

$$\tau_{tmax} = \frac{T}{W_t}$$

- Bestimmung des Verdrehwinkels ϑ

$$\vartheta = \frac{T \cdot l}{G \cdot I_t}$$

Beispiel 11.4

Zwei Balken aus Stahl mit den dargestellten dünnwandigen Profilen ($l = 1$ m, $b = 40$ mm, $h = 60$ mm, $t = 3$ mm, $s = 5$ mm, $E = 210$ GPa, $v = 0{,}3$) werden durch ein Torsionsmoment $T = 200$ Nm belastet.

Bestimmen Sie die max. auftretende Torsionsspannung und den zugehörigen Verdrehwinkel der beiden Balken.

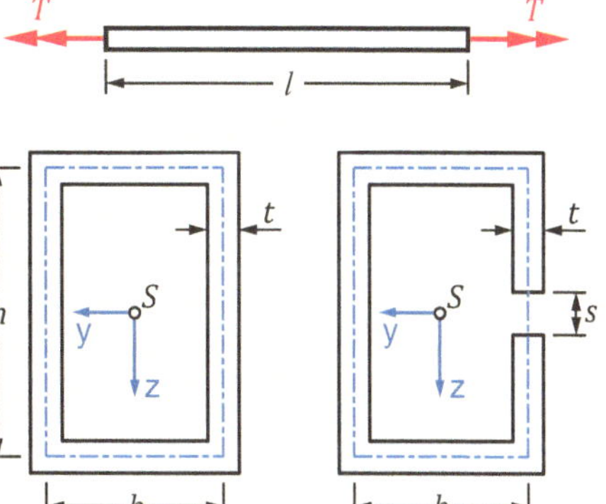

Lösung

Wir wollen die Berechnung der beiden Querschnitte parallel durchführen, um einen direkten Vergleich zu haben. Das linke Profil ist dünnwandig geschlossen, das rechte entsprechend dünnwandig offen. Somit kommen beiden Berechnungsmethoden für dünnwandige Querschnitte zum Einsatz. Das dünnwandig offene Profil können wir in fünf einzelne Rechtecke zerlegen.

Wir gehen entsprechend der Vorgehensweisen in den jeweiligen Kapiteln für die beiden Profil vor. Somit beginnen wir mit der Bestimmung der Hohlfläche A_m und der Länge der Profilmittellinie U_m des geschlossenen Profils:

$$A_m = b \cdot h = 2.400 \ mm^2 \qquad\qquad U_m = 2 \cdot b + 2 \cdot h = 200 \ mm$$

Damit bestimmen wir als nächstes das Torsionsträgheitsmoment I_t für beide Profile:

$$I_t = \frac{4 \cdot A_m^2 \cdot t}{U_m} \qquad\qquad I_t = \frac{K}{3} \cdot \sum_{i=1}^{n} h_i \cdot t_i^3$$

$$I_t = 345.600 \ mm^4$$

$$I_t = \frac{1{,}12}{3} \cdot [2 \cdot b \cdot t^3 + h \cdot t^3 + (h - s) \cdot t^3]$$

$$I_t = 1.985{,}8 \ mm^4$$

Nun folgt die Bestimmung des Torsionswiderstandsmoments W_t:

$$W_t = 2 \cdot A_m \cdot t = 14.400 \ mm^3 \qquad\qquad W_t = \frac{I_t}{t_{max}} = 661{,}9 \ mm^3$$

Anhand dieser Ergebnisse fällt schon auf, dass das geschlossene Profil eine wesentlich größere Torsionssteifigkeit $(G \cdot I_t)$ gegenüber dem offenen Profil besitzt. Damit verbunden wird beim geschlossenen Profil die Torsionsspannung wie auch die Verdrehung wesentlich kleiner werden als beim offenen Profil:

$$\underline{\underline{\tau_{tmax}}} = \frac{T}{W_t} = 13{,}9 \ \underline{\underline{\frac{N}{mm^2}}} \qquad\qquad \underline{\underline{\tau_{tmax}}} = \frac{T}{W_t} = 302{,}2 \ \underline{\underline{\frac{N}{mm^2}}}$$

Für den Verdrehwinkel ϑ benötigen wir zuvor noch den Schubmodul G:

$$G = \frac{E}{2 \cdot (1 + v)} = 80.769 \ \frac{N}{mm^2}$$

Als letztes folgt dann der Verdrehwinkel ϑ:

$$\underline{\underline{\vartheta_{(x=l)}}} = \frac{T \cdot l}{G \cdot I_t} = \underline{\underline{0{,}41°}} \qquad\qquad \underline{\underline{\vartheta_{(x=l)}}} = \frac{T \cdot l}{G \cdot I_t} = \underline{\underline{71{,}45°}}$$

Beispiel 11.5

Ein Stahlbalken mit Vierkantprofil ($l = 0{,}8$ m, $b = 70$ mm, $h = 80$ mm, $t = 3$ mm, $s = 6$ mm, $E = 210.000$ N/mm², $v = 0{,}3$, $\tau_{tF} = 180$ N/mm²) wird durch ein Torsionsmoment $T = 2000$ Nm belastet.

Bestimmen Sie die Sicherheit gegen Fließen und den max. Verdrehwinkel ϑ in [°].

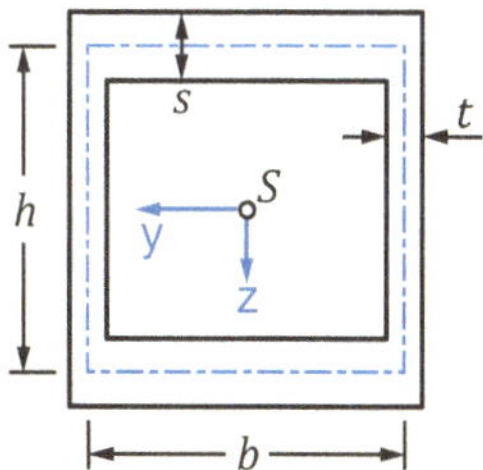

Lösung

Bei dem vorliegenden Vierkantprofil handelt es sich um einen dünnwandig geschlossenen Querschnitt. Somit können wir die normale Vorgehensweise zum lösen dieser Aufgabe anwenden. Als erstes berechnen wir die Hohlfläche A_m und die Länge der Profilmittellinie U_m:

$$A_m = b \cdot h = 5.600 \ mm^2 \qquad\qquad U_m = 2 \cdot b + 2 \cdot h = 300 \ mm$$

Danach folgt die Berechnung des Torsionsträgheitsmoments I_t:

$$I_t = \frac{4 \cdot A_m^2}{\sum \left(\frac{h_i}{t_i}\right)} = \frac{4 \cdot A_m^2}{2 \cdot \frac{b}{s} + 2 \cdot \frac{h}{t}} = 1.636.174 \ mm^4$$

Bestimmung des Torsionswiderstandsmoments W_t:

$$W_t = 2 \cdot A_m \cdot t_{min} = 2 \cdot A_m \cdot t = 33.600 \ mm^3$$

Berechnung der max. Torsionsspannung τ_{tmax}:

$$\underline{\underline{\tau_{tmax}}} = \frac{T}{W_t} = \underline{\underline{59{,}5 \ \frac{N}{mm^2}}}$$

Jetzt Berechnen wir die Sicherheit gegen Fließen für das Vierkantprofil und verwenden dazu die beiden Gleichungen (6.1) und (6.2) auf S. 95:

$$\underline{\underline{S_F}} = \frac{\sigma_{zul}}{\sigma_{vorh}} = \frac{\tau_{tF}}{\tau_{tmax}} = \underline{\underline{3{,}0}}$$

Für den Verdrehwinkel ϑ benötigen wir wieder den Schubmodul G und dürfen die Umrechnung von [rad] in [°] nicht vergessen:

$$\underline{\underline{G}} = \frac{E}{2 \cdot (1 + v)} = \underline{\underline{80.769 \ \frac{N}{mm^2}}} \qquad\qquad \underline{\underline{\vartheta_{(x=l)}}} = \frac{T \cdot l}{G \cdot I_t} = \underline{\underline{0{,}69°}}$$

Kreis- und kreisringförmige Querschnitte

- Bei kreis- und kreisringförmigen Querschnitten entspricht das Torsionsträgheitsmoment dem polaren Flächenträgheitsmoment:

$$I_t = I_p$$

- Gleiches gilt für das Torsionswiderstandsmoment und dem polaren Widerstandsmoment:

$$W_t = W_p$$

Formelsammlung Torsionsträgheits- und Torsionswiderstandsmomente:
▶ Tab. 11-2 auf S. 276

Integrationsmethode *zur Bestimmung des Torsionsmoment* $T_{(x)}$ *und Verdrehwinkel* $\vartheta_{(x)}$:

$$G \cdot I_t \cdot \vartheta''_{(x)} = -m_{t(x)}$$

$$G \cdot I_t \cdot \vartheta'_{(x)} = T_{(x)} = \int -m_{t(x)} \cdot dx + C_1$$

$$G \cdot I_t \cdot \vartheta_{(x)} = \iint -m_{t(x)} \cdot dx \cdot dx + C_1 \cdot x + C_2$$

Die *blauen Terme* sind von der jeweiligen Funktion der Streckenlast $m_{t(x)}$ abhängig und die *grünen Terme* beinhalten die Integrationskonstanten C_1 und C_2 und sind für jede Streckenlastfunktion identisch.

Rand- und Übergangsbedingungen:
▶ Tab. 11-1 auf S. 274

max. Torsionsspannung

$$\tau_{tmax} = \frac{T_{max}}{I_t} \cdot r_{max} = \frac{T_{max}}{W_t}$$

Dünnwandig geschlossene Querschnitte

Grundlage für die Berechnung dieser Querschnitte ist die SAINT-VENANT'sche Torsionstheorie und die BREDT'schen Annahmen für Torsion.

Torsionsträgheitsmoment für beliebige Wandstärken

$$I_t = \frac{4 \cdot A_m^2}{\oint \dfrac{1}{t_{(\zeta)}} \cdot d\zeta}$$

Torsionsträgheitsmoment für abschnittsweise konstante Wandstärken

$$I_t = \frac{4 \cdot A_m^2}{\sum \left(\dfrac{h_i}{t_i}\right)}$$

Torsionsträgheitsmoment für eine konstante Wandstärke

$$I_t = \frac{4 \cdot A_m^2 \cdot t}{U_m}$$

Torsionswiderstandsmoment

$$W_t = 2 \cdot A_m \cdot t_{min}$$

Dünnwandig offene Querschnitte

Torsionsträgheitsmoment

$$I_t = \frac{K}{3} \cdot \sum_{i=1}^{n} h_i \cdot t_i^3$$

Torsionswiderstandsmoment

$$W_t = \frac{I_t}{t_{max}}$$

Formelsammlung Torsionsträgheitsmomente:
▶ Tab. 11-2 auf S. 276

Verdrehwinkel

$$\vartheta_{(x=l)} = \int_{x=0}^{l} \frac{T}{G \cdot I_t} \cdot dx = \frac{T \cdot l}{G \cdot I_t}$$

11.6 Aufgaben zu Kapitel 11

Aufgabe 11.1

Für einen Balken ($T = 15$ kNm) stehen die vier abgebildeten Querschnitte zur Auswahl. Die darin enthaltene Wandstärke beträgt $t = d/10$.

a) Wie muss der jeweilige Querschnitt mit der entsprechenden Länge (a, b, c, d) dimensioniert werden, damit die zulässige Torsionsspannung von $\tau_{t\text{-}zul} = 120$ MPa nicht überschritten wird?

b) Welcher Querschnitt ist vom Materialaufwand (Querschnittsfläche) her am günstigsten?

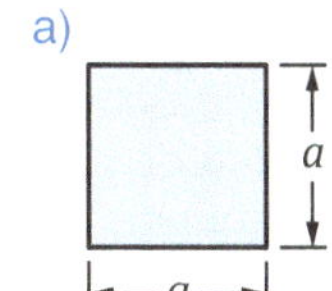
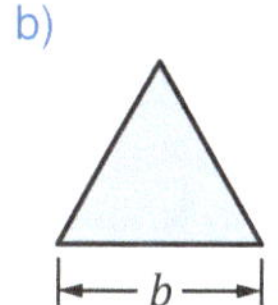
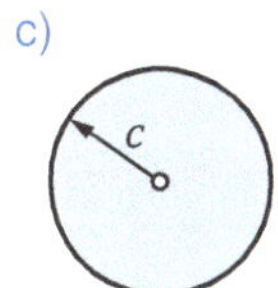
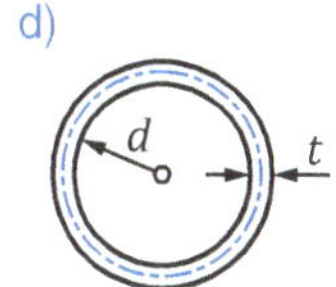

Aufgabe 11.2

Ein Balken mit dünnwandigem Dreieckprofil ($l = 1$ m, $b = 70$ mm, $h = 50$ mm, $E = 210.000$ N/mm², $\nu = 0{,}3$, $\tau_{tF} = 170$ N/mm²) wird durch ein Torsionsmoment $T = 1200$ Nm belastet.

Bestimmen Sie die Wandstärke t des Profils für eine Sicherheit gegen Fließen von $S_F = 1{,}5$.

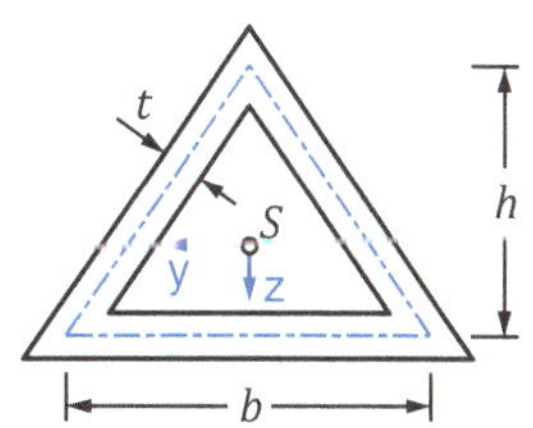

Aufgabe 11.3

Das dargestellte dünnwandig geschlossene Trapezprofil aus Stahl ($t = 10$ mm, $l = 1{,}5$ m, $E = 210.000$ MPa, $\nu = 0{,}3$, $R_e = 490$ N/mm², $\tau_{tF} = 350$ N/mm²) wird durch ein Torsionsmoment $T = 56{,}7$ kNm belastet.

Berechnen Sie das Maß a, damit Fließen mit einer Sicherheit von $S_F = 1{,}5$ verhindert wird.

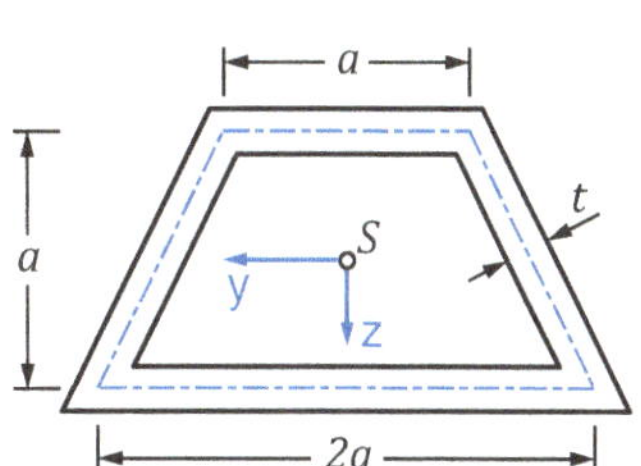

Aufgabe 11.4

Das dargestellte dünnwandige Viertelkreisprofil aus Aluminium ($a = 40$ mm, $l = 1{,}2$ m, $E = 70.000$ MPa, $\nu = 0{,}34$, $R_e = 190$ N/mm², $\tau_{tF} = 130$ N/mm²) wird durch ein Torsionsmoment $T = 950$ Nm belastet.

a) Berechnen Sie das Maß t, damit Fließen mit einer Sicherheit von $S_F = 1{,}2$ verhindert wird.

b) Wie groß ist der damit verbundene Verdrehwinkel?

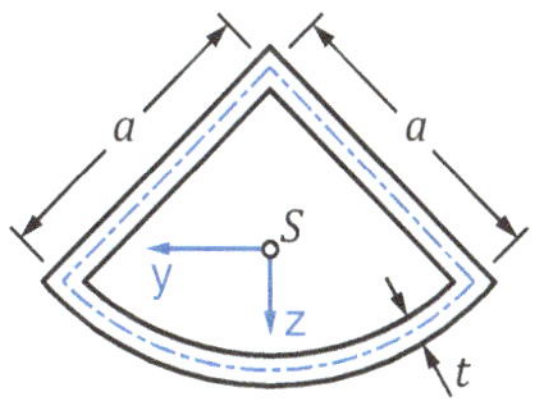

Aufgabe 11.5

Ein masseloser Balken mit dem dargestellten dünnwandig offenen Sechseckprofil aus Stahl ($l = 2$ m, $a = 120$ mm, $t = 10$ mm, $E = 210.000$ GPa, $v = 0{,}3$, $R_e = 490$ N/mm², $\tau_{tF} = 350$ N/mm², $K = 1{,}12$) wird durch ein Torsionsmoment belastet.

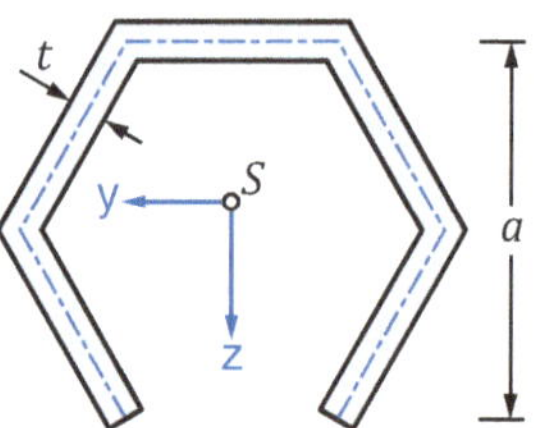

a) Berechnen Sie das max. auftretende Torsionsmoment T für eine Sicherheit gegen Fließen von $S_F = 1{,}8$.

b) Wie groß ist der damit verbundene Verdrehwinkel ϑ?

Aufgabe 11.6

Ein masseloser Balken aus Stahl ($l = 1$ m, $b = 30$ mm, $h = 45$ mm, $E = 210$ GPa, $v = 0{,}3$, $R_e = 235$ MPa, $\tau_{tF} = 160$ MPa) wird durch zwei Einzelkräfte belastet.

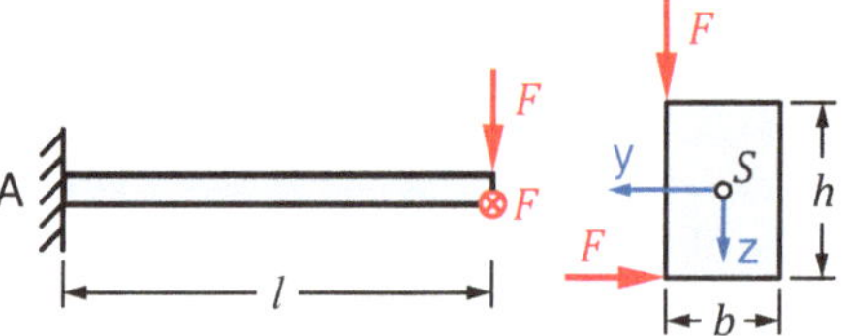

a) Berechnen Sie die Kraft F für einen max. Verdrehwinkel von $\vartheta_{max} = 0{,}75°$.

b) Wie groß ist die damit verbundene Sicherheit gegen Fließen?

Aufgabe 11.7

Bei einem abgesetzten Balken mit Kreisquerschnitt besteht jeder Absatz aus einem anderen Werkstoff:

1) $d_1 = 50$ mm, $a = 60$ mm, $E = 105$ GPa, $v = 0{,}33$, $\tau_{tF} = 80$ MPa
2) $d_2 = 35$ mm, $b = 80$ mm, $E = 70$ GPa, $v = 0{,}34$, $\tau_{tF} = 110$ MPa
3) $d_3 = 30$ mm, $c = 110$ mm, $E = 210$ GPa, $v = 0{,}3$, $\tau_{tF} = 150$ MPa

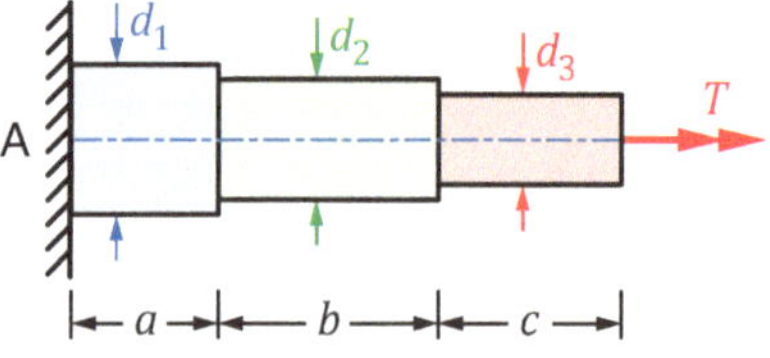

Berechnen Sie das zul. Torsionsmoment T_{zul} sowie den zugehörigen Verdrehwinkel ϑ des Balkens, so dass Fließen mit einer Sicherheit von $S_F = 1{,}7$ ausgeschlossen ist.

12 Energiemethoden

Lösungen

Aufgabe 11.1	$a = 84{,}37$ mm	$A_{a)} = 7121{,}38$ mm^2
	$b = 135{,}72$ mm	$A_{b)} = 9210{,}08$ mm^2
	$c = 43{,}01$ mm	$A_{c)} = 5812{,}24$ mm^2
	$d = 58{,}38$ mm	$A_{d)} = 2141{,}25$ mm^2
Aufgabe 11.2	$t = 3$ mm	
Aufgabe 11.3	$a = 90$ mm	
Aufgabe 11.4	$t = 3{,}5$ mm	$\vartheta = 16{,}21°$
Aufgabe 11.5	$T = 2514{,}7$ Nm	$\vartheta = 27{,}6°$
Aufgabe 11.6	$F = 6{,}7$ kN	$S_F = 5{,}92$
Aufgabe 11.7	$T_{zul} = 467{,}8$ Nm	$\vartheta = 1{,}08°$

© Springer Fachmedien Wiesbaden GmbH, ein Teil von Springer Nature 2019
C. Spura, *Technische Mechanik 2. Elastostatik,*
https://doi.org/10.1007/978-3-658-19979-1_12

Bei der Energiebetrachtung eines Tragwerks muss die durch die äußeren Kräfte und Momente eingeleitete Arbeit (Energie) mit der entsprechenden Formänderungsenergie der inneren Schnittgrößen im Gleichgewicht stehen. Der damit verbundene Arbeitssatz, welcher für statisch bestimmte Tragwerke gilt, erfährt eine Erweiterung für statisch unbestimmte Tragwerke. Diese Erweiterung geschieht mit den Sätzen von CASTIGLIANO und MENABREA. Dadurch lassen sich auch statisch unbestimmte Tragwerke sowie Lagerreaktionen und Verformungen berechnen.

Wir wollen uns in diesem Kapitel wieder mit einer äquivalenten Berechnungsmethode beschäftigen, mithilfe derer wir auf einem andere Weg zur Lösung einer Aufgabenstellung kommen. Wie schon in *Band 1*, wollen wir an dieser Stelle wieder die *Energiemethoden der Mechanik* (Prinzipe der Mechanik) dafür verwenden. Blicken wir kurz auf die vorangegangenen Kapitel zurück, so haben wir die Aufgabenstellung mithilfe der *Gleichgewichtsbedingungen*, der *kinematischen Beziehungen* und des *Elastizitätsgesetzes* gelöst. Die jeweiligen Gleichungen für die verschiedenen Belastungsarten (Zug/Druck, Biegung, Schub, Torsion) sind in nebenstehender ▶ Tab. 12-1 aufgeführt. Jetzt wollen wir aber eine andere Grundüberlegung nutzen, um auf einem anderen Weg zu den Ergebnissen zu gelangen. Dazu gehen wir wieder von der in einem abgeschlossenen System vorhandenen Energie aus. Das abgeschlossene System stellt dabei unser Tragwerk mit den angreifenden äußeren Kräften und Momenten dar.

12.1 Arbeit und Arbeitssatz

In *Band 1* haben wir den Arbeitssatz in Form des *Prinzips der virtuellen Verrückungen* kennengelernt. Da wir es aber in der Elastostatik mit wirklichen realen Verformungen zu tun haben, müssen wir den Arbeitssatz etwas verändern. Dazu wollen wir uns zuerst mit der Arbeit der äußeren eingeprägten Kräfte und Momente eines Tragwerks sowie anschließend mit der inneren Arbeit der Schnittgrößen befassen. Anschließend werden wir damit dann den Arbeitssatz formulieren.

12.1.1 Arbeit der Belastungen (äußere Kraftgrößen)

Um die Arbeit der Belastungen (äußere eingeprägte Kräfte und Momente) zu bestimmen, schauen wir uns den Stab in ▶ Abb. 12.1 an. Wird unser Stab mit der äußeren Kraft F belas-

Tab. 12-1 Grundgleichungen der Elastostatik

	Zug/Druck	Biegung	Schub (Vollquerschnitt)	Torsion (Kreisquerschnitt)
Gleichgewicht	$N' = -n$	$M_y' = Q_z$ $Q_z' = -q_z$	$M_y' = Q_z$ $Q_z' = -q_z$	$T' = -m_t$
Kinematik	$\varepsilon = \dfrac{\partial u}{\partial x} = u'$	$w_b'' = -\psi'$ $w_b' = -\psi$	$\gamma = \psi + w'$	$\gamma = r \cdot \vartheta'$
Elastizitätsgesetz	$N = E \cdot A \cdot \varepsilon$	$M_y = E \cdot I_y \cdot \psi'$	$Q_z = \kappa \cdot G \cdot A \cdot \gamma$	$T = G \cdot I_t \cdot \vartheta'$
Spannung	$\sigma_x = \dfrac{N}{A}$	$\sigma_{x(z)} = \dfrac{M_y}{I_y} \cdot z$	$\tau_m = \dfrac{Q_z}{\kappa \cdot A}$	$\tau_{t(r)} = \dfrac{T}{I_t} \cdot r$
Verformung	$u'_{(x)} = \dfrac{N}{E \cdot A}$	$w_b'' = -\dfrac{M_y}{E \cdot I_y}$	$w_s' = \dfrac{Q_z}{\kappa \cdot G \cdot A}$	$\vartheta' = \dfrac{T}{G \cdot I_t}$
Flächenmoment	$A = \displaystyle\int dA$	$I_y = \displaystyle\int z^2 \cdot dA$	$I_y = \displaystyle\int z^2 \cdot dA$	$I_t = I_p = \displaystyle\int r^2 \cdot dA$
Differenzialgleichung	$E \cdot A \cdot u'' = -n$	$E \cdot I_y \cdot w_b'''' = q_z$	$\kappa \cdot G \cdot A \cdot w_s'' = -q_z$	$G \cdot I_t \cdot \vartheta'' = m_t$

tet, ergibt sich die dargestellte Verschiebung bzw. Stabverlängerung u. Diese beiden Größen, Kraft F und Verlängerung u, stellen wir in einem Kraft-Weg-Diagramm dar. Dementsprechend ist dann die von der Kraft F verrichtete Arbeit W in Richtung des Weges (Verlängerung) u, der Flächeninhalt (blaue Fläche) unterhalb der Kraft-Weg-Kurve:

$$W = \int F \cdot du \tag{12.1}$$

Da es einen Zusammenhang zwischen der Kraft F und dem Weg u über die FLEA-Gleichung (7.8) auf S. 117 gibt, können wir diese Gleichung entsprechend umstellen und einsetzen:

$$\Delta l = u = \frac{F \cdot l}{E \cdot A} \qquad \rightarrow \qquad F = \frac{E \cdot A}{l} \cdot u$$

$$W = \int \frac{E \cdot A}{l} \cdot u \cdot du = \frac{1}{2} \cdot \frac{E \cdot A}{l} \cdot u^2 \tag{12.2}$$

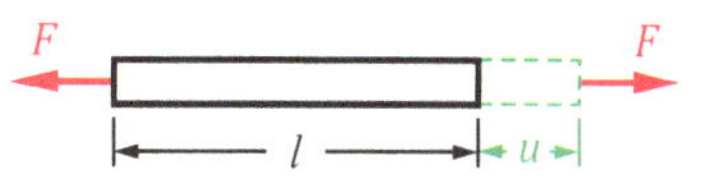

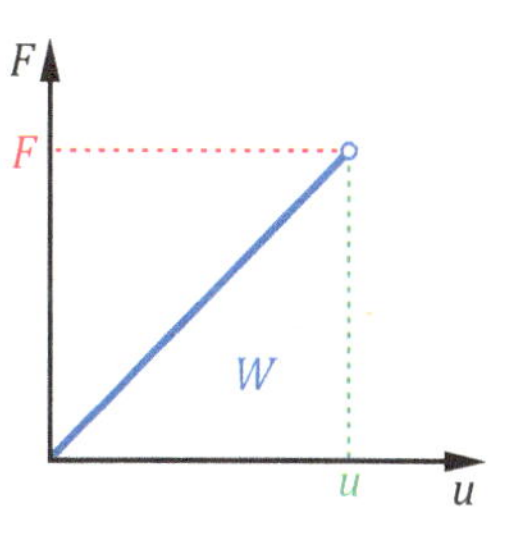

Abb. 12.1

Für die quadrierte Verschiebung u^2 fügen wir nochmals die quadrierte FLEA-Gleichung ein:

$$W = \frac{1}{2} \cdot \frac{E \cdot A}{l} \cdot \frac{F^2 \cdot l^2}{E^2 \cdot A^2} = \frac{1}{2} \cdot \frac{F^2 \cdot l}{E \cdot A} = \frac{1}{2} \cdot F \cdot \frac{F \cdot l}{E \cdot A} \tag{12.3}$$

Der rechte Termin ist bei dieser Sortierung wieder die durch die FLEA-Gleichung berechnete Verschiebung u. Wir erhalten also für die gesamte Arbeit der Kraft F als Ergebnis:

Arbeit der Belastung (Kraft)

$$W = \int F \cdot du = \frac{1}{2} \cdot F \cdot u \tag{12.4}$$

Aus *Band 1* ist uns der Zusammenhang zwischen der Arbeit durch eine Kraft (Produkt aus Kraft und Weg) und der Arbeit durch ein Moment (Produkt aus Moment und Verdrehung) noch bekannt. Somit können wir Gleichung (12.4) auch auf Momente erweitern:

Arbeit der Belastung (Moment)

$$W = \int M \cdot d\psi = \frac{1}{2} \cdot M \cdot \psi \tag{12.5}$$

Mithilfe dieser beiden Gleichungen können wir die Arbeit der äußeren eingeprägten Kräfte und Momente bestimmen.

12.1.2 Arbeit der Schnittgrößen (innere Kraftgrößen)

Wir wollen nun die Arbeit der Schnittgrößen (Normalkraft N, Querkraft Q, Biegemoment M, Torsionsmoment T) bestimmen. Dazu nehmen wir unseren Stab mit der Belastung durch die Kraft F her, siehe ▶ Abb. 12.2. Um die Schnittgröße der Normalkraft zu betrachten, schneiden wir aus unserem Stab ein infinitesimales Stabelement der Länge dx heraus. An diesem Element wirkt die Normalkraft N und zieht das Element um den Betrag $\varepsilon \cdot dx$ in die Länge. Tragen wir diesen Zusammenhang in einem Kraft-Dehnungs-Diagramm auf, können wir daran die Arbeit der Normalkraft N bestimmen. Da die Normalkraft N eine Formänderung unseres Stabes hervorruft, wird die innere Arbeit der Schnittgrößen auch als *Formänderungsenergie*[38] bezeichnet. Für unser Stabelement erhalten wir dann die infinitesimale Formänderungsenergie:

$$d\Pi = \frac{1}{2} \cdot N \cdot \varepsilon \cdot dx = \Pi^* \cdot dx \tag{12.6}$$

Darin ist Π^* die *Formänderungsenergie pro Längeneinheit*. Die gesamte Formänderungsenergie erhalten wir, wenn wir Gleichung (12.6) über die gesamte Stablänge integrieren:

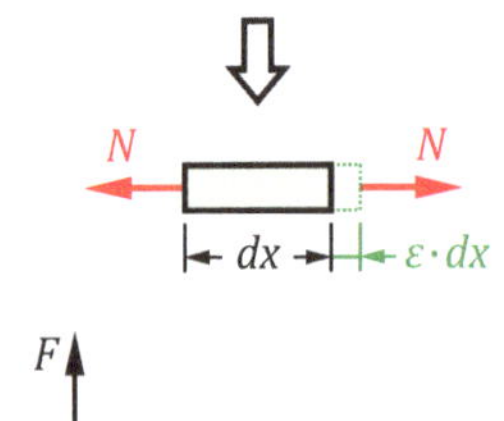
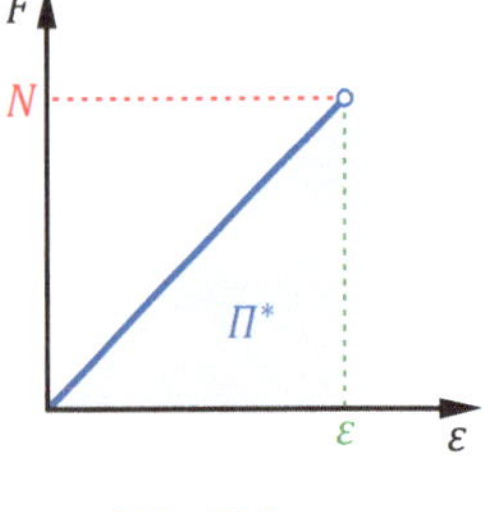

Abb. 12.2

---

38 Da die Energie die Fähigkeit ist, Arbeit zu verrichten, wird zur Abgrenzung der inneren Arbeit der Schnittgrößen der Begriff der Energie verwendet.

$$\Pi = \int d\Pi = \int \Pi^* \cdot dx \qquad (12.7)$$

Darin setzen wir den Ausdruck für die Normalkraft N ein:

$$\Pi = \int \Pi^* \cdot dx = \int \frac{1}{2} \cdot N \cdot \varepsilon \cdot dx \qquad (12.8)$$

Für die hier enthaltene Dehnung ε setzen wir das Elastizitätsgesetz aus ▶ Tab. 12-1 ein:

$$N = E \cdot A \cdot \varepsilon \qquad \rightarrow \quad \varepsilon = \frac{N}{E \cdot A}$$

und erhalten damit die Formänderungsenergie (gesamte innere Energie) der Normalkraft N:

$$\Pi = \int_0^l \frac{1}{2} \cdot \frac{N^2}{E \cdot A} \cdot dx = \frac{1}{2} \cdot \frac{N^2 \cdot l}{E \cdot A} \qquad (12.9)$$

Wir wollen nun noch die Formänderungsenergie des Biegemoments M bestimmen. Hierzu können wir analog vorgehen. Die Arbeit bzw. Energie eines Moments ist das Produkt aus dem Moment M und der damit einhergehenden Verdrehung ψ. Dazu betrachten wir ein infinitesimales Balkenelement der Länge dx, welches durch ein Biegemoment M belastet ist und somit die Verdrehung $d\psi$ erfährt, siehe ▶ Abb. 12.3. Die mit dem Biegemoment M verbundene infinitesimale Formänderungsenergie ist dann:

$$d\Pi = \frac{1}{2} \cdot M \cdot d\psi = \frac{1}{2} \cdot M \cdot \psi' \cdot dx = \Pi^* \cdot dx \qquad (12.10)$$

Darin ersetzen wir die Ableitung des Verdrehwinkels ψ' mit dem Elastizitätsgesetz aus ▶ Tab. 12-1:

$$M = E \cdot I_y \cdot \psi' \qquad \rightarrow \quad \psi' = \frac{M}{E \cdot I_y}$$

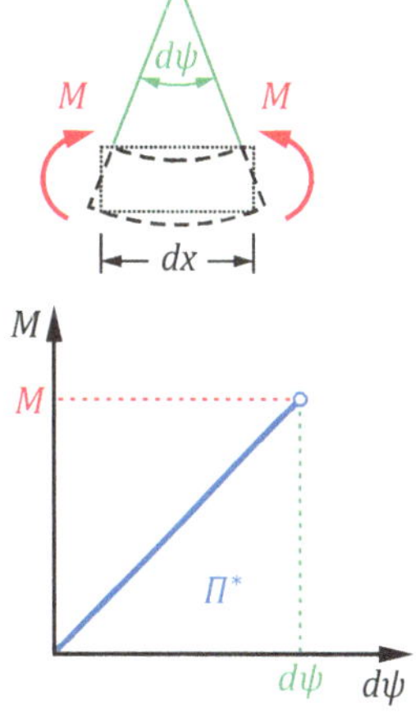

Abb. 12.3

und erhalten damit die Formänderungsenergie des Biegemoments M nach Integration über die gesamte Balkenlänge:

$$\Pi = \int_0^l \frac{1}{2} \cdot \frac{M^2}{E \cdot I_y} \cdot dx = \frac{1}{2} \cdot \frac{M^2 \cdot l}{E \cdot I_y} \qquad (12.11)$$

Genauso können wir auch zur Bestimmung der Formänderungsenergie für die Querkraft Q und für das Torsionsmoment T vorgehen. Wir wollen jedoch auf eine Herleitung verzichten und direkt die Formänderungsenergie pro Längeneinheit Π^* für alle Schnittgrößen angeben, siehe ▶ Tab. 12-2. Darin ist die

Formänderungsenergie in der allgemeinen Form, mit Einsetzen des Elastizitätsgesetzes infolge der Kraftwirkungen und mit Einsetzen des Elastizitätsgesetzes infolge der Verformungsgrößen für alle Schnittgrößen angegeben. In der Regel werden zur Berechnung aber die Kraftgrößen verwendet, da die Ermittlung der Schnittgrößen wesentlich einfacher ist als die Ermittlung der Verformungen. Darum sind die Gleichungen der Kraftgrößen in ▶ Tab. 12-2 auch farblich hinterlegt.

Wie wir bei unseren bisherigen Tragwerken und auch den entsprechenden Übungsaufgaben gesehen haben, sind normaler Weise immer mehrere Schnittgrößen in einem Tragwerk vorhanden. Da wir die Schnittgrößen einzeln bestimmen können, ist es naheliegend, dass wir auch die gesamte Formänderungsenergie der Schnittgrößen durch Superposition berechnen können. Dementsprechend können wir alle anteiligen Schnittgrößen in Gleichung (12.7) aufsummieren. Beachten wir dabei, dass die Querkraft in zwei Koordinatenrichtungen und das Biegemoment um zwei Koordinatenachsen wirken können, erhalten wir für die *gesamte Formänderungsenergie aller Schnittgrößen* die folgende Form:

Formänderungsenergie aller Schnittgrößen

$$\Pi = \int \frac{1}{2} \cdot \frac{N^2}{E \cdot A} \cdot dx + \int \frac{1}{2} \cdot \frac{M_y^2}{E \cdot I_y} \cdot dx + \int \frac{1}{2} \cdot \frac{M_z^2}{E \cdot I_z} \cdot dx$$
$$+ \int \frac{1}{2} \cdot \frac{Q_z^2}{\kappa \cdot G \cdot A} \cdot dx + \int \frac{1}{2} \cdot \frac{Q_y^2}{\kappa \cdot G \cdot A} \cdot dx + \int \frac{1}{2} \cdot \frac{T^2}{G \cdot I_t} \cdot dx$$

$$(12.12)$$

Ist eine oder sind mehrere Schnittgrößen nicht vorhanden, können die entsprechenden Intergrale zu Null gesetzt werden. Bei Tragwerken mit mehreren Bereichen muss Π für jeden Bereich einzeln ermittelt und anschließend über alle Bereiche zur gesamten Formänderungsenergie des gesamten Tragwerks aufsummiert werden.

Tab. 12-2 Formänderungsenergie pro Längeneinheit Π^*

	Zug/Druck	**Biegung**	**Schub** (Vollquerschnitt)	**Torsion** (Kreisquerschnitt)
Formänderungsenergie allgemein	$\frac{1}{2} \cdot N \cdot \varepsilon$	$\frac{1}{2} \cdot M \cdot \psi'$	$\frac{1}{2} \cdot Q \cdot \gamma$	$\frac{1}{2} \cdot T \cdot \vartheta'$
Formänderungsenergie infolge der Kraftwirkung	$\frac{1}{2} \cdot \frac{N^2}{E \cdot A}$	$\frac{1}{2} \cdot \frac{M^2}{E \cdot I}$	$\frac{1}{2} \cdot \frac{Q^2}{\kappa \cdot G \cdot A}$	$\frac{1}{2} \cdot \frac{T^2}{G \cdot I_t}$
Formänderungsenergie infolge der Verformung	$\frac{1}{2} \cdot E \cdot A \cdot \varepsilon^2$	$\frac{1}{2} \cdot E \cdot I \cdot \psi'^2$	$\frac{1}{2} \cdot \kappa \cdot G \cdot A \cdot \psi^2$	$\frac{1}{2} \cdot G \cdot I_t \cdot \vartheta'^2$

12.1.3 Arbeitssatz

Beim Arbeitssatz gehen wir davon aus, dass die in unserem abgeschlossenen System (das System ist unser Tragwerk) vorhandene Energie zu jedem Zeitpunkt und immer konstant ist. Es geht also weder Energie verloren noch kommt welche hinzu (wobei Energie ja nie verloren geht, sondern lediglich in eine andere Form gewandelt wird).

Um den Arbeitssatz herzuleiten bzw. aufzustellen, wollen wir wieder unseren Stab aus ▶ Abb. 12.1 und ▶ Abb. 12.2 verwenden. Hierbei setzen wir noch voraus, das die Dehnsteifigkeit $E \cdot A$ sowie die angreifende Kraft F konstant sind. Dann vergleichen wir an unserem Stab die äußere Arbeit der Kraft F nach Gleichung (12.3) mit der inneren Arbeit der Schnittgröße Normalkraft N nach Gleichung (12.9):

$$W = \frac{1}{2} \cdot \frac{F^2 \cdot l}{E \cdot A} = \Pi = \frac{1}{2} \cdot \frac{N^2 \cdot l}{E \cdot A} \qquad (12.13)$$

Da die darin enthaltene Normalkraft N genauso groß wie die äußere Kraft F ist, muss auch die äußere Arbeit W der inneren Formänderungsenergie Π entsprechen. Dieser grundlegende Zusammenhang ist gleichzeitig auch der *Arbeitssatz*:

Die an einem elastischen Körper von den äußeren Belastungen geleistete Arbeit W (äußere Energie) wird als Formänderungsenergie Π (innere Energie) im verformten Körper gespeichert. Dabei ist Π immer positiv (auch bei Druck).

Arbeitssatz

$$W = \Pi \qquad (12.14)$$

Der Arbeitssatz gilt für jedes elastische System und für alle äußeren Kraftgrößen wie auch für alle Schnittgrößen. Des Weiteren sagt der Arbeitssatz auch aus, dass bei einer Entlastung, die Formänderungsenergie wiedergewonnen wird und das System somit reversibel ist. Die gesamte Energie bleibt also erhalten.

12.1.4 Anwendung des Arbeitssatzes

Die Anwendung des Arbeitssatzes wollen wir anhand des in ▶ Abb. 12.4 dargestellten Kragträgers erläutern. An der Kraftangriffstelle tritt infolge der Kraft F die in Kraftrichtung zugehörige Verschiebung f auf (Kraft und Weg auf gleicher Wirkungslinie). Wollen wir nun die Verschiebung f infolge der Biegung (wir gehen von einem schubstarren Balken aus) durch die Kraft F bestimmen, können wir dies mithilfe des Arbeitssatzes wie folgt machen:

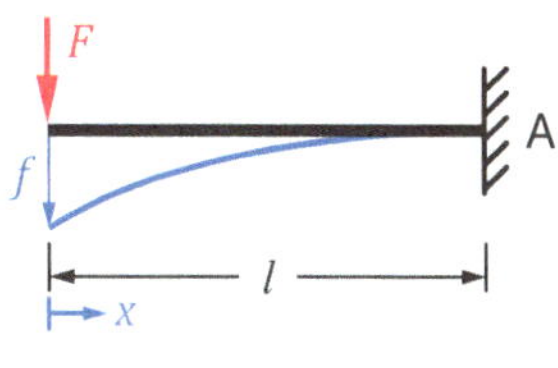

Abb. 12.4

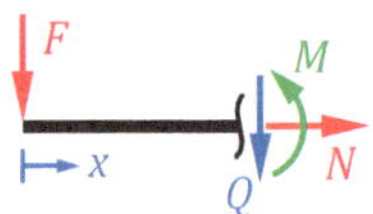

Abb. 12.5

$$W = \Pi = \frac{1}{2} \cdot F \cdot f = \int \frac{1}{2} \cdot \frac{M^2}{E \cdot I_y} \cdot dx \qquad (12.15)$$

Das drin enthaltene Biegemoment M können wir mithilfe der Gleichgewichtsbedinungen anhand ▶ Abb. 12.5 ermitteln:

$$M = -F \cdot x \qquad (12.16)$$

Dies setzen wir nun in unseren Arbeitssatz ein:

$$\frac{1}{2} \cdot F \cdot f = \int_{0}^{l} \frac{1}{2} \cdot \frac{(F \cdot x)^2}{E \cdot I_y} \cdot dx = \frac{1}{2} \cdot \frac{1}{3} \cdot \frac{F^2 \cdot l^3}{E \cdot I_y} \qquad (12.17)$$

Beim Einsetzen des Biegemoments wird hieran zudem deutlich, dass das Vorzeichen der Schnittgröße unterheblich ist, da die Schnittgrößen im Arbeitssatz quadriert werden. Somit ist es egal, ob wir die Schnittgrößen am positiven oder negativen Schnittufer aufstellen.

Lösen wir nun den Arbeitssatz nach der gesuchten Verschiebung f auf, erhalten wir als Ergebnis:

$$f = \frac{1}{3} \cdot \frac{F \cdot l^3}{E \cdot I_y} \qquad (12.18)$$

Ein Vergleich mit der Berechung für die max. Durchbiegung w_{max} nach der Formelsammlung ▶ Tab. 9-5 auf S. 198 f. liefert das gleiche Ergebnis.

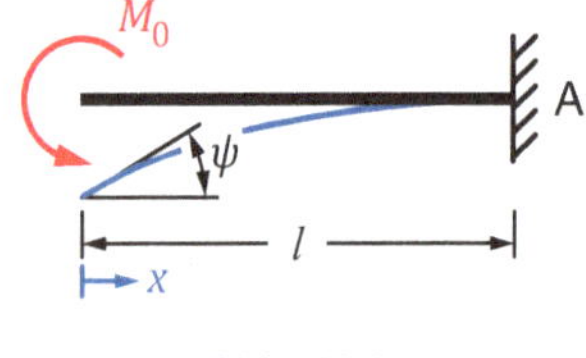

Abb. 12.6

Wenden wir den Arbeitssatz zur Berechnung der Verdrehung ψ infolge eines angreifenden Moments M_0 an, können wir analog vorgehen, siehe ▶ Abb. 12.6. Aufstellen des Arbeitssatzes mit der Formänderungsenergie nach ▶ Tab. 12-2:

$$W = \Pi = \frac{1}{2} \cdot M_0 \cdot \psi = \int \frac{1}{2} \cdot \frac{M^2}{E \cdot I_y} \cdot dx \qquad (12.19)$$

Da im Balken das Biegemoment M konstant ist und dem angreifenden Moment M_0 entspricht, erhalten wir als Ergebnis:

$$\frac{1}{2} \cdot M_0 \cdot \psi = \frac{1}{2} \cdot \frac{M_0^2 \cdot l}{E \cdot I_y} \qquad \rightarrow \quad \psi = \frac{M_0 \cdot l}{E \cdot I_y} \qquad (12.20)$$

Auch hier zeigt der Vergleich mit der Neigung w' in der Formelsammlung ▶ Tab. 9-5 auf S. 198 f. das gleiche Ergebnis.

12.1.5 Nachteile des Arbeitssatzes

Bei der Anwendung des Arbeitssatzes in seiner eigentlichen Form nach Gleichung (12.14) müssen wir jedoch einige entscheidende Nachteile beachten:

- Der Arbeitssatz gilt nur für *statisch bestimmte Systeme*.
- Der Arbeitssatz gilt nur dann, wenn *nur eine* äußere Kraft F oder *nur ein* äußeres Moment M wirkt.
- Es lassen sich zwar mehrere äußere Belastungen (F, M) berücksichtigen, weil diese aber mehrere unterschiedliche *unbekannte Verformungen* (f, ψ) verursachen, können die Verformungen nicht berechnet werden (mehrere Unbekannte für nur eine Gleichung).
- Die Verformung (f oder ψ) an einem einzelnen Punkt, an dem keine Einzelbelastung (F, M) angreift, kann für diesen Punkt nicht berechnet werden, da an diesem Punkt keine äußere Arbeit W vorhanden ist.

► **Nachteile des Arbeitssatzes**

Um diese Nachteile zu umgehen, muss der Arbeitssatz entsprechend erweitert werden.

12.2 Herleitung des Schubkorrekturfaktors

Bevor wir uns mit der Erweiterung des Arbeitssatzes befassen, wollen wir kurz die Herleitung des Schubkorrekturfaktors κ aufzeigen. Wie bereits erwähnt, dient der Schubkorrekturfaktor κ zur Berücksichtigung der Veränderung durch Verwölbung der *Schubfläche A_S* infolge einer Querkraft im Vergleich zur eigentlichen ebenen Querschnittsfläche A. Anwendung fand der Schubkorrekturfaktor dann bei der TIMOSHENKO-Balkentheorie in *Kapitel 10.6* auf S. 250 ff. Hier haben wir eine mittlere Schubspannung τ_m und eine mittlere Gleitung γ_m verwendet, um die EULER-BERNOULLI-Balkentheorie zu erweitern. Mit dieser Modellannahme konnten wir die Schubverformung näherungsweise bestimmen. Um jetzt den Schubkorrekturfaktor κ zu bestimmen, verwenden wir die Formänderungsenergie der Querkraft Q und setzen diese mit der Formänderungsenergie der realen Schubspannung $\tau_{(z)}$ gleich. Dazu bestimmen wir zuerst die Formänderungsenergie der Querkraft Q und der damit verbundenen mittleren Gleitung γ:

$$\Pi_Q^* = \frac{1}{2} \cdot Q \cdot \gamma \tag{12.21}$$

Für die Gleitung γ stellen wir das Elastizitätsgesetz aus
▶ Tab. 12-1 um:

$$Q = \kappa \cdot G \cdot A \cdot \gamma \qquad \rightarrow \quad \gamma = \frac{Q}{\kappa \cdot G \cdot A}$$

und erhalten dann für die Formänderungsenergie der Querkraft Q den in ▶ Tab. 12-2 aufgeführten Ausdruck:

Formänderungsenergie der Querkraft Q

$$\Pi_Q^* = \frac{1}{2} \cdot \frac{Q^2}{\kappa \cdot G \cdot A} \tag{12.22}$$

Zur Bestimmung der Formänderungsenergie der realen Schubspannung $\tau_{(z)}$ betrachten wir ein infinitesimales Flächenelement dA unserer Querschnittsfläche A, auf der die Querkraft Q wirkt, siehe ▶ Abb. 12.7. Mit der Beziehung, dass Spannung τ mal Fläche dA gleich eine Kraft Q ergibt, finden wir für die infiniteismale Formänderungsenergie der realen Schubspannung $\tau_{(z)}$ für das Flächenelement dA den Ausdruck:

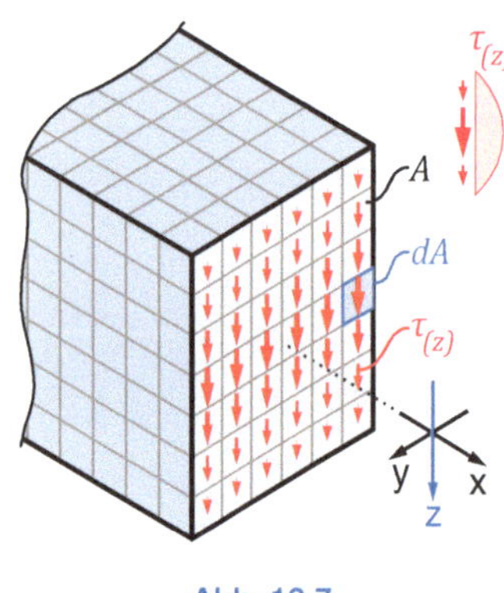

Abb. 12.7

$$d\Pi_\tau^* = \frac{1}{2} \cdot Q \cdot \gamma = \frac{1}{2} \cdot \tau_{(z)} \cdot dA \cdot \gamma \tag{12.23}$$

Setzen wir darin das HOOKE'sche Gesetz für Schub nach Gleichung (5.11) auf S. 73 ein:

$$\tau = G \cdot \gamma \qquad \rightarrow \quad \gamma = \frac{\tau}{G} \tag{12.24}$$

erhalten wir:

$$d\Pi_\tau^* = \frac{1}{2} \cdot \tau_{(z)} \cdot dA \cdot \frac{\tau_{(z)}}{G} = \frac{1}{2} \cdot \frac{\tau_{(z)}^2}{G} \cdot dA \tag{12.25}$$

Mit der Integration über die Querschnittsfläche A erhalten wir dann die Formänderungsenergie:

Formänderungsenergie der realen Schubspannung $\tau_{(z)}$

$$\Pi_\tau^* = \int \frac{1}{2} \cdot \frac{\tau_{(z)}^2}{G} \cdot dA \tag{12.26}$$

Nun setzen wir die beiden Formänderungsenergien nach Gleichung (12.22) und (12.26) gleich:

$$\Pi_Q^* = \Pi_\tau^* = \frac{1}{2} \cdot \frac{Q^2}{\kappa \cdot G \cdot A} = \int \frac{1}{2} \cdot \frac{\tau_{(z)}^2}{G} \cdot dA \tag{12.27}$$

Darin können wir die beiden Faktoren $1/2$ und $1/G$ kürzen und fügen dann für $\tau_{(z)}$ die Berechnung der Schubspannung für dickwandige Querschnitte nach Gleichung (10.9) ein:

$$\frac{Q^2}{\kappa \cdot A} = \int \tau_{(z)}^2 \cdot dA = \int \frac{Q^2 \cdot S_{y(z)}^2}{I_y^2 \cdot b_{(z)}^2} \cdot dA \tag{12.28}$$

Damit lässt sich dann die Querkraft Q ebenfalls kürzen.

Stellen wir diese Gleichung um, erhalten wir die Berechnung des *Schubkorrekturfaktors κ für dickwandige Querschnitte*:

$$\frac{1}{\kappa} = \frac{A}{I_y^2} \cdot \int \frac{S_{y(z)}^2}{b_{(z)}^2} \cdot dA \qquad (12.29)$$

Schubkorrekturfaktor κ für dickwandige Querschnitte

Mit einer analogen Vorgehensweise können wir auch recht einfach die Berechnung des *Schubkorrekturfaktors κ für dünnwandige Querschnitte* finden:

$$\frac{1}{\kappa} = \frac{A}{I_y^2} \cdot \int \frac{S_{y(\zeta)}^2}{t_{(\zeta)}^2} \cdot d\zeta \qquad (12.30)$$

Schubkorrekturfaktor κ für dünnwandige Querschnitte

In nachfolgender ▶ Tab. 12-3 sind einige Werte für den Schubkorrekturfaktor verschiedener Querschnittsprofile aufgeführt. Hieran ist ersichtlich, dass die Werte des Schubkorrekturfaktors in einem weiten Bereich liegen. Bei der Berücksichtigung einer Schubverformung sollte daher genau beachtet werden, welche Profilform vorliegt. Des Weiteren wird bei dünnwandigen Profilen, wie z. B. I-, T- und U-Profilen, die Querkraft im wesentlichen durch den Steg übertragen. Daher kann für technische Ansprüche in ausreichender Näherung der Schubkorrekturfaktor als Quotient aus Steg- A_{Steg} und Querschnittfläche A bestimmt werden.

Tab. 12-3 Schubkorrekturfaktor κ verschiedener Querschnittsprofil

Querschnitt	Schubkorrekturfaktor κ	Bemerkung
Rechteck	$5/6 = 0{,}83\overline{3}$	
Vollkreis	$3/4 = 0{,}75$	
Dünnwandiger Kreisring	$0{,}5$	
I-Profil (DIN 1025-1)	$\approx 0{,}35...0{,}45$	
I-Profil, mittelbreit (DIN 1025-2)	$\approx 0{,}1...0{,}25$	
I-Profil, Breitflansch (DIN 1025-3)	$\approx 0{,}18...0{,}45$	
T-Profil (DIN 59051)	$\approx 0{,}45...0{,}5$	$\kappa \approx \dfrac{A_{Steg}}{A}$
U-Profil (DIN 1026-1) - hochkant ⊏	$\approx 0{,}15...0{,}6$	
U-Profil (DIN 1026-2) - hochkant ⊏	$\approx 0{,}5...0{,}8$	
U-Profil (DIN 1026-1) - flachkant ⊓	$\approx 0{,}35...0{,}75$	
U-Profil (DIN 1026-2) - flachkant ⊓	$\approx 0{,}28...0{,}35$	

Bestimmen Sie für das dargestellte rechteckige Balkenprofil (b = 15 mm, h = 40 mm) den Schubkorrekturfkator κ.

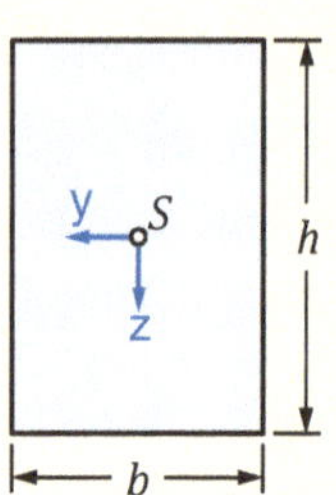

Lösung

Da wir hier eine Rechteckfläche mit konstanter Höhe und konstanter Breite haben, können wir die Berechnung am einfachsten mit einem horizontalen infinitesimalen Flächenstreifen der Breite b und der Höhe dz durchführen. Damit erhalten wir dann den Flächeninhalt:

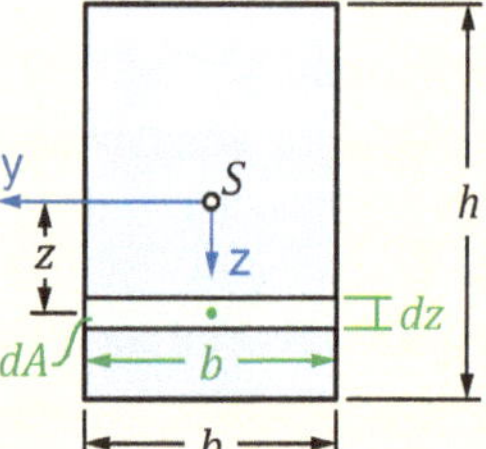

$$dA = b \cdot dz$$

Da der Querschnitt entlang der z-Koordinate eine konstante Breite b besitzt, brauchen wir hier keine Funktion der Breite aufstellen. Das statische Moment $S_{y(z)}$ erhalten wir dann zu:

$$S_{y(z)} = \int z \cdot dA = \int z \cdot b \cdot dz = \frac{1}{2} \cdot b \cdot z^2 \Big|_{z}^{\frac{h}{2}} = \frac{1}{2} \cdot b \cdot \left(\frac{h^2}{4} - z^2 \right)$$

Das Flächenträgheitsmoment I_y für ein Rechteckprofil ist:

$$I_y = \frac{b \cdot h^3}{12}$$

Dies alles setzen wir in Gleichung (12.29) zur Berechnung des Schubkorrekturfaktors κ ein:

$$\frac{1}{\kappa} = \frac{A}{I_y^2} \cdot \int \frac{S_{y(z)}^2}{b_{(z)}^2} \cdot dA = \frac{b \cdot h \cdot 12^2}{b^2 \cdot h^6} \cdot \int \frac{\frac{1}{2^2} \cdot b^2 \cdot \left(\frac{h^2}{4} - z^2 \right)^2}{b^2} \cdot b \cdot dz = \frac{36}{h^5} \cdot \int \left(\frac{h^2}{4} - z^2 \right)^2 \cdot dz$$

$$\frac{1}{\kappa} = \frac{36}{h^5} \cdot \int \left(\frac{h^4}{16} - \frac{h^2 \cdot z^2}{2} + z^4 \right) \cdot dz = \frac{36}{h^5} \cdot \left(\frac{h^4}{16} \cdot z - \frac{h^2 \cdot z^3}{6} + \frac{z^5}{5} \right) \Big|_{-\frac{h}{2}}^{\frac{h}{2}} = \frac{36}{h^5} \cdot \frac{h^5}{30}$$

$$\frac{1}{\kappa} = \frac{36}{30} = \frac{6}{5} = 1{,}2 \qquad \rightarrow \quad \underline{\underline{\kappa = \frac{5}{6} = 0{,}8\overline{33}}}$$

12.3 Erweiterung des Arbeitssatzes

Bei der Erweiterung des Arbeitssatzes gibt es eine Reihe verschiedener Methoden. Diese basieren entweder auf der durch die Belastungen geleisteten äußeren Arbeit W oder der durch die Schnittgrößen geleisteten inneren Formänderungsenergie Π. Wir wollen uns hier aber nur mit einer Erweiterung des Arbeitssatzes mithilfe der Formänderungsenergie befassen. Alles weitere würde den Rahmen dieses Lehrbuchs übersteigen.

Betrachten wir den Kragträger in ▶ Abb. 12.8. Aufgrund der Belastung durch die Kraft F verschiebt sich der Kraftangriffspunkt um die Verschiebung f. Die im Inneren des Kragträgers infolge Biegung vorhandene Formänderungsenergie ist dann:

$$\Pi = \int \frac{1}{2} \cdot \frac{M^2}{E \cdot I_y} \cdot dx = \int_0^l \frac{1}{2} \cdot \frac{(F \cdot x)^2}{E \cdot I_y} \cdot dx = \frac{1}{6} \cdot \frac{F^2 \cdot l^3}{E \cdot I_y}$$

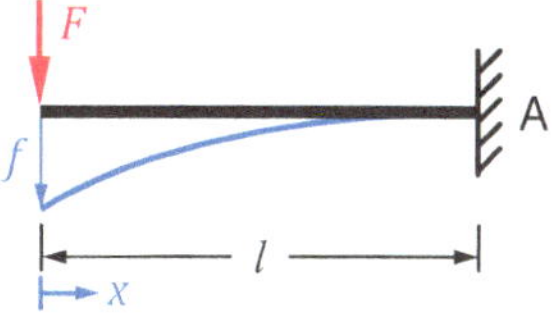

Abb. 12.8

Leiten wir nun die Formänderungsenergie partiell nach der angreifenden Kraft F ab, erhalten wir die Verschiebung f:

$$\frac{\partial \Pi}{\partial F} = \frac{1}{3} \cdot \frac{F \cdot l^3}{E \cdot I_y} = f \tag{12.31}$$

Das gleiche Ergebnis für die Verschiebung f haben wir auch in Gleichung (12.18) sowie in der Formelsammlung ▶ Tab. 9-5 auf S. 198 f. gefunden.

Betrachten wir nun den Kragträger in ▶ Abb. 12.9. Hier greift ein äußeres Moment M_0 an und es kommt an der Momentenangriffsstelle zu einer Verdrehung ψ. Die damit verbundene Formänderungsenergie des Biegemoments beträgt:

$$\Pi = \int \frac{1}{2} \cdot \frac{M^2}{E \cdot I_y} \cdot dx = \int_0^l \frac{1}{2} \cdot \frac{M_0^2}{E \cdot I_y} \cdot dx = \frac{1}{2} \cdot \frac{M_0^2 \cdot l}{E \cdot I_y}$$

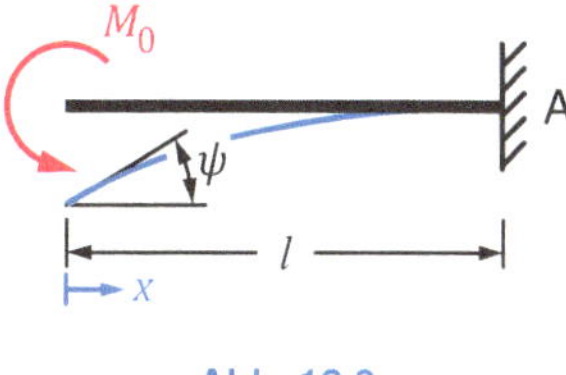

Abb. 12.9

Leiten wir diese Gleichung partiell nach dem angreifenden Moment M_0 ab, erhalten wir die Verdrehung ψ:

$$\frac{\partial \Pi}{\partial M_0} = \frac{M_0 \cdot l}{E \cdot I_y} = \psi \tag{12.32}$$

Auch hier zeigt ein Vergleich mit Gleichung (12.20) sowie mit der Formelsammlung ▶ Tab. 9-5 auf S. 198 f. das gleiche Ergebnis.

In den beiden Beispielen haben wir die Schnittgröße des Biegemoments M verwendet, um damit die Formänderungsenergie Π zu berechnen. Die Schnittgröße selbst haben wir anhand der jeweils wirkenden äußeren angreifenden Kraft F bzw. des angreifenden Moments M_0 ausgedrückt. Danach folgte die Integration über die Balkenlänge mit anschließender partieller Ableitung nach der angreifenden Kraft F um die Verschiebung f bzw. nach dem Moment M_0 um die Verdrehung ψ zu bestimmen. Je nach vorliegender Funktionsgleichung für die Schnittgrößen kann es jedoch etwas mühsam sein, diese zu quadrieren und dann zu integrieren. Daher können wir auch die partielle Ableitung und die Integration mithilfe der *Kettenregel* vertauschen. Führen wir dies am Beispiel von Gleichung (12.31) einmal durch, erhalten wir:

$$f = \frac{\partial \Pi}{\partial F} = \frac{\partial}{\partial F} \cdot \left(\int_0^l \frac{1}{2} \cdot \frac{M^2}{E \cdot I_y} \cdot dx \right) = \int_0^l \frac{1}{2} \cdot \frac{\partial}{\partial F} \cdot \left(\frac{M^2}{E \cdot I_y} \right) \cdot dx = \int_0^l \frac{M}{E \cdot I_y} \cdot \frac{\partial M}{\partial F} \cdot dx \quad (12.33)$$

12.3.1　Die Sätze von Castigliano

Da sich diese Vorgehensweise auf alle Schnittgrößen übertragen lässt, können wir Gleichung (12.33) auch verallgemeinern und erhalten damit den *ersten Satz von Castigliano*[39]:

Erster Satz von Castigliano

Die partielle Ableitung der gesamten Formänderungsenergie Π eines isothermen, linear-elastischen Körpers nach der Kraftgröße (Kraft bzw. Moment) liefert die zugehörige Verformungsgröße (Verschiebung bzw. Verdrehung) in Richtung der Kraftgröße:

$$f_i = \frac{\partial \Pi}{\partial F_i} \qquad\qquad \psi_i = \frac{\partial \Pi}{\partial M_i} \qquad (12.34)$$

Da Kraft und Verschiebung sowie Moment und Verdrehung zueinander proportional sind und voneinander abhängen, können wir die Kraft- und Verformungsgröße miteinander vertauschen. Wir erhalten damit den *zweiten Satz von Castigliano*:

Zweiter Satz von Castigliano

Die partielle Ableitung der gesamten Formänderungsenergie Π nach der Verformungsgröße (Verschiebung bzw. Verdrehung) liefert die zugehörige Kraftgröße (Kraft bzw. Moment) in Richtung der Verformungsgröße:

$$F_i = \frac{\partial \Pi}{\partial f_i} \qquad\qquad M_i = \frac{\partial \Pi}{\partial \psi_i} \qquad (12.35)$$

---

[39] Carlo Alberto Castigliano (1847–1884), ital. Ingenieur, Mathematiker, Physiker

Im Gegensatz zum ersten Satz gilt der zweite Satz von CASTIGLIANO auch für *nicht linear-elastische Körper*. Zudem gelten beide Sätze nur für statisch bestimmte Tragwerke.

Die Berechnung der Formänderungsenergie können wir für alle Schnittgrößen ▸ Tab. 12-2 auf S. 306 entnehmen. Wenden wir den ersten Satz von CASTIGLIANO nach Gleichung (12.34) auf ein einteiliges Tragwerk an und berücksichtigen dabei alle Schnittgrößen, erhalten wir:

$$f_i = \frac{\partial \Pi}{\partial F_i} = \int_0^l \left(\frac{N}{E \cdot A} \cdot \frac{\partial N}{\partial F_i} + \frac{M_y}{E \cdot I_y} \cdot \frac{\partial M_y}{\partial F_i} + \frac{M_z}{E \cdot I_z} \cdot \frac{\partial M_z}{\partial F_i} + \frac{Q_z}{\kappa \cdot G \cdot A} \cdot \frac{\partial Q_z}{\partial F_i} + \frac{Q_y}{\kappa \cdot G \cdot A} \cdot \frac{\partial Q_y}{\partial F_i} + \frac{T}{G \cdot I_t} \cdot \frac{\partial T}{\partial F_i} \right) \cdot dx$$

$$(12.36)$$

Für eine bessere Übersichtlichkeit ist der Normalkraftverlauf N in rot, die Biegemomentenverläufe M_y, M_z in grün, die Querkraftverläufe Q_z, Q_y in blau und der Torsionsmomentverlauf T in lila. In der Regel kommen aber nicht alle Schnittgrößen in einem Tragwerk vor. Dementsprechend können dann die Terme der nicht vorhandenen Schnittgrößen zu Null gesetzt werden und die Gleichung verkürzt sich auf eine normale Länge.

Ist ein mehrteiliges Tragwerk bzw. sind mehrere Bereiche vorhanden, muss die Formänderungsenergie Π entsprechend über alle Bereich aufsummiert werden. Wenn wir als Beispiel ein Tragwerk mit drei Bereichen haben und wir nur das Biegemoment M_y und die Querkraft Q_z berücksichtigen müssen, erhalten wir nach dem ersten Satz von CASTIGLIANO folgenden Ausdruck für die Verschiebung f_i:

$$f_i = \frac{\partial \Pi}{\partial F_i} = \sum_{i=1}^{3} \left[\int_0^l \left(\frac{M_y}{E \cdot I_y} \cdot \frac{\partial M_y}{\partial F_i} + \frac{Q_y}{\kappa \cdot G \cdot A} \cdot \frac{\partial Q_y}{\partial F_i} \right) \cdot dx \right]$$

Schon ist die Gleichung wieder recht überschaubar. Analog können wir für die Verdrehung ψ vorgehen. Lediglich die partiellen Ableitungen müssen nach dem angreifenden Moment M_i ausgeführt werden. Für die Anwendung des zweiten Satzes von CASTIGLIANO wird genauso vorgegangen.

Bisher haben wir nur Verformungen an Kraftangriffsstellen betrachtet. Daher stellt sich nun die Frage, ob wir auch eine Verformung an einer beliebigen Stelle berechnen können, wenn an dieser Stelle keine Kraft und auch kein Moment angreift? Die Antwort dazu: ja, dies ist möglich, bedarf aber einer kleinen Hilfe. Beim Satz von CASTIGLIANO wird die partielle Ableitung nach der an der betrachteten Stelle vorhandenen Kraftgröße gebildet. Ist nun aber keine Kraftgröße vorhanden, müssen wir an dieser Stelle eine Hilfskraft $\overline{F}$ bzw. ein Hilfsmoment $\overline{M}$ dort einfügen, welches wir nach Bildung der partiellen

▸ Die **Sätze von** CASTIGLIANO gelten nur für **statisch bestimmte Tragwerke**.

▸ Bei Tragwerken mit **mehreren Bereichen** muss die **Formänderungsenergie über alle Bereiche aufsummiert** werden.

Ableitung wieder zu Null setzen. Damit sieht der erste Satz von Castigliano wie folgt aus:

Erster Satz von Castigliano mit Hilfskraft bzw. -moment

$$f_i = \left.\frac{\partial \Pi}{\partial \overline{F}_i}\right|_{\overline{F}_i=0} \qquad \psi_i = \left.\frac{\partial \Pi}{\partial \overline{M}_i}\right|_{\overline{M}_i=0} \qquad (12.37)$$

Durch diesen Trick können wir mit dem Satz von Castigliano die Verformungen an allen Stellen in unseren Tragwerken berechnen, unabhängig davon ob eine Kraft bzw. ein Moment an der zu betrachteten Stelle vorhanden ist oder nicht. Auch hier können die Kraft- und Verformungsgrößen miteinander vertauscht werden, vgl. Gleichung (12.35).

Vorgehensweise

- Bereiche definieren.
- Wenn erforderlich eine Hilfskraft $\overline{F}$ bzw. ein Hilfsmoment $\overline{M}$ an der zu berechnenden Stelle einfügen.
- Für jeden Bereich die erforderlichen Schnittgrößen bestimmen.
- Bildung der partiellen Ableitungen der Schnittgrößen.
- Die Hilfskraft $\overline{F}$ bzw. das Hilfsmoment $\overline{M}$ in den Schnittgrößen zu Null setzen.
- Aufstellen des Satzes von Castigliano:
  - nach Gleichung (12.34) bzw. (12.36) zur Berechnung einer Verschiebungsgröße infolge einer äußeren angreifenden Kraftgröße.
  - nach Gleichung (12.37) zur Berechnung einer Verschiebungsgröße infolge einer Hilfskraft $\overline{F}$ bzw. eines Hilfsmoments $\overline{M}$.
  - nach Gleichung (12.35) zur Berechnung einer Kraftgröße.

Beispiel 12.2

Ein masseloser Kragträger ($l = 1$ m, $b = 45$ mm, $h = 65$ mm, $\kappa = 5/6$, $E = 210.000$ N/mm², $\nu = 0{,}3$) wird durch eine Kraft $F = 750$ N belastet.

a) Berechnen Sie die Verschiebung f an der Kraftangriffsstelle infolge Biegung und Schub.

b) Berechnen Sie die Verdrehung ψ an der Kraftangriffsstelle infolge Biegung.

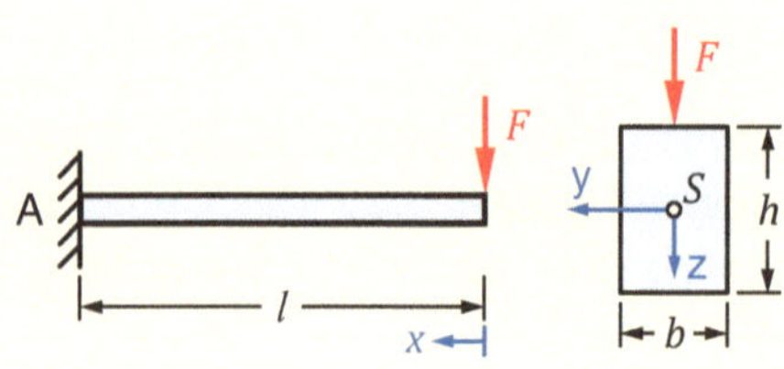

Lösung

Aufgrund der am Ende des Kragträgers angreifenden Kraft F, haben wir nur einen Bereich für den Kragträger. Somit können wir direkt zur Bestimmung der Schnittgrößen übergehen.

Für die Schnittgrößen Querkraft $Q_{(x)}$ und Biegemoment $M_{(x)}$ infolge der angreifenden Kraft F erhalten wir die nebenstehenden Diagramme sowie die zugehörigen Verlaufsfunktionen:

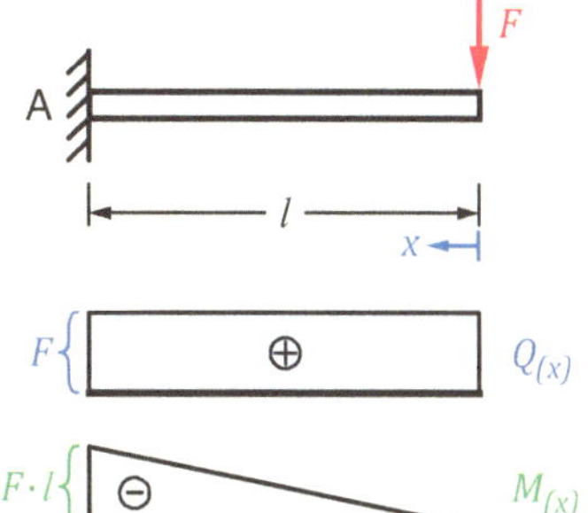

$$Q_{(x)} = F \qquad\qquad M_{(x)} = -F \cdot x$$

Dazu bilden wir nun die partiellen Ableitungen nach der angreifenden Kraft F:

$$\frac{\partial Q_{(x)}}{\partial F} = 1 \qquad\qquad \frac{\partial M_{(x)}}{\partial F} = -x$$

Nun berechnen wir die notwendige Größen, wie die Querschnittsfläche A, den Schubmodul G und das Flächenträgheitsmoment I_y:

$$A = b \cdot h = 2.925\ mm^2 \qquad G = \frac{E}{2\ (1 + v)} = 80.769,2\ \frac{N}{mm^3} \qquad I_y = \frac{b \cdot h^3}{12} = 1.029.843,8\ mm^4$$

Dies alles setzen wir jetzt in den Satz von CASTIGLIANO nach Gleichung (12.34) bzw. (12.36) ein und führen die Integration über die Balkenlänge l aus:

$$f_F = \frac{\partial \Pi}{\partial F} = \int_0^l \left(\frac{M_y}{E \cdot I_y} \cdot \frac{\partial M_y}{\partial F_l} + \frac{Q_z}{\kappa \cdot G \cdot A} \cdot \frac{\partial Q_z}{\partial F_i} \right) \cdot dx = \int_0^l \left(-\frac{F \cdot x}{E \cdot I_y} \cdot (-x) + \frac{F}{\kappa \cdot G \cdot A} \cdot (1) \right) \cdot dx$$

$$\underline{\underline{f_F}} = \frac{1}{3} \cdot \frac{F \cdot l^3}{E \cdot I_y} + \frac{F \cdot l}{\kappa \cdot G \cdot A} = 1,156\ mm + 0,038\ mm = \underline{\underline{1,16\ mm}}$$

Die Anteile der Biegung sind hier in grün und die Anteile der Querkraft in blau gekennzeichnet. Auch hier erhalten wir für die Verformung f infolge Biegung das Ergebnis nach Gleichung (12.18) (S. 308) bzw. der Formelsammlung ▸ Tab. 9-5 (S. 198 f.). Des Weiteren zeigt sich, dass der Anteil der Biegung ($f = 1,156\ mm$) an der Gesamtverformung 99,7% und der Anteil des Schubs ($f = 0,038\ mm$) lediglich 0,3% beträgt. Da es sich um einen langen schlanken Balken handelt, können wir hier den Schub durchaus vernachlässigen.

b) Für die Berechnung der Verdrehung ψ muss an der Kraftangriffsstelle ein Moment vorhanden sein. Da jedoch kein äußeres Moment an dieser Stelle angreift, müssen wir ein Hilfsmoment $\overline{M}$ einführen. Ansonsten können wir die Verdrehung ψ an der Kraftangriffsstelle nicht berechnen.

Alle für die Berechnung notwendigen Größen (A, G, I_y) bleiben erhalten, wodurch wir diese nicht mehr berechnen müssen. Zudem bleibt trotz des Hinzufügens des Hilfsmoments $\overline{M}$ unser Bereich über der gesamten Balkenlänge erhalten. Eine neue Bereichseinteilung muss nicht durchgeführt werden. Wir können also wieder direkt mit der Bestimmung der Schnittgrößen beginnen.

Da wir nun das Hilfsmoment $\overline{M}$ eingefügt haben, kommt dieses bei unseren Schnittgrößen hinzu. Dementsprechend erhalten wir für die Querkraft $Q_{(x)}$ und das Biegemoment $M_{(x)}$ die nebenstehenden Diagramme sowie die zugehörigen Verlaufsfunktionen:

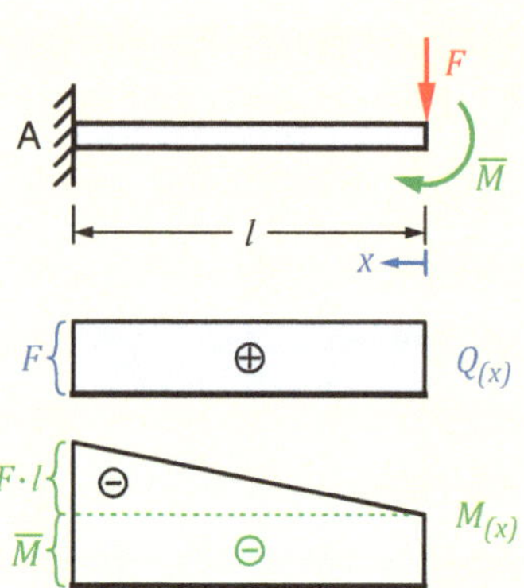

$$Q_{(x)} = F \qquad\qquad M_{(x)} = -F \cdot x - \overline{M}$$

Dazu bilden wir beim Biegemoment $M_{(x)}$ die partielle Ableitung nach dem Hilfsmoment $\overline{M}$, weil wir ja nur die Verdrehung ψ infolge Biegung berechnen wollen:

$$\frac{\partial M_{(x)}}{\partial \overline{M}} = -1$$

Das Hilfsmoment $\overline{M}$ setzen wir beim Biegemoment $M_{(x)}$ zu Null und erhalten:

$$M_{(x)} = -F \cdot x$$

Diese Ergebnisse setzen wir nun in den Satz von Castigliano nach Gleichung (12.37) ein und führen die Integration über die Balkenlänge l aus:

$$\underline{\underline{\psi_i}} = \frac{\partial \Pi}{\partial \overline{M}}\bigg|_{\overline{M}=0} = \int_0^l \frac{M_y}{E \cdot I_y} \cdot \frac{\partial M_y}{\partial \overline{M}} \cdot dx = \int_0^l -\frac{F \cdot x}{E \cdot I_y} \cdot (-1) \cdot dx = \frac{1}{2} \cdot \frac{F \cdot l^2}{E \cdot I_y} = 0{,}00173 = \underline{\underline{0{,}099°}}$$

Auch hier zeigt der Vergleich mit Gleichung (12.20) (S. 308) bzw. der Formelsammlung ▸ Tab. 9-5 (S. 198 f.) das gleiche Ergebnis. Bei der Berechnung des Zahlenwertes dürfen wir die Umrechnung von [rad] in [°] nicht vergessen.

Ein masseloser Kragträger ($a = 1$ m, $b = 65$ mm, $h = 80$ mm, $\kappa = 5/6$, $E = 210.000$ N/mm², $\nu = 0{,}3$) wird durch eine konstante Streckenlast $q_0 = 600$ N/m belastet.

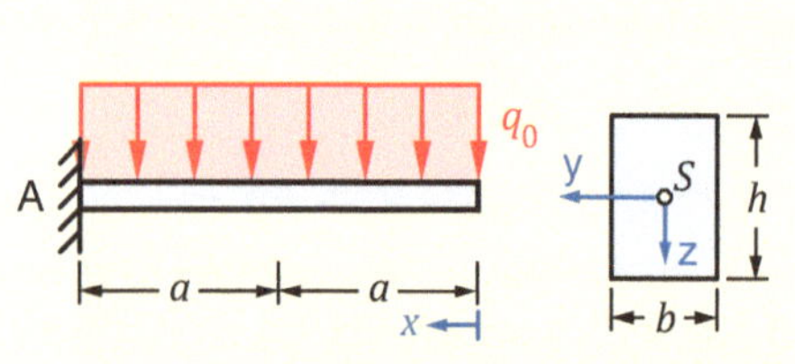

a) Berechnen Sie die Verschiebung $f_{(x=0)}$ an der Stelle $x = 0$ infolge Biegung.

b) Berechnen Sie die Verschiebung $f_{(x=a)}$ an der Stelle $x = a$ infolge Biegung.

Lösung

a) Um die Verschiebung f an der Stelle $x = 0$ zu berechnen, benötigen wir an dieser Stelle eine Kraft. Da aber keine Kraft vorhanden ist, müssen wir uns der Hilfskraft $\overline{F}$ bedienen und diese an die zu berechnende Stelle anfügen. Nun können wir erkennen, dass nach dem Anfügen der Hilfskraft $\overline{F}$, wir den Balken in einen Bereich ($0 \leq x \leq 2a$) einteilen können. Somit folgt direkt die Bestimmung der Schnittgrößen. Wir erhalten für die beiden Verlaufsfunktionen der Querkraft $Q_{(x)}$ und des Biegemoments $M_{(x)}$ die folgenden Gleichungen und die nebenstehenden Diagramme:

$$Q_{(x)} = -q_0 \cdot x - \overline{F} \qquad M_{(x)} = -\frac{1}{2} \cdot q_0 \cdot x^2 - \overline{F} \cdot x$$

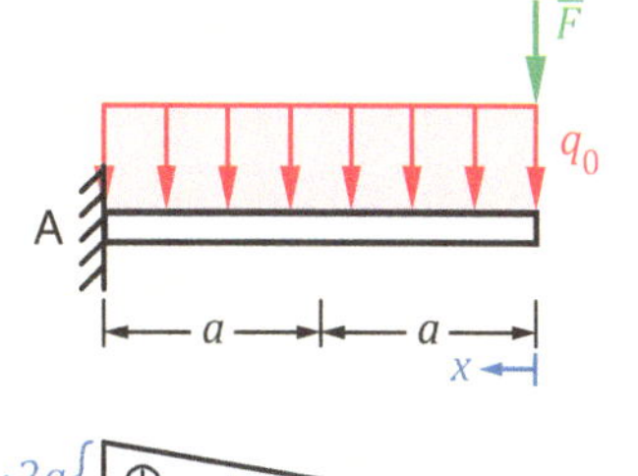

Wir müssen lediglich die Verschiebung f infolge Biegung berechnen. Daher brauchen wir auch nur das Biegemoment $M_{(x)}$ partiell nach der Hilfskraft $\overline{F}$ abzuleiten:

$$\frac{\partial M_{(x)}}{\partial \overline{F}} = -x$$

Dann setzen wir die Hilfskraft $\overline{F}$ in der Funktion des Biegemoments $M_{(x)}$ wieder zu Null und erhalten:

$$M_{(x)} = -\frac{1}{2} \cdot q_0 \cdot x^2$$

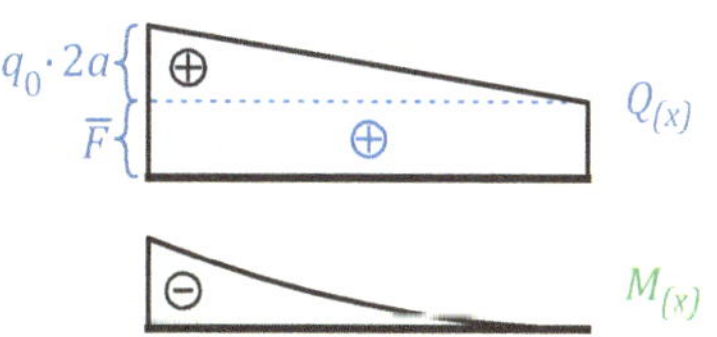

Nach Bestimmung der notwendigen Größen (A, G, I_y) setzen wir alles in den Satz von CASTIGLIANO nach Gleichung (12.37) ein, integrieren über die gesamte Balkenlänge von $2a$ und erhalten damit die gesuchte Verschiebung:

$$\underline{\underline{f_{(x=0)}}} = \frac{\partial \Pi}{\partial \overline{F}}\bigg|_{\overline{F}=0} = \int_0^{2a} \frac{M}{E \cdot I_y} \cdot \frac{\partial M}{\partial \overline{F}} \cdot dx = \int_0^{2a} -\frac{1}{2} \cdot \frac{q_0 \cdot x^2}{E \cdot I_y} \cdot (-x) \cdot dx = \frac{1}{8} \cdot \frac{q_0 \cdot (2a)^4}{E \cdot I_y} = \underline{\underline{2{,}06 \ mm}}$$

b) Auch hier müssen wir uns wieder der Hilfskraft $\overline{F}$ bedienen, da an der Stelle ($x = a$) der zu berechnenden Verschiebung f keine Kraft vorhanden ist. Leider ergibt sich dadurch, dass wir unseren Balken in zwei Bereiche ($0 \leq x_1 \leq a$, $0 \leq x_2 \leq a$) aufteilen müssen. Durch die Hilfskraft $\overline{F}$ bekommen wir im Querkraftverlauf $Q_{(x)}$ einen Sprung und damit eine Unstetigkeit in der Funktion.

Für beide Bereiche sind nun die Schnittgrößenverläufe aufzustellen. Wir erhalten für die Funktionen und die Diagramme folgendes:

$$Q_{(x_1)} = -q_0 \cdot x_1 \qquad\qquad Q_{(x_2)} = q_0 \cdot (-x_1 - a) - \overline{F}$$

$$Q_{(x_2)} = q_0 \cdot (-x_1 - a) - \overline{F} \qquad M_{(x_2)} = q_0 \cdot \left(-\frac{1}{2} \cdot x_2^2 - a \cdot x_2 - \frac{1}{2} \cdot a^2\right) - \overline{F} \cdot x_2$$

Auch hier brauchen wir lediglich die partielle Ableitung des Biegemoments $M_{(x)}$ nach der Hilfskraft $\overline{F}$ zu bilden, da wir nur die Verschiebung f infolge Biegung suchen:

$$\frac{\partial M_{(x_1)}}{\partial \overline{F}} = 0 \qquad\qquad \frac{\partial M_{(x_2)}}{\partial \overline{F}} = -x$$

Wie wir sehen, ist die Ableitung des Biegemoments $M_{(x)}$ im ersten Bereich Null. Daher brauchen wir diesen Bereich nicht weiter zu beachten. Für uns ist jetzt nur noch das Biegemoment $M_{(x)}$ und dessen partielle Ableitung des zweiten Bereichs von Interesse. Deswegen setzen wir die Hilfskraft $\overline{F}$ in der Funktion des Biegemoments $M_{(x)}$ im zweiten Bereich zu Null und erhalten:

$$M_{(x_2)} = q_0 \cdot \left(-\frac{1}{2} \cdot x_2^2 - a \cdot x_2 - \frac{1}{2} \cdot a^2 \right)$$

Wir setzen wieder alles in den Satz von CASTIGLIANO nach Gleichung (12.37) ein und integrieren über den zweiten Bereich, um die gesuchte Verschiebung $f_{(x=a)}$ zu erhalten:

$$f_{(x=a)} = \left.\frac{\partial \Pi}{\partial \overline{F}}\right|_{\overline{F}=0} = \int_0^a \frac{M_{(x_2)}}{E \cdot I_y} \cdot \frac{\partial M_{(x_2)}}{\partial \overline{F}} \cdot dx = \int_0^a \frac{q_0}{E \cdot I_y} \cdot \left(-\frac{1}{2} \cdot x_2^2 - a \cdot x_2 - \frac{1}{2} \cdot a^2 \right) \cdot (-x) \cdot dx$$

$$\underline{\underline{f_{(x=a)}}} = \frac{q_0}{E \cdot I_y} \cdot \left. \left(\frac{1}{8} \cdot x_2^4 + \frac{1}{3} \cdot a \cdot x_2^3 + \frac{1}{4} \cdot a^2 \cdot x^2 \right) \right|_0^a = \frac{17}{24} \cdot \frac{q_0}{E \cdot I_y} = \underline{\underline{0,73\ mm}}$$

Vergleichen wir dieses Ergebnis mit der Formelsammlung ▶ Tab. 9-5 (S. 198 f.) und setzen in der dort angegeben Funktion für die Länge $l = 2a$ und für das dortige $x = a$ ein, erhalten wir das gleiche Ergebnis.

12.3.2 Der Satz von MENABREA

Wir haben gesehen, dass die Sätze von CASTIGLIANO auf der durch die Schnittgrößen zu berechnenden Formänderungsenergie basieren. Damit ist auch klar, dass die Sätze von CASTIGLIANO nur auf statisch bestimmte Tragwerke angewendet werden können. Andernfalls wäre es nicht möglich, die Schnittgrößen zu berechnen. Deshalb wollen wir nun unsere Betrachtungen auf statisch unbestimmte Tragwerke erweitern. Dazu betrachten wir den *1-fach* statisch unbestimmten Balken in nebenstehender ▶ Abb. 12.10. Nach dem Abzählkriterium aus *Band 1* haben wir hier eine Lagerreaktion zuviel für unsere Gleichgewichtsbedingungen. Wir müssen also *eine* Lagerreaktion entfernen, um ein statisch bestimmtes Tragwerk zu erhalten. Welche Lagerreaktion wir dabei entfernen ist völlig egal. In unserem Beispiel wollen wir dies mit dem Lager A durchführen.

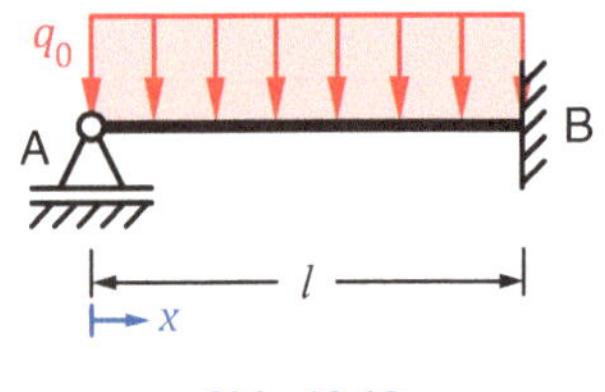

Abb. 12.10

Wir entfernen also die Lagerreaktion des Lagers A und ersetzen diese durch eine unbekannte Kraft X, siehe ▶ Abb. 12.11. Diese Kraft X wird auch als *statisch Unbestimmte* bezeichnet. Zudem kann die statisch Unbestimmte sowohl eine Kraft als auch ein Moment sein. Um das nun statisch bestimmte Tragwerk zu berechnen, benötigen wir eine zusätzliche kinematische Beziehung, um die entfernte Lagerbindung wieder herzustellen. Als kinematische Beziehung muss also gelten, dass die Verschiebung an der Stelle der statisch Unbestimmten X gleich Null ist: $f_X = 0$. Schließlich ist durch das Lager A in ▶ Abb. 12.10 ja keine Verschiebung an dieser Stelle möglich. Wenden wir die bisherigen Überlegungen des Satzes von CASTIGLIANO zur Formänderungsenergie Π auf diesen Sachverhalt an, folgt damit der *Satz von MENABREA*[40]:

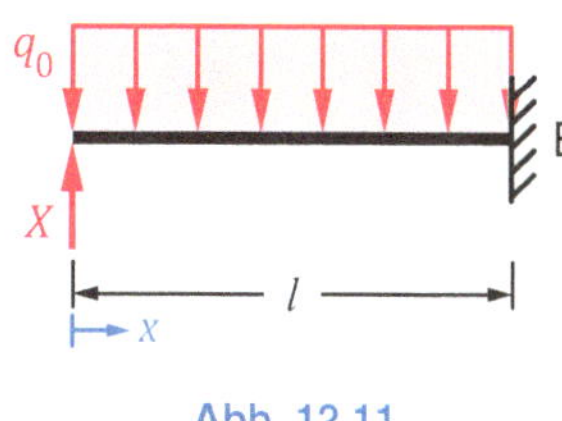

Abb. 12.11

Die partielle Ableitung der gesamten Formänderungsenergie Π eines isothermen, linear-elastischen Körpers nach der statisch Unbestimmten X ist gleich Null:

Satz von MENABREA

$$\frac{\partial \Pi}{\partial X_i} = 0 \tag{12.38}$$

Hinweis: Als statisch Unbestimmte X dürfen nur Kräfte oder Momente eingefügt werden, die nicht mithilfe der statischen Gleichgewichtsbedingungen berechnet werden können. In der Regel sind dies Lagerreaktionen. Aber allgemein können es auch innere Kräfte oder Momente sein.

Schreiben wir den Satz von MENABREA ausführlich auf, erhalten wir in Analogie zu Gleichung (12.36) folgende Form:

$$\frac{\partial \Pi}{\partial X_i} = \int\limits_0^l \left(\frac{N}{E \cdot A} \cdot \frac{\partial N}{\partial X_i} + \frac{M_y}{E \cdot I_y} \cdot \frac{\partial M_y}{\partial X_i} + \frac{M_z}{E \cdot I_z} \cdot \frac{\partial M_z}{\partial X_i} + \frac{Q_z}{\kappa \cdot G \cdot A} \cdot \frac{\partial Q_z}{\partial X_i} + \frac{Q_y}{\kappa \cdot G \cdot A} \cdot \frac{\partial Q_y}{\partial X_i} + \frac{M_t}{G \cdot I_t} \cdot \frac{\partial M_t}{\partial X_i} \right) \cdot dx = 0$$

$$\tag{12.39}$$

Hierin sind alle Schnittgrößen wieder farblich hervorgehoben. Sobald eine dieser Größen für die Berechnung der statisch Unbestimmten X nicht berücksichtigt werden soll oder nicht vorhanden ist, können wir diese Schnittgröße zu Null setzen und den entsprechenden Term vernachlässigen. Gleiches ergbit sich natürlich auch dann, wenn die statisch Unbestimmte X ein Moment ist.

Der Satz von MENABREA kann auch als Sonderfall des Satzes von CASTIGLIANO angesehen werden.

---

[40] Federico Luigi Conte di MENABREA (1809–1896), ital. Wissenschaftler, General, Politiker

Vorgehensweise

- Überprüfen der statischen Bestimmtheit.
- Tragwerk freischneiden und die Gleichgewichtsbedingungen aufstellen.
- Identifizierung der überzähligen Lagerreaktion(en), welche nicht mithilfe der statischen Gleichgewichtsbedingungen berechnet werden kann (können).
- Ersetzen der überzähligen Lagerreaktion(en) durch die statisch Unbestimmte(n) X_i. Damit wird aus dem statisch unbestimmten ein statisch bestimmtes Tragwerk.
- Bereiche definieren.
- Für jeden Bereich die erforderlichen Schnittgrößen bestimmen.
- Bildung der partiellen Ableitungen der Schnittgrößen.
- Aufstellen des Satzes von MENABREA nach Gleichung (12.38) bzw. (12.39).
- Berechnung der überzähligen Lagerreaktion(en).

Hinweis: Nach Vorliegen der statisch Unbestimmten X_i können zur Berechnung von Kraft- oder Verformungsgrößen die Sätze von CASTIGLIANO angeschlossen werden. Da in den Schnittgrößen die statisch Unbestimmten X_i enthalten sind, können die benötigten Ableitungen für die Sätze von CASTIGLIANO auch schon im Vorfeld ausgeführt werden.

Ein schubstarrer und masseloser Balken ($a = 1$ m, $b = 65$ mm, $h = 80$ mm, $\kappa = 5/6$, $E = 210.000$ N/mm², $v = 0{,}3$) wird durch eine konstante Streckenlast $q_0 = 600$ N/m belastet.

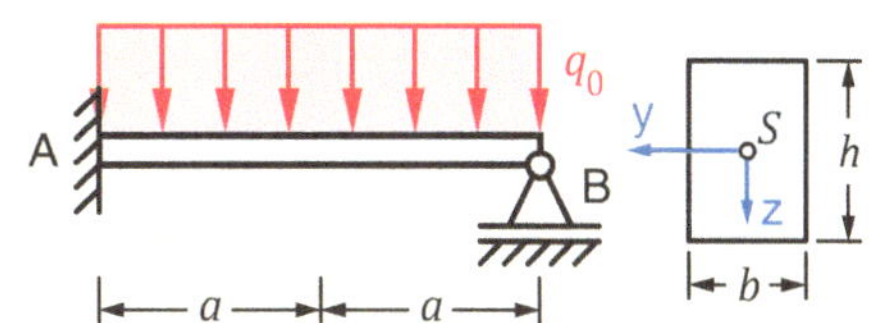

a) Berechnen Sie die Lagerreaktion B des Lagers B infolge Biegung.

b) Berechnen Sie das Lagermoment M_A des Lagers A infolge Biegung.

Lösung

Als erstes sollte uns klar sein, dass es sich um einen statisch unbestimmten Balken handelt. Erstellen wir hierzu das Freikörperbild, erhalten wir vier Lagerreaktionen. Die horizontale Lagerreaktion A_H können wir hier direkt vernachlässigen. Da es keine äußeren Kräfte in horizonalter Richtung gibt, ist die Lagerreaktion A_H daher Null. Zur Bestimmung der anderen Lagerreaktionen können wir die bekannten Gleichgewichtsbedingungen aufstellen und nach den Lagerreaktionen auflösen:

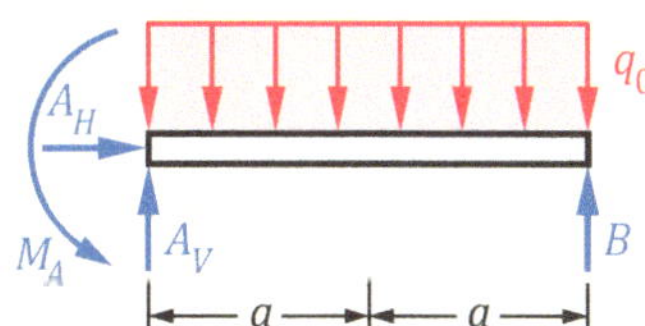

$$\uparrow: \quad 0 = A_V + B - q_0 \cdot 2a \qquad\qquad › \quad A_V = q_0 \cdot 2a - B - q_0 \cdot a - \frac{M_A}{2a}$$

$$\circlearrowleft A: \quad 0 = M_A + B \cdot 2a - q_0 \cdot 2a^2 \qquad \to \quad B = q_0 \cdot a - \frac{M_A}{2a} \qquad \to \quad M_A = q_0 \cdot 2a^2 - B \cdot 2a$$

Aufgrund der statischen Unbestimmtheit sind hier die beiden Lagerreaktionen B und M_A voneinander abhängig.

a) Um die Lagerreaktion B zu berechnen, ersetzen wir B durch die statisch Unbestimmte X_B und ermitteln mithilfe der Gleichgewichtsmethode die Verlaufsfunktion des Biegemoments M:

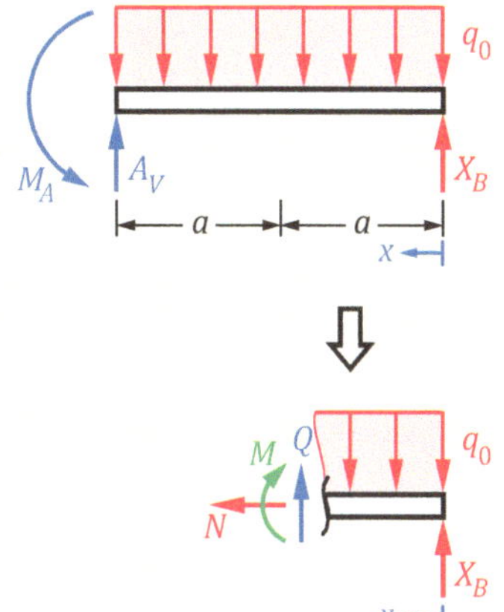

$$M = X_B \cdot x - \frac{1}{2} \cdot q_0 \cdot x^2 \qquad (1)$$

Nun leiten wir dies partiell nach der statisch Unbestimmten X_B ab und erhalten:

$$\frac{\partial M}{\partial X_B} = x \qquad (2)$$

Diese beiden Gleichungen setzen wir in den Satz von MENABREA nach Gleichung (12.38) ein:

$$\frac{\partial \Pi}{\partial X_B} = 0 = \int\limits_0^{2a} \frac{M}{E \cdot I_y} \cdot \frac{\partial M}{\partial X_B} \cdot dx = \frac{1}{E \cdot I_y} \cdot \int\limits_0^{2a} \left(X_B \cdot x - \frac{1}{2} \cdot q_0 \cdot x^2 \right) \cdot (x) \cdot dx$$

$$\frac{\partial \Pi}{\partial X_B} = 0 = \frac{1}{E \cdot I_y} \cdot \int\limits_0^{2a} \left(X_B \cdot x^2 - \frac{1}{2} \cdot q_0 \cdot x^3 \right) \cdot dx = \frac{1}{E \cdot I_y} \cdot \left(\frac{1}{3} \cdot X_B \cdot x^3 - \frac{1}{8} \cdot q_0 \cdot x^4 \right)\Big|_0^{2a}$$

$$\frac{\partial \Pi}{\partial X_B} = 0 = \frac{1}{E \cdot I_y} \cdot \left(\frac{8}{3} \cdot X_B \cdot a^3 - \frac{16}{8} \cdot q_0 \cdot a^4 \right)$$

Darin muss der Klammerausdruck zu Null werden, damit die gesamte Gleichung Null wird. Somit setzen wir die Klammer gleich Null und können nach der gesuchten Lagerreaktion X_B auflösen:

$$0 = \frac{8}{3} \cdot X_B \cdot a^3 - \frac{16}{8} \cdot q_0 \cdot a^4 \qquad \rightarrow \quad X_B = \frac{3}{4} \cdot q_0 \cdot a = 450\ N$$

b)   Das gesuchte Lagermoment M_A könnten wir mit dem Ergebnis aus a) berechnen. Hierzu müssten wir nur in den Gleichgewichtsbedingungen für $B = X_B$ einsetzen und hätten direkt das Ergebnis. Wir wollen darauf jedoch verzichten und die Bestimmung des Lagermoments M_A ebenfalls mithilfe des Satzes von MENABREA lösen, um die Vorgehensweise dieser Methode zu verdeutlichen.

Also ersetzen wir nun in unserem Freikörperbild das gesuchte Lagermoment M_A durch die statisch Unbestimmte X_M. Für die Verlaufsfunktion des Biegemoments M erhalten wir dann:

$$M = -X_M + A_V \cdot x - \frac{1}{2} \cdot q_0 \cdot x^2 \qquad (3)$$

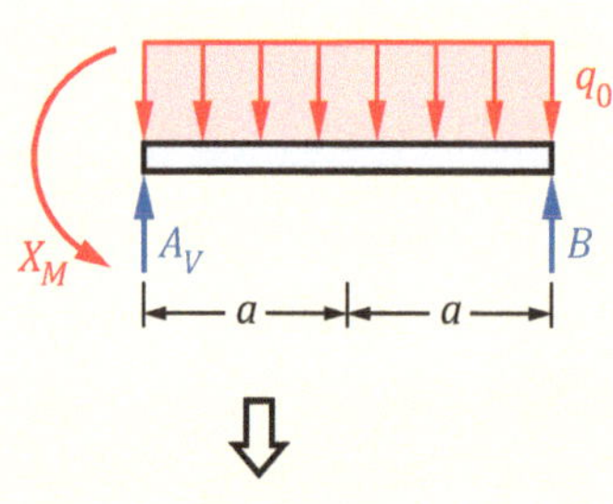

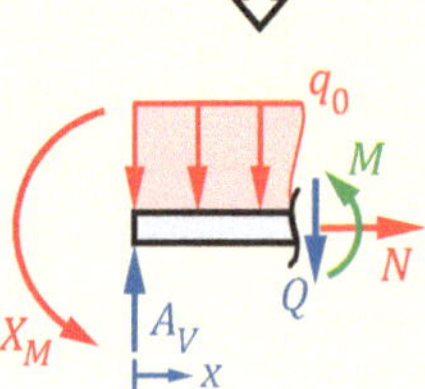

Darin setzen wir für die Lagerreaktion A_V das Ergebnis aus den Gleichgewichtsbedingungen ein und ersetzen weiter das dort enthaltene Lagermoment M_A durch unsere statisch Unbestimmte X_M:

$$M = -X_M + q_0 \cdot a \cdot x + \frac{X_M}{2a} \cdot x - \frac{1}{2} \cdot q_0 \cdot x^2 = q_0 \cdot \left(a \cdot x - \frac{1}{2} \cdot x^2 \right) + X_M \cdot \left(\frac{x}{2a} - 1 \right) \qquad (4)$$

Dies leiten wir partiell nach der statisch Unbestimmten X_M ab und erhalten:

$$\frac{\partial M}{\partial X_M} = -1 + \frac{x}{2a} \qquad (5)$$

Die Gleichungen (4) und (5) setzen wir in den Satz von MENABREA nach Gleichung (12.38) ein:

$$\frac{\partial \Pi}{\partial X_M} = 0 = \int\limits_0^{2a} \frac{M}{E \cdot I_y} \cdot \frac{\partial M}{\partial X_M} \cdot dx = \frac{1}{E \cdot I_y} \cdot \int\limits_0^{2a} \left[q_0 \cdot \left(a \cdot x - \frac{1}{2} \cdot x^2 \right) + X_M \cdot \left(\frac{x}{2a} - 1 \right) \right] \cdot \left(-1 + \frac{x}{2a} \right) \cdot dx$$

$$\frac{\partial \Pi}{\partial X_B} = 0 = \frac{1}{E \cdot I_y} \cdot \left(\frac{2}{3} \cdot X_M \cdot a - \frac{1}{3} \cdot q_0 \cdot a^3 \right)$$

Hier muss wieder der Klammerausdruck zu Null werden, damit die gesamte Gleichung Null wird. Damit erhalten wir für das gesuchte Lagermoment X_M:

$$0 = \frac{2}{3} \cdot X_M \cdot a - \frac{1}{3} \cdot q_0 \cdot a^3 \qquad \rightarrow \quad \underline{\underline{X_M = \frac{1}{2} \cdot q_0 \cdot a^2 = 300 \, Nm}}$$

Hinweis: Bei der Berechnung eines statisch unbestimmten Tragwerks müssen die überzähligen Lagerreaktionen nicht zwangsweise als statisch Unbestimmte X_i umbenannt werden. In allen Gleichungen hätte auch die Lagerreaktion B anstelle von X_M und das Lagermoment M_A anstelle von X_M stehen können. Es ist manchmal jedoch deutlicher, die Variable zu kennzeichnen, welche berechnet werden soll. Zudem schützt es vor einer Verwechslung von anderen Variablen im Laufe einer etwas ausführlicheren Berechnung einer Ingenieuraufgabe.

Beispiel 12.5

Ein masseloser Rahmen mit kreisförmigem Querschnitt ($a = 1$ m, $d = 35$ mm, $E = 210.000$ N/mm², $v = 0{,}3$) wird durch eine konstante Streckenlast $q_0 = 150$ N/m belastet.

Bestimmen Sie die horizontale Verschiebung der Rahmenecke C.

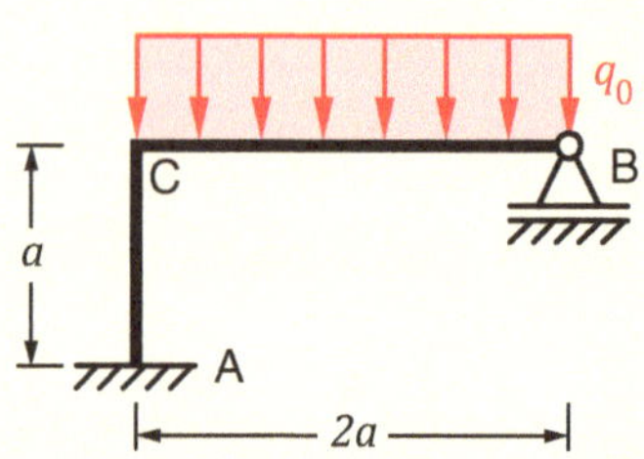

Lösung

Wir haben hier einen *ein*-fach statisch unbestimmten Balken vorliegen. Daher müssen wir zuerst die überzähligen Lagerreaktionen bestimmen. Dazu zeichnen wir das entsprechende Freikörperbild und teilen dann den Rahmen in zwei Bereiche ein. Hieran stellen wir nun die Gleichgewichtsbedingungen auf:

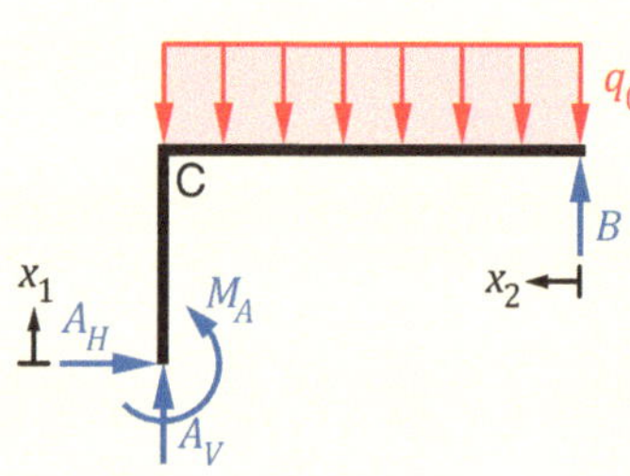

$$\rightarrow: \quad 0 = A_H \qquad\qquad\qquad \rightarrow \quad A_H = 0$$

$$\uparrow: \quad 0 = A_V + B - q_0 \cdot 2a \qquad\qquad \rightarrow \quad A_V = q_0 \cdot 2a - B$$

$$\circlearrowleft A: \quad 0 = M_A + B \cdot 2a - q_0 \cdot 2a^2 \qquad \rightarrow \quad M_A = q_0 \cdot 2a^2 - B \cdot 2a$$

Wir wollen hier nun die Lagerreaktion B als statisch Unbestimmte annehmen. Zudem wollen wir an diesem Beispiel einmal verdeutlichen, dass wir nicht zwingend die Lagerreaktion B in X_B umbenennen müssen.

Als nächstes stellen wir für die beiden Bereiche die Schnittgröße Biegemoment M auf. Wir brauchen hier nur das Biegemoment M zu berücksichtigen, da alle anderen Schnittgrößen von der Größenordnung her wesentlich kleiner sind und daher vernachlässigt werden können.

Für die beiden Bereiche erhalten wir dann für das Biegemoment M die beiden folgenden Funktionen und das zugehörige Diagramm:

$$M_{(x_1)} = -M_A - A_H \cdot x = B \cdot 2a - q_0 \cdot 2a^2$$

$$M_{(x_2)} = B \cdot x - \frac{1}{2} \cdot q_0 \cdot x^2$$

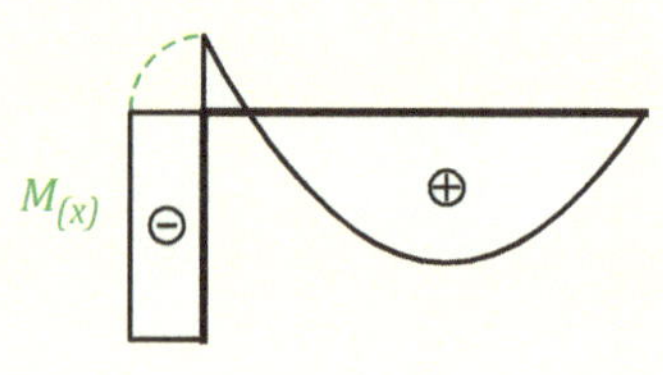

Jetzt leiten wir beide Funktionen partiell nach der Lagerreaktion B ab:

$$\frac{\partial M_{(x_1)}}{\partial B} = 2a \qquad\qquad \frac{\partial M_{(x_2)}}{\partial B} = x$$

Dies setzen wir in den Satz von MENABREA nach Gleichung (12.38) ein und erhalten daraus:

$$\frac{\partial \Pi}{\partial B} = 0 = \int\limits_0^a \left(\frac{M_{(x_1)}}{E \cdot I_y} \cdot \frac{\partial M_{(x_1)}}{\partial B} + \frac{M_{(x_2)}}{E \cdot I_y} \cdot \frac{\partial M_{(x_2)}}{\partial B} \right) \cdot dx$$

$$\frac{\partial \Pi}{\partial B} = \frac{1}{E \cdot I_y} \cdot \int\limits_0^a \left[(B \cdot 2a - q_0 \cdot 2a^2) \cdot (2a) + \left(B \cdot x - \frac{1}{2} \cdot q_0 \cdot x^2 \right) \cdot (x) \right] \cdot dx$$

$$\frac{\partial \Pi}{\partial B} = 0 = \frac{1}{E \cdot I_y} \cdot \int\limits_0^a \left(B \cdot 4a^2 - q_0 \cdot 4a^3 + B \cdot x^2 - \frac{1}{2} \cdot q_0 \cdot x^3 \right) \cdot dx$$

$$\frac{\partial \Pi}{\partial B} = 0 = \frac{1}{E \cdot I_y} \cdot \left(B \cdot 4a^2 \cdot x - q_0 \cdot 4a^3 \cdot x + \frac{1}{3} \cdot B \cdot x^3 - \frac{1}{8} \cdot q_0 \cdot x^4 \right)\Big|_0^a$$

$$\frac{\partial \Pi}{\partial B} = 0 = \frac{1}{E \cdot I_y} \cdot \left(\frac{20}{3} \cdot B \cdot a^3 - 6 \cdot q_0 \cdot a^4 \right)\Big|_0^a$$

Damit diese Gleichung zu Null wird, muss der gesamte Klammerausdruck Null werden:

$$\rightarrow \quad 0 = \frac{20}{3} \cdot B \cdot a^3 - 6 \cdot q_0 \cdot a^4 \qquad\qquad \rightarrow \quad B = \frac{9}{10} \cdot q_0 \cdot a = 135\,N$$

Mit diesem Ergebnis erhalten wir für die übrigen Lagerreaktionen:

$$A_V = \frac{11}{10} \cdot q_0 \cdot a = 165\,N \qquad\qquad M_A = \frac{1}{5} \cdot q_0 \cdot a^2 = 30\,Nm \qquad\qquad A_H = 0$$

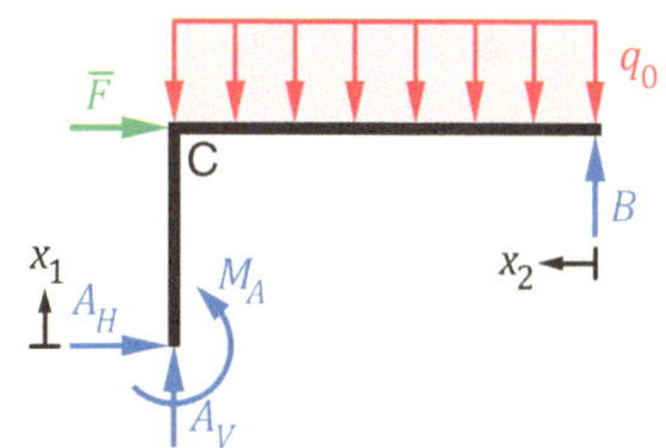

Nun müssen wir zur Berechnung der horizontalen Verschiebung f_C der Rahmenecke C eine Hilfskraft $\overline{F}$ an der Rahmenecke einfügen. Dementsprechend verändern sich die Lagerreaktionen und wir erhalten mithilfe der Gleichgewichtsbedingungen die folgenden Ergebnisse:

$$\rightarrow: \quad 0 = A_H + \overline{F} \qquad\qquad \rightarrow A_H = -\overline{F}$$

$$\uparrow: \quad 0 = A_V + B - q_0 \cdot 2a \qquad\qquad \rightarrow A_V = q_0 \cdot 2a - B$$

$$\circlearrowleft A: \quad 0 = M_A + B \cdot 2a - q_0 \cdot 2a^2 - \overline{F} \cdot a \qquad\qquad \rightarrow M_A = q_0 \cdot 2a^2 - B \cdot 2a + \overline{F} \cdot a$$

Damit verbunden ergeben sich die Biegemomentenverläufe und partiellen Ableitungen zu:

$$M_{(x_1)} = -\frac{1}{5} \cdot q_0 \cdot a^2 - \overline{F} \cdot a + \overline{F} \cdot x_1 \qquad\qquad \frac{\partial M_{(x_1)}}{\partial \overline{F}} = -a + x_1$$

$$M_{(x_2)} = \frac{9}{10} \cdot q_0 \cdot a \cdot x_2 - \frac{1}{2} \cdot q_0 \cdot x_2^2 \qquad\qquad \frac{\partial M_{(x_1)}}{\partial \overline{F}} = 0$$

Aufgrund des kreisförmigen Balkenquerschnitts, erhalten wir für das Flächenträgheitsmoment I_y:

$$I_y = \frac{\pi}{4} \cdot \left(\frac{d}{2}\right)^4 = 73.661,8 \; mm^4$$

Die Hilfskraft $\overline{F}$ setzen wir in unseren Gleichungen zu Null. Danach fügen wir alles in den Satz von Castigliano nach Gleichung (12.37) ein und erhalten für die gesuchte Verschiebung f_C:

$$f_C = \frac{\partial \Pi}{\partial \overline{F}} = \int_0^a \left(\frac{M_{(x_1)}}{E \cdot I_y} \cdot \frac{\partial M_{(x_1)}}{\partial \overline{F}} + \frac{M_{(x_2)}}{E \cdot I_y} \cdot \frac{\partial M_{(x_2)}}{\partial \overline{F}}\right) \cdot dx = \int_0^a \left(\frac{M_{(x_1)}}{E \cdot I_y} \cdot \frac{\partial M_{(x_1)}}{\partial \overline{F}} + 0\right) \cdot dx$$

$$f_C = \frac{1}{E \cdot I_y} \cdot \int_0^a \left(-\frac{1}{5} \cdot q_0 \cdot a^2\right) \cdot (-a + x) \cdot dx = \frac{1}{E \cdot I_y} \cdot \int_0^a \left(\frac{1}{5} \cdot q_0 \cdot a^3 - \frac{1}{5} \cdot q_0 \cdot a^2 \cdot x\right) \cdot dx$$

$$f_C = \frac{1}{E \cdot I_y} \cdot \left(\frac{1}{5} \cdot q_0 \cdot a^3 \cdot x - \frac{1}{10} \cdot q_0 \cdot a^2 \cdot x^2\right)\Bigg|_0^a = \frac{1}{E \cdot I_y} \cdot \left(\frac{1}{10} \cdot q_0 \cdot a^4 - \frac{1}{10} \cdot q_0 \cdot a^4\right)$$

$$\underline{\underline{f_C}} = \frac{1}{10} \cdot \frac{q_0 \cdot a^4}{E \cdot I_y} = \underline{\underline{0,97 \; mm}}$$

Hinweis: Anhand dieser Beispielaufgabe wird deutlich, dass die Umbenennung der überzähligen Lagerreaktion in X_i nicht zwingend erforderlich ist. Aufgrund der wenigen und vor allem eindeutigen Bezeichnungen der Kraftgrößen brauchen wir hier keine Umbenennung durchführen. Des Weiteren zeigt diese Beispielaufgabe, dass mithilfe des Satzes von Menabrea zuerst die Überzähligen Lagerreaktionen berechnet werden. Mit Kenntnis aller Lagerreaktionen können diese als äußere eingeprägte Kräfte im Freikörperbild behandelt werden. Somit ist die anschließende Berechnung mithilfe des Satzes von Castigliano problemlos möglich.

In Kürze

Schubkorrekturfaktor

Der Schubkorrekturfaktor κ berücksichtigt die Verwölbung der Schubfläche A_S infolge einer Querkraft und die damit einhergehende ungleichförmige Verteilung der Schubspannungen $\tau_{(z)}$.

Schubkorrekturfaktor für:
- *dickwandige Querschnitte*

$$\frac{1}{\kappa} = \frac{A}{I_y^2} \cdot \int \frac{S_{y(z)}^2}{b_{(z)}^2} \cdot dA$$

- *dünnwandige Querschnitte*

$$\frac{1}{\kappa} = \frac{A}{I_y^2} \cdot \int \frac{S_{y(\zeta)}^2}{t_{(\zeta)}^2} \cdot d\zeta$$

Werte für den *Schubkorrekturfaktor*:
▸ Tab. 12-3 auf S. 311

Arbeit und Energie
- Durch die äußeren Belastungen (angreifende Kräfte und Momente) wird eine äußere Arbeit W erzeugt.
- Durch die Schnittgrößen wird die Formänderungsenergie Π (innere Arbeit) erzeugt.
- Dabei sind die Begriffe *Arbeit* und *Energie* gleichwertig, da Energie die Fähigkeit ist, Arbeit zu verrichten.

Arbeitssatz

Die an einem elastischen Körper von den äußeren Belastungen geleistete Arbeit W (äußere Energie) wird als Formänderungsenergie Π (innere Energie) im verformten Körper gespeichert. Dabei ist Π immer positiv (auch bei Druck).

$$W = \Pi$$

Erweiterung des Arbeitssatzes

Aufgrund verschiedener Nachteile des Arbeitssatzes, muss dieser entsprechend erweitert werden. Die Erweiterung geschieht mithilfe der Sätze von CASTIGLIANO und des Satzes von MENABREA. Damit lassen sich Kraftgrößen und Verformungsgrößen an allen beliebigen Stellen eines Tragwerks berechnen. Dabei ist es zudem unerheblich, ob es sich um ein statisch bestimmtes oder unbestimmtes Tragwerk handelt.

Erster Satz von CASTIGLIANO

$$f_i = \frac{\partial \Pi}{\partial F_i} \qquad \psi_i = \frac{\partial \Pi}{\partial M_i}$$

Erster Satz von CASTIGLIANO mit Hilfskräften

$$f_i = \left.\frac{\partial \Pi}{\partial \overline{F}_i}\right|_{\overline{F}_i=0} \qquad \psi_i = \left.\frac{\partial \Pi}{\partial \overline{M}_i}\right|_{\overline{M}_i=0}$$

Zweiter Satz von CASTIGLIANO

$$F_i = \frac{\partial \Pi}{\partial f_i} \qquad M_i = \frac{\partial \Pi}{\partial \psi_i}$$

Satz von MENABREA

$$\frac{\partial \Pi}{\partial X_i} = 0$$

Hinweis: Bei der Anwendung des Satzes von MENABREA müssen die statisch überzähligen Lagerreaktionen nicht zwingend durch die statisch Unbestimmten X_i ersetzt werden. In einigen Fällen ist dies jedoch zweckmäßiger und verhindert Verwechselungen mit anderen Variablen.

12.4   Aufgaben zu Kapitel 12

Aufgabe 12.1
Ein masseloser abgewinkelter Balken ($a = 300$ mm, $E = 210.000$ N/mm², $v = 0,3$, $I_y = 450.000$ mm⁴) wird durch eine Kraft $F = 3$ kN belastet.

a) Bestimmen Sie die horizontale Verschiebung an der Kraftangriffsstelle infolge Biegung.
b) Bestimmen Sie die vertikale Verschiebung der unbelasteten Rahmenecke B.

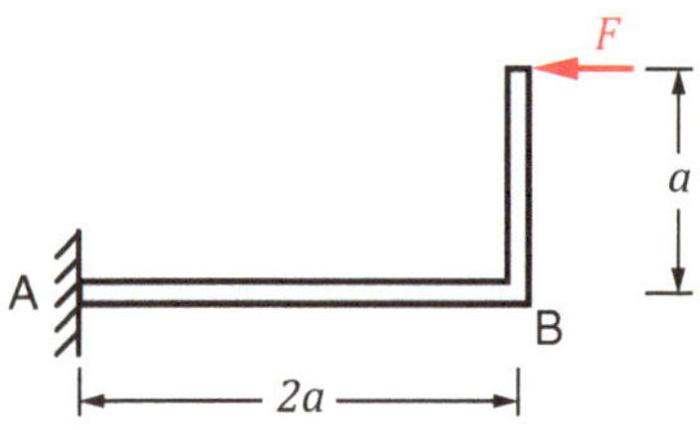

Aufgabe 12.2
Ein masseloser Rahmen ($a = 50$ cm, $E = 70.000$ N/mm², $v = 0,34$, $I_y = 133$ cm⁴) wird durch eine Streckenlast $q_0 = 1,5$ kN/m belastet.

Bestimmen Sie die Lagerreaktionen und die horizontale Verschiebung am Lager B.

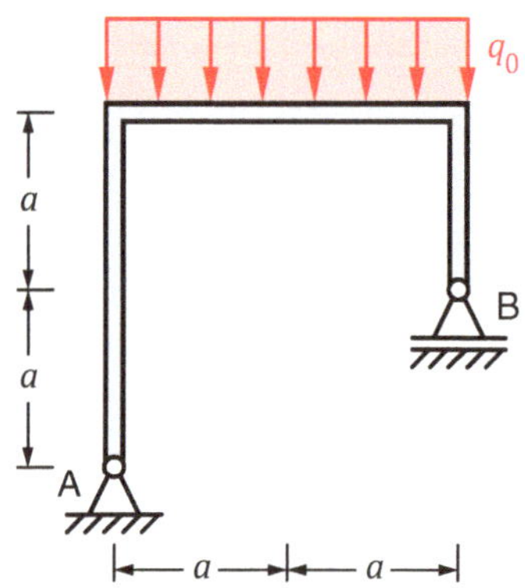

Aufgabe 12.3
Ein masseloser Aluminiumbalken ($a = 7$ dm, $E = 70$ kN/mm², $v = 0,34$, $I_y = 720.000$ mm⁴) wird mit einer konstanten Streckenlast $q_0 = 400$ N/m belastet.

Bestimmen Sie die Lagerreaktionen.

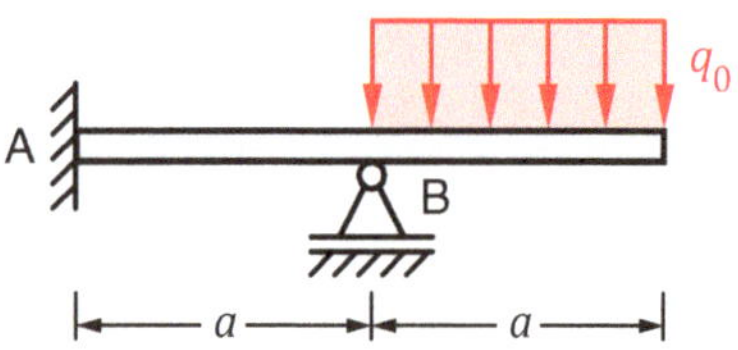

Aufgabe 12.4
Ein masseloser Rahmen ($a = 40$ cm, $E = 210$ kN/mm², $v = 0,3$, $I_y = 35$ cm⁴) wird durch eine Kraft $F = 5$ kN belastet.

Bestimmen Sie die horizontale Verschiebung an der Kraftangriffsstelle sowie die vertikale Verschiebung am Punkt C.

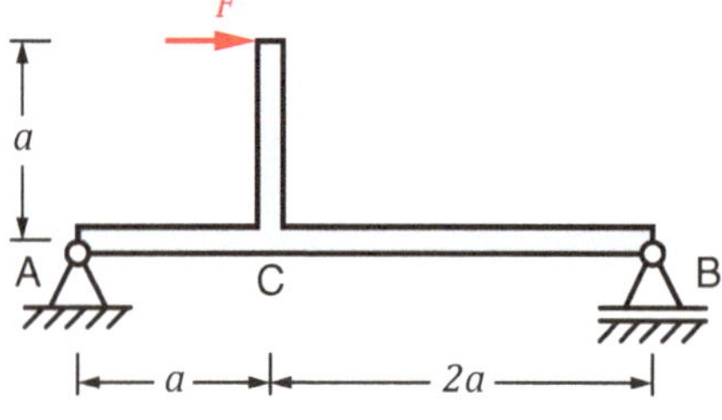

13 Zusammengesetzte Belastungen

Lösungen

Aufgabe 12.1 $f_F = 2$ mm $f_B = 1{,}7$ mm

Aufgabe 12.2 $A_H = 0$ $f_B = 1$ mm
               $A_V = 750$ N
               $B = 750$ N

Aufgabe 12.3 $A_H = 0$
               $A_V = -210$ N
               $M_A = -49$ Nm
               $B = 490$ N

Aufgabe 12.4 $f_F = 2{,}9$ mm $f_C = 0{,}97$ mm

© Springer Fachmedien Wiesbaden GmbH, ein Teil von Springer Nature 2019
C. Spura, *Technische Mechanik 2. Elastostatik*,
https://doi.org/10.1007/978-3-658-19979-1_13

In realen Bauteilen treten überweigend mehrere Belastungsarten gleichzeitig auf. Die damit verbundenen Beanspruchungen können einzeln, anhand der bisher behandelten Methoden berechnet werden. Anschließend erfolgt die Überlagerung oder auch Superposition aller Beanspruchungen. Ist die werkstoffseitige Beanspruchbarkeit größer als die vorhandenen Beanspruchungen, wird das Bauteil seine Funktion erfüllen. Andernfalls wird das Bauteil versagen. In diesem Kapitel werden die Methoden aller bisherigen Kapitel zu der eigentlichen *Festigkeitslehre* zusammengeführt. Hier erfolgt nun der Schritt in Richtung *Bauteilauslegung* und *Konstruktion* sowie zum weiterführenden Gebiet der *Maschinenelemente*.

In der Realität kommt es recht selten vor, dass an einem Bauteil nur eine Belastung angreift. In der Regel wirken mehrere Belastungen auf das Bauteil ein und es kommt im Inneren zu überlagerten Spannungen. Als Beispiel betrachten wir den in ▸ Abb. 13.1 dargestellten Rahmen mit zwei Einzelkräften. Infolge dieser Belastungen ergeben sich die ebenfalls dargestellten Schnittgrößen im Inneren des Rahmens. Die Bestimmung der Schnittgrößen ist auch, nach Kenntnis aller äußeren Belastungen, der nächste Schritt in einem Festigkeitsnachweis. Wir erinnern uns dazu an die in ▸ Abb. 6.1 (S. 95) dargestellte Vorgehensweise eines Festigkeitsnachweises.

Bei realen Aufgabenstellungen sind die äußeren Belastungen sehr oft nicht komplett bekannt. Da es sich fast immer um bewegte Bauteile handelt, wirken die eigentlichen äußeren Kräfte und Momente schwellend oder auch wechselnd auf das Bauteil ein. Durch diese auftretende Dynamik sind hier auch Massenträgheiten und dergleichen zu berücksichtigen, was die damit verbundene Modellbildung zur Festigkeitsberechnung schwieriger werden lässt. Daher ist bei realen Aufgabenstellungen die Festlegung der äußeren Belastung der eigentlich schwierigste Punkt in einem Festigkeitsnachweis. Die anschließenden Schritte können dann mithilfe der bekannten Methoden und Vorgehensweisen (grüne Kästen) abgearbeitet werden. Aber nun zurück zu unserem Beispiel.

Nach Berechnung der Schnittgrößen fällt auf, dass in beiden Bereichen des Rahmens alle Schnittgrößen überlagert auftreten. Kein Bereich ist unbelastet. Zudem können wir direkt erkennen, dass die am höchsten belastete Stelle des Rahmens direkt an der Einspannung *A* liegt. Hier ist das Biegemoment $M_{(x)}$ maximal und es wird zusätzlich noch von der Normal- $N_{(x)}$ und der Querkraft $Q_{(x)}$ überlagert. Wenn es also zu einem Ma-

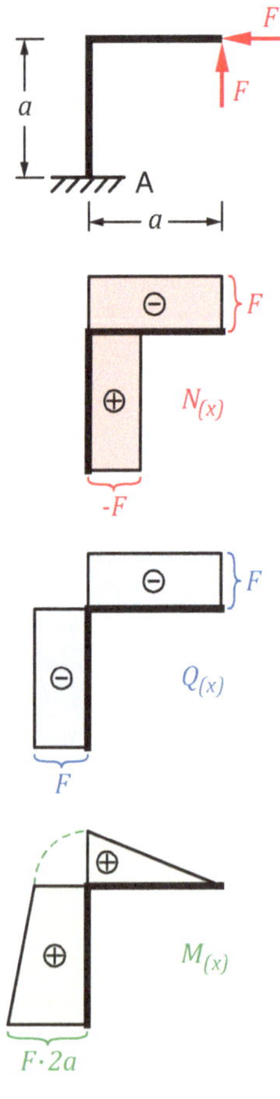

Abb. 13.1

terialversagen kommen würde, würde es genau an dieser Stelle auftreten. Somit sollten wir in unserem Festigkeitsnachweis auch genau diese Stelle auf Festigkeit prüfen. Dazu müssen wir mithilfe der Schnittgrößen die damit verbundenen Spannungen berechnen, siehe ▶ Abb. 13.2. Infolge der Normalkraft $N_{(x)}$ und des Biegemoments $M_{(x)}$ ergeben sich Normalspannungen σ_x, die zu einer Gesamt-Normalspannung σ aufsummiert werden (vgl. ▶ Abb. 9.9 auf S. 179):

$$\sigma = \frac{M}{I} \cdot z_{max} + \frac{N}{A}$$

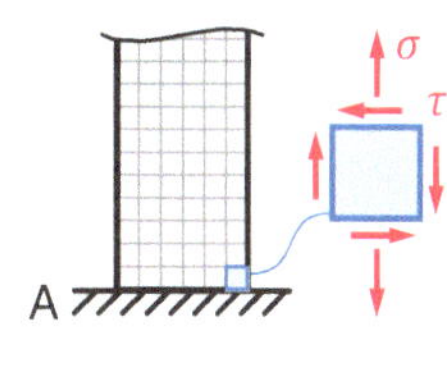

Abb. 13.2

Normalspannung infolge
Biegung und Normalkraft

Dies ist hier möglich, da beide Normalspannungen die gleiche Wirkrichtung besitzen. Daneben kommt es durch die Querkraft $Q_{(x)}$ zu einer Schubspannung τ:

$$\tau = \frac{Q}{A}$$

mittlere Schubspannung

Da es sich um einen schlanken Rahmen handelt, verwenden wir hier die mittlere Schubspannung τ_m und verzichten auf die etwas aufwendig zu berechnende reale Schubspannung $\tau_{(z)}$. Bei schlanken Bauteilen ist die Schubspannung in der Regel von untergeordneter Größe und kann vernachlässigt werden. Wir wollen hier aber dennoch mit der mittleren Schubspannung τ weiterrechnen, um die gesamte Berechnung für einen Festigkeitsnachweis zu demonstrieren.

Wie aus ▶ Abb. 13.2 ersichtlich, ist am Rand unseres Rahmens eine positive Normalspannung (Zug) σ und eine negative Schubspannung τ vorhanden. Und weil die zulässigen Beanspruchbarkeiten des Werkstoffes im einachsigen Zugversuch ermittelt werden (Streckgrenze und Zugfestigkeit), müssen wir mit den beiden verschiedenen Spannungsarten eine Vergleichsspannung σ_V bilden. Die Berechnung der Vergleichsspannung σ_V ist vom verwendeten Werkstoff und dessen Versagensart (Bruchart) abhängig und berechnet sich für den vorliegenden ebenen Spannungszustand zu:

$$\sigma_{V,NH} = \sigma_1$$

Normalspannungshypothese

$$\sigma_{V,SH} = \max(|\sigma_1 - \sigma_2|;\ |\sigma_1|;\ |\sigma_2|)$$

Schubspannungshypothese

$$\sigma_{V,GEH} = \sqrt{\sigma_1^2 - \sigma_1\sigma_2 + \sigma_2^2}$$

Gestaltänderungsenergiehypothese

Nun folgt noch der Vergleich der im Bauteilinneren vorhandenen Vergleichsspannung mit der Beanspruchbarkeit (Streckgrenze oder Zugfestigkeit) des Werkstoffes. Der Quotient aus diesen beiden Werten ist dann die Sicherheit S:

Sicherheit

$$S = \frac{\sigma_{zul}}{\sigma_{vorh}} = \frac{\sigma_{zul}}{\sigma_V} \geq 1,0$$

zulässiger Spannungswert

$$\sigma_{zul} = \begin{cases} R_e, R_{p0,2}, \tau_{tF} & \text{gegen Fließen} \\ R_m, \tau_{tB} & \text{gegen Bruch} \end{cases}$$

Würde im Bauteil nur eine Normalspannung σ vorhanden sein, bräuchte keine Vergleichsspannung berechnet werden. In diesem Fall kann die vorhandene Normalspannung σ direkt mit der werkstoffseitigen Beanspruchbarkeit verglichen und damit die Sicherheit S berechnet werden.

13.1 Schnittgrößen und Beanspruchungen

Wie wir bereits in Kapitel 2 auf S. 11 ff. gezeigt haben, gibt es fünf Grundbelastungsarten: Zug, Druck, Biegung, Schub und Torsion. Wobei wir eigentlich Zug und Druck als eine Grundbelastungsart zusammenfassen können, da sich hierbei lediglich das Vorzeichen und damit die Wirkrichtung unterscheidet. Jedenfalls ergeben sich infolge dieser Grundbelastungsarten die verschiedenen Schnittgrößen:

- Zug/Druck → Normalkraft $N_{(x)}$
- Biegung → Biegemoment $M_{y(x)}$, $M_{z(x)}$
- Schub → Querkraft $Q_{z(x)}$, $Q_{y(x)}$
- Torsion → Torsionsmoment $T_{(x)}$

Und wiederum ergeben sich infolge der Schnittgrößen die im Bauteilinneren wirkenden Spannungen, siehe ▶ Abb. 13.3:

- Normalkraft $N_{(x)}$ → Normalspannung σ_x
- Biegemoment $M_{y(x)}$, $M_{z(x)}$ → Normalspannung σ_x
- Querkraft $Q_{z(x)}$, $Q_{y(x)}$ → Schubspannung τ_m bzw. $\tau_{(z)}$
- Torsionsmoment $T_{(x)}$ → Schubspannung τ_t

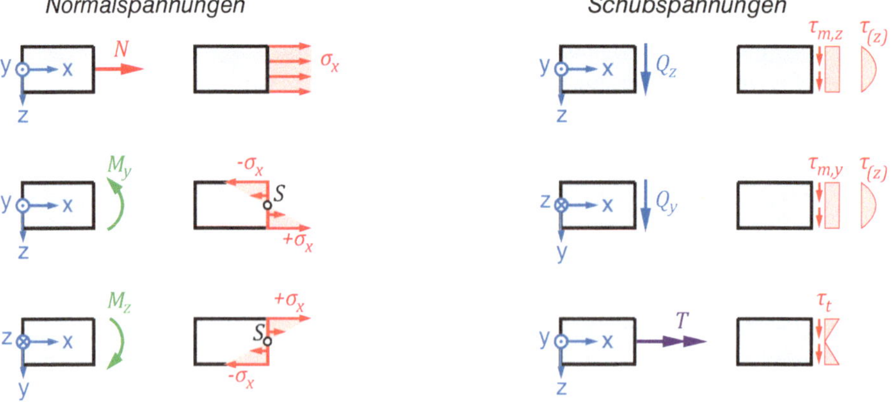

Abb. 13.3

Entsprechend der Schnittgrößen, sind nachfolgend in ▶ Tab. 13-1 die differenziellen Zusammenhänge aller Schnittgrößen mit den äußeren Streckenlastbelastungen aufgeführt.

Tab. 13-1 Differenzieller Zusammenhang der Schnittgrößen

Normalkraft

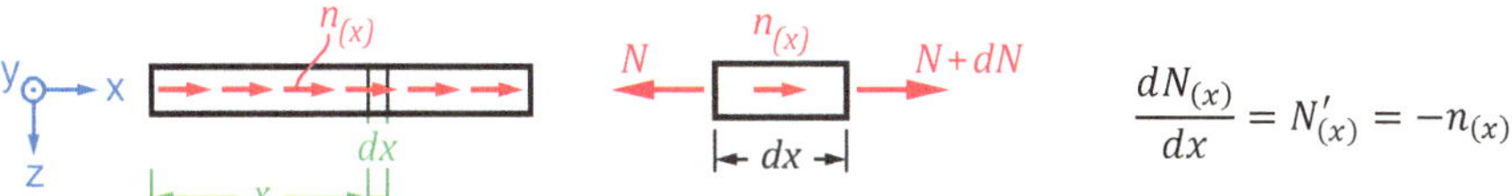

$$\frac{dN_{(x)}}{dx} = N'_{(x)} = -n_{(x)}$$

Querkraft in der *x-z*-Ebene

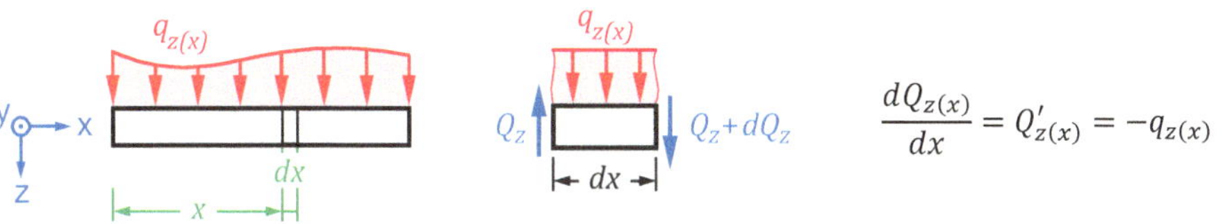

$$\frac{dQ_{z(x)}}{dx} = Q'_{z(x)} = -q_{z(x)}$$

Biegemoment in der *x-z*-Ebene

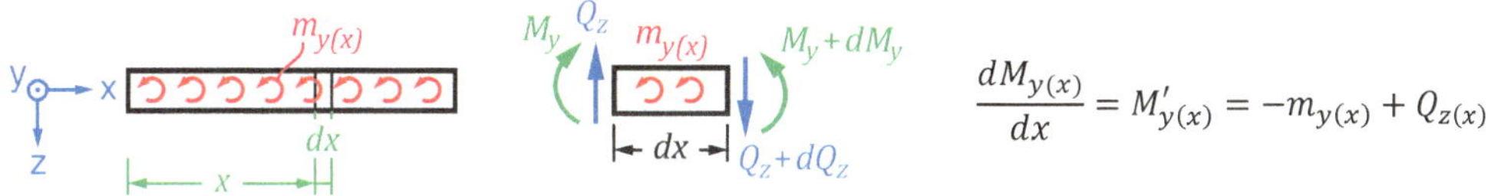

$$\frac{dM_{y(x)}}{dx} = M'_{y(x)} = -m_{y(x)} + Q_{z(x)}$$

Querkraft in der *x-y*-Ebene

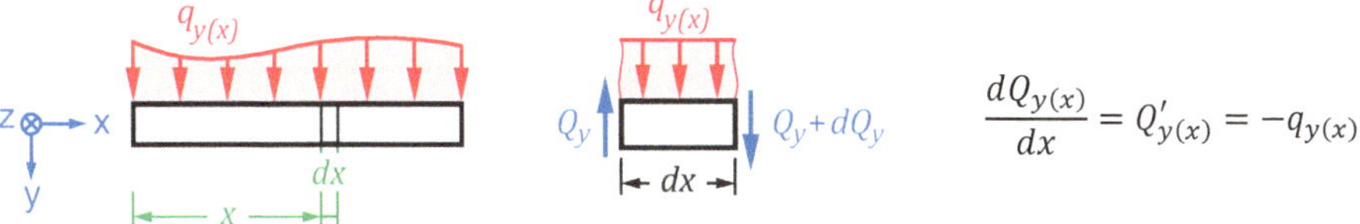

$$\frac{dQ_{y(x)}}{dx} = Q'_{y(x)} = -q_{y(x)}$$

Biegemoment in der *x-y*-Ebene

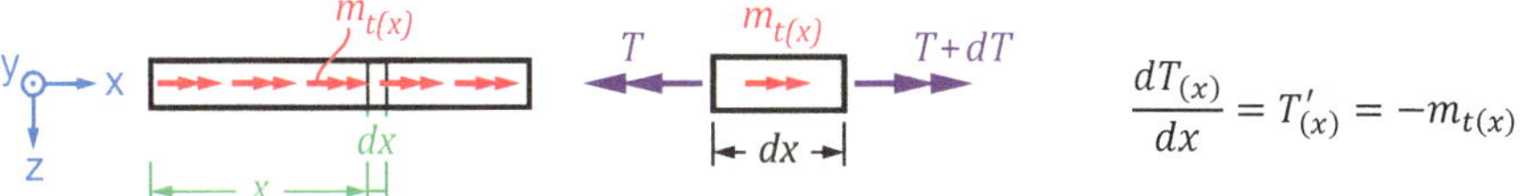

$$\frac{dM_{z(x)}}{dx} = M'_{z(x)} = -m_{z(x)} - Q_{y(x)}$$

Torsionsmoment

$$\frac{dT_{(x)}}{dx} = T'_{(x)} = -m_{t(x)}$$

Die zu den jeweiligen Schnittgrößen gehörenden Spannungen und Verformungen wollen wir nachfolgend für einen Überblick nochmal kurz aufführen.

13.1.1 Normalkraft (Normalspannung)

Die zur Normalkraft $N_{(x)}$ gehörende Normalspannung σ kann entweder eine Zugspannung (Vorzeichen positiv) oder eine Druckspannung (Vorzeichen negativ) sein:

Normalspannung

$$\sigma = \frac{N}{A}$$

Damit verbunden ergibt sich eine Längenänderung:

Längenänderung

$$\Delta l = \frac{F \cdot l}{E \cdot A} + \alpha_T \cdot \Delta T \cdot l$$

Bei einer auftretenden Inhomogenität, z. B. bei der Belastung oder des Querschnitts, muss die Integrationsmethode zur Lösung der Differenzialgleichung verwendet werden:

Streckenlast $n_{(x)}$

$$E \cdot A \cdot u''_{(x)} = -n_{(x)}$$

Normalkraft $N_{(x)}$

$$E \cdot A \cdot u'_{(x)} = N_{(x)} = \int -n_{(x)} \cdot dx + C_1$$

Verschiebung $u_{(x)}$

$$E \cdot A \cdot u_{(x)} = \iint -n_{(x)} \cdot dx \cdot dx + C_1 \cdot x + C_2$$

Rand- und Übergangsbedingungen: ▶ Tab. 7-1 auf S. 123

13.1.2 Biegemoment (Normalspannung)

Beim Biegemoment und der damit verbundenen Biegung haben wir die drei verschiedenen Biegearten unterschieden:

- *gerade Biegung*: wirkt um nur eine Achse im Hauptachsensystem der Querschnittsfläche; dabei gilt: $I_{yz} = 0$.
- *schiefe Biegung im Hauptachsensystem*: wirkt im Hauptachsensystem um die y- und z-Koordinatenachsen; auch hier gilt: $I_{yz} = 0$.
- *schiefe Biegung im beliebigen Achsensystem*: wirkt um beliebige Achsen und keine der Achsen ist eine Hauptachse; somit gilt hier: $I_{yz} \neq 0$.

Die infolge der Biegemomente $M_{y(x)}$, $M_{z(x)}$ wirkende und linear entlang der Querschnittshöhe verlaufende Normalspannung σ berechnet sich zu:

Normalspannung im Hauptachsensystem

$$\sigma_x = \frac{M_{y(x)}}{I_y} \cdot z - \frac{M_{z(x)}}{I_z} \cdot y$$

Normalspannung im beliebigen Achsensystem

$$\sigma_{(x,y,z)} = \frac{\left(M_{y(x)} \cdot I_z - M_{z(x)} \cdot I_{yz}\right) \cdot z - \left(M_{z(x)} \cdot I_y - M_{y(x)} \cdot I_{yz}\right) \cdot y}{I_y \cdot I_z - I_{yz}^2}$$

Die sich infolge des Biegemoments $M_{y(x)}$ ergebende Durchbiegung w sowie die Neigung w' werden mithilfe der Integrationsmethode durch Lösen der Differenzialgleichung der Biegelinie nach der EULER-BERNOULLI-Balkentheorie berechnet:

$$E \cdot I_y \cdot w''''_{(x)} = q_{z(x)} \qquad \text{Streckenlast } q_{(x)}$$

$$E \cdot I_y \cdot w'''_{(x)} = -Q_{z(x)} = \int q_{z(x)} \cdot dx + C_1 \qquad \textbf{Querkraft } Q_{(x)}$$

$$E \cdot I_y \cdot w''_{(x)} = -M_{y(x)} = \int -Q_{z(x)} \cdot dx + C_1 \cdot x + C_2 \qquad \textbf{Biegemoment } M_{(x)}$$

$$E \cdot I_y \cdot w'_{(x)} = \int -M_{y(x)} \cdot dx + \frac{1}{2} \cdot C_1 \cdot x^2 + C_2 \cdot x + C_3 \qquad \textbf{Neigung } w'_{(x)}$$

$$E \cdot I_y \cdot w_{(x)} = \int w'_{(x)} \cdot dx + \frac{1}{6} \cdot C_1 \cdot x^3 + \frac{1}{2} \cdot C_2 \cdot x^2 + C_3 \cdot x + C_4 \qquad \textbf{Durchbiegung } w_{(x)}$$

Analog dazu ergeben sich die Gleichungen bei wirkendem Biegemoment $M_{z(x)}$. Rand- und Übergangsbedingungen: ▶ Tab. 9-1 (S. 187), ▶ Tab. 9-3 und ▶ Tab. 9-4 (S. 192).

13.1.3 Schub (Schubspannung)

Hinsichtlich der Schnittgröße Querkraft $Q_{z(x)}$, $Q_{y(x)}$ und der damit einhergehenden Schubspannung τ haben wir zwei Möglichkeiten, diese zu berechnen. Zum einen können wir die Querkraft Q auf die Querschnittsfläche A beziehen und erhalten damit eine mittlere Schubspannung τ_m, welche an jeder Stelle der Querschnittsfläche A gleich groß ist (analog zur Normalspannung σ infolge der Normalkraft N). Zum anderen können wir auch einen annähernd realen Schubspannungsverlauf $\tau_{(z)}$ entlang der Querschnittshöhe z infolge der Querkraft Q_z berechnen. Analog ergibt sich bei der Querkraft Q_y entsprechend die Schubspannung $\tau_{(y)}$ entlang der Querschnittshöhe y. Bei der Berechnung der realen Schubspannungen müssen wir jedoch beachten, dass die Berechnungsmethode für dickwandige und dünnwandige Querschnitte etwas unterschiedlich ist:

$$\tau_{m,z} = \frac{Q_z}{A} \qquad\qquad \tau_{m,y} = \frac{Q_y}{A} \qquad \textbf{mittlere Schubspannung } \tau_m$$

$$\tau_{(z)} = \frac{Q_z}{I_y \cdot b_{(z)}} \cdot S_{y(z)} \qquad \tau_{(y)} = \frac{Q_y}{I_z \cdot b_{(y)}} \cdot S_{z(y)} \qquad \text{realer Schubspannungsverlauf für \textbf{dickwandige} Querschnitte}$$

$$\tau_{(\zeta)} = \frac{Q_z}{I_y \cdot t_{(\zeta)}} \cdot S_{y(\zeta)} \qquad \tau_{(\zeta)} = \frac{Q_y}{I_z \cdot t_{(\zeta)}} \cdot S_{z(\zeta)} \qquad \text{realer Schubspannungsverlauf für \textbf{dünnwandige} Querschnitte}$$

Die sich infolge der Querkraft Q ergebende Schubverformung w_S (Durchbiegung infolge Schub) wird nach der TIMOSHENKO-Balkentheorie berechnet. Auch hier muss wieder mithilfe der Integrationsmethode die Differenzialgleichung der Biegelinie gelöst werden:

Streckenlast $q_{(x)}$

$$\kappa \cdot G \cdot A \cdot w''_{S(x)} = -q_{(x)}$$

Querkraft $Q_{(x)}$

$$\kappa \cdot G \cdot A \cdot w'_{S(x)} = Q_{(x)} = \int -q_{(x)} \cdot dx + C_5$$

Schubverformung $w_{S(x)}$

$$\kappa \cdot G \cdot A \cdot w_{S(x)} = \int Q_{(x)} \cdot dx + C_5 \cdot x + C_6$$

Rand- und Übergangsbedingungen: ▶ Tab. 9-1 (S. 187), ▶ Tab. 9-3 und ▶ Tab. 9-4 (S. 192).

13.1.4 Torsion (Schubspannung)

Die Berechnung der infolge eines Torsionsmoments $T_{(x)}$ im Bauteilinneren vorhandenen max. Torsionsspannung τ_{tmax} ist:

max. Torsionsspannung

$$\tau_{tmax} = \frac{T}{W_t}$$

Das darin enthaltene Torsionswiderstandsmoment W_t ist abhängig von der Querschnittsfläche. Je nachdem ob ein:

- kreis- und kreisringförmiger Querschnitt
- dünnwandig geschlossener Querschnitt
- dünnwandig offener Querschnitt

vorliegt, wird das Torsionswiderstandsmoment W_t anders berechnet, siehe Formelsammlung Torsionsträgheitsmomente: ▶ Tab. 11-2 auf S. 276.

Der sich einstellende Verdrehwinkel des Bauteils ist:

Verdrehwinkel ϑ

$$\vartheta = \frac{T \cdot l}{G \cdot I_t}$$

Ist eine Inhomogenität vorhanden, z. B. bei der Belastung oder des Querschnitts, muss die Integrationsmethode zur Lösung der Differenzialgleichung verwendet werden:

Streckenlast $m_{t(x)}$

$$G \cdot I_t \cdot \vartheta''_{(x)} = -m_{t(x)}$$

Torsionsmoment $T_{(x)}$

$$G \cdot I_t \cdot \vartheta'_{(x)} = T_{(x)} = \int -m_{t(x)} \cdot dx + C_1$$

Verdrehwinkel $\vartheta_{(x)}$

$$G \cdot I_t \cdot \vartheta_{(x)} = \iint -m_{t(x)} \cdot dx \cdot dx + C_1 \cdot x + C_2$$

Vorgehensweise

- Bestimmung der vorhandenen Schnittgrößen:
  - Normalkraft N in x-Richtung
  - Querkräfte Q in y- und z-Richtung
  - Biegemomente M um die y- und z-Achse
  - Torsionsmoment T um die x-Achse
- Identifizierung der kritischen Stelle, an welcher sich die Schnittgrößen überlagern und einen Maximalwert annehmen und somit das Bauteil am höchsten belasten.
- Berechnung der wirkenden Spannungen anhand der vorliegenden Schnittgrößen:
  - Normalkraft N $\quad\quad\rightarrow$ Normalspannung σ_x
  - Querkräfte Q $\quad\quad\rightarrow$ Schubspannungen τ_z und τ_y
  - Biegemomente M $\quad\rightarrow$ Normalspannung σ_x
  - Torsionsmoment T $\quad\rightarrow$ Schubspannung τ_t

    Hinweis: Bei den Schubspannungen τ_z, τ_y infolge der Querkräfte kann entweder die mittlere Schubspannung τ_m oder die reale Schubspannung $\tau_{(z)}$ berechnet werden. Bei langen schlanken Bauteilen (Richtwert: $l \geq 5 \cdot h$) kann die Schubspannung in der Regel vernachlässigt werden (vgl. Kap. 10.6.4 auf S. 201). Bei gedrungenen Bauteilen sollte dagegen die reale Schubspannung $\tau_{(z)}$ die erste Wahl sein. Bei Überschlags- oder Entwurfsrechnungen kann wegen der einfacheren Berechnung auch die mittlere Schubspannung τ_m verwendet werden.

    Hinweis: Bei den Normalspannungen σ_x infolge der Biegemomente ist auch zu klären, ob es sich um ein langes schlankes Bauteil handelt. Ist dem so, ist die EULER-BERNOULLI-Balkentheorie zur Berechnung der Normalspannungen σ_x ausreichend. Bei gedrungenen Bauteilen muss die TIMOSHENKO-Balkentheorie angewendet werden.
- Sind mehrere Spannungen mit gleicher Wirkrichtung vorhanden, können diese Spannungen zu einer gesamten Normal- σ und einer gesamten Schubspannung τ summiert werden.
- Bei Vorhandensein von verschiedenen Spannungen (Normal- und Schubspannungen), werden diese zu einer Vergleichsspannung σ_v zusammengerechnet:
  - *spröder Werkstoff* (Versagen durch Trennbruch infolge der Hauptnormalspannung): Normalspannungshypothese (NH)
  - *duktiler Werkstoff* (Versagen durch Schub-/Gleitbruch infolge der Hauptschubspannung): Gestaltänderungsenergiehypothese (GEH) oder, wenn gefordert, Schubspannungshypothese (SH)
- Überprüfung der Sicherheit (Vergleich der Beanspruchbarkeit mit den Beanspruchungen)
  - *Fließkriterium*: Streck- R_e bzw. 0,2%-Dehngrenze $R_{p0,2}$ oder Torsionsfließgrenze τ_{tF}
  - *Bruchkriterium*: Zug- R_m oder Torsionsfestigkeit τ_{tB}

Ein masseloser Rahmen mit kreisförmigem Querschnitt aus Stahl ($a = 0{,}1$ m, $d = 15$ mm, $E = 210$ GPa, $\nu = 0{,}3$, $R_e = 350$ MPa, $R_m = 500$ MPa) wird durch drei Kräfte ($F = 100$ N) belastet.

Bestimmen Sie die Sicherheiten gegen Fließen und gegen Bruch.

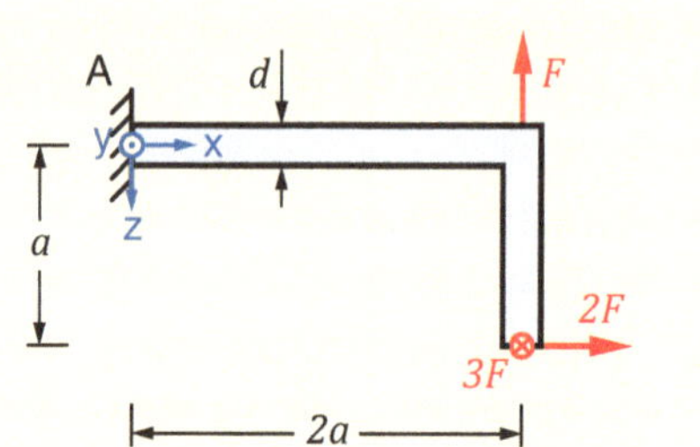

Lösung

Wir können hier die nebenstehende Vorgehensweise zur Berechnung der Sicherheiten verwenden. Dazu bestimmen wir uns im ersten Schritt die entsprechenden Schnittgrößen. Die Kraft F erzeugt im horizontalen Abschnitt ein Biegemoment M_y sowie eine Querkraft Q_z. Die Kraft $2F$ bewirkt im horizontalen Abschnitt ein Biegemoment M_y und eine Normalkraft N sowie im vertikalen Abschnitt eine Querkraft Q (diese Querkraft Q wirkt streng genommen in x-Richtung; der Einfachheit halber zählen wir die Wirkung zur Querkraft Q_z hinzu; Querkraft in der x-z-Ebene). Die Kraft $3F$ hat in beiden Abschnitten eine Querkraft Q_y und im horizontalen Abschnitt ein Biegemoment M_y sowie ein Torsionsmoment T zur Folge. All dies ist den Schnittgrößendiagrammen zu entnehmen:

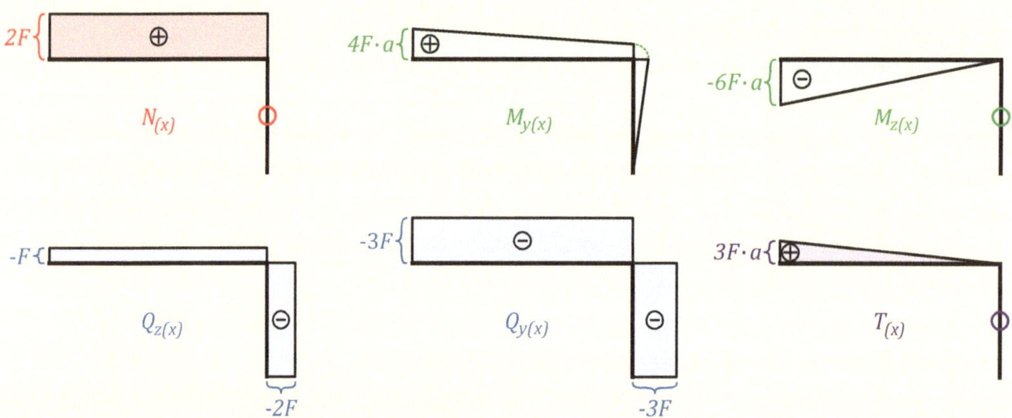

Als nächstes müssen wir die kritische Stelle identifizieren, also an welcher Stelle die größte Bauteilbeanspruchung vorhanden ist und ein Versagen auftreten kann. Wie aus den Schnittgrößendiagrammen hervorgeht, wäre bei unserem Balken direkt am Lager A die kritische Stelle. Hier überlagern sich alle Schnittgrößen und zudem sind hier die Maximalwerte der Biegemomente und des Torsionsmoments vorhanden. In nebenstehender Darstellung sind alle Schnittgrößendiagramm übereinander aufgetragen. Hier ist am einfachsten ersichtlich, dass sich alle Größen am Lager A summieren.

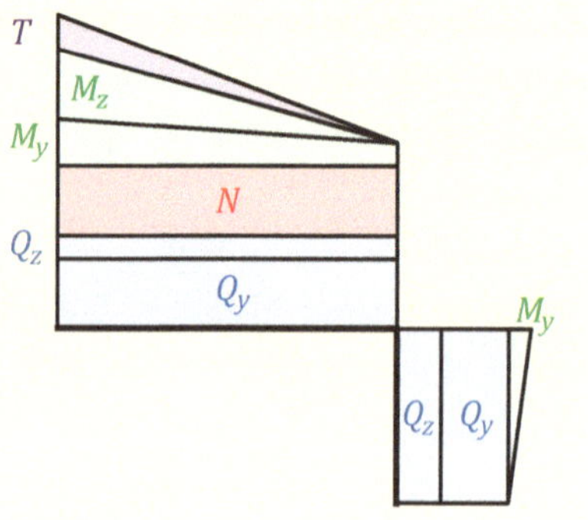

Nun berechnen wir die infolge der einzelnen Schnittgrößen auftretenden Spannungen im Bauteilinneren an der kritischen Stelle, also an der Stelle des Lagers A. Wir wollen hier kurz darauf hinweisen, dass wir die Spannungen im Inneren des Bauteils berechnen und nicht die Spannungen im Lager A. Auch wenn durch *actio = reactio* die Spannungen im Lager A mit den Spannungen im Bauteilinneren im Gleichgewicht stehen.

Mit den entsprechenden Berechnungsmethoden aus der vorangegangenen Kapiteln erhalten wir dann für die vorhandenen Beanspruchungen im Bauteil an der kritischen Stelle:

$$N_{(A)} = 2 \cdot F = 200\,N \qquad\qquad \sigma_{x,N} = \frac{N}{A} \qquad\qquad \rightarrow\ \sigma_{x,N} = 1{,}13\,MPa$$

$$Q_{z(A)} = -F = -100\,N \qquad\qquad \tau_{m,z} = \frac{Q_z}{A} \qquad\qquad \rightarrow\ \tau_{m,z} = -0{,}57\,MPa$$

$$Q_{y(A)} = -3 \cdot F = -300\,N \qquad\qquad \tau_{m,y} = \frac{Q_y}{A} \qquad\qquad \rightarrow\ \tau_{m,y} = -1{,}7\,MPa$$

$$M_{y(A)} = F \cdot 2a + 2F \cdot a = 40\,Nm \qquad \sigma_{x,M_y} = \frac{M_y}{I_y} \cdot z = \frac{M_y}{I_y} \cdot \frac{d}{2} \qquad \rightarrow\ \sigma_{x,M_y} = 120{,}7\,MPa$$

$$M_{z(A)} = -3F \cdot 2a = -60\,Nm \qquad \sigma_{x,M_z} = \frac{M_z}{I_z} \cdot y = \frac{M_z}{I_z} \cdot \left(-\frac{d}{2}\right) \qquad \rightarrow\ \sigma_{x,M_z} = 181{,}1\,MPa$$

$$T_{(A)} = 3F \cdot a = 30\,Nm \qquad\qquad \tau_t = \frac{T}{W_t} \qquad\qquad \rightarrow\ \tau_t = 45{,}3\,MPa$$

mit:

$$A = \frac{\pi \cdot d^2}{4} = 176{,}71\,mm^2 \qquad I_y = I_z = \frac{\pi}{4} \cdot \left(\frac{d}{2}\right)^4 = 2.485\,mm^4 \qquad W_t = \frac{\pi}{2} \cdot \left(\frac{d}{2}\right)^3 = 662{,}7\,mm^3$$

Wie an diesen Ergebnissen ersichtlich ist, fällt die Normalspannung infolge der Normalkraft N sowie die mittleren Schubspannungen infolge der Querkräfte Q_z und Q_y vernachlässigbar klein gegenüber den Normalspannung infolge der Biegemomente M_y und M_z sowie der Torsionsspannung τ_t aus. Da es sich hier um ein langes schlankes Bauteil handelt, sollte uns dieses Ergebnis schon im Vorfeld klar gewesen sein.

Als nächstes fassen wir alle Spannungen zu einer Vergleichsspannung σ_V zusammen, um damit die Sicherheiten zu berechnen. Es handelt sich hier um ein Stahlbauteil, daher gehen wir von einem *duktilen* Werkstoffverhalten aus und verwenden die Gestaltänderungsenergiehypothese (GEH) zur Bestimmung der Vergleichsspannung σ_V. Berücksichtigen wir alle Spannungen, so erhalten wir nach Gleichung (6.31) auf S. 104 folgendes Ergebnis:

$$\sigma_V = \sqrt{\left(\sigma_{x,N} + \sigma_{x,M_y} + \sigma_{x,M_z}\right)^2 + 3 \cdot \left(\tau_{m,z}^2 + \tau_{m,y}^2 + \tau_t^2\right)} \qquad \rightarrow\ \sigma_V = 313\,\frac{N}{mm^2}$$

Vernachlässigen wir die Spannungen infolge der Normalkraft und der Querkräfte, erhalten wir:

$$\sigma_V = \sqrt{\left(\sigma_{x,M_y} + \sigma_{x,M_z}\right)^2 + 3 \cdot \tau_t^2} \qquad \rightarrow\ \sigma_V = 312\,\frac{N}{mm^2}$$

Diese beiden Ergebnisse zeigen, dass sich bei Vernachlässigung der untergeordneten Spannungen eine Abweichung von 0,35% ergibt. Somit können wir ruhigen Gewissens diese Spannungen durchaus unberücksichtigt lassen.

Zu guter Letzt berechnen wir noch die Sicherheiten gegen Fließen und gegen Bruch:

$$\underline{\underline{S_F}} = \frac{\sigma_{zul}}{\sigma_{vorh}} = \frac{R_e}{\sigma_V} = \underline{\underline{1{,}12}} \qquad\qquad \underline{\underline{S_B}} = \frac{\sigma_{zul}}{\sigma_{vorh}} = \frac{R_m}{\sigma_V} = \underline{\underline{1{,}6}}$$

Die Sicherheiten unseres Bauteils sind in beiden Bereichen größer als 1,0. Somit ist gewährleistet, dass unser Rahmen den äußeren Belastungen standhält und nicht versagt.

Beispiel 13.2

Ein masseloser Kragträger mit quadratischem Querschnitt aus normalem Stahl ($a = 0{,}5$ m, $b = 50$ mm, $E = 210$ GPa, $v = 0{,}3$, $R_e = 235$ MPa, $R_m = 360$ MPa) wird durch zwei Kräfte ($F = 3{,}2$ kN) und ein Torsionsmoment $T = 1{,}2$ kNm belastet.

Bestimmen Sie:

a) den Maximalwert der Durchbiegung w_{max}.
b) den max. Verdrehwinkel ϑ_{max}.
c) die Sicherheit gegen Fließen.
d) die Hauptspannungen und deren Hauptschnittwinkel an der höchstbelasteten Stelle.

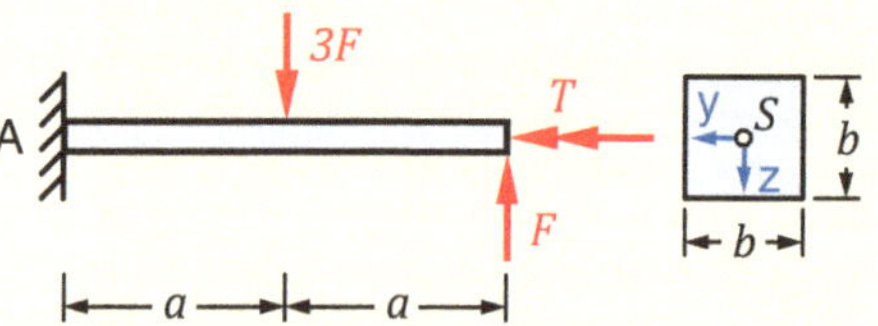

Lösung

a) Es handelt sich hier um einen langen schlanken Balken ($2a \gg 5 \cdot b$), von daher können wir die Schubverformung vernachlässigen und müssen nur die Durchbiegung infolge Biegung bestimmen. Nach der EULER-BERNOULLI-Balkentheorie teilen wir unseren Balken, wegen der Unstetigkeit durch die Kraft $3F$, in zwei Bereiche mit der jeweiligen Länge a ein. Mit den entsprechenden Rand- und Übergangsbedingungen erhalten wir dann die folgenden Integrationskonstanten:

$$w'_{(x_1=0)} = 0 \qquad Q^I_{(x_1=a)} - 3F = Q^{II}_{(x_2=0)} \qquad C_1 = -2 \cdot F \qquad C_5 = F$$

$$w_{(x_1=0)} = 0 \qquad M^I_{(x_1=a)} = M^{II}_{(x_2=0)} \qquad C_2 = F \cdot a \qquad C_6 = -F \cdot a$$

$$Q_{(x_2=a)} = 0 \qquad w'_{I,(x_1=a)} = w'_{II,(x_2=0)} \qquad C_3 = 0 \qquad C_7 = 0$$

$$M_{(x_2=a)} = 0 \qquad w_{I,(x_1=a)} = w_{II,(x_2=0)} \qquad C_4 = 0 \qquad C_8 = \frac{1}{6} \cdot F \cdot a^3$$

Damit verbunden erhalten wir die entsprechenden Schnittgrößendiagramme.

Hieran ist direkt ersichtlich, an welcher Stelle die größte Beanspruchung im Balken auftritt. Wenn wir alle Schnittgrößendiagramme überlagern, tritt die größte Belastung einmal am Lager A und einmal in der Mitte des Balkens am Kraftangriffspunkt von $3F$ auf. An beiden Stellen beträgt die Querkraft $Q = 6400\ \text{N}$, das Biegemoment $M = |1600\ \text{Nm}|$ und das Torsionsmoment $T = -1200\ \text{Nm}$.

Auch bei der max. Durchbiegung existieren zwei Stellen, an denen der Maximalwert auftritt. Zum einen in der Mitte, am Kraftangriffspunkt von $3F$, und zum anderen am freien Ende:

$$\underline{\underline{w_{max}}} = w_{(x=a)} = w_{(x=2a)} = \underline{\underline{0,61\ mm}}$$

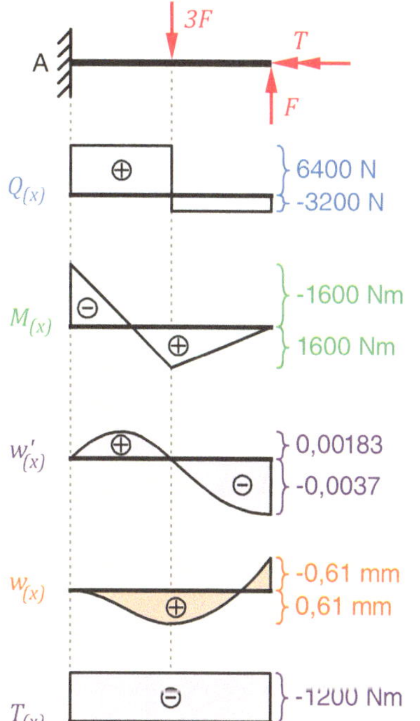

b) Zur Bestimmung des max. Verdrehwinkels ϑ_{max} benötigen wir das Torsionsträgheitsmoment I_t:

$$I_t = 0,141 \cdot a^4 = 881.250\ mm^4$$

Damit können wir jetzt den max. Verdrehwinkel am freien Ende unseres Balkens bestimmen:

$$\vartheta_{max} = \int\limits_{x=0}^{2a} \frac{T}{G \cdot I_t} \cdot dx = \frac{T \cdot 2a}{G \cdot I_t} \qquad \rightarrow \quad \underline{\underline{\vartheta_{max} = 0,97°}}$$

c) Um die Gesamtsicherheit infolge aller Belastungen zu berechnen, müssen wir alle Beanspruchungen mithilfe der Festigkeitshypothesen zu einer Vergleichsspannung σ_V zusammenfassen. Da unser Balken aus normalem Stahl (also einem duktilen Werkstoff) besteht, können wir entweder die Schubspannungs- (SH) oder die Gestaltänderungsenergiehypothese (GEH) anwenden. In der Aufgabenstellung ist nichts weiter gefordert, weshalb wir die Vergleichsspannung mittels GEH berechnen (schließlich liefert die GEH die realitätsnaheren Ergebnisse).

Wie eingangs schon erwähnt, können wir aufgrund des langen schlanken Balkens die Beanspruchung infolge Schub vernachlässigen. Damit setzt sich die Vergleichsspannung σ_V an der höchstbelasteten Stelle (wir nehmen hier die Stelle am Lager A, also $x = 0$) aus der Normalspannung infolge Biegung und der Schubspannung infolge Torsion zusammen:

$$\sigma = \frac{M_{max}}{I_y} \cdot z_{max} = \frac{M_{(x=0)}}{I_y} \cdot \left(-\frac{a}{2}\right) \qquad \rightarrow \quad \sigma = 153,6\ \frac{N}{mm^2}$$

$$\tau_t = \frac{T_{(x=0)}}{W_t} \qquad \rightarrow \quad \tau_t = -46,2\ \frac{N}{mm^2}$$

Betrachten wir unsere höchstbelastete Stelle etwas genauer, können wir am oberen Rand unseres Balkens den damit verbundenen ebenen Spannungszustand grafisch darstellen. Damit einhergehend erhalten wir die Vergleichsspannung σ_V nach der Gestaltänderungsenergiehypothese (GEH) und die zugehörige Sicherheit gegen Fließen:

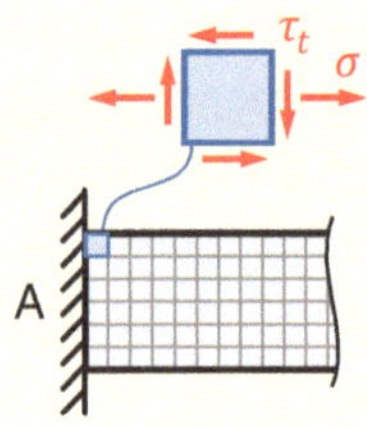

$$\sigma_V = \sqrt{\sigma^2 + 3 \cdot \tau_t^2} \qquad\qquad \rightarrow \quad \underline{\underline{\sigma_V = 173{,}2 \, \frac{N}{mm^2}}}$$

$$S_F = \frac{\sigma_{zul}}{\sigma_{vorh}} = \frac{R_e}{\sigma_V} \qquad\qquad \rightarrow \quad \underline{\underline{S_F = 1{,}36}}$$

Unser Balken hält somit der äußeren Belastung stand. Die max. Durchbiegung ist mit $w_{max} = 0{,}61$ mm und der max. Verdrehwinkel $\vartheta_{max} = 0{,}97°$ sind beide wesentlich klein gegenüber der Querschnittsabmessung a und der Modellannahme von $\vartheta \leq 1°/m$ Balkenlänge. Die Sicherheit gegen Fließen ist mit $S_F = 1{,}36$ größer als 1,0 und damit ist die Festigkeitsbedingung gegeben.

d) Den Spannungszustand an der höchstbelasteten Stelle kennen wir schon. Daher können wir die dort auftretenden Hauptspannungen mit ihren Hauptschnittwinkeln direkt ermitteln:

$$\sigma_{1,2} = \frac{\sigma + 0}{2} \pm \sqrt{\left(\frac{\sigma - 0}{2}\right)^2 + \tau_t^2} \qquad \rightarrow \quad \begin{aligned} &\underline{\underline{\sigma_1 = 166{,}4 \, MPa}} \\ &\underline{\underline{\sigma_2 = -12{,}8 \, MPa}} \end{aligned}$$

$$\tau_{12} = -\tau_{21} = \sqrt{\left(\frac{\sigma - 0}{2}\right)^2 + \tau_t^2} \qquad \rightarrow \quad \underline{\underline{\tau_{12} = 89{,}6 \, MPa}}$$

$$\underline{\underline{\varphi^* = \frac{1}{2} \cdot \arctan\left(\frac{2 \cdot \tau_{xy}}{\sigma_x - \sigma_y}\right) = 15{,}5°}} \qquad \underline{\underline{\bar{\varphi} = \varphi^* + \frac{\pi}{4} = 60{,}5°}}$$

Zur entsprechenden grafischen Darstellung ist nebenstehend der zugehörige MOHR'sche Spannungskreis für den Punkt unserer höchstbelasteten Stelle dargestellt. Hierin sind unsere berechneten Spannungspunkte (σ, τ_t) sowie die Hauptspannungen und deren Hauptschnittwinkel zu sehen.

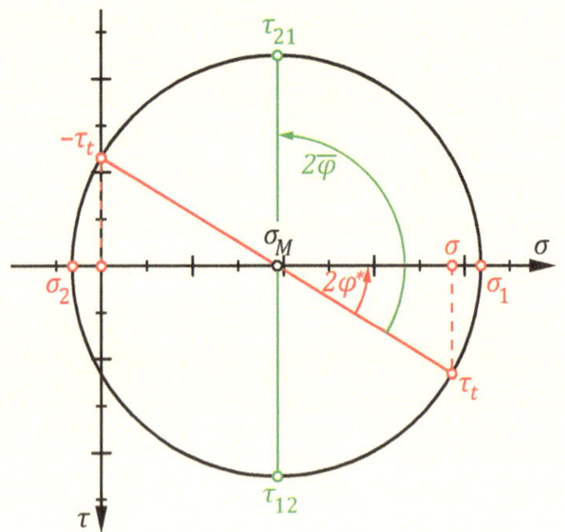

Beispiel 13.3

Ein masseloser Balken mit höhenveränderlichem Querschnitt aus Aluminium ($a = 0{,}8$ m, $b = 20$ mm, $h = 15$ mm, $E = 70$ GPa, $v = 0{,}34$, $R_e = 100$ MPa, $R_m = 240$ MPa) wird durch eine konstante Streckenlast $q_0 = 700$ N/m belastet.

Bestimmen Sie:
a) die Stelle und den Maximalwert der Biegespannung.
b) die Sicherheit gegen Fließen.

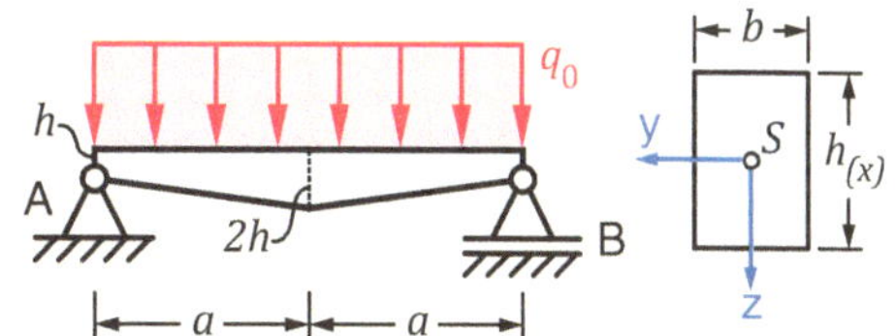

Lösung

a) Zur Berechnung der Biegespannung sind die Schnittgrößen ausreichend, weshalb wir auch nur diese bestimmen. Für die Verlaufsfunktionen erhalten wir dann:

$$Q_{(x)} = q_0 \cdot (a - x)$$

$$M_{(x)} = q_0 \cdot \left(a \cdot x - \frac{x^2}{2} \right)$$

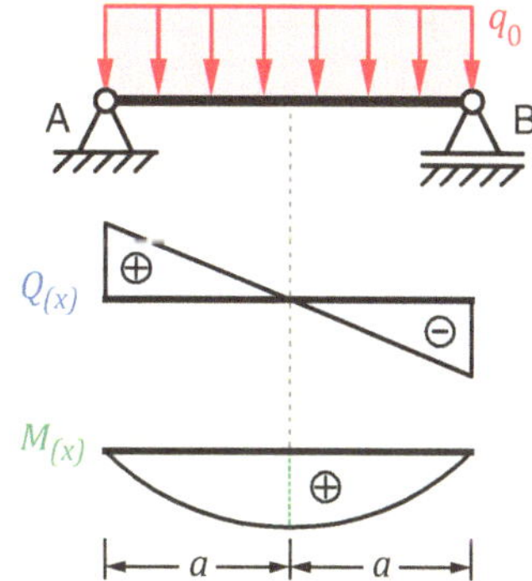

Als nächstes benötigen wir zur Berechnung der Biegespannung das Flächenträgheitsmoment. Hierzu müssen wir aber erst die Funktion für die veränderliche Balkenhöhe $h_{(x)}$ aufstellen. Aus Symmetriegründen brauchen wir nur eine Hälfte des Balkens zu untersuchen. Beschränken wir uns auf die linke Balkenhälfte, so finden wir für die Höhe $h_{(x)}$ und das Flächenträgheitsmoment I_y:

$$h_{(x)} = \frac{h}{a} \cdot x + h$$

$$I_y = \frac{b \cdot h_{(x)}^3}{12}$$

Dies alles setzen wir nun in die Gleichung zur Berechnung der Biegespannung ein:

$$\sigma_{(x)} = \frac{M}{I_y} \cdot z = \frac{q_0 \cdot \left(a \cdot x - \frac{x^2}{2} \right) \cdot 12}{b \cdot \left(\frac{h}{a} \cdot x + h \right)^3} \cdot \frac{\frac{h}{a} \cdot x + h}{2} = \frac{6 \cdot q_0 \cdot \left(a \cdot x - \frac{x^2}{2} \right)}{b \cdot \left(\frac{h}{a} \cdot x + h \right)^2}$$

Um damit den Maximalwert der Biegespannung zu ermitteln, müssen wir die Stelle der max. Biegespannung bestimmen. Dazu leiten wir die Funktion nach x ab, setzen das Ergebnis gleich Null und lösen nach der gesuchten Stelle x_{max} auf (Vorgehensweise wie bei der Kurvendiskussion):

$$\frac{\partial}{\partial x} \cdot \frac{6 \cdot q_0 \cdot \left(a \cdot x - \frac{x^2}{2}\right)}{b \cdot \left(\frac{h}{a} \cdot x + h\right)^2} = 0 = \frac{6 \cdot q_0 \cdot a^3 \cdot (a - 2 \cdot x)}{b \cdot h^2 \cdot (a + x)^3} \qquad \rightarrow \quad \underline{\underline{x_{max} = \frac{a}{2}}}$$

Anschließend setzen wir in der Berechnung der Biegespannung die Stelle x_{max} ein und erhalten damit die gesuchte max. Biegespannung in unserem Balken:

$$\sigma_{(x=x_{max})} = \sigma_{max} = \frac{q_0 \cdot a^2}{b \cdot h^2} \qquad \rightarrow \quad \underline{\underline{\sigma_{max} = 99{,}6 \ \frac{N}{mm^2}}}$$

b) Damit können wir nun die Sicherheit gegen Fließen bestimmen:

$$S_F = \frac{\sigma_{zul}}{\sigma_{vorh}} = \frac{R_e}{\sigma_{max}} \qquad \rightarrow \quad \underline{\underline{S_F = 1{,}0}}$$

Ein beidseitig fest eingespannter zylindrischer Balken aus duktilem Stahl ($r = 15$ mm, $a = 1$ m, $E = 210$ GPa, $v = 0{,}3$, $R_e = 335$ MPa, $R_m = 570$ MPa, $\alpha_T = 115 \cdot 10^{-7}$ K^{-1}) wird homogen um 69°C erwärmt und durch eine konstante Torsionsstreckenlast $m_{t0} = 870$ Nm/m belastet.

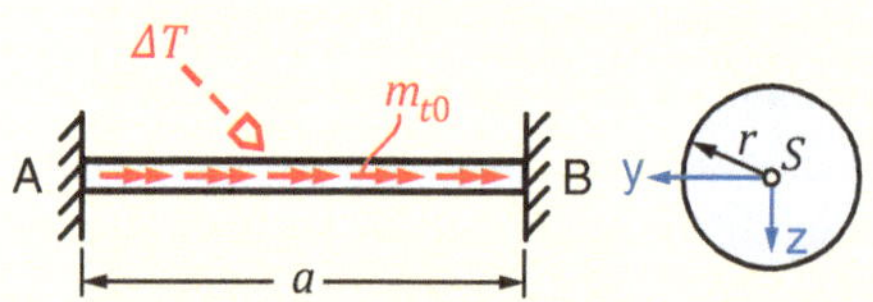

Bestimmen Sie:
a) die Stelle und den Maximalwert des Verdrehwinkels.
b) die Sicherheit gegen Fließen.

Lösung

a) Dieser Balken wird durch zwei verschiedene Arten belastet. Daher werden wir die beiden Belastungen, Torsionsstreckenlast und Temperaturveränderung, getrennt voneinander behandeln und anschließend überlagern. Als erstes fangen wir mit der Torsionsstreckenlast an. Zur Berechnung des Verdrehwinkels müssen wir die Integrationsmethode anwenden, die Randbedingungen aufstellen und die Integrationskonstanten lösen:

$$G \cdot I_t \cdot \vartheta''_{(x)} = -m_{t(x)} = -m_{t0}$$

$$G \cdot I_t \cdot \vartheta'_{(x)} = T_{(x)} = -m_{t0} \cdot x + C_1 \qquad\qquad \vartheta_{(x=0)} = 0 \qquad \rightarrow \quad C_1 = \frac{1}{2} \cdot m_{t0} \cdot a$$

$$G \cdot I_t \cdot \vartheta_{(x)} = -\frac{1}{2} \cdot m_{t0} \cdot x^2 + C_1 \cdot x + C_2 \qquad\qquad \vartheta_{(x=a)} = 0 \qquad \rightarrow \quad C_2 = 0$$

Setzen wir alles wieder in unsere Ausgangsgleichungen ein, erhalten wir die folgenden Verlaufsfunktionen für das Torsionsmoment und den Verdrehwinkel sowie die zugehörigen Diagramme:

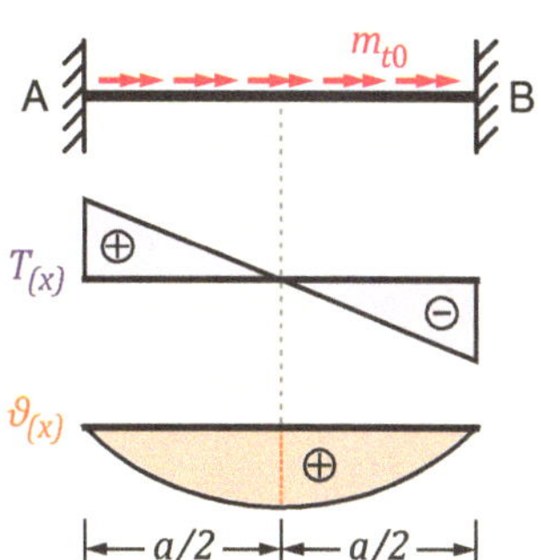

$$T_{(x)} = m_{t0} \cdot \left(-x + \frac{1}{2} \cdot a \right)$$

$$\vartheta_{(x)} = \frac{m_{t0}}{G \cdot I_t} \cdot \left(-\frac{1}{2} \cdot x^2 + \frac{1}{2} \cdot a \cdot x \right)$$

Hieran erkennen wir, dass das max. Torsionsmoment an den Lagern und der max. Verdrehwinkel in der Balkenmitte auftritt:

$$\underline{\underline{x_{max} = \frac{a}{2}}} \qquad\qquad \vartheta_{(x=x_{max})} = \vartheta_{max} = \frac{m_{t0} \cdot a^2}{8 \cdot G \cdot I_t} \qquad \rightarrow \quad \underline{\underline{\vartheta_{max} = 0{,}97°}}$$

b) Infolge des Torsionsmoments kommt es zu einer Torsionsspannung im Balken. Da das Torsionsmoment vom Betrag her an beiden Lagern gleich groß ist, bestimmen wir den positiven Maximalwert am Lager *A* und damit die max. Torsionsspannung:

$$T_{(x=0)} = T_{max} = \frac{1}{2} \cdot m_{t0} \cdot a \qquad\qquad \rightarrow \quad T_{max} = 435\,Nm$$

$$\tau_{tmax} = \frac{T_{max}}{W_t} = \frac{T_{max} \cdot r}{I_t} \qquad\qquad \rightarrow \quad \tau_{tmax} = 82{,}1\,\frac{N}{mm^2}$$

Als nächstes müssen wir noch die Temperaturbelastung bestimmen. Infolge der beidseitigen Einspannung (statisch unbestimmte Lagerung) kommt es bei Erwärmung zu Druckspannungen im Balkeninneren. Die Berechnung können wir mithilfe von Gleichung (7.19) auf S. 129 durchführen:

$$\sigma_T = -\alpha_T \cdot \Delta T \cdot E \qquad\qquad \rightarrow \quad \sigma_T = -166{,}6\,\frac{N}{mm^2}$$

Aufgrund des duktilen Materials verwenden wir die Gestaltänderungsenergiehypothese, um die beiden Spannungen zu einer Vergleichsspannung und damit zur Bestimmung der Sicherheit gegen Fließen zu berechnen:

$$\sigma_V = \sqrt{\sigma_T^2 + 3 \cdot \tau_{tmax}^2} \qquad\qquad \rightarrow \quad \sigma_V = 219\,\frac{N}{mm^2}$$

$$S_F = \frac{\sigma_{zul}}{\sigma_{vorh}} = \frac{R_e}{\sigma_V} \qquad\qquad \rightarrow \quad \underline{\underline{S_F = 1{,}53}}$$

Beispiel 13.5

Ein zweiteiliger duktiler Stahlbalken ($r = 15$ mm, $a = 1$ m, $E = 210.000$ MPa, $v = 0,3$, $R_e = 335$ MPa, $R_m = 570$ MPa) wird durch eine dreiecksförmige Streckenlast $q_0 = 400$ N/m und durch eine konstante Torsionsstreckenlast $m_{t0} = 600$ Nm/m belastet.

Bestimmen Sie die Sicherheit gegen Fließen.

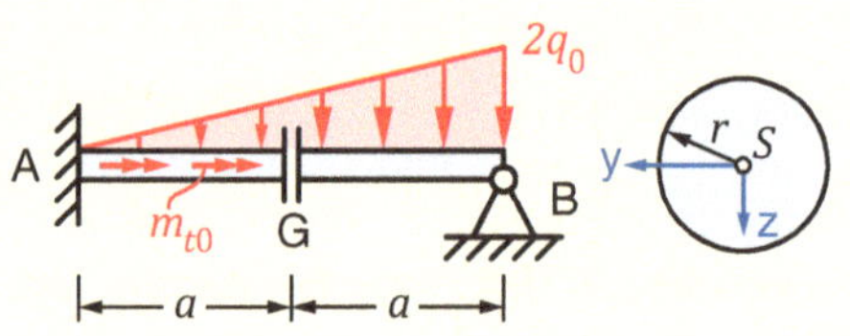

Lösung

Wir berechnen uns zuerst die Schnittgrößen Q, M und die Verformungen w', w nach der EULER-BERNOULLI-Balkentheorie und erhalten mit:

$$C_1 = -1/2 \cdot q_0 \cdot a \qquad C_6 = -2/3 \cdot q_0 \cdot a^2$$

$$C_2 = -1/3 \cdot q_0 \cdot a^2 \qquad C_7 = -13/24 \cdot q_0 \cdot a^3$$

$$C_3 = C_4 = C_5 = 0 \qquad C_8 = 33/40 \cdot q_0 \cdot a^4$$

die nebenstehenden Diagramme. Danach berechnen wir mit der Integrationsmethode das Torsionsmoment T und den Verdrehwinkel ϑ. Anhand der Diagramme fällt nun auf, dass das max. Biegemoment M am Querkraftgelenk G auftritt, aber das max. Torsionsmoment T am Lager A. Berechnen wir für beide Stellen die entsprechenden Spannungen:

$$\sigma_{(x=a)} = 42,4\,MPa \qquad \tau_{t(x=a)} = 0$$

$$\sigma_{(x=0)} = 21,2\,MPa \qquad \tau_{t(x=a)} = 23,9\,MPa$$

und fassen diese dann zur Vergleichsspannung nach der Gestaltänderungsenergiehypothese (GEH) zusammen, erhalten wir:

$$\sigma_{V(x=a)} = 42,4\,MPa$$

$$\underline{\sigma_{(x=0)} = 46,5\,MPa}$$

Damit ist klar, dass die höchstbelastete Stelle am Lager A vorliegt. Die entsprechende Sicherheit gegen Fließen ergibt sich dann zu:

$$\underline{\underline{S_F = 5,06}}$$

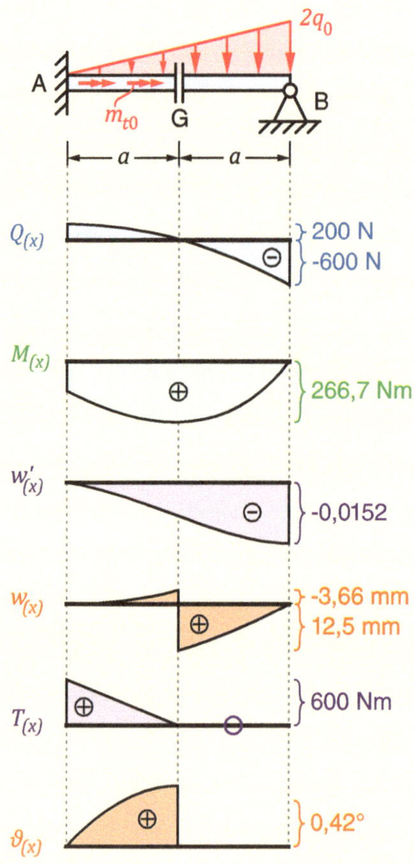

Beispiel 13.6

Ein masseloser Balken aus Aluminium ($a = 1{,}2$ m, $E = 70$ GPa, $v = 0{,}34$, $R_e = 180$ MPa) wird durch eine Kraft $F = 1{,}8$ kN und eine Torsionsstreckenlast $m_{t(x)}$ belastet.

$$m_{t(x)} = m_{t0} \cdot \left[2 \cdot \frac{x}{a} + \left(\frac{x}{a}\right)^2 \right]; \quad m_{t0} = 1{,}65 \, \frac{kN}{m}$$

Bestimmen Sie den Radius r, sodass eine Sicherheit gegen Fließen von 1,75 verhindert wird.

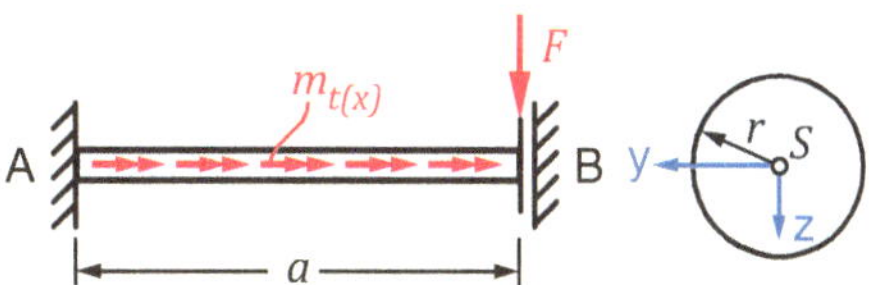

Lösung

Wir können die Belastungen getrennt voneinander berechnen und anschließend zu einer Gesamtbelastung überlagern. Dazu berechnen wir uns das Biegemoment M nach der EULER-BERNOULLI-Balkentheorie und das Torsionsmoment T mithilfe der Integrationsmethode. Dadurch erhalten wir die nebenstehenden Schnittgrößendiagramme. Wir erkennen hieran, dass die höchstbelastete Stelle am Lager A ist. Nun müssen wir die dort auftretenden Beanspruchungen bestimmen:

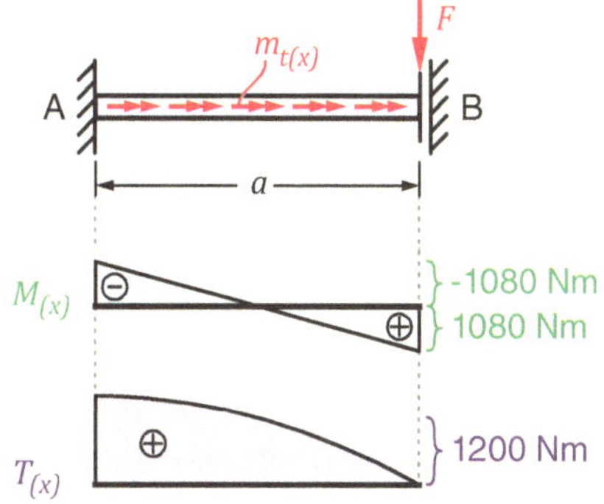

$$\sigma = \frac{M_{(x=0)}}{\frac{\pi}{4} \cdot r^4} \cdot (-r) = \frac{4 \cdot M_{(x=0)}}{\pi \cdot r^3}$$

$$\tau_t = \frac{T_{(x=0)}}{\frac{\pi}{2} \cdot r^4} \cdot r = \frac{2 \cdot T_{(x=0)}}{\pi \cdot r^3}$$

Unser Balken besteht aus Aluminium, weshalb wir zur Berechnung der Vergleichsspannung die Gestaltänderungsenergiehypothese (GEH) verwenden. Setzen wir die Beanspruchungen in die Berechnungsgleichung ein, erhalten wir:

$$\sigma_V = \sqrt{\sigma^2 + 3 \cdot \tau_t^2} = \sqrt{\left(\frac{4 \cdot M_{(x=0)}}{\pi \cdot r^3}\right)^2 + 3 \cdot \left(\frac{2 \cdot T_{(x=0)}}{\pi \cdot r^3}\right)^2} = \frac{1}{r^3} \cdot \sqrt{\left(\frac{4 \cdot M_{(x=0)}}{\pi}\right)^2 + 3 \cdot \left(\frac{2 \cdot T_{(x=0)}}{\pi}\right)^2}$$

Jetzt setzen wir dies alles in unsere Sicherheitsberechnung ein und lösen die Gleichung nach unserem gesuchten Radius r auf:

$$S_F = \frac{R_e}{\sigma_V} \quad \to \quad r = \sqrt[3]{\frac{S_F \cdot \sqrt{\left(\frac{4 \cdot M_{(x=0)}}{\pi}\right)^2 + 3 \cdot \left(\frac{2 \cdot T_{(x=0)}}{\pi}\right)^2}}{R_e}} \quad \to \quad \underline{\underline{r = 26{,}5 \, mm}}$$

Beispiel 13.7

Ein masseloser Balken mit elliptischem Profil ($a = 35$ m, $l = 1{,}25$ m, $E = 210$ GPa, $v = 0{,}3$, $R_e = 360$ MPa, $\alpha_T = 11{,}5 \cdot 10^{-6}$ K^{-1}) wird durch eine Torsionsstreckenlast $m_{t(x)}$ belastet und gleichzeitig von 20°C auf −44°C abgekühlt.

$$m_{t(x)} = m_{t0} \cdot \sin\left(\frac{\pi \cdot x}{l}\right); \quad m_{t0} = 3\,\frac{kN}{m}$$

Bestimmen Sie das Maß b, sodass eine Sicherheit gegen Fließen von 2,0 verhindert wird.

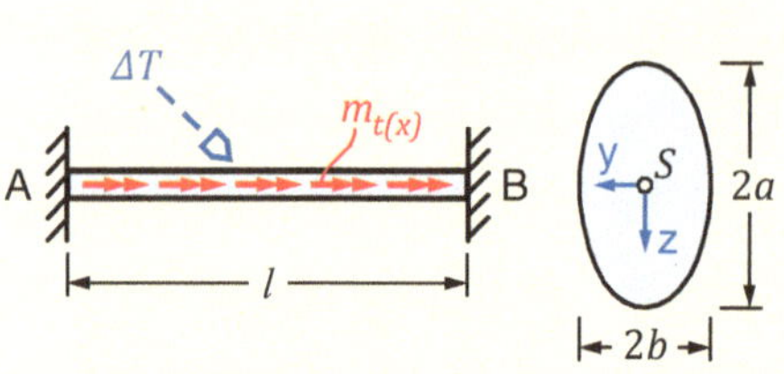

Lösung

Wir bestimmen zuerst die Funktion des Torsionsmoments, um die Stelle und den Maximalwert zu ermitteln. Mittels Integrationsmethode finden wir dann für die Funktion:

$$T_{(x)} = m_{t0} \cdot \frac{l}{\pi} \cdot \cos\left(\frac{\pi \cdot x}{l}\right)$$

Als nächstes berechnen wir die sich infolge der Temperaturänderung $\Delta T = -64$°C einstellende Wärmespannung zu:

$$\sigma_T = -\alpha_T \cdot \Delta T \cdot E = 154{,}6\,\frac{N}{mm^2}$$

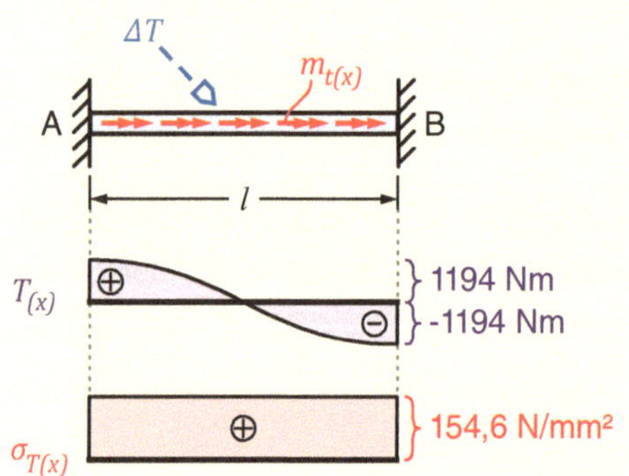

Danach setzen wir die max. Torsionsspannung in die Berechnung der Vergleichsspannung nach der Gestaltänderungsenergiehypothese:

$$\tau_{tmax} = \frac{T_{(x=0)}}{W_t} = \frac{T_{(x=0)}}{\frac{\pi}{2} \cdot a \cdot b^2} = \frac{2 \cdot T_{(x=0)}}{\pi \cdot a \cdot b^2} \qquad \sigma_V = \sqrt{\sigma_T^2 + 3 \cdot \tau_{tmax}^2}$$

in die Berechnung der Sicherheit gegen Fließen ein und stellen die Gleichung nach dem gesuchten Maß b um:

$$S_F = \frac{R_e}{\sigma_V} = \frac{R_e}{\sqrt{\sigma_T^2 + 3 \cdot \left(\frac{2 \cdot T_{(x=0)}}{\pi \cdot a \cdot b^2}\right)^2}} \qquad \rightarrow \underline{b} = \sqrt[4]{\frac{12 \cdot T_{(x=0)}}{(\pi \cdot a)^2 \cdot \left[\left(\frac{R_e}{S_F}\right)^2 - \sigma_T^2\right]}} = \underline{\underline{20\ mm}}$$

Anhang: Mathematische Grundlagen

Additionstheoreme der trigonometrischen Funktionen

$$\sin 2x = 2 \cdot \sin x \cdot \cos x \tag{A.1}$$

$$\cos 2x = \cos^2 x - \sin^2 x \tag{A.2}$$

$$\sin^2 x = \frac{1}{2} \cdot (1 - \cos 2x) \tag{A.3}$$

$$\cos^2 x = \frac{1}{2} \cdot (1 + \cos 2x) \tag{A.4}$$

$$\sin x \cdot \cos x = \frac{1}{2} \cdot \sin 2x \tag{A.5}$$

$$\sin(x \pm y) = \sin x \cdot \cos y \pm \cos x \cdot \sin y \tag{A.6}$$

$$\cos(x \pm y) = \cos x \cdot \cos y \mp \sin x \cdot \sin y \tag{A.7}$$

$$\tan(x \pm y) = \frac{\tan x \pm \tan y}{1 \mp (\tan x \cdot \tan y)} = \frac{\sin(x \pm y)}{\cos(x \pm y)} \tag{A.8}$$

$$\cot(x \pm y) = \frac{1 \mp (\cot x \cdot \cot y)}{\cot x \pm \cot y} = \frac{\cos(x \pm y)}{\sin(x \pm y)} \tag{A.9}$$

$$\sin x = \frac{\tan x}{\sqrt{1 + \tan^2 x}} \tag{A.10}$$

$$\cos x = \frac{1}{\sqrt{1 + \tan^2 x}} \tag{A.11}$$

$$\tan x = \frac{\sin 2x}{1 + \cos 2x} = \frac{1 - \cos 2x}{\sin 2x} \tag{A.12}$$

© Springer Fachmedien Wiesbaden GmbH, ein Teil von Springer Nature 2019
C. Spura, *Technische Mechanik 2. Elastostatik,*
https://doi.org/10.1007/978-3-658-19979-1

Repetitorium

© Springer Fachmedien Wiesbaden GmbH, ein Teil von Springer Nature 2019
C. Spura, *Technische Mechanik 2. Elastostatik*,
https://doi.org/10.1007/978-3-658-19979-1

1 Einführung in die Elastostatik

Die Elastostatik ist die Lehre von Deformationen an elastischen Körpern infolge der Wirkung von äußeren eingeprägten Kräften und Momenten.

Begriffe in der Elastostatik

- Belastungen: Die an einem Bauteil angreifenden äußere Lasten (eingeprägte Kräfte und Momente).
- Gleichgewichtsbedingungen: Zusammenhang zwischen den äußeren Belastungen und den inneren Schnittgrößen.
- Äquivalenzbedingungen: Zusammenhang zwischen Schnittgrößen und Spannungen (Beanspruchungen).
- Spannungen: Die auf eine Querschnittsfläche bezogenen Schnittgrößen (inneren Kräfte).
- Beanspruchungen: Die im Inneren eines Bauteils auftretenden Spannungen infolge der äußeren Belastungen.
- Elastizitätsgesetz: Zusammenhang zwischen Beanspruchungen und Verzerrungen.
- Verzerrungen: Innere, im Bauteil auftretende Dehnungen und Gleitungen.
- kinematische Beziehungen: Zusammenhang zwischen Verzerrungen und Deformationen.
- Deformationen: Äußere, am Bauteil sichtbare Verformungen und Verschiebungen infolge der wirkenden Belastungen.

Grundgleichungen der Elastostatik

- Gleichgewichtsbedingungen:
  Belastungen → Schnittgrößen
- Äquivalenzbedingungen:
  Schnittgrößen → Beanspruchungen
- Elastizitätsgesetz:
  Beanspruchungen → Verzerrungen
- kinematische Beziehungen:
  Verzerrungen → Deformationen

Aufgabe der Elastostatik

Die Elastostatik hat die Aufgabe, die Verformungen eines Bauteils unter Belastung sowie die im Inneren des Bauteils auftretenden Spannungen zu bestimmen.

Damit ergeben sich die folgenden drei Grundlegende Aufgaben der Elastostatik:

- Festigkeitsnachweis
  Die im Bauteil wirkenden Spannungen (Beanspruchungen) dürfen an keiner Stelle die zulässigen Spannungen (werkstoffabhängigen Beanspruchbarkeiten) überschreiten.
- Verformungsnachweis
  Die am Bauteil auftretenden Verformungen dürfen an keiner Stelle die zulässigen Verformungen überschreiten.
- Stabilitätsnachweis
  Die maximale Belastung am Bauteil darf eine zulässige kritische Belastung nicht überschreiten, damit ein Stabilitätsversagen (ein plötzliches Versagen des Bauteils ohne Vorankündigung einer Verformung) vermieden wird.

Modellannahmen der Elastostatik

Mithilfe von Modellannahmen wird die Realität in ein einfaches mechanisches Modell überführt, um den Rechenaufwand zu reduzieren.

- Die auftretenden Verformungen sind klein gegenüber den Bauteilabmessungen.
- Es treten nur rein elastische Verformungen und Verzerrungen auf, welche sich bei Wegnahme der Belastung vollständig zurückbilden.
- Die auftretenden Verzerrungen und Spannungen sind linear voneinander abhängig.
- Alle betrachteten Tragwerke besitzen ein homogenes und isotropes Werkstoffverhalten.
- *Weiterführende Annahmen für die verschiedenen Belastungsarten sind in den entsprechenden Kapiteln aufgeführt.*

2 Belastungs- und Spannungsarten

➡ Aufgrund der auf ein Tragwerk wirkenden Belastungen treten im Inneren des Tragwerks Spannungen auf.

➡ Die fünf möglichen Belastungen sind:
- Zug
- Druck
- Biegung
- Schub
- Torsion

➡ Grundsätzlich lassen sich Spannungen nur in Normal- und Schubspannungen unterscheiden.

➡ Belastungen, welche eine **Normalspannung** im Tragwerk bewirken:

- *Zug*

  Reiner Zug tritt bei einer ziehenden Belastung in Längsrichtung auf.
  Typische Bauteile sind z. B. Schrauben oder Seile.

- *Druck*

  Reiner Druck tritt bei einer drückenden Belastung in Längsrichtung auf.
  Typische Bauteile sind z. B. Pleuel in Verbrennungsmotoren, Kolbenstangen in Hydraulikzylindern oder Stützen.

- *Biegung*

  Eine Biegung kann als gerade (einachsige Biegung) oder schiefe Biegung (zweiachsige Biegung) auftreten.
  Auf der Krümmungsinnenseite treten Druckspannungen und auf der Krümmungsaußenseite Zugspannungen auf.

➡ Belastungen, welche eine **Schubspannung** im Tragwerk bewirken:

- *Schub*

  Eine Schubbeanspruchung tritt immer dann auf, wenn Querkräfte wirken.
  Typische Bauteile sind z. B. Nieten, Bolzen, Passschrauben sowie Kleb- und Schweißverbindungen.
  Durch die von außen angreifende Querkraft entsteht auch eine Biegeverformung des Bauteils, welche als *Biegung infolge Querkraftschub* bezeichnet wird.

- *Torsion*

  Eine Torsionsspannung tritt auf, wenn ein Bauteil durch ein äußeres Torsionsmoment um seine Längsachse verdreht wird.
  Typische Bauteile sind z. B. Schrauben, Spindeln und Antriebswellen in Maschinen und Fahrzeugen.

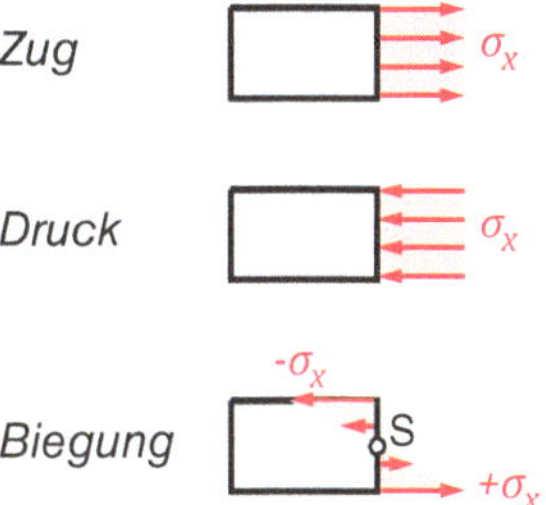

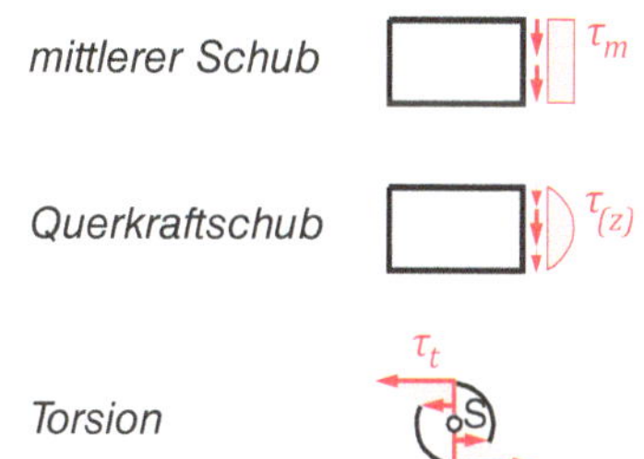

3 Spannungszustand

Indizierung der Spannungen

➨ *1. Index:* Richtung der Senkrechten auf der Schnittfläche

➨ *2. Index:* Wirkrichtung der Spannung

Vorzeichenkonvention

Positive Spannungen zeigen an einem positiven Schnittufer in die positive Koordinatenrichtung.

Satz der zugeordneten Schubspannungen

Schubspannungen, welche in zueinander senkrecht stehenden Schnittebenen auf eine gemeinsame Kante zu oder von ihr weg zeigen, sind gleich groß:

$$\tau_{xy} = \tau_{yx} \qquad \tau_{xz} = \tau_{zx} \qquad \tau_{yz} = \tau_{zy}$$

Eindimensionaler Spannungszustand

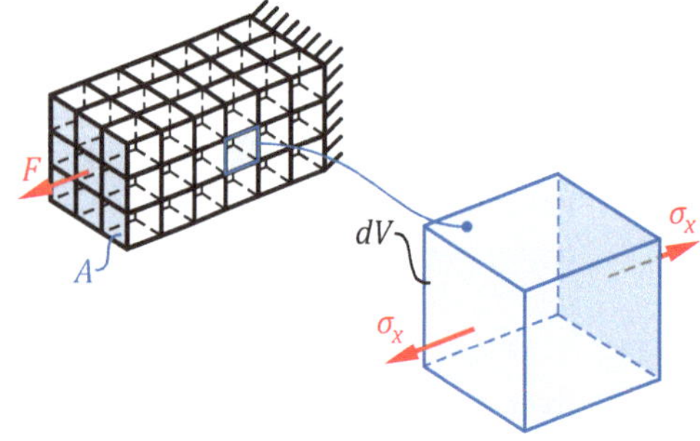

➨ Es wirkt nur eine eindimensionale Belastung, wie z. B. die Normalkraft N_x.

➨ Es tritt nur eine Normalspannung σ_x senkrecht zur angreifenden Belastung auf.

➨ $(\sigma_y = \sigma_z = \tau_{xy} = \tau_{xz} = \tau_{yz} = 0)$

➨ Normalspannung in einem senkrechten Schnitt ($\varphi = 0$) zur Längsachse des Bauteils:

$$\sigma_x = \frac{N_x}{A}$$

➨ Normal- und Schubspannung unter einem beliebigen Schnittwinkel ($\varphi \neq 0$):

$$\sigma_\xi = \sigma_x \cdot \frac{1 + \cos 2\varphi}{2}$$

$$\tau_{\xi\zeta} = \sigma_x \cdot \frac{\sin 2\varphi}{2}$$

➨ Die max. Normalspannung σ_{max} und die max. Schubspannung τ_{max} stehen unter einem Winkel von 45° zueinander.

➨ Der eindimensionale Spannungszustand ist ein Sonderfall des ebenen Spannungszustands.

Ebener Spannungszustand

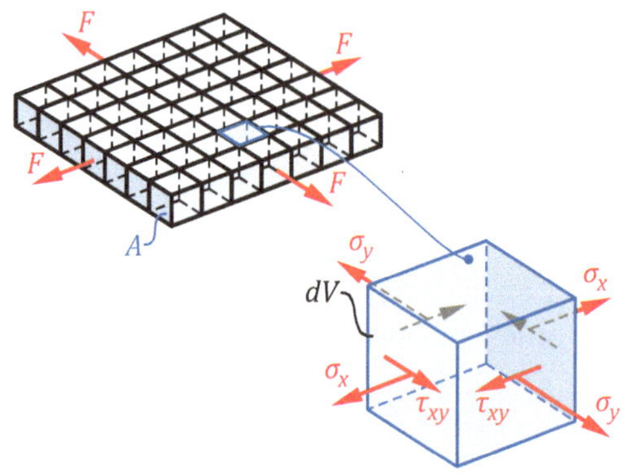

➨ Es wirkt eine zweidimensionale Belastung.

➨ Es treten nur Normal- und Schubspannungen in einer Ebene auf: σ_x, σ_y, τ_{xy}

➨ $(\sigma_z = \tau_{xz} = \tau_{yz} = 0)$

➨ Die auftretenden Spannungen sind konstant über die Dicke verteilt.

Transformationsbeziehungen

$$\sigma_\xi = \frac{1}{2} \cdot (\sigma_x + \sigma_y) + \frac{1}{2} \cdot (\sigma_x - \sigma_y) \cdot \cos(2\varphi)$$
$$+ \tau_{xy} \cdot \sin(2\varphi)$$

$$\sigma_\eta = \frac{1}{2} \cdot (\sigma_x + \sigma_y) - \frac{1}{2} \cdot (\sigma_x - \sigma_y) \cdot \cos(2\varphi)$$
$$- \tau_{xy} \cdot \sin(2\varphi)$$

$$\tau_{\xi\eta} = -\frac{1}{2} \cdot (\sigma_x - \sigma_y) \cdot \sin(2\varphi) + \tau_{xy} \cdot \cos(2\varphi)$$

Hauptnormalspannungen

$$\sigma_{1,2} = \frac{\sigma_x + \sigma_y}{2} \pm \sqrt{\left(\frac{\sigma_x - \sigma_y}{2}\right)^2 + \tau_{xy}^2}$$

➨ Sortierung: $\sigma_1 > \sigma_2$

➨ In Richtung der Hauptnormalspannungen wirken keine Schubspannungen.

Schnittwinkel der Hauptnormalspannungen

$$\varphi^* = \frac{1}{2} \cdot \arctan\left(\frac{2 \cdot \tau_{xy}}{\sigma_x - \sigma_y}\right)$$

Hauptschubspannungen

$$\tau_{12} = \sqrt{\left(\frac{\sigma_x - \sigma_y}{2}\right)^2 + \tau_{xy}^2} = \frac{\sigma_1 - \sigma_2}{2} = -\tau_{21}$$

Schnittwinkel der Hauptschubspannungen

$$\bar{\varphi} = \varphi^* + \frac{\pi}{4}$$

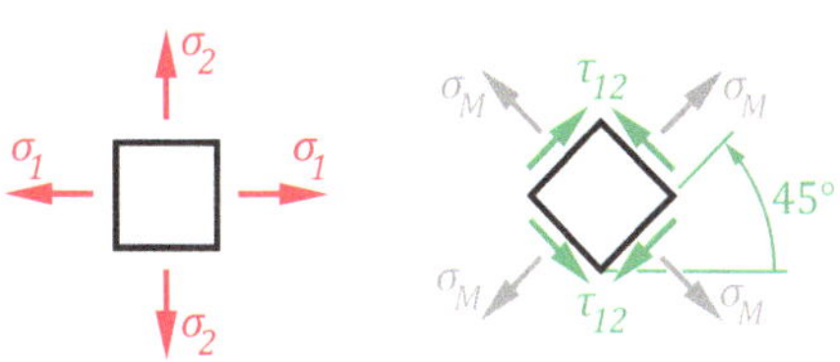

- In Richtung der Hauptnormalspannungen wirken keine Schubspannungen.
- In Richtung der Hauptschubspannungen wirkt eine mittlere Normalspannung σ_M.
- Der ebene Spannungszustand ist ein Sonderfall des räumlichen Spannungszustands

MOHR'scher Spannungskreis

- Mit dem MOHR'schen Spannungskreis lässt sich der Spannungszustand in einem Punkt eines Bauteils darstellen.
- Die Transformationsgleichungen sowie die Gleichungen für die Hauptspannungen können am MOHR'schen Spannungskreis anschaulich dargestellt werden.

- Im Spannungskreis werden die Schnittwinkel mit doppelter Größe eingezeichnet.
- Am MOHR'schen Spannungskreis können direkt die Werte für die Hauptspannungen und der zugehörige Winkel abgelesen werden.

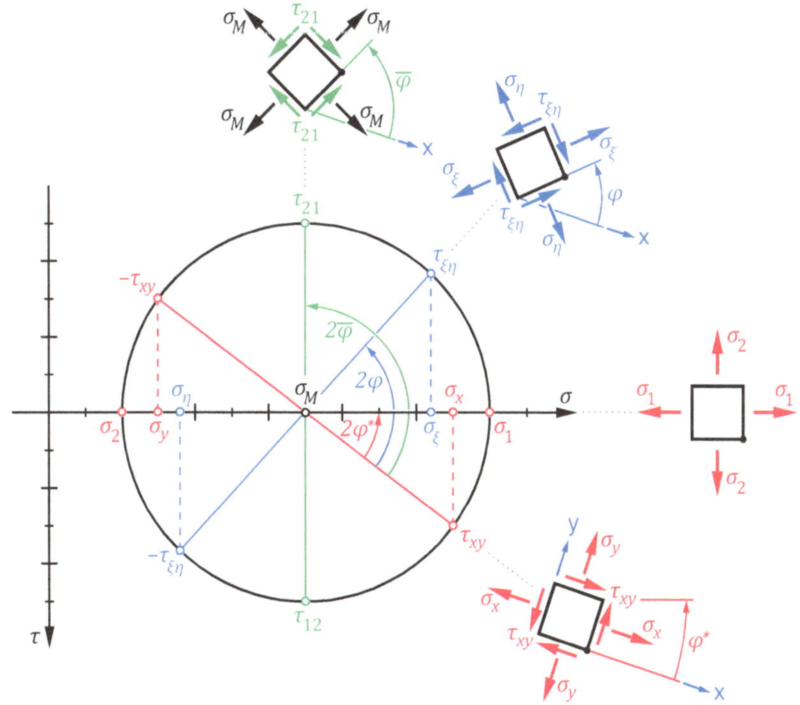

4 Verzerrungszustand

- *Dehnungen* ändern das Volumen eines Elements.
- *Gleitungen* ändern nur die Form des Elements (keine Volumenänderung).
- *Positive Dehnungen* verlängern ein Element, negative Dehnungen verkürzen es.
- *Positive Gleitungen* verkleinern den ursprünglich rechten Winkel des Elements, negative Gleitungen vergrößern den Winkel.

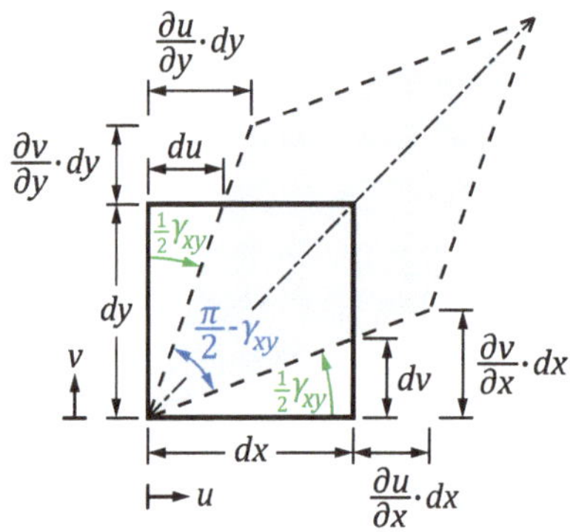

Eindimensionaler Verzerrungszustand

- Es wirkt nur eine eindimensionale Belastung.
- Es tritt nur eine Dehnung ε_x senkrecht zur angreifenden Belastung auf.

$$\left(\varepsilon_y = \varepsilon_z = \gamma_{xy} = \gamma_{xz} = \gamma_{yz} = 0\right)$$

- Längendehnung:

$$\varepsilon = \frac{\Delta l}{l} = \frac{\partial u}{\partial x}$$

- Wärmedehnung:

$$\varepsilon_T = \frac{\Delta l}{l} = \alpha_T \cdot \Delta T$$

- Gesamtdehnung:

$$\varepsilon_{ges} = \varepsilon + \varepsilon_T = \frac{\Delta l}{l} = \frac{\partial u}{\partial x} + \alpha_T \cdot \Delta T$$

- Die Hauptdehnung ε_1, ε_2 und die Hauptgleitung γ_{12} stehen unter einem Winkel von 45° zueinander.
- Der eindimensionale Verzerrungszustand ist ein Sonderfall des ebenen Verzerrungszustands.

Ebener Verzerrungszustand

- Es wirkt eine zweidimensionale Belastung.
- Es treten nur Dehnungen und Gleitungen in einer Ebene auf: $\varepsilon_x, \varepsilon_y, \gamma_{xy}$

$$\left(\varepsilon_z = \gamma_{xz} = \gamma_{yz} = 0\right)$$

- Der ebene Verzerrungszustand ist ein Sonderfall des räumlichen Verzerrungszustands.

Transformationsbeziehungen

$$\varepsilon_\xi = \frac{1}{2}\cdot(\varepsilon_x + \varepsilon_y) + \frac{1}{2}\cdot(\varepsilon_x - \varepsilon_y)\cdot\cos(2\varphi) + \frac{1}{2}\cdot\gamma_{xy}\cdot\sin(2\varphi)$$

$$\varepsilon_\eta = \frac{1}{2}\cdot(\varepsilon_x + \varepsilon_y) - \frac{1}{2}\cdot(\varepsilon_x - \varepsilon_y)\cdot\cos(2\varphi) - \frac{1}{2}\cdot\gamma_{xy}\cdot\sin(2\varphi)$$

$$\frac{1}{2}\cdot\gamma_{\xi\eta} = -\frac{1}{2}\cdot(\varepsilon_x - \varepsilon_y)\cdot\sin(2\varphi) + \frac{1}{2}\cdot\gamma_{xy}\cdot\cos(2\varphi)$$

Hauptdehnungen

$$\varepsilon_{1,2} = \frac{\varepsilon_x + \varepsilon_y}{2} \pm \sqrt{\left(\frac{\varepsilon_x - \varepsilon_y}{2}\right)^2 + \left(\frac{1}{2}\cdot\gamma_{xy}\right)^2}$$

- Sortierung: $\varepsilon_1 > \varepsilon_2$
- In Richtung der Hauptdehnungen wirken keine Gleitungen: $\gamma_{12} = 0$.

Schnittwinkel der Hauptdehnungen

$$\varphi^* = \frac{1}{2}\cdot\arctan\left(\frac{\gamma_{xy}}{\varepsilon_x - \varepsilon_y}\right)$$

Hauptgleitungen

$$\frac{1}{2}\gamma_{12} = \sqrt{\left(\frac{\varepsilon_x - \varepsilon_y}{2}\right)^2 + \left(\frac{1}{2}\cdot\gamma_{xy}\right)^2} = \frac{\varepsilon_1 - \varepsilon_2}{2}$$

Schnittwinkel der Hauptgleitungen

$$\bar{\varphi} = \varphi^* + \frac{\pi}{4}$$

MOHR'scher Verzerrungskreis

- Mit dem MOHR'schen Verzerrungskreis lässt sich der Verzerrungszustand in einem Punkt eines Bauteils darstellen.
- Der MOHR'sche Verzerrungskreis ist analog zum MOHR'schen Spannungskreis.
- Es müssen lediglich die Normalspannung σ durch die Dehnung ε und die Schubspannung τ durch die halbe Gleitung $\frac{1}{2}\gamma$ ersetzt werden.
- Zudem können die Zusammenhänge des MOHR'schen Spannungskreises auf den MOHR'schen Verzerrungskreis übertragen werden.

- In Richtung der Hauptdehnungen wirken keine Gleitungen.
- In Richtung der Hauptgleitungen wirkt eine mittlere Dehnung ε_M.
- Der ebene Verzerrungszustand ist ein Sonderfall des räumlichen Verzerrungszustands.
- Im Verzerrungskreis werden die Schnittwinkel mit doppelter Größe eingezeichnet.
- Am MOHR'schen Verzerrungskreis können direkt die Werte für die Hauptdehnungen und Hauptgleitungen sowie der zugehörige Winkel abgelesen werden.

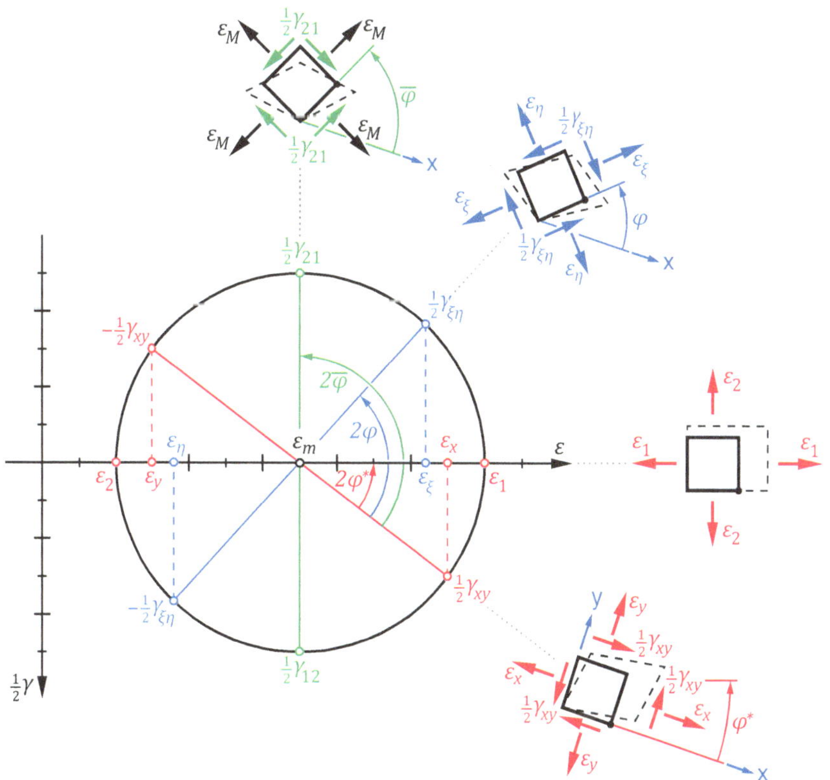

5 Elastizitätsgesetz

- ➡ Das Elastizitätsgesetz stellt den Zusammenhang zwischen Spannungen und Verzerrungen her.
- ➡ Das HOOKE'sche Gesetz ist der lineare Sonderfall eines Elastizitätsgesetzes.
- ➡ Beim HOOKE'schen Gesetz ist die elastische Verformung proportional zur vorhandenen Spannung.
- ➡ Als Proportionalitätskonstante dient der Elastizitätsmodul E und der Schubmodul G.
- ➡ Die Eigenschaften eines Materials (wie z. B. Festigkeit, Elastizität, Plastizität usw.) werden durch den genormten *Zugversuch* ermittelt.
- ➡ Werden Spannung σ und Dehnung ε in einem Diagramm übereinander aufgetragen, so entsteht das *Spannungs-Dehnungs-Diagramm*.
- ➡ Der Elastizitätsmodul E ist der linearelastische Anstieg (HOOKE'sche Gerade) im Spannungs-Dehnungs-Diagramm.

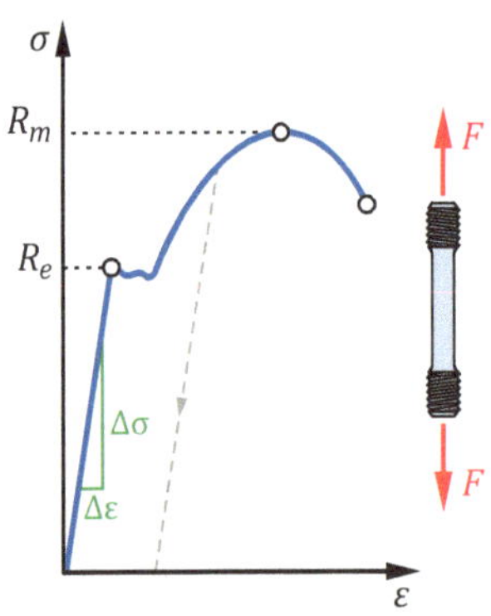

Eindimensionaler Spannungszustand

- ➡ HOOKE'sche Gesetz für Spannungen:

$$\sigma = E \cdot \varepsilon$$

- ➡ HOOKE'sche Gesetz für Schub:

$$\tau = G \cdot \gamma$$

- ➡ Schubmodul G:

$$G = \frac{E}{2 \cdot (1 + \nu)}$$

Ebener Spannungszustand

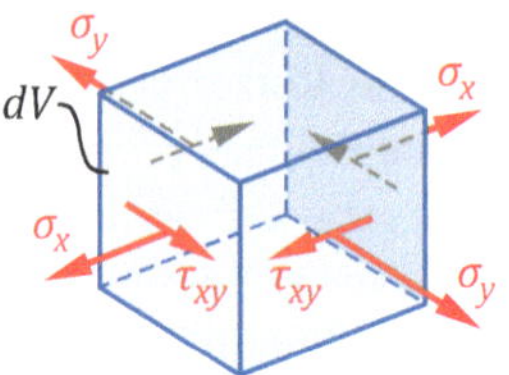

- ➡ Ein ebener Spannungszustand bewirkt einen räumlichen Verzerrungszustand.
- ➡ Es sind zwei Normal- und eine Schubspannung vorhanden, die alle in einer Ebene liegen:

$$\sigma_x \neq \sigma_y \neq \tau_{xy} \neq 0$$

$$\sigma_z = \tau_{xz} = \tau_{yz} = 0$$

- ➡ HOOKE'sches Gesetz für die *Verzerrungen*:

$$\varepsilon_x = \frac{1}{E} \cdot \left(\sigma_x - \nu \cdot \sigma_y \right) + \alpha_T \cdot \Delta T$$

$$\varepsilon_y = \frac{1}{E} \cdot \left(\sigma_y - \nu \cdot \sigma_x \right) + \alpha_T \cdot \Delta T$$

$$\varepsilon_z = -\frac{\nu}{E} \cdot \left(\sigma_x + \sigma_y \right) + \alpha_T \cdot \Delta T$$

$$\gamma_{xy} = \frac{1}{G} \cdot \tau_{xy}$$

- ➡ HOOKE'sches Gesetz für die *Spannungen*:

$$\sigma_x = \frac{E}{1 - \nu^2} \cdot \left(\varepsilon_x + \nu \cdot \varepsilon_y \right) - \frac{E}{1 - \nu} \cdot \alpha_T \cdot \Delta$$

$$\sigma_y = \frac{E}{1 - \nu^2} \cdot \left(\varepsilon_y + \nu \cdot \varepsilon_x \right) - \frac{E}{1 - \nu} \cdot \alpha_T \cdot \Delta T$$

$$\tau_{xy} = G \cdot \gamma_{xy}$$

Ebener Verzerrungszustand

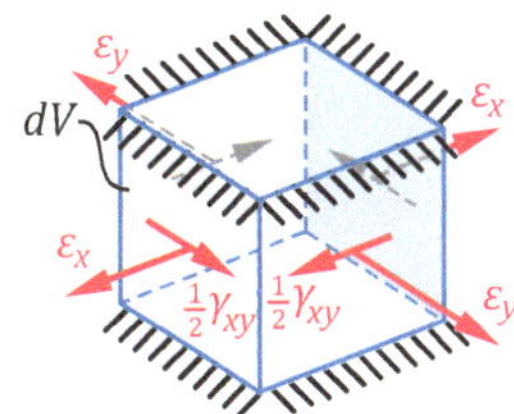

- Ein ebener Verzerrungszustand bewirkt einen räumlichen Spannungszustand.
- Es sind zwei Dehnungen und eine Gleitung vorhanden, welche in einer Ebene liegen. Die Dehnung ε_z ist dabei Null:

$$\varepsilon_x \neq \varepsilon_y \neq \gamma_{xy} \neq 0$$

$$\varepsilon_z = \gamma_{xz} = \gamma_{yz} = 0$$

- HOOKE'sches Gesetz für die *Verzerrungen*:

$$\varepsilon_x = \frac{1}{E} \cdot \left[\sigma_x - v \cdot (\sigma_y + \sigma_z)\right] + \alpha_T \cdot \Delta T$$

$$\varepsilon_y = \frac{1}{E} \cdot \left[\sigma_y - v \cdot (\sigma_z + \sigma_x)\right] + \alpha_T \cdot \Delta T$$

$$\gamma_{xy} = \frac{1}{G} \cdot \tau_{xy}$$

- HOOKE'sches Gesetz für die *Spannungen*:

$$\sigma_x = \frac{E}{(1+v) \cdot (1-2v)} \cdot \left[(1-v) \cdot \varepsilon_x + v \cdot \varepsilon_y\right]$$

$$- \frac{E}{1-2v} \cdot \alpha_T \cdot \Delta T$$

$$\sigma_y = \frac{E}{(1+v) \cdot (1-2v)} \cdot \left[(1-v) \cdot \varepsilon_y + v \cdot \varepsilon_x\right]$$

$$- \frac{E}{1-2v} \cdot \alpha_T \cdot \Delta T$$

$$\sigma_z = \frac{E}{(1+v) \cdot (1-2v)} \cdot \left[v \cdot (\varepsilon_x + \varepsilon_y)\right]$$

$$- \frac{E}{1-2v} \cdot \alpha_T \cdot \Delta T$$

$$\tau_{xy} = G \cdot \gamma_{xy}$$

Räumlicher Spannungs- und Verzerrungszustand

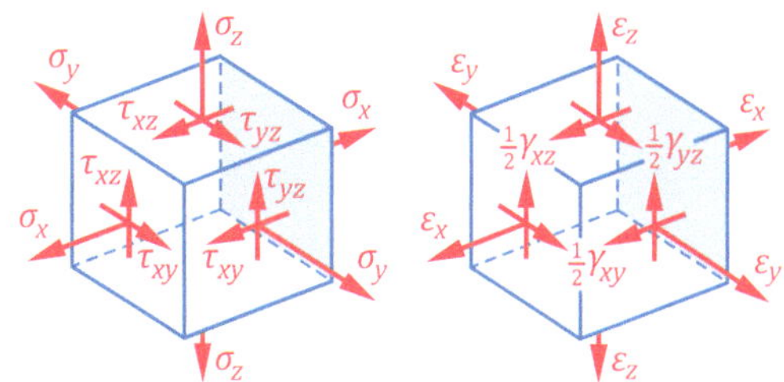

- Der *räumliche Spannungszustand* und *räumliche Verzerrungszustand* stellen den allgemeinen Fall dar.
- HOOKE'sches Gesetz für die *Verzerrungen*:

$$\varepsilon_x = \frac{1}{E} \cdot \left[\sigma_x - v \cdot (\sigma_y + \sigma_z)\right] + \alpha_T \cdot \Delta T$$

$$\varepsilon_y = \frac{1}{E} \cdot \left[\sigma_y - v \cdot (\sigma_z + \sigma_x)\right] + \alpha_T \cdot \Delta T$$

$$\varepsilon_z = \frac{1}{E} \cdot \left[\sigma_z - v \cdot (\sigma_x + \sigma_y)\right] + \alpha_T \cdot \Delta T$$

$$\gamma_{xy} = \frac{1}{G} \cdot \tau_{xy}$$

$$\gamma_{xz} = \frac{1}{G} \cdot \tau_{xz}$$

$$\gamma_{yz} = \frac{1}{G} \cdot \tau_{yz}$$

- HOOKE'sches Gesetz für die *Spannungen*:

$$\sigma_x = \frac{E}{1+v} \cdot \left[\varepsilon_x + \frac{v}{1-2v} \cdot (\varepsilon_x + \varepsilon_y + \varepsilon_z)\right]$$

$$- \frac{E}{1-2v} \cdot \alpha_T \cdot \Delta T$$

$$\sigma_y = \frac{E}{1+v} \cdot \left[\varepsilon_y + \frac{v}{1-2v} \cdot (\varepsilon_x + \varepsilon_y + \varepsilon_z)\right]$$

$$- \frac{E}{1-2v} \cdot \alpha_T \cdot \Delta T$$

$$\sigma_z = \frac{E}{1+v} \cdot \left[\varepsilon_z + \frac{v}{1-2v} \cdot (\varepsilon_x + \varepsilon_y + \varepsilon_z)\right]$$

$$- \frac{E}{1-2v} \cdot \alpha_T \cdot \Delta T$$

$$\tau_{xy} = G \cdot \gamma_{xy}$$

$$\tau_{xz} = G \cdot \gamma_{xz}$$

$$\tau_{yz} = G \cdot \gamma_{yz}$$

45°-DMS-Rosette

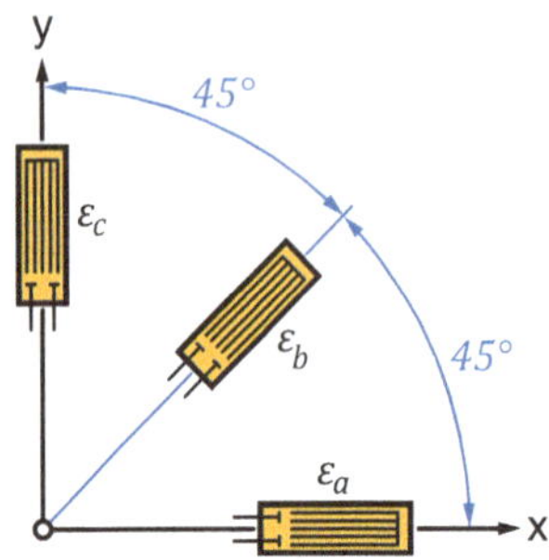

- Verzerrungen in der x-y-Koordinatenebene einer 45°-DMS-Rosette (x-Richtung zeigt in Richtung der Dehnung ε_a):

$$\varepsilon_x = \varepsilon_a$$

$$\varepsilon_y = \varepsilon_c$$

$$\gamma_{xy} = 2 \cdot \varepsilon_b - (\varepsilon_a + \varepsilon_c)$$

60°-DMS-Rosette

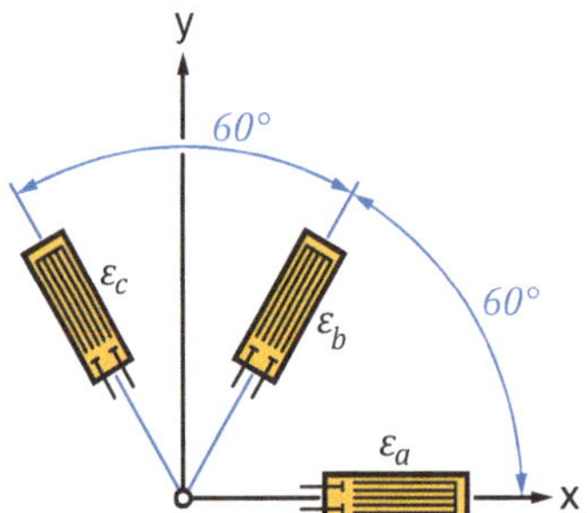

- Verzerrungen in der x-y-Koordinatenebene einer 60°-DMS-Rosette (x-Richtung zeigt in Richtung der Dehnung ε_a):

$$\varepsilon_x = \varepsilon_a$$

$$\varepsilon_y = \frac{1}{3} \cdot (2 \cdot \varepsilon_b + 2 \cdot \varepsilon_c - \varepsilon_a)$$

$$\gamma_{xy} = \frac{2}{\sqrt{3}} \cdot (\varepsilon_b - \varepsilon_c)$$

6 Festigkeitshypothesen

- Übersicht eines Festigkeitsnachweises:

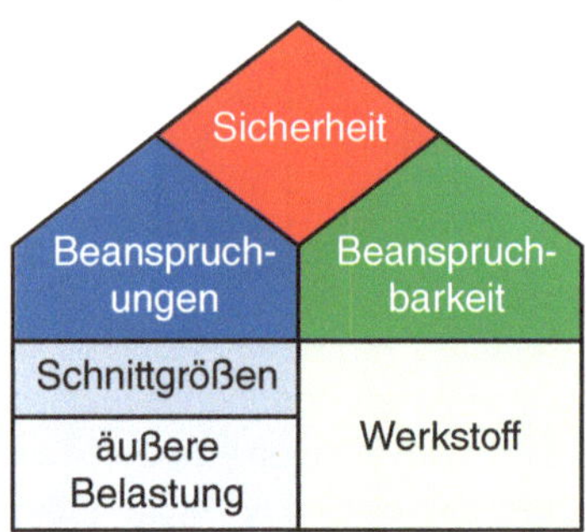

- Soll ein Bauteil als sicher gelten, müssen die **Beanspruchungen** (im Inneren des Bauteils vorhandene Spannungen) geringer sein als die **Beanspruchbarkeit** (vom Werkstoff ertragbare zulässige Spannung).
- Es gilt:

$$S = \frac{\sigma_{zul}}{\sigma_{vorh}} \geq 1{,}0$$

- Wird als Versagen das Fließen definiert, ist als zul. Spannung die Streck- R_e bzw. 0,2%-Dehngrenze $R_{p0,2}$ oder die Torsionsfließgrenze τ_{tF} zu verwenden.
- Wird als Versagen der Bruch definiert, ist als zul. Spannung die Zugfestigkeit R_m oder die Torsionsfestigkeit τ_{tB} zu verwenden:

$$\sigma_{zul} = \begin{cases} R_e, R_{p0,2}, \tau_{tF} & \text{gegen Fließen} \\ R_m, \tau_{tB} & \text{gegen Bruch} \end{cases}$$

Versagensarten

- *Trennbruch*: Der Trennbruch ist ein *sprödes Versagen*. Das Versagen kündigt sich nicht durch Verformungen an. Die verformungsarme Bruchfläche ist körnig und verläuft senkrecht zur *Hauptnormalspannungsrichtung*.

- *Schubbruch/Gleitbruch*. Der Schub- bzw. Gleitbruch ist ein *duktiles Versagen*. Vor dem Materialversagen kommt es zu Verformungen infolge von Abgleitungen der Kristallgitterebenen. Die Bruchfläche ist matt glänzend und verläuft in *Hauptschubspannungsrichtung*.

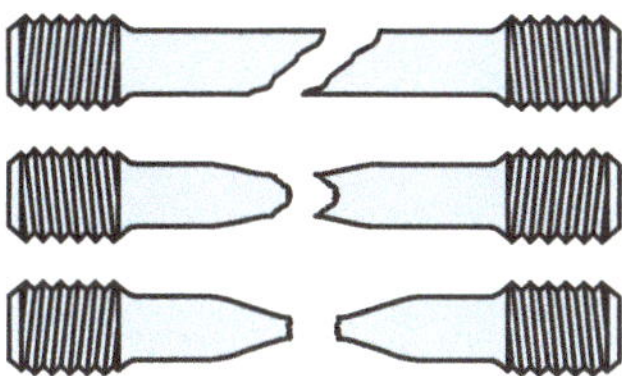

Festigkeitshypothesen

- Festigkeitshypothesen dienen dazu, einen mehrdimensionalen (ebenen oder räumlichen) Spannungszustand auf einen äquivalenten eindimensionalen Spannungszustand mit der Vergleichsspannung σ_V zu reduzieren. Da die Werkstoffkennwerte durch einen eindimensionalen Zugversuch ermittelt werden, ist eine Vergleichbarkeit der Werkstoffkennwerte mit der Vergleichsspannung σ_V möglich.
- **Wichtig**: Vergleichsspannungshypothesen sind nur für *isotrope Werkstoffe* geeignet!

Normalspannungshypothese

- Anwendung bei: **spröden Materialien** (Glas, Keramik, Gestein, Gusseisen, gehärteter Stahl usw.); **begrenzte Verformung** (z. B. Schweißnähte)
- Das Versagen ist ein **Trennbruch** ohne vorhergehendes Fließen.

$$\sigma_{V,NH} = \sigma_1$$

Schubspannungshypothese

- Anwendung bei: **zähen Werkstoffen** mit Gleitbruch und **spröden Werkstoffen** bei Druckbeanspruchung
- Das Versagenskriterium des Werkstoffs ist **Fließen**.

$$\sigma_{V,SH} = \max(|\sigma_1 - \sigma_2|;\ |\sigma_1|;\ |\sigma_2|)$$

Gestaltänderungshypothese

- Anwendung bei: **zähen Werkstoffen** (Baustahl, Vergütungsstahl usw.); **Dauerbruch**
- Das Versagenskriterium des Werkstoffs ist **Fließen**.
- Bei vorliegen eines hydrostatischen Spannungszustands ist die Vergleichsspannung $\sigma_V = 0$.
- Die GEH zeigt die beste Übereinstimmung mit Versuchsergebnissen.

$$\sigma_V = \sqrt{\sigma_1^2 - \sigma_1\sigma_2 + \sigma_2^2}$$

Vergleich der Festigkeitshypothesen

- Die Vergleichsspannung σ_V nach der NH hat den kleinsten Betrag.
- Die Vergleichsspannung σ_V nach der SH hat den größten Betrag.
- Die SH und GEH können für die gleichen Werkstoffe angewendet werden.
- Die Vergleichsspannung σ_V nach der SH ist größer als nach der GEH. Damit liegt die SH auf der sicheren Seite. Dies führt jedoch auch zu einer Überdimensionierung von Bauteilen.
- Versuchsergebnisse zeigen, dass die GEH um 15% genauere Ergebnisse liefert als die SH.

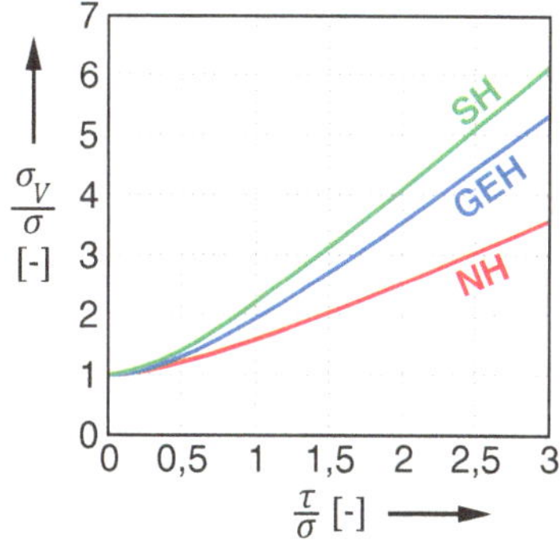

7 Stäbe und Stabsysteme

Modellannahmen für Stäbe

- Die Stabquerschnitte A bleiben bei Belastung immer eben.
- Die Stabquerschnitte A verschieben sich nur in Stablängsrichtung (es treten ausschließlich Dehnungen ε auf).
- Die Normalspannung σ ist gleichförmig über die Stabquerschnittsfläche A verteilt.
- Die Querdehnung (Einschnürung in Querrichtung) kann vernachlässigt werden.

Der homogene Stab

- Die Querschnittsfläche A ist entlang der Stabachse konstant.
- Der Elastizitätsmodul E und die Wärmeleitfähigkeit α_T sind entlang der Stabachse konstant.
- Die Erwärmung ΔT ist im gesamten Stab konstant.
- Als Belastung treten nur Zug- oder Druckkräfte an den Stabenden auf.

Elastizitätsgesetz für den Stab

$$\frac{\partial u}{\partial x} = \frac{N}{E \cdot A} + \alpha_T \cdot \Delta T$$

- *Normalspannung σ:*

$$\sigma = \frac{N}{A}$$

- *Allgemeine Stabverlängerung:*

$$\Delta l = \int\limits_{x=0}^{l} \left(\frac{F}{E \cdot A} + \alpha_T \cdot \Delta T \right) \cdot \partial x$$

- *Stabverlängerung infolge einer Kraft mit Temperatureinfluss:*

$$\Delta l = \frac{F \cdot l}{E \cdot A} + \alpha_T \cdot \Delta T \cdot l$$

Der inhomogene Stab

Mindestens eine der folgenden Größen entlang der Stabachse x ist kontinuierlich veränderlich:

- Querschnittsfläche $A_{(x)}$
- Elastizitätsmodul $E_{(x)}$
- Wärmeleitfähigkeit $\alpha_{T(x)}$
- Erwärmung $\Delta T_{(x)}$
- Belastung: Streckenlast $n_{(x)}$

- *Gleichgewichtsbedingung:*

$$N'_{(x)} = -n_{(x)}$$

- *Äquivalenzbedingung:*

$$N_{(x)} = \sigma_{(x)} \cdot A$$

- *Elastizitätsgesetz:*

$$\varepsilon_{ges} = \frac{\sigma}{E} + \alpha_T \cdot \Delta T$$

- *kinematische Beziehung:*

$$\varepsilon_{ges} = u' = \frac{\Delta l}{l} = \varepsilon + \varepsilon_T$$

- *Differenzialgleichung bei konstanter Dehnsteifigkeit ($E \cdot A = konst.$):*

$$E \cdot A \cdot u'' = -n_{(x)}$$

Integrationsmethode *zur Bestimmung der Normalkraft $N_{(x)}$ und der Stabverlängerung $u_{(x)}$:*

$$E \cdot A \cdot u''_{(x)} = -n_{(x)}$$

$$E \cdot A \cdot u'_{(x)} = N_{(x)} = \int -n_{(x)} \cdot dx + C_1$$

$$E \cdot A \cdot u_{(x)} = \iint -n_{(x)} \cdot dx \cdot dx + C_1 \cdot x + C_2$$

Rand- und Übergangsbedingungen

	$N = 0$	$(u \neq 0)$
F	$N = F$	$(u \neq 0)$
	$N = 0$	$(u \neq 0)$
	$(N \neq 0)$	$u = 0$
	$(N \neq 0)$	$u = 0$
	$N = 0$	$(u \neq 0)$
	$(N \neq 0)$	$u = 0$
$I\ F\ II$	$N^I - F - N^{II}$	$u_I = u_{II}$

Wärmedehnungen und -spannungen

- *Statisch bestimmtes Tragwerk*: Eine Temperaturänderung bewirkt eine Dehnung ε im Tragwerk. Aufgrund der möglichen freien Ausdehnung treten keine Wärmespannungen ($\sigma_T = 0$) auf.
- *Statisch unbestimmtes Tragwerk*: Eine Temperaturänderung bewirkt Wärmespannungen σ_T im Tragwerk. Aufgrund der nicht möglichen Ausdehnung ($\varepsilon = 0$) treten Wärmespannungen auf.
- *Wärmespannungen eines homogenen und statisch unbestimmten Stabes mit überlagerter Normalkraftbelastung N:*

$$\sigma_T = \frac{N}{A} - \alpha_T \cdot \Delta T \cdot E$$

Statisch bestimmte Stabsysteme

- Es gelten die Regeln für ebene infinitesimale Bewegungen (S. 133).
- Die Verschiebung markanter Punkte verläuft entlang der Tangente und nicht auf der Kreisbahn.
- Es gilt die Kleinwinkelnäherung:

$$\sin d\varphi \approx d\varphi \quad \cos d\varphi \approx 1 \quad \tan d\varphi \approx d\varphi$$

- Die Verschiebung eines Punktes steht immer senkrecht auf dem jeweiligen Polstrahl.
- Bei einer reinen Translation liegt der Pol im Unendlichen.

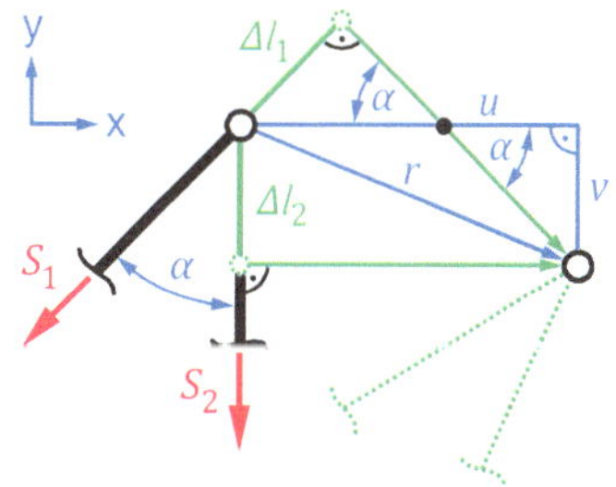

- *Stabverlängerung*:

$$\Delta l_i = \frac{S_i \cdot l_i}{E_i \cdot A_i} + \alpha_T \cdot \Delta T \cdot l_i$$

- *Normalspannng*:

$$\sigma_i = \frac{S_i}{A_i}$$

Statisch unbestimmte Stabsysteme

- Bei einfachen statisch unbestimmten Stabsystemen müssen die Längenänderungen Δl_i und die zugehörigen Stabkräfte S_i in gemeinsam zu lösenden Gleichungen miteinander verbunden werden.
- Die Abhängigkeit der Längenänderungen Δl_i mit den Stabkräften S_i wird über die Kompatibilitätsbedingungen hergestellt.

Kompatibilitätsbedingungen

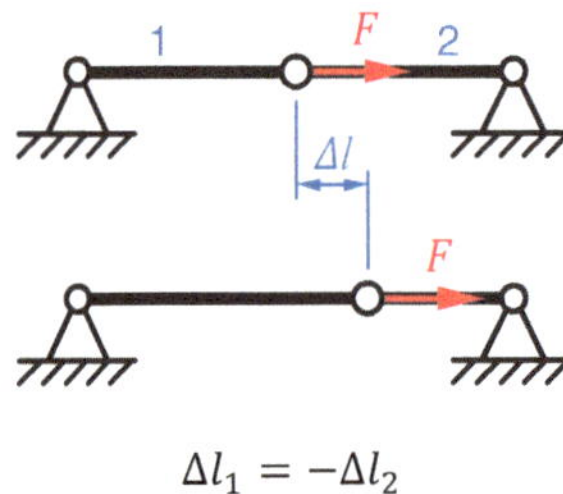

$$\Delta l_1 = -\Delta l_2$$

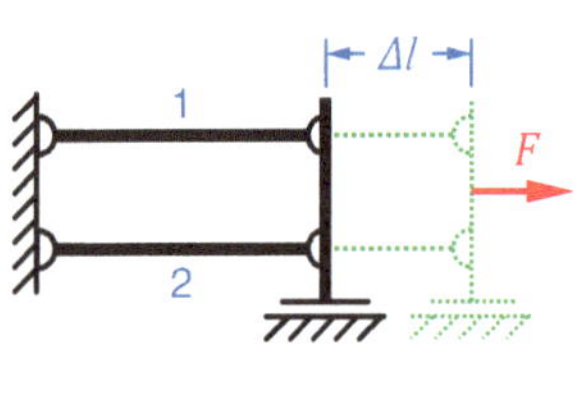

$$\Delta l_1 = \Delta l_2$$

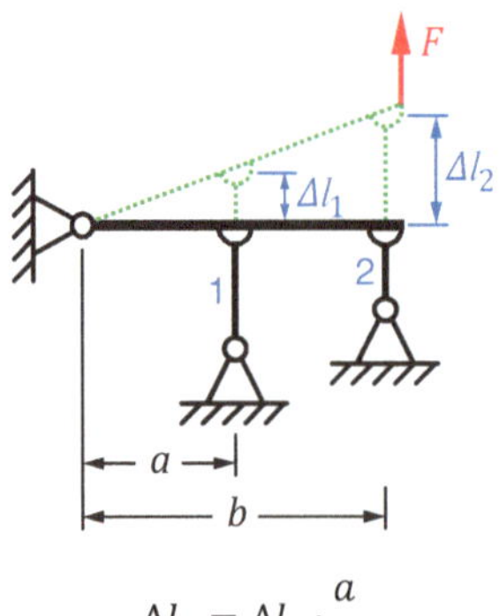

$$\Delta l_1 = \Delta l_2 \cdot \frac{a}{b}$$

- Flächenmomente werden anhand ihrer Ordnung eingeteilt:
  - *0. Ordnung*: Querschnittsfläche
  - *1. Ordnung*: statisches Moment
  - *2. Ordnung*: Flächenträgheitsmoment
- Flächenmomente sind rein geometrische Größen und ausschließlich von der Größe, Form und Lage der jeweiligen Fläche abhängig.

Flächenträgheitsmomente für beliebig geformte Flächen

Die Berechnung erfolgt mithilfe eines Flächenelements dA, welches auf drei verschiedene Arten gebildet werden kann:

- infinitesimales Flächenelement
- vertikaler infinitesimaler Flächenstreifen
- horizontaler infinitesimaler Flächenstreifen

$$I_y = \int z^2 \cdot dA$$

$$I_z = \int y^2 \cdot dA$$

$$I_{yz} = I_{zy} = -\int y \cdot z \cdot dA$$

$$I_p = \int r^2 \cdot dA = \int (z^2 + y^2) \cdot dA = I_y + I_z$$

Parallelverschiebung der Bezugsachsen

- Die Parallelverschiebung erfolgt mithilfe des Satzes von HUYGENS-STEINER.
- Die Produkte aus dem quadrierten Schwerpunktsabstand und der Querschnittsfläche werden als STEINER-Anteile bezeichnet.

$$I_{\bar{y}} = I_y + \bar{z}_S^2 \cdot A$$

$$I_{\bar{z}} = I_z + \bar{y}_S^2 \cdot A$$

$$I_{\bar{y}\bar{z}} = I_{yz} - \bar{y}_S \cdot \bar{z}_S \cdot A$$

Schwerpunktkoordinaten von zusammengesetzten Flächen

$$\overline{y}_S = \frac{\sum \overline{y}_i \cdot A_i}{\sum A_i}$$

$$\overline{z}_S = \frac{\sum \overline{z}_i \cdot A_i}{\sum A_i}$$

Flächenträgheitsmomente für zusammengesetzte Flächen

Bei zusammengesetzten Flächen werden die Flächenträgheitsmomente der Einzelflächen berechnet und dann mit dem Satz von HUYGENS-STEINER in den Schwerpunkt der Gesamtfläche parallel verschoben.

$$I_y = \sum \left[I_{yi} + (-\overline{z}_S + \overline{z}_i)^2 \cdot A_i \right]$$

$$I_z = \sum \left[I_{zi} + (-\overline{y}_S + \overline{y}_i)^2 \cdot A_i \right]$$

$$I_{yz} = \sum \left[I_{yzi} - (-\overline{y}_S + \overline{y}_i) \cdot (-\overline{z}_S + \overline{z}_i) \cdot A_i \right]$$

Formelsammlung Flächenträgheitsmomente:
▶ **Tab. 8-1** auf S. 151.

Hinweise zur Berechnung

- Bei Flächen mit Ausschnitten werden die Ausschnitte als "*negative*" Flächen betrachtet.
- Bei negativen Flächen sind die Flächenträgheitsmomente negativ.
- Besitzt eine Fläche mehrere Symmetrieachsen, so liegt der Schwerpunkt im Schnittpunkt der Symmetrieachsen.
- Für symmetrische Flächen ist das biaxiale Flächenträgheitsmoment Null: $I_{yz} = 0$.
- Axiale Flächenträgheitsmomente, die sich auf dieselbe Achse beziehen bzw. biaxiale Flächenträgheitsmomente die sich auf dasselbe Koordinatensystem beziehen, dürfen addiert oder subtrahiert werden.

Transformationsbeziehungen

$$I_\eta = \frac{1}{2} \cdot \left(I_y + I_z \right) + \frac{1}{2} \cdot \left(I_y - I_z \right) \cdot \cos(2\varphi) + I_{yz} \cdot \sin(2\varphi)$$

$$I_\zeta = \frac{1}{2} \cdot \left(I_y + I_z \right) - \frac{1}{2} \cdot \left(I_y - I_z \right) \cdot \cos(2\varphi) - I_{yz} \cdot \sin(2\varphi)$$

$$I_{\eta\zeta} = -\frac{1}{2} \cdot \left(I_y - I_z \right) \cdot \sin(2\varphi) + I_{yz} \cdot \cos(2\varphi)$$

Axiale Hauptträgheitsmomente und deren Schnittwinkel

$$I_{1,2} = \frac{I_y + I_z}{2} \pm \sqrt{\left(\frac{I_y - I_z}{2} \right)^2 + I_{yz}^2}$$

$$\varphi^* = \frac{1}{2} \cdot \arctan\left(\frac{2 \cdot I_{yz}}{I_y - I_z} \right)$$

$$I_{12} = \sqrt{\left(\frac{I_y - I_z}{2} \right)^2 + I_{yz}^2} = \frac{I_1 - I_2}{2}$$

$$\overline{\varphi} = \varphi^* + \frac{\pi}{4}$$

9 Euler-Bernoulli-Balkentheorie

Allgemeine Modellannahmen

- Balkenlänge >> Querschnittsabmessungen
- Balken ist schlank (Richtwert: $l \geq 5 \cdot b$, $5 \cdot h$)
- Balken ist biegesteif
- Balken ist gerade oder nur leicht gekrümmt
- Balken mit konstantem bzw. schwach veränderlichem Querschnitt (prismatischer Balken)
- x-Achse entspricht der Schwerachse S
- Die Durchbiegung w ist abhängig von der x- und unabhängig von der z-Koordinate
  (Alle Punkte eines Querschnitts an einer beliebigen Stelle x erfahren die gleiche Durchbiegung w in z-Richtung. Die Balkenhöhe ändert sich bei der Durchbiegung nicht.)
- alle Verformungen sind klein gegenüber den Balkenabmessungen: v, $w << h$, b
- die Verformung u in x-Richtung wird vernachlässigt
- es tritt keine Verdrehung (Torsion) des Balkens um dessen Schwerachse (x-Achse) auf
- isotropes linear-elastisches Materialverhalten nach dem Hooke'schen Gesetz
- Der Balken ist im unbelasteten Zustand spannungsfrei

Spezielle Modellannahmen

- schubstarrer Balken (reine Biegung)
- alle Balkenquerschnitte an jeder beliebigen x-Koordinate, die vor der Verbiegung senkrecht auf der Balkenachse standen, stehen auch nach der Verbiegung senkrecht auf der deformierten Balkenachse
  1. Bernoulli'sche Hypothese: *Senkrechtbleiben der Querschnitte*
- alle Balkenquerschnitte an jeder beliebigen x-Koordinate sind vor der Verbiegung eben und bleiben auch nach der Verbiegung eben (es tritt keine Verwölbung der Querschnittsfläche auf)
  2. Bernoulli'sche Hypothese: *Ebenbleiben der Querschnitte*

Einteilung der Biegung

- *gerade Biegung*: Die Biegung erfolgt um die y-Achse. Die y- und z-Achsen sind gleichzeitig Hauptachsen. Dabei ist es unerheblich, ob die Hauptachsen Schwerachsen der Querschnittsfläche sind oder nicht (Hauptachsensystem: $I_{yz} = 0$).
- *schiefe Biegung im Hauptachsensystem*: Die Biegung erfolgt um die y- und z-Achsen, welche gleichzeitig Hauptachsen sind und der Querschnitt besitzt eine Symmetrie zur y- und/oder z-Achse. Dann lassen sich zwei *gerade Biegungen* zu einer Gesamtbiegung überlagern.
- *schiefe Biegung im beliebigen Achsensystem*: Die Biegung erfolgt um beliebige Achsen oder um die y- und z-Achsen, wobei keine der Achsen Hauptachsen sind. Die Querschnittsfläche besitzt keine Symmetrie und somit ist das biaxiale Flächenträgheitsmoment $I_{yz} \neq 0$

Modellannahmen zur geraden Biegung

- die y- und z-Koordinatenachsen sind Hauptachsen
- das biaxiale Flächenträgheitsmoment ist $I_{yz} = 0$
- die Belastung erfolgt in Richtung der Hauptachsen
- alle äußeren Kräfte wirken nur in der x-z-Ebene (Seitenansicht)
- alle äußeren Momente wirken nur um die y-Achse
- die Durchbiegung w erfolgt nur in Richtung der z-Achse

Elastizitätsgesetz für das Biegemoment

$$M_y = E \cdot I_y \cdot \psi'_{(x)}$$

Elastizitätsgesetz für die Querkraft

$$Q_z = \kappa \cdot G \cdot A \cdot (\psi + w')$$

Schubstarrheit

$$\psi + w' = 0$$

Eigenschaften der Biegung

- An der neutralen Faser ist die Normalspannung gleich Null (Umkehrpunkt).
- Die max. Normalspannung σ_{max} tritt immer am maximalen Abstand z_{max} zur neutralen Faser auf.
- Der Verlauf der Normalspannung σ_x ist entlang der Balkenhöhe linear.
- Ein positives Biegemoment $M_y > 0$ bewirkt in positiver z-Richtung positive Spannungen $\sigma_x > 0$.
- Bei einem schubstarren Balken tritt keine Verwölbung auf, da die Schubsteifigkeit gegen unendlich strebt: $\kappa \cdot G \cdot A \to \infty$.
- Ein positives Biegemoment $M_y > 0$ bewirkt eine negative Balkenkrümmung $w'' < 0$ (rechtsgekrümmt).

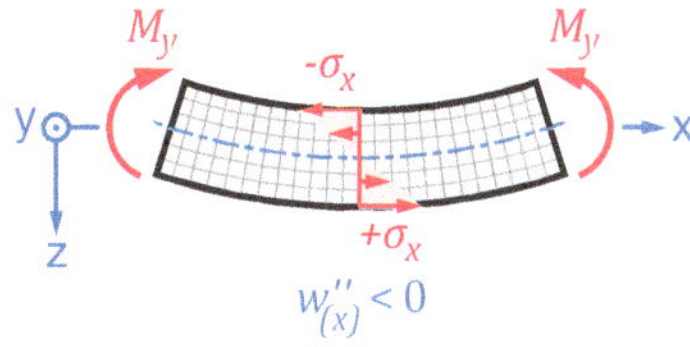

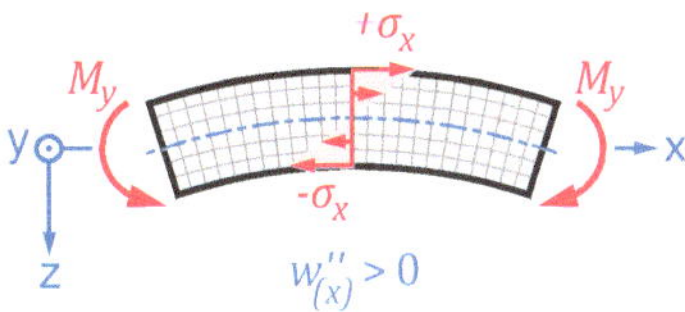

Formelsammlung Biegelinien und Neigungen:
▶ **Tab. 9-5** auf S. 198

- *Gleichgewichtsbedingung:*

$$M''_{y(x)} = -q_{z(x)}$$

$$M''_{z(x)} = q_{y(x)}$$

- *Äquivalenzbedingung:*

$$N_{(x)} = \int \sigma_{x(z)} \cdot dA = 0$$

$$M_{y(x)} = \int z \cdot \sigma_{x(z)} \cdot dA$$

$$M_{z(x)} = \int y \cdot \left[-\sigma_{x(y)} \right] \cdot dA$$

- *Elastizitätsgesetz:*

$$\sigma_x = E \cdot \varepsilon_x$$

- *kinematische Beziehung:*

$$\varepsilon_x = \frac{\partial u_{(x,z)}}{\partial x} = \psi'_{(x)} \cdot z = -w''_{(x)} \cdot z$$

$$\varepsilon_x = \frac{\partial u_{(x,y)}}{\partial x} = -\psi'_{z(x)} \cdot y = -v''_{(x)} \cdot y$$

Integrationsmethode

- Die Integrationsmethode kann bei *statisch bestimmten* sowie *statisch unbestimmten Tragwerken* angewendet werden.
- Sobald Unstetigkeiten innerhalb der Kraftgrößen $Q_{(x)}$ und $M_{(x)}$ oder der Verformungsgrößen $w'_{(x)}$ und $w_{(x)}$ auftreten, muss das Tragwerk in mehrere Bereiche eingeteilt werden.
- Innerhalb eines Bereichs müssen alle Kraft- und Verformungsgrößen stetig sein.

Gerade Biegung (um die *y*-Achse)

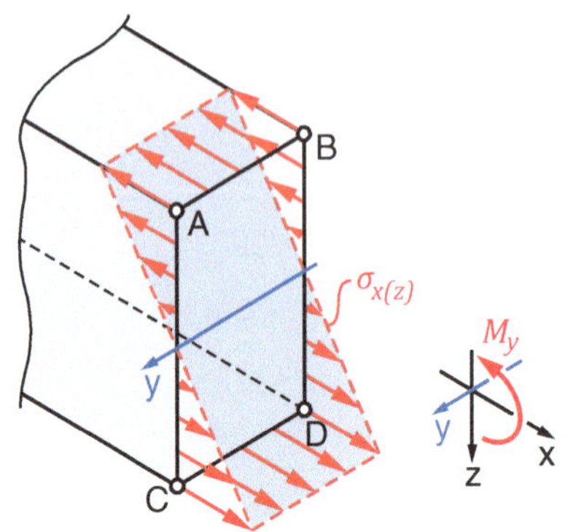

Schiefe Biegung um *Hauptachsen*

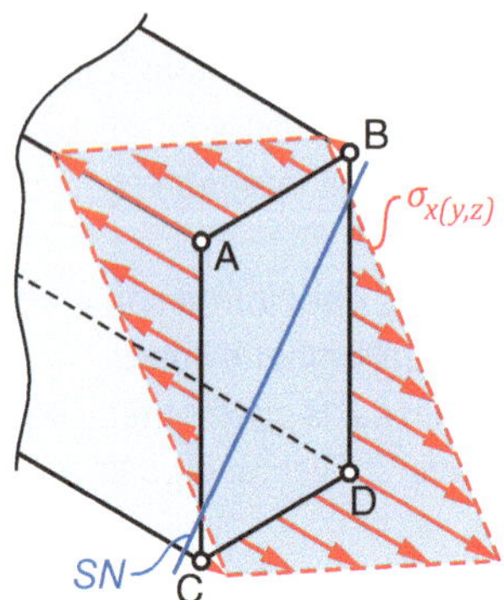

Differentialgleichung der Biegelinie

$$E \cdot I_y \cdot w_{(x)}'''' = q_{(x)}$$

➥ *Integration der Differenzialgleichung*:

$$E \cdot I_y \cdot w_{(x)}'''' = q_{z(x)}$$

$$E \cdot I_y \cdot w_{(x)}''' = -Q_{(x)} = \int q_{z(x)} \cdot dx + C_1$$

$$E \cdot I_y \cdot w_{(x)}'' = -M_{y(x)} = \int -Q_{(x)} \cdot dx$$
$$+ C_1 \cdot x + C_2$$

$$E \cdot I_y \cdot w_{(x)}' = \int -M_{y(x)} \cdot dx$$
$$+ \frac{1}{2} \cdot C_1 \cdot x^2 + C_2 \cdot x + C_3$$

$$E \cdot I_y \cdot w_{(x)} = \int w_{(x)}' \cdot dx$$
$$+ \frac{1}{6} \cdot C_1 \cdot x^3 + \frac{1}{2} \cdot C_2 \cdot x^2 + C_3 \cdot x + C_4$$

➥ *Biegespannungsverlauf*:

$$\sigma_{x(z)} = \frac{M_{y(x)}}{I_y} \cdot z + \frac{N_{(x)}}{A}$$

➥ *max. Biegespannung*:

$$\sigma_{max} = \frac{M_{y,max}}{I_y} \cdot z_{max} + \frac{N_{(x)}}{A}$$

➥ *Integration der Differenzialgleichung*:
- Lösen der *nebenstehenden* Integration für die gerade Biegung um die *y*-Achse.
- Berechnung der gerade Biegung um die *z*-Achse:

$$E \cdot I_z \cdot v_{(x)}'''' = q_{y(x)}$$

$$E \cdot I_z \cdot v_{(x)}''' = -Q_{y(x)} = \int q_{y(x)} \cdot dx + C_5$$

$$E \cdot I_z \cdot v_{(x)}'' = M_{z(x)} = \int -Q_{y(x)} \cdot dx$$
$$+ C_5 \cdot x + C_6$$

$$E \cdot I_z \cdot v_{(x)}' = \int M_{z(x)} \cdot dx$$
$$+ \frac{1}{2} \cdot C_5 \cdot x^2 + C_6 \cdot x + C_7$$

$$E \cdot I_z \cdot v_{(x)} = \int v_{(x)}' \cdot dx$$
$$+ \frac{1}{6} \cdot C_5 \cdot x^3 + \frac{1}{2} \cdot C_6 \cdot x^2 + C_7 \cdot x + C_8$$

➥ *Biegespannungsverlauf*:

$$\sigma_{x(y,z)} = \frac{M_y}{I_y} \cdot z - \frac{M_z}{I_z} \cdot y + \frac{N}{A}$$

➥ *max. Biegespannung*:

$$\sigma_{max} = \frac{M_{y,max}}{I_y} \cdot z_{max} - \frac{M_{z,max}}{I_z} \cdot y_{max} + \frac{N}{A}$$

➥ *Verlauf der Spannungsnulllinie (SN)*:

$$z = \frac{M_{z(x)} \cdot I_y}{M_{y(x)} \cdot I_z} \cdot y - \frac{I_y}{M_{y(x)}} \cdot \frac{N_{(x)}}{A}$$

Rand- und Übergangsbedingungen

	Q	M	w'	w
	$Q = 0$	$M = 0$	$(w' \neq 0)$	$(w \neq 0)$
	$(Q \neq 0)$	$M = 0$	$(w' \neq 0)$	$w = 0$
	$(Q \neq 0)$	$M = 0$	$(w' \neq 0)$	$w = 0$
	$Q = 0$	$(M \neq 0)$	$w' = 0$	$(w \neq 0)$
	$(Q \neq 0)$	$(M \neq 0)$	$w' = 0$	$w = 0$
	$(Q \neq 0)$	$(M \neq 0)$	$w' = 0$	$w = 0$
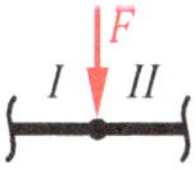	$Q^I - F = Q^{II}$	$M^I = M^{II}$	$w'_I = w'_{II}$	$w_I = w_{II}$
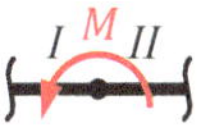	$Q^I = Q^{II}$	$M^I - M = M^{II}$	$w'_I = w'_{II}$	$w_I = w_{II}$
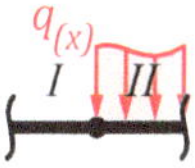	$Q^I = Q^{II}$	$M^I = M^{II}$	$w'_I = w'_{II}$	$w_I = w_{II}$
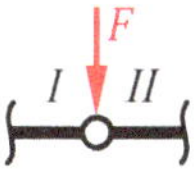	$Q^I - F = Q^{II}$	$M^I = M^{II}$	$(w'_I \neq w'_{II})$	$w_I = w_{II}$
	$Q^I = Q^{II}$	$M^I - M = M^{II} = 0$	$(w'_I \neq w'_{II})$	$w_I = w_{II}$
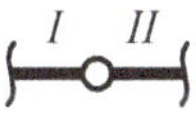	$Q^I = Q^{II}$	$M^I = M^{II} = 0$	$(w'_I \neq w'_{II})$	$w_I = w_{II}$
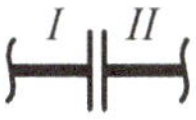	$Q^I = Q^{II} = 0$	$M^I = M^{II}$	$w'_I = w'_{II}$	$(w_I \neq w_{II})$
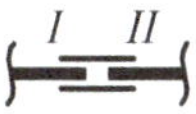	$Q^I = Q^{II}$	$M^I = M^{II}$	$w'_I = w'_{II}$	$w_I = w_{II}$

10 Timoshenko-Balkentheorie

Schubspannung und Schubverformung

- Bei der reinen Biegung (Euler-Bernoulli-Balken) ist der Balken schubstarr und Schubspannungen sowie Gleitungen werden vernachlässigt.
- Beim realen Schub sind Schubspannung τ_{xz} und Gleitung γ_{xz} nichtlinear über der Querschnittshöhe verteilt und es kommt zu einer Verwölbung des Querschnitts.
- Es kann entweder eine mittlere Schubspannung τ_m oder eine annähernd reale Schubspannung $\tau_{(z)}$ berechnet werden.
- Die mittlere Schubspannung τ_m ist konstant über der Querschnittsfläche A verteilt.
- Der annähernd reale Schubspannungsverlauf $\tau_{(z)}$ ist eine Näherungslösung. Die realen Schubspannungen in einem Bauteil lassen sich nur mit den *Methoden der Elastizitätstheorie* richtig erfassen.
- Für die meisten technischen Anwendungen ist die Näherungslösung von $\tau_{(z)}$ jedoch ausreichend genau.
- Bei langen schlanken Balken (Richtwert: $l \geq 5 \cdot h$) können die Schubspannungen τ_m bzw. $\tau_{(z)}$ und die Schubverformung w_S vernachlässigt werden.
- Die Euler-Bernoulli-Balkentheorie ist ein Sonderfall der Timoshenko-Balkentheorie.

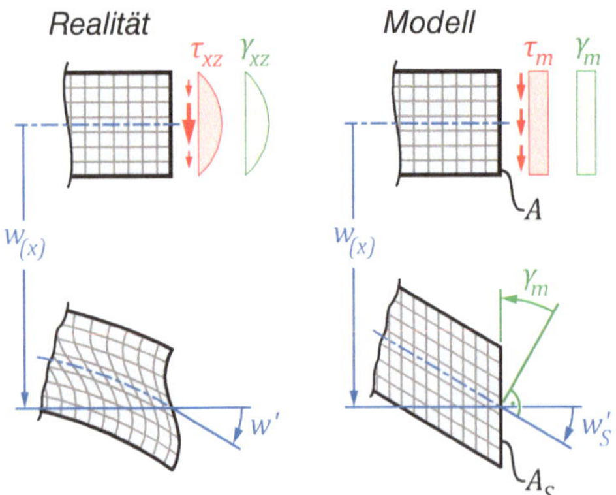

mittlere Schubspannung
(einfachste Berechnung der Schubspannung)

$$\tau_m = \frac{Q_z}{A}$$

reale Schubspannung in dickwandigen Balkenquerschnitten

- statisches Moment:

$$S_{y(z)} = \int z \cdot dA = \int\limits_{z_o=z}^{z_u} z \cdot b_{(z)} \cdot dz$$

- Schubspannungsverlauf:
  (Näherungslösung; annähernd real)

$$\tau_{(z)} = \frac{Q_z}{I_y \cdot b_{(z)}} \cdot S_{y(z)}$$

reale Schubspannung in dünnwandigen Balkenquerschnitten

- Die Beschreibung erfolgt entlang der Profilmittellinie mithilfe der Laufkoordinate ζ.
- statisches Moment:

$$S_{y(\zeta)} = \int z_{(\zeta)} \cdot t_{(\zeta)} \cdot d\zeta = z_{S(\zeta)R} \cdot t_{(\zeta)} \cdot \zeta$$

- Schubspannungsverlauf:
  (Näherungslösung; annähernd real)

$$\tau_{(\zeta)} = \frac{Q_z}{I_y \cdot t_{(\zeta)}} \cdot S_{y(\zeta)}$$

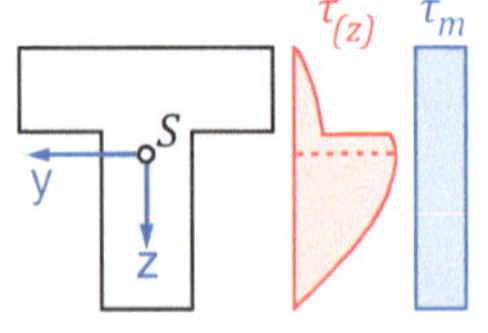

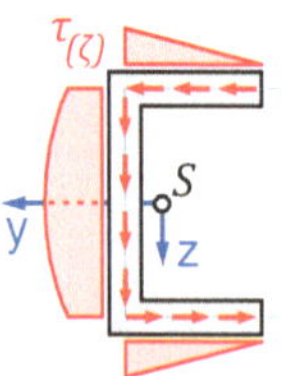

Formelsammlung Schubspannungsverteilung:
▶ **Tab. 10-1** auf S. 246

Schubmittelpunkt

➥ Der Schubmittelpunkt M ist der Punkt eines Balkenquerschnitts, durch den die angreifende Querkraft F gehen muss, damit eine torsionsfreie Biegung stattfindet.

➥ Besitzt der Querschnitt eine Symmetrieachse, liegt der Schubmittelpunkt M auf der Symmetrieachse.

➥ Existieren zwei Symmetrieachsen, liegt der Schubmittelpunkt M im Schwerpunkt S des Querschnitts.

➥ Ist der Querschnitt aus zwei Rechtecken zusammengesetzt, liegt der Schubmittelpunkt M im Schnittpunkt der Mittellinien der Rechtecke.

➥ Bei sternförmigen Querschnitten liegt der Schubmittelpunkt M im Schnittpunkt der Mittellinien der Rechtecke.

➥ *Abstand zum Schubmittelpunkt*:

$$y_M = \frac{F_F}{F} \cdot a$$

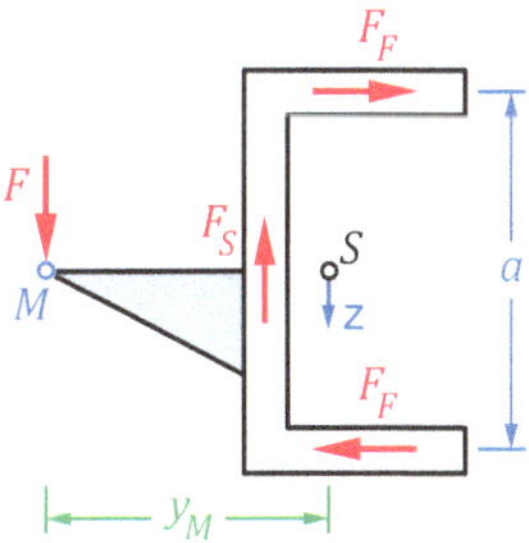

Formelsammlung Schubmittelpunkte:
▶ Tab. 10-2 auf S. 249

TIMOSHENKO-Balkentheorie

Modellannahmen

➥ schubweicher Balken (Schubspannungen und Schubverformungen werden berücksichtigt).

➥ Schubspannung τ_m und Gleitung γ_m sind konstant entlang der Querschnittshöhe.

➥ Alle Balkenquerschnitte an jeder beliebigen x-Koordinate sind vor der Deformation eben und bleiben auch nach der Deformation eben (es tritt keine Verwölbung der Querschnittsfläche auf; 2. BERNOULLI'sche Hypothese).

➥ Die Veränderung der Schubfläche A_S im Vergleich zur Querschnittsfläche A wird durch den Schubkorrekturfaktor κ berücksichtigt.

➥ Verformungen senkrecht zur Balkenachse werden vernachlässigt.

Differenzialgleichung der Biegung

$$E \cdot I_y \cdot w_{b(x)}'''' = q_{z(x)}$$

Differenzialgleichung des Schubs

$$\kappa \cdot G \cdot A \cdot w_{S(x)}'' = -q_{z(x)}$$

Integration der Differenzialgleichungen:

▪ Lösen der *Differenzialgleichung der Biegung* nach der EULER-BERNOULLI-Balkentheorie.

▪ Integration der Differenzialgleichung des Schubs:

$$\kappa \cdot G \cdot A \cdot w_{S(x)}'' = -q_{z(x)}$$

$$\kappa \cdot G \cdot A \cdot w_{S(x)}' = Q_{z(x)} = \int -q_{z(x)} \cdot dx + C_5$$

$$\kappa \cdot G \cdot A \cdot w_{S(x)} = \int Q_{z(x)} \cdot dx + C_5 \cdot x + C_6$$

▪ Gesamtneigung:

$$w_{ges}' = w_b' + w_S'$$

▪ Gesamtdurchbiegung:

$$w_{ges} = w_b + w_S$$

- *Gleichgewichtsbedingung*:

$$Q_z' = -q_{z(x)}$$

$$Q_y' = -q_{y(x)}$$

$$M_{y(x)}'' = -q_{z(x)}$$

$$M_{z(x)}'' = q_{y(x)}$$

- *Äquivalenzbedingung*:

$$N_{(x)} = \int \sigma_{x(z)} \cdot dA = 0$$

$$Q_{(x)} = \int \tau_{(z)} \cdot dA = \tau_m \cdot \kappa \cdot A$$

$$M_{y(x)} = \int z \cdot \sigma_{x(z)} \cdot dA$$

$$M_{z(x)} = \int y \cdot \left[-\sigma_{x(y)}\right] \cdot dA$$

- *Elastizitätsgesetz*:

$$\sigma_x = E \cdot \varepsilon_x$$

$$\tau_m = G \cdot \gamma_m$$

- *kinematische Beziehung*:

$$\varepsilon_x = \frac{\partial u_{(x,z)}}{\partial x} = \psi_{(x)}' \cdot z = -w_{(x)}'' \cdot z$$

$$\varepsilon_x = \frac{\partial u_{(x,y)}}{\partial x} = -\psi_{z(x)}' \cdot y = -v_{(x)}'' \cdot y$$

$$\gamma_m = \psi_{(x)} + w_{(x)}'$$

Vergleich der EULER-BERNOULLI- mit der TIMOSHENKO-Balkentheorie

- Die EULER-BERNOULLI-Balkentheorie ist ein Sonderfall der TIMOSHENKO-Balkentheorie.
- Bei langen schlanken Balken (Richtwert: $l \geq 5 \cdot h$) können die Schubspannungen τ_m bzw. $\tau_{(z)}$ und die Schubverformung w_S vernachlässigt werden.
- Eine der Hauptanwendungen der TIMOSHENKO-Balkentheorie liegt im Bereich der Baustatik und dort bei der Berechnung von Schwingungen in Balkentragwerken.

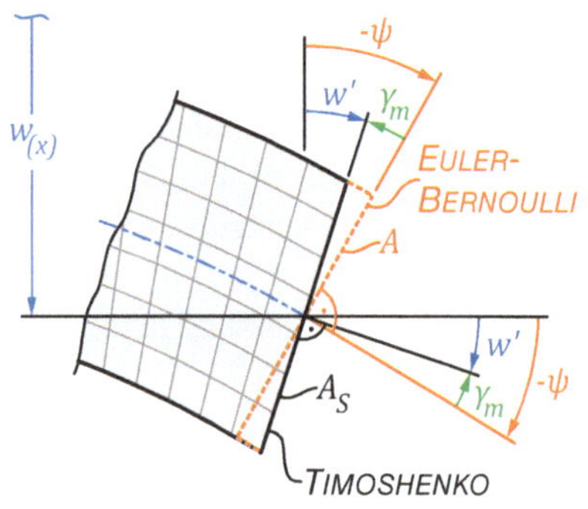

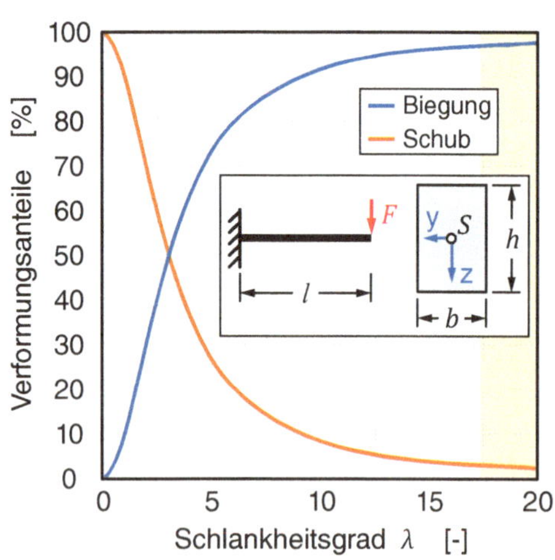

$$\lambda = l \cdot \sqrt{\frac{A}{I_y}}$$

11 Torsion

Modellannahmen

- Balkenlänge >> Querschnittsabmessungen
- Balken ist schlank (Richtwert: $l \geq 5 \cdot b$, $5 \cdot h$)
- Balken ist biegesteif
- Balken ist gerade oder nur leicht gekrümmt
- Balken mit konstantem bzw. schwach veränderlichem Querschnitt (prismatischer Balken)
- x-Achse entspricht der Schwerachse S
- alle Verformungen sind klein gegenüber den Balkenabmessungen: u, v, $w << h$, b, r und $\vartheta \leq 1°/m$ Balkenlänge
- die Verdrehung $\vartheta_{(x)}$ des Querschnitts erfolgt in der Regel um den Schubmittelpunkt M
- isotropes linear-elastisches Materialverhalten nach dem HOOKE'schen Gesetz
- der Balken ist im unbelasteten Zustand spannungsfrei

Verwölbung des Querschnitts

- *Torsion ohne Wölbbehinderung*: Verschiebungen sind vorhanden $u_{(x,y,z)} \neq 0$, Normalspannungen sind Null: $\sigma_{x(x,y,z)} = 0$.
- *Torsion mit Wölbbehinderung*: es treten keine Verschiebungen auf $u_{(x,y,z)} = 0$, Normalspannungen sind vorhanden $\sigma_{x(x,y,z)} \neq 0$. Aufgrund der hohen Komplexität einer Wölbbehinderung werden wir diesen Fall nicht behandeln.

Formelsammlung Torsionsträgheits- und Torsionswiderstandsmomente:
▶ Tab. 11-2 auf S. 276

Kreis- und kreisringförmige Querschnitte

- Bei kreis- und kreisringförmigen Querschnitten entspricht das Torsionsträgheitsmoment dem polaren Flächenträgheitsmoment:

$$I_t = I_p$$

- Gleiches gilt für das Torsionswiderstandsmoment und das polare Widerstandsmoment:

$$W_t = W_p$$

Elastizitätsgesetz der Torsion

$$T = G \cdot I_t \cdot \vartheta'$$

Differenzialgleichung der Torsion

$$G \cdot I_t \cdot \vartheta''_{(x)} = -m_{t(x)}$$

- *Gleichgewichtsbedingung*:

$$T'_{(x)} = -m_{t(x)}$$

- *Äquivalenzbedingung*:

$$T = \int r \cdot \tau_{t(x,r)} \cdot dA$$

- *Elastizitätsgesetz*:

$$\tau_t = G \cdot \gamma$$

- *kinematische Beziehung*:

$$\gamma = r \cdot \vartheta'$$

Integrationsmethode *zur Bestimmung des Torsionsmoments $T_{(x)}$ und Verdrehwinkels $\vartheta_{(x)}$:*

$$G \cdot I_t \cdot \vartheta''_{(x)} = -m_{t(x)}$$

$$G \cdot I_t \cdot \vartheta'_{(x)} = T_{(x)} = \int -m_{t(x)} \cdot dx + C_1$$

$$G \cdot I_t \cdot \vartheta_{(x)} = \int T_{(x)} \cdot dx + C_1 \cdot x + C_2$$

Rand- und Übergangsbedingungen

$T = 0 \qquad (\vartheta \neq 0)$

$T = T \qquad (\vartheta \neq 0)$

$T = 0 \qquad (\vartheta \neq 0)$

$T = 0 \qquad (\vartheta \neq 0)$

$(T \neq 0) \qquad (\vartheta \neq 0)$

$T = 0 \qquad (\vartheta \neq 0)$

$(T \neq 0) \qquad \vartheta = 0$

$T^I - T = T^{II} \qquad \vartheta_I = \vartheta_{II}$

- *Torsionsspannung:*

$$\tau_{t(x,r)} = \frac{T \cdot r}{I_t}$$

- *max. Torsionsspannung:*

$$\tau_{tmax} = \frac{T_{max}}{I_t} \cdot r_{max} = \frac{T_{max}}{W_t}$$

- *Verdrehwinkel:*

$$\vartheta_{(x=l)} = \int_{x=0}^{l} \frac{T}{G \cdot I_t} \cdot dx = \frac{T \cdot l}{G \cdot I_t}$$

Dünnwandig geschlossene Querschnitte

- Grundlage für die Berechnung dieser Querschnitte sind die SAINT-VENANT'sche Torsionstheorie und die BREDT'schen Annahmen für Torsion.
- Die Torsionsspannung $\tau_{t(\zeta)}$ ist konstant über die Wandstärke $t_{(\zeta)}$ verteilt

- *Torsionsträgheitsmoment für beliebige Wandstärken* (2. BREDT'sche Formel):

$$I_t = \frac{4 \cdot A_m^2}{\oint \frac{1}{t_{(\zeta)}} \cdot d\zeta}$$

- *Torsionsträgheitsmoment für abschnittsweise konstante Wandstärken:*

$$I_t = \frac{4 \cdot A_m^2}{\sum \left(\frac{h_i}{t_i}\right)}$$

- *Torsionsträgheitsmoment für eine konstante Wandstärke:*

$$I_t = \frac{4 \cdot A_m^2 \cdot t}{U_m}$$

- *Torsionswiderstandsmoment:*

$$W_t = 2 \cdot A_m \cdot t_{min}$$

- *Torsionsspannung* (1. BREDT'sche Formel):

$$\tau_{t(\zeta)} = \frac{T}{2 \cdot A_m \cdot t_{(\zeta)}}$$

- *max. Torsionsspannung:*

$$\tau_{tmax} = \frac{T_{max}}{W_t}$$

- *Verdrehwinkel:*

$$\vartheta_{(x=l)} = \int_{x=0}^{l} \frac{T}{G \cdot I_t} \cdot dx = \frac{T \cdot l}{G \cdot I_t}$$

Dünnwandig offene Querschnitte

- Die Torsionsspannung $\tau_{t(\zeta)}$ ist linear über die Wandstärke $t_{(\zeta)}$ verteilt (analog der Normalspannung σ bei Biegung).
- Störeinflüsse in Umlenkbereichen der Torsionsspannung $\tau_{t(\zeta)}$ werden vernachlässigt.

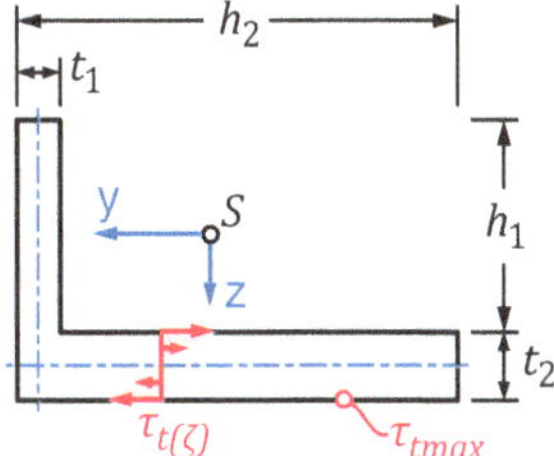

- *Torsionsträgheitsmoment:*

$$I_t = \frac{K}{3} \cdot \sum_{i=1}^{n} h_i \cdot t_i^3$$

Profilform:	I	L	T	U	□
K:	1,3	1,0	1,12	1,12	1,0

- *Torsionswiderstandsmoment:*

$$W_t = \frac{I_t}{t_{max}}$$

- *max. Torsionsspannung:*

$$\tau_{tmax} = \frac{T_{max}}{W_t}$$

- *Verdrehwinkel:*

$$\vartheta_{(x=l)} = \int_{x=0}^{l} \frac{T}{G \cdot I_t} \cdot dx = \frac{T \cdot l}{G \cdot I_t}$$

Formelsammlung Torsionsträgheitsmomente:
▶ **Tab. 11-2** auf S. 276

12 Energiemethoden

Schubkorrekturfaktor

Der Schubkorrekturfaktor κ berücksichtigt die Verwölbung der Schubfläche A_S infolge einer Querkraft und die damit einhergehende ungleichförmige Verteilung der Schubspannungen $\tau_{(z)}$.

Schubkorrekturfaktor für:

- dickwandige Querschnitte

$$\frac{1}{\kappa} = \frac{A}{I_y^2} \cdot \int \frac{S_{y(z)}^2}{b_{(z)}^2} \cdot dA$$

- *dünnwandige Querschnitte*

$$\frac{1}{\kappa} = \frac{A}{I_y^2} \cdot \int \frac{S_{y(\zeta)}^2}{t_{(\zeta)}^2} \cdot d\zeta$$

Querschnitt	κ
Rechteck	$5/6 = 0{,}83\overline{3}$
Vollkreis	$3/4 = 0{,}75$
Dünnwandiger Kreisring	0,5
I-Profil (DIN 1025-1)	$\approx 0{,}35...0{,}45$
I-Profil, mittelbreit (DIN 1025-2)	$\approx 0{,}1...0{,}25$
I-Profil, Breitflansch (DIN 1025-3)	$\approx 0{,}18...0{,}45$
T-Profil (DIN 59051)	$\approx 0{,}45...0{,}5$
U-Profil (DIN 1026-1) - hochkant ⊏	$\approx 0{,}15...0{,}6$
U-Profil (DIN 1026-2) - hochkant ⊏	$\approx 0{,}5...0{,}8$
U-Profil (DIN 1026-1) - flachkant ⊓	$\approx 0{,}35...0{,}75$
U-Profil (DIN 1026-2) - flachkant ⊓	$\approx 0{,}28...0{,}35$

Arbeit und Energie

- Durch die äußeren Belastungen (angreifende Kräfte und Momente) wird eine äußere Arbeit W erzeugt.
- Durch die Schnittgrößen wird die Formänderungsenergie Π (innere Arbeit) erzeugt.
- Dabei sind die Begriffe *Arbeit* und *Energie* gleichwertig, da Energie die Fähigkeit ist, Arbeit zu verrichten.

- *Arbeit der Belastungen*:

$$W = \frac{1}{2} \cdot F \cdot u \qquad W = \frac{1}{2} \cdot M \cdot \psi$$

- *Formänderungsenergie Π^* pro Längeneinheit infolge der Schnittgrößen*:

$$\frac{1}{2} \cdot \frac{N^2}{E \cdot A} \qquad \frac{1}{2} \cdot \frac{M^2}{E \cdot I} \qquad \frac{1}{2} \cdot \frac{Q^2}{\kappa \cdot G \cdot A} \qquad \frac{1}{2} \cdot \frac{T^2}{G \cdot I_t}$$

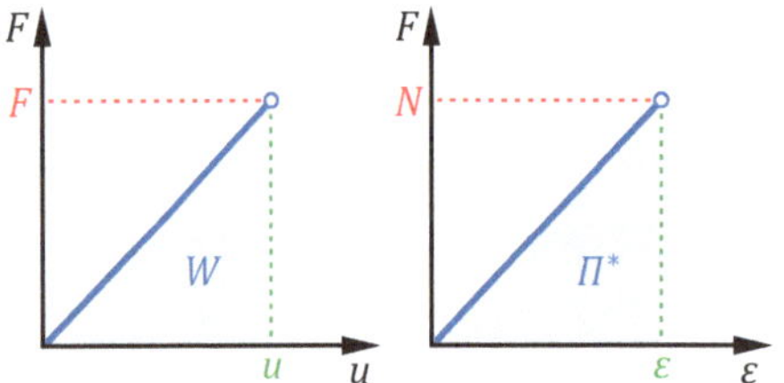

Arbeitssatz

Die an einem elastischen Körper von den äußeren Belastungen geleistete Arbeit W (äußere Energie) wird als Formänderungsenergie Π (innere Energie) im verformten Körper gespeichert. Dabei ist Π immer positiv (auch bei Druck).

$$W = \Pi$$

Erweiterung des Arbeitssatzes

Aufgrund verschiedener Nachteile des Arbeitssatzes, muss dieser entsprechend erweitert werden. Die Erweiterung geschieht mithilfe der Sätze von CASTIGLIANO und des Satzes von MENABREA. Damit lassen sich Kraftgrößen und Verformungsgrößen an allen beliebigen Stellen eines Tragwerks berechnen. Dabei ist es zudem unerheblich, ob es sich um ein statisch bestimmtes oder unbestimmtes Tragwerk handelt.

Erster Satz von CASTIGLIANO

Die partielle Ableitung der gesamten Formänderungsenergie Π eines isothermen, linearelastischen Körpers nach der Kraftgröße liefert die zugehörige Verformungsgröße in Richtung der Kraftgröße:

$$f_i = \frac{\partial \Pi}{\partial F_i} \qquad \psi_i = \frac{\partial \Pi}{\partial M_i}$$

Erster Satz von CASTIGLIANO mit Hilfskräften

$$f_i = \left.\frac{\partial \Pi}{\partial \overline{F}_i}\right|_{\overline{F}_i = 0} \qquad \psi_i = \left.\frac{\partial \Pi}{\partial \overline{M}_i}\right|_{\overline{M}_i = 0}$$

Zweiter Satz von CASTIGLIANO

Die partielle Ableitung der gesamten Formänderungsenergie Π nach der Verformungsgröße (Verschiebung bzw. Verdrehung) liefert die zugehörige Kraftgröße (Kraft bzw. Moment) in Richtung der Verformungsgröße:

$$F_i = \frac{\partial \Pi}{\partial f_i} \qquad M_i = \frac{\partial \Pi}{\partial \psi_i}$$

Satz von MENABREA

Die partielle Ableitung der gesamten Formänderungsenergie Π eines isothermen, linearelastischen Körpers nach der statisch Unbestimmten X ist gleich Null:

$$\frac{\partial \Pi}{\partial X_i} = 0$$

Hinweis: Bei der Anwendung des Satzes von Menabrea müssen die statisch überzähligen Lagerreaktionen nicht zwingend durch die statisch Unbestimmten X_i ersetzt werden. In einigen Fällen ist dies jedoch zweckmäßiger und verhindert Verwechselungen mit anderen Variablen.

Anwendung der Sätze von CASTIGLIANO und MENABREA

- Die Sätze von CASTIGLIANO gelten nur für statisch bestimmte Tragwerke.
- Bei Tragwerken mit mehreren Bereichen muss die Formänderungsenergie über alle Bereiche aufsummiert werden.
- Die Normalkraft N ist im Vergleich zu den anderen Schnittgrößen relativ gering und kann meistens vernachlässigt werden.
- Bei langen schlanken Bauteilen kann die Querkraft Q in der Regel vernachlässigt werden (Richtwert: $l \geq 5 \cdot b,\ 5 \cdot h$).
- Bei reiner Torsion können die übrigen Schnittgrößen in der Regel vernachlässigt werden.

- Aufgrund der genannten Gegebenheiten wird normalerweise bei langen schlanken Bauteilen nur die Biegung berücksichtigt:

$$f_i = \frac{\partial \Pi}{\partial F_i} = \sum_{i=1}^{n} \left[\int_0^l \left(\frac{M_y}{E \cdot I_y} \cdot \frac{\partial M_y}{\partial F_i} \right) \cdot dx \right]$$

$$\psi_i = \frac{\partial \Pi}{\partial M_i} = \sum_{i=1}^{n} \left[\int_0^l \left(\frac{M_y}{E \cdot I_y} \cdot \frac{\partial M_y}{\partial M_i} \right) \cdot dx \right]$$

- Bei der Berechnung von überzähligen Lagerreaktionen X wird der Satz von MENABREA angewendet.
- Dabei kann X eine Kraft wie auch ein Moment sein:

$$\frac{\partial \Pi}{\partial X} = 0 = \sum_{i=1}^{n} \left[\int_0^l \left(\frac{M_y}{E \cdot I_y} \cdot \frac{\partial M_y}{\partial X} \right) \cdot dx \right]$$

13 Zusammengesetzte Belastungen

Infolge der Grundbelastungsarten ergeben sich die entsprechenden Schnittgrößen:

- Zug/Druck → Normalkraft $N_{(x)}$
- Biegung → Biegemoment $M_{y(x)}$, $M_{z(x)}$
- Schub → Querkraft $Q_{z(x)}$, $Q_{y(x)}$
- Torsion → Torsionsmoment $T_{(x)}$

Infolge der Schnittgrößen ergeben sich die wirkenden Spannungen:

- Normalkraft → Normalspannung σ_x
- Biegemoment → Normalspannung σ_x
- Querkraft → Schubspannung τ_m, $\tau_{(z)}$
- Torsionsmoment → Schubspannung τ_t

- Bei langen schlanken Bauteilen (Richtwert: $l \geq 5 \cdot b,\ 5 \cdot h$) sind die Biege- und Torsionsspannung wesentlich größer als die Spannungen aus Normal- und Querkraft. Daher können die Spannungen aus Normal- und Querkraft vernachlässigt werden.
- Bei kurzen gedrungenen Bauteilen müssen die Beanspruchungen infolge der Normal- und Querkraft berücksichtigt werden.

- Bestimmung der Vergleichsspannung mithilfe der Festigkeitshypothesen.
  - *Normalspannungshypothese*
  - *Schubspannungshypothese*
  - *Gestaltänderungsenergiehypothese*

Notizen

Literaturverzeichnis

1. Altenbach, H: Holzmann/Meyer/Schumpich *Technische Mechanik Festigkeitslehre*.
   13 Aufl., Springer Vieweg, Wiesbaden, 2018.

2. Assmann, B.; Selke, P.: *Technische Mechanik 2 - Festigkeitslehre*.
   18. Aufl., Oldenburg, München, 2013.

3. Balke, H.: *Einführung in die Technische Mechanik - Festigkeitslehre*.
   3. Aufl., Springer, Berlin, 2014.

4. Böge, A.; Böge, W.: *Technische Mechanik*.
   32. Aufl., Springer Vieweg, Wiesbaden, 2017.

5. Bruhns, O.; Lehmann, T.: *Elemente der Mechanik II - Elastostatik*.
   Friedr. Vieweg & Sohn Verlagsgesellschaft mbH, Braunschweig/Wiesbaden, 1994.

6. Dankert, J.; Dankert, H.: *Technische Mechanik*.
   7. Aufl., Springer Vieweg, Wiesbaden, 2013.

7. Göldner, H.; Holzweißig, F.: *Leitfaden der technischen Mechanik*.
   11. Aufl., VEB, Leipzig, 1989.

8. Gross, D.; Hauger, W.; Schröder, J.; Wall, W. A.: *Technische Mechanik 2 - Elastostatik*.
   13. Aufl., Springer Vieweg, Berlin, 2017.

9. Hagedorn, P.; Wallaschek, J.: *Technische Mechanik - Festigkeitslehre*.
   5. Aufl., Europa, Haan, 2015.

10. Hartmann, S.: *Technische Mechanik*.
    Wiley-VCH, Weinheim, 2015.

11. Hibbeler, R. C.: *Technische Mechanik 2 Festigkeitslehre*.
    8. Aufl., Pearson, München, 2013.

12. Issler, L.; Ruoss, H.; Häfele, P.: *Festigkeitslehre - Grundlagen*
    2. Aufl., Springer-Verlag, Berlin Heidelberg, 2003.

13. Kabus, K.: *Mechanik und Festigkeitslehre*.
    7. Aufl., Hanser, München, 2013.

14. Kessel, S.; Fröhling, D.: *Technische Mechanik - Engineering Mechanics*.
    2. Aufl., Springer Vieweg, Wiesbaden, 2012.

15. Kühhorn, A., Silber, G.: *Technische Mechanik für Ingenieure*.
    Hüthig, Heidelberg, 2000.

16. Kulisch, W.: *Technische Mechanik für Dummies*.
    2. Aufl., Wiley-VCH, Weinheim, 2014.

17. Läpple, V.: *Einführung in die Festigkeitslehre*.
    4. Aufl., Springer Vieweg, Wiesbaden, 2016.

18. Magnus, K.; Müller-Slany, H.: *Grundlagen der Technische Mechanik*.
    7. Aufl., Vieweg+Teubner, Wiesbaden, 2005.

19. Mahnken, R.: *Lehrbuch der Technischen Mechanik - Elastostatik*.
    Springer-Verlag, Berlin Heidelberg, 2015.

20. Mang, H. A.; Hofstetter, G.: *Festigkeitslehre*.
    5. Aufl., Springer Vieweg, Berlin, 2018.

21. Mathiak, F. U.: *Technische Mechanik 2 - Festigkeitslehre mit Maple-Anwendungen*.
    Oldenbourg, München, 2013.

22. Mattheck, C.: *Mechanik am Baum: Erläutert mit einfühlsamen Worten von Pauli dem Bär*.
    KIT, Karlsruhe, 2002.

© Springer Fachmedien Wiesbaden GmbH, ein Teil von Springer Nature 2019
C. Spura, *Technische Mechanik 2. Elastostatik*,
https://doi.org/10.1007/978-3-658-19979-1

23. Mayr, M.: *Technische Mechanik: Statik - Kinematik - Kinetik - Schwingungen - Festigkeitslehre*.
8. Aufl., Hanser, München, 2015.

24. Müller, W. H.; Ferber, F.: *Technische Mechanik für Ingenieure*.
4. Aufl., Hanser, München, 2011.

25. Öchsner, A.: *Theorie der Balkenbiegung*.
Springer Vieweg, Wiesbaden, 2016.

26. Richard, H. A.; Sander, M.: *Technische Mechanik. Festigkeitslehre*.
5. Aufl., Springer Vieweg, Wiesbaden, 2015.

27. Romberg, O.; Hinrichs, N.: *Keine Panik vor Mechanik!*
8. Aufl., Vieweg+Teubner, Wiesbaden, 2011.

28. Szabo, I.: *Einführung in die Technische Mechanik*.
Springer Vieweg, Berlin Heidelberg, 2003.

29. Szabo, I.: *Geschichte der mechanischen Prinzipien*.
3. Aufl., Birkhäuser Verlag, Basel, 1977.

30. Wetzell, O. W.; Krings, W.: *Technische Mechanik für Bauingenieure 2*.
3. Aufl., Springer Vieweg, Wiesbaden, 2015.

31. Wittenburg, J.; Pestel, E.: *Festigkeitslehre*.
3. Aufl., Springer Vieweg, Berlin Heidelberg, 2011.

32. Wriggers, P.; Nackenhorst, U.; Beuermann, S.; Spiess, H.; Löhnert, S.: *Technische Mechanik kompakt - Starrkörperstatik, Elastostatik, Kinetik*.
2. Aufl., Vieweg+Teubner, Wiesbaden, 2006.

33. Zimmermann, K.: *Technische Mechanik*.
2. Aufl., Fachbuchverlag, Leipzig, 2003.

Aufgabensammlungen

34. Arndt, K.-D.; Ihme, J.; Turk, H.: *Aufgabensammlung zur Festigkeitslehre für Wirtschaftsingenieure*.
Springer Vieweg, Wiesbaden, 2016.

35. Böge, A.; Böge, G.; Böge, W.; Schlemmer, W.: *Aufgabensammlung Technische Mechanik*.
23. Aufl., Springer Vieweg, Wiesbaden, 2016.

36. Bruhns, O.: *Aufgabensammlung Technische Mechanik 2*.
2. Aufl., Springer Vieweg, Wiesbaden, 2000.

37. Gross, D.; Ehlers, W.; Wriggers, P.; Schröder, J.; Müller, R.: *Formeln und Aufgaben zur Technischen Mechanik 1*.
12. Aufl., Springer Vieweg, Berlin, 2016.

38. Gross, D.; Ehlers, W.; Wriggers, P.; Schröder, J.; Müller, R.: *Formeln und Aufgaben zur Technischen Mechanik 2*.
12. Aufl., Springer Vieweg, Berlin, 2017.

39. Hauger, W.; Krempaszky, C.; Wall, W.: Werner, E.: *Aufgaben zu Technische Mechanik 1-3*.
9. Aufl., Springer Vieweg, Berlin, 2017.

40. Jahr, A.; Berger, J.: *Klausurentrainer Technische Mechanik*.
4. Aufl., Springer Vieweg, Wiesbaden, 2017.

41. Mayr, M.: *Mechanik-Training*.
4. Aufl., Hanser, München, 2015.

42. Müller, W. H.; Ferber, F.: *Übungsaufgaben zur Technischen Mechanik*.
3. Aufl., Hanser, München, 2015.

43. Ulbrich, H.; Weidemann, H.-J.; Pfeiffer, F.: *Technische Mechanik in Formeln, Aufgaben und Lösungen*.
3. Aufl., Vieweg+Teubner, Wiesbaden, 2006.

Griechische Symbole

A	α	Alpha		N	ν	Ny
B	β	Beta		Ξ	ξ	Xi
Γ	γ	Gamma		O	o	Omikron
Δ	δ	Delta		Π	π, ϖ	Pi
E	ε, ϵ	Epsilon		P	ρ, ϱ	Rho
Z	ζ	Zeta		Σ	σ, ς	Sigma
H	η	Eta		T	τ	Tau
Θ	θ, ϑ	Theta		Υ	υ	Ypsilon
I	ι	Iota		Φ	φ, ϕ	Phi
K	κ	Kappa		X	χ	Chi
Λ	λ	Lambda		Ψ	ψ	Psi
M	μ	My		Ω	ω	Omega

Formelzeichen

Symbol	Einheit	Bezeichnung
A	mm^2	Fläche
A_m	mm^2	Hohlfläche
A_S	mm^2	Schubfläche ($A_S = \kappa \cdot A$)
E	N/mm^2	Elastizitätsmodul
$E \cdot A$	N	Dehnsteifigkeit
$E \cdot I$	Nmm^2	Biegesteifigkeit
F	N	Kraft
G	N/mm^2	Schubmodul
$G \cdot A_S$	N	Schubsteifigkeit
$G \cdot I_t$	Nmm^2	Torsionssteifigkeit
I_p	mm^4	polares Flächenmoment 2. Ordnung
I_t	mm^4	Torsionsträgheitsmoment
I_y, I_z	mm^4	axiales Flächenmoment 2. Ordnung bzgl. der y-, z-Achse
I_{yz}	mm^4	Deviationsmoment / Zentrifugalmoment
M	Nm	Moment
N	N	Normalkraft (Schnittkraft)

© Springer Fachmedien Wiesbaden GmbH, ein Teil von Springer Nature 2019
C. Spura, *Technische Mechanik 2. Elastostatik*,
https://doi.org/10.1007/978-3-658-19979-1

$R_e, R_{p0,2}$	N/mm²	Streckgrenze, 0,2%-Dehngrenze
R_m	N/mm²	Zugfestigkeit
Q	N	Querkraft (Schnittkraft)
S	-	Sicherheit, Festigkeit
$S_{y(z)}$	mm³	statisches Moment der Teilfläche des Querschnitts
T	Nm	Torsionsmoment
U	J = Nm	innere Energie
U_g	J = Nm	Gestaltänderungsenergie
U_m	mm	Länge der Profilmittelline
U_v	J = Nm	Volumenänderungsenergie
W	J = Nm	Arbeit
W_p	mm³	polares Widerstandsmoment
W_t	mm³	Torsionswiderstandsmoment
W_y, W_z	mm³	(axiales) Widerstandsmoment bzgl. der y-, z-Achse
f	mm	Verformung, Verschiebung
g	m/s²	Erdbeschleunigung
$q_{(x)}$	N/m	Streckenlast
u	mm	Verschiebung in x-Richtung
v	mm	Verschiebung in y-Richtung
w	mm	Verschiebung in z-Richtung (Durchbiegung)
w'	rad	Neigung zur x-Achse (Biegeneigung)
Δ	-	Differenz / Änderung
ΔT	K (°C)	Temperaturdifferenz
Π	Nm	Formänderungsenergie
α_T	1/K	Wärmeausdehnungskoeffizient
γ	rad	Gleitung / Scherung (Winkeländerung)
ε	-	Dehnung
ζ	mm	Laufkoordinate für dünnwandige Querschnitte
ϑ	rad	Verdrehwinkel (Torsion)
κ	-	Schubkorrekturfaktor

ν	-	Querkontraktionszahl (POISSON'sche Zahl)
ρ	kg/dm^3	Dichte
σ	N/mm^2	Normalspannung
σ_V	N/mm^2	Vergleichsspannung
τ	N/mm^2	Schubspannung
τ_m	N/mm^2	mittlere Schubspannung
τ_{tF}, τ_{tB}	N/mm^2	Torsionsfließgrenze, Torsionsbruchgrenze
$\tau_{(z)}$	N/mm^2	realer Schubspannungsverlauf
ψ	rad	Drehwinkel / Neigungswinkel zur z-Achse

Indizes

1, 2	Hauptachsen
b	Biegung
d	Druck
GEH	Gestaltänderungsenergiehypothese
ges	Gesamt
NH	Normalspannungshypothese
S	Schwerpunkt, Schub
SH	Schubspannungshypothese
T, t	thermisch, Torsion
x	x-Richtung
y	y-Richtung
z	z-Richtung
z	Zug

Stichwortverzeichnis